基金项目：国家科技支撑计划重点项目课题
“综合风险鉴别与防范技术研究”（课题编号：2006BAC18806）

浙江灾害图谱

高建国　编著

内容简介

灾害问题是困扰可持续发展的难题。“欲知大道，必先为史”。历史灾害的积累，可为今天社会的防灾减灾机制建设提供历史的经验。本书将历史灾害资料绘制成图，搭起历史与现在的桥梁，绘制了浙江省自东晋咸康元年(335年)至今的235幅大灾图。本书可供从事气象、水文、海洋、灾害史、疾病史、环境和地方志的工作者使用。

图书在版编目(CIP)数据

浙江灾害图谱 / 高建国编著. -- 北京 : 气象出版社, 2017.4

ISBN 978-7-5029-6367-5

Ⅰ.①浙… Ⅱ.①高… Ⅲ.①灾害-历史-浙江省-图集 Ⅳ.①X4-092

中国版本图书馆 CIP 数据核字(2016)第 151066 号

Zhejiang Zaihai Tupu

浙江灾害图谱

出版发行：气象出版社
地　　址：北京市海淀区中关村南大街46号　**邮政编码**：100081
电　　话：010-68407112(总编室)　010-68408042(发行部)
网　　址：http://www.qxcbs.com　**E-mail**：qxcbs@cma.gov.cn
责任编辑：王萃萃　张　萌　**终　　审**：吴晓鹏
责任校对：王丽梅　**责任技编**：赵相宁
封面设计：博雅思企划
印　　刷：北京中石油彩色印刷有限责任公司
开　　本：889 mm×1194 mm　1/32　**印　　张**：21.125
字　　数：568千字
版　　次：2017年4月第1版　**印　　次**：2017年4月第1次印刷
定　　价：100.00元

序　言

浙江省地处我国东南沿海，处于欧亚大陆与西北太平洋的过渡地带，属典型的亚热带季风气候区。受东亚季风影响，浙江冬夏盛行风向有显著变化，降水有明显的季节变化。由于境内地形起伏较大，总体呈西高东低之势，受西风带和东风带天气系统的双重影响，各种气象灾害频繁发生，是我国受台风、暴雨、干旱、寒潮、大风、冰雹、冻害、龙卷等灾害影响最严重地区之一。

浙江历史悠久，文化灿烂。早在5万年前的旧石器时代，就有原始人类"建德人"活动；跨湖桥文化、河姆渡文化、马家浜文化和良渚文化彰显了浙江悠久的历史和深厚的文化积淀。春秋时浙江分属吴、越两国。三国时孙权建立吴国。五代十国时钱镠建立吴越国。元代时浙江属江浙行中书省。明初改元制为浙江承宣布政使司，省界区域基本定型。清康熙初年改为浙江省，建制至此确定。浙江被称作"方志之乡"，拥有着数量浩繁、延续不断的地方历史文献——方志。"一方之志，始于《越绝》"。这部由东汉初年袁康、吴平两人整理成书的《越绝书》，早已被明代以来的大多数学者认作是中国方志的鼻祖。它流传至今将近2000年了。从那以后，在漫漫两千年的岁月中，浙江编修方志的传统绵延不绝，一直走在全国的前列。

高建国先生长期关注浙江省的防灾、减灾、救灾事业。近年来，通过对浙江地方志及其他史料中有关重大灾害的资料收集，以期揭示灾害发生的内在规律。《浙江灾害图谱》记载了公元四世纪至二十世纪浙江历史时期发生的洪水、风暴潮、风灾、低温冷害、饥荒、瘟疫等重大灾害，是作者在长期的资料收集整理基础上，将分散于各个史料的记载在时空上进行了归并整理，并多角度地进行了分析、研究和评价。作者历时两年，才得以编成这本图文并茂的灾害图谱。很高兴在全国第八个防灾减灾日到来之际，得知《浙江灾害图谱》将付梓出版，并受邀为之作序。

以史为鉴，可以知兴替；未雨绸缪，可以防灾害。《浙江灾害图谱》的出版无疑将成为我省防灾减灾救灾研究和管理工作中又一本具有重要参考价值的文献研究资料。功德无量，意义重大。

浙江省救灾协会理事长　蔡国华

2016 年 4 月

前 言

只有清楚历史，才能把握未来。《旧唐书·魏徵传》载有魏徵劝谏唐太宗李世民时曾说：夫以铜为镜，可以正衣冠；以史为镜，可以知兴替；以人为镜，可以明得失。

浙江省人文荟萃、历史积淀深厚，明清以来不少县编纂了多部县志，如淳安县有明嘉靖淳安县志、清康熙淳安县志、光绪十年淳安县志、1928年遂安县志（淳安由原淳安、遂安合并）、1990年版淳安县志和2005年版淳安县志（1986—2005年），6部可以相互印证。又如北宋景德四年（1007年）修《海盐图经》（佚），始有县志。后南宋、明、清先后修县志10次。而目前的状况是，“灾情资料金矿”无人问津。我想利用图改变这种局面。“一图胜千文”，更重要的是，现在是“读图时代”，通过图会使得灾害史研究成为一件有趣的学问，将会吸引更多的人，尤其是年轻学子对传统文化产生兴趣。只有参与的人多了，学术论文、著作才会增加，“众人拾柴火焰高”，如果没有人来拾柴，灾害史这堆“柴”不会增高。

《浙江灾害图谱》的“图谱”一词中，“图”者，是指用一定的色彩和线条等绘制出来的形象；“谱”，籍录也[《说文解字》（言部：第1719条）]。俗称“图文并茂”。图为主，谱为依据、出处以及注解，相辅相成。为增强资料的权威性，资料涉及明、清、中华民国，在文中附录原稿。

2015年5月，浙江省减灾委员会办公室、浙江省科学技术协会在安吉县召开“第一届浙江减灾之路学术研讨会”，邀请我做了“从多灾到天堂——浙江减灾之路及其在全国的地位”专题报告，报告中给出一张“浙江省近两千年大灾分布图”，发现杭嘉湖、宁绍舟和温台三个沿海地区灾害最为集中。2016年5月，将在平湖市召开“第二届浙江减灾学术研讨会”，邀请我再做一个学术报告。

我打算将上述图件细化，落实到发生较大灾害的每一年中去。2015 年 7 月 31 日至 8 月 4 日，山西大学历史文化学院、中国人民大学清史研究所暨生态史研究中心、中国灾害防御协会灾害史专业委员会主办第一届“灾害与历史”高级研修班，我被邀请作《中国灾害图谱研究》报告，本书初稿作为教材。学员们拿到本书后之雀跃情形，至今我仍记得。同年 11 月在上海复旦大学召开中国灾害防御协会灾害史专业委员会第十三届年会暨“江南灾害与社会变迁”学术研讨会，也报告了这一题目，会上正反面的意见都有，对于进一步认识图谱很有好处。

战争时期，指战员需要一张两军作战态势图。每当灾害发生时，省长也需要有类似功能的灾害态势图，以便安排救援人员和救援物资。但我们能提供的只有自然状况图，如地震烈度分布图、降雨量分布图、水位深度分布图和旱情分布图，并没有受灾信息。两个降雨量相同地区受灾情况是完全不同的，主要看人口分布情况、资产分布情况、次生灾害分布情况、救援人员和物资分布情况、交通通达情况、避难场所分布和利用情况，以及医疗救援情况等，如果简单一些，把所有加起来，简称为抗御灾害的能力情况也可以。这样，我们可以得到一个公式：

受灾情况＝自然力破坏程度－抗御灾害能力

受灾情况还具有非线性增长现象，即自然力破坏程度增加一倍，受灾情况不是增加一倍，而有可能增加两倍、三倍，甚至更多。以下有个案例。

明正德五年(1510 年)，桐乡县春淫雨，水势更大于正德四年，民乏食，饿殍满路，积尸盈河，灾情更大于正德四年。五月，大水，害稼，民饥，流移者半，又大疫疠(桐乡市桐乡县志编纂委员会. 桐乡县志·第二编　自然环境·第五章　自然灾害. 上海：上海书店出版社，1996：137)。

上例告诉我们，正德五年水势更大于正德四年，灾情更重。就似正德四年刚打开潘多拉盒子，正德五年则是把盒子盖开得更大了。一堆草压不死一头牛，但有一句话是“压死牛的最后一根稻草”。当牛背上有足够多的稻草压着，总有一根稻草会把牛压死。抗御灾害能力，就是牛的抗压能力，如果把受压面积扩大，所承受的压力可以更多。

这正是我们所遵循的“以防为主，防抗救相结合”的减灾方针，把更多的力量用于灾前，灾害来临，我们可以抗御之，少受或者免受损失。例如，1962 年 9 月遭 50 年一遇大洪水，曹娥江中游及支流堤埂大部分被冲毁，是上虞县 1949 年以后损失最为惨重的一次洪灾。灾后，政府动员和组织了 4 万多民工，经过一冬一春奋战，完成土方 486 万立方米，石方 9 万立方米，不仅水毁部分全部修复，而且将堤塘普遍加高 1～2 米，堤顶高程普遍比 1962 年 9 月最高洪水位高 2 米左右，并且加宽了堤面，放缓了边坡。1963 年 9 月又遇大洪水，但灾情大为减轻（上虞市水利局. 上虞市水利志·概述. 北京：中国水利水电出版社，1997：3）。

《浙江灾害图谱》是将文字转化为图像的一种尝试，是适应当前“读图时代潮流”的一种需求。图谱可以更形象地表现多地区的受灾情况，有利于有关部门对防灾减灾工作的决策。由于图谱是初次尝试，不完善之处有待实践中修正完善，是为作者之至盼。

高建国

2016 年 4 月 9 日

目　录

第一章　洪　水

第二章　风暴潮

第三章　风　灾

第四章　低温冷害

第五章　饥　荒

第六章　瘟　疫

绪　论

这里主要讲一下图谱是如何制作的，以及如何制作的，以及如何判读它。首先我们谈制图收集资料的问题。

实际上，在信息共享、“互联网＋”的时代，了解各地的抗御灾害能力不是不能做到的。但现在要问的是，过去发生的灾害灾情图是怎样的呢？

就与买菜回来一样，先把烂菜叶剥掉，用自来水把菜上的泥清除，才可以烹制。历史灾情资料不是每条都能用的。先挑选大的灾情资料，按照联合国救灾署的规定，死亡100人及以上的算大灾。历史资料定性的多，定量的少，“无算”、“无数”可以算作死亡100人及以上的。单位统计以县为点，目前大部分资料从互联网上都可以查阅到。

经过长期的资料收集整理，先做成浙江省灾情年表。按照年份先后排列，灾情排列按照“浙江省各县、市、区长途电话区号和邮政编码表”，杭州市为1，宁波市为2，温州市为3，嘉兴市为4，湖州市为5，绍兴市为6，金华市为7，衢州市为8，舟山市为9，台州市为10，最后是丽水市为11。用这些编号，使得无序的灾情资料变得有序。

再作灾情图，不同的灾种用不同的符号。根据灾情大小设置符号大小，分为死亡100～999人、死亡1000～9999人、死亡10000～99999人和死亡10万人及以上（有，但极个别）四个等级。如果一年里，有多种灾害发生，归发生县数最多的灾种。灾种有洪水、风暴潮、地震、山崩、冰冻和大风，没有单列干旱，因为干旱本身不致人死亡，只有干旱造成粮食减产，吃不饱肚子才会饿死人，另外，冰冻、洪涝也会饿死人。过去，瘟疫没有被列入自然灾害，但许多流行病与灾害有着极大的关系，缺少瘟疫死亡数字会使灾情数字大量缺少。历史上饥荒、瘟疫多为混合在一起的。所以，本书将瘟疫也收入。实际情况是，饥荒、瘟疫造成的死亡人数比其他灾害更多，中国历史上有死亡上千万人的饥荒、瘟疫，而其他灾害还没有超过100万人的。按照灾情发生的过程，洪水、风暴潮、地震、山崩、冰冻和大风造成的人员伤亡是第一次打击，饥荒、瘟疫是第二次打击。大部分情况下，第一次打击死亡速度快，一般在几秒（地震、洪水）到几小时，而第二次打击速度慢，一般在几天到几个月。第二次打击的死亡人数要多，抗御灾害能力更容易掌控，所以新中国成立后，饥荒和瘟疫造成伤亡的数字大为减少。

作图的过程是，先将灾情绘制在浙江省行政分布图上。一个灾情就是一个点，5个灾情就是5个点。如果点太少，甚至只有一两个县的灾情，是无法绘制的，至少需要2个或2个以上县的灾情才可以绘制。少数年份只有2个灾情点，连贯性好或较好，也被选上。有幸的是，绝大部分点都是成团状或成带性，即一个县接着一个县，据统计，这种连贯性的情况在90%以上。设想一下，所有的点十分分散，而且早期浙江省灾情分到每年的点没有几个，是很难勾画出灾情态势来的。最后一笔很重要。鉴于有人用地理信息系统作灾情图，出现许多马赛克现象，十分不美观。造成马赛克现象的原因是缺资料，如一张图上有10个点，缺少3个点，这在历史资料上很正常的，但作图不美观。缺少3个点，后期需要反复在各朝代县志、府志和省志上查阅。但人工作图并不要这样麻烦，用粗黑笔勾画出轮廓即可，但需要画封闭图。这一笔，实际上就是关系、连续，如雨带、热带风暴带。画图后，找到新的大灾资料，再添加到图上，绝大部分在圈内，填补了空缺。

选择大灾后，画面大多较为简洁，突出了重点。

按照灾种，分第1章洪水79幅、第2章风暴潮71幅、第3章风灾8幅、第4章低温冷害8幅、第5章饥荒59幅、第6章瘟疫42幅。共计267幅图。最早一张图为公元335年，最晚一张图为1994年，最早的图至今已有1682年了，平均6.3年一张。可否说，浙江省平均6年多发生一次大灾？

在每个大灾图中，分评价、灾种、资料条数，若有万人以上者加注、正文几类。其中，评价是对资料汇总作简单介绍，分布特征为大灾点连贯性好、大灾点连贯性较好和散状。大灾点连贯性好是指大灾县县相连,大灾点连贯性较好是指大灾县县间隔一县相连。并有死亡人数的初估。灾种是指当年主要发生的灾害种类。资料条数是指有几条资料。注为“下列资料凡斜体者,抑或死亡万人以上”,并加编号。

初稿完成后,我又新收到浙江省明、清、民国时期的地方志 50 本,将其中的大灾资料加入到初稿中,差不多对全书 1/4 条目作了修改,增加了新大灾 22 条(年)。感谢气象出版社对初稿本的三审,提出了许多意见,修改中均予吸纳。尤其感谢责任编辑王萃萃,与她十多次面谈交流、几十通电话,她给出许多十分有意义的修改意见。版式的调整就是她其中的一个修改意见。这些意见为本书的出版增色。

在完成修改稿以后,我深深地感觉我国历史文献整理的任务之艰巨,对于一个省近两千年大灾资料整理和绘图工作还只能说是一个开始,随着新发现的地方志、清宫档案、笔记、报纸、诗歌中记载灾情的出现,本书中描绘的灾情图谱或许还会有新的画法。

在做完这项研究后,思考一下,有以下三个问题提出讨论。

第一,北宋到南宋,浙江省灾情增加迅速。

北宋(960—1127 年),浙江省发生大灾 8 次,平均 20.9 年一次;南宋(1127－1279 年),浙江省发生大灾 45 次,平均 3.4 年一次,比北宋时期增加了 5.1 倍。

根据估计,南宋在人口峰值阶段,全国人口达到 8500 万。若以绍兴三十二年(1162 年)与崇宁元年比较,两浙路户口增加 26 万户、江南西路增加 42 万户、福建路增加 33 万户、潼川府路增加 24 万户、夔州路增加 14 万户。宋朝的城市人口大量增加,10 万户以上的城市有 50 个,其中杭州人口过 120 万,开封人口过 100 万,是当时世界上最大的两个城市。南宋时,定都临安,北方大量人口南迁,所需的粮食、水、土地和木材等各种资源大增。南宋时期,浙江的经济得到很大的发展,但也遇到经济发展与自然灾害同步的问题。

顺便说一句,吴越国(907—978 年)是五代十国时期的十国之一，由钱镠在公元907年所建，都城为钱塘（杭州）。钱镠以前无古人的热情和气魄兴修水利，以“世方喋血以事干戈，我且闭关而修蚕织”，奠基了“上有天堂、下有苏杭”。据统计，该时期一次大灾都没有发生。

第二，死亡人数在一万人以上的年份灾情图要重点研究。

据统计，共计有45次。平均37年发生1次。这些灾情资料都是明确记载死亡万人以上的。新中国成立以来，还没有发生过一次。但也不能够忽视，其原因是风险依然存在。现在的人口密度比历史时期高得多。浙江省山地多，人类居住地区比历史时期大许多。土地不够，向海洋要土地，“生长”出来的土地基本上在海平面高度上下，随着全球气候变化，这些新土地的风险也在增加。

对死亡万人以上的年份，加以标注。以“序号＋W＋年份”标出，例如：35W1815，其中35代表自第一次以来第35次，W代表拼音字母中的“万”字首字母，1815代表发生在1815年。涉及死亡万人以上的史料，均用斜体标出，以示区别。

45次死亡万人以上的年份，绘制出灾情图的有38次，有7次由于地点过少，无法标出，单列于下。

公元38年　1W38

〈6〉**绍兴市**　**绍兴县**：*光武帝建武十四年戊戌（公元38年）会稽大疫，死者数万。*——引自《绍兴市志》第24页。松按：《后汉书・列传第三十一・钟离意》传文记述：“建武十四年，会稽大疫，死者万数。”文中记述到会稽大疫，死者数是“万数”，而《绍兴市志》则曰“数万”。“万数”与“数万”，是有差异的（娄如松. 绍兴市志娄校. 北京：群言出版社，2007：4）。

1208年　11W1208

〈4〉**嘉兴市**　**江浙淮**：*南宋嘉定元年（1208年）五月，大蝗，斗米价格1000钱，江浙死十万人*（嘉兴市志编纂委员会. 嘉兴市志（上册）・第四篇　自然环境・自然灾异. 北京：中国书籍出版社，1997：322）。

1390年　16W1390

〈4〉**嘉兴市**　**松江、海盐县**：*明洪武二十三年（1390年）六月，*

海溢，海盐、松江溺死盐民各2万余人（海盐县水利志编纂委员会. 海盐县水利志·大事记. 杭州：浙江人民出版社，2008：10）。

1467年　21W1467

〈4〉**嘉兴市　嘉兴**：*宪宗成化三年（1467），嘉兴海溢，溺死万人*（陈桥驿. 浙江灾异简志. 杭州：浙江人民出版社，1991：70）。

1507年　24W1507

〈6〉**绍兴市　山阴县（今绍兴县）**：*正德二年，山阴飓风大作，海溢，顷刻高数丈，并海居民死者万计*（清乾隆五十七年，绍兴府志·卷之八十　祥异）。

1770年　34W1770

〈1〉**杭州市　萧山县（今萧山区）**：*清乾隆三十五年（1770年）七月二十三日，飓风大雨，海水溢入西兴塘至宋家溇八十余里，男妇淹毙一万余口，内河两日不能通舟*（上海、江苏、安徽、浙江、江西、福建省（市）气象局、中央气象局研究所. 华东地区近五百年气候历史资料. 1978，4，17）。*七月二十三日，萧山飓风大雨，海溢入西兴塘八十余里，淹毙千余口，内河两日不能通舟*（温克刚. 中国气象灾害大典·浙江卷. 北京：气象出版社，2006：25）。

1771年　34W1771

〈1〉**杭州市　萧山县（今萧山区）**：*清乾隆三十六年（1771年）七月十四日子夜，萧山暴风大雨，海塘圮，龛山一带溺死者数万人*（温克刚. 中国气象灾害大典·浙江卷. 北京：气象出版社，2006：25）。

第三，浙江省的风暴潮灾害风险。

浙江省是海洋性气候，是我国超强台风主要登陆地区之一，是研究台风和风暴潮灾害的绝佳地区。过去对于台风路径研究很多，但对于风暴潮和台风路径只知道5612号和9417号等很少几个，主要原因是没有充分开发、利用丰富的历史资料宝库，更主要是没有绘制图件。这次我绘制了自公元392年以来的70张浙江风暴潮灾情图，可能对于认识台风风暴潮路径有些价值。有人说，热带风暴路径和风暴潮路径是一样的，我认为两者既一样，但也有些差异，热带风暴路径是水汽路径，而风暴潮路径是洪水路径，洪水与地形地貌有着极大的关系，这就是差异。更准确地说，此图还不是风暴潮路径，是风暴潮灾害路径，是风暴潮造成人员死亡的分布图。风暴潮灾情图与热带风暴引起的大雨、暴雨分布不同，大雨、暴雨分布的横截面很长，风暴潮灾情图只留下死亡 100 人以上的大灾点，其带状分布基本上像珠子串起来一样。

当我们看到明崇祯元年(1628 年)风暴潮灾情分布图，不能不为之震惊。《明史·卷二十八　志第四》中写到："明崇祯元年(1628 年)七月壬午，杭、嘉、绍三府海啸，坏民居数万间，溺数万人，海宁、萧山尤甚"。而《清乾隆五十七年　绍兴府志·卷之八十　祥异》则记载："崇祯元年七月，大风拔木发屋，海大溢，府城街市行，舟山、会稽、萧山民溺死各数万，上虞、余姚各以万计"，与前大不一样。因为并非"溺数万人"，而是"溺死各数万"，长了好几倍！整个杭州湾，除了平湖县"坏民居数百座"(光绪十二年《平湖县志》)外，所有县因风暴潮死亡人数均超过万人。这样的灾害要是发生在当今，不可想象。它的危害，比 2011 年日本"3·11"地震及其引发的海啸高 4 倍！其实，这场台风从象山登陆，路径与 5612、8807 号台风非常相似。

各"分布图"的图例中，洪水简称"水"，温疫简称"疫"，风暴潮简称"潮"，饥荒简称"饥"，山崩简称"崩"，大风简称"风"，低温冷害简称"冻"，大火简称"火"；"十万人"指死亡十万人级别的灾害，"万人"指死亡万人级别的灾害，"千人"指死亡千人级别的灾害，"百人"指死亡百人级别的灾害。

由于分到每年的灾情资料少，本书绘图不是按照事件而是按照年度灾情制作的。尽管如此，依然能感觉出大部分图其趋向性极好，灾情成片、互联性强。

第一章 洪水

浙江省洪水灾害中心区分布图(673—2015 年)

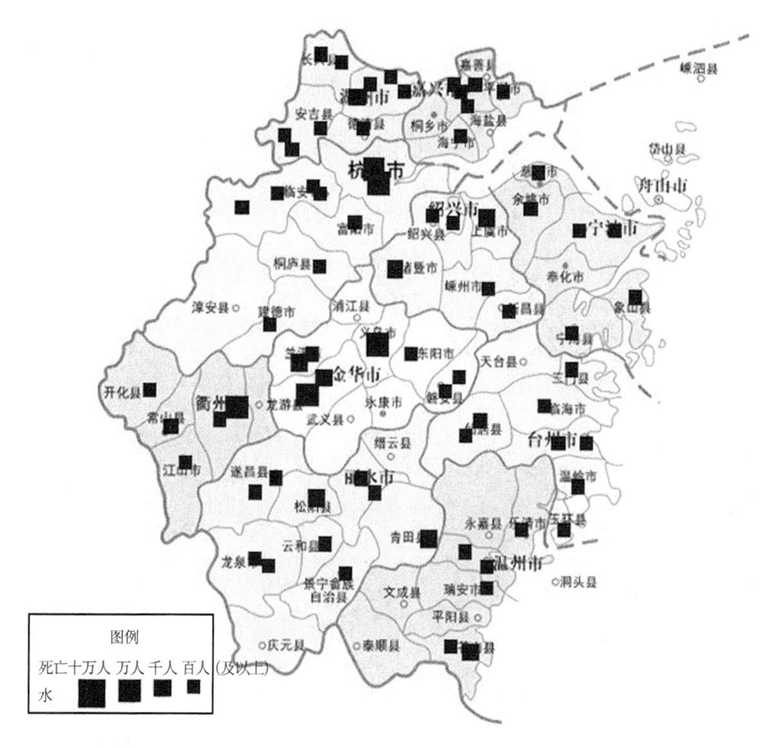

● 浙江省洪水灾害中心区分布均匀，各市都发生过，浙北、浙西至浙中大灾点密集。

● 死亡万人以上，共计 5 个年份，都发生在宋代。北宋 1 年：宋元祐六年(1091 年)；南宋 4 年：绍兴五年(1135 年)、绍兴十四年(1144 年)、淳熙十一年(1184 年)、淳祐十二年(1252 年)。

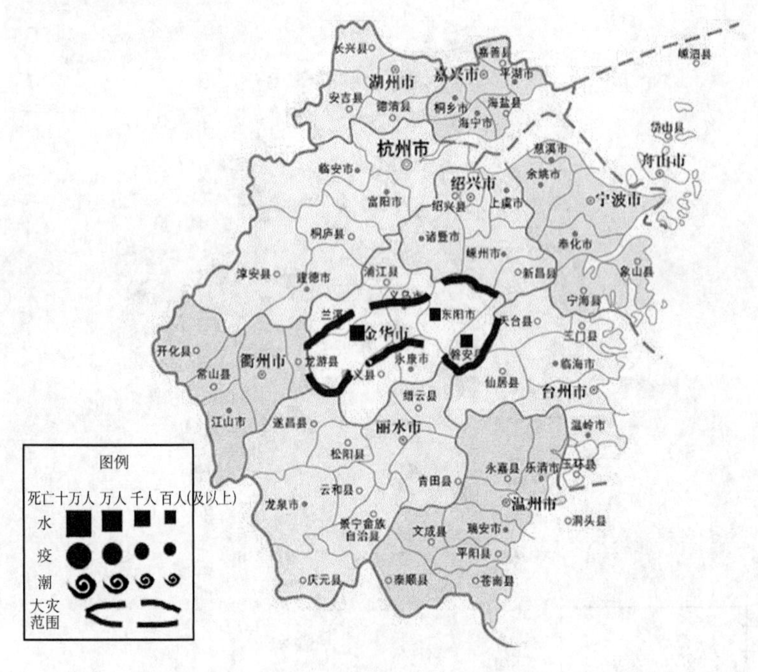

图 1-1　673 年浙江省大灾分布图

评价:浙中。大灾点连贯性好。“山川泛滥”,系山洪灾害。溺死者五千余人(图 1-1)。

灾种:洪涝。

资料条数:3 条。

〈7〉**金华市　东阳县(今东阳市)**:唐咸亨四年(673 年)七月大水,溺死者众[1]。

婺州(今金华市)、东阳县:四年七月二十七日暴雨,婺州大水,

1　东阳市志编纂委员会.东阳市志·卷三　灾异·第二章　灾害纪略·第二节　水灾.上海:汉语大词典出版社,1993.

山川泛滥，溺死者五千余人。义乌七月大水，暴溢。兰溪山水暴涨，溺多人。东阳七月大水，漂溺无计[2]。

磐安县：四年七月，大水，漂溺无计[3]。

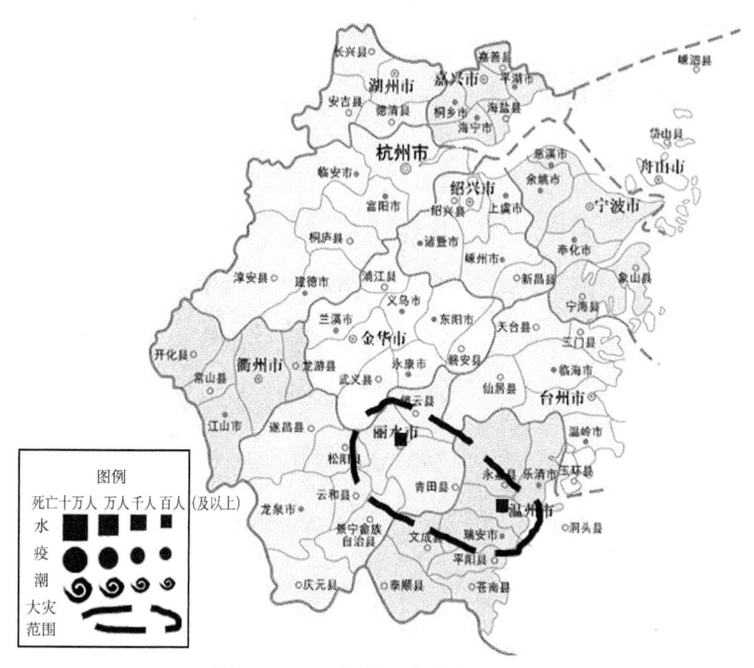

图 1-2　684 年浙江省大灾分布图

评价：浙中。大灾点连贯性较好。“损四千余家”，在唐时属于

2　朱建宏.金华水旱灾害志·第一章　洪水灾害.北京：中国水利水电出版社，2009：91.

3　磐安县志编纂委员会.磐安县志·卷二　自然环境·灾害.杭州：浙江人民出版社，1993：67.

相当密集的地区，应该为城镇地区。死亡人数为数百人（图 1-2）。

灾种：洪涝。

资料条数：2 条。

〈3〉**温州市　温州：**唐文明元年（684 年）七月，温州大水，损四千余家；括州溪水暴涨（《新唐书·五行志》）。[4]

〈11〉**丽水市　丽水县（今莲都区）：**元年，水溺死者百余[5]。

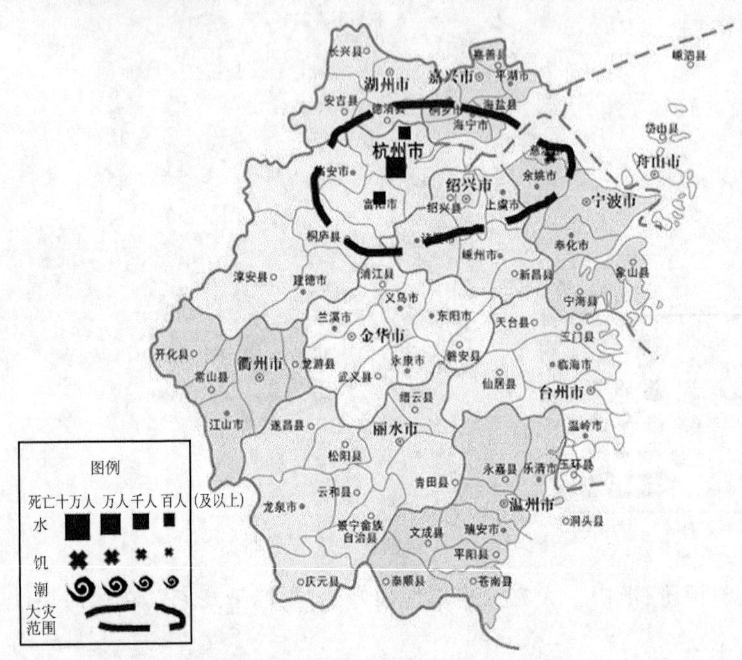

图 1-3(a)　1091 年浙江省大灾分布图

4　陈桥驿. 浙江灾异简志. 杭州：浙江人民出版社，1991：8.

5　处州府志·卷之十六　杂事志·灾眚. 清雍正十一年.

评价：浙北。大灾点连贯性好。南宋时杭州有百万人，北宋有多少人尚不得知，但古籍记载一场大水导致50余万人死亡，可信度有多大？值得思考。据万历七年《杭州府志·卷五十七　户口》记载：宋"杭州余杭郡户十六万四千二百九十三客三万八千一百二十三。"所以，死亡50万余人记载不靠谱。可以暂定，死亡人数在万人以上（图1-3a）。

灾种：洪涝、饥荒。

资料条数：3条。

注：下列资料凡斜体者，为死亡万人及以上。编号：6W1091。

〈1〉**杭州市　杭州、富阳县（今富阳市）**：*宋元祐六年（1091年）六月，浙西大水，杭州死者甚众；富阳大水；秋，苏轼言：浙西诸郡二年灾伤，而今岁大水尤甚，杭州死者五十余万，苏州三十万；闰八月四日，知杭州林希言：太湖积水未退（光绪《富阳县志》、《宋史·哲宗纪》）。*[6]

余杭县（今余杭区）：六年六月，两浙又大水，杭州死者甚众[7]。

〈2〉**宁波市　慈溪县（今慈溪市）**：元祐间（1086—1094年），岁荒，饥殍相望（图1-3b）[8]。

6　陈桥驿.浙江灾异简志.杭州：浙江人民出版社，1991：17.

7　余杭县志编纂委员会.余杭县志·第二编　自然环境·第五章　水旱灾害.杭州：浙江人民出版社，1990：78.

8　慈溪县志·卷五十五　前事·祥异.清光绪二十五年.

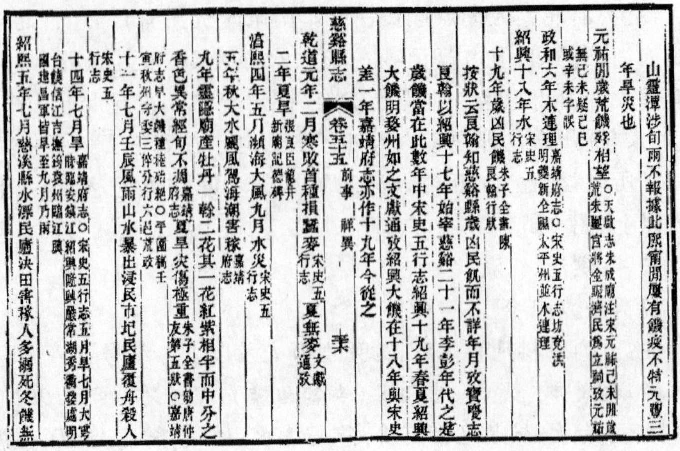

山靈潭涉旬雨不報據此則甯間屢有饑疫不特元豐三
年旱災也
元祐間歲荒饑殍相望○天啟志朱成廟注宋元祐己未間歲荒朱暹宦將金賑濟民爲立祠考元祐無己未疑己巳或辛未字誤
政和六年木連理 嘉靖府志○宋史五行志坊充洪明奏新仝縣太平州並木連理
紹興十八年水 宋史五行志
十九年歲凶民饑 朱子全書陳良翰行狀
按狀云良翰知慈谿縣歲凶民飢而不詳年月考寶慶志
良翰以紹興十七年始宰慈谿二十一年李彭年代之是
歲饑當在此數年中宋史五行志紹興十九年春夏紹興
大饑明發州如之文獻通考紹興大饑在十八年與宋史
差一年嘉靖府志亦作十九年今從之

慈谿縣志 卷五十五 前事 祥異 [illegible]

乾道元年二月寒敗首種損蠶麥 宋史五行志 夏無麥 文獻通考
二年夏旱 張貞臣龍井祈雨記德碑
淳熙四年五月瀕海大風九月水災 宋史五行志
五年秋大水颶風駕海潮害稼 嘉靖府志
九年靈隱廟產牡丹一幹二花其一花紅紫相半而中分之
香色異常經旬不凋 嘉靖府志 夏旱災傷極重 朱子全書勅唐仲友第五狀○嘉靖府志早大饑種稑殆絕○寧國稱壬寅秋州守委三倅分行六邑荒政
十一年七月壬辰風雨山水暴出浸民市圮民廬覆舟殺人 宋史五行志
十四年七月旱 嘉靖府志○宋史五行志五月旱七月大雩時臨安鎮江紹興隆興嚴常湖秀衢婺處明台饒信江吉撫筠袁州臨江興國建昌軍皆旱至九月乃雨
紹熙五年七月慈溪縣水漂民廬決田害稼人多溺死冬饑無

1190

图 1-3(b) 清光绪二十五年《慈溪县志・卷五十五 前事・祥异》记载元祐间饥荒

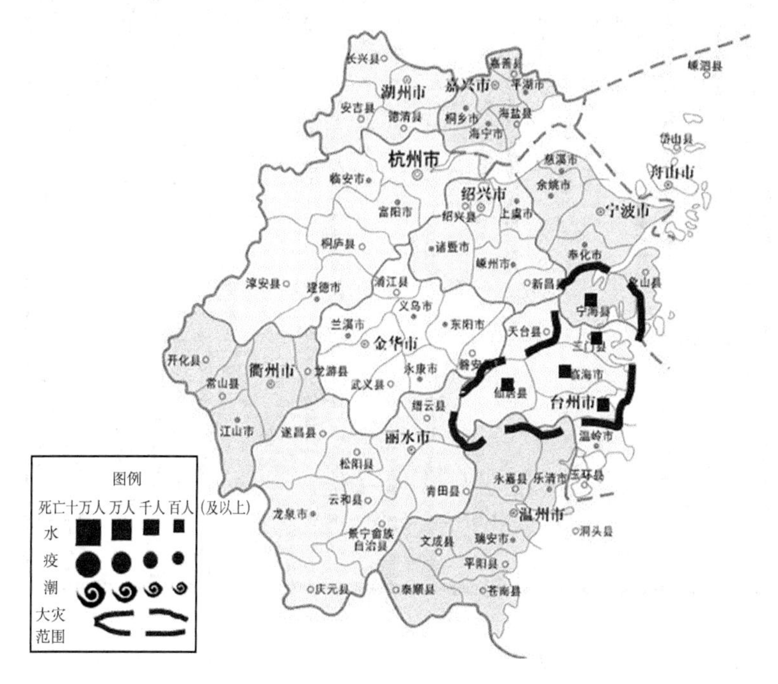

图 1-4(a)　1112 年浙江省大灾分布图

评价:浙东。大灾点连贯性好。本年灾害最大的特色是“大水环城”、“大水坏城”。古时,县城都有城墙、壕沟,几座县城均被洪水围困、冲坏,城里的居民大量淹死。死亡人数为上千人(图 1-4a)。

灾种:洪涝。

资料条数:5 条。

〈2〉**宁波市　宁海县**:北宋政和二年(1112 年)宁海大水坏城,淹死者无数(民国台州府志·大事记)。

〈10〉**台州市　台州**:二年,台州大水环城,淹死者无数(民国《台州府志》卷一三二)。二年大水,坏城,死者无数(图 1-4b)[9]。

六年秋七月庚寅戶部員外郎兼侍御史知雜事梅摯上言海水入台州殺人
時數有災異摯引洪範上變戒曰王省惟歲謂王總羣吏如歲四時有不順則省其職今日
食於春地震於夏雨水於秋一歲而變及三時此天意以陛下省職未至而丁寧戒告也伊
洛暴溢漂廬舍海水入台州殺人民浙江潰防黃河溢埽所謂水不潤下陛下宜責躬修德
以回上帝之佑陰不勝陽則災異衰止而盛德日起矣
至和元年大水城不沒者數尺
嘉祐六年大水城復壞
神宗熙寧二年五月州民延贊等九人年各百歲以上並授本州助教
元豐五年五月乙未詔除杭台等十州撲買場務積欠淨利過月錢三萬餘緡
從司農寺丞韓宗良請也

台州府志 卷一百三十二 十二

哲宗元祐五年夏四月丙辰戶部言台婺衢銀坑興發乞遂州應管合發上供并無額官錢并
就截應付買銀上京從之
徽宗大觀二年秋七月大雨竟月
政和元年九月辛巳詔以陳瓘送台州羈管
詳寓賢傳
政和二年大水壞城溺死者無數
三年臨海陳公輔上舍釋褐及第
四年槐木連理
五年寧海有旱禾一稃二米凡三石進獻於朝
重和元年黃巖萬歲鄉民陳壯兒妻一產四子州以聞詔改萬歲鄉爲繁昌鄉
宣和二年冬十月睦州清溪民方臘起爲亂仙居呂師囊合黨應之白塔寨巡檢鄒遘
尉徐歎戰死之遂陷仙居城
師囊仙居十四都人家頗饒蓄異謀久嘗出金以博惡少數人有急稍爲持之名遂聞一時

1767

图 1-4(b) 民国二十五年《台州府志·卷百三十二之三十六 大事记五卷》记载政和二年洪灾

临海县:二年,大水坏城,淹死甚众[10]。

台州(今三门县):二年,大水环城,淹死者无数[11]。

台州、仙居、宁海县:二年,台州、仙居、宁海大水坏城,淹死者

9 台州府志·卷百三十二之三十六 大事记五卷.民国二十五年.

10 临海县志编纂委员会.临海县志·第三编 自然地理·第八章 自然灾害.杭州:浙江人民出版社,1989:146.

11 三门县志编纂委员会.三门县志·第二编 自然环境·第三章 气候.杭州:浙江人民出版社,1992:98.

无数[12]。仙居大水冲坏县城(《仙居县志》)。

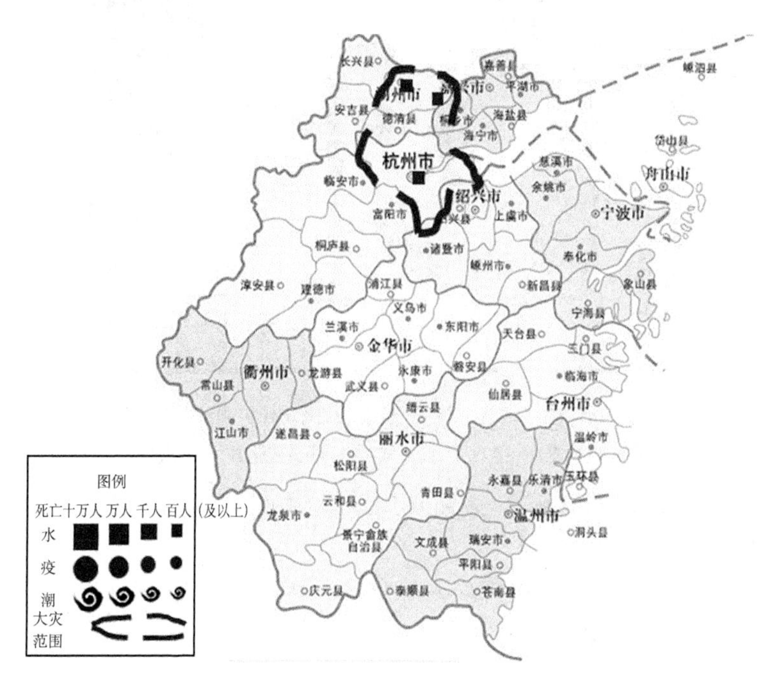

图 1-5(a)　1118 年浙江省大灾分布图

评价:浙北。大灾点连贯性好。洪涝是由于“霖雨连绵”造成的,结果是“民流移,溺者众”。死亡人数为数百人(图 1-5a)。

灾种:洪涝。

资料条数:3 条。

〈1〉**杭州市　杭州**:北宋重和元年(1118 年)夏,浙大水,民流

12　温克刚. 中国气象灾害大典・浙江卷・第一章　热带气旋. 北京:气象出版社,2006:55.

移，溺者众(图 1-5b)[13]。

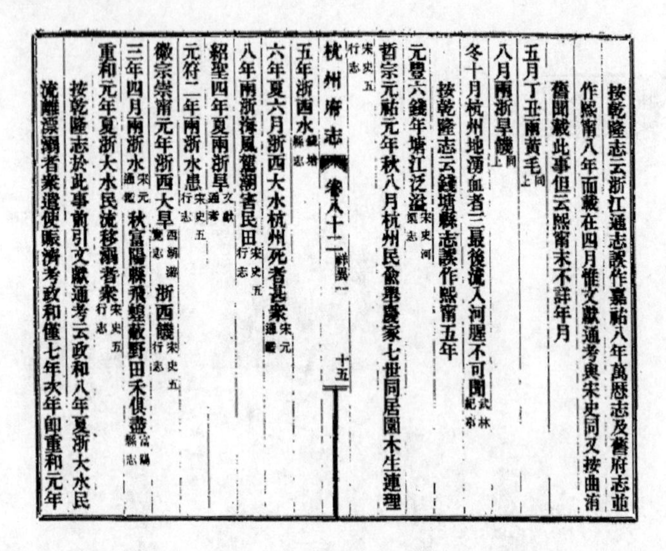

按乾隆志云浙江通志誤作嘉祐八年萬歷志及舊府志並作熙甯八年而載在四月惟文獻通考與宋史同又按曲洧舊聞載此事但云熙甯末不詳年月

五月丁丑雨黃毛（同上）

八月兩浙旱饑（同上）

冬十月杭州地湧血者三最後流入河腥不可聞（武林紀事）

按乾隆志云錢塘縣志誤作熙甯五年

元豐六錢年塘江泛溢（宋史河渠志）

哲宗元祐元年秋八月杭州民俞舉慶家七世同居園木生連理（宋史五行志）

杭州府志　卷八十二　祥異一　十五

五年浙西水（錢塘縣志）

六年夏六月浙西大水杭州死者甚衆（宋元通鑑）

八年兩浙海風駕潮害民田（宋史五行志）

紹聖四年夏兩浙旱（文獻通考）

元符二年兩浙水患（宋史五行志）

徽宗崇甯元年浙西大旱（西湖遊覽志）浙西饑（宋史五行志）

三年四月兩浙水（宋元通鑑）秋富陽縣飛蝗蔽野田禾俱盡（富陽縣志）

重和元年夏浙大水民流移溺者衆（宋史五行志）

按乾隆志於此事前引文獻通考云政和八年夏浙大水民流離漂溺者衆遣使賑濟考政和僅七年次年即重和元年

图 1-5(b)　清光绪十四年编纂、民国十一年铅字本

《杭州府志·卷八十二　祥异一》记载重和元年洪灾

〈5〉**湖州市**　**湖州**：政和八年夏，霖雨连绵，大水，民流移，溺者众[14]。

乌程县(今南浔区)、归安县(今吴兴区)：元年夏，浙乌程、归安大水，民流移，溺者众[15]。

13　杭州府志·卷八十二　祥异一. 民国十一年铅字本. 清光绪十四年.

14　湖州市地方志编纂委员会. 湖州市志(上卷)·第三卷　自然环境·第七章　自然灾害录. 北京：昆仑出版社，1999：213.

15　温克刚. 中国气象灾害大典·浙江卷·第二章　暴雨、洪涝. 北京：气象出版社，2006：55.

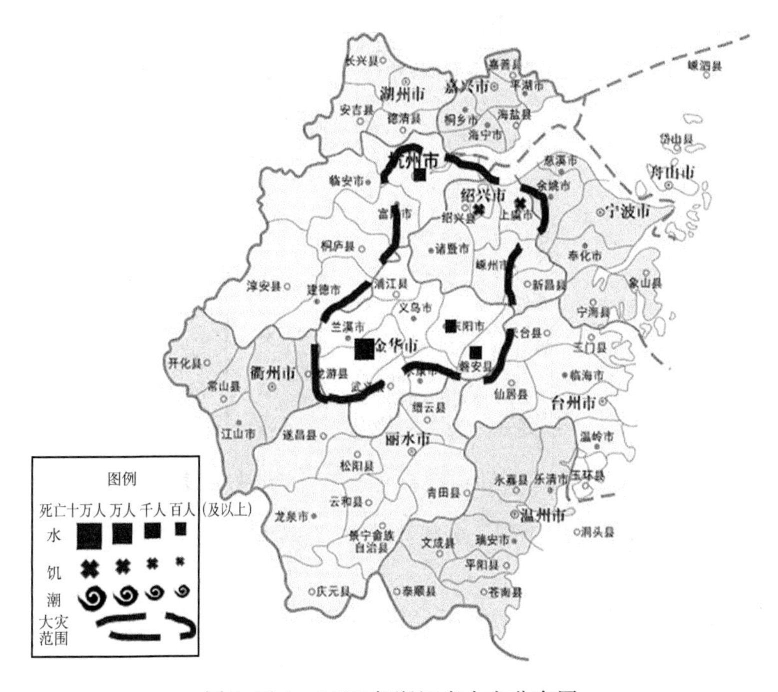

图 1-6(a)　1135 年浙江省大灾分布图

评价:浙中、浙西北。大灾点连贯性好。天目山山洪灾害,洪水水位“忽高二丈许”,计 6 米高。“婺州大水,溺死者万余人。”同年,其北地区发生旱灾,“浙东、西旱五十余日;会稽久旱、大暑、人多渴死”(图 1-6a)。

灾种:洪涝、干旱。

资料条数:6 条。

注:下列资料凡斜体者,为死亡万人及以上。编号:7W1135。

〈1〉**杭州市　临安府(今杭州市)**:南宋绍兴五年(1135 年)秋八月属县大水,时洪水发天目诸山,忽高二丈许,冲决塘渠百余所,湮没庐舍千五百余家，尸散入旁邑，禾稼化为腐草(图 1-6b)[16]。

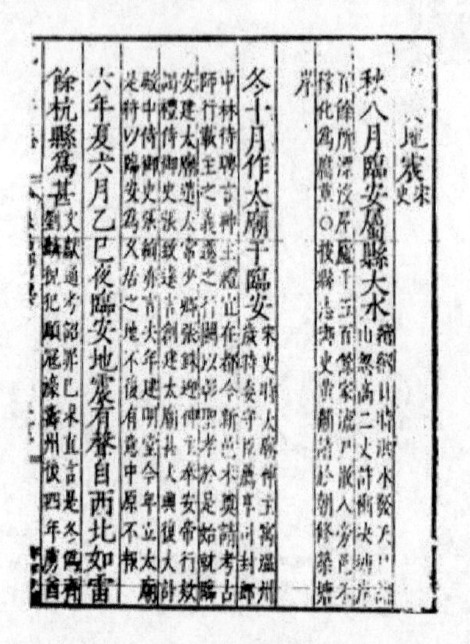

秋八月臨安屬縣大水

冬十月作太廟于臨安

六年夏六月乙巳夜臨安地震有聲自西北如雷

餘杭縣為甚

图 1-6(b)　明万历七年《杭州府志·卷之三　事纪中》记载绍兴五年洪灾

〈6〉**绍兴市　会稽县(今越城区)**:绍兴五年，会稽久旱，大暑，人多渴死[17]。

上虞市(今上虞市):五年，江、湖、闽、浙大旱，殍殣相望；五月，浙东、西旱五十余日；会稽久旱、大暑、人多渴死[18]。

〈7〉**金华市　婺州(今金华市)**:*五年五月，婺州大雨，溺万余人*(图 1-6c)[19]。

16　杭州府志·卷之三　事纪中.明万历七年.

17　陈桥驿.浙江灾异简志.杭州:浙江人民出版社，1991:189.

18　上虞市水利局.上虞市水利志·第二章　水旱灾害.北京:中国水利水电出版社，1997:68.

19　金华府志·卷之二十六　祥异.成化十六年.

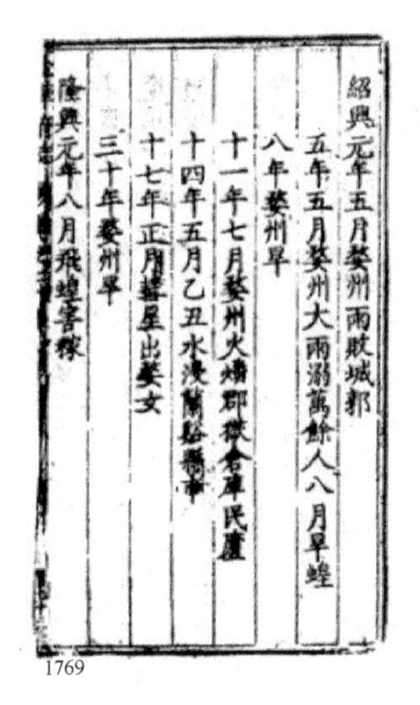

紹興元年五月婺州雨敗城郭
五年五月婺州大雨溺萬餘人八月旱蝗
八年婺州旱
十一年七月婺州火燔郡獄倉庫民廬
十四年五月乙丑水浸蘭谿縣市
十七年正月彗星出婺女
三十年婺州旱
隆興元年八月飛蝗害稼

1769

图 1-6(c)　成化十六年《金华府志·卷之二十六　祥异》记载绍兴五年洪灾

磐安县:五年五月,暴雨,溢溺无计[20]。

东阳县(今东阳市):五年五月暴雨,洪水泛滥,溺者无计[21]。

---

[20] 磐安县志编纂委员会.磐安县志·卷二　自然环境·灾害.杭州:浙江人民出版社,1993:67.

[21] 东阳市志编纂委员会.东阳市志·卷三灾异·第二章　灾害纪略·第二节　水灾.上海:汉语大词典出版社,1993.

1139 年

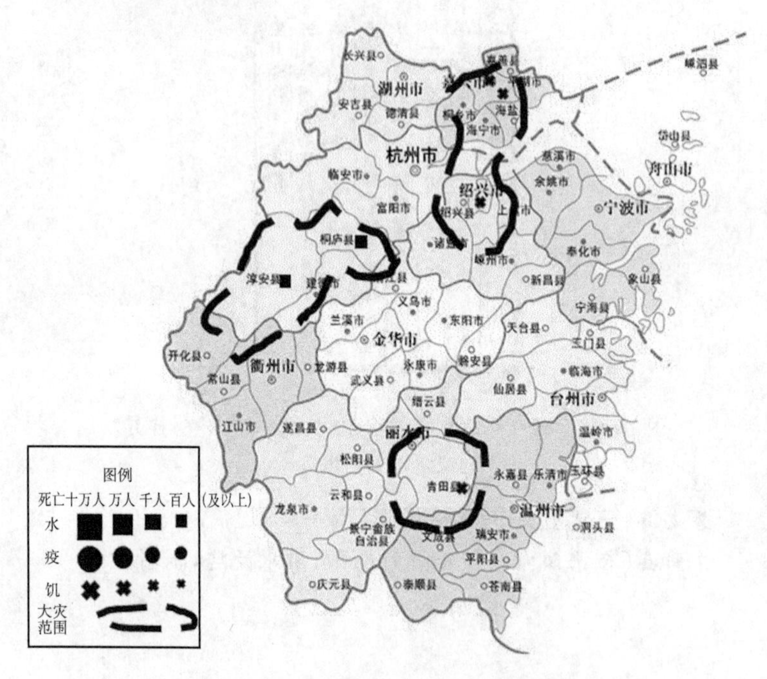

图 1-7(a)　1139 年浙江省大灾分布图

评价:浙北、浙西。大灾点连贯性较好。“水害相仍,民饥,赈之不给,死者过半”,政府赈济不作为。死亡人数为上千人(图 1-7a)。

灾种:洪涝、饥荒。

资料条数:5 条。

〈1〉**杭州市**　**淳安县**:南宋绍兴九年(1139 年)五月,淳安大水,民溺死者甚多[22]。

分水县(今桐庐县):九年,大风拔木,已而大水,坏沿溪庐舍民

[22] 浙江省淳安县志编纂委员会. 淳安县志·第二编　自然环境·附:历代自然灾害. 上海:汉语大词典出版社,1990:78.

多溺死(图 1-7b)[23]。

〈4〉**嘉兴市　嘉兴府(今嘉兴市)**:已未,大饥,斗米千钱。道殣相望(图 1-7c)[24]。

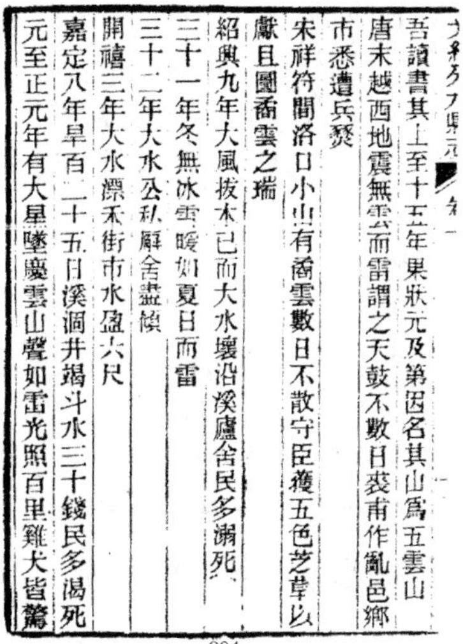

吾讀書其上至十五年果狀元及第因名其山爲五雲山
唐末越西地震無雲而雷謂之天鼓不數日裘甫作亂邑鄉
市悉遭兵燹
宋祥符間洺口小山有瑞雲數日不散守臣獲五色芝草以
獻且圖瑞雲之瑞
紹興九年大風拔木已而大水壞沿溪廬舍民多溺死
三十一年冬無冰雪暖如夏日而雷
三十二年大水公私廨舍盡傾
開禧三年大水漂禾街市水盈六尺
嘉定八年旱百二十五日溪涸井竭斗水三十錢民多渴死
元至正元年有大星墜慶雲山聲如雷光照百里雞犬皆驚

904

图 1-7(b)　光绪《分水县志·卷十　杂志》记载绍兴九年洪灾

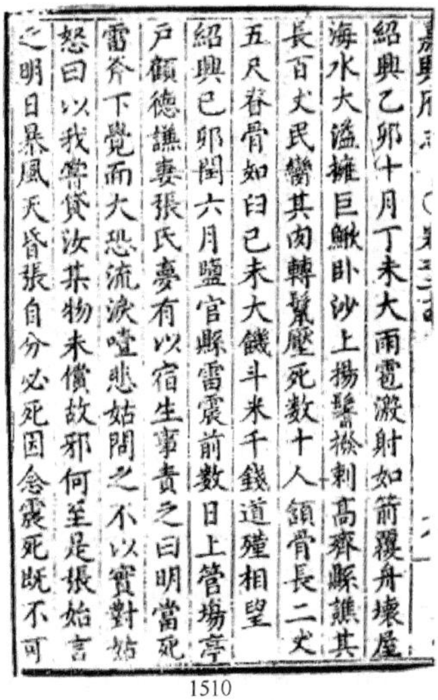

紹興乙卯十月丁未大雨雹激射如箭覆舟壞屋
海水大溢擁巨鰍臥沙上揚鬐撥剌高齊縣譙其
長百丈民臠其肉轉鬻壓死數十人領骨長二丈
五尺脊骨如臼已未大饑斗米千錢道殣相望
紹興己卯閏六月鹽官縣雷震前數日上管場亭
戶顧德謙妻張氏夢有以宿生事責之曰明當死
雷斧下覺而大恐流涕噎悲姑問之不以實對姑
怒曰以我嘗貸汝某物未償故邪何至是張始言
之明日暴風天昏張自分必死因念震死既不可

1510

图 1-7(c)　明万历二十八年《嘉兴府志·卷二十四　丛记》记载绍兴已未饥荒

嘉兴县(今秀城区):已未,大饥,斗米千钱,道殣相望(图 1-7d)[25]。

23　分水县志·卷十　杂志.光绪三十二年.

24　嘉兴府志·卷二十四　丛记.明万历二十八年.

25　嘉兴县志·卷十六　灾祥.明崇祯.

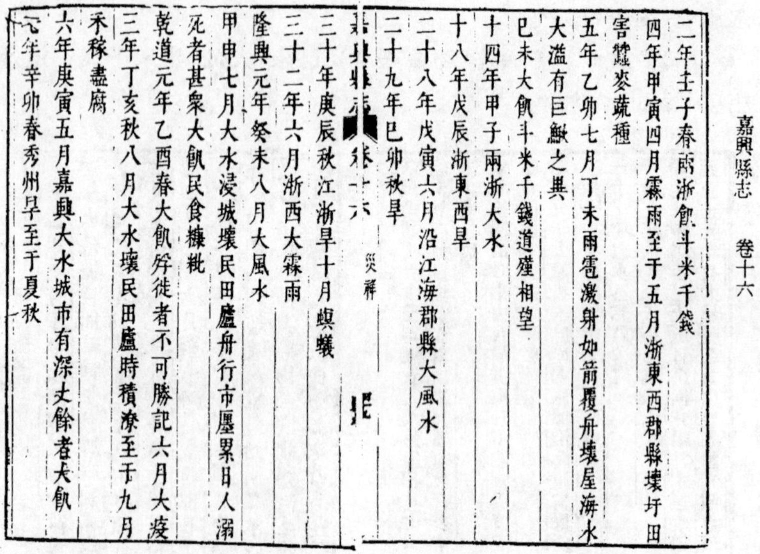

嘉興縣志　卷十六

二年壬子春兩浙飢斗米千錢
四年甲寅四月霖雨至于五月浙東西郡縣壞圩田
害蠶麥蔬種
五年乙卯七月丁未雨雹激射如箭覆舟壞屋海水
大溢有巨鰍之異
己未大飢斗米千錢道殣相望
十四年甲子兩浙大水
十八年戊辰浙東西旱
二十八年戊寅六月沿江海郡縣大風水
二十九年己卯秋旱

嘉興縣志　卷十六　災祥

三十年庚辰秋江浙旱十月螟蝗
三十二年六月浙西大霖雨
隆興元年癸未八月大風水
甲申七月大水浸城壞民田廬舟行市廛累日人溺
死者甚衆大飢民食糠粃
乾道元年乙酉春大飢殍徙者不可勝記六月大疫
三年丁亥秋八月大水壞民田廬時積潦至于九月
禾稼盡腐
六年庚寅五月嘉興大水城市有深丈餘者大飢
七年辛卯春秀州旱至于夏秋

图 1-7(d)　明崇祯《嘉兴县志·卷十六　灾祥》记载绍兴九年饥荒

〈6〉**绍兴市　会稽县(今越城区)**:九年,会稽县水;分水大水;九年、十年,会稽水害相仍,民饥,赈之不给,死者过半[26]。

[26] 陈桥驿. 浙江灾异简志. 杭州:浙江人民出版社,1991:23.

1143 年

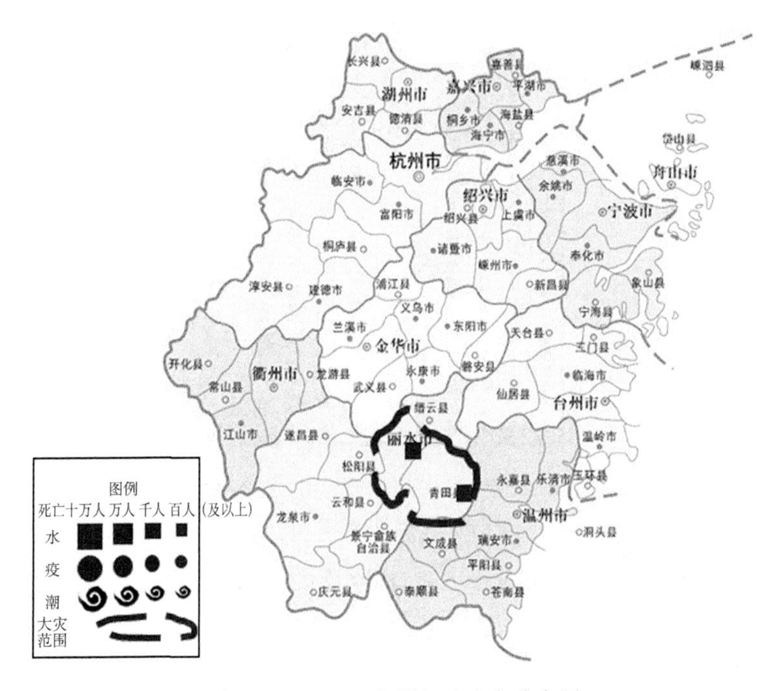

图 1-8(a) 1143 年浙江省大灾分布图

评价：浙南。大灾点连贯性好。“平地八丈”，洪水水位相当于高 24 米。死亡人数为三千余人（图 1-8a）。

灾种：洪涝。

资料条数：3 条。

〈11〉**丽水市 丽水、青田县：**南宋绍兴十三年（1143 年）八月，丽水、青田大水，平地八丈，民居皆湮没，溺死三千余人[27]。

〈11〉**丽水市 青田县：**绍兴十三年八月，处州水，没市民居，青

27 处州府志·卷之十六 杂事志·灾眚.清雍正十一年.

田溺死三千余人(图 1-8b)[28]。

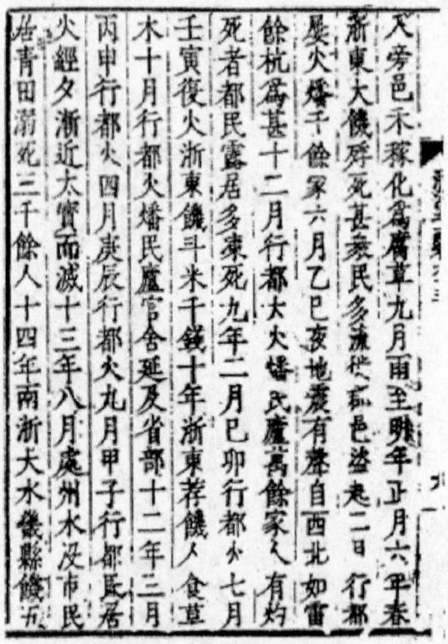

又旁邑禾稼化爲腐草九月雨至明年正月六年春
浙東大饑殍死甚衆民多流徙郡邑盜起二日行都
屢火燔千餘家六月乙巳夜地震有聲自西北如雷
餘杭爲甚十二月行都大火燔民廬萬餘家人有灼
死者都民露居多凍死九年二月己卯行都火七月
壬寅復火浙東饑斗米千錢十年浙東荐饑人食草
木十月行都火燔民廬官舍延及省部十二年三月
丙申行都火四月庚辰行都火九月甲子行都民居
火經夕漸近太室而滅十三年八月處州水没市民
居青田溺死三千餘人十四年兩浙大水徽縣饑五

图 1-8(b)　明嘉靖四十年《浙江通志·卷六十三　杂志　天文祥异》记载绍兴十三年洪灾

青田县:十三年五月十五日,海水泛滥,漂荡芝城,溺死者无数(光绪《青田县志》卷十七)(图 1-8c)。

28　江浙通志·卷六十三　杂志　天文祥异.明嘉靖四十年.

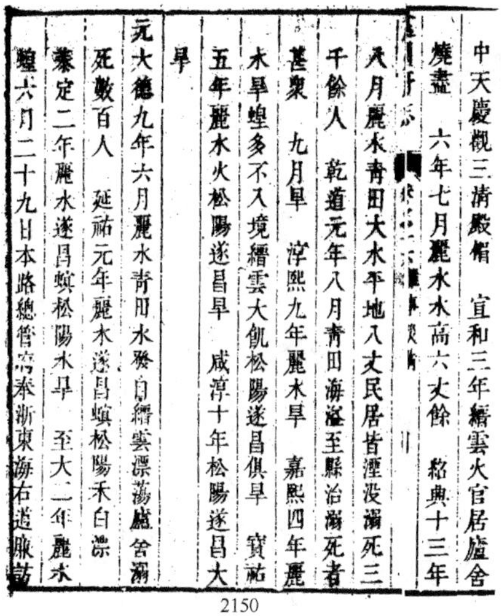

中天慶觀三清殿帽　宣和三年縉雲火官居廬舍
燒盡　六年七月麗水水高六丈餘　紹興十三年
八月麗水青田大水平地入丈民居皆湮沒溺死三
千餘人　乾道元年八月青田海溢至縣治溺死者
甚衆　九月旱　淳熙九年麗水旱　嘉熙四年麗
水旱蝗多不入境縉雲大飢松陽遂昌俱旱　寶祐
五年麗水火松陽遂昌旱　咸淳十年松陽遂昌大
旱
元大德九年六月麗水青田水發自縉雲漂蕩廬舍溺
死數百人　延祐元年麗水遂昌縉松陽禾白漂
泰定二年麗水遂昌縉松陽水旱　至大二年麗水
蝗六月二十九日本路總管府奉浙東海右道廉訪

2150

图 1-8(c)　清雍正十一年《处州府志 · 卷之十六 杂事志 · 灾眚》记载绍兴十三年洪灾

1144 年

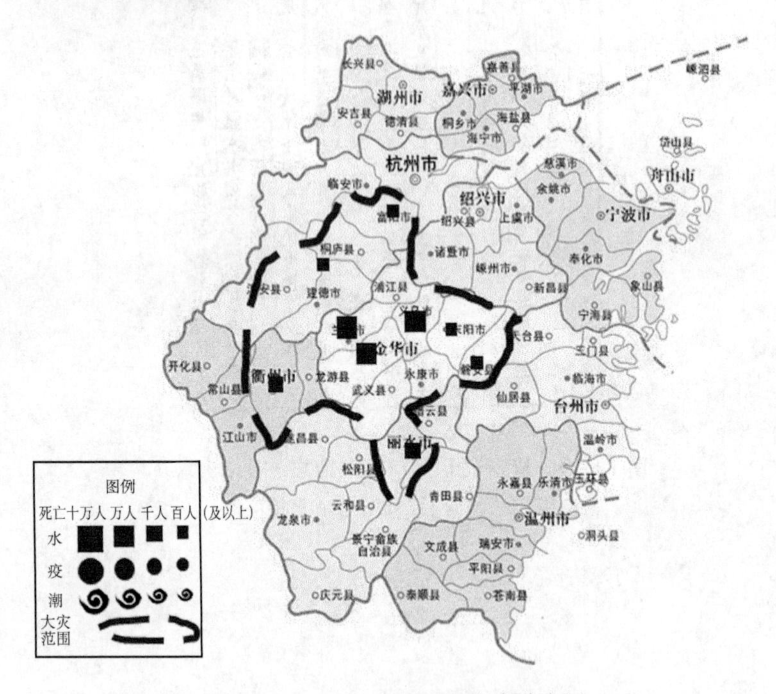

图 1-9(a) 1144 年浙江省大灾分布图

评价:浙中、浙西。大灾点连贯性好。内陆集中降水,受灾面积较广。“五月乙丑洪水浸城市,次夜更暴至,溺死万余人”,是一场典型的城市洪水灾害。《林泉野记》称婺、衢、严、处四州民溺死数百万,“数百万”肯定是误记。先民把这场洪水,刻在南明山上,让后人永远铭记。死亡人数为数万人(图 1-9a)。

灾种:洪涝。

资料条数:8 条。

注:下列资料凡斜体者,为死亡万人及以上。编号:8W1144。

〈1〉*杭州市　严州(今桐庐县、淳安县和建德市)*:南宋绍兴十四年(1144年)六月,临安、富阳大水,严州暴水进城,居民溺死无数[29]。

富阳县(今富阳市):十四年六月,富阳大水。浸城,淹禾,溺死者无算[30]。

*〈7〉**金华市**　**婺州(今金华市)、兰溪(今兰溪市)、东阳县(今东阳市)**:十四年五月,婺州水。金华五月丙寅中夜水暴至,死者万余人。兰溪五月乙丑洪水浸城市,次夜更暴至,溺死万余人。东阳大水,民溺死无数[31]。*

金华县(今金华市):十四年,两浙大水,几县饥。五月金华水暴至死者万余人(图1-9b)[32]。

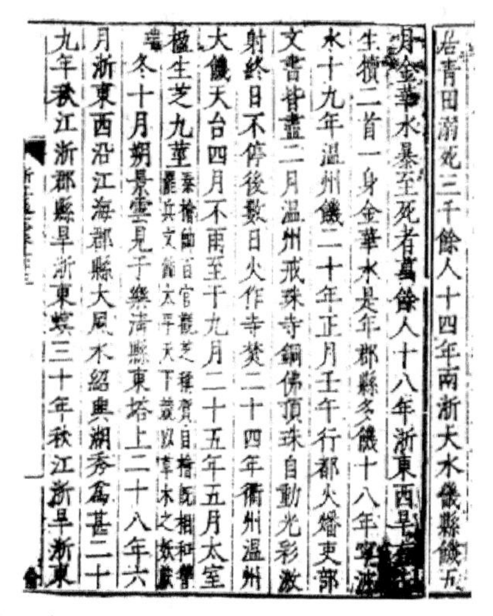
居青田溺死三千餘人十四年兩浙大水饑縣饑五
月金華水暴至死者萬餘人十八年浙東西旱
生犢二首一身金華水是年郡縣多饑十八年
水十九年溫州饑二十年正月壬午行都火燔吏部
文書省皆盡二月溫州戒珠寺銅佛頂珠自動光彩激
射終日不停後數日火作寺焚二十四年衢州溫州
大饑天台四月不雨至于九月二十五年五月太室
楹生芝九莖秦檜飾百官觀芝稱賀自檜既相和譬靡兵文飾太平天下歲以草木之妖獻
冬十月朔景雲見于樂清縣東塔上二十八年六
月浙東西沿江海郡縣大風水紹興湖秀爲甚二十
九年秋江浙郡縣旱浙東螟三十年秋江浙旱浙東

图1-9(b)　明嘉靖四十年《浙江通志·卷六十三　杂志　天文祥异》记载绍兴十四年洪灾

29　杭州市地方志编纂委员会. 杭州市志·大事记. 北京:中华书局,2000.

30　富阳市水利志编纂委员会. 富阳市水利志·大事记. 南京:河海大学出版社,2007:5.

31　朱建宏. 金华水旱灾害志·第一章　洪水灾害. 北京:中国水利水电出版社,2009:92.

32　浙江通志·卷六十三　杂志　天文祥异. 明嘉靖四十年.

东阳县(今东阳市):十四年,大水,溺死无数[33]。

磐安县:十四年,大水,民溺死无数[34]。

义乌县(今义乌市):十四年五月丙寅,婺州大水,民多溺死。《林泉野记》:"婺、衢、严、处四州大水,民溺死数百万。"[35]

兰溪县(今兰溪市)、衢州、信州(今信州区,江西省上饶市下辖区)、处州(今丽水市)、婺州(今金华市)、丽水:十四年五月丙寅,婺州水,兰溪县中夜水暴至,死者万余人;江、浙、闽所在大水;五月十八日,(杭州)昭庆寺水;婺州溪水暴涨;六月,杭州大水;富阳大水;严州水暴至,城不没者数版;衢、信、处、婺等州,民之死者甚众;婺士民溺死数万;衢州城圮;严州连坊漂溺;八月,丽水大水,水高八丈,溺死三千余人(图1-9c)[36]。

[33] 东阳市志编纂委员会.东阳市志·卷三灾异·第二章　灾害纪略·第二节　水灾.上海:汉语大词典出版社,1993.

[34] 磐安县志编纂委员会.磐安县志·卷二　自然环境·灾害.杭州:浙江人民出版社,1993:67.

[35] 义乌县志编纂委员会.义乌县志·第二篇　自然地理.杭州:浙江人民出版社,1987:56.

[36] 陈桥驿.浙江灾异简志.杭州:浙江人民出版社,1991:23.

图 1-9(c)　丽水南明山摩崖石刻

［记载宋绍兴甲子(1144 年),丙寅(1146 年)大水］

图 1-10(a)　1148 年浙江省大灾分布图

评价:浙北。大灾点连贯性好。“水,饥民殍死殆半”,大水导致粮食短缺,造成大量的灾民死亡。死亡人数近千人(图 1-10a)。

灾种:洪涝、引发饥荒。

资料条数:2 条。

〈6〉**绍兴市　山阴县(今绍兴县)**:南宋绍兴十八年(1148 年)冬,绍兴府大饥。万历志。是年,山阴水,死者数百人[37]。

绍兴(今绍兴市):景祐(景祐仅为四年,疑为“绍兴”)十八年八

[37] 绍兴府志·卷之八十　祥异.清乾隆五十七年.

月，绍兴水，饥民殍死殆半（图 1-10b）[38]。

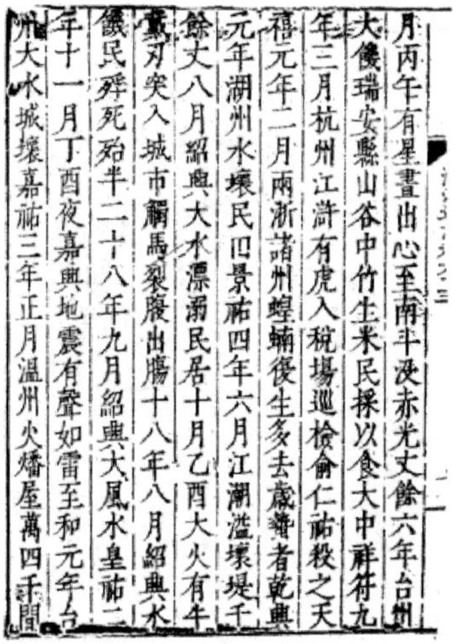

月丙午有星晝出心至南斗沒赤光丈餘六年台州
大饑瑞安縣山谷中竹生米民採以食大中祥符九
年三月杭州江濤有虎入稅場巡檢俞仁祐殺之天
禧元年二月兩浙諸州蝗蝻復生多去歲蟄者乾興
元年湖州水壞民田景祐四年六月江潮溢壞堤千
餘丈八月紹興大水漂溺民居十月乙酉大火有牛
戴刃突入城市觸馬裂腹出腸十八年八月紹興水
饑民殍死殆半二十八年九月紹興大風水皇祐二
年十一月丁酉夜嘉興地震有聲如雷至和元年台
州大水城壞嘉祐三年正月溫州火燔屋萬四千間

图 1-10(b)　明嘉靖四十年《浙江通志·卷六十三　杂志　天文祥异》记载景祐(疑“绍兴”)十八年水饥

[38] 浙江通志·卷六十三　杂志　天文祥异. 明嘉靖四十年.

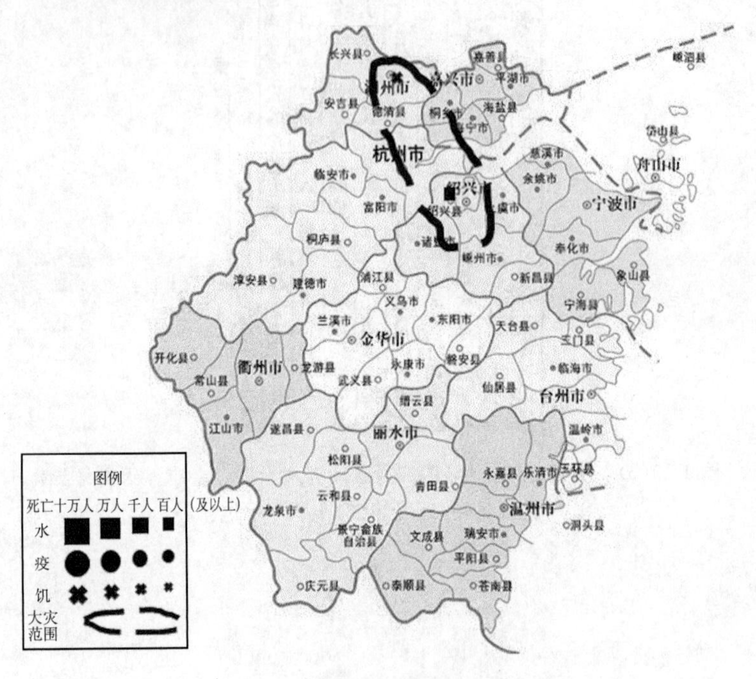

图 1-11　1154 年浙江省大灾分布图

评价:浙北。“流民庐舍,淹没者数百人”;“浙西旱五十余日,大饥”,旱期并不长,产生严重后果,均反映防灾能力低。死亡人数为数百人(图 1-11)。

灾种:洪涝、饥荒。

资料条数:2 条。

〈5〉***湖州市***　***湖州***:南宋绍兴二十四年(1154 年),浙西旱五十余日,大饥,斗米千钱,道殣相望[39]。

[39] 湖州市地方志编纂委员会.湖州市志(上卷)·第三卷　自然环境·第七章　自然灾害录.北京:昆仑出版社,1999:224.

〈6〉**绍兴市　山阴县(今绍兴县)**:二十四年,山阴县大水,流民庐舍,淹没者数百人[40]。

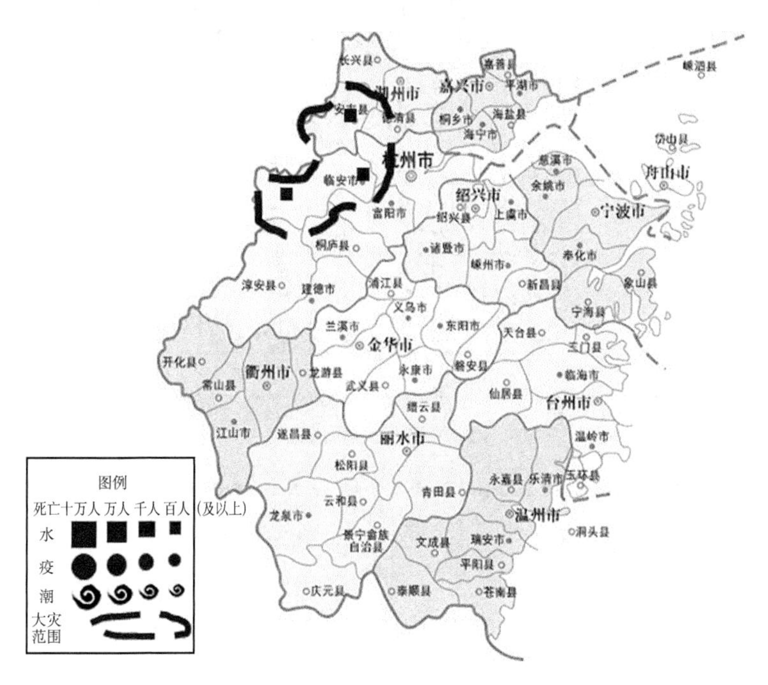

图 1-12(a)　1160 年浙江省大灾分布图

评价:浙西北。大灾点连贯性好。“山水暴出,坏民居及田桑”,系山洪暴发引起灾害。死亡人数为数百人(图 1-12a)。

灾种:洪涝。

资料条数:2 条。

〈1〉**杭州市　於潜(今临安区於潜镇)、临安、安吉县(今属湖州**

40　陈桥驿.浙江灾异简志.杭州:浙江人民出版社,1991:24.

市):南宋绍兴三十年(1160 年)秋,江浙旱,浙东尤甚。五月,於潜、临安、安吉县山水暴出,流民庐、坏田桑,人溺死者甚众(图 1-12b)[41]。

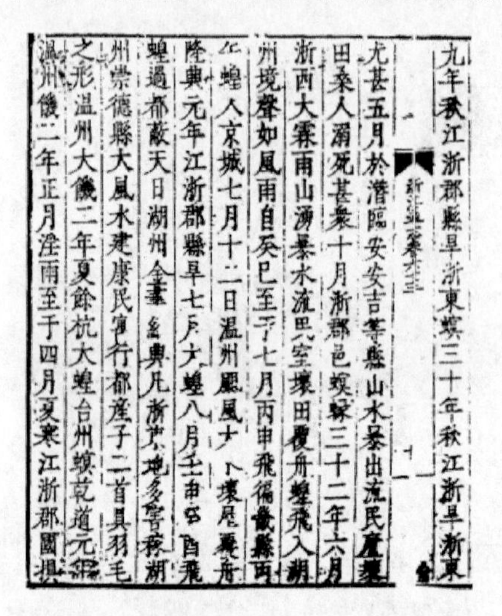

九年秋江浙郡縣旱浙東蝗三十年秋江浙旱浙東
浙江通志卷六十三
尤甚五月於潛臨安安吉等縣山水暴出流民廬壞
田桑人溺死甚衆十月浙郡邑蝗蝝三十二年六月
浙西大霖雨山湧暴水流民室壞田覆舟蝗飛入湖
州境聲如風雨自癸巳至于七月丙申飛徧畿縣西
年蝗入京城七月十二日温州颶風大作壞屋覆舟
隆興元年江浙郡縣旱七月大蝗八月壬申癸酉飛
蝗過都蔽天日湖州會稽紹興凡浙東地多害稼湖
州崇德縣大風水建康民寡行都産子二首具羽毛
之形温州大饑二年夏餘杭大蝗台州蝗乾道元年
温州饑二年正月淫雨至于四月夏寒江浙郡國損

图 1-12(b)　明嘉靖四十年《浙江通志 · 卷六十三　杂志　天文祥异》记载绍兴三十年洪灾

临安县(今临安区)、於潜县(今临安区於潜镇):三十年五月辛卯,临安、於潜山水暴出,坏民庐、田桑,溺死者甚众(图 1-12c)[42]。

41　浙江通志 · 卷六十三　杂志　天文祥异. 明嘉靖四十年.

42　杭州府志 · 卷八十二　祥异一. 民国十一年铅字本. 清光绪十四年.

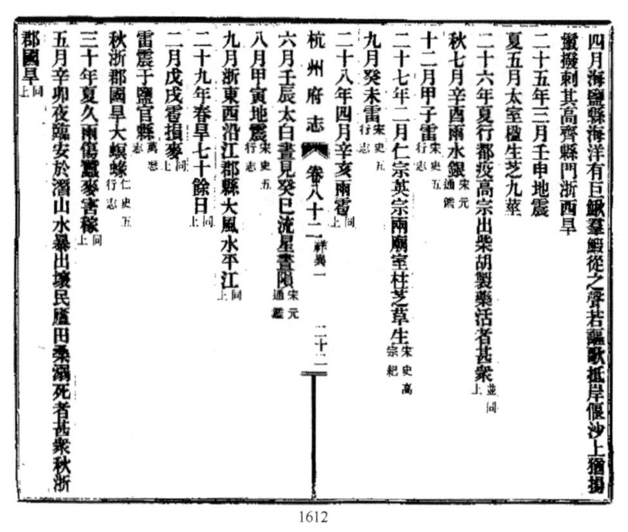

四月海鹽縣海洋有巨鰍羣鰕從之聲若謳歌抵岸偃沙上猶揚
鬐撥剌其高齊縣門浙西旱
二十五年三月壬申地震
夏五月太室楹生芝九莖
二十六年夏行都疫高宗出柴胡製藥活者甚衆並上同
秋七月辛酉雨水銀宋元通鑑
十二月甲子雷宋史五行志
二十七年二月仁宗英宗兩廟室柱芝草生宋史高宗紀
九月癸未雷宋史五行志
二十八年四月辛亥雨雹上同
杭州府志　卷八十二　祥異一　二十二
六月壬辰太白晝見癸巳流星晝隕宋元通鑑
八月甲寅地震宋史五行志
九月浙東西沿江郡縣大風水平江上同
二十九年春旱七十餘日上同
二月戊戌雹損麥上同
雷震于鹽官縣萬歷志
秋浙郡國旱大螟螣宋史五行志
三十年夏久雨傷蠶麥害稼上同
五月辛卯夜臨安於潛山水暴出壞民廬田桑溺死者甚衆秋浙
郡國旱上同

1612

图 1-12(c)　清光绪十四年编纂、民国十一年铅字本

《杭州府志·卷八十二　祥异一》记载绍兴三十年洪灾

〈5〉**湖州市　安吉县**：三十年五月，久雨，伤蚕麦，害稼；五月辛卯夜，安吉山水暴出，坏民庐及田、桑，溺死者甚众[43]。

43　湖州市地方志编纂委员会.湖州市志(上卷)·第三卷　自然环境·第七章　自然灾害录.北京：昆仑出版社，1999：213.

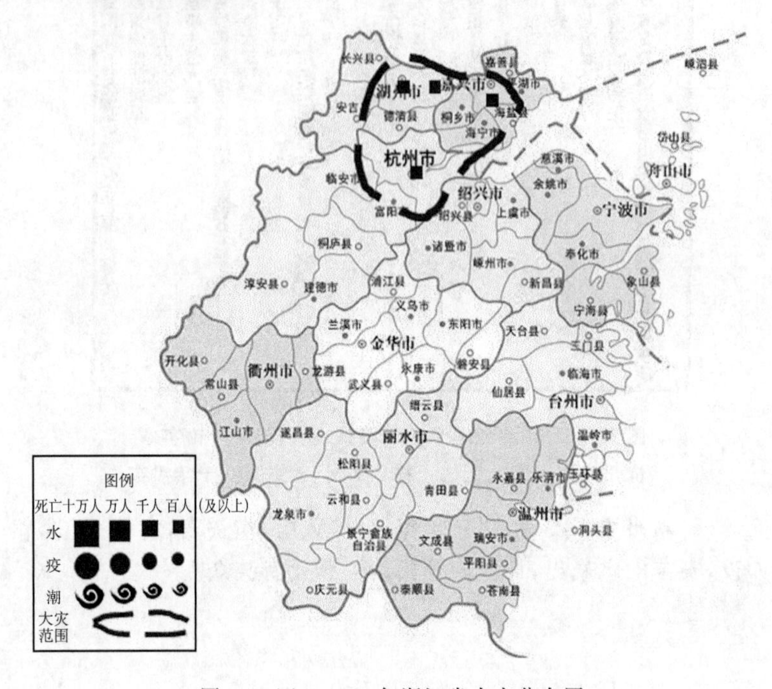

图 1-13(a)　1164 年浙江省大灾分布图

评价:浙北。大灾点连贯性好。降雨时间长达 1 个月之久,大水淹没城市、农村和农田。死亡人数为数百人以上(图 1-13a)。

灾种:洪涝。

资料条数:5 条。

〈1〉**杭州市　杭州**:南宋隆兴二年(1164 年)七月,浙西大水,城郭淹没,房舍、圩田等被冲坏,人被溺死无数[44]。

〈4〉**嘉兴市　秀(今秀洲区)、湖(今湖州)等**:二年七月,城市行船月

44　杭州市地方志编纂委员会. 杭州市志・大事记. 北京:中华书局,2000.

余,冲毁圩田房屋,灾民不可胜计,溺死者众[45]。甲申年七月,大水,浸城坏民田庐,舟行市廛累日,人溺死者甚众。大饥,民食糠秕(图 1-13b)[46]。

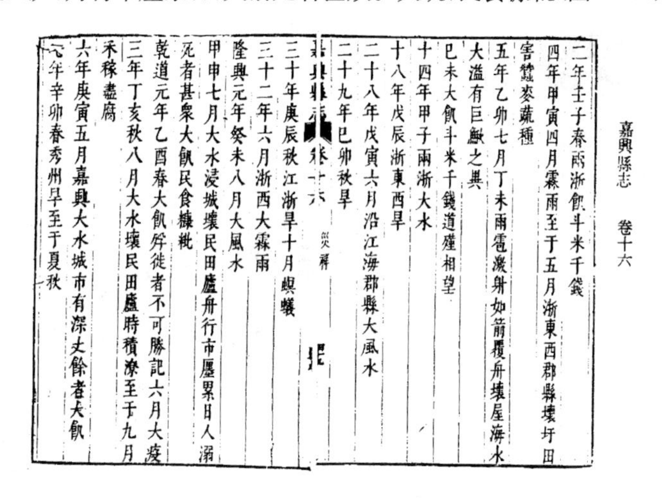
嘉興縣志　卷十六

二年壬子春兩浙飢斗米千錢
四年甲寅四月霖雨至于五月浙東西郡縣壞圩田
害蠶麥蔬種
五年乙卯七月丁未雨雹激射如箭覆舟壞屋海水
大溢有巨鰍之異
己未大飢斗米千錢道殣相望
十四年甲子兩浙大水
十八年戊辰浙東西旱
二十八年戊寅六月沿江海郡縣大風水
二十九年己卯秋旱
災祥
三十年庚辰秋江浙旱十月螟蟻
三十二年六月浙西大霖雨
隆興元年癸未八月大風水
甲申七月大水浸城壞民田廬舟行市廛累日人溺
死者甚衆大飢民食糠粃
乾道元年乙酉春大飢殍徙者不可勝記六月大疫
三年丁亥秋八月大水壞民田廬時積潦至于九月
禾稼盡腐
六年庚寅五月嘉興大水城市有深丈餘者大飢
七年辛卯春秀州旱至于夏秋

图 1-13(b)　崇祯《嘉兴县志·卷十六　灾祥》记载隆兴二年洪灾

〈5〉**湖州市**　**湖州**:二年七月,浙西大雨害稼,湖、秀大水浸城郭,坏庐舍,圩田、军垒,累日操舟行市,人溺死者众,积阴苦雨越月,水患益稼,饥荒疫者尤众[47]。

南浔镇(今南浔区):二年七月,操舟行市者累回,人溺死甚众,越月积阴苦雨,水患益甚[48]。

湖州、秀州(秀洲区,今属嘉兴市):二年七月,浙西大雨害稼,湖、秀大水浸城郭,坏庐舍、圩田、军垒。累日操舟行市,人溺死者

45　嘉兴市志编纂委员会.嘉兴市志(上册)·第四篇　自然环境·自然灾异.北京:中国书籍出版社,1997:318.

46　嘉兴县志·卷十六　灾祥.崇祯.

47　湖州市地方志编纂委员会.湖州市志(上卷)·第三卷　自然环境·第七章　自然灾害录.北京:昆仑出版社,1999:213.

48　南浔镇志编纂委员会.南浔镇志·第一篇　政区·死二章　自然环境.上海:上海科学技术文献出版社,1995:46.

众，积阴苦雨越月，水患益甚，饥民疫者尤众[49]。

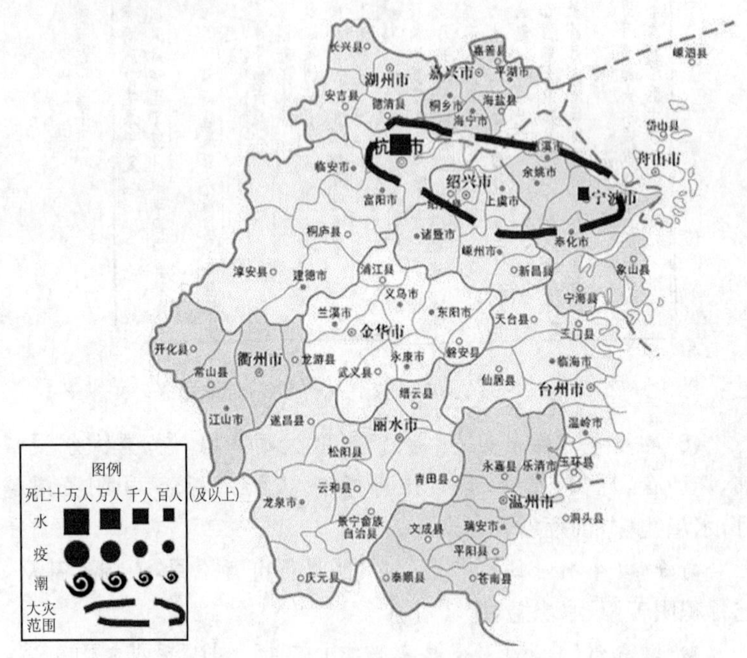

图 1-14　1184 年浙江省大灾分布图

评价：浙北。大灾点连贯性较好。“山水暴出，浸民市，圮民庐，覆舟杀人”。死亡人数万人以上（图 1-14）。

灾种：洪涝。

资料条数：2 条。

注：下列资料凡斜体者，为死亡万人及以上。编号：10W1184。

49　湖州市地方志编纂委员会. 湖州市志（上卷）· 第三卷　自然环境 · 第七章　自然灾害录. 北京：昆仑出版社，1999：214.

*〈1〉**杭州市　余杭区**：南宋淳熙十一年（1184 年）七月，浙西水；余杭水灾，漂流居民万数*[50]。

〈2〉**宁波市　宁波市**：十一年七月壬辰，明州大风雨，山水暴出，浸民市，圮民庐，覆舟杀人（宋史・五行志）。

1194 年

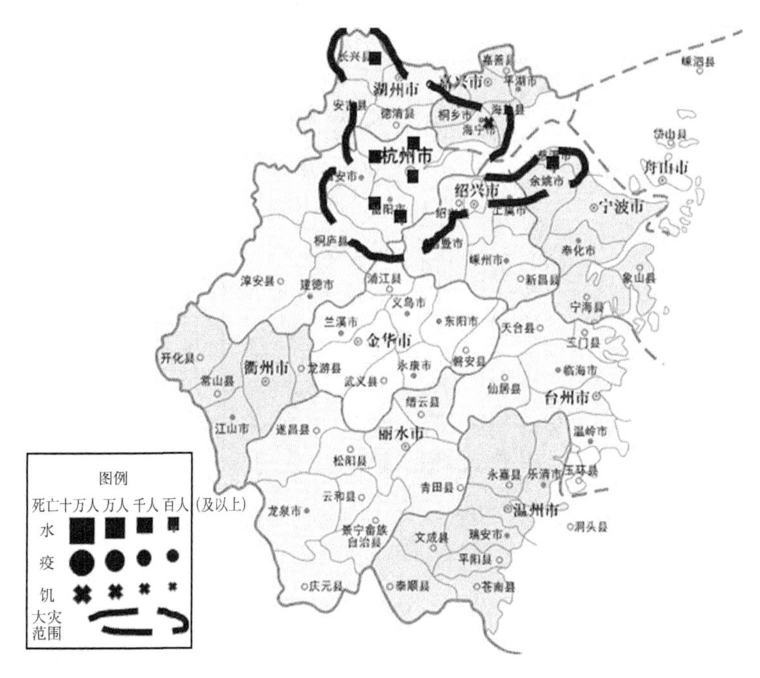

图 1-15(a)　1194 年浙江省大灾分布图

评价：浙北。大灾点连贯性好。夏水秋旱频仍，主要发生在杭州湾两岸，“大雨水，余杭尤甚，漂没田庐，死者无算”，“秋，旱成灾，全县告饥者十万余人”。饥荒死亡，家人无人埋葬，靠政府组织人员收集

50　陈桥驿. 浙江灾异简志. 杭州：浙江人民出版社，1991:32.

尸骸，将其埋葬于两个义冢中。死亡人数为 1 千人以上(图 1-15a)。

灾种：洪涝、饥荒。

资料条数：6 条。

〈1〉**杭州市　钱塘县(今杭州市)、临安县(今临安区)、新城县(今富阳市)、富阳县(今富阳市)、於潜县(今临安区於潜镇)**：南宋绍熙五年秋八月，临安大水。《册府元龟》八月辛丑，钱塘、临安、新城、富阳、於潜县大雨水，余杭尤甚，漂没田庐，死者无算(图 1-15b)[51]。

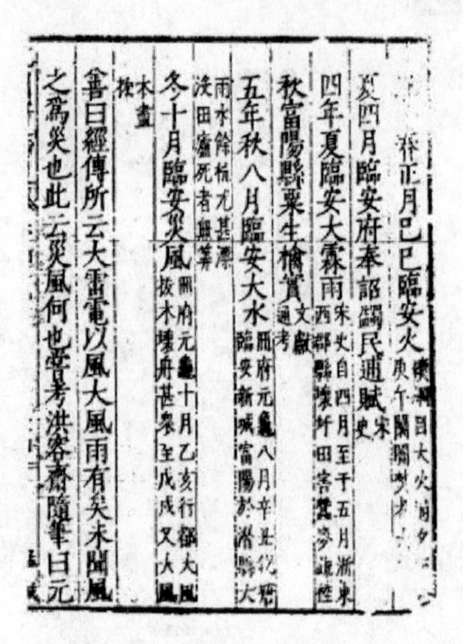
春正月己巳臨安火
夏四月臨安府奉詔蠲民逋賦 宋史
四年夏臨安大霖雨 宋史自四月至于五月浙東西郡縣……
秋富陽縣粟生檜實 文獻通考
五年秋八月臨安大水 冊府元龜八月辛丑錢塘臨安新城富陽於潛縣大雨水餘杭尤甚漂没田廬死者無算
冬十月臨安火風 冊府元龜十月乙亥行都大風拔木壞舟甚衆至戊戌又大風木盡拔
書曰經傳所云大雷電以風大風雨有災未聞風
之爲災也此云災風何也……考洪容齋隨筆曰元

图 1-15(b)　明万历七年《杭州府志·卷之四　事纪下》记载绍熙五年洪灾

余杭县(今余杭区)：五年八至十月，多次大雨，临安府属县大水，余杭尤甚，淹没田庐，死亡无数[52]。八月辛丑，钱塘、临安、新城(新登)、富阳、於潜、宁海、临海、永嘉县大雨水，余杭尤甚，漂没田庐，死者无算；安吉大水成灾，平地积水丈余；天目山山洪暴发，十

51　杭州府志·卷之四　事纪下.明万历七年.

52　余杭县志编纂委员会.余杭县志·第二编　自然环境·第五章　水旱灾害.杭州：浙江人民出版社，1990：79.

万余人遭灾[53]。五年八月辛巳，钱塘、临安、新城、富阳、於潜大雨水，余杭县尤甚，漂没田庐，死者无算（图 1-15c）[54]。

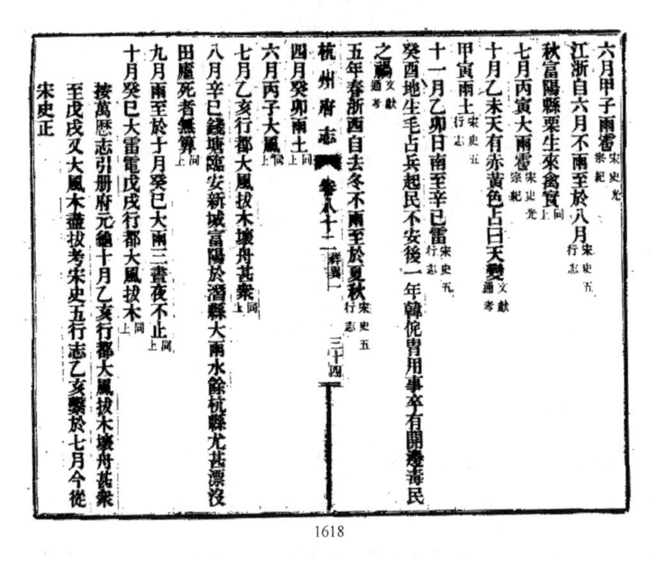
六月甲子雨雹宋史光宗紀
江浙自六月不雨至於八月宋史五行志
秋富陽縣栗生來禽實上同
七月丙寅大雨雹宋史光宗紀
十月乙未天有赤黃色占曰天變文獻通考
甲寅雨土宋史五行志
十一月乙卯日南至辛巳雷宋史五行志
癸酉地生毛占兵起民不安後一年韓侂胄用事卒有開邊毒民之禍文獻通考
五年春浙西自去冬不雨至於夏秋宋史五行志
杭州府志　卷八十二　祥異一　三十四
四月癸卯雨土上同
六月丙子大風上同
七月乙亥行都大風拔木壞舟甚衆上同
八月辛巳錢塘臨安新城富陽於潛縣大雨水餘杭縣尤甚漂沒田廬死者無算上同
九月雨至於十月癸巳大雨三晝夜不止上同
十月癸巳大雷電戊戌行都大風拔木上同
按萬歷志引册府元龜十月乙亥行都大風拔木壞舟甚衆至戊戌又大風木盡拔考宋史五行志乙亥繫於七月今從宋史正
1618

图 1-15(c)　清光绪十四年编纂、民国十一年铅字本
《杭州府志·卷八十二　祥异一》记载绍熙五年洪灾

富阳县（今富阳市）：五年秋八月，大雨，漂没田庐，死者无算（图 1-15d）[55]。

53　温克刚. 中国气象灾害大典·浙江卷·第二章　暴雨、洪涝. 北京：气象出版社，2006：59.

54　杭州府志·卷八十二　祥异一. 民国十一年铅字本. 清光绪十四年编纂.

55　富阳县志·卷十五　祥异. 清光绪三十二年.

隆興元年秋七月旱蝗舊志

乾道元年春大饑已殍相望 二年春正月淫雨傷稼舊志

淳熙元年秋八月大水害稼 五年春二月雨土 八

年夏四月大疫 秋七月不雨至十一月歲大饑

十一年春正月辛卯雨土 甲寅復雨土舊志

紹熙四年秋粟生穭實 五年秋八月大雨漂没田廬

死者無算宋史五行志

慶元三年夏四月丙午雨土乙丑雨雹秋七月螟浙江通志

嘉泰二年秋九月野蠶成繭上聞輔臣入賀舊志

嘉定二年夏六月蝗 六年夏四月地震 十年春二

富陽縣志 卷二十五 祥異

图 1-15(d) 清光绪三十二年《富阳县志·卷十五 祥异》记载绍熙五年洪灾

〈2〉**宁波市 慈溪县(今慈溪市)**:五年七月,慈溪县水漂民庐、决田害稼,人多溺死。冬饥,无麦苗,人食草木(图 1-15e)[56]。

山霪潭涉旬雨不報據此熙甯開慶有饑疫不特元豐三

年旱災也

元祐開歲荒饑殍相望○天啟志朱成應注宋元祐己未開歲荒朱臺官將金賑濟民爲立祠攷元祐無己未疑己巳或辛未字誤

政和六年木連理嘉靖府志○宋史五行志坊竟浹明慶新全縣太平州並木連理

紹興十八年水宋史五行志

十九年歲凶民饑朱子全書陳良翰行狀

按狀云良翰知慈谿縣歲凶民飢而不詳年月攷寶慶志

良翰以紹興十七年始宰慈谿二十一年李彭年代之是

歲饑當在此數年中宋史五行志紹興十九年春夏紹興

大饑明婺州如之文獻通攷紹興大饑在十八年與宋史

差一年嘉靖府志亦作十九年今從之

慈谿縣志 卷五十五 前事 祥異 一

乾道元年二月寒敗首種損蠶麥宋史五行志 夏無麥文獻通攷

二年夏旱張良臣鄞井新廟記德碑

淳熙四年五月潮海大風九月水災宋史五行志

五年秋大水颶風駕海潮害稼嘉靖府志

九年靈隱廟產牡丹一幹二花其一花紅紫相半而中分之

香色異常經旬不凋嘉靖府志 夏旱災傷極重朱子全書劾唐仲友第五狀○嘉靖府志旱大饑種稑稻絕○平園稿壬寅秋州守委三倅分行六邑荒政

十一年七月壬辰風雨山水暴出浸民市圮民廬覆舟殺人宋史五行志

十四年七月旱嘉靖府志○宋史五行志五月旱七月大雩時臨安紹江紹興隆興嚴常湖秀潮婺處明台饒信江吉撫筠袁州臨江興國建昌軍皆旱至九月乃雨

紹熙五年七月慈溪縣水漂民廬決田害稼人多溺死冬饑無

1190

图 1-15(e) 清光绪二十五年《慈溪县志·卷五十五 前事·祥异》记载绍熙五年洪灾

56 慈溪县志·卷五十五 前事·祥异. 清光绪二十五年.

〈4〉**嘉兴市　盐官县(今海宁市)**:五年秋,旱成灾,全县告饥者十万余人。十月,县令鲁互择人集尸骸千余,分葬于硖石、长安义冢[57]。

〈5〉**湖州市　长兴县**:光宗朝甲寅(绍熙五年,1194 年)、乙卯(1195 年)岁,浙西先旱后水,湖州死无虚室,河堤积尸千数(图 1-15f)[58]。

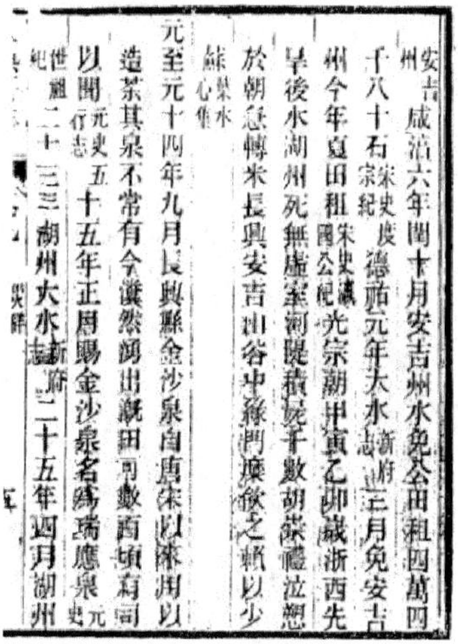
安吉州咸淳六年閏十月安吉州水免公田租四萬四千八十石宋史度宗紀德祐元年大水浙府志三月免安吉州今年夏田租宋史瀛國公紀光宗朝甲寅乙卯歲浙西先旱後水湖州死無虛室河隄積屍千數胡榮禱泣懇於朝急轉米長興安吉山谷中孫門塡餘之輒以少蘇泉水心集

元至元十四年九月長興縣金沙泉自唐宋以來用以造茶其泉不常有今漫然湧出溉田可數百頃有司以聞元史五行志十五年正月賜金沙泉名爲瑞應泉元史世祖紀二十三年湖州大水浙府志二十五年四月湖州

图 1-15(f)　清同治十三年《长兴县志・卷九　灾祥》记载绍熙五年洪灾

57　海宁市建设志办公室. 海宁建设志大事记(征求意见稿). 2009.

58　长兴县志・卷九　灾祥. 清同治十三年.

1199 年

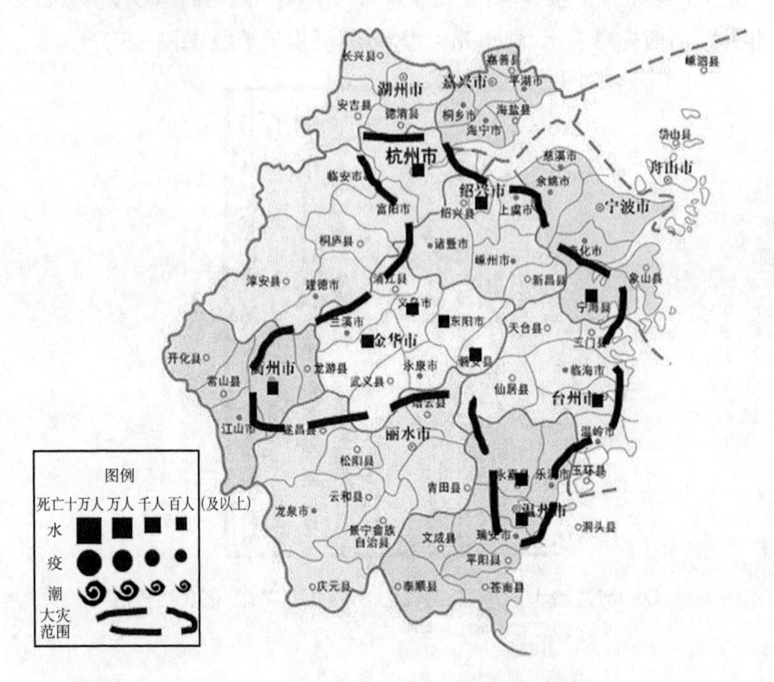

图 1-16(a) 1199 年浙江省大灾分布图

评价:浙中、浙东。大灾点连贯性好。洪涝连片发生,“湖、绍、台、温、婺州水漂民庐”,受灾范围较广。近东西向和北东向两条雨带明显。死亡人数为近千人(图 1-16a)。

灾种:洪涝。

资料条数:12 条。

〈1〉**杭州市 杭州、湖、绍、台、温、婺州(今金华市):**南宋庆元五年(1199 年)五月,行都雨坏城,夜压附城民庐多死者。六月,浙西霖雨至于八月，湖、绍、台、温、婺州水漂民庐，人多溺死[59]。

临安府(今杭州市)：五年，临安府霖雨。《宋史》自五月至于八月，时久雨，坏城，夜压附近民庐，人多死者(图 1-16b)[60]。

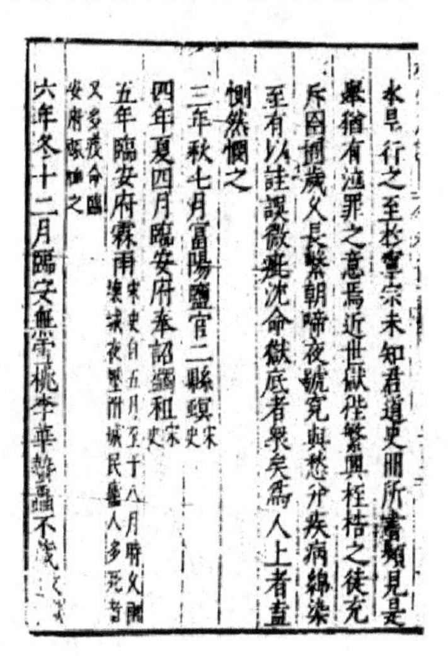
水旱行之至於寧宗未知君道史册所書類見是
舉猶有慎罪之意焉近世獄犴繁興桎梏之徒充
斥囹圄歲久長繫朝啼夜號冤與愁并疾病綿染
至有以詿誤微罪沈命獄底者衆矣爲人上者盍
惻然憫之
三年秋七月富陽鹽官二縣螟宋史
四年夏四月臨安府奉詔蠲租宋史
五年臨安府霖雨宋史自五月至于八月時久雨壞城夜壓附城民廬人多死者又多疫命臨安府賑恤之
六年冬十二月臨安無雪桃李華蟄蟲不蔵

图 1-16(b)　明万历七年《杭州府志·卷之四　事纪下》记载庆元五年洪灾

〈2〉**宁波市　宁海县**：五年秋，风水漂庐，人多溺死[61]。

〈3〉**温州市　温州府(今温州市)**：五年六月，霖雨至于八月，漂民庐多溺死[62]。五年六月，霖雨至于八月，漂民庐多溺死(图 1-16c)[63]。

59　温克刚. 中国气象灾害大典·浙江卷·第一章　热带气旋. 北京：气象出版社，2006：59.

60　杭州府志·卷之四　事纪下. 明万历七年.

61　宁波气象志编纂委员会. 宁波气象志·第二章　气象灾害·附：气象灾害年表. 北京：气象出版社，2001：92.

62　温州府志·卷之二十九　祥异. 清乾隆庚辰.

63　温州府志·卷之二十九　祥异. 清同治丙寅.

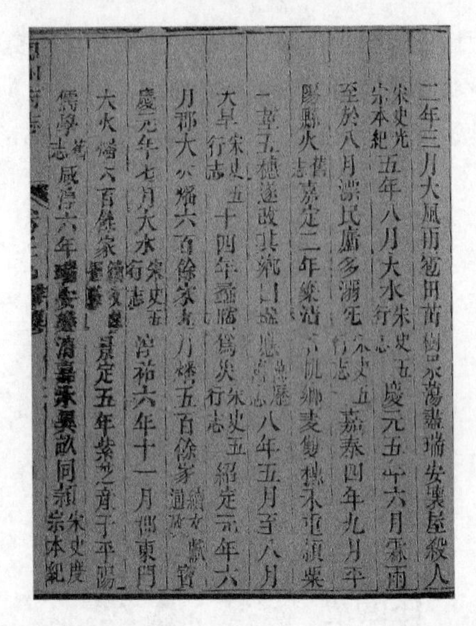
二年三月大風雨[illegible]田苗樹[illegible]蕩[illegible]瑞安[illegible]屋殺人
宋史光宗本紀 五年八月大水 宋史五行志 慶元五年六月霖雨
至於八月漂民廬多溺死 宋史五行志 嘉泰四年九月平
陽縣火 舊志 嘉定二年樂清[illegible]鄉麥[illegible]穗禾[illegible]穎粟
一莖五穗遂改其鄉曰瑞應鄉 [illegible] 八年五月至八月
大旱 宋史五行志 十四年蟲蝝爲災 宋史五行志 紹定元年六
月郡大火燔六百餘家 [illegible]月燔五百餘家 續文獻通考 寶
慶元年七月大水 宋史五行志 淳祐六年十一月郡東門
大火燔六百餘家 續文獻通考 景定五年紫芝產于平陽
儒學 舊志 咸淳六年[illegible]清嘉禾異畝同穎 宋史度宗本紀
溫州府志 卷之二十九

图 1-16(c) 清同治丙寅《温州府志·卷之二十九 祥异》记载庆元五年洪灾

鹿城(今鹿城区):五年六月霖雨至八月,秋水漂民庐,人多溺死[64]。

永嘉县:五年秋,水漂民庐,人多溺死[65]。

〈7〉**金华市 婺州(今婺城区)**:五年六月霖雨至于八月,婺水漂民庐,人多溺死[66]。

东阳县(今东阳市):五年秋水漂庐,溺死者众[67]。

义乌县(今义乌市):五年,婺州水漂民庐,人多溺死[68]。

---

64 李定荣.温州市鹿城区水利志·大事记.北京:中国水利水电出版社,2007:8.

65 清光绪.永嘉县志·卷三十六 祥异.

66 朱建宏.金华水旱灾害志·第一章 洪水灾害.北京:中国水利水电出版社,2009:92.

67 东阳市志编纂委员会.东阳市志·卷三灾异·第二章 灾害纪略·第二节 水灾.上海:汉语大词典出版社,1993.

68 义乌县志编纂委员会.义乌县志·第二篇 自然地理.杭州:浙江人民出版社,1987:56.

磐安县:五年,水漂田舍,人多溺死[69]。

〈8〉**衢州市**　**衢州**:五年,大水,民居漂流,溺死者甚众(图 1-16d)[70]。

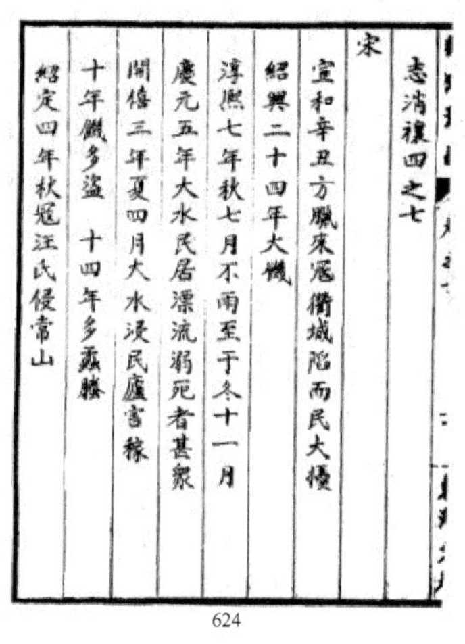
志消禨四之七
宋
宣和辛丑方臘來寇衢城陷而民大擾
紹興二十四年大饑
淳熙七年秋七月不雨至于冬十一月
慶元五年大水民居漂流溺死者甚衆
開禧三年夏四月大水浸民廬害稼
十年饑多盜　十四年多蟊螣
紹定四年秋寇汪氏侵常山
624

图 1-16(d)　明天启二年《衢州府志·志消禨四之七》记载庆元五年洪灾

〈10〉**台州市**　**台州**:五年秋,台州等四府水,漂民庐,人多溺死《宋史》[71]。五年秋,水漂风庐人多溺死(图 1-16e)[72]。

69　磐安县志编纂委员会.磐安县志·卷二　自然环境·灾害.杭州:浙江人民出版社,1993:67.

70　衢州府志·志消禨四之七.明天启二年.

71　台州市气象局气象志编纂委员会.台州市气象志·第九章　历代灾异.北京:气象出版社,1998:107.

72　台州府志·卷百三十二之三十六　大事记五卷.民国二十五年.

十一年獲海賊首領（續通鑑）
二月癸酉詔前以溫台被水守臣王之望陳巖肖不即聞奏振恤遲緩之望特降一官巖肖落職放罷近台州獲海賊首領溫州獲次首領王之望陳巖肖各有捕賊之勞以功補過之望放罷巖肖與宮觀（續通鑑）
十二年九月水（五行志）
十三年正月雪深丈餘凍死者甚衆（五行志）
十二年雨雹雪深丈餘自十二月至次年正月不解民凍死者甚衆（志）
十四年七月旱甚至於九月乃雨（五行志）
十五年七月黃巖縣水敗田廬（五行志）
九月晦天台大雪踰丈（萬曆天台志）
光宗紹熙三年六月辛丑陳騤自禮部尚書除同知樞密院事（宰輔表）
七月壬申天台仙居二縣大雨連旬（五行志）大水連夕漂浸民居五百六十餘壞田傷稼（五行志）
四年三月辛巳陳騤自同知樞密院事除參知政事（宰輔表）

台州府志（卷一百三十二 大事略一） 二十 上海浙民特設所承印

旱（五行志）
自六月不雨至於八月（五行志）
五年七月丙午陳騤知樞密院事八月丙申兼參知政事
十二月己巳罷知樞密院事（宰輔表）
五年十二月芝草生於臨海縣獄（嘉定志）
生於縣獄柱間七葉三層葩采可愛李龜朋為之記（嘉定志）
八月辛丑水（五行志）
寧宗慶元元年正月乙巳蠲貧民身丁折帛錢一年（寧宗紀）
四月己未謝深甫自中奉大夫試御史中丞兼侍讀除端明殿學士簽書樞密院事（宰輔表）
六月壬申台州及屬縣大風雨山洪海濤並作漂浸田廬無算死者蔽川漂沈旬日至於七月
甲寅黃巖縣水尤甚常平使者莫漳以緩於振恤坐免（五行志）
九月己酉蠲被災民丁絹（寧宗紀）
二年正月庚寅謝深甫自簽書樞密院事除參知政事（宰輔表）

1771

图 1-16(e)　民国二十五年《台州府志・卷百三十二之三十六　大事记五卷》记载庆元五年洪灾

1210 年

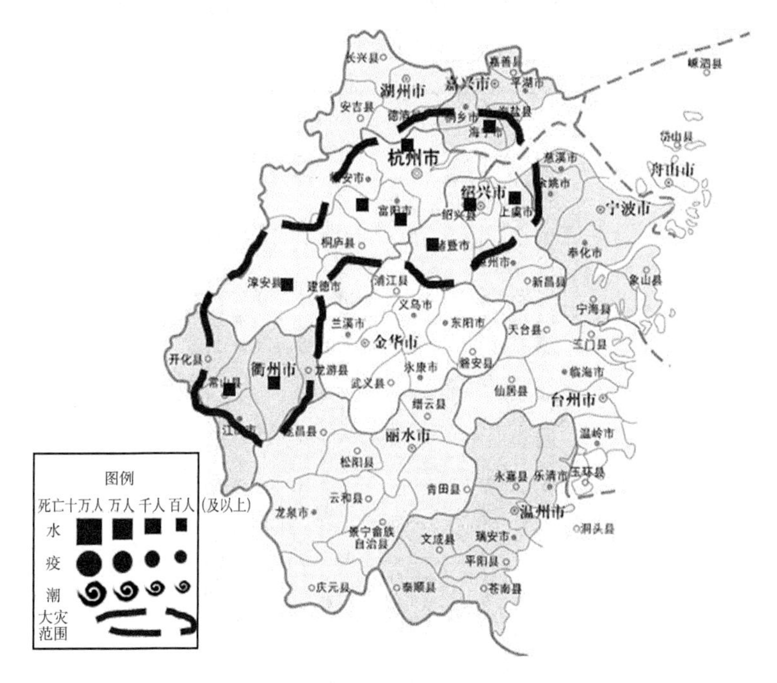

图 1-17(a)　1210 年浙江省大灾分布图

评价:浙北、浙西。大灾点连贯性好。“淫雨四十日”,降雨持续时间长,导致“田尽没,禾种皆腐”。死亡人数为数百人(图 1-17a)。

灾种:洪涝。

资料条数:9 条。

〈1〉**杭州市　富阳县(今富阳市)、新城县(今富阳市)、余杭县(今余杭区)、盐官县(今海宁市,属嘉兴市)**:南宋嘉定三年(1210 年)五至六月,淫雨,富阳、新城、余杭、盐官大水,溺死者众,蚕麦不登[73]。

---

[73] 余杭县志编纂委员会. 余杭县志·第二编　自然环境·第五章　水旱灾害. 杭州:浙江人民出版社,1990:79.

富阳县(今富阳市)：三年夏五月，富阳淫雨四十日，田尽没，禾种皆腐，大水，溺死者众[74]。

〈4〉**嘉兴市　海宁县(今海宁市)**：嘉定三年，盐官大雨水，溺死者众，圮田庐、市郭，首种皆腐(图 1-17b)[75]。

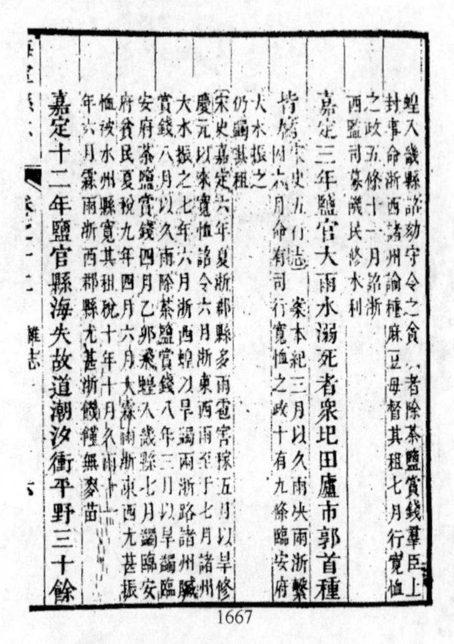
蝗入畿縣詔効守令之貪△者除茶鹽賞錢羣臣上
封事命浙西諸州諭種麻豆毋督其租七月行寬恤
之政五條十一月詔浙
西監司募饑民修水利
嘉定三年鹽官大雨水溺死者衆圮田廬市郭首種
皆腐宋史五行志案本紀三月以久雨決兩浙繫囚六月命有司行寬恤之政十有九條臨安府
大水振之仍蠲其租
宋史嘉定六年夏浙郡縣多雨雹害稼五月以旱修
慶元以來寬恤詔令六月浙東西雨至于七月諸州
大水振之七年六月浙西蝗以旱禱兩浙路諸州賦
賞錢八月以久雨除茶鹽賞錢八年三月以旱蠲臨
安府茶鹽賞錢四月乙卯飛蝗入畿縣七月蠲臨安
府貧民夏稅九年四月六月大霖雨浙東西九甚振
恤被水州縣寬其租稅十年十月久雨
年六月霖雨浙西郡縣尤甚浙饑饉無麥苗
嘉定十二年鹽官縣海失故道潮汐衝平野三十餘

1667

图 1-17(b)　清乾隆三十年《海宁县志·卷十二　杂志·灾祥》记载嘉定三年洪灾

〈6〉**绍兴市　会稽县(今越城区)**：三年五六月，会稽大雨水，溺死者众(图 1-17c)[76]。

74　富阳县地方志编纂委员会. 富阳县志·第二编　自然环境·第七章　自然灾害. 杭州：浙江人民出版社，1993：150.

75　海宁县志·卷十二　杂志·灾祥. 清乾隆三十年.

76　绍兴府志·卷之八十　祥异. 清乾隆五十七年.

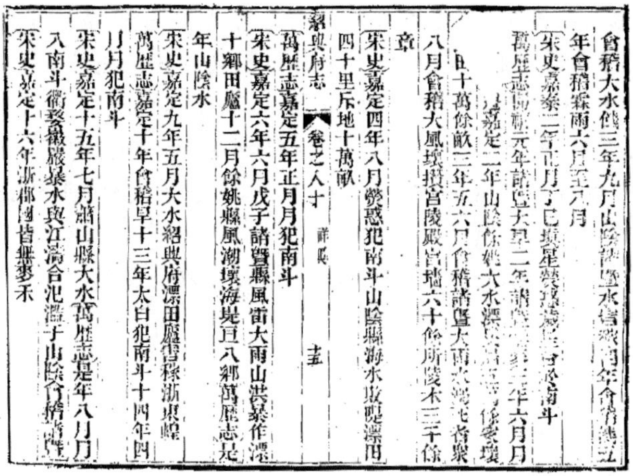

图 1-17(c)　清乾隆五十七年《绍兴府志·卷之八十　祥异》记载嘉定三年洪灾

诸暨县(今诸暨市)、淳安县(今属杭州市)：三年春三月，临安诸县大水。《宋史》三月诸暨、淳安大雨，水溺死者众（图 1-17d）[77]。

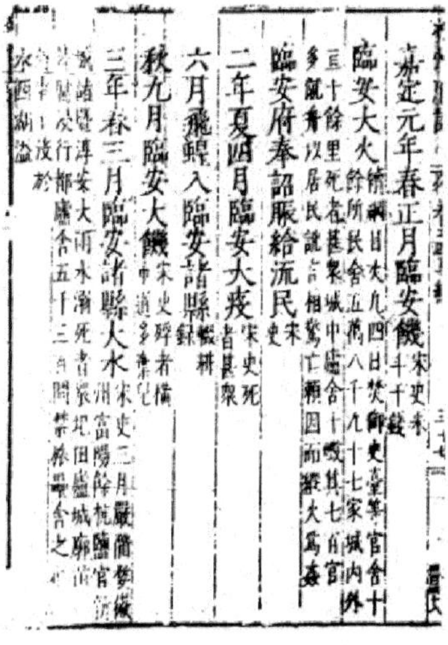

图 1-17(d)　明万历七年《杭州府志·卷之四　事纪下》记载嘉定三年洪灾

77　杭州府志·卷之八十　祥异. 清乾隆五十七年.

诸暨、会稽县(今越城区)等县:三年五月诸暨等县连日暴雨,被洪水溺死者无数,田地、房屋及城郭皆被冲坏。庄稼腐烂。八月会稽大风,坏攒宫陵殿宫墙60余处,陵木3000余章[78]。

上虞县(今上虞市):三年五、六月,会稽大雨水,溺死者众[79]。

〈8〉**衢州市　衢州(今柯城区)**:三年,衢州大雨,溺死者众,圮田庐市廓,首种皆腐[80]。

常山县:三年五月,严、衢两州大水,溺死者众[81]。

78　绍兴市地方志编纂委员会.绍兴市志·第一卷·大事记.杭州:浙江人民出版社,1997:76-104.

79　上虞市水利局.上虞市水利志.北京:中国水利水电出版社,1997:57.

80　衢县民政志编纂委员会.衢县民政志·第七章　救灾救济.杭州:浙江人民出版社,1992:173.

81　常山县水电局.常山县水利志·第二章　防洪抗旱.杭州:杭州大学出版社,1991:45.

1211 年

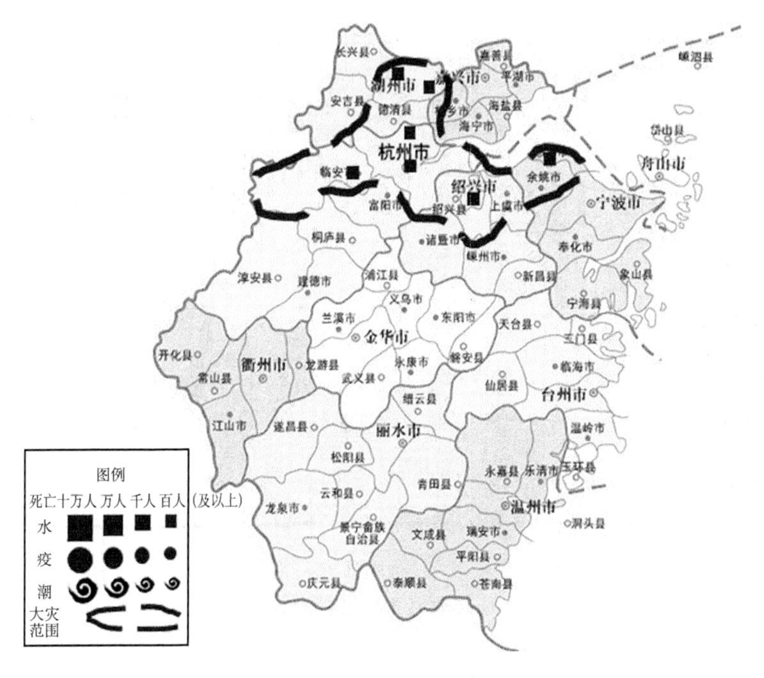

图 1-18(a)　1211 年浙江省大灾分布图

评价:浙北。大灾点连贯性好。“钱塘、临安、余杭、山阴、乌程、归安皆大水”,受灾范围较广。死亡人数为数百人(图 1-18a)。

灾种:洪涝。

资料条数:2 条。

〈1〉**杭州市　钱塘县(今杭州市)、临安县(今临安区)、余杭县(今余杭区)、山阴县(今绍兴县,属绍兴市)、乌程县(今南浔区,属湖州市)、归安县(今吴兴区,属湖州市):**南宋嘉定四年(1211 年)六月戊子,诸暨风雷大雨,山洪暴作,漂十乡田庐,钱塘、临安、余杭、山阴、乌程、归安皆大水，漂没田庐，人溺死无数[82]。

〈2〉**宁波市　慈溪县(今慈溪市)**：四年七月辛酉，大水，圮田庐，人多溺死(图 1-18b)[83]。

四年七月辛酉大水圯田廬人多溺者宋史五行志
八年旱宋史五行志
十四年旱蝗螣爲災宋史五行志
嘉熙四年大饑死殍成邱嘉靖府志王致傳
咸淳十年饑山陰縣志王英孫傳
元
至元二十二年秋大水傷人民壞廬舍元史世祖紀
二十九年大饑濟容集○元史拜降傳遷慶元路治中歲大饑累上行省不報拜降曰民饑如是而不賑之欵爲民父母意耶卽躬詣行省力請得發粟四百萬石民賴全活
大德二年饑○元史成宗紀二年四月發慶元路糴四百石減其直以賑饑民
六年六月饑元史五行志
十一年旱荒○至正志慈溪縣贍學海塗田地五百九十九畝大德十一年旱荒佃租○元史食貨志十一
慈谿縣志　卷五十五　前事　祥異　羌
年以鈔糧鹽引賑慶元路饑民
至大元年正月饑死者甚衆元史武宗紀○嘉靖府志發鈔十萬錠賑之　是年春疫
死者甚衆元史五行志
按濟南府志楊允傳允令慈溪歲大祲殍死載道敎延祐
志允知慈溪以大德十一年十一月任至大二年三月方
安國代之則歲祲當在此時
至治二年蝗元史英宗紀
泰定元年二月饑元史五行志○泰定帝紀紹興慶元延安岳州潮州五路饑發粟賑之
天歷二年四月饑元史文帝紀
至順元年閏七月水沒民田元史五行志
至元二年慶元慈溪縣饑遣官賑之元史順帝紀
按嘉靖府志列此事於世祖朝致世祖至元二年爲宋涫

图 1-18(b)　清光绪二十五年《慈溪县志·卷五十五　前事·祥异》记载嘉定四年洪灾

82　温克刚. 中国气象灾害大典·浙江卷·第二章　暴雨、洪涝. 北京：气象出版社，2006：60.

83　慈溪县志·卷五十五　前事·祥异. 清光绪二十五年.

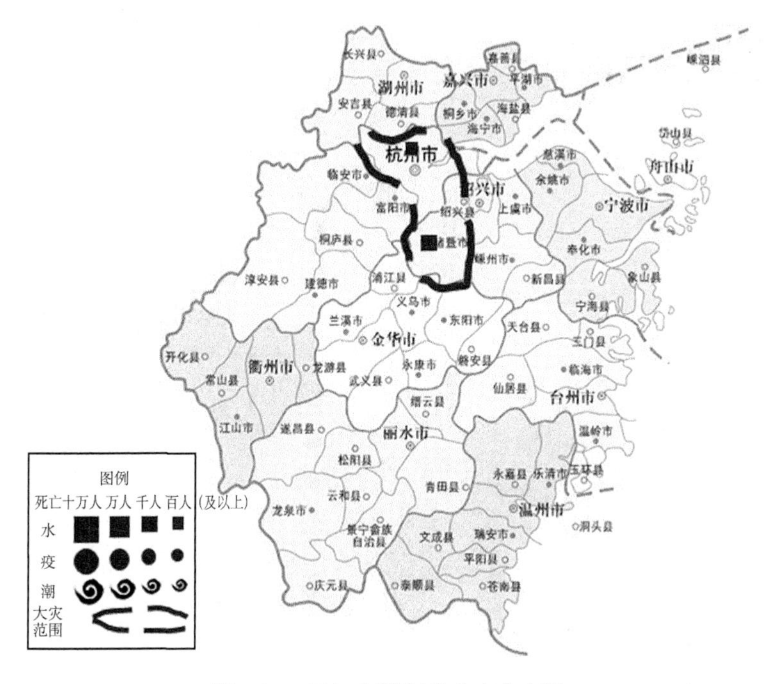

图 1-19　1213 年浙江省大灾分布图

评价:浙北。大灾点连贯性较好。“巨木皆拔”,水力极强。“溺死者无数”、“死人极多”,造成重大伤亡。死亡人数为上千人(图 1-19)。

灾种:洪涝。

资料条数:2 条。

〈1〉**杭州市　淳安县**:南宋嘉定六年(1213 年)六月十三日,淳安地震,长乐乡山摧水涌。次日,水淹清泉寺,漂五乡田庐百八十里,溺死者无数,巨木皆拔(《宋史 · 五行志》)[84]。

84　浙江省淳安县志编纂委员会. 淳安县志 · 第二编　自然环境 · 附:历代自然灾害. 上海:汉语大词典出版社,1990:78.

〈6〉**绍兴市　诸暨县(今诸暨市)**:六年六月,暴雨,冲毁 10 乡田地房屋,死人极多[85]。

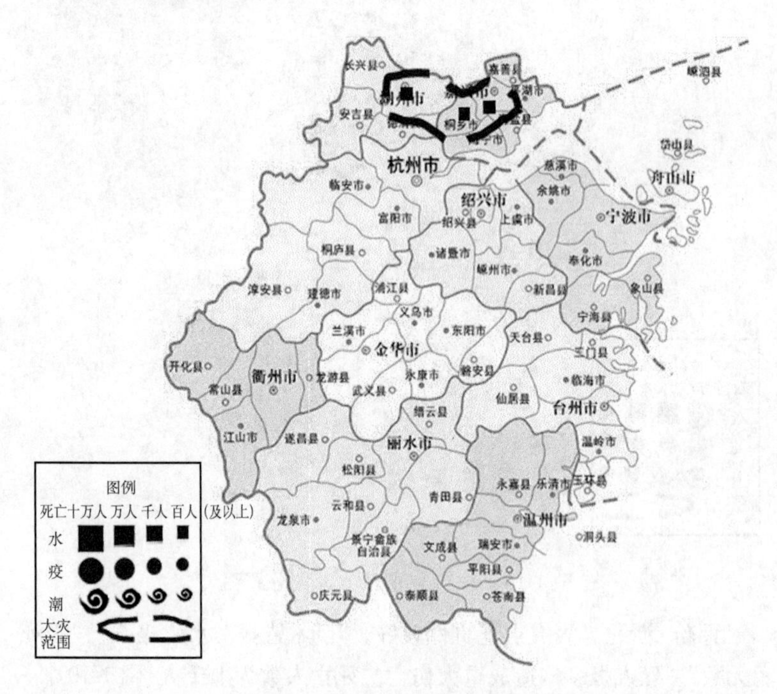

图 1-20　1223 年浙江省大灾分布图

评价:浙北。大灾点连贯性好。连绵阴雨造成麦苗淹没,漂没民房,连城市堤防也被冲毁。死亡人数为数百人(图 1-20)。

灾种:洪涝。

资料条数:2 条。

85　诸暨县地方志编纂委员会.诸暨县志・大事记.杭州:浙江人民出版社,1993:5.

〈4〉**嘉兴市 桐乡县**:南宋嘉定十六年(1223 年)五月,两浙郡县水灾,湖、秀尤甚,漂没民庐,溺死甚众[86]。

〈5〉**湖州市 湖州、秀州(秀洲区,属嘉兴市)**:十六年五月,江、浙霖雨,湖、秀为甚,皆无麦苗,漂民庐,圮城郭堤防,溺死者众[87]。

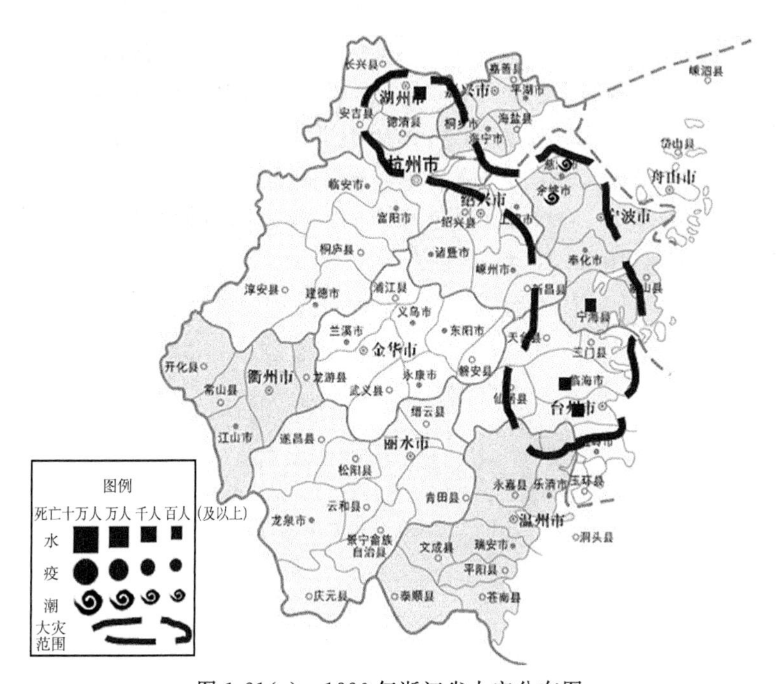

图 1-21(a) 1226 年浙江省大灾分布图

86 桐乡市桐乡县志编纂委员会. 桐乡县志·大事记. 上海:上海书店出版社,1996.

87 湖州市地方志编纂委员会. 湖州市志(上卷)·第三卷 自然环境·第七章 自然灾害录. 北京:昆仑出版社,1999:214.

评价:浙东。大灾点连贯性好。南北向分布,连接线可与北部大灾点相接。“雨如注”,导致“平地水长数尺”,洪水水位高约1米,加之大风拔木,扩大了灾情。死亡人数百人(图1-21a)。

灾种:洪涝、风暴潮。

资料条数:4条。

〈2〉**宁波市　宁海县、临海县(今临海市,属台州市)、黄岩县(今黄岩区,属台州市)**:南宋宝庆二年(1226年),宁海、临海、黄岩大水,坏屋人多溺死[88]。

〈5〉**湖州市　乌程县(今吴兴区)**:二年七月十一日夜四更大风起,西南雨如注,屋瓦皆飞一时顷,风从东北回射,天地震摇,平地水长数尺,百年之木发拔无遗,民居不以高下毁八、九于水中者不可胜计,岸浒尸如积,是年既无年饥死者益多[89]。

〈6〉**绍兴市　余姚县(今余姚市)**:二年秋,余姚大风,海溢,溺居民百十家(图1-21b)[90]。

---

[88] 温克刚.中国气象灾害大典·浙江卷·第二章　暴雨、洪涝.北京:气象出版社,2006:60.

[89] 温克刚.中国气象灾害大典·浙江卷·第六章　雷电、冰雹、龙卷风.北京:气象出版社,2006:194.

[90] 绍兴府志·卷之八十　祥异.清乾隆五十七年.

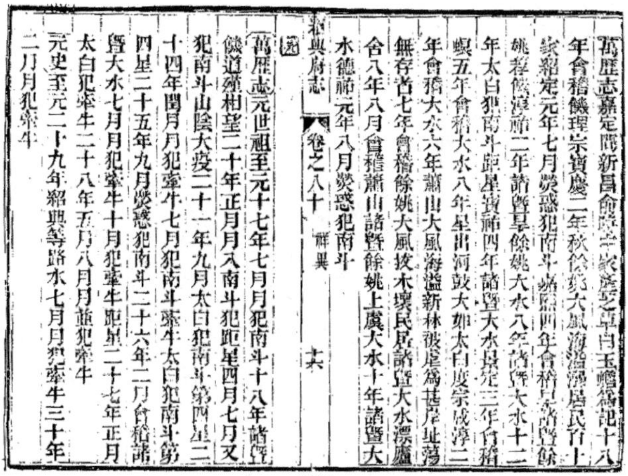

萬曆志嘉定間新昌俞府宰家產芝草白玉蟾爲記十八
年會稽餘姚理宗寶慶二年秋餘姚大風海溢漂居民官上
虞紹定元年七月熒惑犯南斗端平四年會稽山陰諸暨餘
姚蕭山饑淳祐二年諸暨嵊餘姚大水八年諸暨大水十二
年太白犯南斗距星寶祐四年諸暨大水景定三年會稽
嵊五年會稽大水八年星出河鼓大如太白度宗咸淳二
年會稽大水六年蕭山大風海溢新林被虜爲甚岸址蕩
無存者七年會稽餘姚大風拔木壞民居諸暨大水漂廬
舍八年八月會稽蕭山諸暨餘姚上虞大水十年諸暨大
水德祐元年八月熒惑犯南斗
紹興府志　卷之八十　祥異　十六
元
萬曆志元世祖至元十七年七月月犯南斗十八年諸暨
饑道殣相望二十年正月月入南斗犯距星四月七月又
犯南斗山陰大疫二十一年九月太白犯南斗第四星二
十四年閏月月犯牽牛七月犯南斗牽牛太白犯南斗第
四星二十五年九月熒惑犯南斗二十六年二月會稽諸
暨大水七月月犯牽牛十月犯牽牛距星二十七年正月
太白犯牽牛二十八年五月八月月並犯牽牛
元史至元二十九年紹興等路水七月月犯牽牛三十年
二月月犯牽牛

2004

图 1-21(b)　清乾隆五十七年《绍兴府志·卷之八十　祥异》记载宝庆二年风暴潮

〈10〉**台州市　临海县**：二年九月，大水坏屋，溺死甚众[91]。

91　临海县志编纂委员会. 临海县志·第三编　自然地理·第八章　自然灾害. 杭州：浙江人民出版社，1989：147.

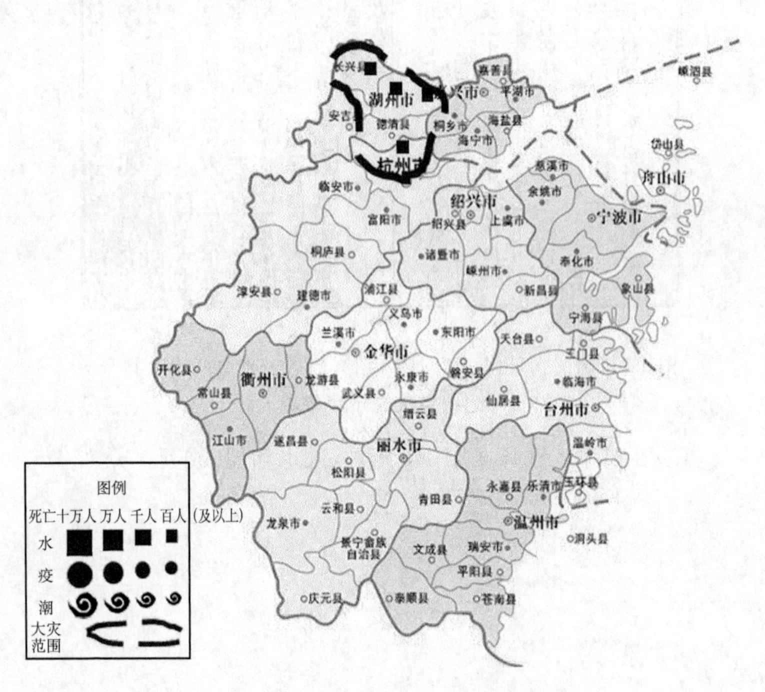

图 1-22　1227 年浙江省大灾分布图

评价：浙北。大灾点连贯性好。“西南雨如注，屋瓦皆飞，一时顷风，东北回射，天地震摇。平地水涨数尺，百年之木发拔无遗”，无论是暴雨，还是大风，其强度都很大。“居民不以贫富，毁八九于水中者不可胜计”，受灾不分有无钱。死亡人数为数百人(图 1-22)。

灾种：洪涝。

资料条数：4 条。

〈1〉**杭州市　余杭县(今余杭区)：**南宋宝庆三年(1227 年)五月，霖雨 40 日，浙西之田尽没，居民渡太湖、扬子江求食，渡中溺死者众[92]。

〈5〉**湖州市** **湖州**:三年七月十一夜四更,大风起西南,雨如注,屋瓦皆飞,一时顷,风从东北回射,天地震摇,平地水深数尺,百年之木尽拔,居民不以高下毁八九,死于水中者不可胜计,岸边尸如积田无获,饥死者益多[93]。

吴兴县(今吴兴区):三年七月十一日夜大风雨,屋瓦皆飞。平地水涨数尺,溺者不可胜计[94]。

长兴县:三年七月十一夜,四更大风起,西南雨如注,屋瓦皆飞,一时顷风,东北回射,天地震摇。平地水涨数尺,百年之木发拔无遗,居民不以贫富,毁八九于水中者不可胜计,岸浒尸如积。是年既无年,饿死者益多[95]。

---

92 余杭县志编纂委员会.余杭县志·第二编 自然环境·第五章 水旱灾害.杭州:浙江人民出版社,1990:80.

93 湖州市地方志编纂委员会.湖州市志(上卷)·第三卷 自然环境·第七章 自然灾害录.北京:昆仑出版社,1999:229.

94 湖州市地方志编纂委员会.湖州市志(上卷)·大事记.北京:昆仑出版社,1999:17.

95 长兴县志编纂委员会.长兴县志·第二卷 自然环境·第七章 自然灾害.上海:上海人民出版社,1992:106.

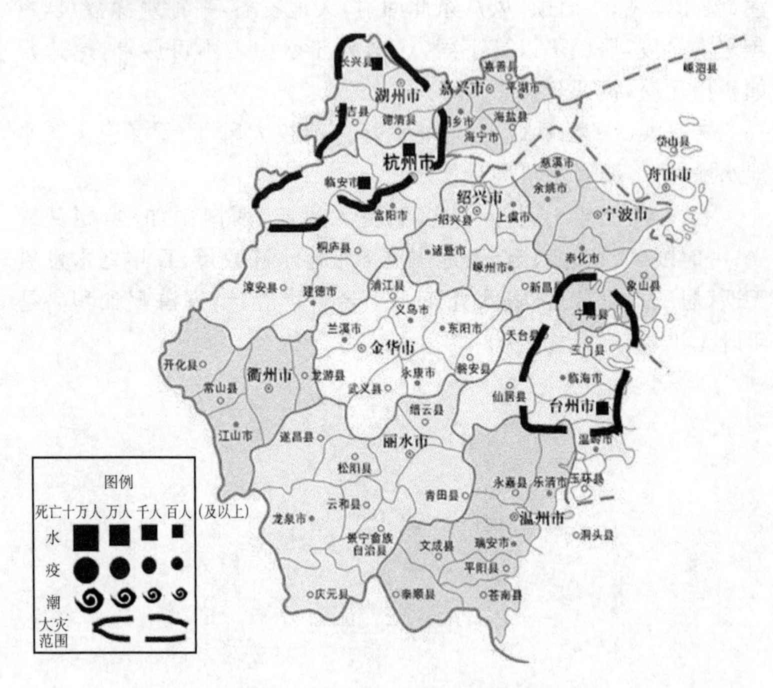

图 1-23　1250 年浙江省大灾分布图

评价：浙西北、浙东。大灾点连贯性好。洪水分成两大片。死亡人数为数百人(图 1-23)。

灾种：洪涝。

资料条数：1 条。

〈1〉杭州市　安吉县(今属湖州市)、余杭县(今余杭区)、临安县(今临安区)、宁海县(属宁波市)、台州(属台州市)：南宋淳祐十年(1250 年)八月，大霖雨水涌，安吉、余杭、临安、宁海、台州等地大水,民溺死者无算[96]。

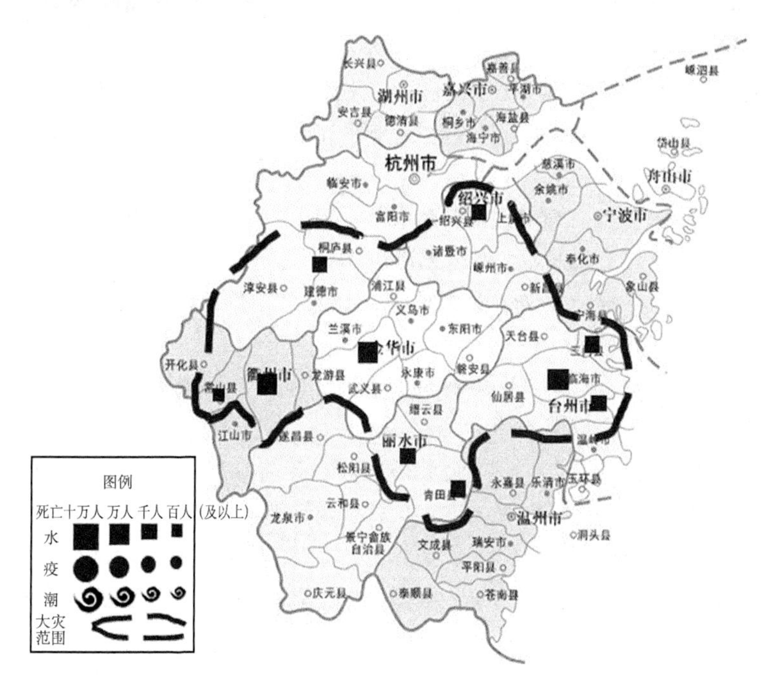

图 1-24(a)　1252 年浙江省大灾分布图

评价:浙江大部分地区。大灾点连贯性好。受灾范围包括福建省、江西省,只点到州府名称。“死者以万数”,灾情十分严重,但描述过于简略(图 1-24a)。

灾种:洪涝。

资料条数:9 条。

96　温克刚.中国气象灾害大典·浙江卷·第二章　暴雨、洪涝.北京:气象出版社,2006:61.

注:下列资料凡斜体者,为死亡万人及以上。编号:13W1252。

*〈1〉**杭州市　严州(今桐庐县、淳安县和建德市)**、**衢州**、**婺州(今金华市)**、**台州**、**处州(今丽水市)**:南宋淳祐十二年(1252年)六月,建宁府、严、衢、婺、信、台、处、南剑州、邵武军大水,冒城郭,漂室庐,死者万数(《宋史·五行志》)*{建宁府[辖建安(今福建省建瓯市区)、瓯宁(在建瓯市区)、建阳(今建阳市)、崇安(今武夷山市)、浦城(今浦城县)、政和(今政和县)、松溪(今松溪县)],信州(今江西省上饶市)、南剑州(今福建省南平市)、邵武郡(今福建省邵武市)均不在浙江省}。

〈6〉**绍兴市　绍兴府(今绍兴市)**:十二年六七月,绍兴大水成灾,淹坏官署寺庙民舍,民溺死者以千计[97]。

*〈7〉**金华市　婺州(今婺城区)**:十二年,婺州六月大水,漂室庐,死者以万数*[98]。

*〈8〉**衢州市　衢州(今柯城区)**:十二年六月,衢州大水,淹城郭,漂室庐死者以万数*[99]。

常山县:十二年六月,大水,漂室庐,死者众[100]。

*〈10〉**台州市　台州**:十二年六月,台州等九府、军大水,冒城郭,漂室庐,死者以万数(《宋史》)*[101]*。十二年六月丙寅,大水冒城城郭漂室庐死者甚众。同日大水,冒城郭,漂室庐人民死者以万数*

97　绍兴市地方志编纂委员会.绍兴市志·第一卷·大事记.杭州:浙江人民出版社,1997:76-104.

98　朱建宏.金华水旱灾害志·第一章　洪水灾害.北京:中国水利水电出版社,2009:5.

99　衢县民政志编纂委员会.衢县民政志·第七章　救灾救济.杭州:浙江人民出版社,1992:174.

100　常山县志编纂委员会.常山县志·第二编　自然环境·第六章　自然灾害.杭州:浙江人民出版社,1990:118.

101　台州市气象局气象志编纂委员会.台州市气象志·第九章　历代灾异.北京:气象出版社,1998:107.

(图 1-24b)[102]。

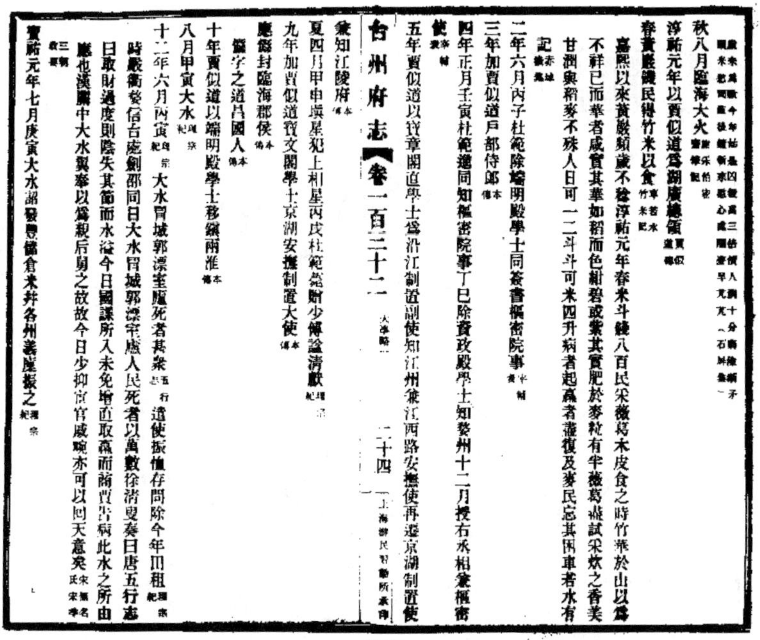

秋八月臨海大火
淳祐元年以賈似道爲湖廣總領
春黃巖饑民得竹米以食
嘉熙以來黃巖頻歲不稔淳祐元年春米斗錢八百民采薇葛木皮食之時竹華於山以爲不祥已而華者咸實其華如稻而色紺碧或紫其實肥於麥粒有半薇葛嵌試采炊之香美甘潤與稻麥不殊人日可一二斗斗可米四升病者起羸者瘥復及麥民忘其困車若水有記
二年六月丙子杜範除端明殿學士同簽書樞密院事
三年加賈似道戶部侍郎
四年正月壬寅杜範遷同知樞密院事丁巳除資政殿學士知婺州十二月授右丞相兼樞密使
五年賈似道以寶章閣直學士爲沿江制置副使知江州兼江西路安撫使再遷京湖制置使兼知江陵府
夏四月甲申填星犯上相星丙戌杜範薨贈少傅謚清獻
九年加賈似道寶文閣學士京湖安撫制置大使
應繇封臨海郡侯
應繇字之道昌國人
十年賈似道以端明殿學士移鎮兩淮
八月甲寅大水
十二年六月丙寅大水冒城郭漂室廬死者甚衆遣使振恤存問除今年田租
時嚴衢婺信台處劍邵同日大水冒城郭漂室廬人民死者以萬數徐清叟奏曰唐五行志曰取財過度則陰失其節而水溢今日國課所入未免增直取贏而商賈皆病此水之所由應也漢關中大水襲奉以爲親后舅之故今日少抑宦官戚畹亦可以回天意矣
寶祐元年七月庚寅大水詔發豐儲倉米并各州義廩振之

台州府志【卷一百三十二　二十四

1773

图 1-24(b)　民国二十五年《台州府志·卷百三十二之三十六　大事记五卷》记载淳祐十二年洪灾

临海县：十二年六月，大水没城郭，漂庐舍，死者万数[103]。

临海县(今三门县)：十二年六月丙寅，大水，冒城郭，漂室庐，死者以万计[104]。

〈11〉**丽水市　青田县**：宋淳祐十二年(1252)六月，大水，庐舍

[102] 台州府志·卷百三十二之三十六　大事记五卷. 民国二十五年.

[103] 临海县志编纂委员会. 临海县志·第三编　自然地理·第八章　自然灾害. 杭州：浙江人民出版社，1989：148.

[104] 三门县志编纂委员会. 三门县志·第二编　自然环境·第三章　气候. 杭州：浙江人民出版社，1992：99.

漂没，死者无数（《两朝御批通鉴辑览》）[105]。

1261 年

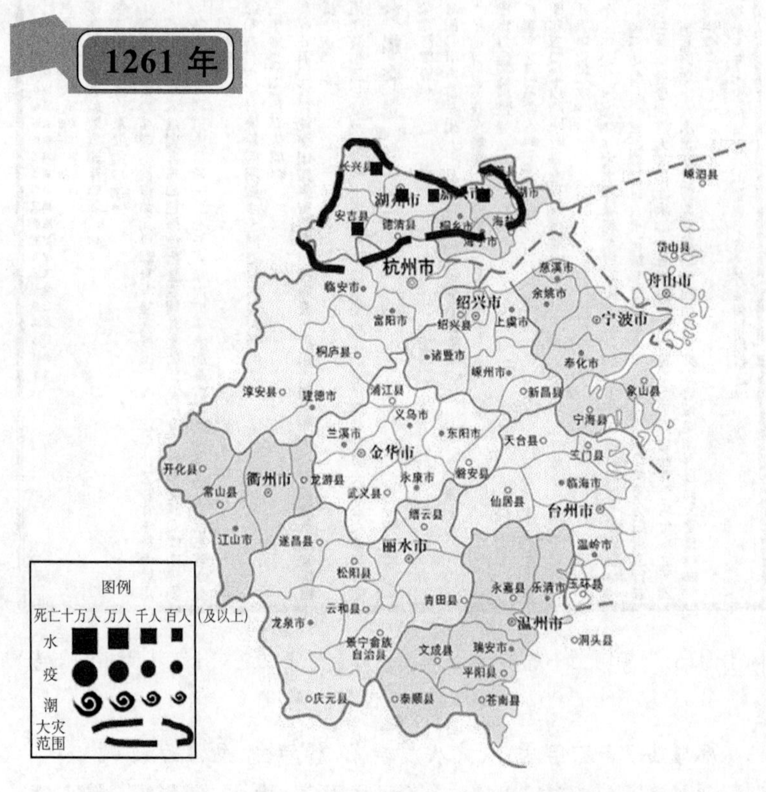

图 1-25(a)　1261 年浙江省大灾分布图

评价：浙北。大灾点连贯性好。太湖南缘洪涝成灾。死亡人数为数百人（图 1-25a）。

灾种：洪涝。

资料条数：2 条。

〈4〉**嘉兴市　杭、嘉、湖、松等州：**南宋景定二年（1261 年）七至

105　青田县志编纂委员会. 青田县志 · 第二编　自然环境 · 第三章　气候. 杭州：浙江人民出版社，1990：135.

十月，大地一片汪洋，溺死者众[106]。

〈5〉**湖州市**　**安吉县**、**归安县(今吴兴区)**、**乌程县(今南浔区)**：二年六月，两浙、杭州霖雨，近畿水灾，归安、乌程、余姚、慈溪水灾，安吉尤甚[107]。

长兴县：景定二年，安吉属邑水，民溺死者众(图 1-25b)[108]。

長興縣志　卷九
媪攜幼稚百十成羣驚走聲言有盜捕嬰兒祭江關
然傳播泛溯入山新志開禧三年夏秋久旱大蝗羣飛
蔽天浙西豆粟皆既於蝗宋史五行志長興捕三千餘石
湖府志嘉定二年浙西大旱大蝗長興捕數百石宋史五行志
十一年六月霖雨浙西尤甚大水同上詔湖州振恤
被水貧民宋史寧宗紀十四年辛巳重修儒學芝生於廳
素質輪囷連葉敷腴不浹日大且盈寸他藥叢生拊
若盎者八九色暈黃園生意茂豫宋陳賢重修長興縣學產瑞芝記
寶祐二年湖州大水新府志三年五月浙西大水宋史理宗紀
景定二年安吉屬邑水民溺死者眾宋史理宗紀時長興屬

图 1-25(b)　清同治十三年《长兴县志·卷九　灾祥》记载景定二年洪灾

106　嘉兴市志编纂委员会. 嘉兴市志(上册)·第四篇　自然环境·自然灾异. 北京：中国书籍出版社，1997：318.

107　温克刚. 中国气象灾害大典·浙江卷·第二章　暴雨、洪涝. 北京：气象出版社，2006：62.

108　长兴县志·卷九　灾祥. 清同治十三年.

1262 年

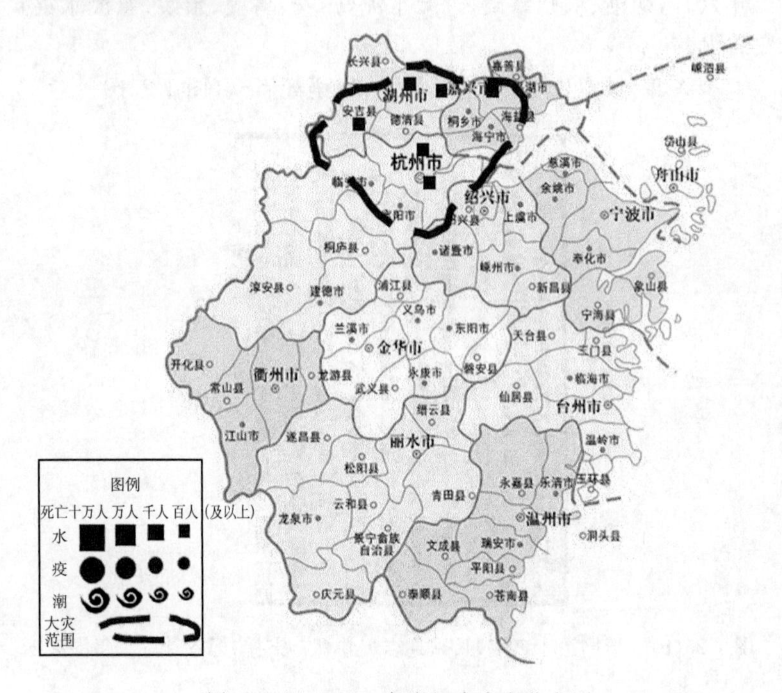

图 1-26(a) 1262 年浙江省大灾分布图

评价:浙北。大灾点连贯性好,相当集中。洪涝发生在二月,是早汛期。死亡人数为数百人(图 1-26a)。

灾种:洪涝。

资料条数:4 条。

〈1〉**杭州市　临安府(今杭州市):**南宋景定三年(1262 年)春二月,大水,民溺死者众(图 1-26b)[109]。

109　杭州府志·卷之四　事纪下.明万历七年.

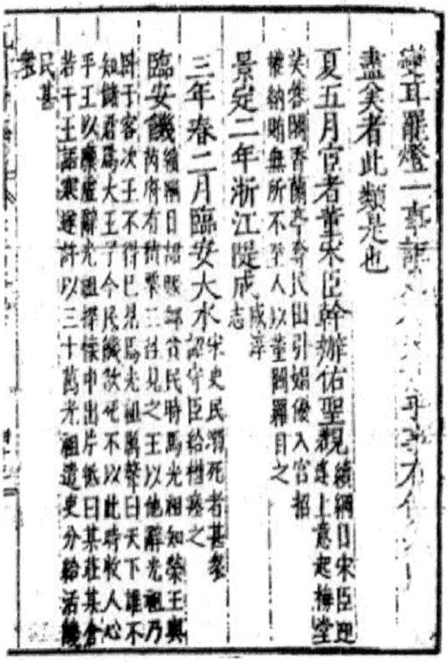

盡失者此類是也

夏五月宦者董宋臣幹辦佑聖觀

景定二年浙江隄成 咸淳志

三年春二月臨安大水 宋史民溺死者甚衆詔守臣給棺瘞之

臨安饑

[illegible]

图 1-26(b)　明万历七年《杭州府志·卷之四　事纪下》记载景定三年洪灾

临安县(今临安区)、嘉兴县(今嘉兴市)、安吉县(属湖州市)：三年二月，临安、嘉兴、安吉属邑大水，民溺死者众[110]。

〈5〉**湖州市　湖州**：三年二月，属邑水，民溺死者众[111]。

南浔镇(今南浔区)：三年二月，大水，民多溺死[112]。

110　温克刚. 中国气象灾害大典·浙江卷·第二章　暴雨、洪涝. 北京：气象出版社，2006：62.

111　湖州市地方志编纂委员会. 湖州市志(上卷)·第三卷　自然环境·第七章　自然灾害录. 北京：昆仑出版社，1999：214.

112　南浔镇志编纂委员会. 南浔镇志·第一篇　政区·死二章　自然环境. 上海：上海科学技术文献出版社，1995：46.

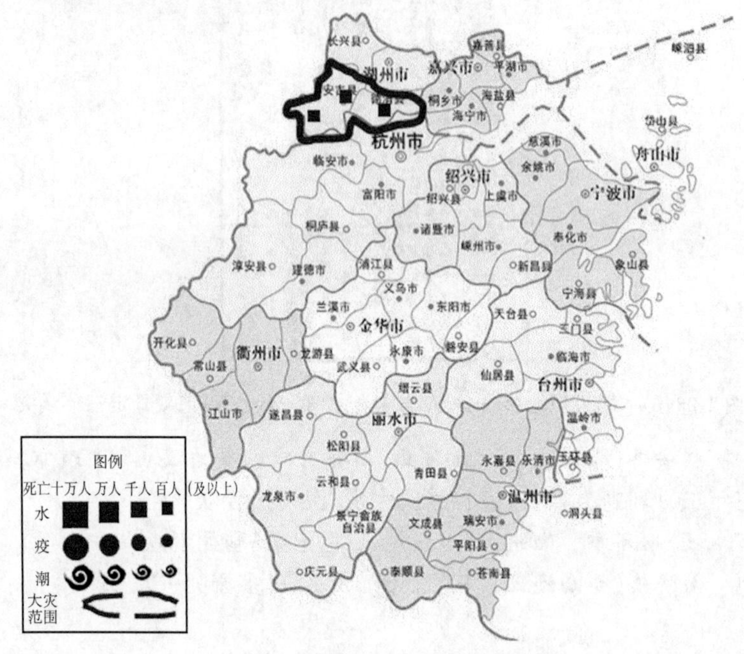

图 1-27　1267 年浙江省大灾分布图

评价：浙北。大灾点连贯性好。1261 年、1262 年，这一地区反复遭受洪涝灾害。死亡人数为数百人（图 1-27）。

灾种：洪涝。

资料条数：1 条。

〈5〉**湖州市　安吉、孝丰县（今安吉县孝丰镇）、武康县（今德清县）：**南宋咸淳三年（1267 年）八月，大霖雨，安吉、孝丰、武康水灾，民溺死者无算[113]。

113　湖州市地方志编纂委员会. 湖州市志（上卷）·第三卷　自然环境·第七章　自然灾害录. 北京：昆仑出版社，1999：214.

图 1-28　1269 年浙江省大灾分布图

评价:浙北。大灾点连贯性好。与 1267 年的大灾图非常类似。“天目山山崩水涌”、“庆元路、奉化州山崩,水涌出山地”,相当密度分布的山水、山崩现象发生。死亡人数为数百人(图 1-28)。

灾种:洪涝。

资料条数:2 条。

〈1〉**杭州市　临安县(今临安区)、余杭县(今余杭区):**南宋景定十年(1269 年)八月癸丑,大霖雨,天目山山崩水涌,临安、余杭民溺死无算[114]。

114　杭州府志·卷八十三　祥异二. 民国十一年铅字本. 清光绪十四年编纂.

〈2〉**宁波市　慈溪县(今慈溪市)**:南宋咸淳五年(1269 年)五月,庆元路、奉化州山崩,水涌出山地,溺死甚众[115]。

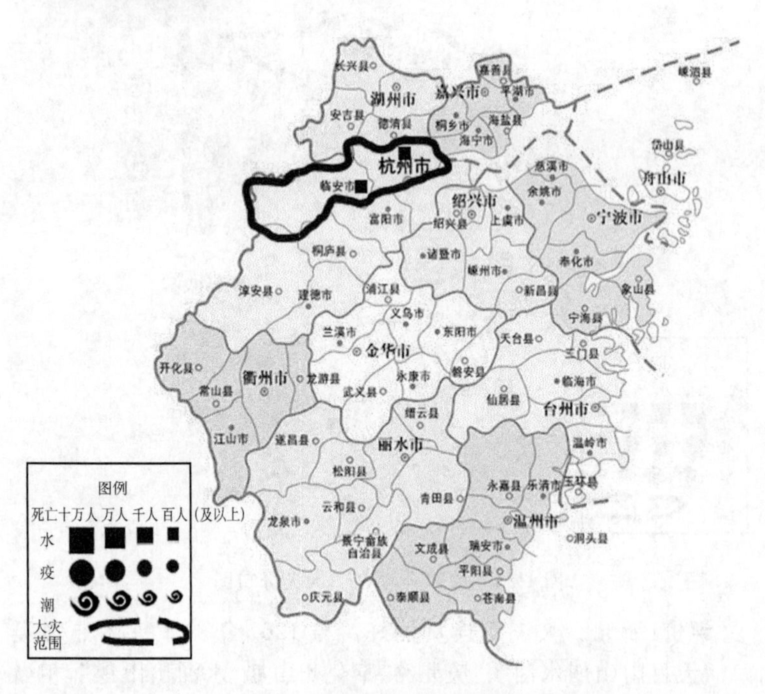

图 1-29　1273 年浙江省大灾分布图

评价:浙北。大灾点连贯性好,"天目山崩,水涌流",天目山山洪、山崩,是浙北常发灾害。死亡人数为数百人(图 1-29)。

灾种:洪涝。

资料条数:1 条。

115　宁波气象志编纂委员会.宁波气象志·第二章　气象灾害·附:气象灾害年表.北京:气象出版社,2001:92.

〈1〉**杭州市　临安县（今临安区）、余杭县（今余杭区）**：南宋咸淳九年（1273 年）八月癸丑，大霖雨，天目山崩，水涌流临安、余杭，民溺死无数[116]。

图 1-30(a)　1274 年浙江省大灾分布图

评价：浙西北。大灾点连贯性好。"天目山崩，水涌流安吉、临安、余杭"，灾难与大霖雨引起的山水暴发有关，导致多县受灾。死亡人数为数百人（图 1-30a）。

116　温克刚. 中国气象灾害大典·浙江卷·第二章　暴雨、洪涝. 北京：气象出版社，2006：62.

灾种:洪涝。

资料条数:8 条。

〈1〉**杭州市　余杭县(今余杭区)**:南宋咸淳十年(1274 年)八月,大霖雨,天目山崩,临安属县大水,余杭民溺死者无算[117]。

临安县:咸熙十年八月,天目山崩。大霖雨,山崩水涌安吉、余杭、临安溺死无算[118](按,晋无咸熙年号,此二字有误,疑为咸淳)(图 1-30b)。

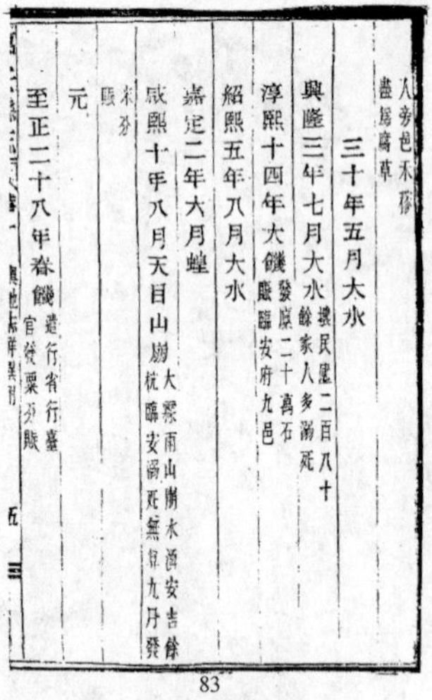

图 1-30(b)　清宣统二年《重修临安县志·卷一　舆地志·祥异》记载咸淳十年洪灾

〈5〉**湖州市　安吉、孝丰县(今安吉县孝丰镇)、武康县(今德清县)**:十年八月,大霖雨,安吉、孝丰、武康水灾,民溺死者无算[119]。

117　余杭县志编纂委员会.余杭县志·第二编　自然环境·第五章　水旱灾害.杭州:浙江人民出版社,1990:80.

118　重修临安县志·卷一　舆地志·祥异.清宣统二年.

119　湖州市地方志编纂委员会.湖州市志(上卷)·第三卷　自然环境·第七章　自然灾害录.北京:昆仑出版社,1999:214.

安吉县、临安县(今临安区，属杭州市)、余杭县(今余杭区，属杭州市)：十年八月，天目山崩。《武林纪事》八月癸丑，天霖雨，天目山崩，水涌流安吉、临安、余杭，民溺死者无算(图 1-30c)[120]。

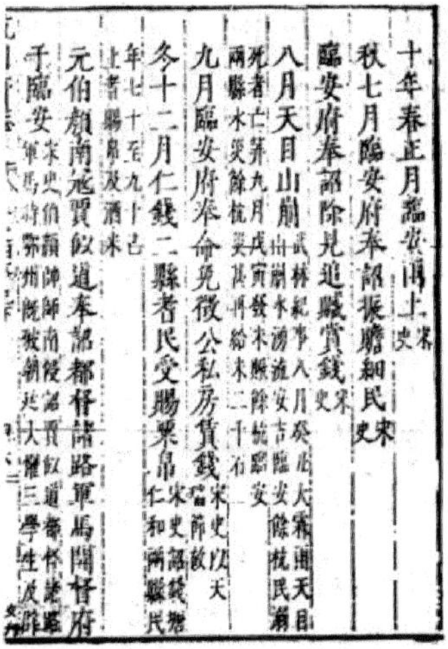

图 1-30(c)　明万历七年《杭州府志·卷之四　事纪下》记载咸淳十年洪灾

吴兴县(吴兴区)、安吉县、临安县(今临安区)、余杭县(今余杭区，属杭州市)：十年八月癸丑，大霖雨，天目山崩，水涌流安吉、临安、余杭，民溺死无算(图 1-30d)[121]。

120　杭州府志·卷之四　事纪下.明万历七年.

121　吴兴备志·卷二十一　祥孽征第十六.

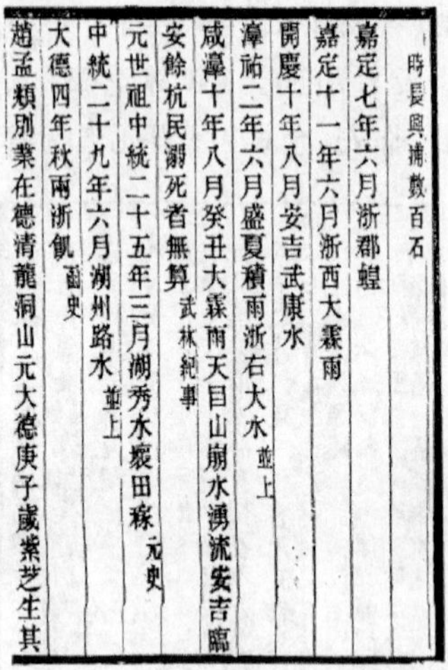

時長興捕數百石
嘉定七年六月浙郡蝗
嘉定十一年六月浙西大霖雨
開慶十年八月安吉武康水
淳祐二年六月盛夏積雨浙右大水並上
咸淳十年八月癸丑大霖雨天目山崩水湧流安吉臨
安餘杭民溺死者無算武林紀事
元世祖中統二十五年三月湖秀水壞田稼元史
中統二十九年六月湖州路水並上
大德四年秋兩浙饑函史
趙孟頫别業在德清龍洞山元大德庚子歲紫芝生其

图 1-30(d) 《吴兴备志·卷二十一　祥孽征第十六》记载咸淳十年洪灾

安吉县、余杭县(今余杭区,属杭州市)、临安县(今临安区):十年八月,天目山崩,水涌流灭木,安吉、余杭、临安等地居民漂没,死者无算[122]。

安吉县:十年八月癸丑,大霖雨,天目山崩,安吉等邑民溺死无算[123]。

武康县(今德清县):咸淳十年,大雨,天目山崩,水没木居,漂死无算(图 1-30e)[124]。

---

[122] 温克刚.中国气象灾害大典·浙江卷·第二章　暴雨、洪涝.北京:气象出版社,2006:62.

[123] 陈桥驿.浙江灾异简志.杭州:浙江人民出版社,1991:46.

[124] 武康县志·卷一　祥异.乾隆十二年.

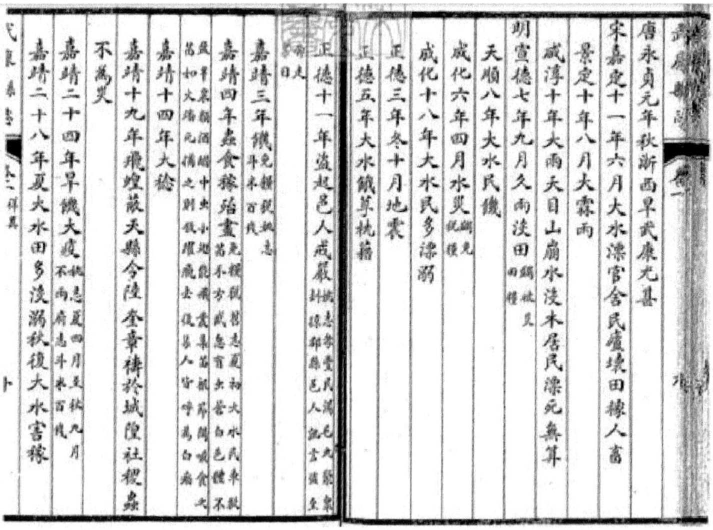

唐永貞元年秋浙西旱武康尤甚
宋嘉定十一年六月大水漂官舍民廬壞田稼人畜
景定十年八月大霖雨
咸淳十年大雨天目山崩水淺木居民漂死無算
明宣德七年九月久雨淹田
天順八年大水民饑
成化六年四月水災
成化十八年大水民多漂溺
正德三年冬十月地震
正德五年大水饑莩枕藉
正德十一年盜起邑人戒嚴
嘉靖三年饑
嘉靖四年蟲食稼殆盡
嘉靖十四年大稔
嘉靖十九年飛蝗蔽天縣令陸奎章禱於城隍社稷蟲
不為災
嘉靖二十四年旱饑大疫
嘉靖二十八年夏大水田多淹溺秋復大水害稼

图 1-30(e)　乾隆十二年《武康县志·卷一　祥异》记载咸淳十年洪灾

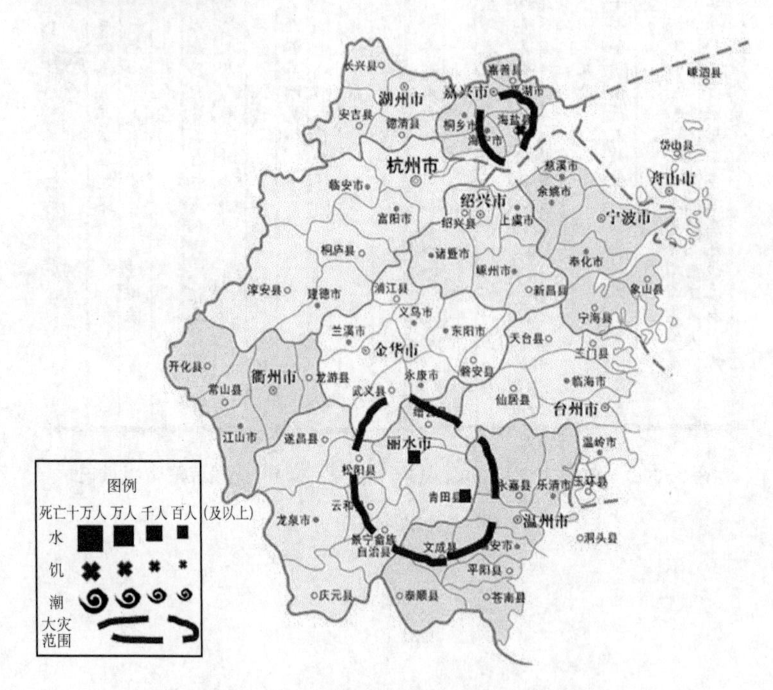

图 1-31(a)　1305 年浙江省大灾分布图

评价:浙南。大灾点连贯性好。“丽水、青田水发自缙云”,此县受灾来源于他县。死亡人数为数百人(图 1-31a)。

灾种:洪涝、饥荒。

资料条数:2 条。

〈4〉**嘉兴市　海盐县:**元大德九年(1305 年)八月,蝗,民饥,有相食者(图 1-31b)[125]。

125　海盐县志・卷十三　祥异考.清光绪二年.

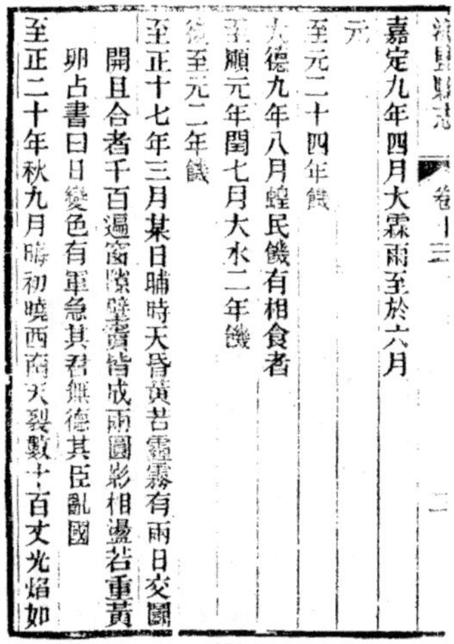

海鹽縣志　卷十三　三

嘉定九年四月大霖雨至於六月

元

至元二十四年饑

大德九年八月蝗民饑有相食者

至順元年閏七月大水二年饑

後至元二年饑

至正十七年三月某日晡時天昏黃若霾霧有兩日交闘

開且合者千百遍窗隙壁罅皆成兩圓影相盪若重黃

卵占書曰日變色有軍急其君無德其臣亂國

至正二十年秋九月晦初曉西南天裂數十百丈光焰如

1274

图 1-31(b)　清光绪二年《海盐县志·卷十三　祥异考》记载大德九年饥荒

〈11〉**丽水市　丽水、青田**：九年六月，丽水、青田水发自缙云，漂荡庐舍，淹死数百人[126]。

126　丽水市志编纂委员会.丽水市志·第二编　自然环境·第七章　自然灾害.杭州：浙江人民出版社，1994.

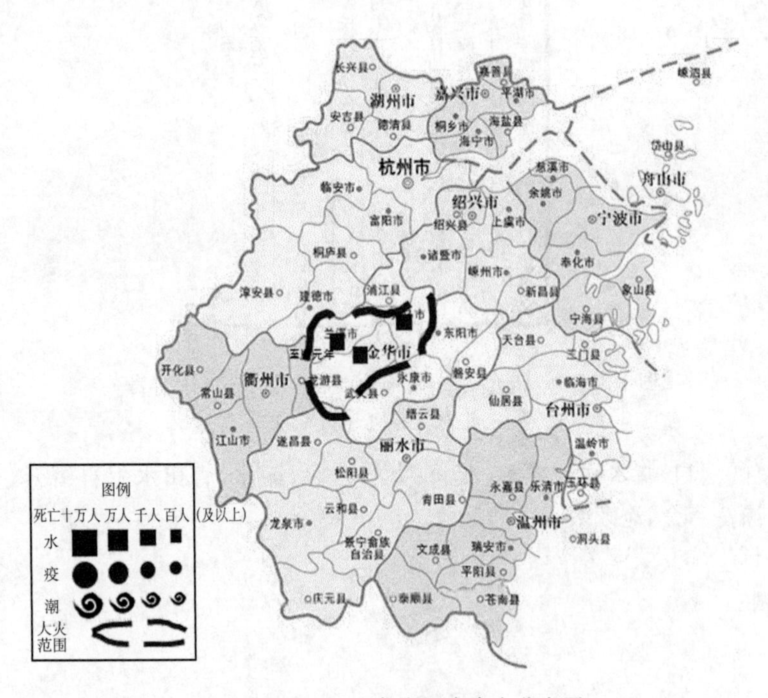

图 1-32(a) 1330 年浙江省大灾分布图

评价:浙中。大灾点连贯性好。死亡人数为数千人(图 1-32a)。

灾种:洪涝。

资料条数:3 条。

〈7〉**金华市　婺州(今婺城区)**:元至顺元年(1330 年),婺大水,漂没数千人(图 1-32b)[127]。

127 金华府志·卷之二十六 祥异.成化十六年.

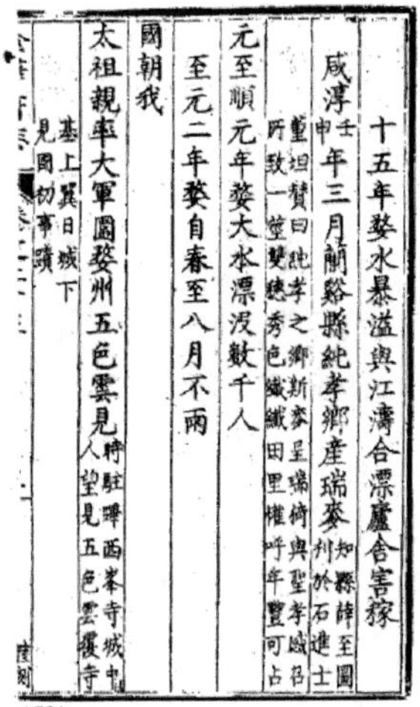
十五年婺水暴溢與江濤合漂廬舍害稼
咸淳壬申年三月蘭谿縣純孝鄉產瑞麥知縣薛至圖刋於石進士董垣贊曰純孝之鄉斯麥呈瑞倚與聖孝感召所致一莖雙穗秀色纖纖田里懽呼年豐可占
元至順元年婺大水漂沒數千人
至元二年婺自春至八月不雨
國朝我
太祖親率大軍圖婺州五色雲見時駐蹕西峯寺城中人望見五色雲覆寺基上翼日城下見國初事蹟

1791

图 1-32(b)　成化十六年《金华府志·卷之二十六　祥异》记载至顺元年洪灾

义乌县(今义乌市):元年,婺大水,漂没数千人[128]。

兰溪县(今兰溪市)、金华:元年八月,兰溪、金华大水,漂没数千人[129]。

128　义乌县自然灾害大事记.义乌县民政志."中国义乌"政府门户网站.2007年10月26日.

129　温克刚.中国气象灾害大典·浙江卷·第二章　暴雨、洪涝.北京:气象出版社,2006:64.

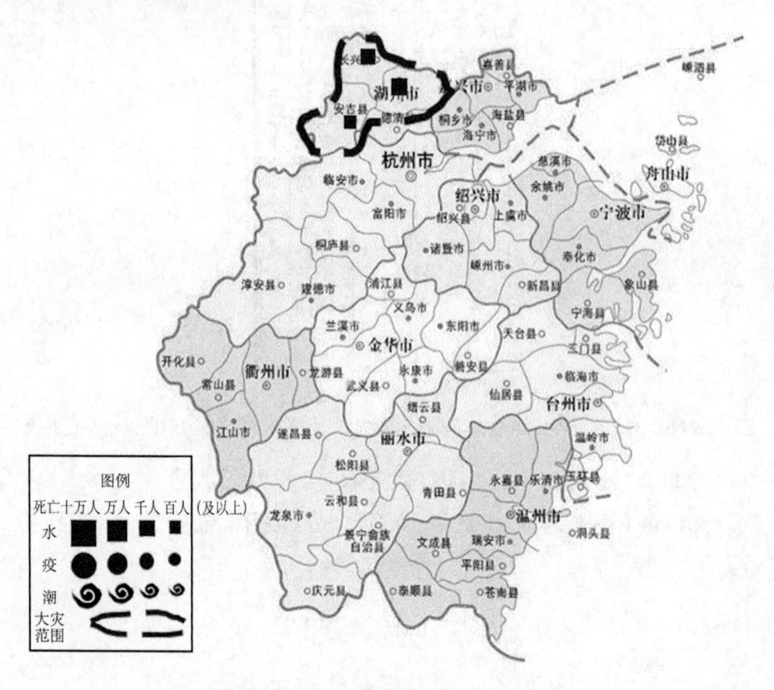

图 1-33　1331 年浙江省大灾分布图

评价：浙西北。大灾点连贯性好。“大风雨，太湖溢”，洪灾来源于两个方向，即天落水和客水(太湖)。死亡人数为六千人(图 1-33)。

灾种：洪涝。

资料条数：3 条。

〈5〉***湖州市***　***湖州：***元至顺二年(1331 年)十月，大风雨，太湖溢，漂没民居近三千，溺死男女近六千[130]。

长兴县：二年八月，江浙诸路水淹，十月，大风雨，太湖溢，漂民

130　湖州市地方志编纂委员会. 湖州市志(上卷)·第三卷　自然环境·第七章　自然灾害录. 北京：昆仑出版社，1999：229.

房凡三千，溺死男女几六千[131]。

湖州、安吉县：二年八月，江浙诸路水潦，害稼；湖州、安吉州水，漂死百九十人；九月，安吉久雨，太湖溢，漂民居二千八百九十户，溺死男女百五十七人[132]。

1338 年

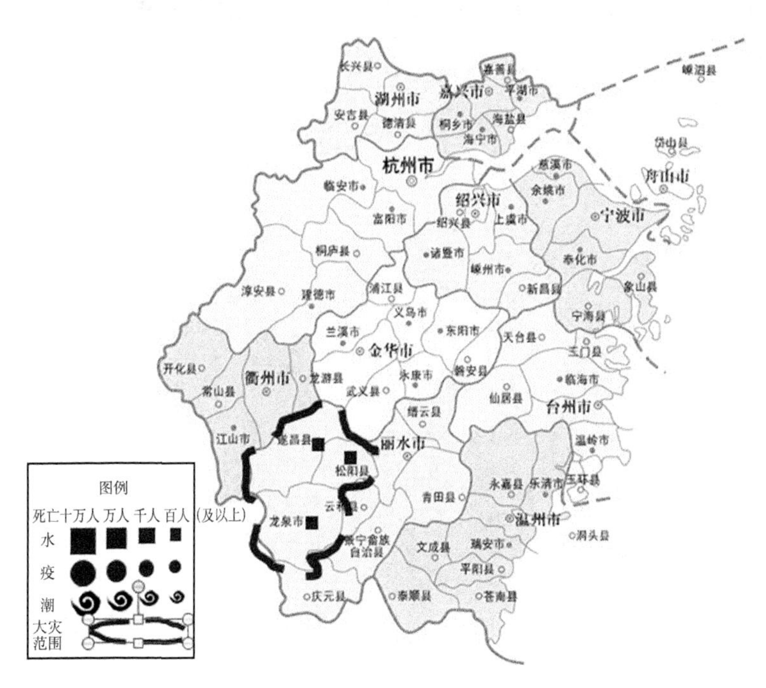

图 1-34 1338 年浙江省大灾分布图

评价：浙西南。大灾点连贯性好。“积雨，水涨入城中”，系大

131 长兴县志编纂委员会. 长兴县志·第二卷 自然环境·第七章 自然灾害. 上海：上海人民出版社，1992：107.

132 陈桥驿. 浙江灾异简志. 杭州：浙江人民出版社，1991：53.

水灌城。“平地三丈余”,洪水水位有 9 米高。死亡人数为 860 人(图 1-34)。

灾种:洪涝。

资料条数:1 条。

〈11〉**丽水市　松阳县、龙泉县(今龙泉市)、遂昌县:**元元统六年(1338 年)六月,衢州西安、龙游二县大水。庚戌,处州松阳、龙泉二县积雨,水涨入城中,深丈余,溺死五百余人;遂昌县尤甚,平地三丈余。桃源乡山崩,压溺民居五十三家,死者三百六十余人[133]。

133　元史·卷五十一　志第三下.

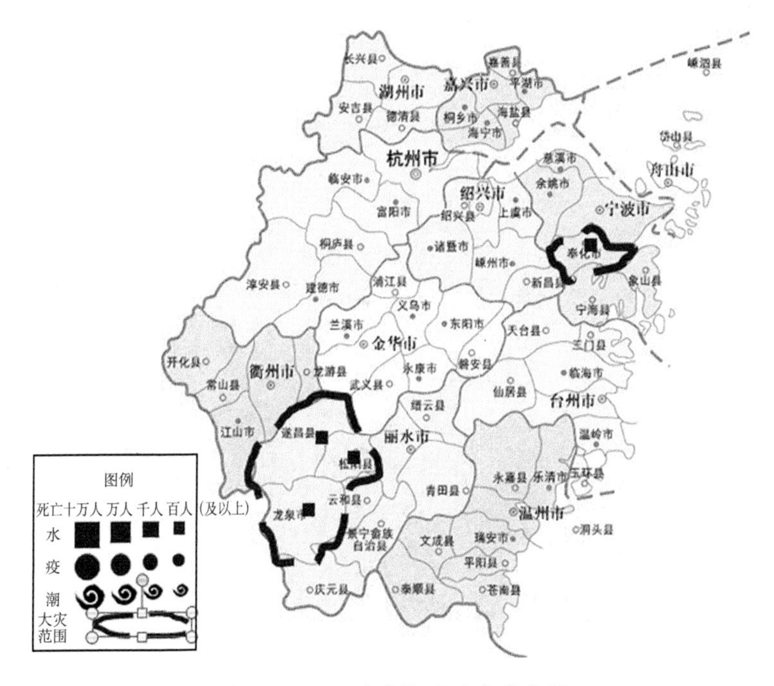

图 1-35　1340 年浙江省大灾分布图

评价:浙西南。大灾点连贯性好。“二县积雨,水涨入城中”,洪水太大,大水灌城。死亡人数为数百人(图 1-35)。

灾种:洪涝。

资料条数:3 条。

〈2〉**宁波市　奉化市:**元至元六年(1340 年)五月甲子,奉化山崩,水涌出平地,溺死甚众[134]。

〈11〉**丽水市　遂昌县:**六年,大水,平地三丈余。桃源乡山崩,

134　温克刚. 中国气象灾害大典·浙江卷·第二章　暴雨、洪涝. 北京:气象出版社,2006:65.

压溺民居 53 家，死 360 余人[135]。

松阳、龙泉县(今龙泉市)：六年六月庚戌，处州松阳、龙泉二县积雨，水涨入城中，溺死五百余人[136]。

1372 年

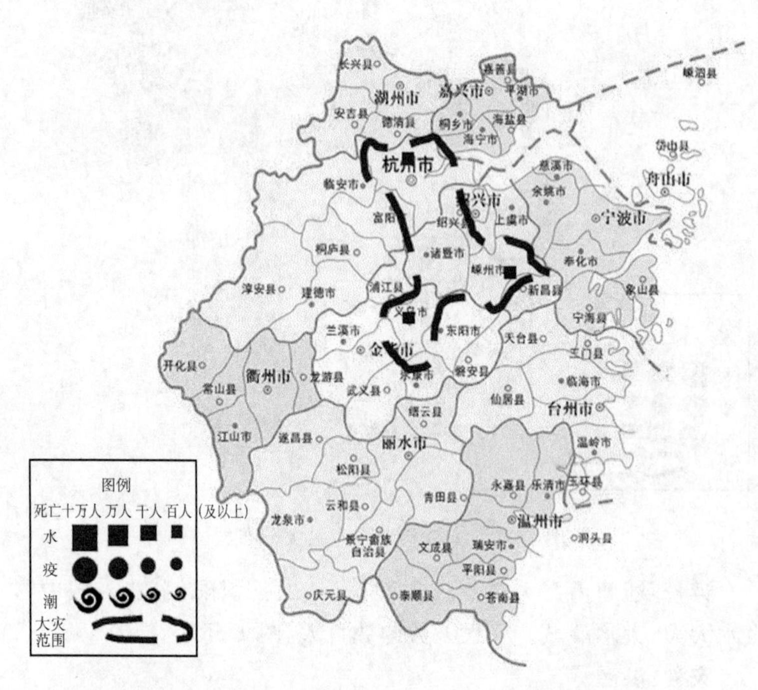

图 1-36(a)　1372 年浙江省大灾分布图

评价：浙中至浙北。大灾点连贯性较好。“山谷水涌”，突发性灾害使人们猝不及防。死亡人数为数百人(图 1-36a)。

135　遂昌县志编纂委员会. 遂昌县志 · 大事记. 杭州：浙江人民出版社，1996：13.

136　陈桥驿. 浙江灾异简志. 杭州：浙江人民出版社，1991：53.

灾种:洪涝。

资料条数:4 条。

〈1〉**杭州市　余杭县(今余杭区)**:明洪武五年(1372 年)秋七月,余杭县大风,山谷水涌(《明实录》),殍流庐舍,人民孳者溺死者众(图 1-36b)[137]。

冬十一月奏　命置杭州衛都指揮使司暨海寧

錢塘二衛指揮使司　李文忠奏置

四年春閏三月奏　命置仁和衛指揮使司　實録

夏六月杭州府知府劉文徙仁和錢塘二縣於府

治左右

五年秋七月餘杭縣大風　實録　山谷水涌漂流廬舍人民孳者溺死者

開浚湖門以南運河

图 1-36(b)　明万历七年《杭州府志・卷之四　事纪下》记载洪武五年洪灾

嵊县(今嵊州市,属绍兴市)、义乌县(今义乌市,属金华市)、余杭县(今余杭区):五年八月,嵊县、义乌、余杭山谷水涌,人民溺死者众[138]。

余杭县(今余杭区)、嵊县(今嵊州市,属绍兴市)、义乌县(今义乌市,属金华市):五年八月乙酉,余杭、嵊县、义乌三县大风,山谷水涌,漂没庐舍人畜甚众[139]。

〈6〉**绍兴市　嵊县(今嵊州市)**:五年壬子八月乙酉,大风,山谷

137　杭州府志・卷之五　国朝郡事纪上.明万历七年.

138　明史卷二十八　志第四.

139　陈桥驿.浙江灾异简志.杭州:浙江人民出版社,1991:57.

水涌漂没庐舍及人畜甚众(《乾隆李志》)。

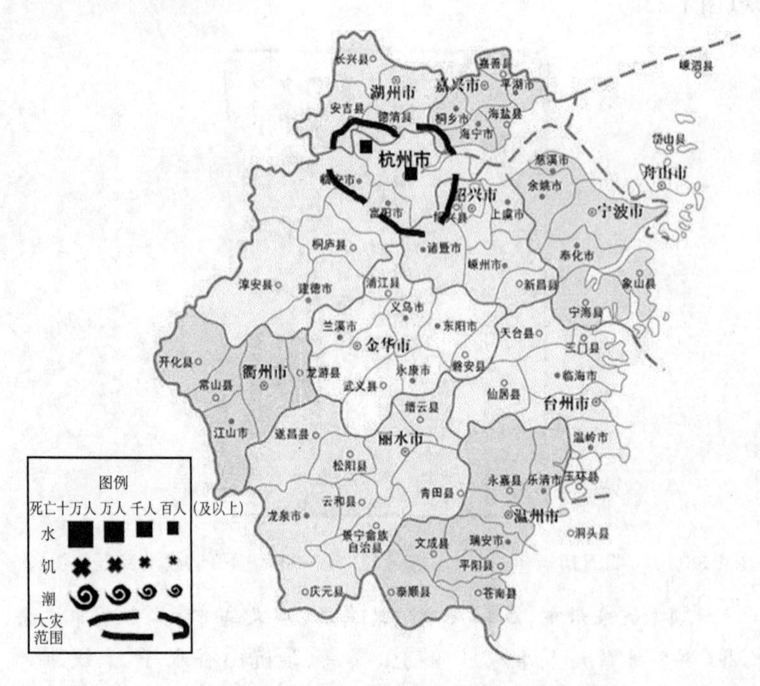

图 1-37 1405 年浙江省大灾分布图

评价:浙北。大灾点连贯性好。死亡人数为 440 人(图 1-37)。

灾种:洪涝。

资料条数:2 条。

〈1〉**杭州市　杭州:**明永乐三年(1405 年)八月,杭州属县多水,水淹男妇四百余人[140]。永乐三年八月,杭州属县多水,淹男妇

140 杭州府志·卷八十四 祥异三.民国十一年铅字本.清光绪十四年.

四百余人[141]。

余杭县(今余杭区)：三年八月，杭州属县多水，淹民田 74 顷，坏庐舍 1182 间，溺死民 440 口。[142]

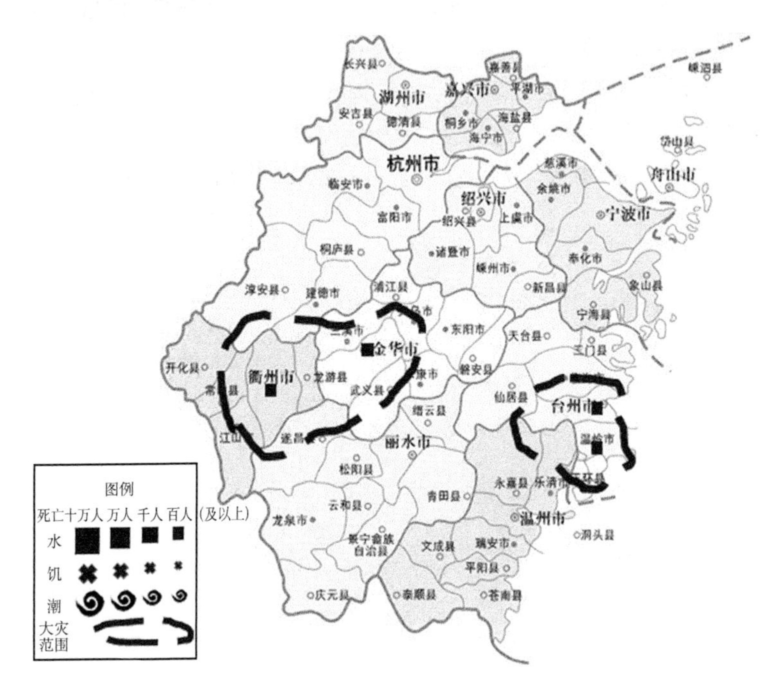

图 1-38　1416 年浙江省大灾分布图

评价：浙西、浙东。大灾点连贯性好。"溪水暴发，坏城郭民庐"，系大水围城。死亡人数为数百人(图 1-38)。

141　明史卷二十八　志第四.

142　余杭县志编纂委员会.余杭县志·第二编　自然环境·第五章　水旱灾害.杭州：浙江人民出版社，1990：80.

灾种:洪涝。

资料条数:4 条。

〈7〉**金华市　金华府(今金华市)**:明永乐十四年(1416 年),五月,金华府大水。七月及八月又大水,溪水暴涨,坏城垣房舍,溺死人畜甚众(1958 年华东水电勘测设计院水文队调查考证,兰江水位 37.12 m,洪水流量 24000 m^3/s)[143]。

〈8〉**衢州市　衢州(今柯城区)**:十四年,溪水暴发,坏城郭民庐,溺死人畜甚众[144]。

〈10〉**台州市　太平县(今温岭市)**:十四年七月,大水,漂溺人畜田庐不可胜计[145]。

黄岩县(黄岩区):十四年七月,大水,漂溺人畜田庐,不可胜计[146]。

143　朱建宏. 金华水旱灾害志·第一章　洪水灾害. 北京:中国水利水电出版社,2009:6.

144　衢县民政志编纂委员会. 衢县民政志·第七章　救灾救济. 杭州:浙江人民出版社,1992:174.

145　太平县志·地舆二. 明嘉靖.

146　黄岩县志·卷七　纪变. 明万历.

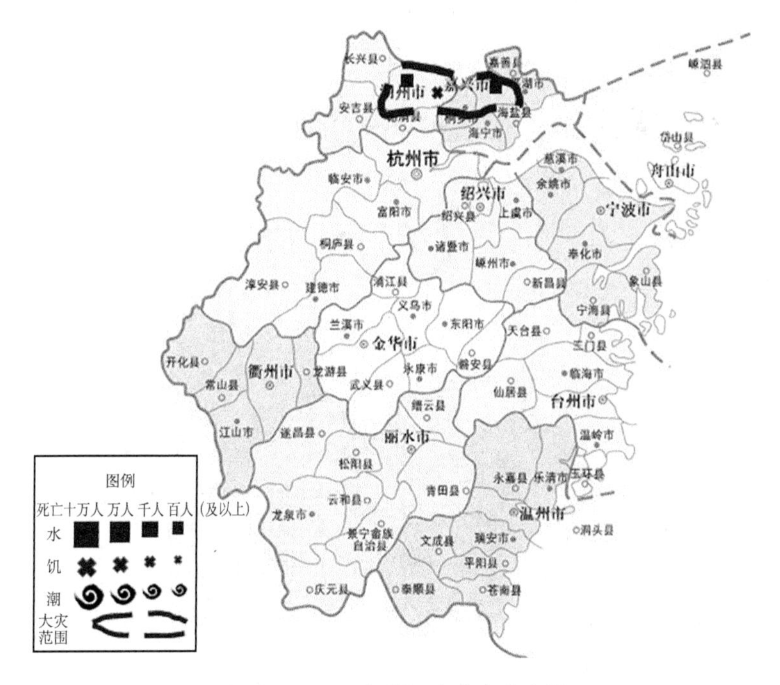

图 1-39　1440 年浙江省大灾分布图

评价:浙北。大灾点连贯性好。“海、湖、潮、浪一时涨起”,几灾并发。“夏大水,继秋亢旱”,旱涝转移。死亡人数为数百人(图 1-39)。

灾种:洪涝。

资料条数:2 条。

〈4〉*嘉兴市　嘉兴、湖州(今湖州市)*:明正统五年(1440 年),嘉兴、湖州大水,七月十七日狂风骤雨大作,连接昼夜不息,折拔树木,掀卷屋瓦,海、湖、潮、浪一时涨起,浸入平地,冲坍圩岸,淹没房舍,田禾尽死,人畜漂流,城垣船只等项坍坏打破数多,沿海边湖人民有全村淹没;同月二十五日,又加骤雨一昼夜不息,天目等山发洪,太湖等处水势涨满，低者田圩禾稻见被淹没，人力难救；象山七月望，海啸[147]。

〈5〉**湖州市　乌程县（今南浔区）**：五年，乌程夏大水，继秋亢旱，斗米千钱，大疫，饥殍载道[148]。

1461 年

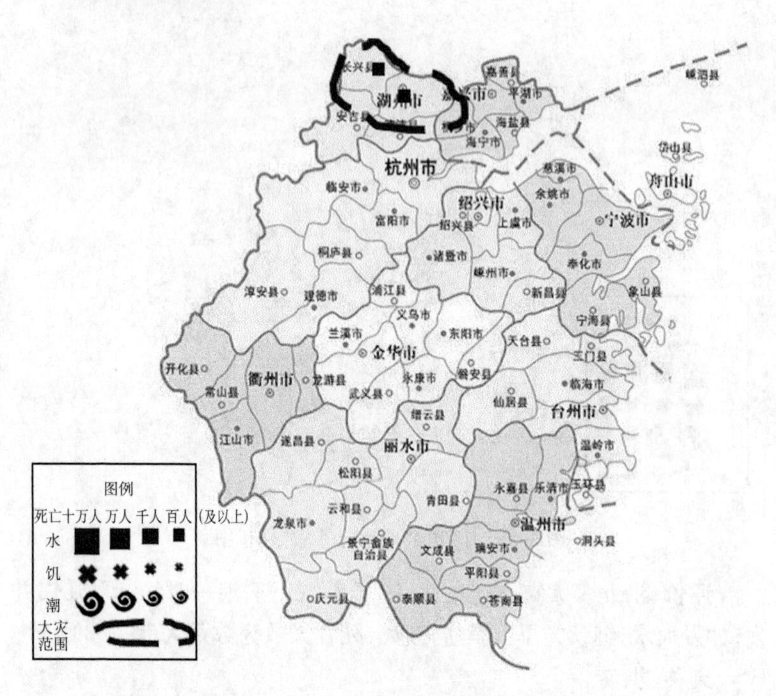

图 1-40(a)　1461 年浙江省大灾分布图

评价：浙北。大灾点连贯性好。“大风雨，太湖溢”，“天落水”

147　温克刚. 中国气象灾害大典·浙江卷·第一章　热带气旋. 北京：气象出版社，2006：17.

148　湖州市地方志编纂委员会. 湖州市志（上卷）·第三卷　自然环境·第七章　自然灾害录. 北京：昆仑出版社，1999：224.

和“客水”(太湖洪水泛滥)结合,扩大了灾情。死亡人数为数百人(图 1-40a)。

灾种:洪涝。

资料条数:2 条。

〈5〉**湖州市　长兴、乌程县(今南浔区):**明天顺五年(1461 年)七月,大风雨,太湖溢,漂没长兴、乌程民,死者甚众[149]。

长兴县:五年七月,大风雨,太湖溢,漂没居民,死者甚众(图 1-40b)[150]。

溢麥禾俱傷同上五年六月免湖州去年被災田糧同上
七月大風雨太湖溢漂沒民居死者甚眾太湖備考八年
大水民饑顧志邑人臧恭代輸一縣田賦韓志成化六年
四月湖州水災免稅糧明憲宗實錄九年四月湖州水災
十年水災免成化九年秋糧同上十二年十二月太湖
冰舟楫不通者逾月太湖備考十七年春夏不雨七月雨
有颶風八月連大雨太湖水溢平地深數丈九月淫
大風雨晝夜如注至冬無日不雨禾稼僅存者悉渰
沒明年大饑人相食二十年湖州水大饑二十二年
大水新府志宏治四年十一月以湖屬免夏稅秋糧有

图 1-40(b)　清同治十三年《长兴县志·卷九　灾祥》记载天顺五年洪灾

149　湖州市地方志编纂委员会.湖州市志(上卷)·第三卷　自然环境·第七章　自然灾害录.北京:昆仑出版社,1999:229.

150　长兴县志编纂委员会.长兴县志·第二卷　自然环境·第七章　自然灾害.上海:上海人民出版社,1992:107.

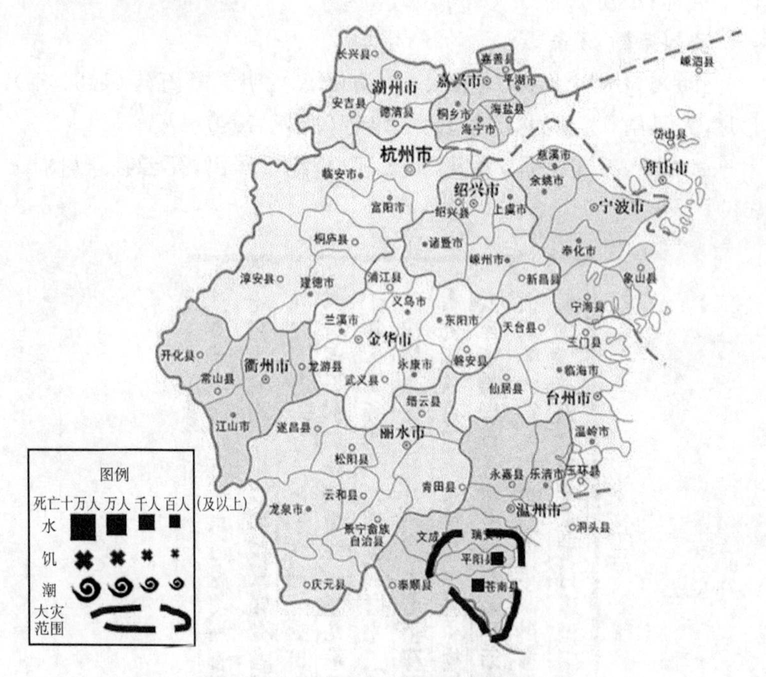

图 1-41(a)　1466 年浙江省大灾分布图

评价:浙南。大灾点连贯性好。“飓风大雨三日夜”,造成“平地水湍五六尺”。死亡人数为数百人(图 1-41a)。

灾种:洪涝。

资料条数:2 条。

〈3〉**温州市　苍南县**:明宪宗成化丙戌(二年,1466 年)五月,飓风大雨三日夜,山崩屋坏,平地水满五六尺,颗粒没收,人多淹死。浙江通志、温州府志均作正月[151]。

---

[151] 苍南县地方志编纂委员会. 苍南县志 · 大事记. 杭州:浙江人民出版社,1997.

平阳县：丙戌五月飓风暴雨三日，夜山崩，屋坏，平地水湍五六尺，人多渰死，田禾无收（图 1-41b）[152]。

明洪武乙卯七月颶風大雨海潮溢高三丈沿江死者
二千餘人室廬漂蕩事聞命官賑恤　丙辰七月颶風
猛雨復作沿江禾稻皆没
永樂壬辰南鄉田產嘉禾一本四穗或三穗二穗　甲
午大饑
正統己巳山賊掠村民
景泰庚午賊環城三日坊郭村落居民燬者過半
成化丙戌五月颶風暴雨三日夜山崩屋壞平地水湍
五六尺人多渰死田禾無收　己丑十一月市心街大

155

图 1-41(b)　明隆庆五年《平阳县志・灾祥》记载成化丙戌洪灾

152　平阳县志・灾祥．隆庆五年：155.

1483 年

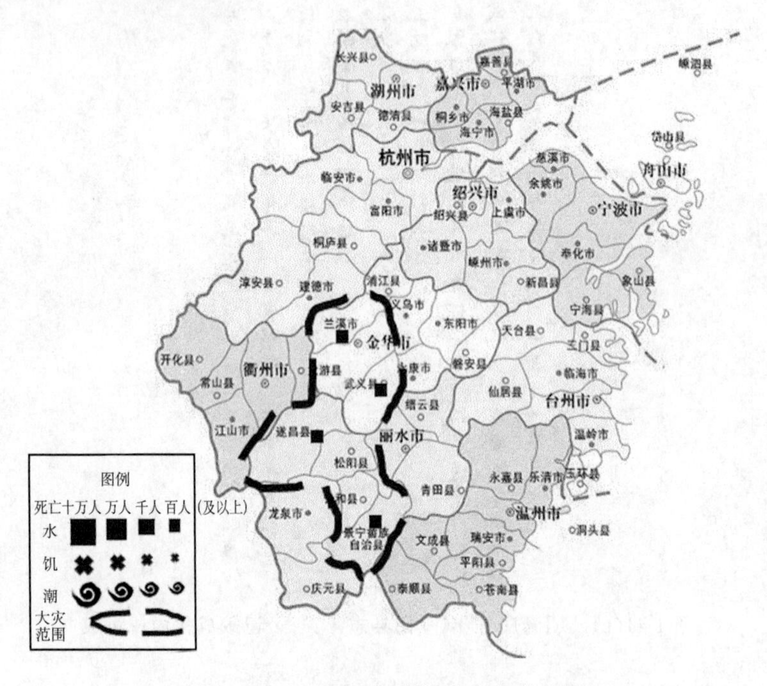

图 1-42(a)　1483 年浙江省大灾分布图

评价:浙西南。大灾点连贯性较好。景宁“比永乐间水高 5 尺”,据清《雍正十一年　处州府志·卷之十六　杂事志·灾眚》:“永乐十七年景宁大水”,未标记水位。死亡人数为数百人(图1-42a)。

灾种:洪涝。

资料条数:5 条。

〈7〉**金华市　兰溪县(今兰溪市)、宣平县(今武义县)**:明成化十九年(1483 年),兰溪水入城市。永康大水,漂溺人畜,没田庐不可胜计。宣平大水坏民居二百余家,溺死者百余人,牛畜以千计[153]。

〈11〉**丽水市 景宁县(今景宁畲族自治县)**:十九年六月十九日,大雨,比永乐间水高5尺,坏民居200余间,溺百余人[154]。

遂昌县:十九年,遂昌大水,坏民居田地。景宁六月十九日大水,坏民居200余家,淹死100余人[155]。

宣平县(今武义县):十九年六、七月,宣平大水,坏民居,溺死百余人[156]。

青田、遂昌、宣平县(今武义县)、景宁县(今景宁畲族自治县):十九年,青田、遂昌、宣平、景宁大水,……坏民居二百余家,溺死者甚众(图1-42b)[157]。

---

153 朱建宏.金华水旱灾害志·第一章 洪水灾害.北京:中国水利水电出版社,2009:7.

154 景宁畲族自治县志编纂委员会.景宁畲族自治县志·第二编 自然环境·第七章 灾异.杭州:浙江人民出版社,1995:84.

155 丽水市志编纂委员会.丽水市志·第二编 自然环境·第七章 自然灾害.杭州:浙江人民出版社,1994.

156 陈桥驿.浙江灾异简志.杭州:浙江人民出版社,1991:74.

157 处州府志·卷之十六 杂事志·灾眚.清雍正十一年.

七日不息 成化八年八月龍泉大火延燒二千餘
家及濟川橋 九年麗水水遂昌旱 十三年麗水
縉雲大旱 十五年松陽大水 十九年青田遂昌
宣平景寧大水宣平尤甚[illegible]壞民居二百餘家溺死
者甚衆縉雲大雪一夜深五尺餘 二十年五月宣
平水春間修築甫畢之隄岸至是積雨漲溢壞甚
二十二年旱 癸卯[illegible]大水日午雨如瀉中
夜溪水高二丈漂溺民舍漂流 宏治四年縉雲旱
五年宣平旱 [illegible]山崩 八年艮溪[illegible]
端家伏鷄皆雄質[illegible] 十三年正月縉雲雨雹大
如鷄子屋瓦多碎 十八年八月地震青田東寶山
農家鷄夜生四脚 正德三年麗水旱縉雲大旱五
月至十月不雨飢死者甚衆遂昌大旱民俱食[illegible]

2153

图 1-42(b) 清雍正十一年《处州府志·卷之十六 杂事志·灾眚》记载成化十九年洪灾

1496 年

图 1-43(a) 1496 年浙江省大灾分布图

评价:浙中至浙北。大灾点连贯性较好。大雨,山崩,“两源山洪暴发”。死亡人数为三百人(图 1-43a)。

灾种:洪涝。

资料条数:5 条。

〈1〉**杭州市　杭州**:明弘治九年(1496 年)六月山崩水涌,溺死三百余人[158]。

萧山县(今萧山区):九年六月,山阴、萧山山崩,水涌,溺死三

158 杭州市地方志编纂委员会. 杭州市志·第一卷 自然环境篇. 北京:中华书局,2000.

百余人[159]。

〈6〉**绍兴市　山阴县(今绍兴县)、萧山县(今萧山区,属杭州市)**:九年六月庚寅,山阴、萧山二县同日大雨,山崩,溺死三百余人(图 1-43b)[160]。

二十二年嵊大旱二十三年諸暨餘姚大旱成化間上虞
葛用章家豨生七子而母斃若有情鬭豨子悲鳴往乳之
遂就而七子得長
明實錄成化十三年紹興水旱相繼
萬歷志宏治元年會稽餘姚新昌大饑二年四年三縣又
饑七年會稽餘姚海溢餘姚十月至十二月不雨八年餘
姚正月至三月不雨
明史宏治九年六月庚寅山陰蕭山二縣同日大雨山崩
溺死三百餘人
萬歷志宏治十一年餘姚境內水湧高三四尺狎平災饑
紹興府志　卷之八十　祥異
十二年春餘姚不雨冬大寒姚江冰合十三年餘姚三月
不雨至五月晦乃雨江南災焚民居三千餘家傷百有八
人火渡江焚靈緒山民居二百餘家十二月至閏十二月
大雪十四年餘姚蝗十五年餘姚大雷電雨以風海溢十
八年九月會稽蕭山餘姚地大震生白毛有妖民憯驚夜
禦之月餘乃息
萬歷志正德元年餘姚上虞旱二年山陰颶風大作海溢
頃刻高數丈並海居民死者萬計三年會稽蕭山諸暨餘
姚新昌大旱四年餘姚大水七年會稽上虞蕭山海溢死
者甚衆餘姚大水山崩文廟壞海大溢堤盡决沒田廬人

2007

图 1-43(b)　清乾隆五十七年《绍兴府志·卷之八十　祥异》记载弘治九年洪灾

山阴县(今绍兴县)、萧山县(今萧山区,属杭州市):弘治九年六月,山阴、萧山山崩水涌,溺死三百余人[161]。

〈7〉**金华市　兰溪县(今兰溪市)**:九年夏,大雨弥旬。六月十五夜,三峰、垷坦两源山洪暴发,死者以百计[162]。

159　萧山县志·卷十九　祥异志.清乾隆十六年.

160　绍兴府志·卷之八十　祥异.清乾隆五十七年.

161　明史卷二十八　志第四.

162　兰溪市志编纂委员会.兰溪市志·大事记.杭州:浙江人民出版社,1988:2.

图 1-44(a)　1518 年浙江省大灾分布图

评价:浙东、浙南。大灾点连贯性好。持续性降雨,“水逾月不下”,导致“各埭皆崩”。死亡人数为近千人(图 1-44a)。

灾种:洪涝、饥荒。

资料条数:7 条。

〈3〉**温州市　平阳县**:明正德十三年(1518 年)戊寅,风潮南北二港,水暴涨,庐舍漂流,人畜蔽江而下江。南一乡江口、径头、淋头、钱家浦、尖刀尾各埭皆崩。水逾月不下,田禾尽淹,人食腐米(图 1-44b)[163]。

163　平阳县志·卷五十六　祥异.民国十四年.

武宗正德十二年丁丑四月甲子地震浙江金鄉衛自是日至七月己丑凡十有五震 明史五行志

十三年戊寅風潮南北二港水暴漲廬舍漂流人畜蔽江而下江南一鄉江口徑頭淋頭錢家浦尖刀尾各埭皆崩水踰月不下田禾盡淹人食腐米 舊志水利 黃補遺下

世宗嘉靖八年己丑八月大風雨海溢仙口塘圮 溫州府志舊志水利蔡逮

二十三年甲辰春夏大旱田穀不登 萬志

二十四年乙巳大饑 萬志

二十七年戊申颶風文廟殿廡皆壞 舊學校門

二十八年己酉冬城內火自市心延燒公館城樓及文武二狀元坊縣門儀門東西卷房土地祠總鋪俱燼縣堂僅存 萬志

三十年饑 吳氏

平陽縣志 卷五十六 祥異 七

图 1-44(b) 民国十四年《平阳县志·卷五十六 祥异》记载正德十三年风暴潮

瑞安县(今瑞安市):十三年六月,瑞安、永嘉大风雨,庐舍漂没,人畜蔽江而下。水逾月不下,田禾尽淹[164]。

苍南县:十三年,南、北港洪水暴涨,屋舍漂荡,人畜浮尸累累,江南的江口、径头、淋头、钱家浦、尖刀尾各埭皆崩。水逾月不退,田木尽淹[165]。

〈10〉**台州市** **台州、仙居县**:十三年,台州大水,民多淹死。六月,仙居大水,民多淹死(民国《台州府志》卷一三四、《仙居县志》)。

仙居县:十三年六月,大水,民多饿死[166]。

---

164 瑞安市土地志编纂委员会.瑞安市土地志·丛录.北京:中华书局,2000:253.

165 苍南县地方志编纂委员会.苍南县志·大事记.杭州:浙江人民出版社,1997.12.

166 仙居县志编纂委员会.仙居县志·自然地理篇·第八章 自然灾害.杭州:浙江人民出版社,1987:62.

临海县：十三年，大水，民多淹死[167]。

〈11〉**丽水市　景宁县(今景宁畲族自治县)**：十三年六月，大水漂没田庐无算，溺死甚众[168]。

图 1-45　1519 年浙江省大灾分布图

评价：浙北。大灾点连贯性好，灾点集中。"诸山泛洪，大水突

167　临海县志编纂委员会. 临海县志・第三编　自然地理・第八章　自然灾害. 杭州：浙江人民出版社，1989：149.

168　景宁畲族自治县志编纂委员会. 景宁畲族自治县志・大事记. 杭州：浙江人民出版社，1995：11.

出平地丈余”。死亡人数为数百人(图 1-45)。

灾种:洪涝。

资料条数:3 条。

〈5〉**湖州市**　**湖州:**明正德十四年(1519 年)七月二十四日至八月十四,大雨,平地水丈余,田禾尽淹,人畜漂溺不计其数[169]。

乌程县(今吴兴区):十四年,乌程秋大水盛,七月二十日泊,二十六日至八月十四日白露节狂风大雨,初六日诸山泛洪,大水突出平地丈余,田禾尽淹,人畜漂溺不计数[170]。

归安县(今吴兴区):十四年,归安水灾,七月二十日辛亥泊,二十六日丁巳至八月十四日白露节狂风大雨,初六日诸山泛洪,大水突出平地丈余,田禾尽淹,房屋、人畜漂溺不计数[170]。

169　湖州市地方志编纂委员会.湖州市志(上卷)·第三卷　自然环境·第七章　自然灾害录.北京:昆仑出版社,1999:216.

170　上海、江苏、安徽、浙江、江西、福建省(市)气象局,中央气象局研究所.华东地区近五百年气候历史资料,1978:4.40.

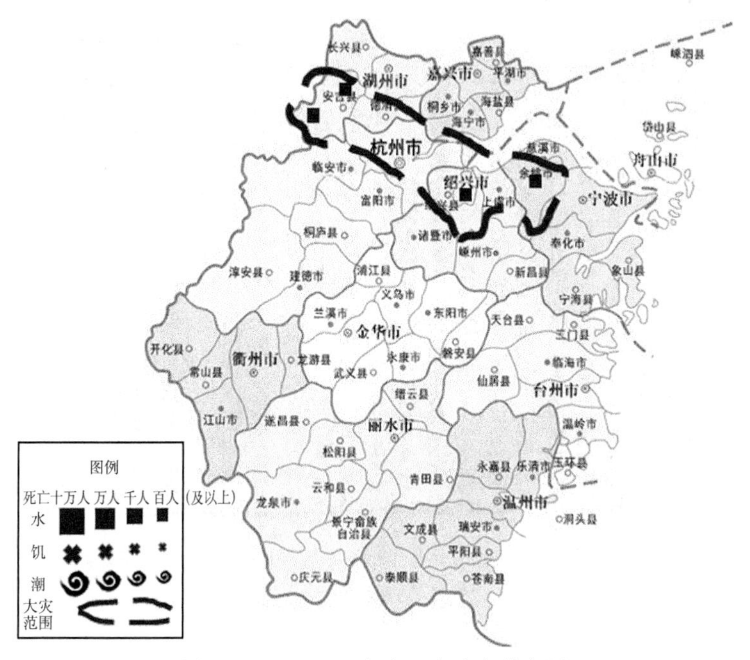

图 1-46(a)　1527 年浙江省大灾分布图

评价:浙北。大灾点连贯性好。“安吉山水暴溢”,“平原皆成巨浸”。死亡人数为数百人(图 1-46a)。

灾种:洪涝。

资料条数:2 条。

〈5〉***湖州市　安吉、孝丰县(今安吉县孝丰镇)***:明嘉靖六年(1527 年)秋,安吉山水暴溢,递铺死者百余人,孝丰山水漂溢,溺死者甚众[171]。

171　湖州市地方志编纂委员会.湖州市志(上卷)·第三卷　自然环境·第七章　自然灾害录.北京:昆仑出版社,1999:216.

〈6〉**绍兴市　绍兴府(今绍兴市)、余姚县(今余姚市,属宁波市)**:六年六月,淫雨,西江塘坏,居民多溺死,平原皆成巨浸,余姚大水无麦苗(图 1-46b)[172]。

畜無算大饑十年三月蕭山大雨雹傷麥殺禽鳥十一年
餘姚大水大饑斗米一錢三分新昌民家雞鳴十二年蝗
十三年會稽嵊風淫雨壞廬舍傷稼秋餘姚海溢十四年
八月餘姚復海溢蕭山西江塘圮大水餘姚旱十五年餘
姚旱大饑
萬曆志嘉靖元年蕭山西江塘復圮龍見餘姚附子湖二
年諸暨水會稽餘姚上虞旱三年二月山陰地震大饑斗
米一錢四分餘姚蝗會稽上虞嵊大旱四年餘姚旱疫五
年諸暨新昌大旱諸暨豕生人六年六月淫雨西江塘壞
居民多溺死平原皆成巨浸餘姚大水無麥苗諸暨蝗飛

紹興府志　卷之八十　祥異　三

蔽天八年諸暨新昌水餘姚蕭山蝗十年餘姚大水十三
年上虞颶風壞田廬諸暨新昌嵊縣溪漲入城平地水一
丈新昌決東堤民死者衆餘姚春饑斗米銀一錢諸暨民
婦產一狐十四年上虞火延燒甚衆十八年五月紹興大
水衢婺嚴三府暴流與江濤合入府城高丈餘沿海居民
溺無算蕭山西江塘壞縣市可通巨舟大饑會稽諸暨上
虞俱大水餘姚旱十九年九月熒惑入南斗會稽諸暨餘
姚新昌蝗餘姚大水二十年春紹興騎蛇山鳴諸暨縣南
閭張氏妻一產四子諸暨蝗二十一年八月丁酉熒惑掩
南斗天裂有光如電二十三年三月丁巳夜熒惑入南斗

图 1-46(b)　清乾隆五十七年《绍兴府志・卷之八十　祥异》记载嘉靖六年洪灾

172　绍兴府志・卷之八十　祥异. 清乾隆五十七年.

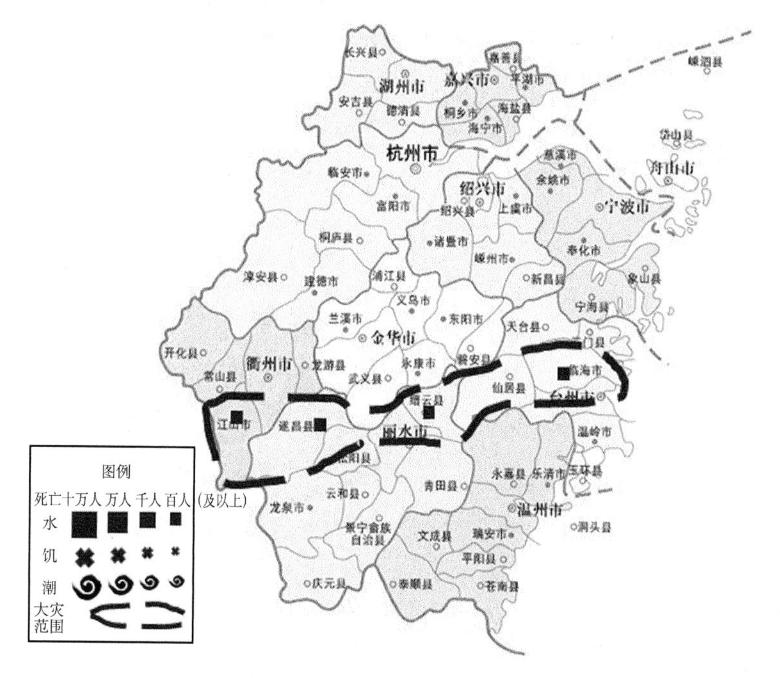

图 1-47 1529 年浙江省大灾分布图

评价:浙中。大灾点连贯性较好。一条北东东向大灾长条带。死亡人数为数百人(图 1-47)。

灾种:洪涝。

资料条数:4 条。

〈8〉**衢州市　江山县(今江山市):**明嘉靖八年(1529 年)五月大水,坏田庐,漂溺甚众[173]。

〈10〉**台州市　临海县:**八年八月十六日,台州大水,漂田庐,天

173　上海、江苏、安徽、浙江、江西、福建省(市)气象局,中央气象局研究所.华东地区近五百年气候历史资料,1978:4.133.

台水高寻丈。临海大水，西城下陷尺余，漂坏田庐，死者甚多（民国《台州府志》卷一三二、康熙《临海县志》卷一一、《临海县志》）。[174]

〈11〉**丽水市**　**遂昌县**：八年大水，毁桥、堰、民居，溺者甚众[175]。

缙云县：八年八月，大水，漂没田庐，溺死甚众[176]。

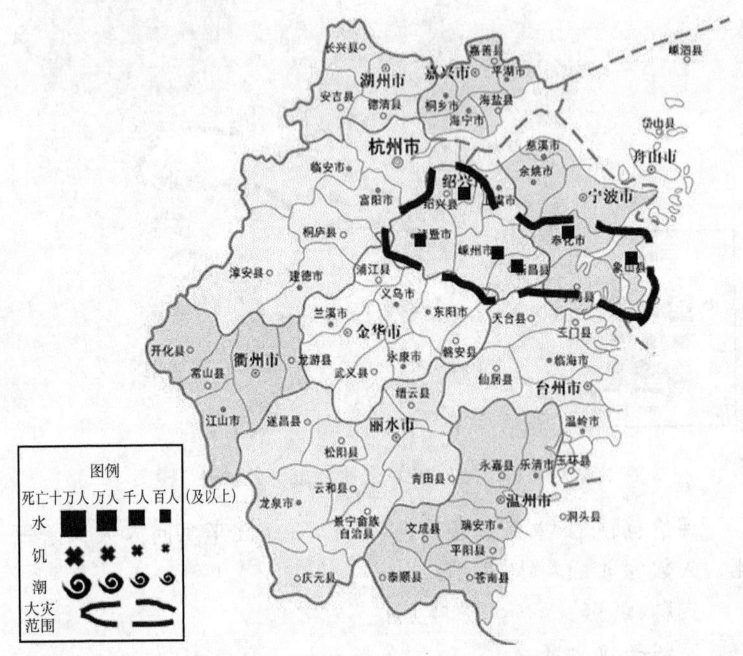

图 1-48(a)　1534 年浙江省大灾分布图

174　台州市气象局气象志编纂委员会.台州市气象志・第九章　历代灾异.北京：气象出版社，1998：110.

175　遂昌县志编纂委员会.遂昌县志・大事记.杭州：浙江人民出版社，1996：15.

176　上海、江苏、安徽、浙江、江西、福建省（市）气象局，中央气象局研究所.华东地区近五百年气候历史资料，1978：4，181.

评价:浙东至浙中。大灾点连贯性好。一条北西西向大灾长条带。死亡人数为数百人(图 1-48a)。

灾种:洪涝。

资料条数:5 条。

〈2〉**宁波市　奉化县(今奉化市)**:明嘉靖十三年(1534 年)七月,大疫,大风拔木,水坏田庐,漂溺男女无算[177]。

奉化县(今奉化市)、象山县:十三年七月,大风拔木,水坏田庐,漂溺男女无算[178]。

〈6〉**绍兴市　绍兴**:十三年,绍兴二府及州县饥,溪涨入城,平地水一丈,大水决东堤,民死者众[177]。

嵊县(今嵊州市)、新昌、诸暨县:十三年七月嵊县、新昌、诸暨飓风大水,溪涨入城,决堤,坏屋,民死者甚众[179]。

新昌县:十三年,大水,决东堤,民死者众[180]。十三年,上虞飓风,坏田庐,诸暨、新昌、嵊县溪涨入城,平地水一丈,新昌决东堤,民多死者众。余姚荐饥,斗米银一钱[181]。大水决东堤,涨入城中,平地水深一丈,民死者众(图 1-48b)[182]。

177　上海、江苏、安徽、浙江、江西、福建省(市)气象局、中央气象局研究所.华东地区近五百年气候历史资料,1978:4.90,115.

178　温克刚.中国气象灾害大典·浙江卷·第七章　大风.北京:气象出版社,2006:222.

179　绍兴市地方志编纂委员会.绍兴市志·第一卷·大事记.杭州:浙江人民出版社,1997:76-104.

180　万历新昌县志·第十三卷　杂传志·灾异.

181　绍兴府志·卷之八十　祥异.清乾隆五十七年.

182　新昌县志编纂委员会.新昌县志·大事记.上海:上海书店,1994:10.

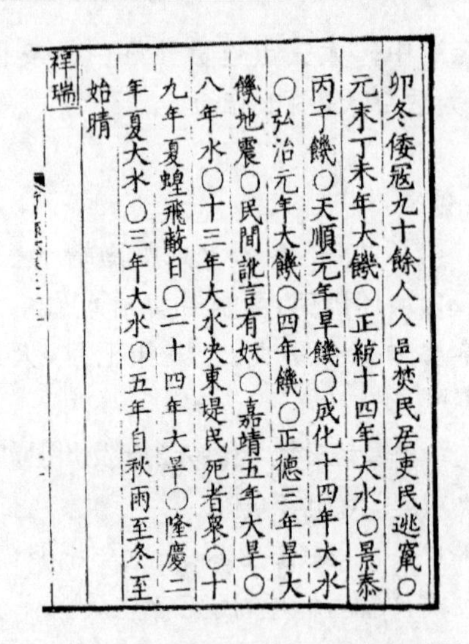

卯冬倭寇九十餘人入邑焚民居吏民逃竄○
元末丁未年大饑○正統十四年大水○景泰
丙子饑○天順元年旱饑○成化十四年大水
○弘治元年大饑○四年饑○正德三年旱大
饑地震○民間訛言有妖○嘉靖五年大旱○
八年水○十三年大水決東堤民死者衆○十
九年夏蝗飛蔽日○二十四年大旱○隆慶二
年夏大水○三年大水○五年自秋雨至冬至
始晴

祥瑞

图 1-48(b)　明万历《新昌县志・第十三卷　杂传志・灾异》记载嘉靖十三年洪灾

1539 年

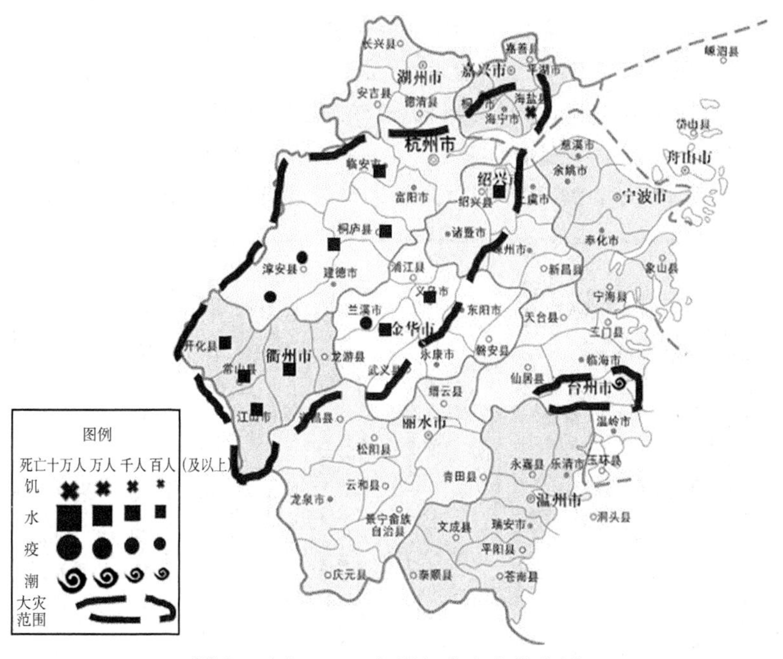

图 1-49(a) 1539 年浙江省大灾分布图

评价:浙西、浙中。大灾点连贯性好。一条北东向大灾长条带。“暴流与江涛合,入越城,高丈余”,山洪、江水合一,抬高了洪水位,加剧了灾情。死亡人数为上千人(图 1-49a)。

灾种:洪涝、风暴潮、饥荒、温疫。

资料条数:12 条。

〈1〉**杭州市　淳安县**:明嘉靖十八年(1539 年),大水,淳安淹没田地房屋,遂安冲毁钟义桥,民溺死者甚众[183]。

183　浙江省淳安县志编纂委员会.淳安县志·第二编　自然环境·附:历代自然灾害.上海:汉语大词典出版社,1990:78.

遂安县(今淳安县):兰溪尚书唐龙《节推白溪陆公遗爱记》:嘉靖己亥夏,严州大水,遂安下流腾涌,巨浸滂沸,屋庐冲啮鲜完堵,稼且漂为断梗,穷民多溺死,不死者相聚为盗[184]。

〈4〉**嘉兴市　海盐县**:十八年,大饥。徐咸杂记曰,是秋田禾槁死,并虫食者大半。民间收获十无三四。府县既不奏,荒征敛反急,至明年春饥甚,民间食糠秕、豆饼、至草根、树皮,采剥殆尽,饿殍盈道,卖子女妻妾者无算,北乡尤甚。长老相传,惟元大德九年盐邑极荒,人相食,至今二百余年来未尝遇此等岁(图 1-49b)[185]。

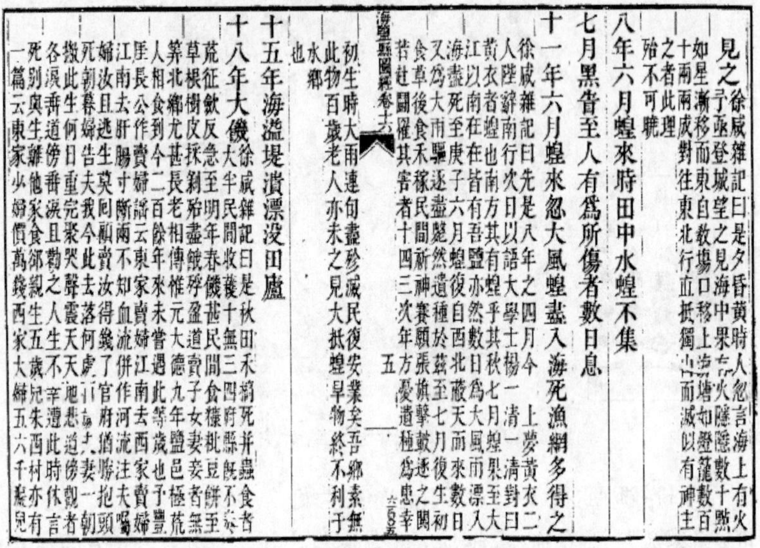

見之徐咸雜記曰是夕昏黃時人忽言海上有火予亟登城望之見海中果有火隱隱數十點如星漸移而東自教場口移上海塘如壘籠數百十兩兩成對往東北行直抵獨山而滅似有神主之者此理殆不可曉

八年六月蝗來時田中水蝗不集

七月黑眚至人有爲所傷者數日息

十一年六月蝗來忽大風蝗盡入海死漁網多得之徐咸雜記曰先是八年之四月今上夢黃衣二人陛辭南行次日以語大學士楊一清一清對曰黃衣者蝗也南方其有蝗乎其秋七月蝗果至大江以南在在皆有吾鹽亦然數日爲大風而漂入海盡死至庚子六月蝗復自西北蔽天而來數日又爲大雨驅逐盡斃然遺種於蕪至七月復生初食草後食禾稼民閒新神賽願張旗擊鼓逐之閩若赴闘羅其害者十四三次年方憂遺種爲患幸初生時大雨連旬盡殄滅民復安業矣吾鄉素無此物百歲老人亦未之見大抵蝗旱物終不利于水鄉也

海鹽縣圖經卷十六　五　六五五

十五年海溢堤潰漂沒田廬

十八年大饑徐咸雜記曰是秋田禾稿死并蟲食者大半民間收獲十無三四府縣既不奏荒征斂反急至明年春饑甚民間食糠秕豆餅至草根樹皮採剝殆盡餓殍盈道賣子女妻妾者無筭北鄉尤甚長老相傳惟元大德九年鹽邑極荒人相食到今二百餘年來未嘗遇此等歲也予豐匡長公作賣婦謠云東家賣婦江南去西家賣婦江南去肝腸寸斷兩不知血流併作河流注夫囑婦汝且逃生莫回顧賣汝得幾了官府猶將抱頭死朝暮婦告夫我今此去落何虜[illegible][illegible]大妻一朝撒此生何日重完聚哭聲震天天地悲道傍觀者各淚弄道傍番淚且勸之人生不幸遭此時休言死別與生離他家食郎親生五歲兒朱西村亦有一篇云東家少婦慣萬錢西家大婦五六千鬻兒

史208—638

图 1-49(b)　明天启《海盐县图经·卷十六　杂识·祥异》记载嘉靖十八年饥荒

〈6〉**绍兴市　绍兴府(今绍兴市)、衢州府(今衢州市)、婺州(今金华市)、严州府(今桐庐、淳安、建德市)**:十八年五月,绍兴大水,衢、婺、严三府暴流与江涛合入府城,高丈余,沿海居民溺无算。萧

184　遂安县志·卷十　艺文志.民国十九年.

185　海盐县图经·卷十六　杂识·祥异.明天启.

山西江塘坏，县市可驾巨舟，大饥。会稽、诸暨、上虞俱大水，余姚旱(图 1-49c)[186]。

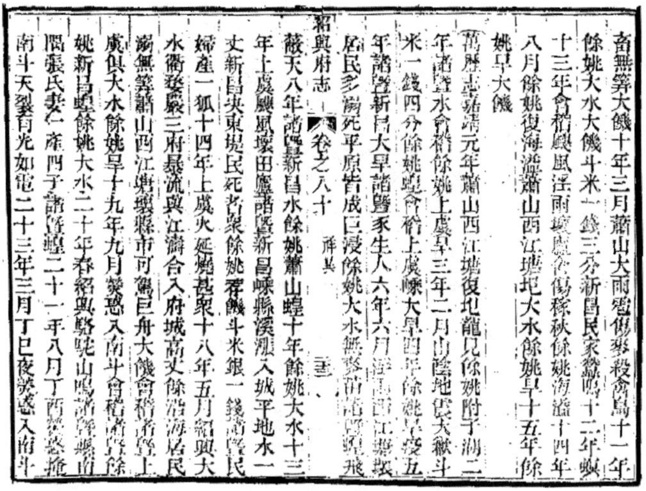
畜無算大饑十年三月蕭山大雨雹傷麥殺禽鳥十一年
餘姚大水大饑斗米一錢三分新昌民家豬鳴十二年蝝
十三年會稽颶風淫雨壞廬舍傷稼秋餘姚海溢十四年
八月餘姚復海溢蕭山西江塘圮大水餘姚旱十五年餘
姚旱大饑
萬曆志 嘉靖元年蕭山西江塘復圮龍見餘姚附子湖二
年諸暨水會稽餘姚上虞旱三年二月山陰地震大饑斗
米一錢四分餘姚蝗會稽上虞嵊大旱四年餘姚旱疫五
年諸暨新昌大旱諸暨豕生人六年六月海溢西江塘毀
居民多溺死平原皆成巨浸餘姚大水無麥苗諸暨蝗飛
紹興府志　卷之八十　祥異
蔽天八年諸暨新昌水餘姚蕭山蝗十年餘姚大水十三
年上虞颶風壞田廬諸暨新昌嵊縣溪漲入城平地水一
丈新昌決東堤民死者衆餘姚荐饑斗米銀一錢諸暨民
婦產一狐十四年上虞火延燒甚衆十八年五月紹興大
水衢婺嚴三府暴流與江濤合入府城高丈餘沿海居民
溺無算蕭山西江塘壞縣市可駕巨舟大饑會稽諸暨上
虞俱大水餘姚旱十九年九月熒惑入南斗會稽諸暨餘
姚新昌蝗餘姚大水二十年春紹興駱駝山鳴諸暨嵊縣南
閭張氏妻一產四子諸暨蝗二十一年八月丁酉熒惑掩
南斗天裂有光如電二十三年三月丁巳夜熒惑入南斗

图 1-49(c)　清乾隆五十七年《绍兴府志·卷之八十　祥异》记载嘉靖十八年洪灾

〈7〉**金华市　兰溪县(今兰溪市)**:十八年六月，大雨浃旬，城中水暴涨高丈余，民居室垒屋脊或以舟载漂溺者不可胜计，存者多殁于疫(图 1-49d)[187]。

186　绍兴府志·卷之八十　祥异.清乾隆五十七年.

187　兰溪县志·卷七　祥异.明万历三十四年.

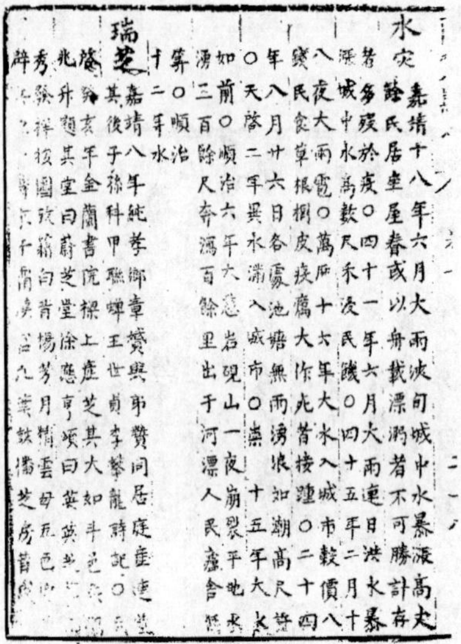

图 1-49(d) 明万历三十四年《兰溪县志·卷七 祥异》记载嘉靖十八年洪灾

义乌市：十八年六月六日，金华八县大雨浃旬，水暴涨四溢，浦江大水冲坏民居，义乌水涨丈余，民皆乘屋泛舟，漂溺者甚众[188]。

〈8〉**衢州市 衢州府（今衢州市）、严州府（今桐庐、淳安、建德市）**：十八年冬十月，有流殍集钱塘江。是冬，衢严等府大水，漂流房屋、什器、男女钱塘江者无算（图 1-49e）[189]。

188 温克刚. 中国气象灾害大典·浙江卷·第二章 暴雨、洪涝. 北京：气象出版社，2006：74.

189 杭州府志·卷之七 国朝郡事纪下. 明万历七年.

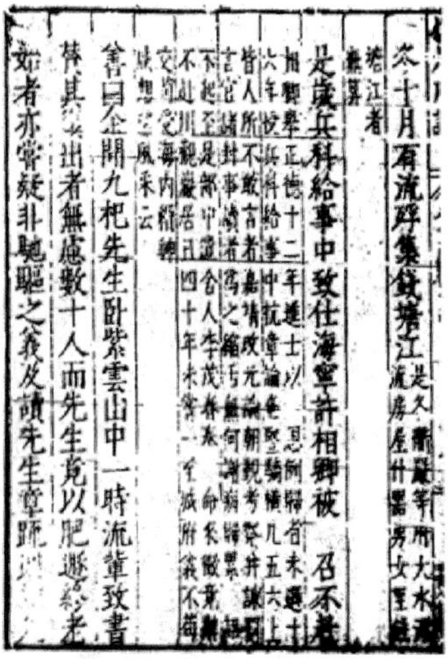
冬十月有流賊集錢塘江 是夕衢嚴等州大水漂流房屋什器男女星散
塘江者 無算
是歲兵科給事中致仕海寧許相卿被召不赴
其其出者無慮數十人而先生竟以肥遯終老
如者亦嘗疑非馳驅之義及讀先生章疏

图 1-49(e)　明万历七年《杭州府志·卷之四　事纪下》记载嘉靖十八年洪灾

衢州(今柯城区):十八年,自夏四月雨,至六月初五日,大水,坏民田庐,漂溺人畜甚众(图 1-49f)[190]。

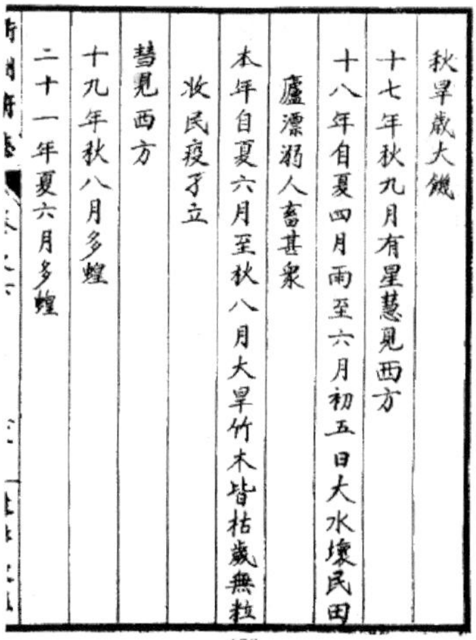
秋旱歲大饑
十七年秋九月有星慧見西方
十八年自夏四月雨至六月初五日大水壞民田
廬漂溺人畜甚衆
本年自夏六月至秋八月大旱竹木皆枯歲無粒
收民疫孑立
彗見西方
十九年秋八月多蝗
二十一年夏六月多蝗
629

图 1-49(f)　明天启二年《衢州府志·志消禨四之七》记载嘉靖十八年洪灾

190　衢州府志·志消禨四之七．明天启二年．

江山县(今江山市):十八年自四月淫雨至六月,大水,坏田舍,漂溺人畜甚众。自六月至八月旱,竹木皆枯,人多疫死(图 1-49g)[191]。

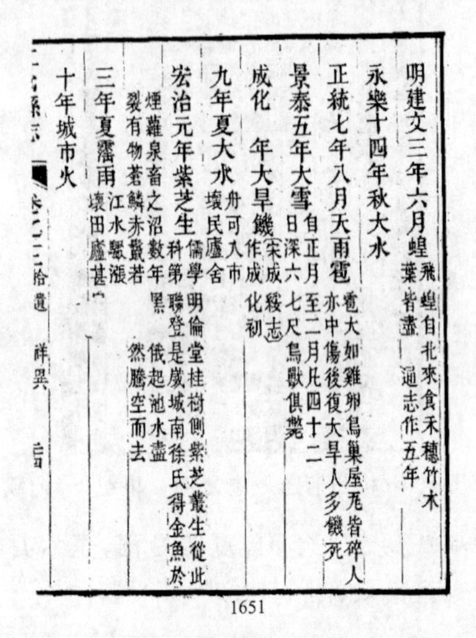
明建文三年六月蝗 飛蝗自北來食禾穗竹木葉皆盡 通志作五年
永樂十四年秋大水
正統七年八月天雨雹 雹大如雞卵鳥巢屋瓦皆碎人亦中傷後復大旱人多饑死
景泰五年大雪 自正月至二月凡四十二日深六七尺鳥獸俱斃
成化 年大旱饑 宋成殺志作成化初
九年夏大水 舟可入市壞民廬舍
宏治元年紫芝生 儒學明倫堂桂樹側紫芝叢生從此科第聯登是歲城南徐氏得金魚於煙蘿泉畜之沼數年黑俄起池水盡裂有物蒼鱗赤鬣若然騰空而去
三年夏霪雨 江水暴漲壞田廬甚
十年城市火

卷之十二 拾遺 祥異

1651

图 1-49(g) 同治十二年《开化县志·卷十二 拾遗志三 祥异》记载嘉靖十八年洪灾

开化县:十八年夏,洪水泛滥,冲毁城墙田舍,断桥浮尸[192]。

常山县:十八年六月初五日,大水,人畜溺死无算。秋,大饥(图 1-49h)[193]。

[191] 开化县志·卷十二 拾遗志三 祥异.同治十二年.

[192] 开化县志编纂委员会.开化县志·第二编 自然环境·附:自然灾害年表.杭州:浙江人民出版社,1988:85.

[193] 常山县志·卷十二 拾遗 灾祥.雍正.

445　故宮珍本叢刊

嘉靖五年丙戌大旱　九年大火延及學宮　十五年淫
雨十九都程氏廳陷爲淵　十八年六月初五日大水
人畜溺死無數秋大饑疫　二十四年饑　三十二年
虎噬人　三十三年六月大風拔縣庭巨木公廨皆傾
三十六年六月雨雹　三十八年五月不雨至九月
禾槁無收民採蕨爲食　四十年夏大雨水　四十四
年春虎夜入市
隆慶元年丁卯大雨水　二年八月白金鳴於庫三日始
息　六年元旦縣雨街市成渠

常山縣志　卷十二　拾遺　災祥　二

萬曆元年癸酉霜降日雷電大作　三年夏大旱冬大雨
水米價騰貴　五年夏五月旱秋大雨水九月十一日
雨雪　七年夏六月蟲卷葉結窠農民桃杷手足盡瘰
是歲饑　八年秋蟲饑冬至大雷電　十年大雨水
十一年秋大旱　十三年六月大風雹　十七年大旱
二十三年春大雪夏四月大水五月旱　三十二年
地震　四十三年旱本路賑卹　四十五年春大雨雪
崇正元年六月十三日大雨雹雷擊　八年大水　十二
年大饑　十六年旱

图 1-49(h)　雍正《常山县志・卷十二　拾遗　灾祥》记载嘉靖十八年洪灾

〈10〉**台州市**　**椒江(今椒江区)**：十八年，洪潮骤发，濒海民居俱遭淹没，死者无数[194]。

194　椒江市志编纂委员会. 椒江市志・大事记. 杭州：浙江人民出版社，1998：6.

1560 年

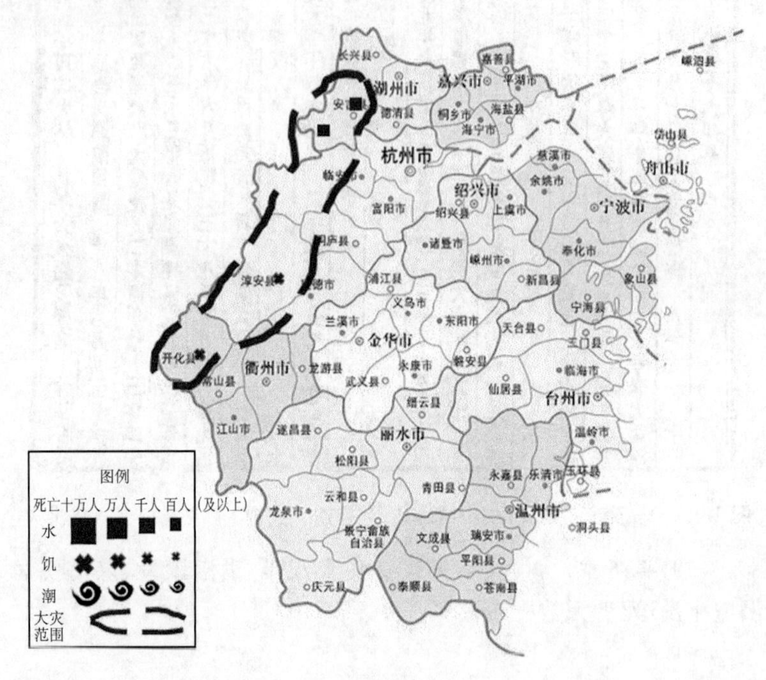

图 1-50(a)　1560 年浙江省大灾分布图

评价:浙西。大灾点连贯性较好。一条大灾长条带。死亡人数为数百人(图 1-50a)。

灾种:洪涝、冰冻、饥荒。

资料条数:3 条。

〈1〉**杭州市　淳安县:**明嘉靖三十九年(1560 年)春,淳安大饥,斗米二钱二分,饿死者不可胜计(图 1-50b)[195]。

195　浙江省淳安县志编纂委员会. 淳安县志·第二编　自然环境·附:历代自然灾害. 上海:汉语大词典出版社,1990:78.

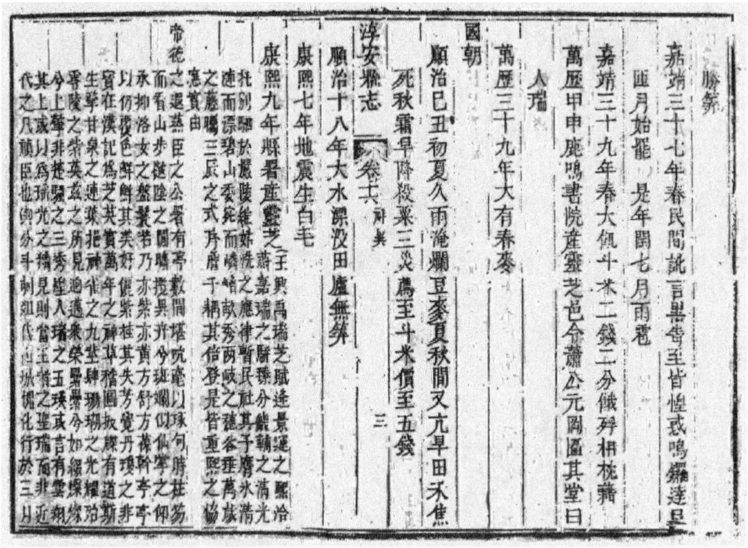
嘉靖三十七年春民間訛言黑眚至皆惶惑鳴鑼逐旦

匝月始罷　是年閏七月雨雹

嘉靖三十九年春大飢斗米二錢二分餓殍相枕藉

萬歷甲申鹿鳴書院產靈芝邑令蕭公元罔匾其堂曰

人瑞

萬歷三十九年大有春麥

國朝

順治己丑初夏久雨淹爛豆麥夏秋間又亢旱田禾焦

死秋霜早降殺菜三災薦至斗米價至五錢

淳安縣志　卷十六　祥異　三

順治十八年大水漂没田廬無算

康熙七年地震生白毛

康熙九年縣署產靈芝

图 1-50(b)　清光绪十年《淳安县志·卷十六　祥异》记载嘉靖三十九年饥荒

〈5〉**湖州市　安吉、孝丰县(今安吉县孝丰镇)**：三十九年七月，天目山洪发，湖州伤禾，孝丰大水，人漂没、田地成溪难以数计[196]。

〈8〉**衢州市　开化县**：三十九年十二月，雨雪，冻折巨木，民多饥死[197]。

196　湖州市地方志编纂委员会.湖州市志(上卷)·第三卷　自然环境·第七章　自然灾害录.北京:昆仑出版社,1999:216.

197　开化县志编纂委员会.开化县志·第二编　自然环境·附:自然灾害年表.杭州:浙江人民出版社,1988:85.

1561 年

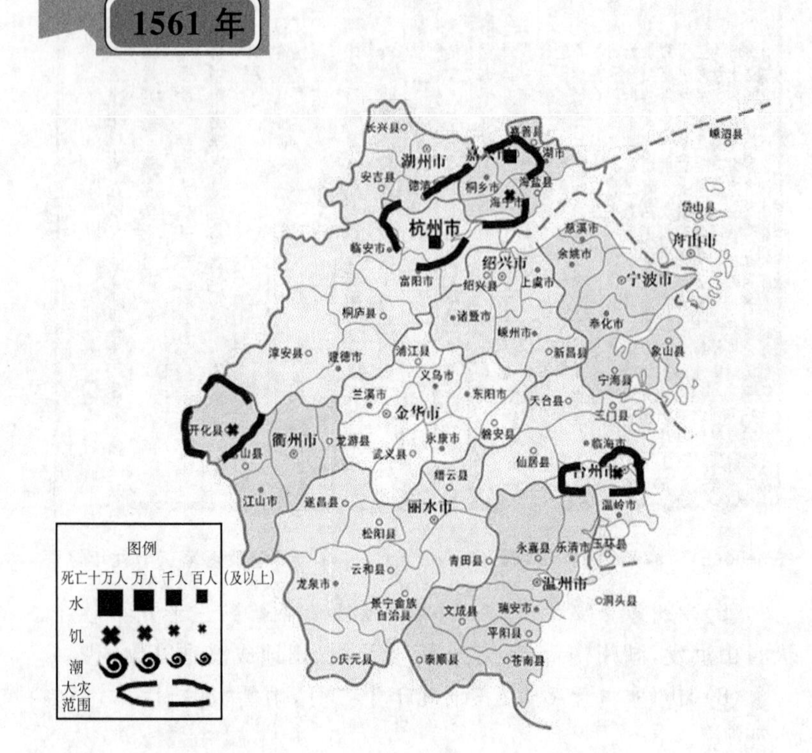

图 1-51(a) 1561 年浙江省大灾分布图

评价:浙北、浙西、浙东。大灾点连贯性好。北部长时间的降水造成河水位增高,内地冰冻、沿海长时间干旱引起粮食失收。死亡人数数百人(图 1-51a)。

灾种:洪涝、冰冻、干旱、饥荒。

资料条数:5 条。

〈1〉**杭州市　杭州**:明嘉靖四十年(1561 年)秋七月至冬十月,杭州大水,无年。禾稻没于水中。民舟行畎亩稻穗割取,饥寒死者相望于道(图 1-51b)[198]。

198　杭州府志 · 卷八十四　祥异三. 民国十一年铅字本. 清光绪十四年.

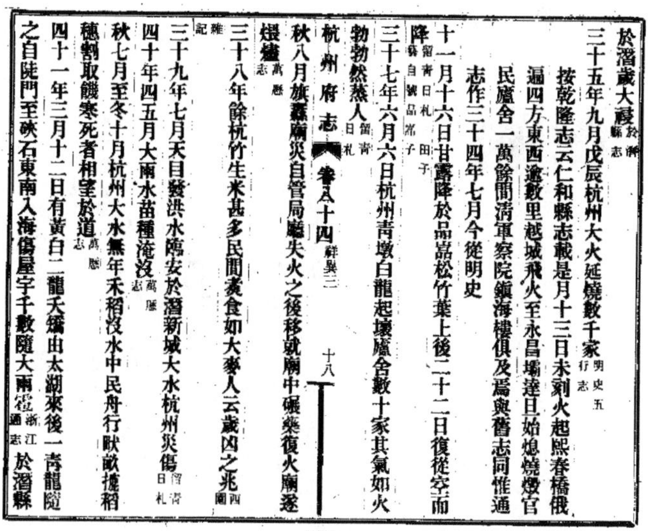

於潛歲大祲於潛縣志
三十五年九月戊辰杭州大火延燒數千家明史五行志
按乾隆志云仁和縣志載是月十三日未刻火起熙春橋俄
漏四方東西逾數里越城飛火至永昌壩達旦始熄燒燬官
民廬舍一萬餘間淸軍察院鎮海樓俱及焉與舊志同惟通
志作三十四年七月今從明史
十一月十六日甘露降於品嵓松竹葉上後二十二日復從空而
降留靑日札田子藝自號品嵓子
三十七年六月六日杭州靑墩白龍起壞廬舍數十家其氣如火
勃勃然蒸人留靑日札
杭州府志　卷八十四　祥異三　十八
秋八月旗纛廟災自管局廳失火之後移就廟中碾藥復火廟遂
煨燼萬曆志
三十八年餘杭竹生米甚多民間袞食如大麥人云歲凶之兆西湖
雜記
三十九年七月天目發洪水臨安於潛新城大水杭州災傷留靑日札
四十年四五月大雨水苗種淹沒萬曆志
秋七月至冬十月杭州大水無年禾稻沒水中民舟行畎畝攟稻
穗豁取饑寒死者相望於道萬曆志
四十一年三月十二日有黃白二龍夭矯由太湖來後一靑龍隨
之自陡門至硤石東南入海傷屋宇千數隨大雨雹浙江通志於潛縣

1645

图 1-51(b)　清光绪十四年编纂、民国十一年铅字本
《杭州府志·卷八十四　祥异三》记载嘉靖四十年饥荒

〈4〉**嘉兴市　杭、嘉、湖、苏、松、常七州 28 县**:四十年五月至十一月,吴江比 1510 年水位高半尺,田成巨浸,民房淹没无数,大饥,溺饥殍无数[199]。

海宁县(今海宁市):四十年七月至十月,杭州大水,田成巨浸,草无寸茎,米涌贵,饥寒,死者相望(《明史》)[200]。

〈8〉**衢州市　开化县**:四十年正月大雪不断,冻折巨木无数,民多饥死[201]。

〈10〉**台州市　黄岩县(今黄岩区)**:四十年三至五月,无雨,禾

199　嘉兴市志编纂委员会. 嘉兴市志(上册)·第四篇　自然环境·自然灾异. 北京:中国书籍出版社,1997:318.

200　海宁县志·卷十二　杂志·灾祥. 清乾隆三十年.

201　开化县水利志编纂委员会. 开化县水利志·大事记. 北京:中国文史出版社,2006.

苗枯萎，大饥荒，民死载道[202]。

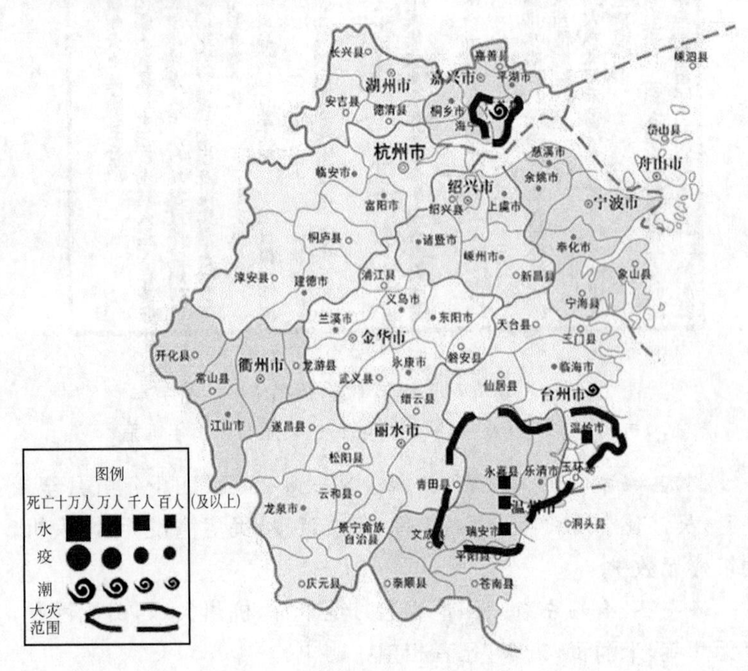

图 1-52　1574 年浙江省大灾分布图

评价：浙东南、浙北。大灾点连贯性好。大雨七昼夜，雨量过度。死亡人数为数千人（图 1-52）。

灾种：洪涝、风暴潮。

资料条数：5 条。

〈3〉**温州市　鹿城（今鹿城区）**：明万历二年（1574 年）六月，大

202　浙江省黄岩县志办公室.黄岩县志·第三编　自然环境.上海：上海三联书店，1992：91.

风雨七昼夜，沿溪居民多溺死[203]。

永嘉县：二年六月，大风雨七昼夜，沿溪民多溺死[204]。

瑞安县（今瑞安市）：二年六月，大风雨七昼夜，山崩地坼，压毙人畜无算[205]。

海盐县：元年，海盐海大溢，死者数千人[206]。

〈10〉**台州市　温岭县（今温岭市）**：二年七月，大风雨，漂没无算[207]。

203　李定荣.温州市鹿城区水利志·大事记.北京：中国水利水电出版社，2007：11.

204　永嘉县志·卷三十六　祥异.光绪.

205　上海、江苏、安徽、浙江、江西、福建省（市）气象局，中央气象局研究所.华东地区近五百年气候历史资料，1978：4.202.

206　明史卷二十八　志第四.

207　温岭县志编纂委员会.温岭县志·地理·第二编　自然环境·第七章　灾异.杭州：浙江人民出版社，1992：78.

1596 年

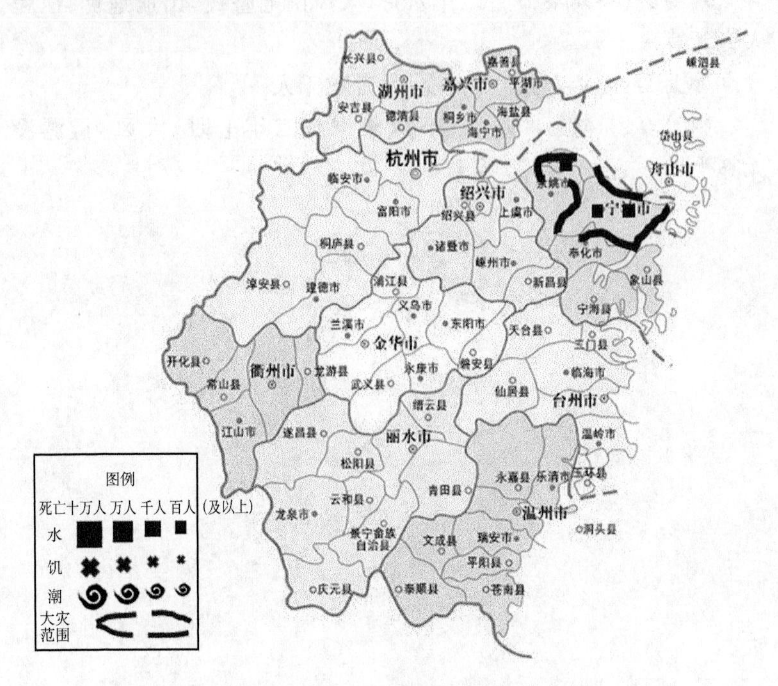

图 1-53(a)　1596 年浙江省大灾分布图

评价:浙东北。大灾点连贯性好。小范围洪涝。死亡人数数百人(图 1-53a)。

灾种:洪涝。

资料条数:3 条。

〈2〉**宁波市**　**宁波府(今宁波市)**:明万历二十四年(1596 年)宁波府秋大水,伤稼,民多淹死[208]。

鄞县(今鄞州区)、慈溪县(今慈溪市):二十四年秋,大水,伤稼

[208] 上海、江苏、安徽、浙江、江西、福建省(市)气象局,中央气象局研究所.华东地区近五百年气候历史资料,1978:4.93.

民多淹死[209]。

慈溪县(今慈溪市)：二十四年秋，大水，伤稼，民多淹死(图1-53b)[210]。

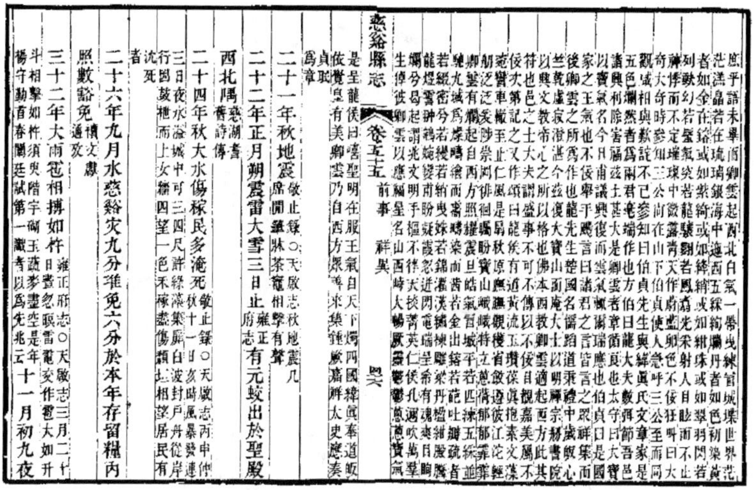
慈谿縣志 卷五十五 前事 祥異 四六

是星龍侯曰噫聖明在服王氣自天下燭四國韓夤奉道皈依覺皇有美鄉雲乃自西方瑞彩來集鍾厥嘉祥太史應奏貞珉爲章

二十一年秋地震 敬止錄○天啟志秋地震几席閒壘牀茶竈相擊有聲

二十二年正月朔震雷大雪三日止 雍正府志 有元蛟出於聖殿西北隅 慈湖書舊詩傳

二十四年秋大水傷稼民多淹死 敬止錄○天啟志丙申仲秋十一日亥時風暴驟連三日夜水溢城中可三四尺許綠藻集扉白波封戶舟從岸行田園鼓棹而上女牆四望一色禾稼盡傷頹圮相望居民有沈死者

二十六年九月水慈谿災九分準免六分於本年存留糧內照數豁免 續文獻通攷

三十二年大雨雹相搏如杵 雍正府志○天啟志三月二十日晝忽暝雷電交作雹大如升斗相擊如杵須臾階宇磡玉蔽參晝空是年楊守勤首春闈廷試第一識者以爲先兆云 十一月初九夜

1195

图 1-53(b) 清光绪二十五年《慈溪县志·卷五十五 前事·祥异》记载万历二十四年洪灾

209 上海、江苏、安徽、浙江、江西、福建省(市)气象局，中央气象局研究所. 华东地区近五百年气候历史资料，1978：4，93.

210 慈溪县志·卷五十五 前事·祥异. 清光绪二十五年.

1607 年

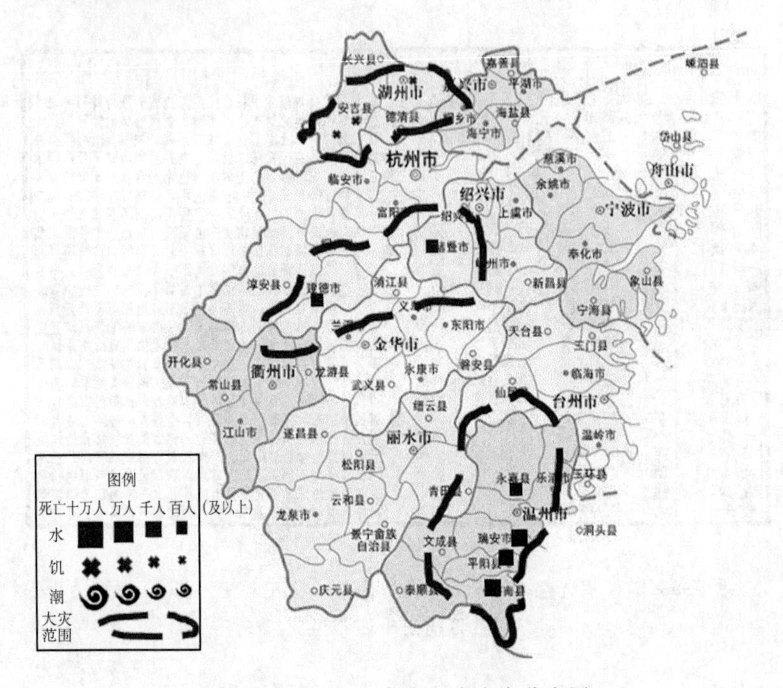

图 1-54(a)　1607 年浙江省大灾分布图

评价:浙东南、浙西北。大灾点连贯性好。浙东南灾区连片,先是旱一月余,又大雨五日。洪水暴涨,导致“居民溺死以千计”。浙西大雨水,“沉灶产蛙”,“溺毙尤众”(图 1-54a)。

灾种:洪涝、饥荒。

资料条数:9 条。

〈1〉**杭州市　建德等县**:明万历三十五年(1607 年)严州(府)山水大涌,建德、桐庐、淳安、遂安、分水漂没数千户。钱塘夏六月大雨水。桐庐洪水泛滥,桥堰俱坏,田地淹没。建德夏大水,损田万余亩，漂没房屋无算，溺毙尤众[211]。

建德县(今建德市)：三十五年夏，大水，坏田万余亩，漂没房屋，溺死男女不可胜计(图 1-54b)[212]。

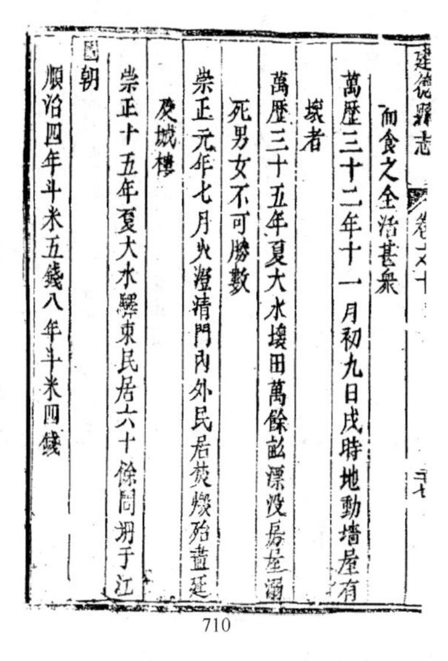
建德縣志 卷之十

而食之全活甚衆
萬歷三十二年十一月初九日戌時地動墻屋有
壞者
萬歷三十五年夏大水壞田萬餘畝漂没房屋溺
死男女不可勝數
崇正元年七月火澄清門內外民居焚燬殆盡延
及城樓
崇正十五年夏大水驛東民居六十餘間湧于江
國朝
順治四年斗米五錢八年斗米四錢

710

图 1-54(b) 清乾隆十九年《建德县志・卷之十 饥祥》
记载万历三十五年洪灾

〈3〉**温州市 苍南县**：三十五年五月旱至闰六月廿八日，又大雨五日夜不止，洪水暴涨，南、北港淹死者以千计[213]。

平阳县：三十五年丁未自五月不雨，至闰六月二十八日，大雨彻五日夜不止，水暴溢，三港间死溺死以千计(图 1-54c)[214]。

---

211 杭州市地方志编纂委员会. 杭州市志・第一卷自然环境篇. 北京：中华书局，2000.

212 建德县志・卷之十 饥祥. 清乾隆十九年.

213 苍南县地方志编纂委员会. 苍南县志・大事记. 杭州：浙江人民出版社，1997：12.

214 平阳县志・卷五十六 祥异. 民国十四年.

三十二年甲辰十二月九日地震有聲屋瓦有墮地者五邑皆然
乾隆府志
三十五年丁未自五月不雨至閏六月二十八日大雨徹五日夜
不止水暴溢三港閒民溺死以千計舊志何白汲古堂集參
四十二年甲寅三月城內火起延及南城樓至賣書巷止舊志
七月初九日夜大雨仙壇山崩大石如彈丸而下鐘樓及萬緣
山房東郭廟俱壞平地水深三尺舊志
四十七年己未秋九月大風海溢田廬漂沒南楼鄭氏譜
熹宗天啟二年壬戌九月東門外火自龍船巷起北至八角橋南
至右聖觀俱燬舊志
四年甲子四月雨米於西門內人家瓦上千戶劉德家最多舊志修
莊烈帝崇禎十六年癸未五月有星大如斗聲如鐘鳴西南過東
平陽縣志 卷五十六 雜事志一 八

图 1-54(c) 民国十四年《平阳县志·卷五十六 祥异》
记载万历三十五年洪灾

瑞安(今瑞安市)、平阳县、昆阳三港(今平阳县昆阳镇):三十五年,永嘉,闰六月二十八日大雨,彻五日夜不止,水暴涨,一城为壑。昆阳三港间居民溺死以千计,至有母子相抱浮尸于江者。瑞安、平阳,闰六月二十八日大雨,彻五日夜不止,水暴溢三港民溺死以千计[215]。

永嘉县:三十五年五月,不雨至闰六月二十八日,大雨彻五日夜不止,水暴涨,一城为壑,昆阳三港间居民溺死以千计,至母子相抱浮尸于江者[216]。

〈5〉**湖州市　乌程县(今吴兴区)**:三十五年,乌程阴雨,三吴沈

215 温州市江河水利志编纂委员会.温州水利史料汇编·第三章　洪涝,1999:13.

216 永嘉县志·卷三十六　祥异.光绪.

灶产蛙，人相食[217]。

安吉、孝丰县(今安吉县孝丰镇)：三十五年，阴雨，三吴沉灶产蛙，人相食[218]。

〈6〉**绍兴市　诸暨县(今诸暨县)**：三十五年五月六月，淫雨，闰六月，诸暨县山出蛟洪水泛滥，溺人不可胜计(图 1-54d)[219]。

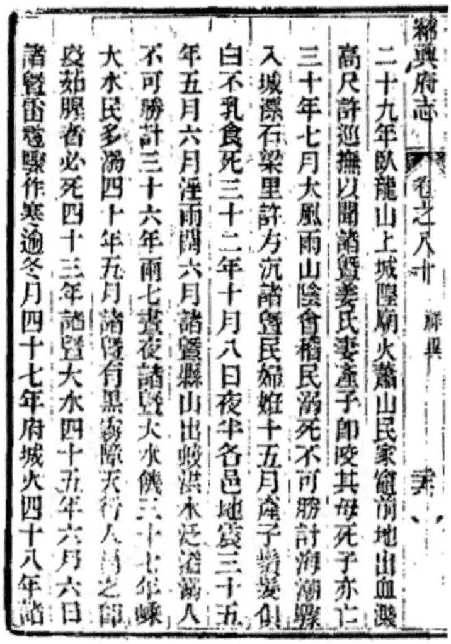
紹興府志　卷之八十　祥異

二十九年臥龍山上城隍廟火蕭山民家竈前地出血濺
高尺許巡撫以聞諸暨姜氏妻產子即咬其母死子亦亡
三十年七月大風雨山陰會稽民溺死不可勝計海潮驟
入城漂石梁里許为沉諸暨民婦姙十五月產子鬚髮俱
白不乳食死三十二年十月八日夜半各邑地震三十五
年五月六月淫雨閏六月諸暨縣山出蛟洪水泛濫溺人
不可勝計三十六年雨七晝夜諸暨大水饑三十七年嵊
大水民多溺四十年五月諸暨有黑眚際天行人遇之即
發疵腫者必死四十三年諸暨大水四十五年六月六日
諸暨雷雹驟作寒逾冬月四十七年府城火四十八年諸

图 1-54(d)　清乾隆五十七年《绍兴府志·卷之八十　祥异》记载万历三十五年洪灾

217　上海、江苏、安徽、浙江、江西、福建省(市)气象局，中央气象局研究所.华东地区近五百年气候历史资料，1978：4.49.

218　湖州市地方志编纂委员会.湖州市志(上卷)·第三卷　自然环境·第七章　自然灾害录.北京：昆仑出版社，1999：216.

219　绍兴府志·卷之八十　祥异.清乾隆五十七年.

1617 年

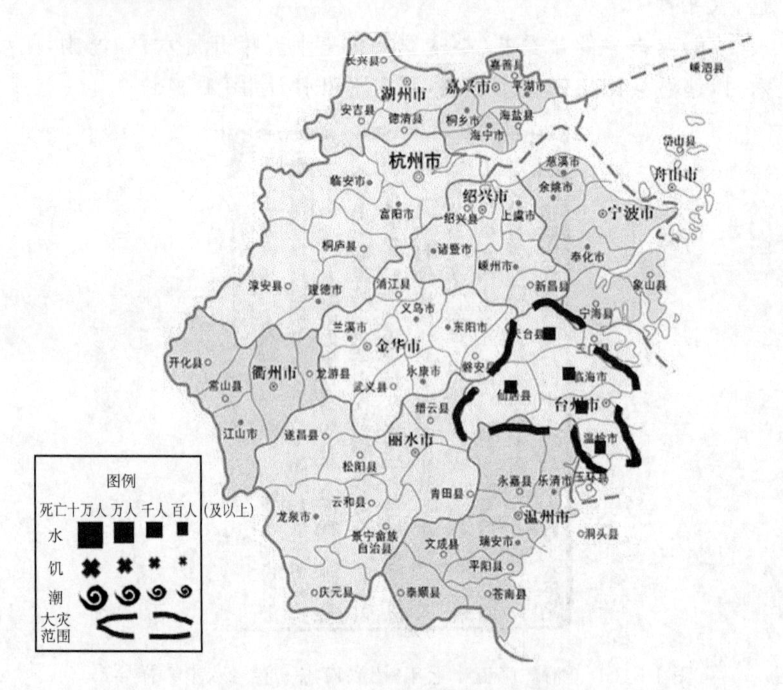

图 1-55　1617 年浙江省大灾分布图

评价:浙东。大灾点连贯性好。北西向雨带。死亡人数为数百人(图 1-55)。

灾种:洪涝。

资料条数:3 条。

〈10〉**台州市　临海县:**明万历四十五年(1617 年)临海水,田庐、人畜淹没无算(《临海县志》)。

临海县、天台、仙居、黄岩(今黄岩区)、温岭县(今温岭市):四十五年，临海、天台、仙居、黄岩、温岭洪水为灾，田舍人民淹没无算[220]。

温岭县（今温岭市）：四十五年，洪水，田舍人民淹没无算[221]。

1618 年

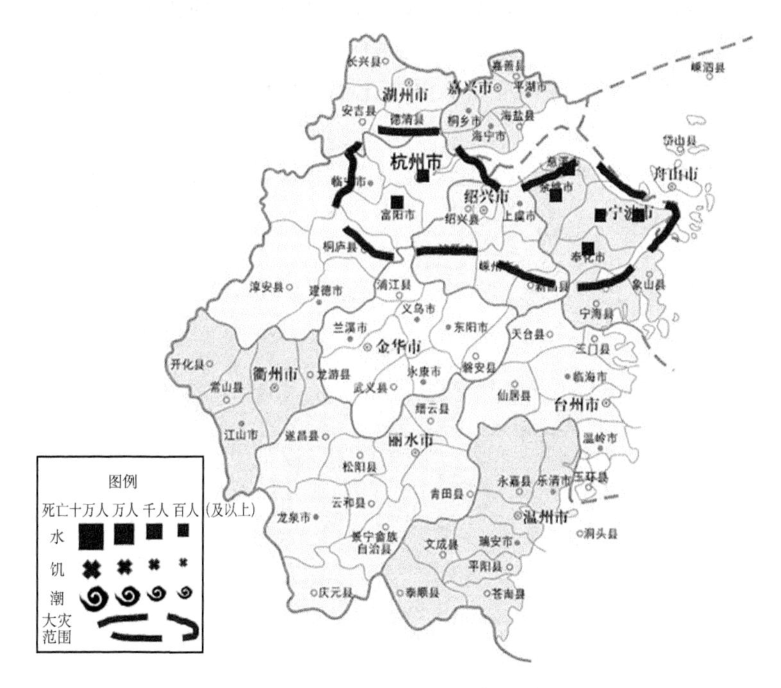

图 1-56(a)　1618 年浙江省大灾分布图

评价：浙东北。大灾点连贯性好。死亡人数为数百人（图1-56a）。

220　温克刚. 中国气象灾害大典·浙江卷·第一章　热带气旋. 北京：气象出版社，2006：79.

221　温岭县志编纂委员会. 温岭县志·地理·第二编　自然环境·第七章　灾异. 杭州：浙江人民出版社，1992：79.

灾种:洪涝。

资料条数:9 条。

〈1〉**杭州市**　**杭州**:明万历四十六年(1618 年)钱塘洪水为灾,田舍人民淹没无算。新城洪水为灾,田舍人民淹没无算[222]。

富阳县(今富阳市):四十六年,新城洪水为灾,田舍人民淹没无算[223]。

钱塘(今杭州市)、新城(新登县,今富阳市):四十六年,钱塘、新城洪水为灾,田舍人民淹死无算[224]。

〈2〉**宁波市**　**宁波**:四十六年七月,大水,坏民庐舍,溺死甚众[223]。

鄞县(今鄞州区):四十六年七月,大水,坏民庐舍,溺死甚众(图 1-56b)[225]。

---

222 杭州市地方志编纂委员会.杭州市志·第一卷　自然环境篇.北京:中华书局,2000.

223 上海、江苏、安徽、浙江、江西、福建省(市)气象局,中央气象局研究所.华东地区近五百年气候历史资料,1978:4,8.

224 温克刚.中国气象灾害大典·浙江卷·第二章　暴雨、洪涝.北京:气象出版社,2006:79.

225 鄞县志·卷二十六　杂识二.清乾隆.

案閩志云是年夏秋又亢旱郡守張文奇郡丞攝
鄞令龍德孚雩龍法繁露三日而獲甘澍
十七年六月海沸寧屬縣廨宇多圮碎官民船及戰舸壓
溺人明史五行志
十九年七月寧府潮溢傷稼渰人明史五行志
案閩志云七月十七日東北風大作雨如澍海水
入郡城禾盡槁死
二十四年秋大水傷稼李志
二十五年鄞學春祭兩燭之光聚而為一是年秋張應宗
發解李志
三十二年大雨雹相搏擊如杵鄞縣鬧明橋余鶴卿家起
鄞縣志 卷二十六 雜識二 [illegible]
火沿燒四街鶴卿閉門焚死搶火者八十餘人李志
三十七年秋大水漂沒民居無算八月夜隕星如毬在靈
橋門內陳姓家次早見大石如盤光色閃爍人爭碎之各
取一塊李志
四十四年正月三日大雪積一二尺或三尺許山中坎陷
平填七八尺摧拉竹木無算陰凍連旬簷冰長短垂如銀
柵是年二月侍御某家庖鱉鼈作人語曰毋傷我湯既沸
猶云可活否則為禍庖人不告有密語於侍御者趨往
觀鼈已死矣剖腹有一人長寸半具體無缺某大駭不旬
日死李志
四十六年七月大水壞民廬舍溺死甚眾李志

〔乾隆〕鄞縣志 卷二六

图 1-56(b) 清乾隆《鄞县志·卷二十六 杂识二》记载万历四十六年洪灾

慈溪县(今慈溪市):四十六年七月,坏庐舍,溺死者甚众(图 1-56c)[226]。

地震雍正府志○天啟志冬夜三鼓地震牀榻譽搖扉上雙環如連叩不已萬戶俱驚屯以待旦
三十七年秋大水漂沒民居無算敬止錄○天啟志秋大水泩滌洶激陵谷易處凡附麓盡并依山結廬者半委泥沙千餘古剎驪代石橋崩陷無迹潘墓漂骨者無算甚則平原曠野或陷為水口或夾於邃眼舉居列萬樞戶連千火頃刻一決不知所之居民之濱江者器具什物悉流取之擇好棄餘不勝收拾
三十九年春多火入夏數旬未雨不得刺秧秧盡枯農越鄉
邑貸種六月望雨甚水溢至二十日始退二十八日雨復霪
注越月初二日乃已南畝之實盡稀不能登場天啟志
四十四年正月三日黃慘黯雪墜空如傾封條可一二尺許
或三尺許山中坎陷平填七八尺摧拉竹木無算時入春十
日歲暮雷早發聲而陰凍連旬不解人共痺瘃簷冰長短
垂如銀柵排戶雍正府志
四十六年七月大水壞廬舍溺死者甚眾雍正府志
慈谿縣志 卷五十五 前事 祥異 [illegible]
天啟元年六七月亢旱浙江通志
二年十二月大火○雍正志怪見於市民馮濟家或衣緋幘或素衣冠或一或二三為伍始惟小兒見之繼則男女俱得往觀月餘乃止父老云此當災冬十二月二十七日火發自酉至子關帝廟朗倫堂尊經閣俱燬北自麗澤橋南至驄馬橋晷刻成燼
三年十二月二日申時地震雍正志
崇正元年七月海嘯颶風大作海水溢流傍海居民多被渰死雍正志
二年米價騰貴雍正志○鄞縣志元年二年俱水災
四年林大智妻曾氏年百歲
五年永明寺火○雍正志壬申正月聞永明寺佛像傳言謂佛時當自焚偶小舟數艇從半空中載之而去聞者莫不以為訛至十月十八日火從寺中小壘起焱而烈焰彌天立成灰燼僅存山門如故
六年癸酉海嘯暴風發屋民廬半圮馮元颺與韓太始書

图 1-56(c) 清光绪二十五年《慈溪县志·卷五十五 前事·祥异》记载万历四十六年洪灾

226 慈溪县志·卷五十五 前事·祥异.清光绪二十五年.

奉化县(今奉化市):四十六年七月,大水,坏民庐,溺死男女无算[227]。

宁波、慈溪县(今慈溪市)、奉化县(今奉化市):四十六年宁波、慈溪、奉化七月大水,坏庐舍,溺死者甚众[228]。

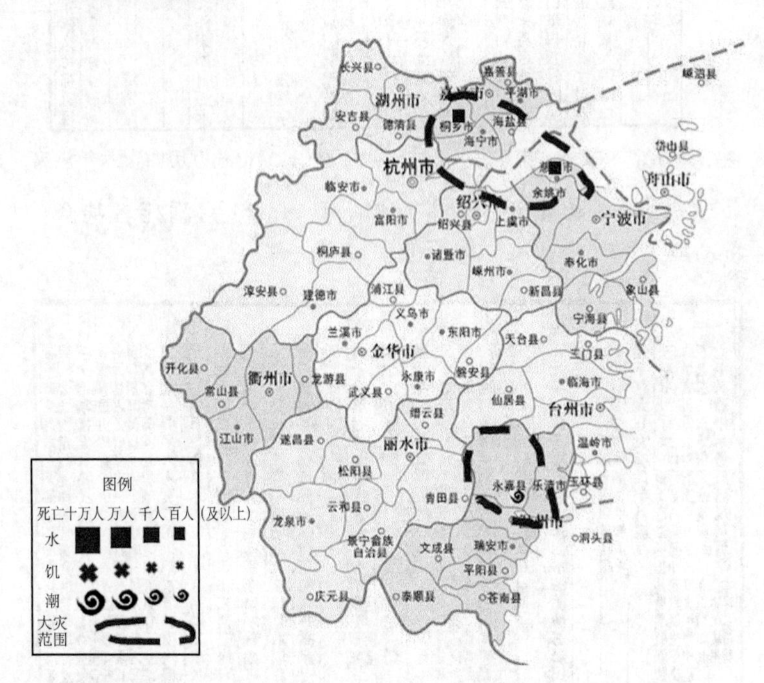

图 1-57 1619 年浙江省大灾分布图

227 上海、江苏、安徽、浙江、江西、福建省(市)气象局,中央气象局研究所.华东地区近五百年气候历史资料,1978:4.94.

228 温克刚.中国气象灾害大典·浙江卷·第二章 暴雨、洪涝.北京:气象出版社,2006:79.

评价:浙东北、浙东南。死亡人数为数百人(图 1-57)。

灾种:洪涝、风暴潮。

资料条数:2 条。

〈3〉**温州市　永嘉县**:明万历四十七年(1619 年)夏,永嘉海水暴长,不逾时西落鳞介之属僵死盈路[229]。

〈4〉**嘉兴市　桐乡县(今桐乡市)、慈溪县(今慈溪市)**:四十七年,桐乡、慈溪大水,濒江民多淹死[230]。

229　温州府志·卷之二十九　祥异.清乾隆庚辰.

230　温克刚.中国气象灾害大典·浙江卷·第二章　暴雨、洪涝.北京:气象出版社,2006:79.

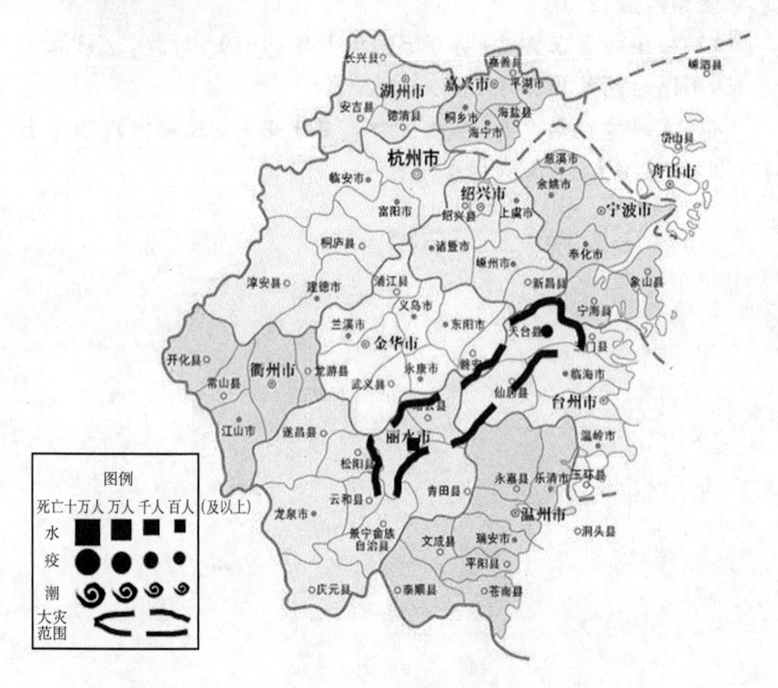

图 1-58(a)　1635 年浙江省大灾分布图

评价:浙中。大灾点连贯性较好。“城外居民及外县淹死者不知其数”,其结果是“水退积尸无算”。死亡人数为数百人(图 1-58a)。

灾种:洪涝、瘟疫。

资料条数:2 条。

〈10〉**台州市　天台县**:明崇祯八年(1635 年)大疫,死者相籍[231]。

〈11〉**丽水市　丽水**:十五年五月,大水入城,淹官署民房几尽,

231　天台县志编纂委员会.天台县志·大事记.上海:汉语大词典出版社,1995:5.

水退积尸无算[232]。

崇祯八年(1635 年)五月,丽水大水,沿溪田庐,淹没漂流殆尽城郭,冲塌官民公署庐舍尽被淹没,应星桥边城倒淹没七命,城外居民及外县淹死者不知其数(图 1-58b)[233]。

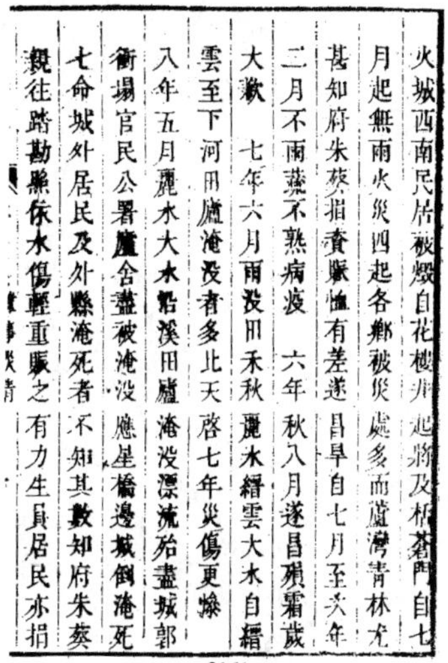

火城西南民居被燬自花樓井起燬及栝蒼門自七
月起無雨火災四起各鄉被災處多而蘆灣青林尤
甚知府朱葵捐貲賑恤有差遂昌旱自七月至八年
二月不雨蔬不熟病疫　六年秋八月遂昌殞霜歲
大歉　七年六月雨没田禾秋麗水縉雲大水自縉
雲至下河田廬淹没者多北天啓七年災傷更慘
八年五月麗水大水沿溪田廬淹没漂流殆盡城郭
衝塌官民公署廬舍盡被淹没應星橋邊城倒淹死
七命城外居民及外縣淹死者不知其數知府朱葵
親往踏勘縣依水傷輕重賑之有力生員居民亦捐

2161

图 1-58(b)　清雍正十一年《处州府志・卷之十六　杂事志・灾眚》记载崇祯八年洪灾

232　温克刚.中国气象灾害大典・浙江卷・第二章　暴雨、洪涝.北京:气象出版社,2006:80.

233　处州府志・卷之十六　杂事志・灾眚.清雍正十一年.

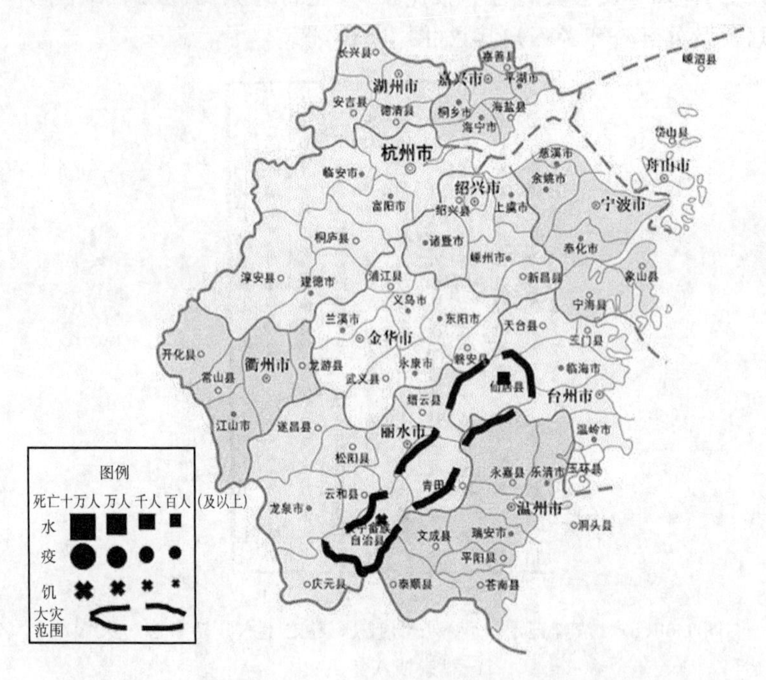

图 1-59(a) 1650 年浙江省大灾分布图

评价:浙中到浙西南。大灾点连贯性好。“大水,城北隅塌”,系大水灌城。两处大灾点相距近,旱涝频仍。死亡人数为数百人(图 1-59a)。

灾种:洪涝、饥荒。

资料条数:2 条。

〈10〉**台州市　仙居县:**清顺治七年(1650 年)六月,台州大水。十月,仙居大水,北城几陷,坏田庐无数,民溺死者众(康熙《仙居县志》、《清史稿》)[234]。七年，大水，北城几陷，坏田庐，民多溺死[235]。十月，仙居大水，城北隅塌，坏田庐无数，民多溺死[236]。

七年，大水，仙居城北隅几陷，坏田庐无算，民多溺死(图1-59b)[237]。

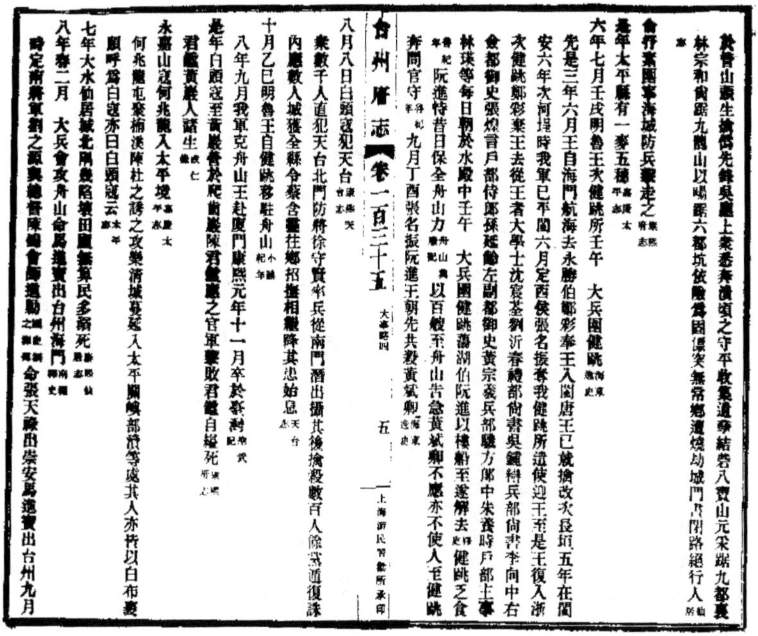
於曾山巔生擒僞先鋒吳龍上衆悉奔潰頃之守平收集遺孽結砦八寶山元宋踞九都裏
林宗和甫踞九龍山以賜踞六都坑依險負固僄突無常鄉遭燒劫城門晝閉路絕行人
會狩棠園寨海城防兵擊走之
是年太平縣有一麥五穗
六年七月壬戌明魯王次健跳所壬午　大兵圍健跳
先是三年六月王自海門航海去永勝伯鄭彩奉王入閩唐王已就擒改次長垣五年在閩
安六年次河埕時我軍已平閩六月定西侯張名振奪我健跳所遣使迎王至是王復入浙
次健跳鄭彩棄王去從王者大學士沈宸荃劉沂春禮部尚書吳鍾巒兵部尚書李向中右
僉都御史張煌言戶部侍郎孫延齡左副都御史黃宗羲兵部職方郎中朱養時戶部主事
林瑛等每日朝於水殿中壬午　大兵圍健跳蕩湖伯阮進以樓船至遂解去健跳乏食
阮進恃昔日保全舟山力以百艘至舟山告急黃斌卿不應亦不使人至健跳
奔問官守　九月丁酉張名振阮進王朝先共殺黃斌卿
台州府志　卷一百三十五　大事略四　五
八月八日白頭寇犯天台
衆數千人直犯天台北門防將徐守寶率兵從南門潛出擣其後擒殺數百人餘黨遁復誅
內應數人城獲全縣令蔡含靈往鄉招撫相繼降其患始息
十月乙巳明魯王自健跳移駐舟山
八年九月我軍克舟山王赴廈門康熙元年十一月卒於臺灣
是年白頭寇至黃巖會於毗巖陳君鑑應之官軍擊敗君鑑自縊死
君鑑黃巖人諸生
永嘉山寇何兆龍入太平境
何兆龍屯藥柵溪陳杜之誘之攻樂清城蔓延入太平鳳嶼部落等處其人亦皆以白布裹
頭呼爲白寇亦曰白頭寇云
七年大水仙居城北隅幾陷壞田廬無算民多溺死
八年春二月　大兵會攻舟山命馬進寶出台州海門
時定南將軍劉之源與總督陳錦會師進勦之　命張天祿出崇安馬進寶出台州九月

图 1-59(b)　民国二十五年《台州府志・卷百三十二之三十六　大事记五卷》记载顺治七年洪灾

〈11〉**丽水市　景宁县(今景宁畲族自治县)**：七年岁大饥，米每

234　台州市气象局气象志编纂委员会. 台州市气象志・第九章　历代灾异. 北京：气象出版社，1998：112.

235　仙居县志编纂委员会. 仙居县志・自然地理篇・第八章　自然灾害. 杭州：浙江人民出版社，1987：63.

236　清史稿・卷四十　志十五.

237　台州府志・卷百三十二之三十六　大事记五卷. 民国二十五年.

石值银 6 两，殍死相望[238]。

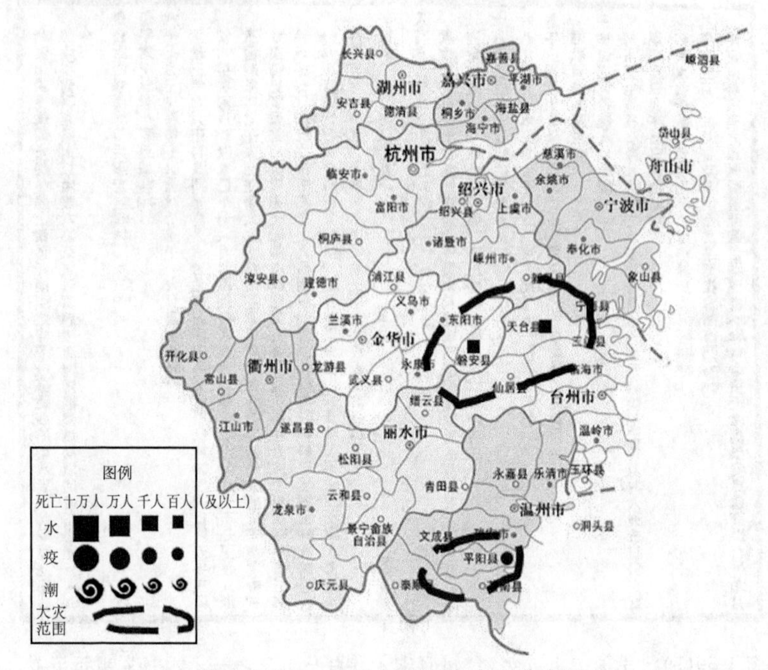

图 1-60(a) 1656 年浙江省大灾分布图

评价：浙中、浙南。大灾点连贯性好。两个县小范围洪灾，“沿溪居民被冲”，是高强度降水引起山水暴涨。一县发生瘟疫。死亡人数为数百人(图 1-60a)。

灾种：洪涝、瘟疫。

资料条数：3 条。

---

238 景宁畲族自治县志编纂委员会. 景宁畲族自治县志 · 大事记. 杭州：浙江人民出版社，1995：12.

〈3〉**温州市　平阳县**:清顺治十三年(1656 年)丙申,疫,城乡男妇死者数百(图 1-60b)[239]。

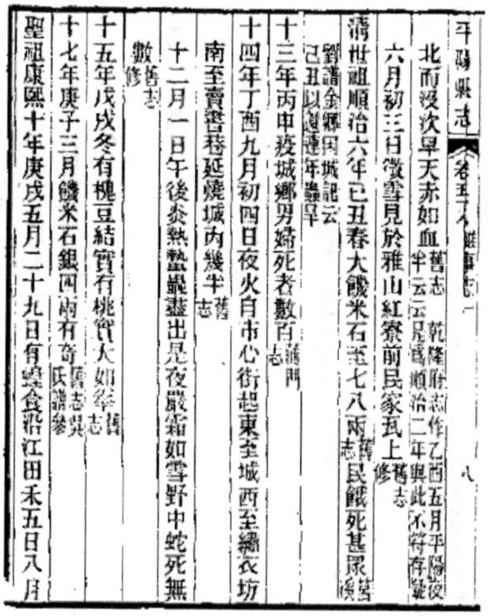

图 1-60(b)　民国十四年《平阳县志·卷五十六　祥异》记载顺治十三年瘟疫

〈7〉**金华市　磐安县**:十三年“大水,大蜃”,沿溪居民被冲,“没人畜无数”[240]。

〈10〉**台州市　天台县**:十三年七月,天台大水。近溪居民尽淹。杜潭、苦竹、平头潭诸处尤甚,水满屋梁,漂没人畜无算(图 1-60c)[241]。

239　平阳县志·卷五十六　祥异.民国十四年.

240　磐安县志编纂委员会.磐安县志·大事记略.杭州:浙江人民出版社,1993:14.

241　台州府志·卷百三十二之三十六　大事记五卷.民国二十五年.

執男婦一千八百人童子七百餘人圍守天寧寺及城南民舍次日海艘至因分俘之自經及赴水者甚衆十五日公艘巨室盡被焚比夜始揚帆去二十二日官軍始至（康熙府志）

二月海寇阮六夜襲寧海縣城破之飽掠而去六月復至拨兵擊敗之（康熙府志）

七月天台大水（康熙天台志）

近溪居民盡淹杜潭苦竹平頭潭諸處尤甚水滿屋梁漂沒人畜無算（天台志）

是年仙居饑（光緒仙居志）　黃巖山羊入縣城（康熙府志）

王廷棟自黃巖掠仙居結寨景星巖（康熙府志）

廷棟臨海人自黃巖寧溪登陸入掠仙居上王村已而厚仁村有吳姓二人迎之結寨景星巖黨彝甚仙居知縣章雲龍檄杭標周副將孫都司攻之爲所敗死焉副將李必會兵討之兩載始克廷棟仍逸於海（康熙府志）

張煌言舉兵至台州（南疆繹史）

煌言鄞縣人魯王監國累授兵部侍郎十年招軍於台十二年鄭成功貽書於煌言謀大舉至是煌言軍入台多入閩（全祖望撰神道碑）

台州府志　卷一百三十五　大事略四　七　上海漢民智書所承印

十四年四月大雨雹（康熙仙居志）

是日遺殼頂自十二都至二十二都雨雹如卷石電擊樹麥俱無收（仙居志）

八月十二日鄭成功陷黃巖知縣劉登龍死之守將王戎降二十六日陷郡城道標中軍鄭之文死之（康熙府志）九月陷天台守將韓文盛降（康熙天台志）十月　大軍至（康熙府志）

成功閩建南安人父芝龍明末入海寇顧思齊黨爲盜後受撫累官總兵明亡與黃道周擁立唐王聿鍵於福建封芝龍爲南安伯晉平國公芝龍嘗亡命日本娶倭婦生子森引謁聿鍵賜姓朱改名成功封忠孝伯順治三年貝勒博洛師至福建斬聿鍵芝龍降成功遁入海四年糾衆得千人據南澳奉明桂王朱由榔年號自稱招討大將軍刦掠沿海郡縣歷寇泉潮漳福諸州十二年八月陷浙江舟山（國史逆臣鄭芝龍傳）招降我台州鎮馬信（海紀輯要本末）十三年冬陷閩安犯福州轉掠浙江溫台等郡（鄭芝龍傳）至是由三江口躁進防守不及遂陷黃巖守將王戎降復掠欲去馬信復誘之至郡十八日偵騎泊下浦二十日圍郡城兵備道蔡瓊枝副將李必同謀固守標兵四出設防城中僅留數百人不能出戰賊自小兩山起由北至西七里亭環城而營礮聲震數十里排列雲梯守堞者望而膽落閉道乞援二十三日　大兵自

图 1-60(c)　民国二十五年《台州府志·卷百三十二之三十六　大事记五卷》记载顺治十三年洪灾

1658 年

图 1-61　1658 年浙江省大灾分布图

评价：浙东。大灾点连贯性好。两个县小范围洪灾，“沿溪居民被冲”，是高强度降水引起山水暴涨。一县发生瘟疫。死亡人数为数百人（图 1-61）。

灾种：洪涝、瘟疫。

资料条数：2 条。

〈10〉**台州市**　**台州**：清顺治十五年（1658 年）秋，大水，决郡西城，人多淹死[242]。

临海县：十五年秋，大水，决临海西城而过，人多淹溺（康熙《台

242　台州府志·卷百三十二之三十六　大事记五卷. 民国二十五年.

州府志》)[243]。

1686 年

图 1-62(a) 1686 年浙江省大灾分布图

评价:浙西南。大灾点连贯性好。属相当完整的灾区图。前汛期有十县洪涝,泡在水中,“大水,舟通城市,桥梁尽圮,田庐漂没,死者甚众”。死亡人数为数百人(图 1-62a)。

灾种:洪涝。

资料条数:9 条。

---

243 台州市气象局气象志编纂委员会.台州市气象志・第九章 历代灾异.北京:气象出版社,1998:112.

〈7〉**金华市　宣平县(今武义县)**:清康熙二十五年(1686 年),宣平四月二十一夜大雨,至二十六日不绝,溺者无算,民恐慌异常[244]。

〈8〉**衢州市　龙游县**:二十五年,五月大水,田庐漂没,民溺死者甚众[245]。

江山县(今江山市):二十五年夏闰四月,大水,舟通城市桥梁尽圮,田庐漂没,死者甚众(图 1-62b)[246]。

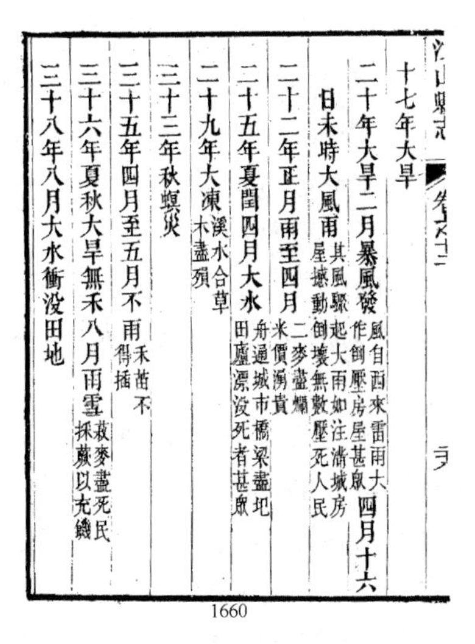

十七年大旱

二十年大旱二月暴風發風自西來雷雨大作倒壓房屋甚衆四月十六日未時大風雨其風驟起大雨如注瀕城房屋摠動倒壞無數壓死人民

二十二年正月雨至四月二麥盡爛米價湧貴

二十五年夏閏四月大水舟通城市橋梁盡圮田廬漂沒死者甚衆

二十九年大凍溪水合草木盡殞

三十三年秋螟災

三十五年四月至五月不雨禾苗不得插

三十六年夏秋大旱無禾八月雨雪菽麥盡死民採蕨以充饑

三十八年八月大水衝沒田地

1660

图 1-62(b)　同治十二年《开化县志·卷十二　拾遗志三　祥异》记载康熙二十五年洪灾

〈11〉**丽水市　丽水县(今莲都区)**:二十五年闰四月,大雨四昼

244　温克刚. 中国气象灾害大典·浙江卷·第二章　暴雨、洪涝. 北京:气象出版社,2006:84.

245　上海、江苏、安徽、浙江、江西、福建省(市)气象局,中央气象局研究所. 华东地区近五百年气候历史资料,1978:4.145.

246　开化县志·卷十二　拾遗志三　祥异. 同治十二年.

夜，水高八九丈，漂没田庐，溺者无数[247]。

云和县：二十五年闰四月，大雨四昼夜，水泛溢漂没田庐，男女溺死无算[248]。

青田县：二十五年闰四月，丽水大雨四昼夜，漂没田庐，溺者无数。云和城内可通舟楫，漂坏民房百余家。青田城邑为墟。松阳南门水满7尺。舟行城内。遂昌自西门起南隅东隅沿溪一带，房屋尽漂没，淹死者无数。景宁冲毁田庐，龙泉冲没桥梁、庐舍、田禾。庆元大水冲入高过城墙丈余，县治衙舍俱坏[249]。四月二十六日起，大雨四昼夜，山洪陡发，城邑无虚，凡学宫、祠庙、民舍悉漂入海，上流男女楼居者，连屋浮下，尚攀屋呼号，灯荧荧未灭，随奔涛逝没，桥梁、道路、田地冲毁，户口漂没流亡不计其数（雍正《处州府志》卷十六、阜阳《周氏宗谱》）[250]。

松阳县：二十五年闰四月，大雨4昼夜，赤塔房屋俱漂，南门内水满7尺，舟行城市，傍河庐舍俱漂，淹死人口无数，冲毁四乡田地30余顷[251]。

遂昌县：二十五年闰四月二十四日夜至二十七日四昼夜倾盆大雨不绝，县城自西门至南隅、东隅一带漂没庐舍无数，淹死男女甚众，四乡冲崩田地不可胜计，大小石桥、木桥俱毁[252]。

丽水县（今莲都区）、青田、松阳、遂昌、云和、宣平县（今武义县，属金华市）、景宁县（今景宁畲族自治县）：二十五年四月，丽水、

247 丽水市志编纂委员会. 丽水市志·大事记. 杭州：浙江人民出版社，1994：7.

248 云和县志·卷十五　祥异. 同治三年.

249 丽水市志编纂委员会. 丽水市志·第二编　自然环境·第七章　自然灾害. 杭州：浙江人民出版社，1994.

250 青田县志编纂委员会. 青田县志·第二编　自然环境·第三章　气候. 杭州：浙江人民出版社，1990：136.

251 松阳县志编纂委员会. 松阳县志·大事记. 杭州：浙江人民出版社，1996：13.

252 遂昌县志编纂委员会. 遂昌县志·大事记. 杭州：浙江人民出版社，1996：18.

青田、松阳、遂昌、云和、宣平、景宁大水大雨四昼夜，倾盆不绝，各处田地冲崩，庐舍漂没，男女溺死者无算（图 1-62c）[253]。

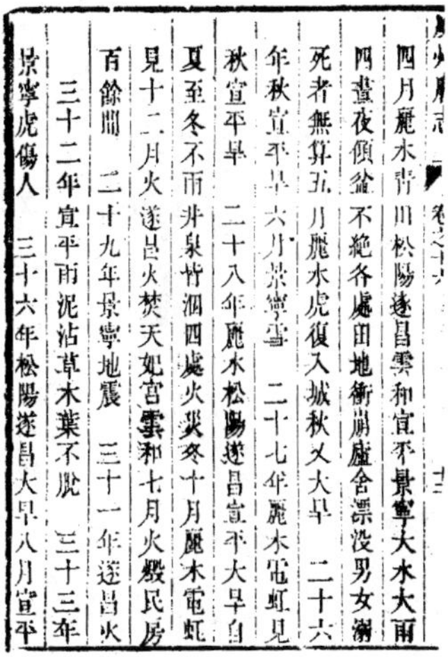

處州府志　卷之十六　十三
四月麗水青田松陽遂昌雲和宣平景寧大水大雨
四晝夜傾盆不絕各處田地衝崩廬舍漂沒男女溺
死者無算五月麗水虎復入城秋又大旱　二十六
年秋宣平旱六月景寧雪　二十七年麗水雷虹見
秋宣平旱　二十八年麗水松陽遂昌宣平大旱自
夏至冬不雨井泉皆涸四處火災冬十月麗水雷虹
見十二月火遂昌火焚天妃宮雲和七月火燬民房
百餘間　二十九年景寧地震　三十一年遂昌火
三十二年宣平雨泥沾草木葉不脫　三十三年
景寧虎傷人　三十六年松陽遂昌大旱八月宣平
2166

图 1-62(c)　清雍正十一年《处州府志・卷之十六　杂事志・灾眚》记载康熙二十五年洪灾

253　处州府志・卷之十六　杂事志・灾眚．清雍正十一年．

1690 年

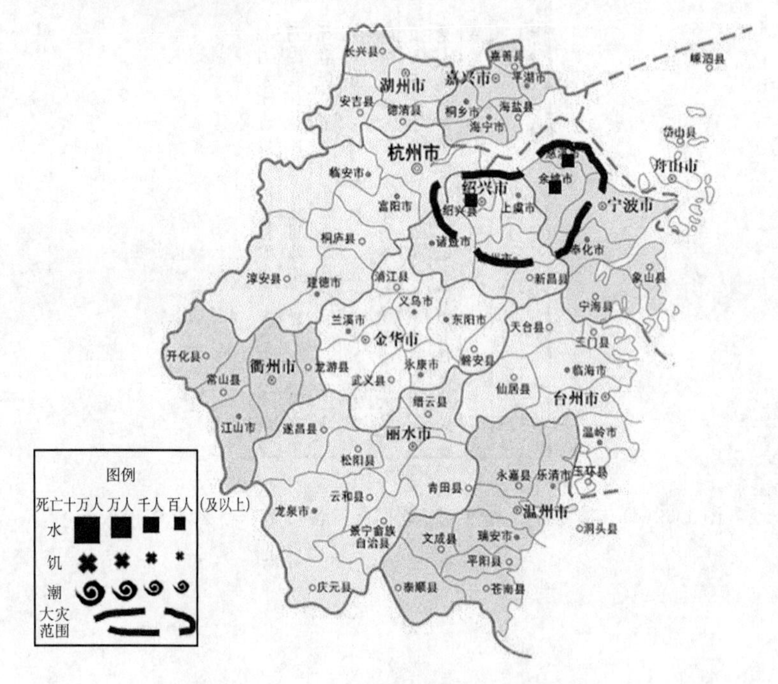

图 1-63　1690 年浙江省大灾分布图

评价：浙东北。大灾点连贯性较好。这场洪水，平原“平地水深丈许”，山区“水骤高二丈余”。死亡人数为数百人(图 1-63)。

灾种：洪涝。

资料条数：3 条。

〈2〉**宁波市　慈溪县(今慈溪市)：**清康熙二十九年(1690 年)七月二十三日，大风雨，二十四日，龙战蛟出海山飞平地水骤高二丈余，人民溺死无算[254]。

余姚县(今余姚市)：二十九年七八月间，大风雨，山洪爆发，平

254　慈溪县志·卷五十五　前事·祥异.清光绪二十五年.

地水高丈余，舜江楼匾额漂浮水上，溺民无数，禾稼无收，大饥[255]。

〈6〉**绍兴市　绍兴**：二十九年七月，绍兴大雨弥月，平地水深丈许，漂没田庐人畜无算[256]。

图 1-64(a)　1699 年浙江省大灾分布图

评价：浙东。大灾点连贯性好。“公廨、民舍倒塌甚多，官文书案卷尽淹没”，最安全的场所都淹没了。死亡人数为数百人（图1-64a）。

255　余姚市地方志编纂委员会. 余姚市志·大事记. 杭州：浙江人民出版社，1993：13.

256　清史稿·卷四十二　志十七.

灾种:洪涝。

资料条数:3 条。

〈10〉**台州市**　**台州**:清康熙三十八年(1699 年)八月,大水。平地高丈余,漂田庐,害禾稼,坏公廨、民舍无算,案牍尽没,溺死者众(图 1-64b)[257]。

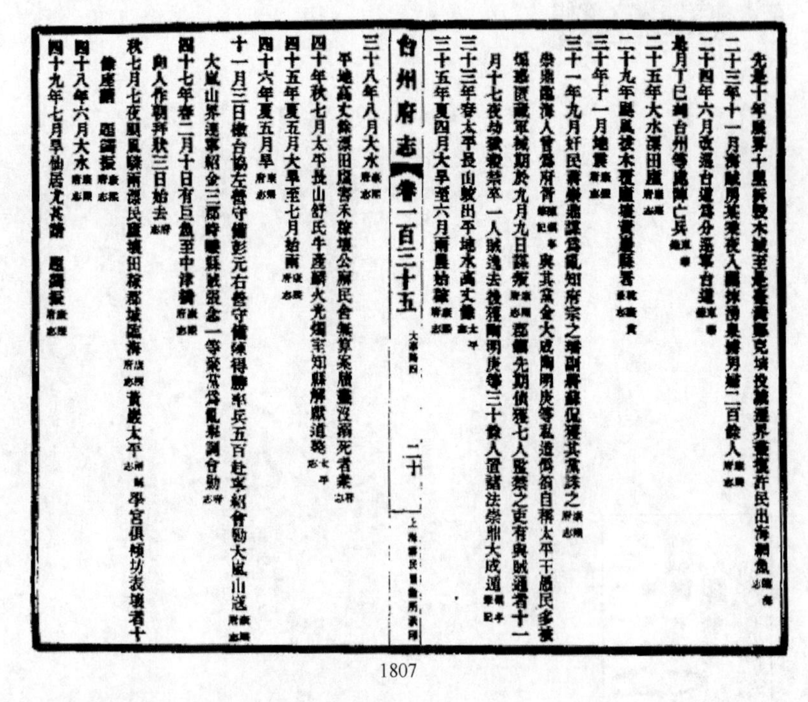
先是十年展界十里拆毁木城至是奉黄郡究垧投誠遷界萬複許民出海捕魚
二十三年十一月海贼房某乘夜入縣掠海县男婦二百餘人
二十四年六月改海台道為分巡寧台道
是月丁巳颶台州等處陣亡兵
二十五年大水漂田廬
二十九年颶風拔木覆廬壞官舍縣署
三十年十一月地震
三十一年九月奸民蔡崇鼎謀為亂知府宗之璠副將蘇促獲其黨誅之
崇鼎臨海人曾為府胥與其黨金大成陶明庚等私造偽劄自稱太平王惑民多被
煽惑匿藏軍械期於九月九日謀叛郡御先期偵獲七人監禁之吏有與賊通者十一
月十七夜劫獄殺禁卒一人賊逸去後獲陶明庚等三十餘人置諸法崇鼎大成遁
三十三年春太平長山蛟出平地水高丈餘
三十五年夏四月大旱至六月雨晨始稼

台州府志　卷一百三十五　大事略四　二十

三十八年八月大水
平地高丈餘漂田廬害禾稼壞公廨民舍無算案牘盡沒溺死者衆
四十年秋七月太平長山舒氏牛產麟火光燭室知縣解獻道驗
四十五年夏五月大旱至七月始雨
四十六年夏五月旱
十一月三日檄台協左營守備彭元右營守備練得勝率兵五百赴寧紹會勦大嵐山寇
大嵐山界連寧紹金三郡時嵊縣賊張念一等聚衆為亂巢洞合勦
四十七年春二月十日有巨魚至中津橋
向人作鞠拜狀三日始去
秋七月七夜颶風驟雨漂民廬壞田稼郡城臨海黃巖太平學宮俱傾坊表壞者十
餘座請　題蠲振
四十八年六月大水
四十九年七月旱仙居尤甚請　題蠲振

1807

图 1-64(b)　民国二十五年《台州府志·卷百三十二之三十六　大事记五卷》记载康熙三十八年洪灾

临海县(今三门县):三十八年八月,大水,平地水深丈余,漂田庐,没廨宇,文案尽失,溺死者甚众[258]。

257　台州府志·卷百三十二之三十六　大事记五卷.民国二十五年.

258　三门县志编纂委员会.三门县志·第二编　自然环境·第三章　气候.杭州:浙江人民出版社,1992:103.

临海县：三十八年八月，临海平地高丈余，漂田庐、害稼，公廨、民舍倒塌甚多，官文书案卷尽淹没，山涧及江侧居民溺死者尤众（康熙《台州府志》）[259]。

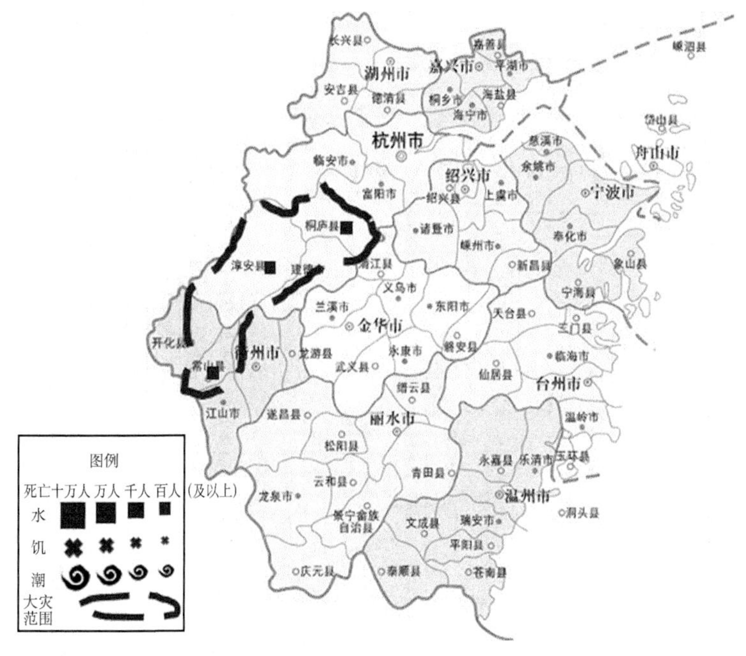

图 1-65(a) 1744 年浙江省大灾分布图

评价：浙西。大灾点连贯性好。洪灾发生后，淳安县令刘希洙组织力量救援，“日不暇给”，派出舟船将在屋脊上避难的灾民救下。唯坏房屋万余间，受灾的田地合计仅五顷余，“有奇”即“有疑

259 台州市气象局气象志编纂委员会．台州市气象志·第九章 历代灾异．北京：气象出版社，1998：113.

问”。死亡人数为数百人(图 1-65a)。

灾种:洪涝。

资料条数:3 条。

〈1〉**杭州市　淳安县**:乾隆九年(1744 年)六月廿九立秋,大雷雨,连至七月初五,江涛怒涨,城市漂没,所不浸者,唯县治、学宫及城隍庙,男妇骑屋危号呼者相闻。县令刘公希洙急出库银募舟子绕屋救之,日不暇给,江南北岸弁各乡村落,共坏民居万余间,田二顷八亩有奇,地三顷三十亩有奇,计淹死者名姓者三百六十八人,余不可计数(图 1-65b)[260]。

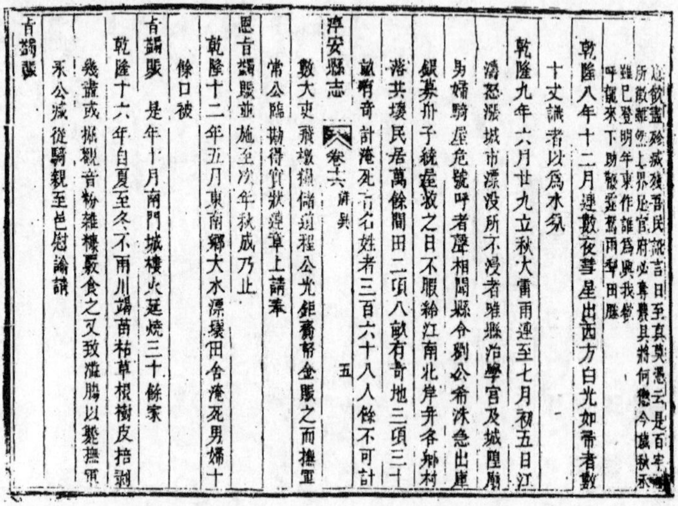

图 1-65(b)　清光绪十年《淳安县志·卷十六　祥异》记载乾隆九年洪灾

严州(今桐庐县):方楘如《严州救灾图序》:今上御极之九年秋,大水,严郡五邑一所罹其灾,而建德、淳安为甚,淳安又甚焉。盖郡接新安江,上游与歙州趾错,十丈蛟翻,难始于歙。而新安江形束壤制,无所发其怒,则横肆旁击。凡居民缘江而近者,夜半蛩

260　淳安县志·卷十六　祥异.清光绪十年.

移，包庐舍，被坟椁，决田亩，坏祠庙，挟之而走，尸骸撑拄，人鬼杂糅，放溜如凫鹭，蔽江而下，环数百里无际。微闻水中有呜咽声，而不可没振。时七夕前数夕也。顾念灾虽甚特，郡之偏邑耳，其在浙西东，如黑子之著面，回视数年以往淮阳间情形，差有间，然疑无足过廑震衷者。然乃飞章一达，巽命遄申，绘图不待于监门，矫节无烦于长孺。大启帑庾，假之便宜，方维大臣思所以称上德意，则又布为章程，度室而乞之缗钱，结口而赋之廪粟。恐赘聚也，则分里而授之，恐守株也，则期会以要之，恐中饱也，则遣干吏监临之，恐诡请也，则严保甲识别之。始而啖之糜，则鱼不索于枯肆矣。继而给之种，则田不卒于污莱矣。而又有百堵之作，则丁壮得以力食矣。而又有一月之展，则来牟得以续生矣。拯溺者濡，至纤至悉，凡富郑公青州之所行，赵清献越州之所议，变而通之，一切具举卒之，沮洳既去，逾年而麦与禾俱大有秋，以生以养，渐还旧观。《传》所云“阳感天不旋日”者，此也。往者康熙壬戌己卯间，水厄，尝两见告矣。刻其涨痕所至，较今兹什不及二三，而按之故志，亦无有然，则事异变而成功大，例之太史所录，固当特书。而以区区郡邑之偏灾，靡金钱至六万二千三百三十缗有奇，庾米至二万八千一百十三斛有奇。湛恩汪濊，未有前比。而自督抚监司，下逮诸守吏，星往星还，不遑启处，惟恐一夫内沟、上负天子者，吾侪小人沐浴膏泽，歌咏勤苦，宁可忘所自邪？是用条举件击，摹画之而联为巨轴。盖痛定而思当痛，姑以志其崖略而已。若乃圣主贤臣，经纬密勿之妙，则固所谓一点灵台丹青莫状也。谨叙(方楘如，康熙四十五年(1706)考中进士。乾隆二年(1737)，以经学被推举，钦召纂修三礼)[261]。

〈8〉**衢州市　常山县**：九年七月，洪水暴涨，伤人无数[262]。

261　淳安县志・卷九　人物志一　忠义　名臣　武功　循吏.清光绪十年.

262　常山县志编纂委员会.常山县志・第二编　自然环境・第六章　自然灾害.杭州：浙江人民出版社，1990：119.

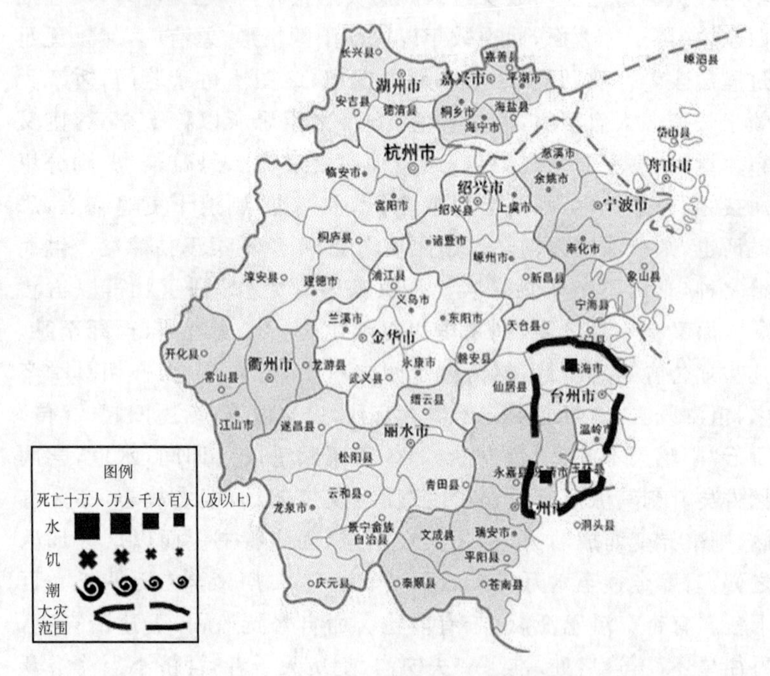

图 1-66　1790 年浙江省大灾分布图

评价:浙东南。大灾点连贯性好。“洪潮上路,毁房淹禾”,估计有风暴潮参与。死亡人数为数百人(图 1-66)。

灾种:洪涝。

资料条数:1 条。

〈3〉**温州市　乐清县(今乐清市)、玉环县(今属台州市)、临海县(仅临海市,属台州市)**:清乾隆五十五年(1790 年)六月十四日,乐清、玉环、临海大水,洪潮上路,毁房淹禾,死者甚众[263]。

263　温克刚.中国气象灾害大典·浙江卷·第二章　暴雨、洪涝.北京:气象出版社,2006:90.

1800 年

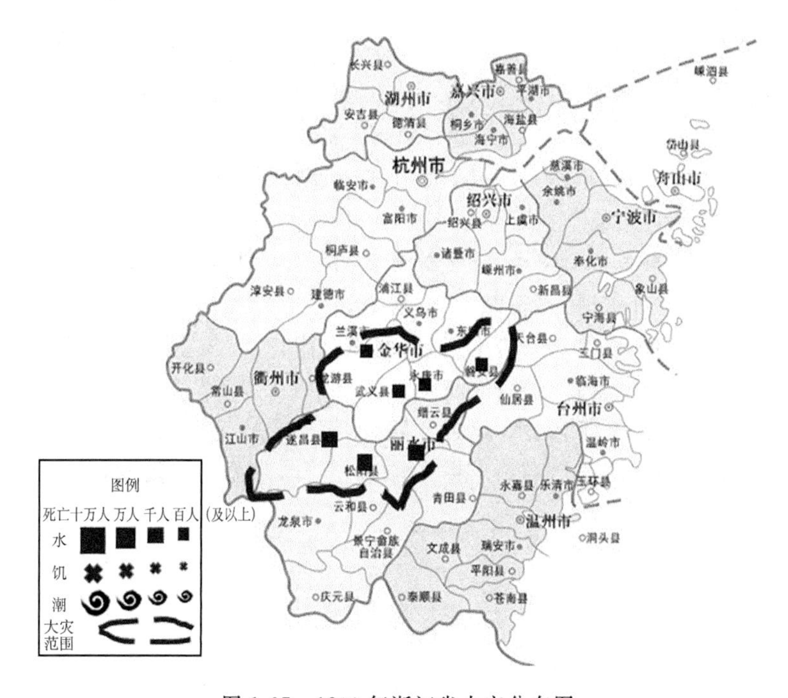

图 1-67　1800 年浙江省大灾分布图

评价:浙西、浙中。大灾点连贯性强。内陆水灾,“蛟水陡发”,山水骤发,突发性很强。死亡人数为数千人(图 1-67)。

灾种:洪涝。

资料条数:7 条。

〈7〉**金华市　金华县(今婺城区)**:清嘉庆五年(1800 年)六月二十三日,大雨三日,山崩蜃出,漂田庐丁口无算,通远门外永镇浮图倾时民避水其上尽毙[264]。

永康县(今永康市):五年夏六月癸卯甲辰大雨,蛟水陡发,漂没田庐,近水居民溺死者无数[264]。

武义县:五年六月二十三日大水,沿熟溪居民尽被漂没。徐仁美捐财掩埋尸体二百余具,商人曹墀等施食,典商王治成捐布衣三百余套[265]。

磐安县:五年六月下旬,大雨,蛟水陡发,漂没田庐无数,近水居民溺死者无数[266]。

〈11〉**丽水市　丽水县(今莲都区)**:五年六月廿三日大水,船逾城入,越二日水退,死者以千计,册报坏田五千五百余亩[267]。

遂昌县:五年六月二十三日,丽水大雨,舟行城上,坏田地五十五顷多。二十七日,遂昌北乡陡发水,前后漂没人口数千[268]。

松阳县:五年,大水,舟可入城,漂没庐舍庙宇无数(按:是年六月二十三日,洪水自遂昌东乡来,二十五日,内孟山水复发,漂尸无数)。[269]

---

264 上海、江苏、安徽、浙江、江西、福建省(市)气象局,中央气象局研究所.华东地区近五百年气候历史资料,1978:4.151.

265 武义县志编纂委员会.武义县志·大事记.杭州:浙江人民出版社,1990:13.

266 磐安县志编纂委员会.磐安县志·卷二　自然环境·灾害.杭州:浙江人民出版社,1993:70.

267 丽水市志编纂委员会.丽水市志·大事记.杭州:浙江人民出版社,1994:7.

268 丽水市志编纂委员会.丽水市志·第二编　自然环境·第七章　自然灾害.杭州:浙江人民出版社,1994.

269 松阳县志编纂委员会.松阳县志·第二篇　自然环境·第三章　气候.杭州:浙江人民出版社,1996:46.

图 1-68(a) 1820 年浙江省大灾分布图

评价:浙东至浙中。大灾点连贯性好。诗曰“浮尸多于鲫”很形象,形容浮尸比鲫鱼还要多。死亡人数为近千人(图 1-68a)。

灾种:洪涝、饥荒、瘟疫。

资料条数:8 条。

〈2〉**宁波市 慈溪县(今慈溪市)**:清嘉庆二十五年(1820 年),大疫,霍乱吐泻,脚筋顿缩,吊脚痧,死者无数[270]。

〈3〉**温州市 乐清县(今乐清市)**:二十五年八月,大疫时,患霍

270 慈溪市地方志编纂委员会.慈溪县志·第三编 自然环境·第八章 自然灾害.杭州:浙江人民出版社,1992:145-163.

乱转筋之病，犯者顷刻死，苦泣之声几遍里巷[271]。

平阳县：二十五年庚辰六月，哈密。七月，飓风、大水。岁大饥、疫疠并作，民取山中石粉食之，皆胀懑死(图 1-68b)[272]。

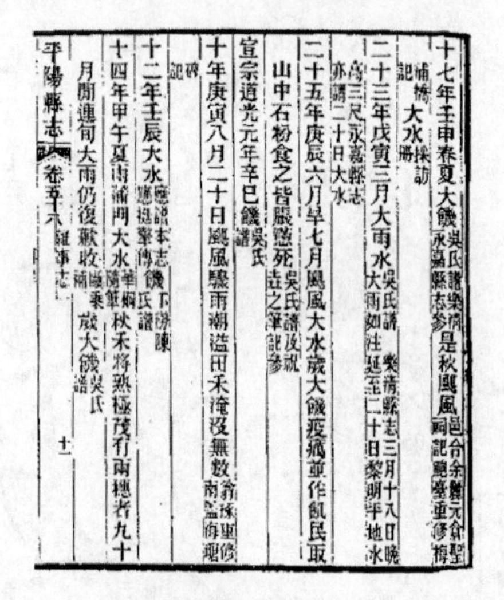

十七年壬申春夏大饑吳氏譜永嘉縣志參是秋颶風

補橋記 大水採訪冊

二十三年戊寅三月大雨水吳氏譜大雨如注延至二十日黎明平地水樂清縣志三月十八日晚

高三尺永嘉縣志亦謂二十日大水

二十五年庚辰六月旱七月颶風大水歲大饑疫癘並作飢民取

山中石粉食之皆腹脹死吳氏譜及祝壵之筆記參

宣宗道光元年辛巳饑吳氏譜

十年庚寅八月二十日颶風驟雨潮溢田禾淹沒無數

記

十二年壬辰大水

十四年甲午夏雨潮門大水秋禾將熟極茂有兩穗者九十

月間連旬大雨仍復歉收歲大饑吳氏譜

平陽縣志 卷五十六 祥異志 十一

图 1-68(b) 民国十四年《平阳县志·卷五十六 祥异》记载嘉庆二十五年饥荒

〈7〉**金华市 东阳县(今东阳市)**：二十五年，自五月不雨至七月，禾苗焦枯，玉山乡尤甚，民多剥树皮，掘观音土作饼饵食，饿殍无算[271]。

磐安县：二十五年五月至七月不雨，禾苗枯萎，贫民剥树皮，挖“观音土”以食，流离他徙，死于道路者无数[273]。

---

271 上海、江苏、安徽、浙江、江西、福建省(市)气象局，中央气象局研究所. 华东地区近五百年气候历史资料，1978：4. 152，208.

272 平阳县志·卷五十六 祥异. 民国十四年.

273 磐安县志编纂委员会. 磐安县志·卷二 自然环境·灾害. 杭州：浙江人民出版社，1993：67.

浦江县:二十五年九月,又大水,有诗称“浮尸多于鲫”。[274]。

〈10〉**台州市 玉环厅(今玉环县)**:二十五年,玉环厅大风雨。秋,临海大水,溺死甚众(光绪《玉环厅志》卷一四、《临海县志》)。

临海县:二十五年夏旱,秋大水,溺死甚众[275]。

1823 年

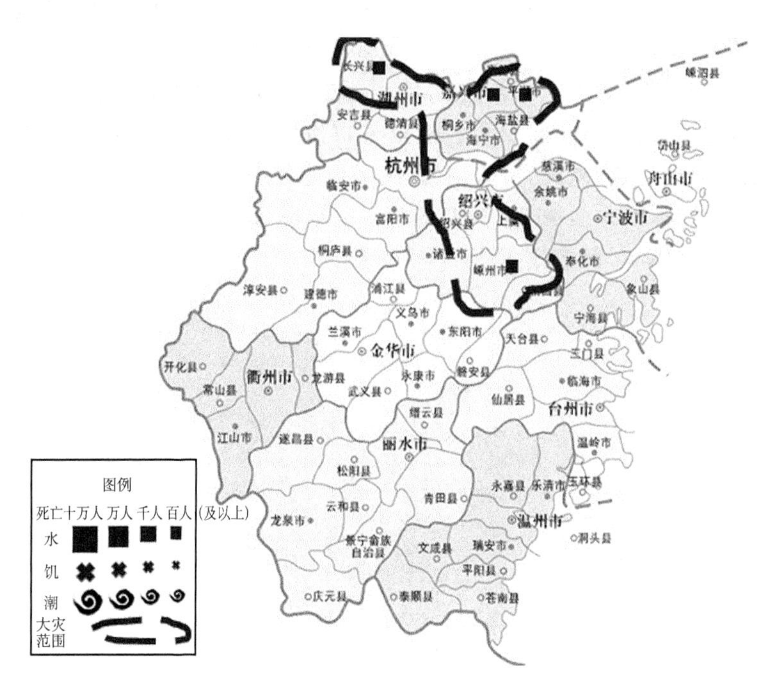

图 1-69(a) 1823 年浙江省大灾分布图

274 浦江县志编纂委员会.浦江县志·第二编 自然环境·第六章 灾异.杭州:浙江人民出版社,1990:92.

275 临海县志编纂委员会.临海县志·第三编 自然地理·第八章 自然灾害.杭州:浙江人民出版社,1989:153.

评价:浙北。大灾点连贯性好。“水复顷涨数尺”,“比1769年高三尺”,水位高,是此次灾害的特点。死亡人数为数百人(图1-69a)。

灾种:洪涝。

资料条数:4条。

〈4〉**嘉兴市　杭、嘉、湖、苏、松、常、镇等州25县:**清道光三年(1823年)三月至十月,比1769年高三尺,南浔平地水深数尺,鲍家坝决禾淹无遗,桥尽坏,房舍倒,斗米六百钱,大饥,溺死者众[276]。

平湖县(今平湖市):三年,石门泾雨自三月至五月不止,平地水深数尺,禾苗淹没,房屋倒塌,民多溺死,大饥[277]。

〈5〉**湖州市　长兴县:**三年七月初二日,大风骤雨,水复顷涨数尺,圩田仅存者皆没,太湖水溢至冬初始平。遍及太湖流域,平地水深数尺,禾苗淹没,房屋倒塌,民多溺死[278]。

〈6〉**绍兴市　嵊县(今嵊州市):**三年癸未,自四月阴雨至于九月,禾稼不实,民多饿死(图1-69b)[279]。

276　嘉兴市志编纂委员会.嘉兴市志(上册)·第四篇　自然环境·自然灾异.北京:中国书籍出版社,1997:318.

277　桐乡市桐乡县志编纂委员会.桐乡县志·第二编　自然环境·第五章　自然灾害.上海:上海书店出版社,1996:138.

278　长兴县志编纂委员会.长兴县志·第二卷　自然环境·第七章　自然灾害.上海:上海人民出版社,1992:110.

279　嵊县志·卷三十一　杂志·祥异.民国二十年.

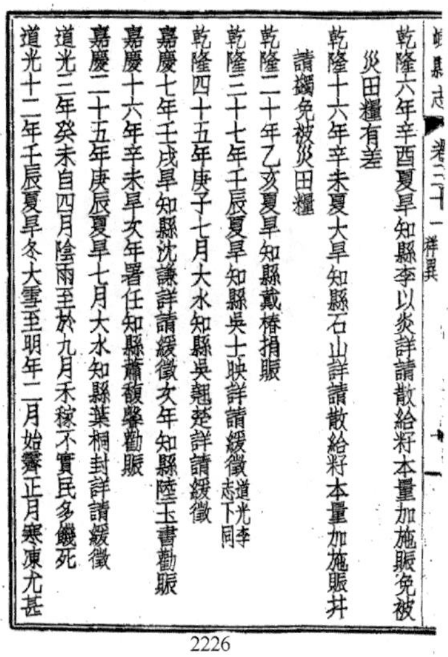

嵊縣志 卷三十一 祥異

乾隆六年辛酉夏旱知縣李以炎詳請散給籽本量加施賑免被災田糧有差

乾隆十六年辛未夏大旱知縣石山詳請散給籽本量加施賑并請蠲免被災田糧

乾隆二十年乙亥夏旱知縣戴椿捐賑

乾隆二十七年壬辰夏旱知縣吳士映詳請緩徵道光李志下同

乾隆四十五年庚子七月大水知縣吳魁楚詳請緩徵

嘉慶七年壬戌旱知縣沈謙詳請緩徵次年知縣陸玉書勸賑

嘉慶十六年辛未旱次年署任知縣蕭馥馨勸賑

嘉慶二十五年庚辰夏旱七月大水知縣葉桐封詳請緩徵

道光三年癸未自四月陰雨至於九月禾稼不實民多饑死

道光十二年壬辰夏旱冬大雪至明年二月始霽正月寒凍尤甚

2226

图 1-69(b) 民国二十年《嵊县志・卷三十一 杂志・祥异》记载道光三年饥荒

1849 年

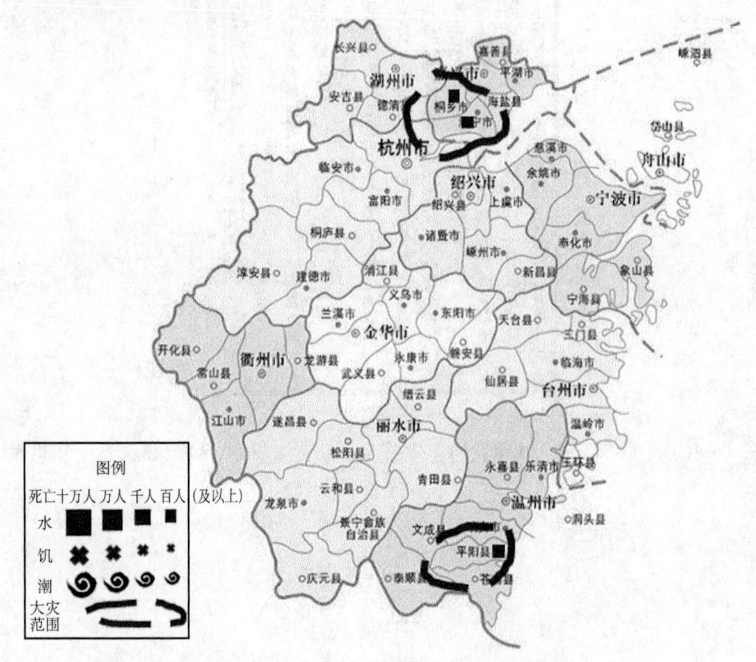

图 1-70(a)　1849 年浙江省大灾分布图

评价:浙北、浙南。大灾点连贯性好。“平地水深数尺”,“数百里一片波涛”,后果是“浮尸累累”。死亡人数为近千人(图 1-70a)。

灾种:洪涝。

资料条数:3 条。

〈3〉**温州市　平阳县:**清道光二十九年(1849 年)己酉五月初二日,蒲门乡雷雨,山水骤发,平地丈余,人物漂没,坝崩,水退,各处尸骸、衣物堆积树巅(图 1-70b)[280]。

280　平阳县志·卷五十六　祥异.民国十四年.

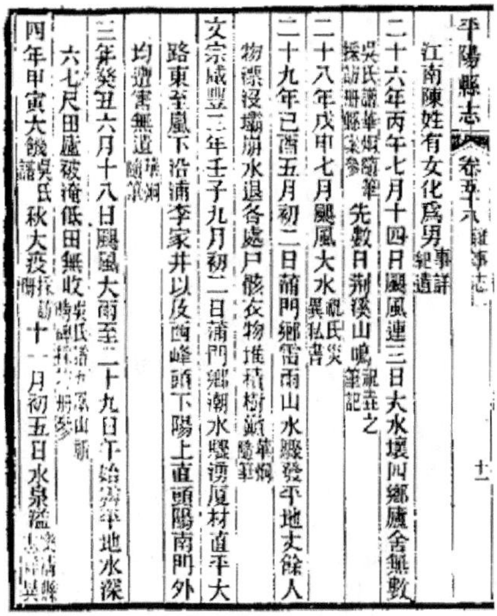

图 1-70(b)　民国十四年《平阳县志·卷五十六　祥异》记载道光二十九年洪灾

〈4〉**嘉兴市　崇德县(今桐乡市)**:清道光二十九年四月至五月,水位比 1823 年高三尺,崇德平地水深数尺,东坝决,数百里一片波涛,田禾淹无存,房屋尽塌,斗米六百九十钱,饥荒,浮尸累累[281]。

海宁县(今海宁市):二十九年五月,大雨弥月,洪水猛涨,势成泽国。至六月,始渐退。是年饥,斗米几及千钱,诏缓田赋。知州奏称:“平时舟行河中,今则船摇宅上。农室尽坍,市店闭歇。浮尸累累,哀鸿嗷嗷。”[282]

281　嘉兴市志编纂委员会.嘉兴市志(上册)·第四篇　自然环境·自然灾异.北京:中国书籍出版社,1997:318.

282　海宁市建设志办公室.海宁建设志大事记(征求意见稿).2009.

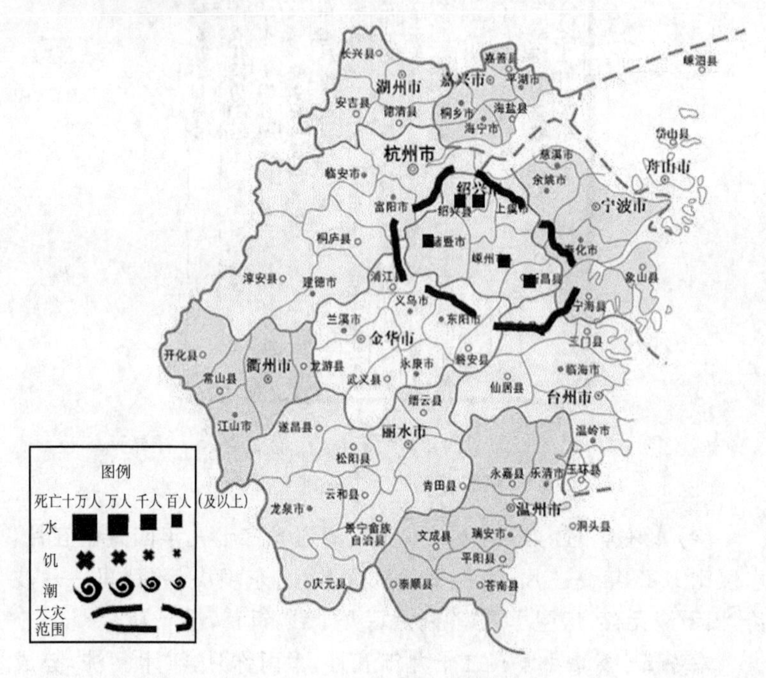

图 1-71　1850 年浙江省大灾分布图

评价:浙中偏北。大灾点连贯性好。“舟行城堞”,形象地表达出水位的高度。死亡人数为数百人(图 1-71)。

灾种:洪涝。

资料条数:2 条。

〈6〉**绍兴市　山阴县(今绍兴县)、会稽县(今越城区)**:清道光三十年(1850 年),“山阴、会稽等县天灾频仍,哀鸿遍野,官府赈济无策”[283]。

283　绍兴市地方志编纂委员会.绍兴市志·卷二十八　民政·第三章　救济扶贫.杭州:浙江人民出版社,1997:1691-1693.

诸暨(今诸暨市)、嵊县(今嵊州市)、新昌县：三十年八月，大风雨，诸暨蛟水大发，湖埂尽决，嵊县新昌发蛟，嵊县水涨数丈，舟行城堞上，庐舍人畜漂没无算[284]。

1868 年

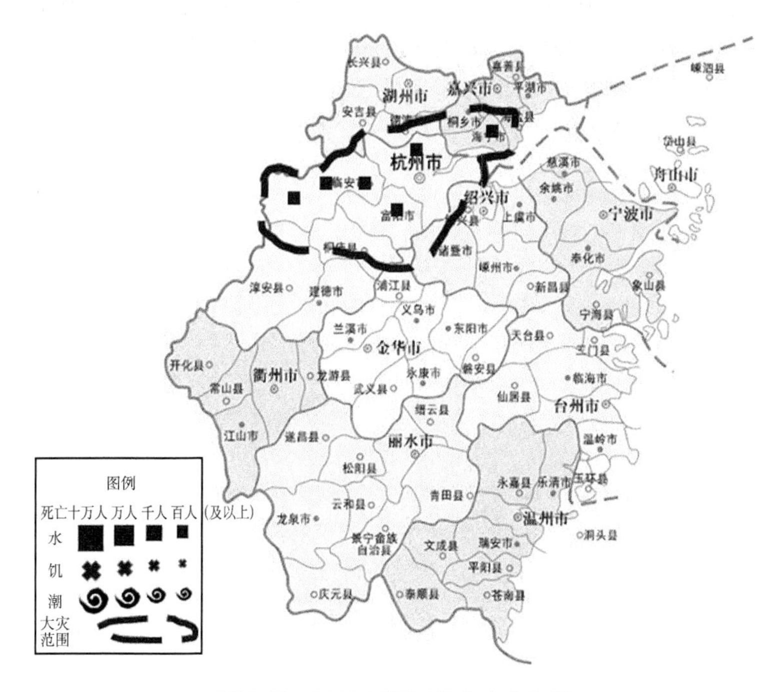

图 1-72　1868 年浙江省大灾分布图

评价：浙北。大灾点连贯性好。北东东向分布，县县相邻，密集度好。“水、旱、风暴”，数灾并列，结果是“田畴、房屋、人畜漂没”，干旱特征不明显。死亡人数为数百人(图 1-72)。

284　温克刚. 中国气象灾害大典·浙江卷·第一章　热带气旋. 北京：气象出版社，2006：28.

灾种:洪涝。

资料条数:2 条。

〈1〉**杭州市　富阳县(今富阳市)**:清同治七年(1868 年)九月,富阳水、旱、风暴。淹没田畴、房屋,人畜漂没,死亡无算[285]。

〈4〉**嘉兴市　海宁市(今海宁市)、富阳(今属杭州市)、余杭(今属杭州市)、临安(今属于杭州市)、於潜(今临安区於潜镇,今属杭州市)、昌化(今临安区昌化镇,今属杭州市)等县**:七年 9 月,海宁、富阳、余杭、临安、於潜、昌化等县水、旱、风暴,自然灾害严重,田畴、房屋、人畜漂没,死亡无算。景宁县大水,田禾几全被浸没,岚头至沈庄桥路全被冲塌[286]。

285　富阳市水利志编纂委员会. 富阳市水利志·大事记. 南京:河海大学出版社,2007:10.

286　浙江省政协文史资料委员会. 新编浙江百年大事记(1840—1949)。杭州:浙江人民出版社,1990:62.

图 1-73　1882 年浙江省大灾分布图

评价:浙西。大灾点连贯性较好。“龙山源浪起数丈”,属典型的山洪灾害特征。死亡人数为数百人(图 1-73)。

灾种:洪涝。

资料条数:2 条。

〈8〉**衢州市　开化县**:清光绪八年(1882 年)四月十三雨至五月初四大雨,南乡山多暴裂,浊水上喷不息,龙山源浪起数丈,田舍堤防冲塌甚多,桐村百余家反遗十分之一,漂没人以百计,存者露栖高处[287]。

龙游县:八年五月大水,朔日起至初四大雨不止,城中县前街湍急如河,房舍冲毁不知凡几,而东西两乡被灾者数十图,田庐淹没,人畜溺毙者不可胜计[287]。

图 1-74(a) 1901 年浙江省大灾分布图

评价:浙东、浙北。大灾点连贯性好。“大水过城高一尺上游”,城墙失去了防护功能。典型的“大水灌城”。死亡人数为数百

287 上海、江苏、安徽、浙江、江西、福建省(市)气象局,中央气象局研究所.华东地区近五百年气候历史资料,1978:4.157.

人(图 1-74a)。

灾种:洪涝、温疫。

资料条数:6 条。

〈1〉**杭州市　杭州**:清光绪二十七年(1901 年)五月,大水过城高一尺上流,漂没人畜、棺木无算。壶源各乡蛟水坏田庐(图1-74b)[288]。

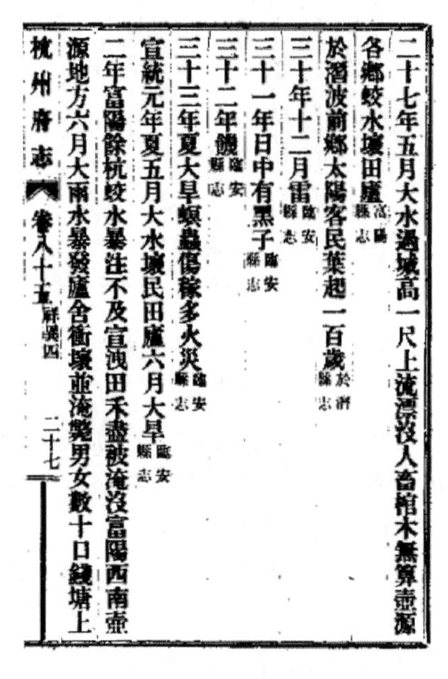
二十七年五月大水過城高一尺上流漂沒人畜棺木無算壺源
各鄉蛟水壞田廬富陽縣志
於潛波前鄉太陽客民葉起一百歲於潛縣志
三十年十二月雷臨安縣志
三十一年日中有黑子臨安縣志
三十二年饑臨安縣志
三十三年夏大旱螟蟲傷稼多火災臨安縣志
宣統元年夏五月大水壞民田廬六月大旱臨安縣志
二年富陽餘杭蛟水暴注不及宣洩田禾盡被淹沒富陽西南壺
源地方六月大雨水暴發廬舍衝壞並淹斃男女數十口錢塘上
杭州府志　卷八十五　祥異四　二十七

图 1-74(b)　清光绪十四年编纂、民国十一年铅字本
《杭州府志·卷八十五　祥异四》记载光绪二十七年洪灾

富阳县(今富阳市):二十七年五月,大水过城高一尺上流漂没人畜、棺木无算……,蛟水过处,桥梁尽毁。壶源各乡复发蛟水,坏田庐(图 1-74c)[289]。

288　杭州府志·卷八十五　祥异四．民国十一年铅字本．清光绪十四年．

289　富阳县志·卷十五　祥异．清光绪三十二年．

十八年十一月至十二月大寒多雪溪流皆冰
二十年甲午正月元旦日食元宵月食三月朔日又食
是年秋城中大火自周家衖起至西門止延燒緊鹽
鋪面百數十家
二十四年夏米價踊貴斗米須錢八百枚至秋收稍平
二十七年五月大水過城高一尺上流漂沒人畜棺木
無算富人皆藏錢掩埋標識之壺源各鄉復發蛟水壞
田廬 按咸同光三朝或由採訪或由目睹故記之較詳諺云天道遠人道邇古有蝗不害稼虎自渡河者
苟能禎承修省雖異不為災惟觀
人之治忽何如也以上皆新纂
論曰三代後風俗惟東漢最滔而東漢風俗之滔由於
富陽縣志 卷十五 祥異 三
1255

图 1-74(c) 清光绪三十二年《富阳县志·卷十五 祥异》记载光绪二十七年洪灾

寿昌县(今建德市):二十七年六月三日辰巳时大雨倾盆,霎时洪水陡发,平地水深六七尺,民间房屋多在水中,淹没者不可胜计,牛羊猪犬亦多漂去,申酉时水势即退[290]。

〈6〉**绍兴市 上虞县(今上虞市)**:二十七年,夏秋患疫者沿门阖户,死亡枕藉[291]。

〈10〉**台州市 临海县**:二十七年秋,临海大水,平地丈余,漂田庐,溺死无数(《临海县志》)。

临海县(今三门县):二十七年秋大水,平地水深丈余,田庐多漂没,溺死无数[292]。

---

290 建德县志编纂委员会.建德县志·第二编 地理·第六章 自然灾害.杭州:浙江人民出版社,1986:142.

291 上虞市志编纂委员会.上虞市志·第二十五篇 医药卫生·第三章 卫生保健.杭州:浙江人民出版社,2005:434.

292 三门县志编纂委员会.三门县志·第二编 自然环境·第三章 气候.杭州:浙江人民出版社,1992:105.

1910 年

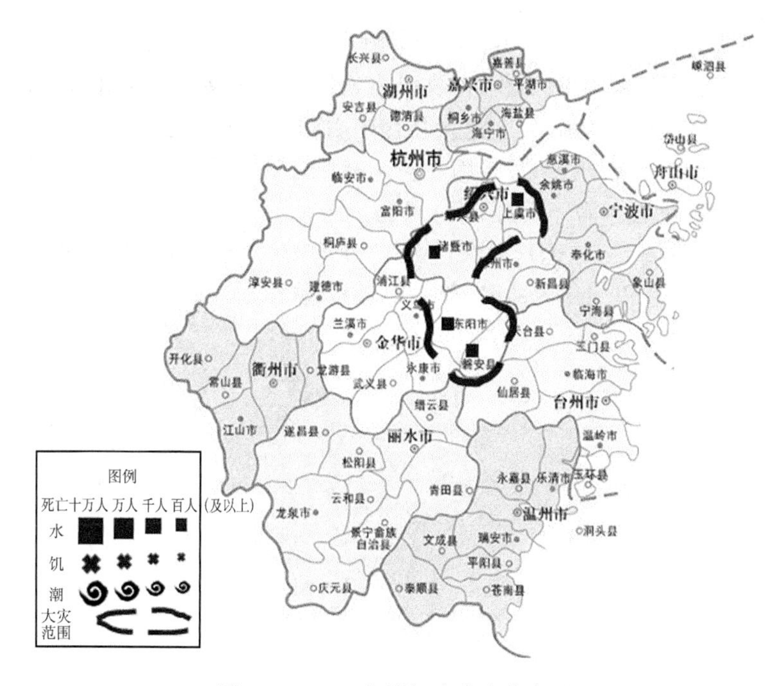

图 1-75　1910 年浙江省大灾分布图

评价:浙中。大灾点连贯性好。灾区呈东西向带状分布,西端向北延伸。死亡人数为五千余人(图 1-75)。

灾种:洪涝。

资料条数:4 条。

〈6〉**绍兴市　上虞县(今上虞市)**:清宣统二年(1910 年)六月,大雨如注,山洪暴发,曹娥江水势陡涨,冲坍田庐,淹毙人畜为数甚巨[293]。

293　上虞县志编纂委员会.上虞县志·第二篇　自然环境·第三章　气候.杭州:浙江人民出版社,1990:115.

诸暨县(今诸暨市):二年,诸暨大雨大水,过一天,东、南、北三乡湖田一片汪洋,沿江堤冲坍无遗,畜体人尸逐水漂流,庐墓桥梁冲坏不计其数[294]。

〈7〉**金华市　东阳县(今东阳市)**:二年正月大水。六月二十二日至二十四日,大雨如注,两江沿岸有全村覆没者;南马、歌山、山锦头石拱大桥冲坏;大水涌入县城瞻婺门,深数尺,至水门一带城垣冲坏,淹没田地无数,漂溺众多。七月初三前后,又大雨暴注,山洪猛发,冲毁田舍不可胜计[295]。

磐安县:二年正月大水,六月二十二日、二十三日,大雨如注,有不少村庄田地淹没冲毁,男女溺者甚众[296]。

---

294 温克刚.中国气象灾害大典・浙江卷・第一章　热带气旋.北京:气象出版社,2006:99.

295 东阳市志编纂委员会.东阳市志・卷三灾异・第二章　灾害纪略・第二节　水灾.上海:汉语大词典出版社,1993.

296 磐安县志编纂委员会.磐安县志・卷二　自然环境・灾害.杭州:浙江人民出版社,1993:70.

1922 年

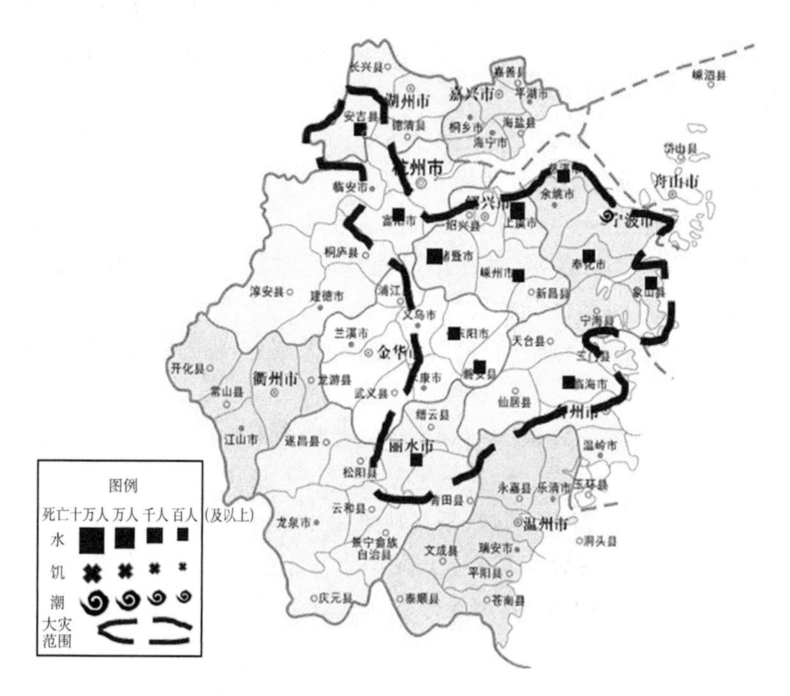

图 1-76(a) 1922 年浙江省大灾分布图

评价:浙中、浙东北。大灾点连贯性好。灾区呈东西向带状分布,西端向北延伸。死亡人数为五千余人(图 1-76a)。

灾种:洪涝、风暴潮。

资料条数:14 条。

〈1〉**杭州市 富阳县(今富阳市)**:民国十一年(1922 年),富阳县灾害之烈,罄竹难书,而尤以南乡之八、九两庄为甚。入夏以来,始则亢旱,田地尽成焦土,继则淫雨为患,低洼田禾淹没殆塍三四年岁。讵料,八月三十日至九月一日两昼夜,狂风暴雨,裂山倒屋,早晚田禾,冲没无遗,人畜压毙,哭声震天,野外积尸,触目皆是,男女老幼,失衣失食[297]。

〈2〉**宁波市　宁波各县**:民国十一年(1922年)八月三十一日至九月二日,台风大潮,宁波各县共淹死479人,毁房6万余间,灾民14万。象山六、七月大风雨为灾,坏县署及居民无算;奉化淹田地15万亩,死297人[298]。

奉化县(今奉化市):十一年6月14日,山洪暴发,受淹农田14.75万亩,死亡297人[299]。

象山县:十一年8月16日,台风登陆。县城东、南、西三门城楼尽摧,民房塌者甚多,禽畜漂没无算,古树古塔被毁。南田县署倒塌大半,乡间茅舍十之八九毁摧,死一百二十余人[300]。

慈溪县:十一年7月,狂风大雨,晚禾淹死,棉铃脱落,漂庐溺民无数[301]。

〈5〉**湖州市　安吉、孝丰县(今安吉县孝丰镇)**:十一年8月30日—9月1日,安吉、孝丰连续暴雨,洪水泛滥,梅溪水位高达10.12米。两县河堤、塘坝、桥梁冲毁殆尽,淹死百余人[302]。

孝丰县(今安吉县孝丰镇):民国十一年夏、秋,两次大水,山水连发。安吉城门上闸,水涨至于城墙齐高。孝丰一县淹死百余人,稻收四五成[303]。

---

297 富阳县地方志编纂委员会.富阳县志·第二编　自然环境·第七章　自然灾害.杭州:浙江人民出版社,1993:151.

298 宁波气象志编纂委员会.宁波气象志·第二章　气象灾害·附:气象灾害年表.北京:气象出版社,2001:103.

299 奉化市志编纂委员会.奉化市志·大事记.北京:中华书局,1994:16.

300 象山县志编纂委员会.象山县志·大事记.杭州:浙江人民出版社,1998:10.

301 慈溪市地方志编纂委员会.慈溪县志·第三编　自然环境·第八章　自然灾害.杭州:浙江人民出版社,1992:145-163.

302 湖州市地方志编纂委员会.湖州市志(上卷)·大事记.北京:昆仑出版社,1999:24.

303 湖州市地方志编纂委员会.湖州市志(上卷)·第三卷　自然环境·第七章　自然灾害录.北京:昆仑出版社,1999:218.

〈6〉**绍兴市**　**嵊县(今嵊州市)**：十一年，连遭水患 7 次，死者无数，赤贫者 8.9 万人[304]。

诸暨县(今诸暨市)：十一年 8—9 月，全县连续遭受 4 次台风、3 次洪水侵袭。冲毁堤防 20 多千米，倒湖 69 个，淹没农田 74.8 万亩，毁房 3 万余间，溺死及失踪 4000 余人[305]。

诸暨县(今诸暨市)、上虞县(今上虞市)：十一年，诸暨、上虞，7 月29 日和 9 月 3 日两次受水灾，灾情极重，枕藉城关进水，死亡、失踪近 5000 人，重伤 2700 人，农田受淹 74 万亩(图 1-76b)[306]。

图 1-76(b)　1922 年 8 月 6、12、30 日和 9 月 2 日，上虞县连续 4 次大水，尤以第 3 次为大，章镇、蒿坝、梁湖等地，平地水深 2 丈左右，其中章镇尤甚。有 105 个村、7426 户被淹，被淹农田 7.6 万亩，冲毁堤埂 3000 余丈[307]

304　嵊县志编纂委员会. 嵊县志・第十六编　民政　劳动　人事・第二章　救济扶持. 杭州：浙江人民出版社，1989：393-394.

305　诸暨县地方志编纂委员会. 诸暨县志・大事记. 杭州：浙江人民出版社，1993：14.

306　温克刚. 中国气象灾害大典・浙江卷・第一章　热带气旋. 北京：气象出版社，2006：101.

307　上虞县志编纂委员会. 上虞县志・第二篇　自然环境・第三章　气候. 杭州：浙江人民出版社，1990：116.

〈7〉**金华市　东阳县(今东阳市)**:十一年8月6日、8月13日、8月31日,飓风大雨,洪水猛发。南江岩下段最高水位96.3米、洪峰流量4180立方米/秒,溺死555人,塌房1.9万余间,坏房2.68万余间,冲毁田地七千六百余亩,桥梁堤岸毁坏无数[308]。

磐安县:十一年六月十四,飓风大雨,洪水大发,二十一日如故,全县成灾,为近百年最大水灾,共溺死五百五十五人,塌房一万九千余间,坏房两万六千八百余间,冲毁田地七千六百余亩,桥梁堤岸无数[309]。

〈10〉**台州市　临海县(今临海市)**:十一年8月13日,大水,临海城平地水深丈余,东西北三乡漂去人畜无数,居民乘船登城避难,中津桥南岸尉司漂去48家,仅余小姐头徐姓小楼3间[310]。

〈11〉**丽水市　丽水县(今莲都区)**:十一年六月,大雨兼旬,溪水泛滥,漂没田庐,水退积尸遍野[311]。

---

308 东阳市志编纂委员会.东阳市志·卷三灾异·第二章　灾害纪略·第二节　水灾.上海:汉语大词典出版社,1993.

309 磐安县志编纂委员会.磐安县志·卷二　自然环境·灾害.杭州:浙江人民出版社,1993:70.

310 台州市气象局气象志编纂委员会.台州市气象志·第九章　历代灾异.北京:气象出版社,1998:120.

311 上海、江苏、安徽、浙江、江西、福建省(市)气象局,中央气象局研究所.华东地区近五百年气候历史资料,1978:4.197.

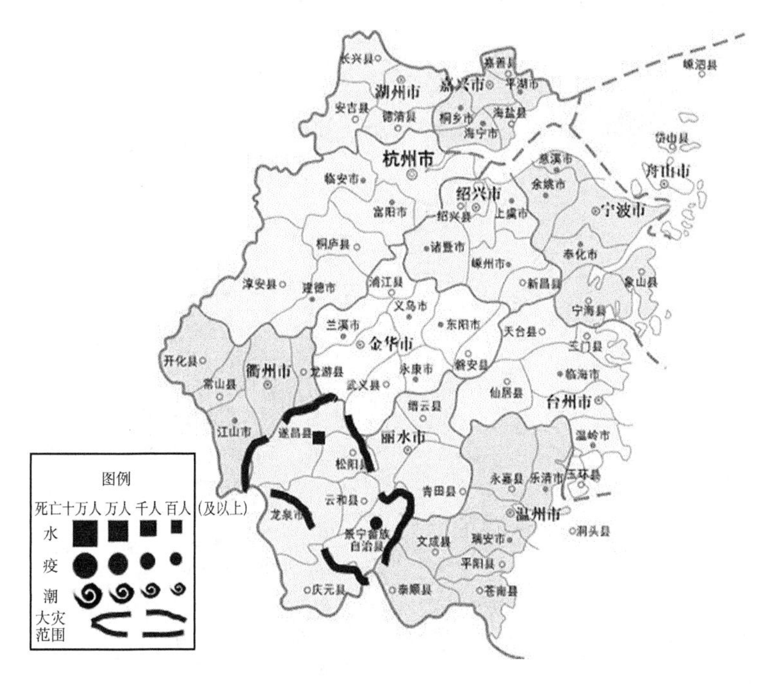

图 1-77　1935 年浙江省大灾分布图

评价:浙西南。大灾点连贯性较好。“淫雨连绵,山洪暴发”,冲毁人畜无数。鼠疫为输入性的。死亡人数为数百人(图 1-77)。

灾种:洪涝、瘟疫。

资料条数:2 条。

〈11〉**丽水市　景宁县(今景宁畲族自治县):**民国二十四年(1935 年)7 月,莲川、小地、黄水坑 3 村发生输入性鼠疫,发病 141 例,死亡 130 人[312]。

312　景宁畲族自治县志编纂委员会.景宁畲族自治县志・第二编　自然环境・第七章　灾异.杭州市:浙江人民出版社,1995:85.

遂昌县:6 月下旬,淫雨连绵,山洪暴发,河水猛涨,田禾、房屋、人畜被冲没不知其数,水灾面积 490 平方千米,被淹没田地 3 万亩,减产三成以上[313]。

1999 年

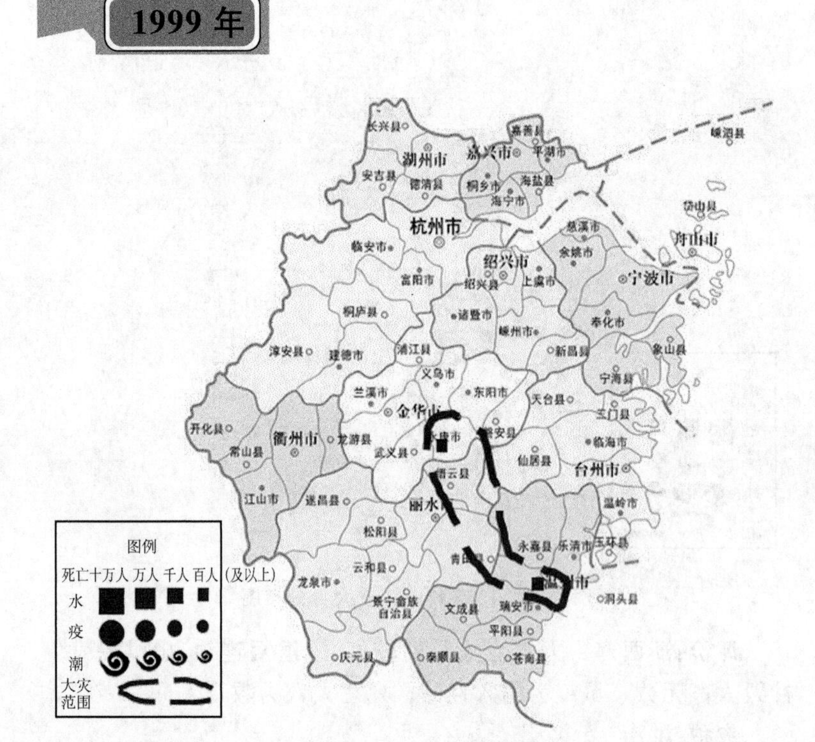

图 1-78　1999 年浙江省大灾分布图

评价:浙东南。大灾点连贯性较好。受热带风暴影响,丰沛的降雨创造了纪录,短历时暴雨强度为当时全国实测记录第三位。死亡人数为 246 人,失踪 13 人(图 1-78)。

313　遂昌县志编纂委员会.遂昌县志·第二卷　自然环境·第四章　气候.杭州:浙江人民出版社,1996:133.

灾种:洪涝。

资料条数:2条。

〈3〉**温州市 温州市**:1999年9月4日受9909号热带风暴外围热带云团影响,温州市区3小时降雨达到343毫米,日降水量达403.8毫米,全市平均过程雨量120.1毫米,最大过程雨量441毫米(仰义),短时的强降水造成瞿溪镇上游一水库垮坝,导致全镇被洪水淹没,全市受灾人数302万人,死亡149人,受灾农田110万亩,粮食损失163百万斤*,直接经济损失29亿元[314]。

〈7〉**金华市 永康县(今永康市)**:1999年9月4日县境遭受历史上罕见的突发性局部特大暴雨,上塘雨量站一小时降雨量105.9毫米,其附近的上塘气象台测站一小时降雨达到123.8毫米,3小时暴雨强度(6—9时)268.7毫米,短历时暴雨强度为当时全国实测记录第三位。县城洪水位8.74米,淹深达2～3米,是永嘉在上塘建县以来的最高水位,该次山洪暴发直接导致两座小型水库垮坝,死亡97人,失踪13人,受伤726人,倒塌民房13200间,损坏民房4.3万间,农作物受灾面积16.5万亩,成灾10万亩。是1949年以来洪涝灾害死亡人数最多的一次,全县直接经济损失12.43亿元,占当年国内生产总值的21.4%[315]。

---

* 1斤=0.5千克,下同.

314 温州市气象局.温州市天气气候分析及防灾减灾建议.气象呈阅件第1期.2013年4月18日.

315 廖远三.永嘉县小流域暴雨特性及山洪灾害防御措施.温州水利网.2010年9月09日10:04.

第二章

风暴潮

浙江省风暴潮灾害中心区分布图(392—2015 年)

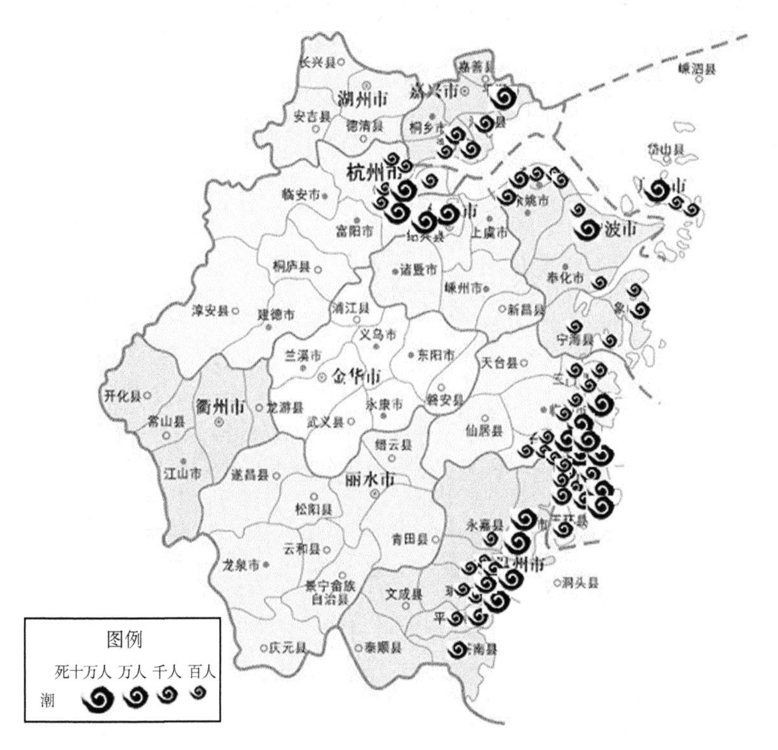

● 与浙江省洪水灾害中心区分布图有很大的不同,浙江省风暴潮中心区分布图显示,浙江省风暴潮集中发生在沿海地区。

● 台州市的风暴潮灾害最为密集,频次多;温州市其次;杭嘉湖地区排列第三;宁波、舟山名列最后。

● 死亡万人以上有 20 个年份,是洪水灾害 5 个年份的 4 倍。其中北宋 1 个:庆历五年(1045 年);南宋 2 个:乾道二年(1166 年)、绍定二年(1229 年);元代 1 个:至正十七年(1357 年);明代发生年份最多,共计有 9 个:天顺戊寅(二年,1458 年)、成化七年(1471 年)、成化八年(1472 年)、正德七年(1512 年)、嘉靖二十年(1541 年)、隆庆二年(1568 年)、万历三年(1575 年)、万历十九年

(1591 年)、崇祯元年(1628 年);清代 3 个:嘉庆二十年(1815 年)、咸丰四年(1854 年)、宣统三年(1911 年);民国 4 个:民国元年(1912 年)、民国四年(1915 年)、民国九年(1920 年)、民国十二年(1923 年)。

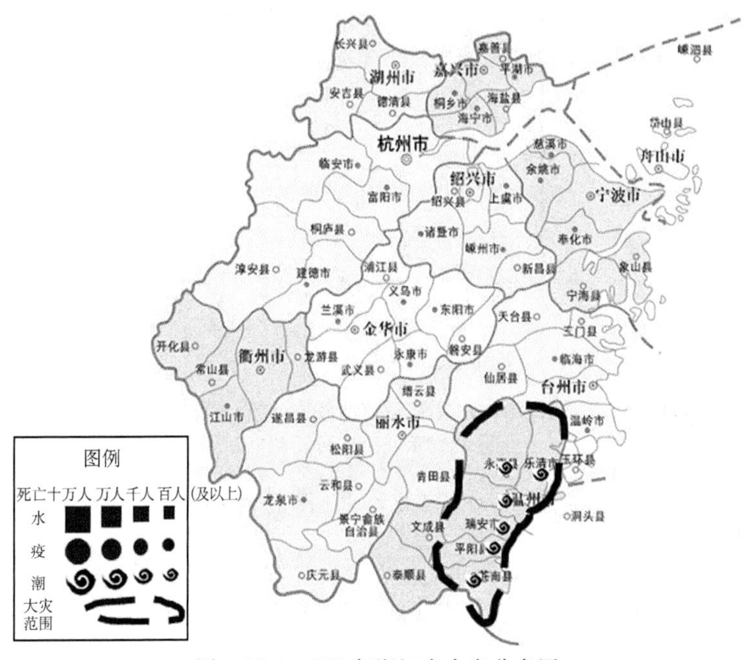

图 2-1(a) 392 年浙江省大灾分布图

评价:浙东南。大灾点连贯性好。乃迄今最早的风暴潮灾害图像。死亡人数为数百人(图 2-1a)。

灾种:风暴潮。

资料条数:7 条。

〈3〉**温州市　温州(今温州市):**东汉(晋)太元十七年(392 年),温州飓风、暴雨、海溢,人多死者(图 2-1b)[1]。

1　浙江通志·卷六十三　杂志　天文祥异.明嘉靖四十年.

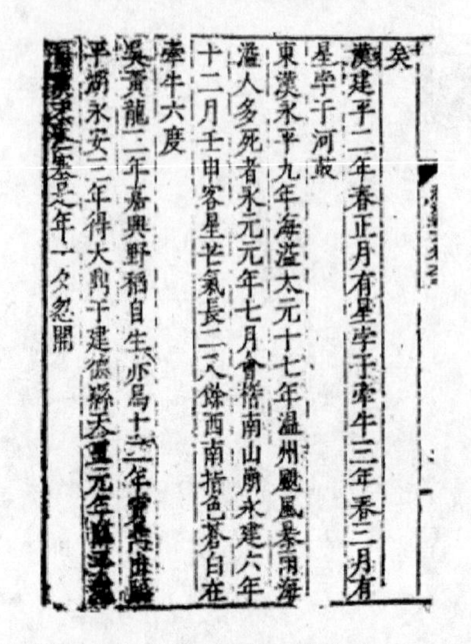

矣
漢建平二年春正月有星孛于牽牛三年春三月有
星孛于河鼓
東漢永平九年海溢太元十七年溫州颶風暴雨海
溢人多死者永元元年七月會稽南山崩永建六年
十二月壬申客星芒氣長二丈餘西南指色蒼白在
牽牛六度
吳黃龍二年嘉興野稻自生赤烏十二年[illegible]
平湖永安三年得大鼎于建德縣天璽元年[illegible]
[illegible]年一夕忽開

图 2-1(b)　明嘉靖四十年《浙江通志·卷六十三　杂志　天文祥异》记载太元十七年风暴潮

乐清县(今乐清市):十七年六月,飓风暴雨、洪涝海溢,人众溺死[2]。

永嘉、乐清、瑞安、温州:六月,飓风、暴雨、海溢,四县人多溺死[3](注:四县为永嘉、乐清、瑞安、温州县)(图 2-1c)。

2　乐清市水利水电局.乐清市水利志·大事记.开封:河南大学出版社,1998:4.

3　温州府志·卷之二十九　祥异.清乾隆庚辰.

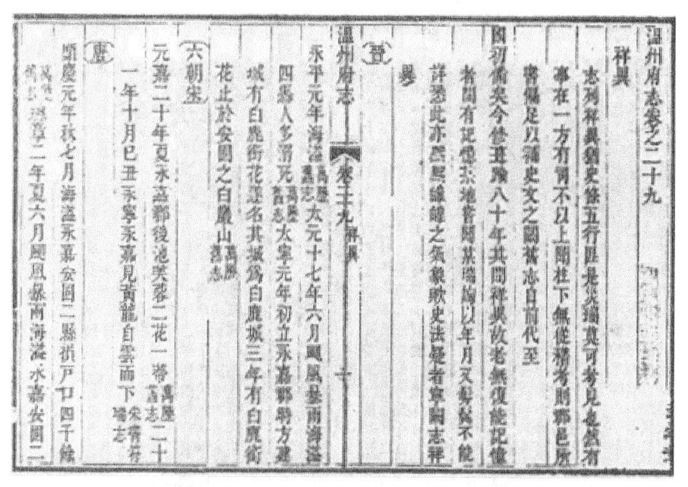

温州府志卷之二十九

祥異

志列祥異雖史條五行歷見災瑞莫可考見也然有
事在一方有關不以上聞柱下無從稽考則郡邑所
書偏足以補史文之闕舊志自前代至
國初備矣今修丑踰八十年其間祥異故老無復能記憶
者間有記載於地者詢其端倪以年月又類多不能
詳悉此亦農時據韓之氣象歟史法疑者彙附志祥
異

晉

永平元年海溢萬歷舊志太元十七年六月颶風暴雨海溢
四縣人多溺死萬歷舊志太寧元年初立永嘉郡時方建
城有白鹿銜花遊名其城爲白鹿城三年有白鹿銜
花止於安固之白巖山萬歷舊志

六朝宋

元嘉二十年夏永嘉郡後池芙蓉二花一蒂萬歷舊志二十
一年十月巳丑永寧永嘉見黃龍自雲而下宋書符瑞志

唐

顯慶元年秋七月海溢永嘉安固二縣損戶口四千餘
萬歷舊志寶應二年夏六月颶風暴雨海溢永嘉安固二

温州府志　卷二十九　祥異　十

图 2-1(c)　清乾隆庚辰《温州府志・卷之二十九　祥异》记载太元十七年风暴潮

十七年六月，飓风、暴雨、海溢，四县人多溺死(图 2-1d)[4]。

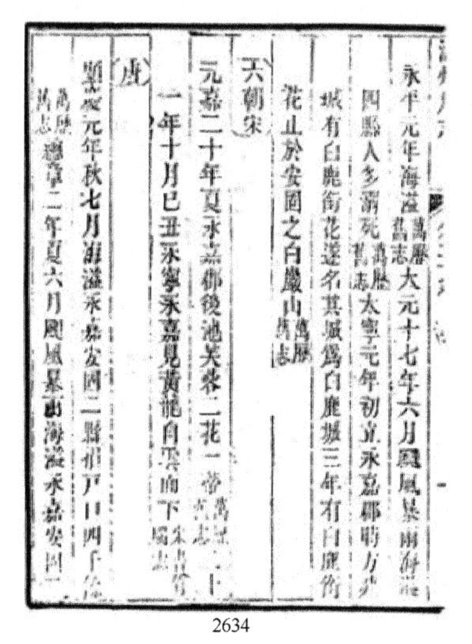

永平元年海溢萬歷舊志太元十七年六月颶風暴雨海溢
四縣人多溺死萬歷舊志太寧元年初立永嘉郡時方建
城有白鹿銜花遊名其城爲白鹿城三年有白鹿銜
花止於安固之白巖山萬歷舊志

六朝宋

元嘉二十年夏永嘉郡後池芙蓉二花一蒂萬歷舊志二十
一年十月巳丑永寧永嘉見黃龍自雲而下宋書符瑞志

唐

顯慶元年秋七月海溢永嘉安固二縣損戶口四千餘
萬歷舊志寶應二年夏六月颶風暴雨海溢永嘉安固二

2634

图 2-1(d)　清乾隆二十五年编纂、民国三年补刻版《温州府志・卷之二十九　祥异》记载太元十七年风暴潮

4　温州府志・卷之二十九　祥异. 民国三年补刻版. 清乾隆二十五年.

十七年六月，飓风、暴雨、海溢，四县人多溺死(图 2-1e)[5]。

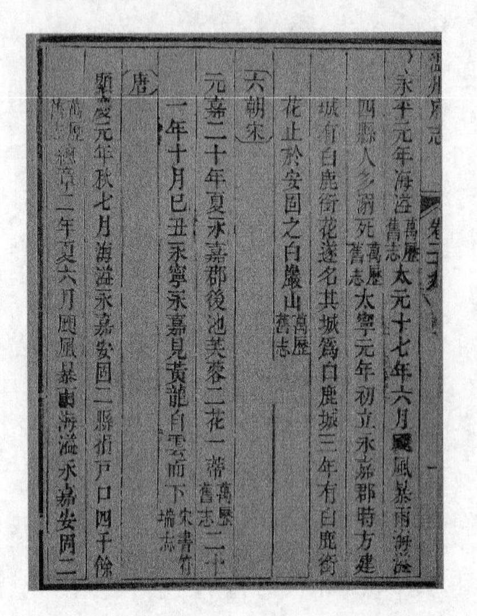

溫州府志

、永和元年海溢萬曆舊志太元十七年六月颶風暴雨海溢

四縣人多溺死萬曆舊志太寧元年初立永嘉郡時方建

城有白鹿銜花遂名其城為白鹿城三年有白鹿銜

花止於安固之白巖山萬曆舊志

六朝宋

元嘉二十年夏永嘉郡後池芙蓉二花一蒂萬曆舊志二十

一年十月巳丑永寧永嘉見黃龍自雲而下宋書符瑞志

唐

顯慶元年秋七月海溢永嘉安固二縣損戶口四千餘

萬曆舊志總章二年夏六月颶風暴雨海溢永嘉安固二

图 2-1(e)　清同治丙寅《温州府志・卷之二十九　祥异》记载太元十七年风暴潮

乐清县：十七年夏六月，飓风、暴雨、海溢，人多溺死[6]。

苍南县：十七年六月，飓风潮涌，人多溺死者[7]。

平阳县：太元壬辰六月，飓风、暴雨、海溢，人多溺死(图 2-1f)[8]。

5　温州府志・卷之二十九　祥异. 清同治丙寅.

6　乐清市地方志编纂委员会. 乐清县志・自然环境. 北京：中华书局，2000.

7　苍南县水利志编纂委员会. 苍南县水利志・概述. 北京：中华书局，1999：3.

8　平阳县志・灾祥. 隆庆五年：153.

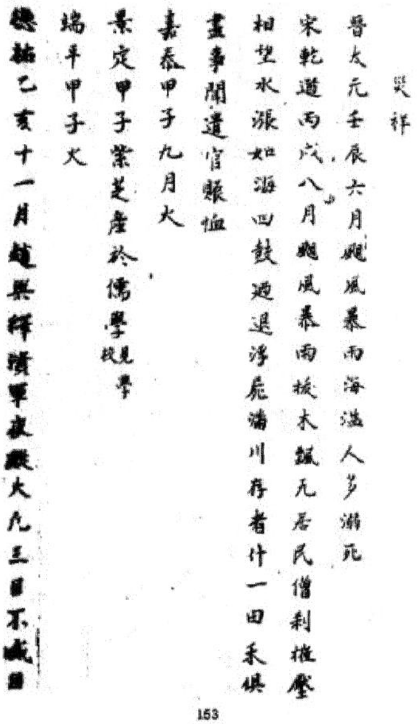

災祥
晉太元壬辰六月颶風暴雨海溢人多溺死
宋乾道丙戌八月颶風暴雨拔木飄瓦居民僧刹摧壓相望水漲如海四鼓逈退浮屍滿川存者什一田禾俱盡事聞遣官賑恤
嘉泰甲子九月大
景定甲子紫芝產於儒學
端平甲子大
德祐乙亥十一月趙興祥潰軍叛縱大火三日不滅
153

图 2-1(f)　明隆庆五年《平阳县志·灾祥》记载太元壬辰风暴潮

永宁(今永嘉县)、安固(今平阳县)、横阳(今瑞安市)、乐成县(今永嘉县):十七年六月大风雨,潮水倒灌。永宁、安固、横阳、乐成等近海 4 县,溺死者众多[9]。

永嘉县:十七年六月大风雨,潮水倒灌,永宁县近海处溺死者众多[10]。十七年六月,永嘉郡潮水涌起,近四县人多死者(图 2-1g)[11]。

9　温州市志编纂委员会,温州市志(上册)·大事记.北京:中华书局,1998:13.

10　永嘉县地方志编纂委员会.永嘉县志(上)·大事记.北京:方志出版社,2003:10.

11　永嘉县志·卷三十六　祥异.光绪.

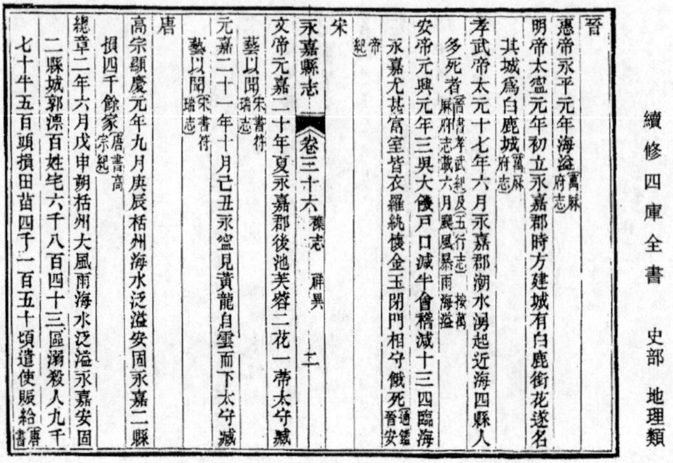

晉

惠帝永平元年海溢（萬歷府志）

明帝太寧元年初立永嘉郡時方建城有白鹿銜花遂名其城爲白鹿城（萬歷府志）

孝武帝太元十七年六月永嘉郡潮水湧起近海四縣人多死者（晉書孝武紀及五行志）按萬歷府志載六月颶風暴雨海溢

安帝元興元年三吳大饑戶口減半會稽減十三四臨海永嘉尤甚富室皆衣羅紈懷金玉閉門相守餓死（通鑑晉安帝紀）

宋

文帝元嘉二十年夏永嘉郡後池芙蓉二花一蒂太守臧藝以聞（宋書符瑞志）

元嘉二十一年十月己丑永寧見黃龍自雲而下太守臧藝以聞（宋書符瑞志）

唐

高宗顯慶元年九月庚辰括州海水泛溢安固永嘉二縣損四千餘家（唐書高宗紀）

總章二年六月戊申朔括州大風雨海水泛溢永嘉安固二縣城郭漂百姓宅六千八百四十三區溺殺人九千七十牛五百頭損田苗四千一百五十頃遣使賑給（唐書）

图 2-1(g)　光绪《永嘉县志·卷三十六　祥异》记载太元十七年风暴潮

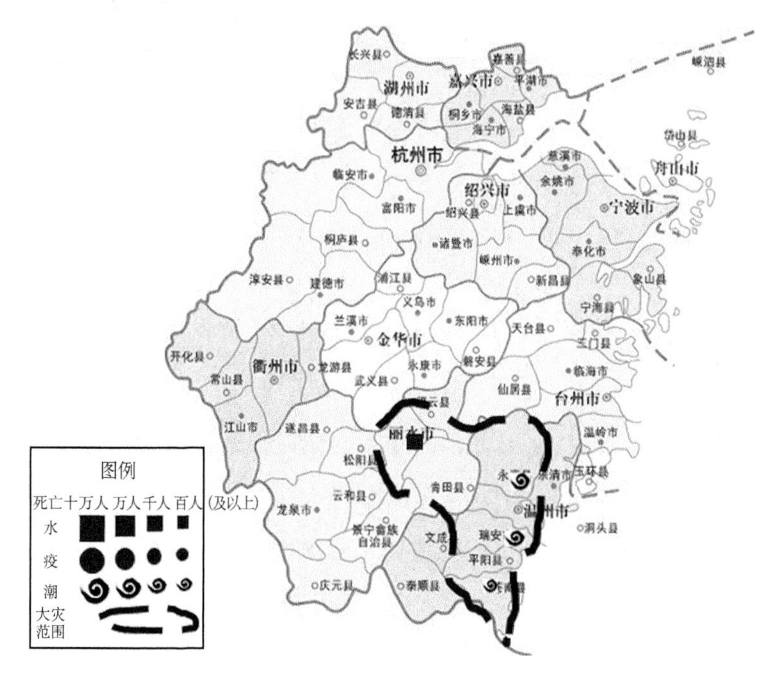

图 2-2(a)　656 年浙江省大灾分布图

评价:浙东南。大灾点连贯性好。《新唐书·五行志》记录热带风暴发生时间为九月，乾隆、同治《温州府志》记为七月，恐发生在七月的可能性大。风暴潮淹死 7000 多人(图 2-2a)。

灾种:风暴潮、洪水。

资料条数:5 条。

〈3〉**温州市　苍南县:**唐显庆元年(656 年)九月，海溢，损四千余家[12]。

永嘉、安固县(今瑞安市):元年九月，括州暴风雨海溢，坏永

12　苍南县水利志编纂委员会. 苍南县水利志·概述. 北京:中华书局，1999:3.

嘉、安固二县，损户口四千余。《新唐书·五行志》[13]元年秋七月，海溢，永嘉、安固二县损户口四千余(图 2-2b)[14]。

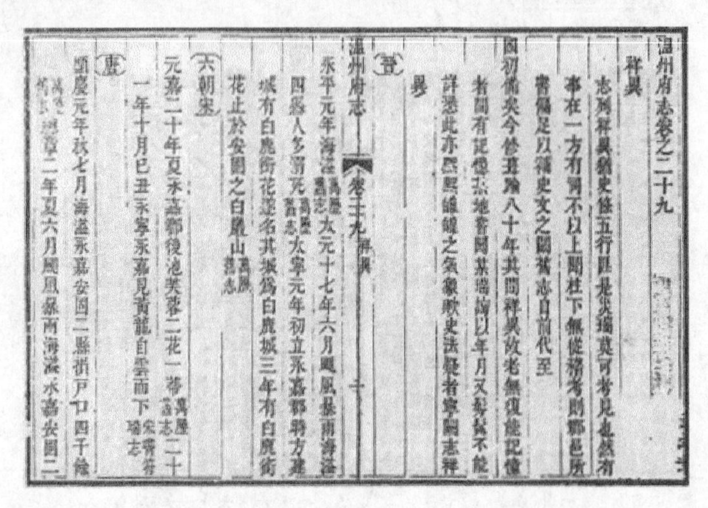
温州府志卷之二十九

祥異

志例祥異稱史條五行匪是災瑞莫可考見也然有
事在一方有關不以上聞柱下無從稽考則郡邑所
書倘足以補史文之闕舊志自前代至
國初備矣今修甫踰八十年其間祥異故老無復能記憶
者間有記憶亦地實間某瑞而以年月又參錯不能
詳悉此亦盛熙雍之氣象歟史法疑者寧闕志祥
異

(晉)

永平元年海溢(萬曆郡志)太元十七年六月颶風暴雨海溢
四縣人多溺死(萬曆郡志)太寧元年初立永嘉郡郡方建
城有白鹿銜花遂名其城為白鹿城三年有白鹿銜
花止於安固之白鹿山(萬曆郡志)

(六朝宋)

元嘉二十年夏永嘉郡後池芙蓉二花一蒂(萬曆郡志)二十
一年十月巳丑永寧永嘉見黃龍自雲而下(宋書符瑞志)

(唐)

顯慶元年秋七月海溢永嘉安固二縣損戶口四千餘
(萬曆郡志)總章二年夏六月颶風暴雨海溢永嘉安固二

温州府志　卷二十九　祥異　十

图 2-2(b)　清乾隆庚辰《温州府志·卷之二十九　祥异》记载显庆元年风暴潮

元年秋七月，海溢，永嘉、安固二县损户口四千余(图 2-2c)[15]。

13　陈桥驿. 浙江灾异简志. 杭州：浙江人民出版社，1991：7.

14　温州府志·卷之二十九　祥异. 清乾隆庚辰.

15　温州府志·卷之二十九　祥异. 民国三年补刻版. 清乾隆二十五年.

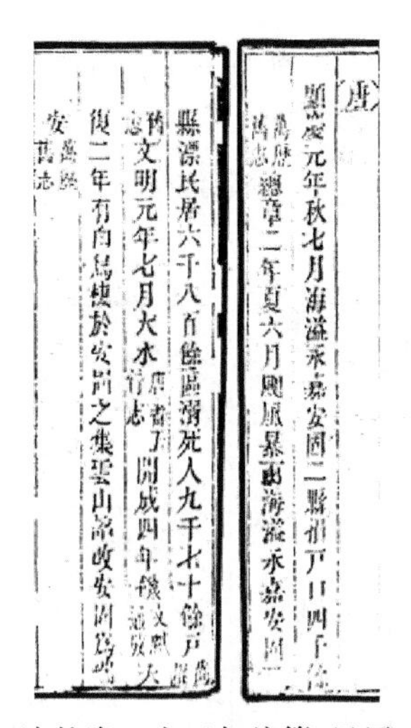
唐
顯慶元年秋七月海溢永嘉安固二縣損戶口四千餘
萬歷舊志 總章二年夏六月颶風暴雨海溢永嘉安固二
縣漂民居六千八百餘區溺死人九千七十餘戶 萬歷
舊志 文明元年七月大水 唐書五行志 開成四年
復二年有白鳥棲於安固之集雲山詔改安固爲瑞
安 萬歷舊志

图 2-2(c)　清乾隆二十五年编纂、民国三年补刻版
《温州府志・卷之二十九　祥异》记载显庆元年风暴潮

元年秋七月，海溢，永嘉、安固二县损户口四千余（图 2-2d）[16]。

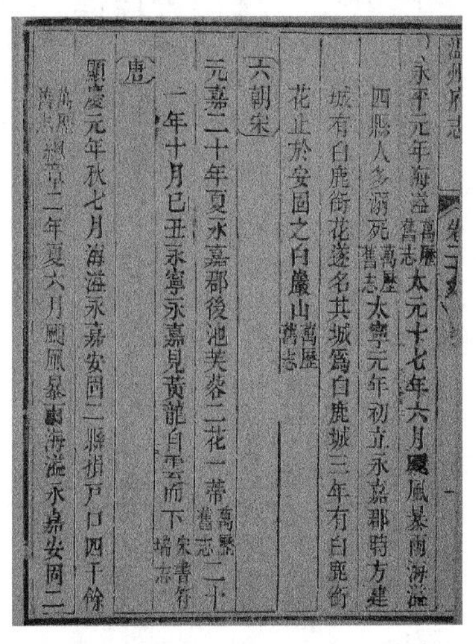
溫州府志　卷二十九
永平元年海溢 萬歷舊志 太元十七年六月颶風暴雨海溢
四縣人多溺死 萬歷舊志 太寧元年初立永嘉郡時方建
城有白鹿銜花遂名其城爲白鹿城三年有白鹿銜
花止於安固之白巖山 萬歷舊志
六朝宋
元嘉二十年夏永嘉郡後池芙蓉二花一蒂 萬歷舊志 二十
一年十月己丑永寧永嘉見黃龍自雲而下 宋書符瑞志
唐
顯慶元年秋七月海溢永嘉安固二縣損戶口四千餘
萬歷舊志 總章二年夏六月颶風暴雨海溢永嘉安固二

图 2-2(d)　清同治丙寅《温州府志・卷之二十九　祥异》记载显庆元年风暴潮

16　温州府志・卷之二十九　祥异. 清同治丙寅.

〈11〉**丽水市**　**括州(今丽水市、温州市)**:元年九月,括州大风暴雨,水溢城下,淹死 7000 多人[17]。

丽水县(今莲都区):元年九月水,丽水大风雨,水溢城下,溺死者七千余人(图 2-2e)[18]。

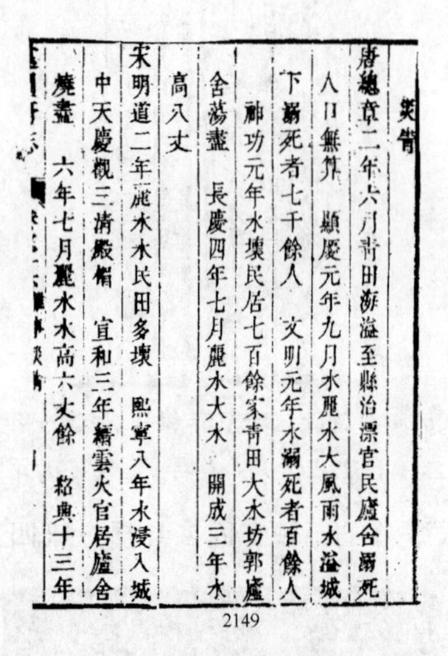

災眚

唐總章二年六月青田海溢至縣治漂官民廬舍溺死人口無算　顯慶元年九月水麗水大風雨水溢城下溺死者七千餘人　文明元年水溺死者百餘人神功元年水壞民居七百餘家青田大水坊郭廬舍蕩盡　長慶四年七月麗水大水　開成三年水高八丈

宋明道二年麗水水民田多壞　熙寧八年水浸入城中天慶觀三清殿燬　宜和三年縉雲火官居廬舍燒盡　六年七月麗水水高六丈餘　紹興十三年

2149

图 2-2(e)　清雍正十一年《处州府志·卷之十六　杂事志·灾眚》记载显庆元年洪灾

17　丽水市志编纂委员会. 丽水市志·第二编　自然环境·第七章　自然灾害. 杭州:浙江人民出版社,1994.

18　处州府志·卷之十六　杂事志·灾眚. 清雍正十一年.

669 年

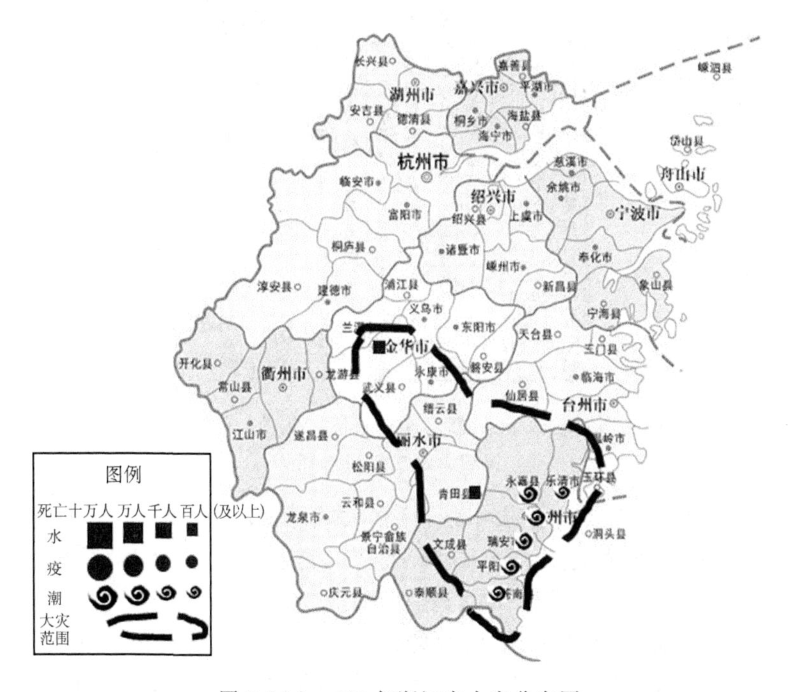

图 2-3(a)　669 年浙江省大灾分布图

评价：浙东南。大灾点连贯性好。“飓风、暴雨、海溢”，数灾并发。风暴潮潮水入两座城市。死亡人数为 9 千多人(图 2-3a)。

灾种：风暴潮、洪水。

资料条数：8 条。

〈3〉**温州市　温州(今温州市)、处州(今金华市)**：唐总章二年(669 年)六月戊申朔，温处二州飓风、暴雨、海溢，漂民庐六千八百四十三区，溺死者九千七十人，牛五百余，田四千一百十三顷(图 2-3b)[19]。

19　浙江通志・卷六十三　杂志　天文祥异. 明嘉靖四十年.

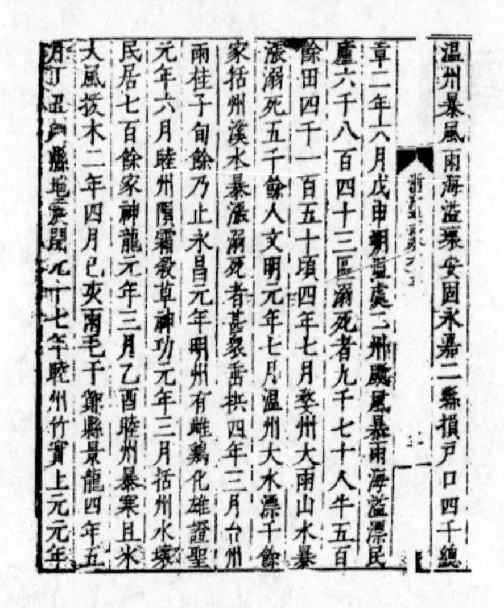

溫州暴風雨海溢壞安固永嘉二縣損戶口四千總
章二年六月戊申朔括處二州颶風暴雨海溢漂民
廬六千八百四十三區溺死者九千七十人牛五百
餘田四千一百五十頃四年七月婺州大雨山水暴
漲溺死五千餘人文明元年七月溫州大水漂千餘
家括州溪水暴漲溺死者甚衆垂拱四年三月台州
雨桂子旬餘乃止永昌元年明州有雌雞化雄證聖
元年六月睦州隕霜殺草神功元年三月括州水壞
民居七百餘家神龍元年三月乙酉睦州暴寒且冰
大風拔木二年四月己亥雨毛于鄮縣景龍四年五
月丁丑戶縣地震開元十七年睦州竹實上元元年

图 2-3(b) 明嘉靖四十年《浙江通志·卷六十三 杂志 天文祥异》记载总章二年风暴潮

鹿城区:二年六月戊申朔,括州大风雨,海水泛溢,永嘉、安固二县城郭漂百姓宅六千八百四十三区,溺杀人九千七十、牛五百头,损田禾四千一百五十顷,遣使赈给[20]。

苍南县:二年六月,大风雨海溢,漂民宅 6843 处,溺死 9070 人[21]。

乐清县(今乐清市):二年六月,大风暴雨,漂民宅、损田禾,溺死人畜,灾民无家可归[22]。

永嘉、安固县(今瑞安市):二年六月戊申朔,括州大风雨,海水泛滥,永嘉、安固两县城郭漂百姓宅六千八百四十三间,溺杀九千七十,牛五百头,损田苗四千一百五十顷(图 2-3c)[23]。

20 李定荣. 温州市鹿城区水利志. 大事记. 北京:中国水利水电出版社,2007:6.

21 苍南县水利志编纂委员会. 苍南县水利志·概述. 北京:中华书局,1999:3.

22 乐清市水利水电局. 乐清市水利志·大事记. 开封:河南大学出版社,1998:4.

23 永嘉县志·卷三十六 祥异. 光绪.

續修四庫全書　史部　地理類

晉
惠帝永平元年海溢（萬厤府志）
明帝太寧元年初立永嘉郡時方建城有白鹿銜花遂名
其城爲白鹿城（萬厤府志）
孝武帝太元十七年六月永嘉郡潮水湧起近海四縣人
多死者（晉書孝武紀及五行志）按萬厤府志載六月颶風暴雨海溢
安帝元興元年三興大饑戶口減半會稽減十三四臨海
永嘉尤甚富室皆衣羅紈懷金玉閉門相守餓死（通鑑晉安帝紀）
宋
永嘉縣志　卷三十六　雜志　祥異　二
文帝元嘉二十年夏永嘉郡後池芙蓉二花一蒂太守臧
藝以聞（宋書符瑞志）
元嘉二十一年十月己丑永寧見黃龍自雲而下太守臧
藝以聞（宋書符瑞志）
唐
高宗顯慶元年九月庚辰括州海水泛溢安固永嘉二縣
損四千餘家（唐書高宗紀）
總章二年六月戊申朔括州大風雨海水泛溢永嘉安固
二縣城郭漂百姓宅六千八百四十三區溺殺人九千
七十牛五百頭損田苗四千一百五十頃遣使賑給（唐書）

图 2-3(c)　光绪《永嘉县志·卷三十六　祥异》记载总章二年风暴潮

二年夏六月，飓风、暴雨、海溢，永嘉、安固二县漂民居六千八百余区，溺死人九千七百余户（图 2-3d）[24]。

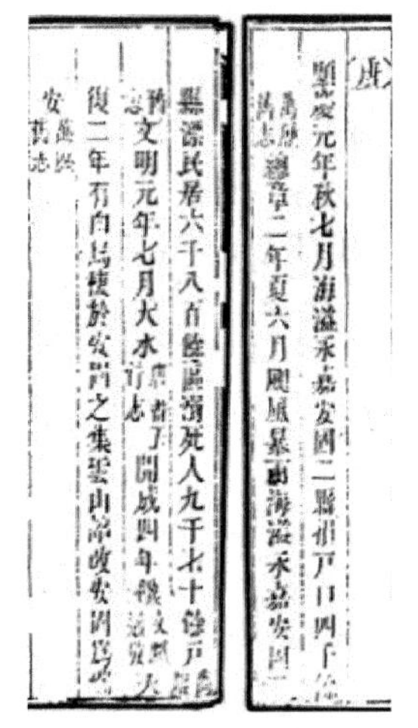
（唐）
顯慶元年秋七月海溢永嘉安固二縣損戶口四千餘（萬厤府志）
總章二年夏六月颶風暴雨海溢永嘉安固二
縣漂民居六千八百餘區溺死人九千七十餘戶
文明元年七月大水（唐書五行志）開成四年
復二年有白烏棲於安固之集雲山因改安固爲瑞
安（萬厤府志）

图 2-3(d)　清乾隆二十五年编纂、民国三年补刻版
《温州府志·卷之二十九　祥异》记载总章二年风暴潮

24　温州府志·卷之二十九　祥异．民国三年补刻版．清乾隆二十五年．

二年夏六月，飓风、暴雨、海溢，永嘉、安固二县漂民居六千八百余区，溺死人九千七百余户（图 2-3e）[25]。

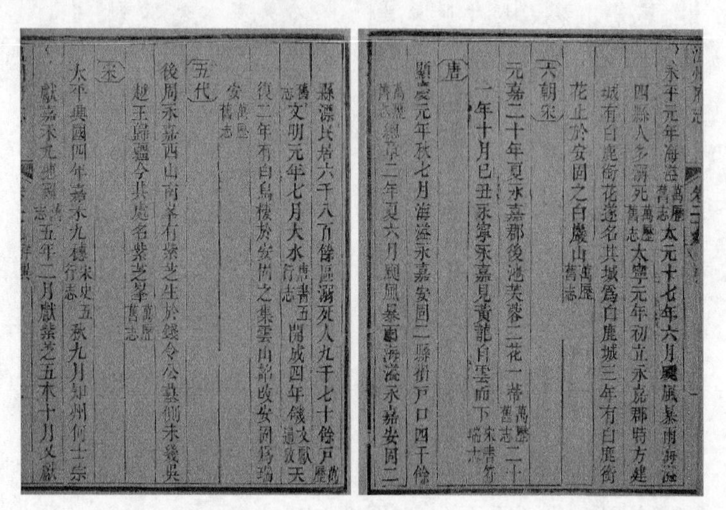
永平元年海溢萬曆舊志太元十七年六月颶風暴雨海溢
四縣人多溺死萬曆舊志太寧元年初立永嘉郡時方建
城有白鹿銜花遂名其城爲白鹿城三年有白鹿銜
花止於安固之白巖山萬曆舊志
六朝宋
元嘉二十年夏永嘉郡後池芙蓉二花一蒂萬曆舊志二十
一年十月己丑永寧永嘉見黃龍自雲而下宋書符瑞志
唐
顯慶元年秋七月海溢永嘉安固二縣街戶口四千餘
萬曆舊志總章二年夏六月颶風暴雨海溢永嘉安固二
縣漂民居六千八百餘區溺死人九千七十餘戶萬曆
舊志文明元年七月大水唐書五行志開成四年錢文獻天
復二年有白烏棲於安固之集雲山詔改安固爲瑞
安萬曆舊志
五代
後周永嘉西山南峯有紫芝生於錢令公墓側未幾吳
越王歸疆今其處名紫芝峯萬曆舊志
宋
太平興國四年嘉禾九穗宋史五行志秋九月知州何士宗
獻嘉禾九穗兩浙萬曆舊志五年二月獻紫芝五本十月又獻

图 2-3(e)　清同治丙寅《温州府志·卷之二十九　祥异》记载总章二年风暴潮

瑞安县（今瑞安市）：二年六月，大风雨，海溢，永嘉、安固二县漂没民房 6848 座，溺死 9097 多人，牛 590 头，损禾 4150 顷[26]。

平阳县：二年已巳六月，括州大风雨，海水泛滥，永嘉、永固二县城郭漂百姓宅六千八百四十三区，溺杀人九千七十，牛五百头，损田苗四千一百五十顷（《唐书·高宗纪》）（图 2-3f）[27]。

25　温州府志·卷之二十九　祥异.清同治丙寅.

26　瑞安市土地志编纂委员会.瑞安市土地志·丛录.北京：中华书局，2000：252.

27　平阳县志·卷五十八　祥异.民国十四年.

温梧殺妻周氏居北港四十三都鷺鷥灣光緒二十四年年八十五五世同堂
蔡瑞鐸妻曾氏居八都蔡家山光緒二十八年壽一百一歲
李善朝妻方氏居北港青街民國四年年九十五五世同堂
周金榈妻倪氏倪保節婦五世同堂光緒十九年旌給銀十兩緞二匹
王士巢妻楊氏居三十六都岙孫民國丙辰年九十八五世同堂
顧定斗居七都青山民國六年年九十八歲四世同堂
祥異凡史通言溫州不能敍知平陽者不錄
晉孝武帝太元十七年壬辰六月永嘉潮水湧起近海四縣人多死者晉書孝武紀及五行志
唐高宗顯慶元年丙辰九月庚辰括州海水泛溢壞安固永嘉二縣損四千餘家舊唐書高宗紀 按是時橫陽省入安固後乃析出故錄此
總章二年己巳六月括州大風雨海水泛溢永嘉安固二縣城郭漂百姓宅六千八百四十三區溺殺人九千七十牛五百頭損田苗四千一百五十頃舊唐書高宗紀作九月而五行志作六月 按新唐書

图 2-3(f)　民国十四年《平阳县志・卷五十八　祥异》记载总章二年风暴潮

〈11〉**丽水市　青田县**:二年六月,青田海溢至县治,漂官民庐舍,溺死人口无算(图 2-3g)[28]。

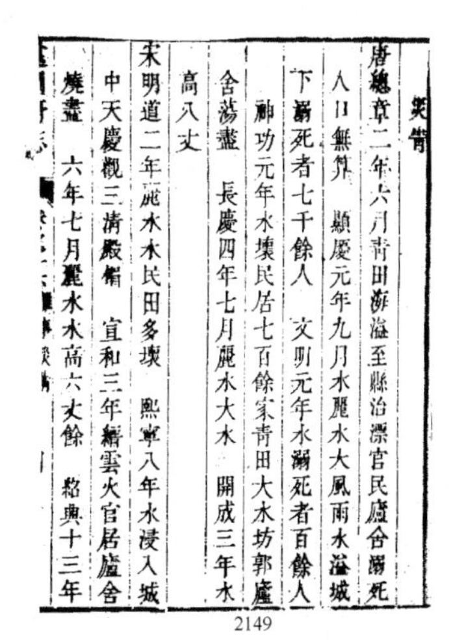
災眚
唐總章二年六月青田海溢至縣治漂官民廬舍溺死
人口無算　顯慶元年九月水麗水大風雨水溢城
下溺死者七千餘人　文明元年水溺死者百餘人
神功元年水壞民居七百餘家青田大水坊郭廬
舍蕩盡　長慶四年七月麗水大水　開成三年水
高八丈
宋明道二年麗水水民田多壞　熙寧八年水浸入城
中天慶觀三清殿頹　宣和三年縉雲火官居廬舍
燬盡　六年七月麗水水高六丈餘　紹興十三年
2149

图 2-3(g)　清雍正十一年《处州府志・卷之十六　杂事志・灾眚》
记载总章二年洪灾

28　处州府志・卷之十六　杂事志・灾眚. 清雍正十一年.

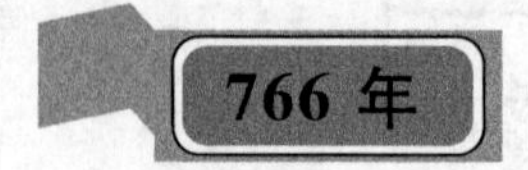

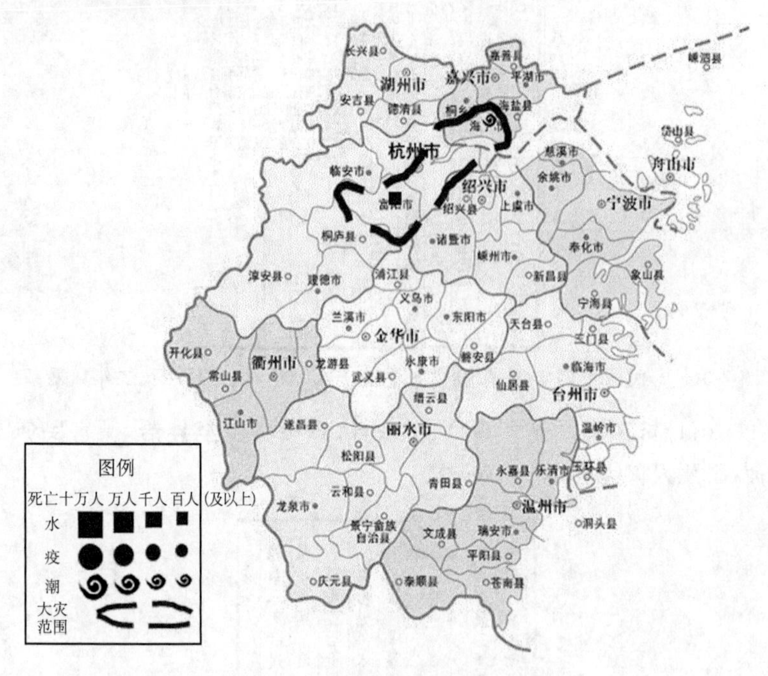

图 2-4　766 年浙江省大灾分布图

评价:浙北。大灾点连贯性较好。超强的热带风暴,仅溺沉的船只就达千艘。死亡人数为 5 千人(图 2-4)。

灾种:风暴潮、洪水。

资料条数:2 条。

〈1〉**杭州市　富阳县(今富阳市)**:唐大历元年(766 年),浙西水灾,富阳水灾,人民漂溺无算(康熙《钱塘县志》)[29]。

〈4〉**嘉兴市　海宁县(今海宁市)**:元年,大风,海水溢,溺民五

29　陈桥驿.浙江灾异简志.杭州:浙江人民出版社,1991:8.

千家、船千艘[30]。

775 年

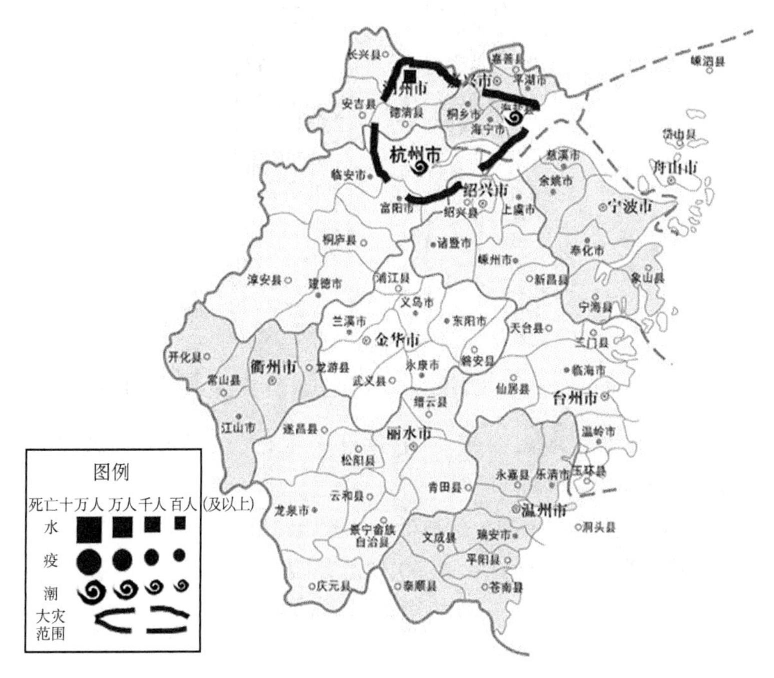

图 2-5(a)　775 年浙江省大灾分布图

评价：浙北。大灾点连贯性较好。主要发生在海边，死亡人数为数百人(图 2-5a)。

灾种：洪涝。

资料条数：3 条。

〈1〉**杭州市　杭州府(今杭州市)：**大历十年秋七月，杭州大风

30　海宁市志编纂委员会. 海宁市志 · 大事记. 上海：汉语大词典出版社，1995：2.

朝。《唐书》大风，海水翻潮，溺州民五千家船千艘(图 2-5b)[31]。

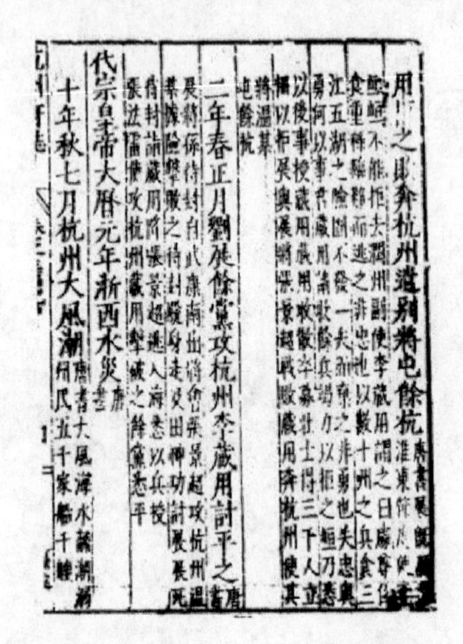

二年春正月劉展餘黨攻杭州李藏用討平之

代宗皇帝大曆元年浙西水災

十年秋七月杭州大風潮 唐書大風海水翻潮溺州民五千家船千艘

图 2-5(b)　明万历七年《杭州府志·卷之三　事纪中》记载大历十年风暴潮

〈4〉**嘉兴市　海盐县**：十年七月己未夜，大风海溢，潮水翻塘，民溺死无算[32]。

〈5〉**湖州市　乌程县(今南浔区)**：十年七月已末夜，大风，海水翻潮漂荡州郭，全家淹毙者百余户，死者四百余人，湖州亦然[33]。

31　杭州府志·卷之三　事纪中.明万历七年.

32　海盐县水利志编纂委员会.海盐县水利志·大事记.杭州：浙江人民出版社，2008：8.

33　温克刚.中国气象灾害大典·浙江卷·第一章　热带气旋.北京：气象出版社，2006：12.

1045 年

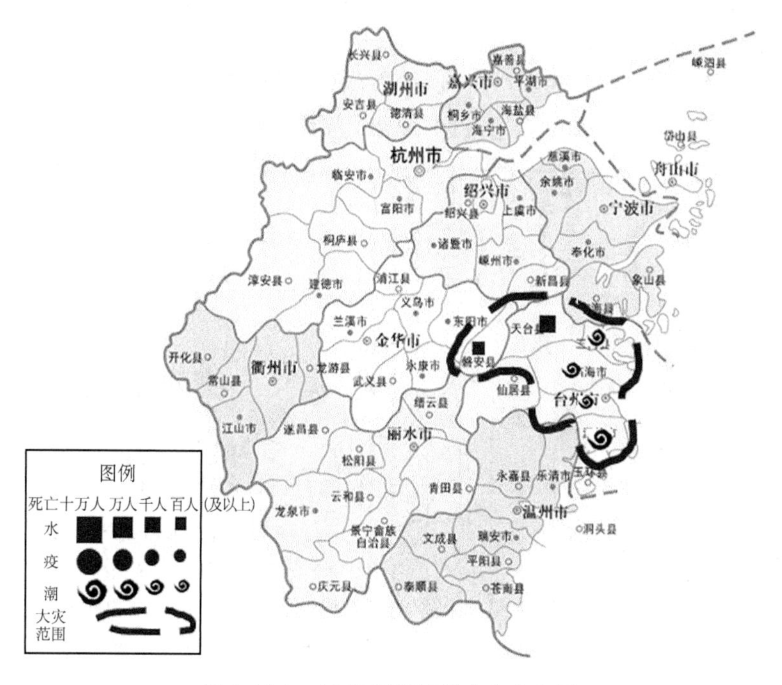

图 2-6(a)　1045 年浙江省大灾分布图

评价:浙东。大灾点连贯性好。“大水,溺死数万人”,后果是严重的(图 2-6a)。

灾种:风暴潮、洪涝。

资料条数:8 条。

注:下列资料凡斜体者,为死亡万人及以上。编号:4W1045。

〈7〉**金华市　磐安县**:北宋庆历五年(1045 年),大水,溺人无数[34]。

〈10〉**台州市　台州**:五年六月,临海郡大水,坏城郭,杀人数千

34　磐安县志编纂委员会.磐安县志・卷二　自然环境・灾害.杭州:浙江人民出版社,1993:67.

(《台州新城记》)[35]。

临海县、黄岩县:五年六月,临海郡大水环郭,溺人数千;黄岩海溢,人多溺死;仙居大水(雍正《浙江通志》卷一五四、万历《黄岩县志》卷七、《仙居县志》)。

***临海县**:五年六月,大水毁城郭,死人万余*[36]。

黄岩县(今黄岩区):五年,海溢,人多溺死(图 2-6b)[37]。

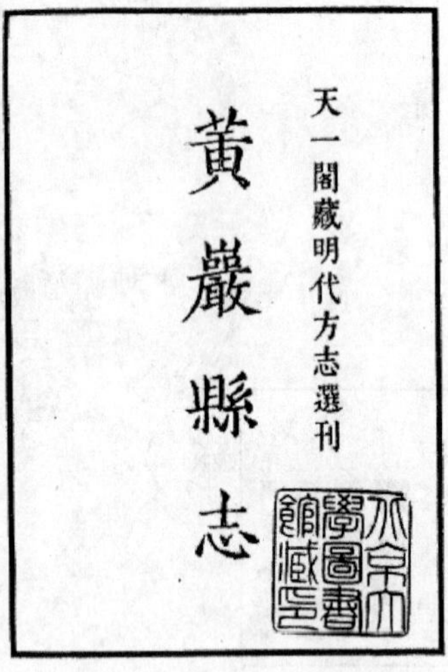

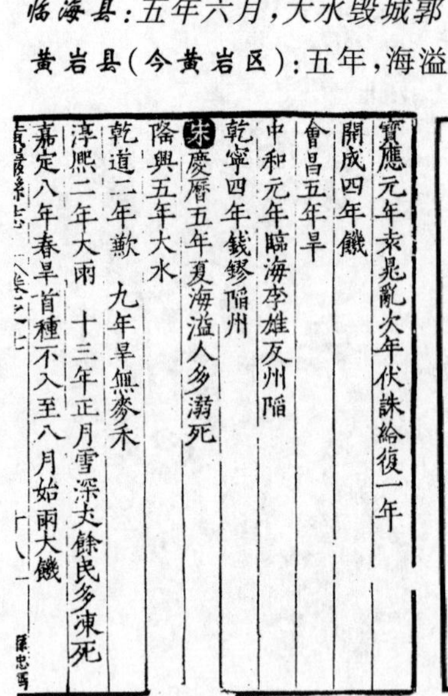

寶應元年袁晁亂次年伏誅給復一年
開成四年饑
會昌五年旱
中和元年臨海李雄反州陷
乾寧四年錢鏐陷州
宋慶曆五年夏海溢人多溺死
隆興五年大水
乾道二年歉　九年旱無麥禾
淳熙二年大雨　十三年正月雪深丈餘民多凍死
嘉定八年春旱首種不入至八月始雨大饑

图 2-6(b)　明万历《黄岩县志・卷之十　纪变》记载庆历五年风暴潮

***天台县**:五年六月,大水,溺死万余*[38]。

***台州(今三门县)**:五年六月,大水,溺死数万人*[39]。

---

[35] 台州市气象局气象志编纂委员会. 台州市气象志・第九章　历代灾异. 北京:气象出版社,1998:106.

[36] 临海市志编纂委员会. 临海县志・大事记. 杭州:浙江人民出版社,1989:5.

[37] 黄岩县志・卷之十　纪变. 明万历.

[38] 天台县志编纂委员会. 天台县志・第二编　自然环境・第七章　灾异. 上海:汉语大词典出版社,1995:53.

[39] 三门县志编纂委员会. 三门县志・第二编　自然环境・第三章　气候. 杭州:浙江人民出版社,1992:98.

太平县(今温岭市)：五年夏，海溢，杀人万余（图 2-6c）[40]。

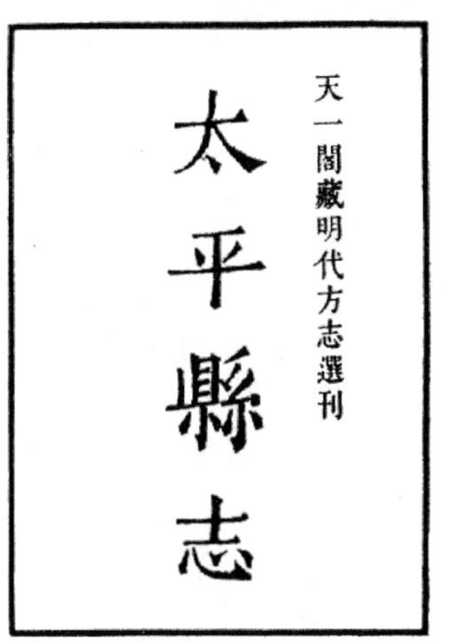
天一閣藏明代方志選刊

太平縣志

昌五年旱○宋慶曆五年夏海溢殺人萬餘○重
和年邑民陳氏妻一乳四男詔改其鄉為繁昌鄉
○乾道九年久旱無麥苗○淳熙二年大雨郡城
墊○淳熙十三年正月雪深丈餘民多凍死○嘉
定八年春旱首種不入至八月始雨○紹定二年
九月大水○嘉熙二年冬雷電夜作○嘉熙四年
荐饑○淳祐元年竹華實似麥○寶祐三年三月
雨○元大德十一年大旱饑民採草根樹皮食○
至大元年大疫復饑○至順元年閏七月大水○

图 2-6(c)　明嘉靖《太平县志・地舆二》记载庆历五年风暴潮

40　太平县志・地舆二．明嘉靖．

1047 年

图 2-7　1047 年浙江省大灾分布图

评价:浙东。大灾点连贯性好。“海潮坏城”,风暴潮摧毁了城墙。死亡人数为数百人(图 2-7)。

灾种:风暴潮。

资料条数:2 条。

〈10〉**台州市**　**台州:**北宋庆历七年(1047 年)台州海潮坏城,没溺甚众(雍正《浙江通志》卷一五四)。

临海县:七年,海潮大至,坏州城,溺死甚众[41]。

41　临海县志编纂委员会.临海县志·第三编　自然地理·第八章　自然灾害.杭州:浙江人民出版社,1989:146.

1138 年

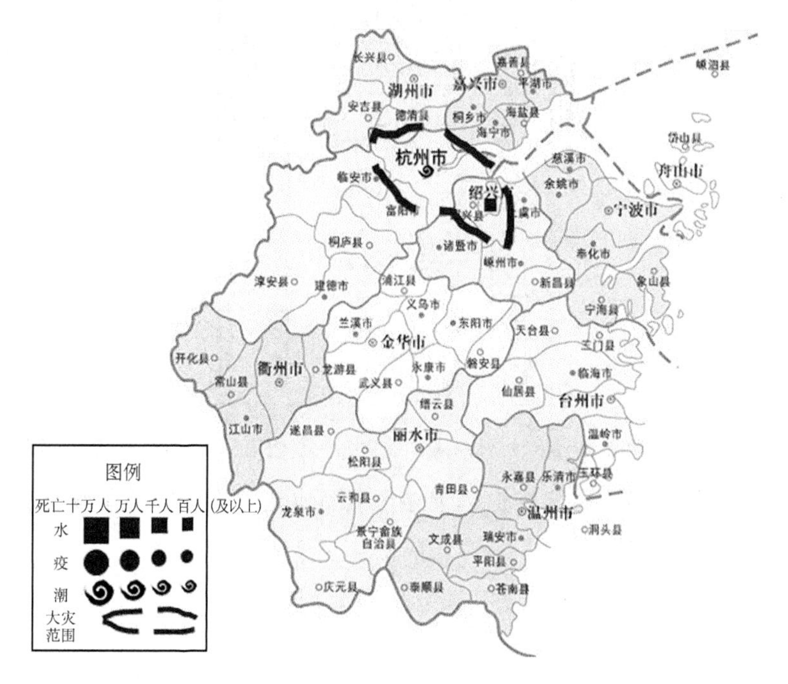

图 2-8(a)　1138 年浙江省大灾分布图

评价:浙中。大灾点连贯性好。降雨量减少,“太湖水退,数里内见邱墓街道”,死亡人数为万人以上(图 2-8a)。

灾种:风暴潮,饥荒。

资料条数:2 条。

〈1〉**杭州市　临安府(今杭州市)**:南宋绍兴八年(1138 年)秋八月,跨浦桥坏。潮至,惊涛坏桥压,溺死数百人(图 2-8b)[42]。

42　杭州府志·卷之四　事纪下.明万历七年.

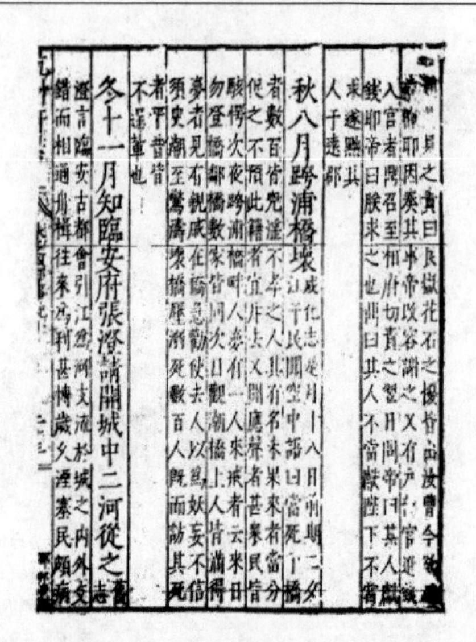

……之貴曰艮嶽花石之擾皆出於曹今敢
……卿因奏其事帝改容謝之又有戶部官進錢
入宮者陶召至相府切責之翌日周帝曰某人獻
錢卿帝曰朕求之也帝曰其人不當獻陛下不當
求遂黜其
人于遠郡
秋八月跨浦橋壞成化志是月十八日前期二夕江干民聞空中語曰當死于橋
者數百皆兇逆不孝之人其有名未果來者當分
促之不預此籍者宜斥去又聞應募者甚衆民皆
駭愕次夜跨浦橋畔人羣有一人來求者云來日
勿登橋鄰橋數家皆聞次日觀潮橋上人皆滿得
豪者見有銳咸在臨急勸使去人以爲妖妄不信
須臾潮至驚擠衆橋壓溺死數百人既而跡其死
者平昔皆
不逞輩也
冬十一月知臨安府張澄請開城中二河從之舊志
澄言臨安古都會引江爲河支流於城之內外交
錯而相通舟楫往來爲利甚博歲久湮塞民頗病

图 2-8(b)　明万历七年《杭州府志·卷之四　事纪下》记载绍兴八年风暴潮

〈6〉**绍兴市　诸暨县(今诸暨市)**:绍兴八年,大饥,民食糟糠草木,殍死殆尽[43]。

43　温克刚.中国气象灾害大典·浙江卷·第三章　干旱、热害.北京:气象出版社,2006:120.

1140 年

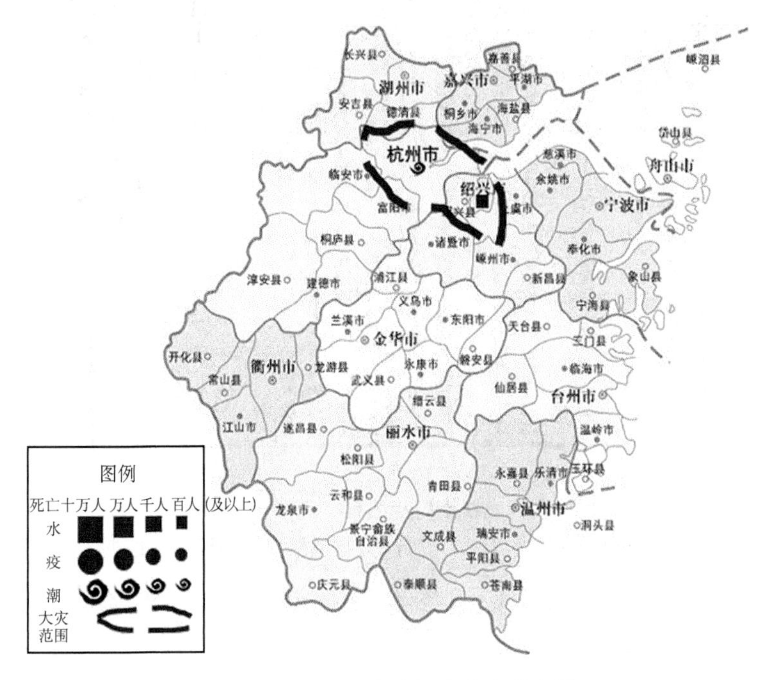

图 2-9(a)　1140 年浙江省大灾分布图

评价:浙北。大灾点连贯性好。一次钱塘江潮汛,致使数百人死亡,其原因是大家为了观潮清楚,跑到大桥上,结果大桥被“惊涛激岸”,浪头打坏了大桥,观潮者纷纷掉落地上,或被潮水卷走。这应该是最严重的钱塘江大潮事故。死亡人数为数百人(图 2-9a)。

灾种:风暴潮、洪涝。

资料条数:2 条。

〈1〉**杭州市　杭州:**南宋绍兴十年(1140 年)八月十六日……潮至奔汹异常,惊涛激岸,桥震坏入水,凡压溺数百人,既而死者,尽平日不逞辈也(图 2-9b)[44]。

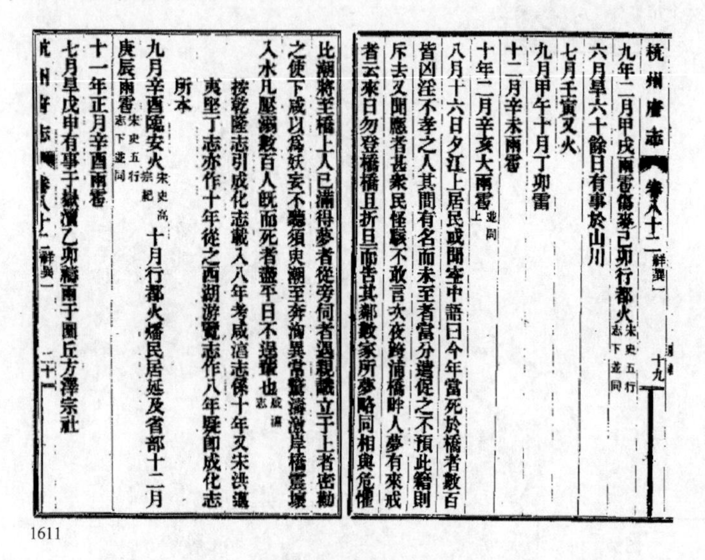
杭州府志 卷八十二 祥異一 十九

九年二月甲戌雨雹傷麥己卯行都火宋史五行志下並同

六月旱六十餘日有事於山川

七月壬寅又火

九月甲午十月丁卯雷

十二月辛未雨雹

十年二月辛亥大雨雹並同上

八月十六日夕江上居民或聞空中語曰今年當死於橋者數百皆凶淫不孝之人其間有名而未至者當分遣促之不預此籍則斥去又聞應者甚衆民怪駭不敢言次夜跨浦橋畔人夢有來戒者云來日勿登橋橋且折旦而告其鄰數家所夢略同相與危懼比潮將至橋上人已滿得夢者從旁伺者遇親識立于上者密勸之使下咸以爲妖妄不聽須臾潮至奔洶異常驚濤激岸橋震壞入水凡壓溺數百人既而死者盡平日不逞輩也咸淳志

按乾隆志引成化志載入八年考咸淳志係十年又宋洪邁夷堅丁志亦作十年從之西湖游覽志作八年疑卽成化志所本

九月辛酉臨安火宋史高宗紀 十月行都火燔民居延及省部十二月庚辰雨雹宋史五行志下並同

十一年正月辛酉雨雹

七月旱戊申有事于嶽瀆乙卯禱雨于圜丘方澤宗社

杭州府志 卷八十二 祥異一 二十

1611

图 2-9(b) 清光绪十四年编纂 民国十一年铅字本

《杭州府志·卷八十二 祥异一》记载绍兴十年钱塘江潮灾

〈6〉**绍兴市 会稽县(今越城区)**:宋绍兴九年、十年,会稽水害相仍,死者过半[45]。

44 杭州府志·卷八十二 祥异一.民国十一年铅字本.清光绪十四年.

45 陈桥驿.浙江灾异简志.杭州:浙江人民出版社,1991:23.

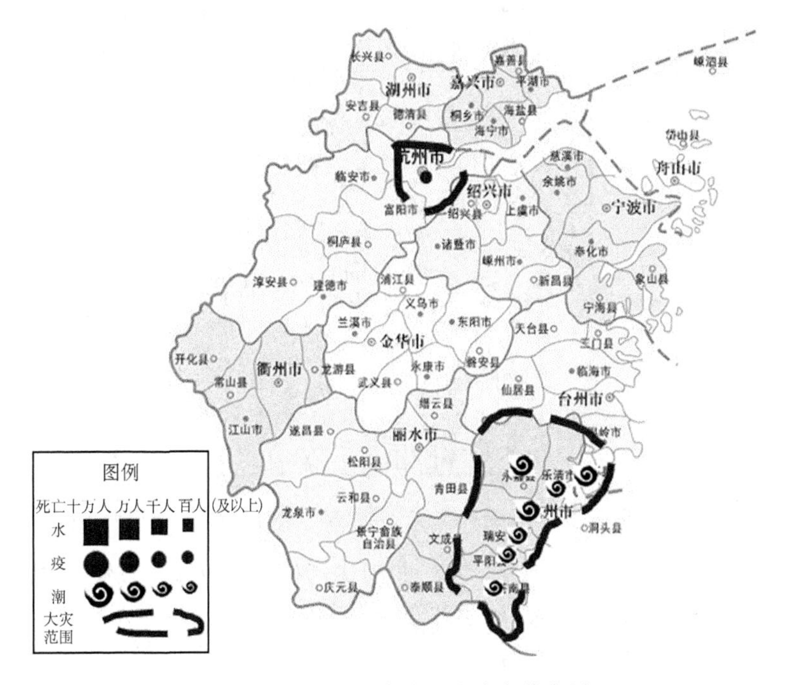

图 2-10(a)　1166 年浙江省大灾分布图

评价:浙东南。大灾点连贯性好。一场特大风暴潮灾害,毁灭了今温州四县及相邻的台州市玉环县。“溺死二万余人”、“浮尸蔽川,生存者什一”、“温州水满城门齿”,“田禾不留一株”,惊心动魄的描述,生动地表述了那个不平凡的八月丁亥黑夜日。面对骇浪滔天的风暴潮,人们的生命竟是如此脆弱。“江濒胔骼尚七千余”的“胔骼”,骸骨,为肉还没有烂尽的骨殖。剩余的一万三千人全冲入河中了,“浮尸蔽川”(图 2-10a)。

灾种:风暴潮。

资料条数:11 条。

注:下列资料凡斜体者,为死亡万人及以上。编号:9W1166。

〈1〉**杭州市　杭州府(今杭州市)**:南宋乾道二年(1166 年),炎月秽气,郁蒸蕴成疫痢,穷民饥病死十九,尸出狱已无完肤(图 2-10b)[46]。

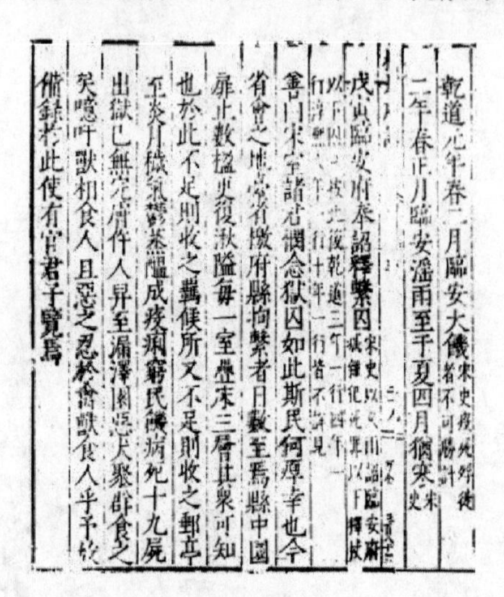
乾道元年春二月臨安大饑宋史疫死殍徙者不可勝計
二年春正月臨安淫雨至于夏四月猶寒宋史
戊申臨安府奉詔釋繫囚
舊日宋室諸志調念獄囚如此斯民何辜幸也今
省會之地當省撤府縣拘繫者日數至焉縣中國
扉止數楹更復湫隘每一室叠床三層其衆可知
也於此不足則收之鄰保所又不足則收之郵亭
至炎月穢氣鬱蒸醞成疫痢窮民饑病死十九屍
出獄已無完膚仵人舁至漏澤園惡犬聚群食之
哭嘷吁歎相食人且惡之忍於禽獸食人乎于悠
備録於此使有官君子覽焉

图 2-10(b)　明万历七年《杭州府志·卷之四　事纪下》记载乾道元年瘟疫

〈3〉**温州市　温州府(今温州市)**:*二年八月十七日,飓风,挟雨拔木飘屋。夜,潮入城,四望如海,四鼓风回,潮退浮尸蔽川存者什一。八月丁亥,大风海溢,漂民庐、盐场、龙朔寺,覆舟溺死二万余人,江濒胔骼尚七千余*(图 2-10c)[47]。

46　杭州府志·卷之四　事纪下.明万历七年.

47　温州府志·卷之二十九　祥异.清乾隆庚辰.

入城永嘉火甌江逸志十年十一月大火燔州學市征舶
築務縣治及民居千餘宋史五行志是年樂清東西隅火
萬歷舊志十六年大雷雹震死六人於龍翔寺宋史五行志十
九年饑萬志二十年饑舊志二十四年大饑舊志二十五年
冬十月朔有卿雲見於樂清縣東塔之上光耀五色
明年王十朋廷對第一萬歷舊志三十二年秋七月颶風
大水萬志隆興元年饑萬志乾道元年饑萬志二年夏海門
有蛟出水長丈餘既而塔頭陡門水乳三日海上結
乳成錢有父老識之曰海將以錢鬻人也至八月十
七日颶風挾雨拔木飄屋夜潮入城四望如海四鄉
溫州府志　卷二十九　祥異　三
風回潮退浮屍蔽川存者什一萬歷舊志八月丁亥大風
海溢漂民廬鹽場龍朔寺覆舟溺死二萬餘人江濱
胔骼尚七千餘宋史五行志四年八月州大火萬志五年夏
秋凡三大風水漂民廬壞田稼人畜溺死甚衆宋史五行志
志六年五月大水六月大旱宋史五行志九年久旱無苗
麥九月火經夕燔縣治及民居七千餘家宋史五行志淳
熙六年夏水壞圩田樂清縣溺死者百餘人宋史五行志
七年秋貢院火是年試者八千人焚死者百餘萬歷舊志
九年自五月至秋七月旱宋史五行志十二年八月火燔
城樓及四百餘家宋史五行志十六年秋螟宋史五行志紹興

图 2-10(c)　清乾隆庚辰《温州府志·卷之二十九　祥异》记载乾道二年风暴潮

二年秋八月，大风雨海溢，人多溺死（图 2-10d）[48]。

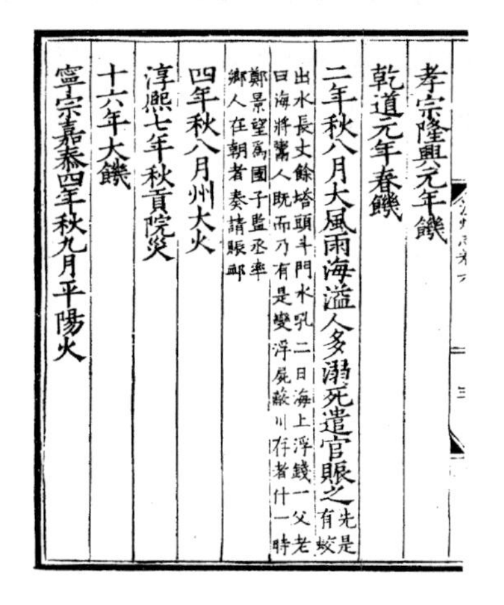

孝宗隆興元年饑
乾道元年春饑
二年秋八月大風雨海溢人多溺死遣官賑之先是有蛟出水長丈餘塔頭斗門水乳二日海上浮錢一父老曰海將鬻人既而乃有是變浮屍蔽川存者什一時鄭景望為國子監丞率鄉人在朝者奏請賑邮
四年秋八月州大火
淳熙七年秋貢院災
十六年大饑
寧宗嘉泰四年秋九月平陽火

图 2-10(d)　明嘉靖丁酉《温州府志·卷之六　灾之变》记载乾道二年风暴潮

48　温州府志·卷之六　灾之变. 明嘉靖丁酉.

二年八月十七日，飓风挟雨，拔木飘屋，夜潮入城，四望如海，四鼓风回，潮退浮尸蔽川存者什一。八月丁亥，大风海溢，漂民庐、盐场、龙朔寺，覆舟溺死二万余人，江濒胔骼尚七千余区（图 2-10e）[49]。

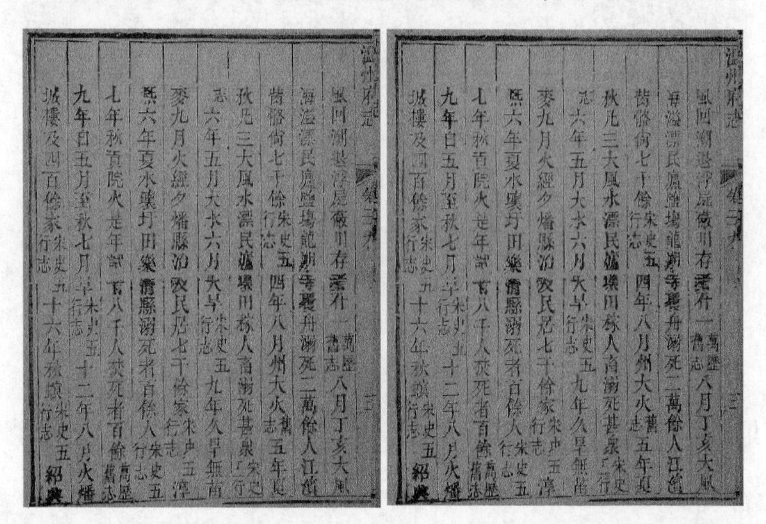

溫州府志 卷二十九

風回潮退浮屍蔽川存者什一 萬曆舊志 八月丁亥大風
海溢漂民廬鹽場龍朔寺覆舟溺死二萬餘人江濱
骴骼尚七千餘 宋史五行志 四年八月州大火 萬曆舊志 五年夏
秋凡三大風水漂民廬壞田稼人畜溺死甚衆 宋史五行
志 六年五月大水六月大旱 宋史五行志 九年久旱無苗
麥九月火經夕燔縣治燬民居七千餘家 宋史五行志 淳
熙六年夏水壞圩田樂清縣溺死者百餘人 宋史五行志
七年秋貢院火是年[illegible]八千人夾死者百餘 萬曆舊志
九年自五月至秋七月不雨 宋史五行志 十二年八月火燔
城樓及四百餘家 宋史五行志 十六年秋[illegible] 宋史五行志 紹[illegible]

图 2-10(e) 清同治丙寅《温州府志·卷之二十九 祥异》记载乾道二年风暴潮

二年八月，温州大风，海溢，死者二万余人，胔骼七千余人（图 2-10f）[50]。

49 温州府志·卷之二十九 祥异.清同治丙寅.

50 浙江通志·卷六十三 杂志 天文祥异.明嘉靖四十年.

温州饑二年正月淫雨至于四月夏寒江浙郡國損稼蠶麥不登八月温州大風海溢死者二萬餘人骸骼七千餘人九月丙午台州地震三年七月臨安府天目山湧暴水决臨安縣五鄉民廬二百八十餘家人多溺死八月霖雨妨穡江浙禾麻菽粟多腐青蟲入穀穗爲災潮州水壞民田廬四年温州城中大火延燎太平五年餘杭縣民婦產子青而毛二肉角又有二家婦產子毛角亦如之皆連體兩而相向三家相去一二里台州大風水流屋壞稼溺人甚衆黄巖爲甚温州大水六年嘉興潮州大水浙東旱秋浙西螟蟲爲災七年春浙婺秀州皆旱九年浙東婺處温

图 2-10(f)　明嘉靖四十年《浙江通志·卷六十三　杂志　天文祥异》记载乾道二年风暴潮

鹿城(今鹿城区)：*二年八月丁亥(十七日)大风雨海溢，漂民庐、盐场，龙翔寺覆舟，溺死二万余人，江滨胔骸七千余。九月，遣官察视水灾，赈贫民决系囚。民间流传：温州水满城门齿*[51]。

温州属各县：*二年八月十七日飓风暴雨，夜潮入城。潮退，浮尸蔽江，温属各县溺死两万*[52]。

永嘉、乐清、平阳县：*二年，温州大风海溢，漂民庐。永嘉，八月丁亥大风雨，海溢，漂民庐、盐场、龙翔寺覆舟溺死二万余人，江滨腐骸七千余具。乐清，秋八月十七日晨风挟雨，拔木漂木，夜潮入城，四望如海，四鼓风回湖退，浮尸蔽川，存者什一。平阳，八月十七丁亥大风雨驾海潮，杀人覆舟，坏庐瀑盐场。潮退浮尸蔽川，田*

---

[51] 李定荣.温州市鹿城区水利志·大事记.北京：中国水利水电出版社，2007：8.

[52] 温州市志编纂委员会.温州市志(上册)·大事记.北京：中华书局，1998：20.

禾不留一苗[53]。

永嘉县：*二年八月丁亥，大风雨，海溢，漂民庐、盐场、龙翔寺，覆舟，死二万余人，江滨胔骸尚七千余*[54]。

乐清县（今乐清市）：*二年八月十七日，飓风暴雨，拔木漂屋，夜潮泛溢入城，四望如海，四鼓风回潮退，浮尸蔽川，生存者什一*（图2-10g）[55]。

乾道元年二月寒敗首種損蠶麥（宋史五行志）
二年八月丁亥大風雨海溢漂民廬鹽場龍翔寺覆舟溺
死二萬餘人江濱胔骸尙七千餘九月遣官案視水災
振貧民決繫囚（宋史五行志）按舊志是年夏海門有
蛟出水長丈餘既而塔頭陡門水吼三日海上結乳成錢有父老識之曰海將以錢驚人也至八月十七日颶風挾雨拔木飄屋夜潮入城四望如海四鼓風回潮退浮屍蔽川存者什一（宋史）乾道二年八月辛未朔丁亥正十七日也
四年八月州大火（舊府志）
五年夏秋凡三大風水漂民廬壞田稼人溺死者甚衆十
月振被水貧民以守臣監司失職降責有差（宋史五行志）
六年五月大水六月大旱（宋史五行志）
永嘉縣志　卷三十六　祥異　五
九年久旱無苗麥秋饑（宋史五行志）是歲九月火經夕燔縣治
及居民七千餘家（舊府志）
淳熙六年秋水壞圩田（宋史五行志）
七年八月試士火作於貢闈（宋史五行志）是歲秋貢院火應試
者八千人焚死者百餘（萬曆府志）
九年夏秋旱（宋史五行志）是歲自五月至秋七月旱（舊府志）
十二年八月火燔城樓延及四百餘家（宋史五行志）
十六年秋螟（宋史五行志）
十六年大饑春田無力耕種湯守碩給官米借田主與佃
戶通田（萬曆府志）

图2-10(g)　光绪《永嘉县志·卷三十六　祥异》记载乾道二年风暴潮

苍南县：二年八月十七日，大风雨驾海潮，死人覆舟，坏庐舍漂盐场。潮退浮尸蔽川，田禾不留一株，无收三年[56]。

平阳县：二年八月十七日，大风雨驾海潮登岸，淹人，覆舟，坏

53　温州市江河水利志编纂委员会. 温州水利史料汇编·第四章　风潮，1999：21.

54　永嘉县志·卷三十六　祥异. 光绪.

55　乐清市水利水电局. 乐清市水利志·第四章　水旱灾害. 南京：河海大学出版社，1998：48-57.

56　张嘉清. 谈谈苍南县防御强台风和超强台风. 温州水利网. 2007年7月26日10：05.

庐舍,漂盐场。潮退,浮尸蔽江,田禾三年无收[57]。乾道丙戌八月,飓风暴雨拔木,飘无居民,僧刹摧压相望,水涨如海,四鼓迺退浮尸满川,存者什一,田禾俱尽(图 2-10h)[58]。

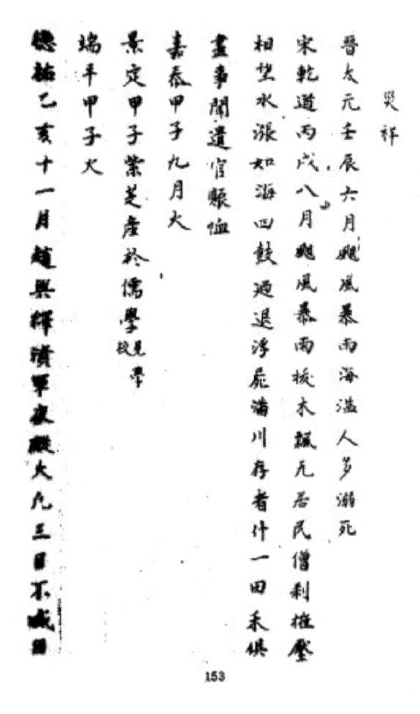

災祥

晉太元壬辰六月颶風暴雨海溢人多溺死

宋乾道丙戌八月颶風暴雨拔木飄無居民僧刹摧壓相望水漲如海四鼓迺退浮屍滿川存者什一田禾俱盡事聞遣官賑恤

嘉泰甲子九月大

景定甲子紫芝產於儒學 校見學

端平甲子火

德祐乙亥十一月[illegible]潰軍夜縱火凡三日不滅[illegible]

153

图 2-10(h)　明隆庆五年《平阳县志・灾祥》记载乾道丙戌风暴潮

瑞安县(今瑞安市):二年八月十七日夜,飓风暴雨,拔木漂屋,夜潮入城,四望如海,四鼓风回潮退,浮尸蔽川,存者十一[59]。八月十七日夜,大风雨驾海潮,杀人覆舟,坏庐舍,漂盐场,夜潮入(瑞安)城,四望如海,五鼓风回潮退,浮尸蔽川,存者十一,田禾不留一

57　平阳县地方志编纂委员会.平阳县志・大事记.上海:汉语大词典出版社,1993:39.

58　平阳县志・灾祥.隆庆五年:153.

59　瑞安市土地志编纂委员会.瑞安市土地志・大事记.北京:中华书局,2000:9.

蕾，江滨胔骸七千余[60]。

*〈10〉**台州市　玉环厅（今玉环县）**：二年秋分（9月23日）夜，玉环岛忽冲风舟雨，水暴至，如是食顷，沿海溺死数万人。岛上天富北监旧千余家，市肆皆尽，起灭波浪中，民无完宅*（光绪《玉环厅志》卷一四）[61]。

1169 年

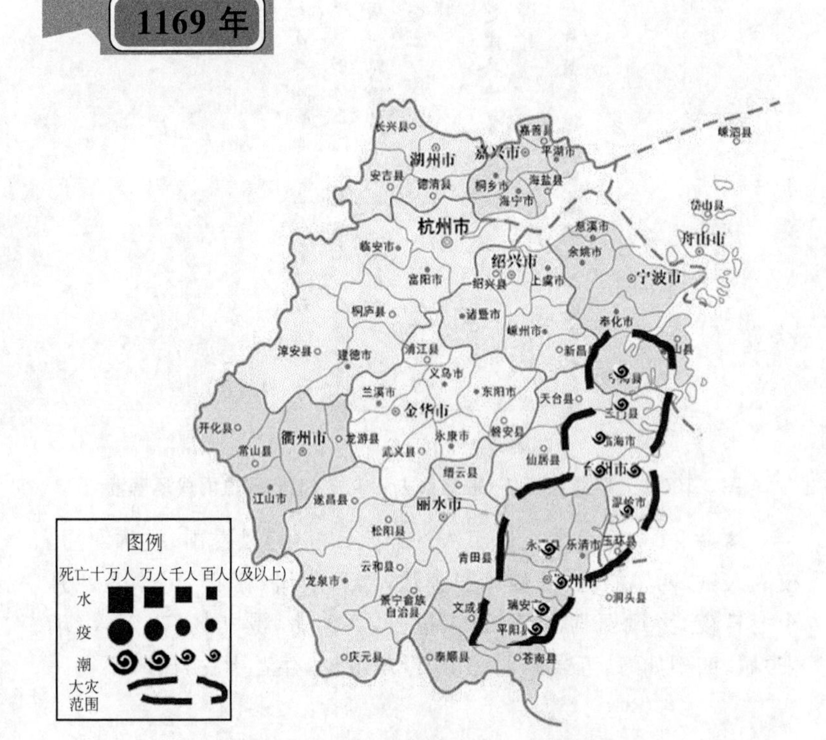

图 2-11(a)　1169 年浙江省大灾分布图

60　瑞安市土地志编纂委员会. 瑞安市土地志·丛录. 北京：中华书局，2000：252.

61　台州市气象局气象志编纂委员会. 台州市气象志·第九章　历代灾异. 北京：气象出版社，1998：106.

评价:浙东。大灾点连贯性好。与 1166 年特大风暴潮相比，1169 年风暴潮灾害不是太大,灾区比 1166 年更向南。但时间仅相隔 3 年,灾区元气还没有恢复,又连续遭受 3 次风雨袭击,造成了很大的损失。死亡人数为近千人(图 2-11a)。

灾种:风暴潮。

资料条数:11 条。

〈2〉**宁波市　宁海县**:南宋乾道五年(1169 年)夏,宁海三次大风雨,漂民庐,坏田稼,人畜溺死者众(民国台州府志・大事记)[62]。

〈3〉**温州市　温州府(今温州市)**:五年夏秋,凡三大风水,漂民庐,坏田稼,人畜溺死甚众[63]。五年夏秋,凡三大风,水漂民庐、坏田稼,人畜溺死甚众(图 2-11b)[64]。

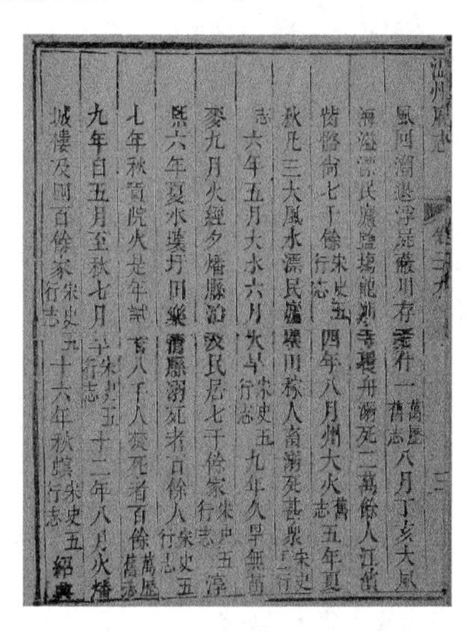
溫州府志　卷二十九
風回潮退浮屍蔽川存者什一 萬曆舊志 八月丁亥大風
海溢漂民廬鹽場龍祠寺覆舟溺死二萬餘人江濱
胔骼尚七千餘 宋史五行志 四年八月州大火 舊志 五年夏
秋凡三大風水漂民廬壞田稼人畜溺死甚衆 宋史五行志
六年五月大水六月大旱 宋史五行志 九年久旱無
麥九月火經夕燔縣治民居七千餘家 宋史五行志 淳
熙六年夏水壞丹田樂清縣溺死者百餘人 宋史五行志
七年秋貢院火是年試者八千人疫死者百餘 萬曆舊志
九年自五月至秋七月不雨 宋史五行志 十二年八月火燔
城樓及四百餘家 宋史五行志 十六年秋螟 宋史五行志 紹熙

图 2-11(b)　清同治丙寅《温州府志・卷之二十九　祥异》记载乾道五年风暴潮

62　宁波气象志编纂委员会. 宁波气象志・第二章　气象灾害・附:气象灾害年表. 北京:气象出版社,2001:91.

63　温州府志・卷之二十九　祥异. 清乾隆庚辰.

64　温州府志・卷之二十九　祥异. 清同治丙寅.

鹿城(今鹿城区):五年夏秋凡三次大风水,漂民庐,坏田稼,人溺死者甚众[65]。

温(永嘉、瑞安、平阳)、台州及宁海(今属宁波市):五年夏秋,温、台州及宁海大风水凡三次,漂民庐舍,害稼,人畜溺死者甚众,黄岩县尤甚[66]。

平阳县:五年夏秋,三次大风水成灾,漂民房,坏庄稼,人畜多溺死[67]。

永嘉县:五年夏秋凡三,大风,水漂民庐,坏田稼,人溺死甚众[68]。

〈10〉**台州市**　**台州**:五年夏秋,温、台州凡三大风,水漂民庐,坏田稼,人畜溺死者甚众,黄岩县为甚《宋史》[69]。五年夏秋,三大风雨,漂民庐,坏田稼、人畜,溺死者甚众(图 2-11c)[70]。

65　李定荣. 温州市鹿城区水利志·大事记. 北京:中国水利水电出版社,2007:8.

66　温克刚. 中国气象灾害大典·浙江卷·第一章　热带气旋. 北京:气象出版社,2006:13.

67　平阳县地方志编纂委员会. 平阳县志·大事记. 上海:汉语大词典出版社,1993:39.

68　永嘉县志·卷三十六　祥异. 光绪.

69　台州市气象局气象志编纂委员会. 台州市气象志·第九章　历代灾异. 北京:气象出版社,1998:106.

70　台州府志·卷百三十二之三十六　大事记五卷. 民国二十五年.

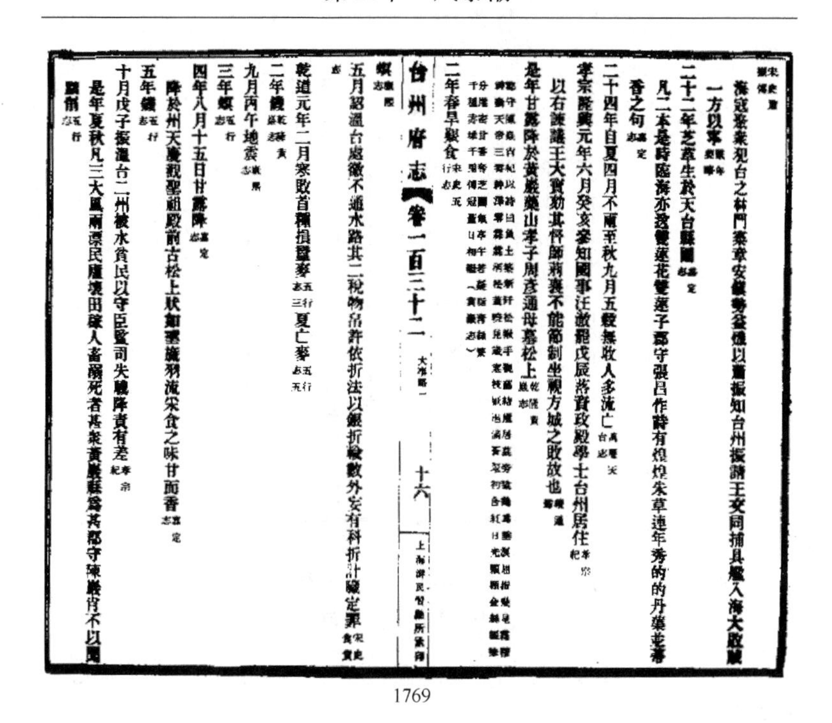
（宋史蕭振傳）海寇蔡某犯台之林門案章安鎮勢益熾以蕭振知台州振請王交同捕具艦入海大敗賊
一方以寧（宋史蕭振傳）
二十二年芝產生於天台縣圃（嘉定志）
凡二本是時臨海亦登雙蓮花雙蓮子郡守張昌作詩有煌煌朱草連年秀的的丹蕖並蒂
香之句（嘉定志）
二十四年自夏四月不雨至秋九月五穀無收人多流亡（萬曆天台志）
孝宗隆興元年六月癸亥參知政事汪澈罷戊辰以資政殿學士台州居住（孝宗紀）
以右諫議王大寶劾其督師荊襄不能節制坐視方城之敗故也（續通鑑）
是年甘露降於黄巖藥山孝子周彥通母墓松上（乾隆黄巖志）
二年春旱艱食（宋史五行志）

台州府志【卷一百三十二　大事略一　十六　上海游民習藝所承印

螟（康熙志）
五月詔溫台處徽不通水路其二稅物帛許依折法以銀折輸數外妄有科折計贓定罪（宋史食貨志）
乾道元年二月寒敗首種損蠶麥（五行志）夏亡麥（五行志）
二年饑（乾隆黄巖志）
九月丙午地震（康熙志）
三年螟（五行志）
四年八月十五日甘露降（嘉定志）
降於州天慶觀聖祖殿前古松上狀如璽旒羽流采食之味甘而香（嘉定志）
五年饑（五行志）
十月戊子振溫台二州被水貧民以守臣監司失職降責有差（孝宗紀）
是年夏秋凡三大風雨漂民廬壞田稼人畜溺死者甚衆黄巖縣爲甚郡守陳巖肖不以聞
黜削（五行志）

1769

图 2-11(c)　民国二十五年《台州府志·卷百三十二之三十六　大事记五卷》记载乾道五年洪灾

临海县:五年夏、秋,台州大水,漂田庐害稼,黄岩县为甚;台州夏、秋大风水凡三次,漂庐舍,溺人畜。临海县大风水,漂庐。坏田稼,人畜溺死者甚众,饥。仙居县大风,水漂民庐(《浙江灾异简志》、《临海县志》、《仙居县志》)。

黄岩县(今黄岩区):乾道五年,台州大风水,漂民庐,坏田稼、人畜,溺死者甚众,黄岩尤甚(《宋史》《府志》)(图 2-11d)[71]。

71　黄岩县志·卷三十八　杂志二　变异.清光绪三年.

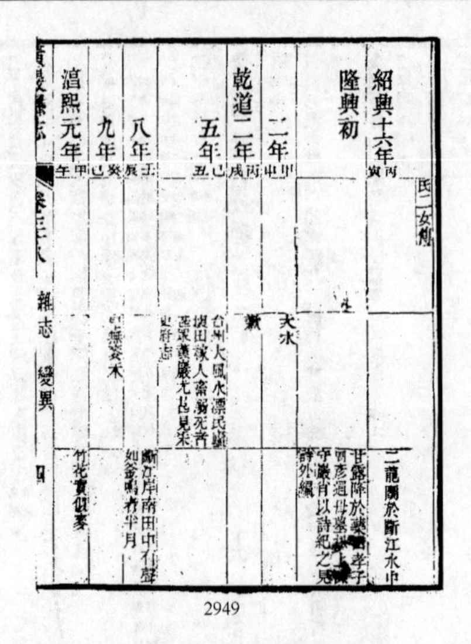
黃巖縣志 卷三十八 雜志 變異 四

紹興十六年丙寅 二龍鬬於斷江水中

隆興初 甘露降於[illegible]孝子曾彥迴母墓[illegible]守巖肖以詩紀之見詩外編

二年甲申 大水

乾道二年丙戌 [illegible]

五年己丑 台州大風水漂民廬壞田稼人畜溺死者甚眾黃巖尤甚見宋史五行志

八年壬辰 斷江岸南田中有聲如釜鳴者半月

九年癸巳 [illegible]無麥禾

淳熙元年甲午 竹花實似麥

2949

图 2-11(d) 清光绪三年《黄岩县志·卷三十八 杂志二 变异》记载乾道五年风暴潮

台州(今三门县):五年,大风雨,漂民庐,坏田稼,人畜溺死者甚众[72]。

温岭县(今温岭市):五年,大风,水漂民庐,坏田稼人畜,溺死者甚众[73]。

72 三门县志编纂委员会.三门县志·第二编 自然环境·第三章 气候.杭州:浙江人民出版社,1992:98.

73 温岭县志编纂委员会.温岭县志·地理·第二编 自然环境·第七章 灾异.杭州:浙江人民出版社,1992:87.

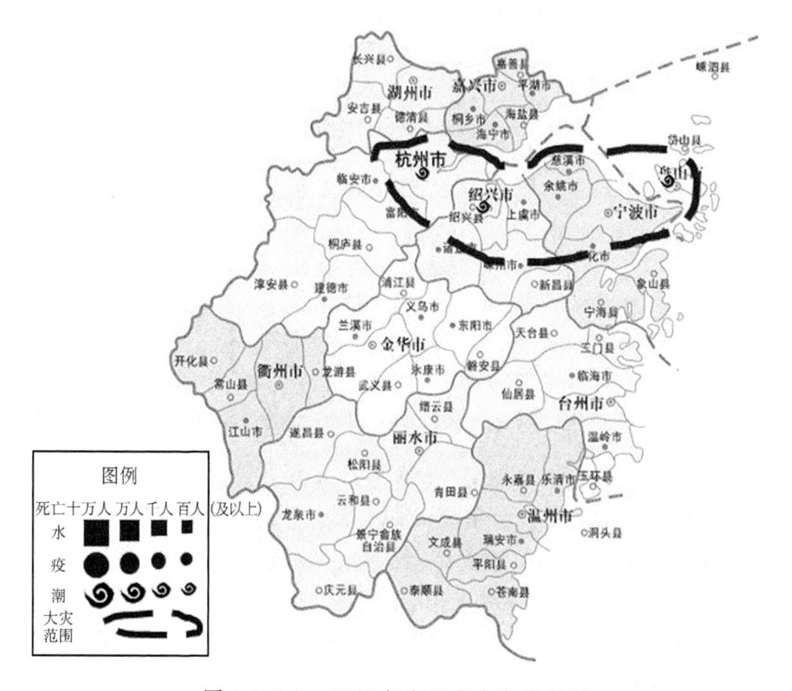

图 2-12(a)　1174 年浙江省大灾分布图

评价:浙东北。大灾点连贯性好。“海涛与溪合,激为大水”,两水相遇,抬高水位。死亡人数为数百人(图 2-12a)。

灾种:风暴潮。

资料条数:2 条。

〈1〉**杭州市　临安府(今杭州市)**:南宋淳熙元年(1174 年)秋七月,钱塘江堤决。《宋史》七月壬寅癸卯,钱塘大风涛决临安府一千六百六十余丈,漂没居民六百三十余家;仁和县濒江二乡坏田圃(图 2-12b)[74]。

---

[74] 杭州府志·卷之四　事纪下.明万历七年.

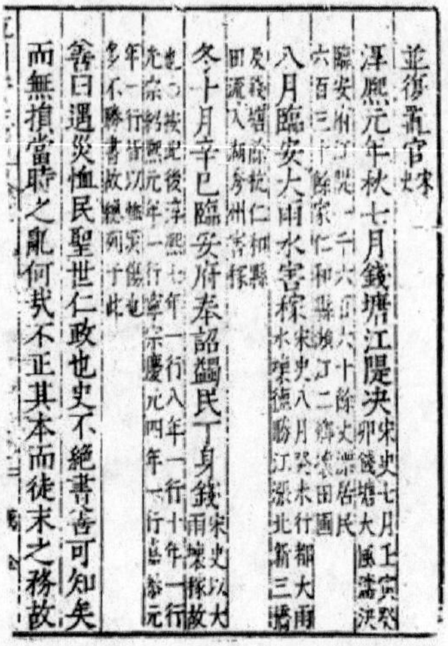
並復罷官宋史

淳熙元年秋七月錢塘江隄決宋史七月壬寅錢塘大風濤決臨安府江隄一千六百六十餘丈漂居民六百三十餘家仁和縣瀕江二鄉壞田圃

八月臨安大雨水害稼宋史八月癸未行都大雨水壞德勝江漲北新三橋及錢塘餘杭仁和縣田流入湖秀州害稼

冬十月辛巳臨安府奏詔蠲民丁身錢宋史以大雨壞稼故

史○按此後淳熙七年一行八年一行十年一行光宗紹熙元年一行寧宗慶元四年一行嘉泰元年一行皆以蝗災傷也多不勝書故概列于此

論曰遇災恤民聖世仁政也史不絕書吾可知矣

而無損當時之亂何哉不正其本而徒末之務故

图 2-12(b)　明万历七年《杭州府志·卷之四　事纪下》记载淳熙元年风暴潮

〈6〉**绍兴市　会稽县(今越城区)**:元年秋七月壬寅,钱塘大风潮,决江堤一千六百六十余丈,漂民居六百三十余家;仁和县濒江二乡坏田圃;会稽海涛与溪合,激为大水,决江岸,坏田庐,死者甚众;镇海濒海大风涛,漂没民田[75]。

〈9〉**舟山市　定海县(今定海区)**:元年七月壬寅,大风潮,坏田屋,死者甚多[76]。

[75] 温克刚.中国气象灾害大典·浙江卷·第一章　热带气旋.北京:气象出版社,2006:13.

[76] 定海县志编纂委员会.定海县志·第二篇　自然环境·第五章　气候.杭州:浙江人民出版社,1994:96.

1176 年

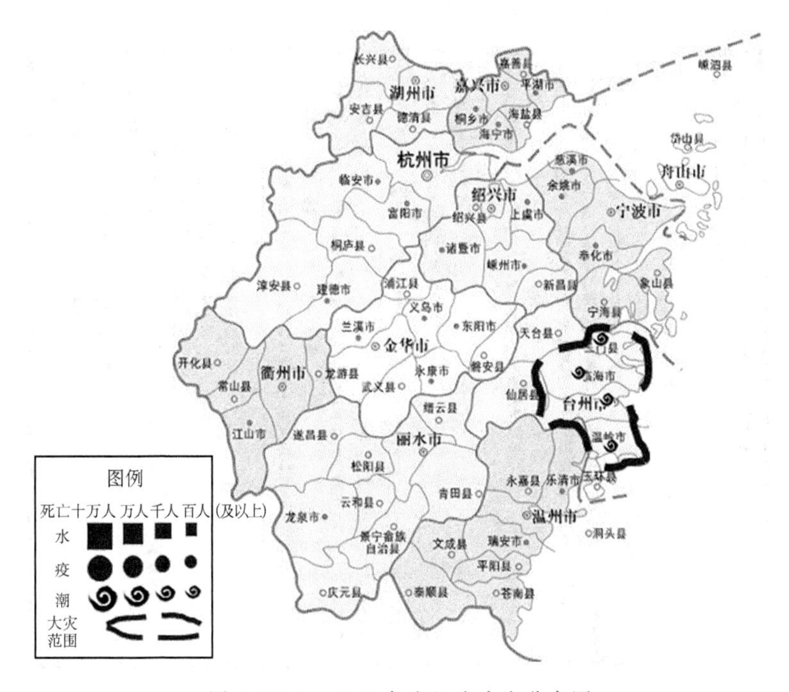

图 2-13(a)　1176 年浙江省大灾分布图

评价:浙东。大灾点连贯性好。“海涛、溪流合激为大水”,大雨引起的山水和风暴潮引发的大潮,抬高了洪水水位,“大水决江岸,坏民庐”。死亡人数为数百人(图 2-13a)。

灾种:风暴潮。

资料条数:5 条。

〈10〉**台州市**　**台州**:南宋淳熙三年(1176 年)八月辛巳(9 月 13 日),台州大风雨至于壬午(9 月 14 日),海涛、溪流合激为大水,决江岸，坏民庐，溺死者甚众，临海城几圮（《宋史》、雍正《浙江通志》）[77]。三年八月辛巳，大风，至于壬午，海涛溪流合激为大水，决江岸，坏民庐，溺死者甚众（图 2-13b）[78]。

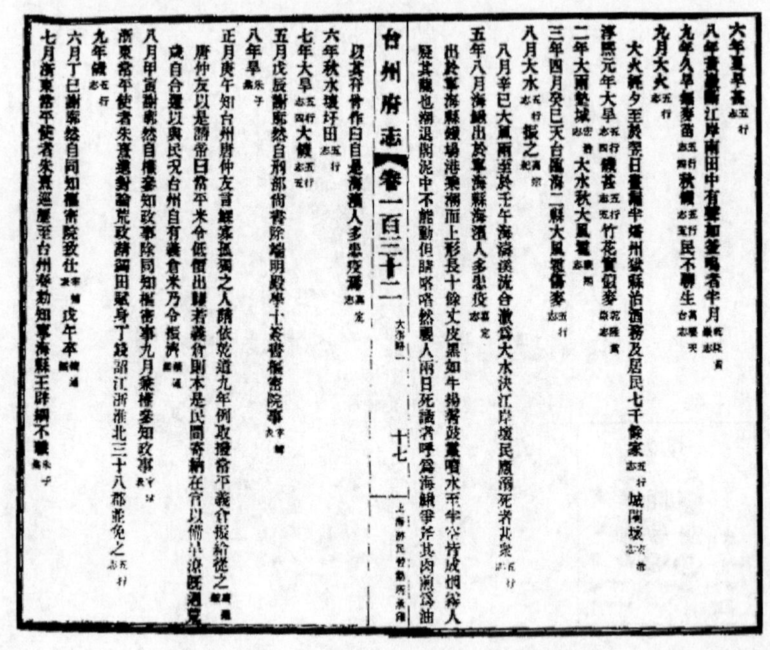

六年夏旱蝗五行志
八年黃巖縣江岸南田中有聲如釜鳴者半月
九年久旱無麥苗五行志秋饑五行志民不聊生
九月大火五行志
大火耗夕至於翌日晝焚半城州獄縣治酒務及居民七千餘家五行志城闉壞
淳熙元年大旱五行志饑甚五行志竹花實似麥
二年大雨壞城大水秋大風雹
三年四月癸巳天台臨海二縣大風雹傷麥五行志
八月大水五行志振之
八月辛巳大風雨至於壬午海濤溪流合激爲大水決江岸壞民廬溺死者甚衆五行志
五年八月海鰍出於寧海縣海濱人多患疫嘉定志
出於寧海縣鐵場港乘潮而上形長十餘丈皮黑如牛揚鬐鼓鬣噴水至半空皆成烟霧人
疑其龍也潮退閣泥中不能動但睛眨然瞰人兩日死識者呼爲海鰍爭斧其肉煎爲油
以其脊骨作臼自是海濱人多患疫癘嘉定志

台州府志【卷一百三十二　大事略一　十七

六年秋水壞圩田五行志
七年大旱五行志大饑五行志
五月戊辰謝廓然自刑部尚書除端明殿學士簽書樞密院事宰輔表
八年旱
正月庚午知台州唐仲友言鰥寡孤獨之人願依乾道九年例取撥常平義倉振給從之
唐仲友以是請帝曰常平米令低價出糶若義倉則本是民間寄納在官以備水旱既遇荒
歲自合還以與民況台州自有義倉米乃令振濟
八月甲寅謝廓然自權參知政事除同知樞密院事九月兼權參知政事宰輔表
浙東常平使者朱熹奏劾論荒政蠲田賦身丁錢詔江浙淮北三十八郡並免之五行志
九年饑五行志
六月丁巳謝廓然自同知樞密院致仕宰輔表戊午本
七月浙東常平使者朱熹巡歷至台州奏劾知寧海縣王辟綱不職

图 2-13(b)　民国二十五年《台州府志·卷百三十二之三十六　大事记五卷》记载淳熙三年风暴潮

临海县：三年五月，台州水；八月，台州大风雨连日，海潮合溪流决江岸。坏民庐。八月，临海久雨，大水决江岸，坏民庐，溺死甚众（《浙江灾异简志》《临海县志》）。

临海县（今三门县）：三年八月，久雨，大水决江岸，坏民庐，溺

77　台州市气象局气象志编纂委员会. 台州市气象志·第九章　历代灾异. 北京：气象出版社，1998：106.

78　台州府志·卷百三十二之三十六　大事记五卷. 民国二十五年.

死甚众[79]。

温岭县(今温岭市):三年八月,大风雨,洪水,坏民房,民溺死者甚众[80]。

黄岩县(今黄岩区):三年八月辛巳,大风雨,壬午大水,决江岸,坏民庐,溺死者甚众(《宋史》)(图 2-13c)[81]。

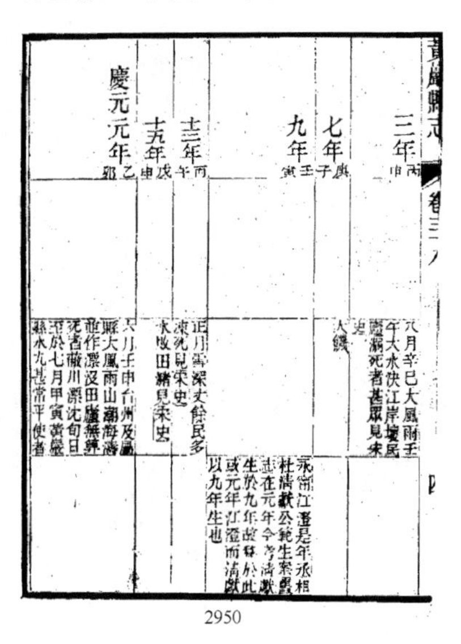
黃巖縣志 卷三十八

三年丙申 八月辛巳大風雨壬午大水決江岸壞民廬溺死者甚衆見宋史

七年庚子 大饑

九年壬寅 永寧江澄是年丞相杜清獻公範生案舊志在元年今考清獻生於九年故繫於此或元年江澄而清獻以九年生也

十三年丙午 正月雪深丈餘民多凍死見宋史

十五年戊申 水敗田稼見宋史

慶元元年乙卯 六月壬申台州及屬縣大風雨山洪海濤並作漂沒田廬無算死者蔽川漂沈旬日至於七月甲寅黃巖縣水尤甚常平使者

2950

图 2-13(c) 清光绪三年《黄岩县志・卷三十八 杂志二 变异》记载淳熙三年风暴潮

79 三门县志编纂委员会. 三门县志・第二编 自然环境・第三章 气候. 杭州:浙江人民出版社,1992:99.

80 温岭县志编纂委员会. 温岭县志・地理・第二编 自然环境・第七章 灾异. 杭州:浙江人民出版社,1992:87.

81 黄岩县志・卷三十八 杂志二 变异. 清光绪三年.

1195 年

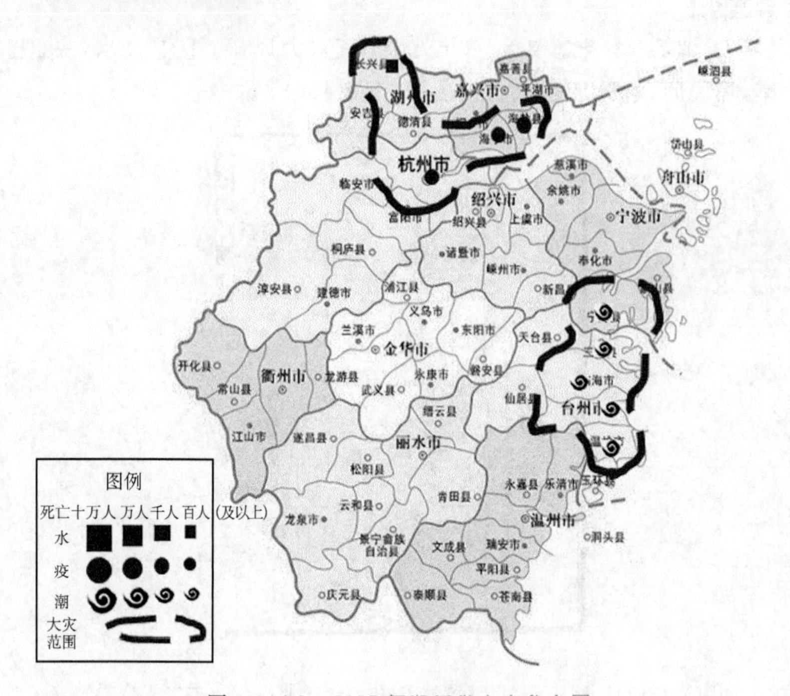

图 2-14(a)　1195 年浙江省大灾分布图

评价:浙东和浙北。大灾点连贯性好。浙东遭受风暴潮灾害,浙北系干旱成灾引发饥荒、瘟疫。灾情重,灾害点的死亡人数均在上千人。风暴潮点“死者蔽川”,“漂沉旬日”;瘟疫点仅官方收集到的尸体已有上千具,还不包括由亲人埋葬的。死亡人数为三千人以上(图 2-14a)。

灾种:风暴潮、瘟疫。

资料条数:10 条。

〈1〉**杭州市　临安府(今杭州市)**:南宋庆元元年(1195 年)春三月,临安大疫。《宋史》戊辰以临安大疫,出内帑钱,为贫民医药棺费及赐诸军,疫死者家(图 2-14b)[82]。

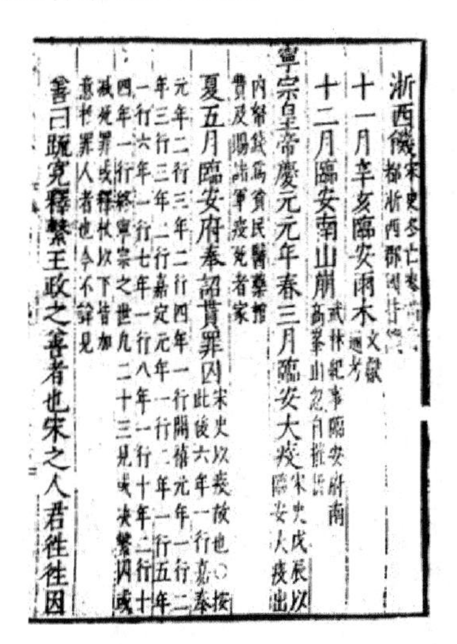
浙西饑
十一月辛亥臨安雨木 文獻通考
十二月臨安南山崩 武林紀事臨安府南高峯山忽自摧陷
寧宗皇帝慶元元年春三月臨安大疫 宋史戊辰以臨安大疫出內帑錢爲貧民醫藥棺費及賜諸軍疫死者家
夏五月臨安府奉詔貫罪囚 宋史以表故也○按此後六年一行嘉泰元年二行三年二行四年一行開禧元年一行二年三行三年二行嘉定元年一行二年一行五年一行六年一行七年一行八年一行十年二行十四年一行終寧宗之世凡二十三見或決繫囚或減死罪或釋杖以下皆加惠於罪人者也今不詳見
審已疏究釋繫王政之善者也宋之人君往往因

图 2-14(b)　明万历七年《杭州府志·卷之四　事纪下》记载庆元元年瘟疫

〈2〉**宁波市　宁海县**:南宋庆元元年(1195 年)六月,大风雨,山洪海涛并作,漂没田庐无算,死者蔽川,漂沉旬日[83]。

〈4〉**嘉兴市　盐官县(今海宁市)**:庆元元年(1195 年)春,疾疫大作,死者无数。十月,县令鲁菔择人集尸骸千余,分葬于硖石、长安义冢[84]。

海盐县:元年,上年秋旱成灾,饥者几万人,是年春疾疫大作,死者甚多[85]。

〈5〉**湖州市　长兴县**:光宗朝甲寅(绍熙五年,1194 年)、乙卯

82　杭州府志·卷之四　事纪下.明万历七年.

83　宁波气象志编纂委员会.宁波气象志·第二章　气象灾害·附:气象灾害年表.北京:气象出版社,2001:92.

84　海宁市志编纂委员会.海宁市志·大事记.上海:汉语大词典出版社,1995:3.

85　海盐县水利志编纂委员会.海盐县水利志·概述.杭州:浙江人民出版社,2008:3.

(1195年)岁，浙西先旱后水，湖州死无虚室，河堤积尸千数[86]。

〈10〉**台州市　台州及属县**：元年，六月壬申(7月27日)，台州及属县大风雨，山洪、海涛并作，漂没田庐无算，死者蔽川，漂沉旬日；至于七月甲寅，黄岩县水尤甚《宋史》[87]。元年六月壬申，台州及属县大风雨，山洪、海涛并作，漂浸田庐无算，死者蔽川，漂沈旬日至于七月甲寅，黄岩县水尤其(图2-14c)[88]。

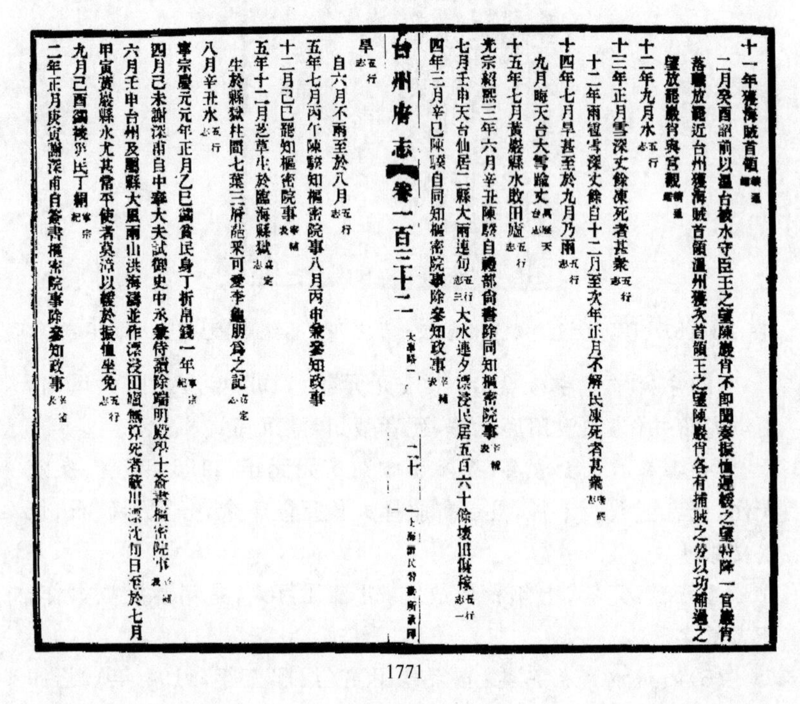
十一年獲海賊首領
二月癸酉詔前以溫台被水守臣王之望陳巖肖不即聞奏振恤遲緩之望特降一官巖肖
落職放罷近台州獲海賊首領溫州獲次首領王之望陳巖肖各有捕賊之勞以功補過之
望放罷巖肖與宮觀
十二年九月水 五行志
十三年正月雪深丈餘凍死者甚衆 五行志
十二年雨雹雪深丈餘自十二月至次年正月不解民凍死者甚衆
十四年七月旱甚至於九月乃雨 五行志
九月晦天台大雪踰丈
十五年七月黃巖縣水敗田廬 五行志
光宗紹熙三年六月辛丑陳騤自禮部尚書除同知樞密院事
七月壬申天台仙居二縣大雨連旬 五行志 大水連夕漂浸民居五百六十餘壞田傷稼
四年三月辛巳陳騤自同知樞密院事除參知政事

台州府志 卷一百三十二 大事略一 二十

旱 五行志
自六月不雨至於八月 五行志
五年七月丙午陳騤知樞密院事八月丙申兼參知政事
十二月己巳罷知樞密院事
五年十二月芝草生於臨海縣獄 嘉定志
生於縣獄柱間七葉三層葩采可愛李鎮朋爲之記
八月辛丑水 五行志
寧宗慶元元年正月乙巳蠲貧民身丁折帛錢一年 寧宗紀
四月己未謝深甫自中奉大夫試御史中丞兼侍讀除端明殿學士簽書樞密院事
六月壬申台州及屬縣大風雨山洪海濤並作漂浸田廬無算死者蔽川漂沈旬日至於七月
甲寅黃巖縣水尤甚常平使者莫漳以緩於振恤坐免 五行志
九月己酉蠲被災民丁絹 寧宗紀
二年正月庚寅謝深甫自簽書樞密院事除參知政事

1771

图2-14(c)　民国二十五年《台州府志·卷百三十二之三十六　大事记五卷》记载庆元元年风暴潮

86　长兴县志·卷九　灾祥.清同治十三年.

87　台州市气象局气象志编纂委员会.台州市气象志·第九章　历代灾异.北京:气象出版社,1998:107.

88　台州府志·卷百三十二之三十六　大事记五卷.民国二十五年.

台州市 黄岩县(今黄岩区):元年六月壬申,台州属县及宁海大风雨,海塘山洪并作,没田庐、溺死无算,黄岩尤甚[89]。

台州、临海县:元年六月壬申,台州县属大风雨,海涛、山洪并作,没田庐溺人无算;黄岩水。六月,临海大风雨,山洪海涛并作,没田庐无算,死者蔽川,漂沉旬日,水后大疫。六月,仙居大风雨,没田庐(光绪《台州府志》卷二八、《临海县志》、《仙居县志》)。

台州(今三门县):元年六月壬申,大风雨,山洪,海涛并作,漂没田庐无算,死者蔽川,漂没旬日,七月,水后大疫[90]。

温岭县(今温岭市):元年六月下旬,大风雨,山洪、海溢并作,漂没田庐无算,死者蔽川,漂沉旬日,至七月上旬水方退[91]。

---

89 温克刚.中国气象灾害大典·浙江卷·第一章 热带气旋.北京:气象出版社,2006:14.

90 三门县志编纂委员会.三门县志·第二编 自然环境·第三章 气候.杭州:浙江人民出版社,1992:99.

91 温岭县志编纂委员会.温岭县志·地理·第二编 自然环境·第七章 灾异.杭州:浙江人民出版社,1992:87.

1206 年

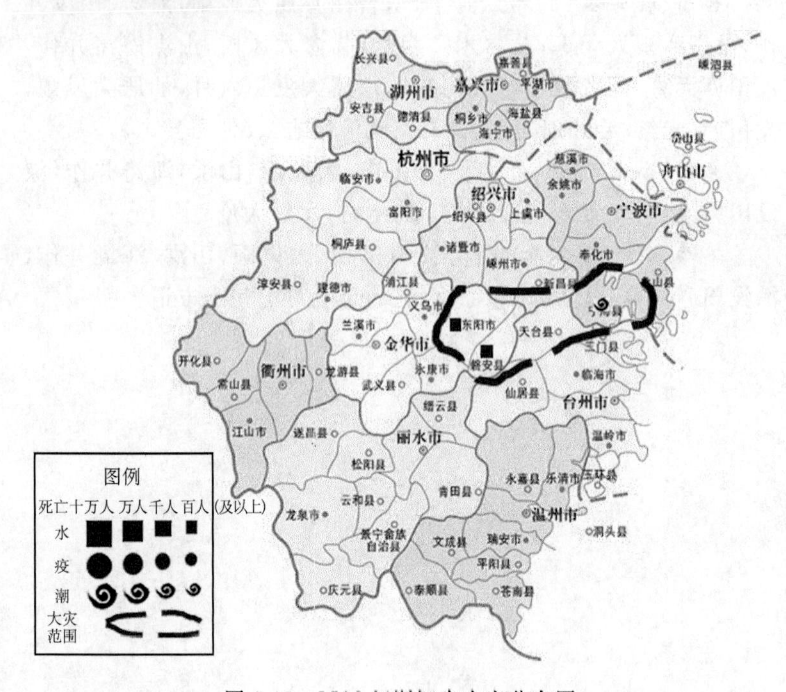

图 2-15　1206 年浙江省大灾分布图

评价:浙中至浙东。大灾点连贯性较好。大灾呈东西向分布。死亡人数为数百人以上(图 2-15)。

灾种:风暴潮、洪涝。

资料条数:3 条。

〈2〉**宁波市　宁海县**:南宋开禧二年(1206 年)七月,宁海大风雨,激海涛漂圮二千二百八十余家,溺死尤众(《民国台州府志·大事记》)。

〈7〉**金华市　东阳县(今东阳市)**:二年五月大水。同夕崩洪五百四十处，淹毁田地二万余亩，溺死者众[92]。

磐安县：二年五月，大水，山洪暴发，淹没良田二万余亩，人溺死者众[93]。

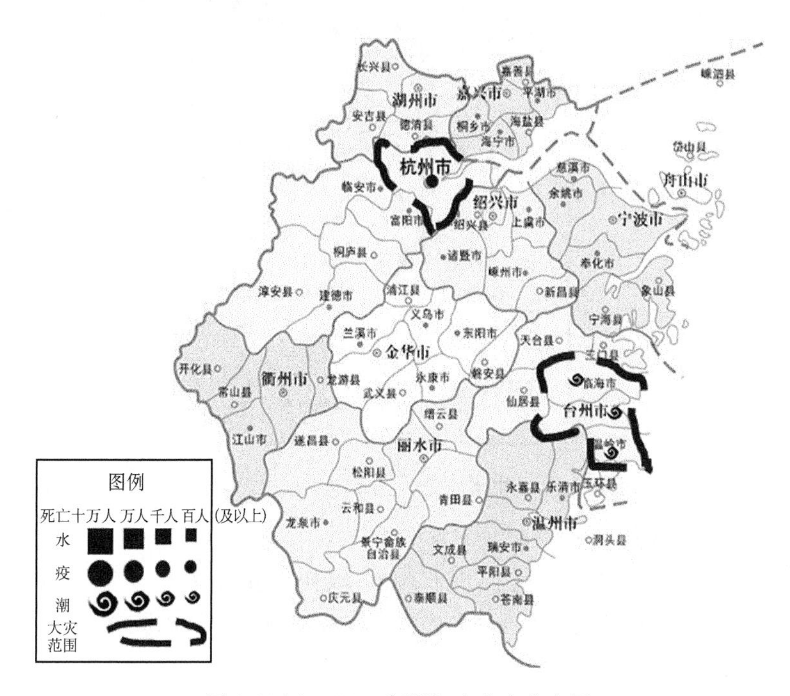

图 2-16(a)　1209 年浙江省大灾分布图

评价：浙东。大灾点连贯性好。“激海涛，漂圮二千二百八十

[92] 东阳市志编纂委员会.东阳市志·卷三灾异·第二章　灾害纪略·第二节　水灾.上海：汉语大词典出版社，1993.

[93] 磐安县志编纂委员会.磐安县志·卷二　自然环境·灾害.杭州：浙江人民出版社，1993：67.

余家”，热带风暴的危害很严重。死亡人数为数百人（图 2-16a）。

灾种：风暴潮、瘟疫。

资料条数：5 条。

〈1〉**杭州市　临安府（今杭州市）**：南宋嘉定二年（1209 年）夏四月，临安大疫。《宋史〉死者甚众（图 2-16b）[94]。

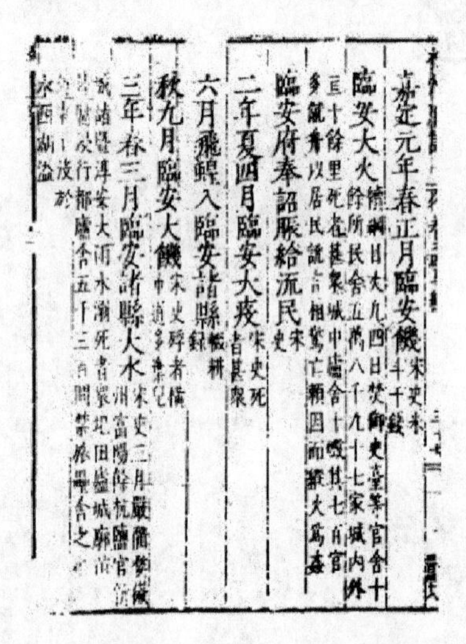
嘉定元年春正月臨安饑宋史米斗千錢
臨安大火
臨安府奉詔賑給流民宋史
二年夏四月臨安大疫宋史死者甚衆
六月飛蝗入臨安諸縣輟耕錄
秋九月臨安大饑宋史
三年春三月臨安諸縣大水宋史

图 2-16(b)　明万历七年《杭州府志·卷之四　事纪下》记载嘉定二年瘟疫

〈10〉**台州市　台州**：二年七月壬辰（8 月 2 日），台州大风雨夜作，激海涛，漂圮二千二百八十余家，溺死尤众（《宋史》）[95]。二年七月壬辰，大风雨激海涛漂圮二千二百八十余家，溺死尤众（图 2-16c）[96]。

94　杭州府志·卷之四　事纪下. 明万历七年.

95　台州市气象局气象志编纂委员会. 台州市气象志·第九章　历代灾异. 北京：气象出版社，1998：107.

96　台州府志·卷百三十二之三十六　大事记五卷. 民国二十五年.

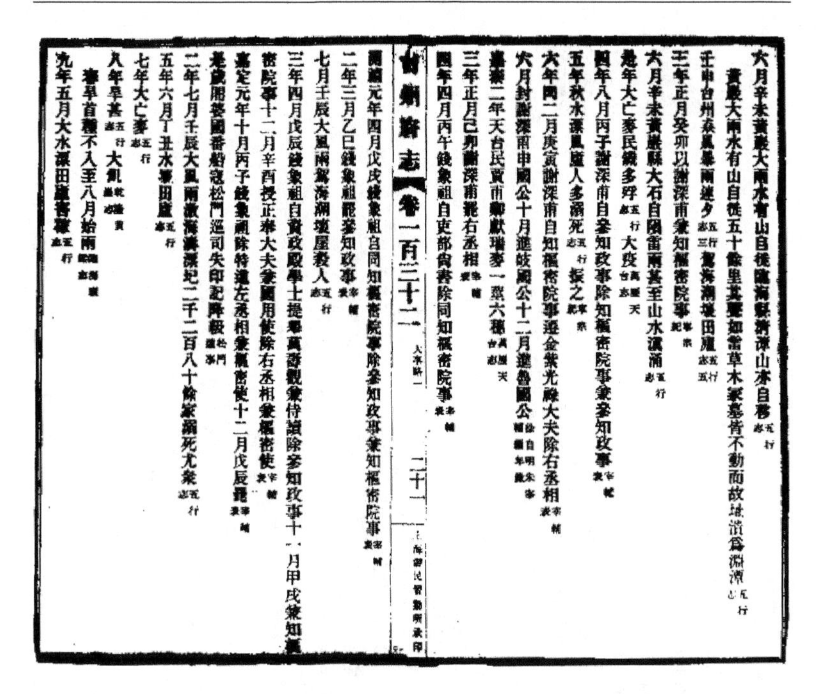
六月辛未黃巖大雨水有山自徙臨海縣滸湧山亦自移 五行志
黃巖大雨水有山自徙五十餘里其聲如雷草木冢墓皆不動而故址潰爲淵潭 五行志
壬申台州暴風暴雨連夕 五行志 駕海潮壞田廬 五行志
三年正月癸卯以謝深甫兼知樞密院事
六月辛未黃巖縣大石自隕雷雨甚至山水漬涌 五行志
是年大亡麥民饑多殍 五行志 大疫
四年八月丙子謝深甫自參知政事除知樞密院事兼參知政事
五年秋水漂風廬人多溺死 五行志 振之
六年閏二月庚寅謝深甫自知樞密院事遷金紫光祿大夫除右丞相
六月封謝深甫申國公十月進岐國公十二月進魯國公
嘉泰二年天台民貢市鄉獻瑞麥一莖六穗
三年正月己卯謝深甫罷右丞相
四年四月丙午錢象祖自吏部尚書除同知樞密院事

台州府志 卷一百三十二 大事略一 二十一

開禧元年四月戊戌錢象祖自同知樞密院事除參知政事兼知樞密院事
二年三月乙巳錢象祖罷參知政事
七月壬辰大風雨駕海潮壞屋殺人 五行志
三年四月戊辰錢象祖自資政殿學士提舉萬壽觀兼侍讀除參知政事十一月甲戌兼知樞密院事十二月辛酉授正奉大夫兼國用使除右丞相兼樞密使
嘉定元年十月丙子錢象祖除特進左丞相兼樞密使十二月戊辰罷
是歲用婺國番船寇松門巡司失印記降級
二年七月壬辰大風雨激海濤漂圮二千二百八十餘家溺死尤衆 五行志
五年六月丁丑水暴田廬 五行志
七年大亡麥 五行志
八年旱甚 五行志 大飢
春旱首種不入至八月始雨
九年五月大水漂田廬害稼 五行志

图 2-16(c)　民国二十五年《台州府志·卷百三十二之三十六　大事记五卷》记载嘉定二年风暴潮

临海县：二年七月，台州大风雨海潮，漂二千二百八十余家。七月，临海大风雨夜作，激海涛，漂圮二千二百八十余家，溺死尤众（《浙江灾异简志》《临海县志》）。

温岭县（今温岭市）：二年六月，大风雨，海溢，漂没二千二百八十余家，溺死尤众[97]。

临海、黄岩县（今黄岩区）：二年七月壬辰，大风雨，激海涛，漂圮二千二百八十余家，溺死尤甚[98]。

97　温岭县志编纂委员会. 温岭县志·地理·第二编　自然环境·第七章　灾异. 杭州：浙江人民出版社，1992：87.

98　温克刚. 中国气象灾害大典·浙江卷·第一章　热带气旋. 北京：气象出版社，2006：14.

1217 年

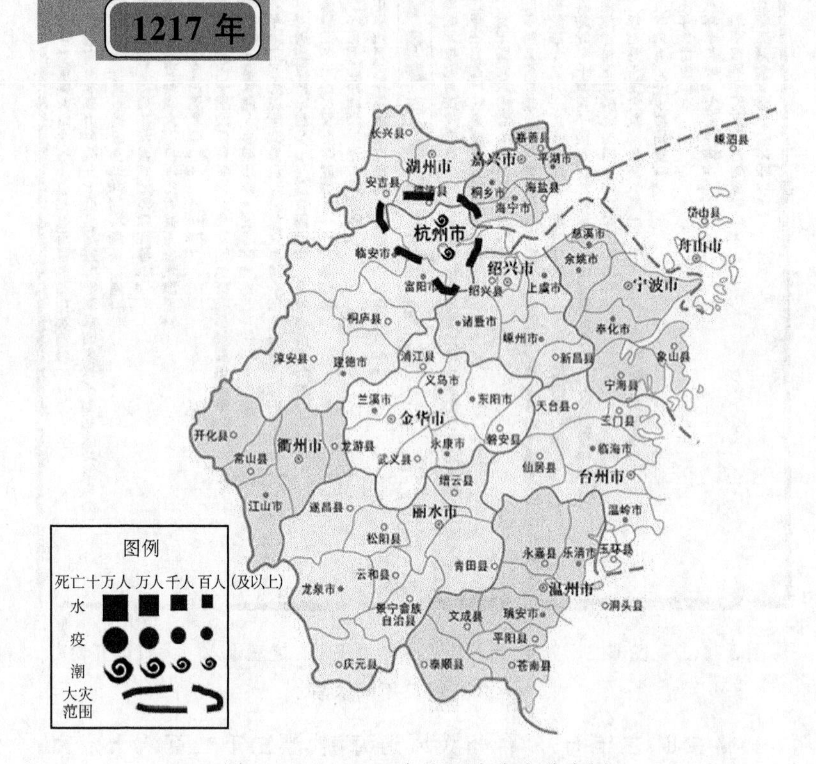

图 2-17(a)　1217 年浙江省大灾分布图

评价:浙北。大灾点连贯性好。“海溢,圮庐舍覆舟”,没有记载陆地上的灾害,主要是海上风浪引发。死亡人数为百人以上(图 2-17a)。

灾种:风暴潮。

资料条数:2 条。

〈1〉**杭州市　临安府(今杭州市)**:南宋嘉定十年(1217 年)冬十月,浙江海溢,圮庐舍覆舟,溺死甚众(图 2-17b)[99]。

99　杭州府志 · 卷之四 事纪下. 明万历七年.

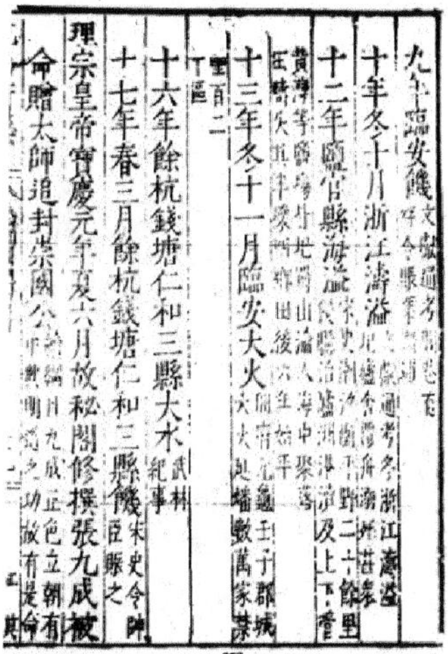

九年臨安饑
十年冬十月浙江濤溢
十二年鹽官縣海溢
十三年冬十一月臨安大火
十六年餘杭錢塘仁和三縣大水
十七年春三月餘杭錢塘仁和三縣饑
理宗皇帝寶慶元年夏六月故秘閣修撰張九成被
命贈太師追封崇國公

图 2-17(b) 明万历七年《杭州府志·卷之四 事纪下》记载嘉定十年风暴潮

余杭县(今余杭区):十年十月,霖雨,钱塘江涛溢,圮庐覆舟,溺死甚众[100]。

100 余杭县志编纂委员会.余杭县志·第二编 自然环境·第五章 水旱灾害.杭州:浙江人民出版社,1990:79.

1229 年

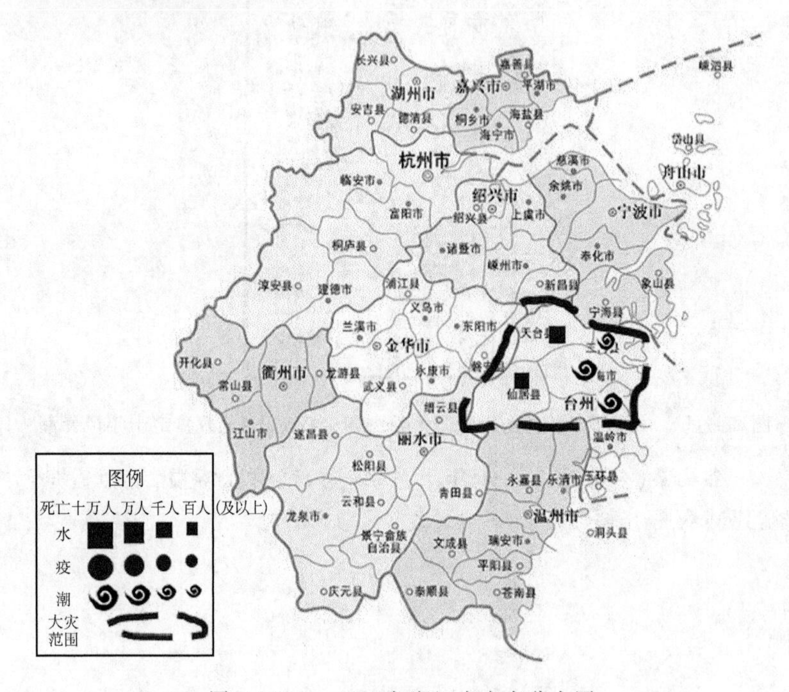

图 2-18(a)　1229 年浙江省大灾分布图

评价:浙东。大灾点连贯性好。局域性特大灾害。九月乙丑至丁卯,连续 3 日大雨潮,“水自西北溢、俱会城下,袭朝天门,夺括苍门以入,决崇和门侧而出,平地水高丈余”,居民的逃生通道全部被堵死。死亡人数 3 万人(图 2-18a)。

灾种:风暴潮、洪涝。

资料条数:4 条。

注:下列资料凡斜体者,为死亡万人及以上。编号:12W1229。

〈10〉台州市　天台、仙居、临海县:南宋绍定二年(1229 年)九月乙丑朔(9 月 19 日),复雨,丙寅(9 月 20 日)加骤;丁卯(9 月 21 日),天台、仙居水自西来,海自南溢,俱会于临海城下,平地高丈有

七尺，死人民逾二万，凡物之蔽江塞港入于海者三日，天台溪民流没，一二十里无人烟（光绪《台州府志》《宋史》）[101]。*二年夏，旱。秋潦，九月乙丑朔复雨，丙寅加骤，丁卯天台、仙居水自西来，海自南溢，俱会于城下，防者不戒，覆朝天门，大翻括苍门城，以入□决崇和门侧城而出，平地高丈有七尺，死人民逾二万，凡物之蔽江塞港入于海者三日*（图 2-18b）[102]。

1772

图 2-18(b)　民国二十五年《台州府志·卷百三十二之三十六　大事记五卷》记载绍定二年风暴潮

***台州、仙居县：**二年九月朔，台州府大雨，在台、仙居水自西来，*

101　台州市气象局气象志编纂委员会. 台州市气象志·第九章　历代灾异. 北京：气象出版社，1998：107.

102　台州府志·卷百三十二之三十六　大事记五卷. 民国二十五年.

海自南溢，俱会于城，平地水高丈有七尺，死人民逾二万；黄岩大水，九月，仙居平原皆水，冲坏田地一万七千多亩（康熙《临海县志》卷一一、万历《黄岩县志》、《仙居县志》）。

临海县：二年九月，大雨，天台、仙居水自西北溢、俱会城下，袭朝天门（西北门），夺括苍门（西门）以入，决崇和门侧而出，平地水高丈余，死者逾三万[103]。

台州（今三门县）：二年七月，大雨至九月不止，台州城内水深丈余，死者万余人[104]。

---

103 临海县志编纂委员会. 临海县志·第三编　自然地理·第八章　自然灾害. 杭州：浙江人民出版社，1989：147.

104 三门县志编纂委员会. 三门县志·第二编　自然环境·第三章　气候. 杭州：浙江人民出版社，1992：99.

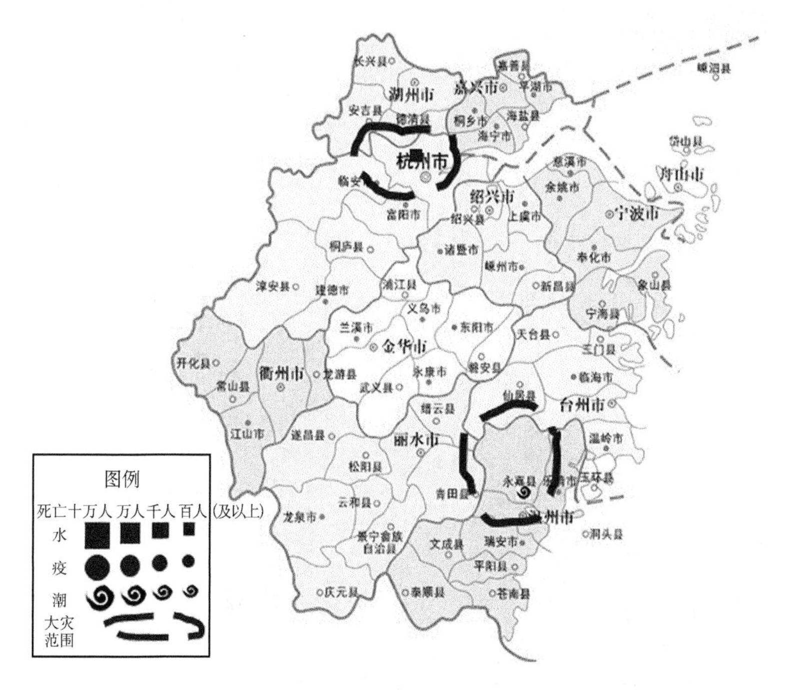

图 2-19　1244 年浙江省大灾分布图

评价:浙北、浙东南。死亡人数为数百人(图 2-19)。

灾种:风暴潮、旱灾。

资料条数:2 条。

〈1〉**杭州市　余杭县(今余杭区):**南宋淳祐四年(1244 年),旱兼至,行都之内,气象萧条,左浙近辅,殍尸盈道[105]。

105　余杭县志编纂委员会.余杭县志·第二编　自然环境·第五章　水旱灾害.杭州:浙江人民出版社,1990:88.

〈3〉**温州市**　**永嘉县**:四年七月,飓风大作,溺死人甚众[106]。

1297 年

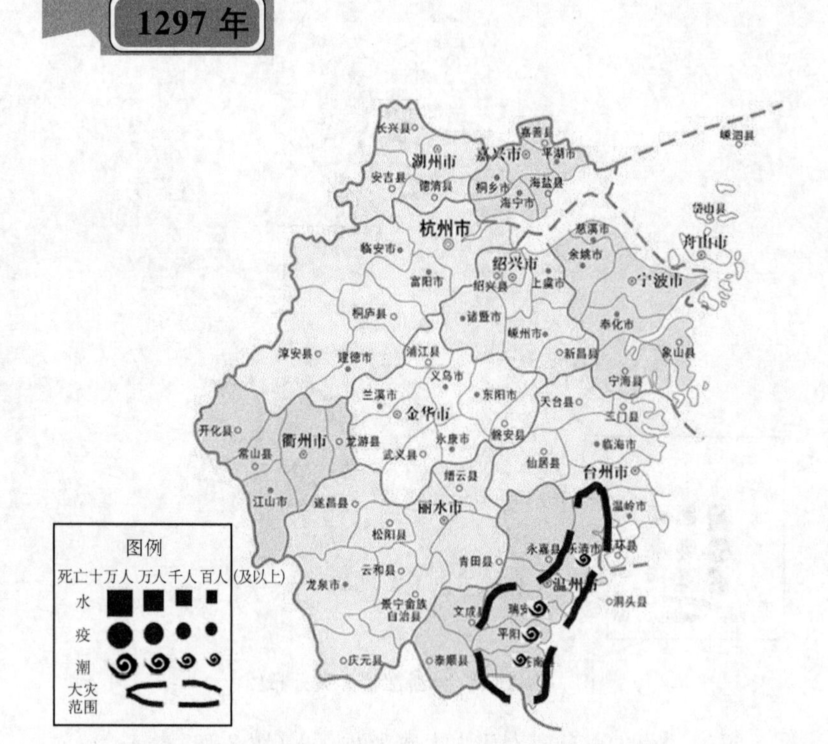

图 2-20(a)　1297 年浙江省大灾分布图

评价:浙东南。大灾点连贯性好。海溢二丈高,相当于 6 米以上。当时的海塘挡不住如此大的潮水,风暴潮又发生在人们酣睡的黎明时刻,加之飓风暴雨、山洪骤发,“三碰头”,猝不及防、死伤惨重。仅平阳、瑞安两州海溢,死亡 6000 余人(图 2-20a)。

灾种:风暴潮。

106　温克刚.中国气象灾害大典·浙江卷·第一章　热带气旋.北京:气象出版社,2006:15.

资料条数:6 条。

〈3〉**温州市 平阳、瑞安县(今瑞安市)**:元大德元年(1297 年)七月十四日夜间,风暴雨海浪高二丈,坏田四万四千余亩,屋二千余区。《续文献通考》又《元史·五行志》:平阳、瑞安水溺死六千余人(图 2-20b)[107]。

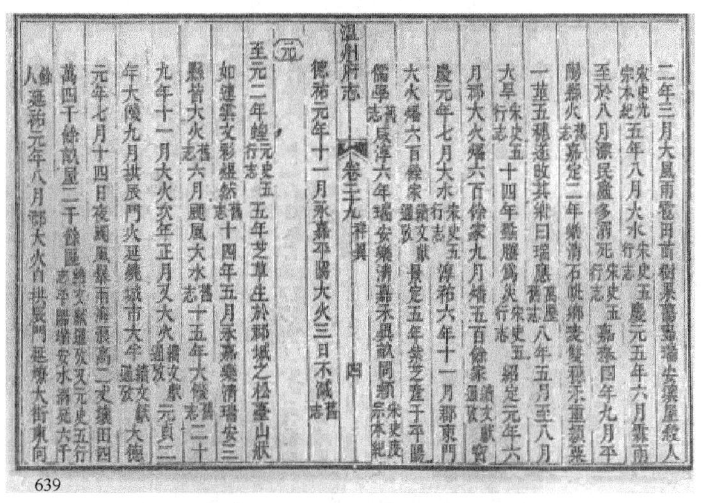
二年三月大風雨雹田苗樹果蕩盡瑞安壞屋殺人宋史光宗本紀五年八月大水宋史五行志慶元五年六月暴雨至於八月漂民廬多溺死宋史五行志嘉泰四年九月平陽縣火萬曆志嘉定二年樂清石門鄉麥雙穗禾重穎粟一莖五穗莛畝其糾曰瑞應萬曆舊志八年五月至八月大旱宋史五行志十四年蠶臘篤災宋史五行志紹定元年六月郡大火燔六百餘家九月燔五百餘家續文獻通考寶慶元年七月大水宋史五行志淳祐六年十一月郡東門大火燔六百餘家續文獻通考景定五年紫芝產于平陽儒學志萬曆志咸淳六年瑞安樂清嘉禾異畝同穎宋史度宗本紀

溫州府志 卷之二十九 祥異 四

德祐元年十一月永嘉平陽大火三日不滅舊志

元

至元二年蝗元史五行志五年芝草生於郡城之松臺山椒如蓮葉文彩縟然舊志十四年五月永嘉樂清瑞安三縣皆大火舊志六月颶風大水舊志十五年大饑舊志二十九年十一月大火次年正月又大火續文獻通考元貞二年大饑九月拱辰門火延燒城市大半續文獻通考大德元年七月十四日夜颶風暴雨海浪高二丈壞田四萬四千餘畝屋二千餘區續文獻通考又元史五行志平陽瑞安水溺死六千餘人延祐元年八月郡大火自拱辰門延燒大街東向

639

图 2-20(b) 清乾隆庚辰《温州府志·卷之二十九 祥异》记载大德元年风暴潮

元年秋七月十四夜,大风雨,海大溢。平阳、瑞安二州溺死者二千八百人(图 2-20c)[108]。

---

107 温州府志·卷之二十九 祥异.清乾隆庚辰.

108 温州府志·卷之六 灾之变.明嘉靖丁酉.

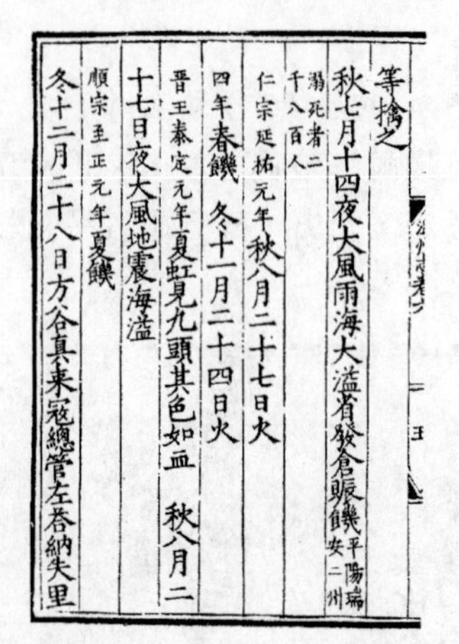

等擒之
秋七月十四夜大風雨海大溢省發倉賑饑平陽瑞安二州溺死者二千八百人
仁宗延祐元年秋八月二十七日火
四年春饑　冬十一月二十四日火
晉王泰定元年夏虹見九頭其色如血　秋八月二十七日夜大風地震海溢
順宗至正元年夏饑
冬十二月二十八日方谷真来寇總管左荅納失里

图 2-20(c)　明嘉靖丁酉《温州府志・卷之六　灾之变》记载大德元年风暴潮

元年七月十四日夜，飓风暴雨，浪高二丈，坏田四万四千余余亩、屋二千余区。《续文献通考》又《元史・五行志》：平阳、瑞安水溺死六千余人(图 2-20d)[109]。

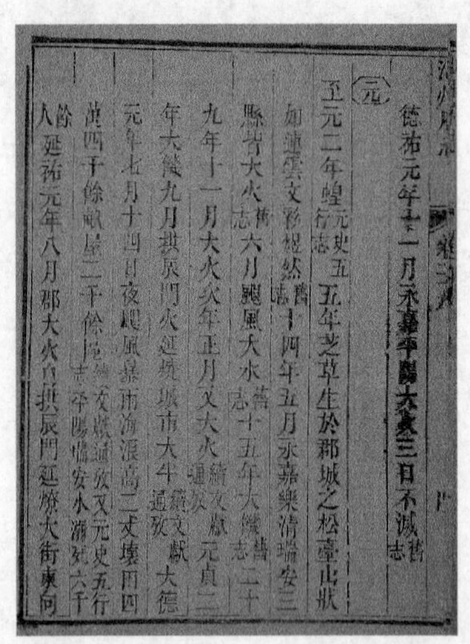

德祐元年十二月永嘉平陽大霧三日不滅舊志
元
至元二年蝗元史五行志五年芝草生於郡城之松臺山狀如蓮雲文彩燦然舊志十四年五月永嘉樂清瑞安三縣皆大水舊志六月颶風大水舊志十五年大饑舊志二十九年十一月大火災年正月又大火續文獻通考元貞二年大饑九月拱辰門火延燒城市大半續文獻通考大德元年七月十四日夜颶風暴雨海浪高二丈壞田四萬四千餘畝屋二千餘區續文獻通考又元史五行志平陽瑞安水溺死六千餘人延祐元年八月郡大火自拱辰門延燎大街東向

图 2-20(d)　清同治丙寅《温州府志・卷之二十九　祥异》记载大德元年风暴潮

109　温州府志・卷之二十九　祥异. 清同治丙寅.

温州、永嘉、瑞安、平阳县：元年七月十四日夜，温州、永嘉、瑞安、平阳飓风暴雨，海溢，浪高二丈，漂荡居民田地盐窑，坏田四万四千余亩，屋二千余区，平阳、瑞安二州溺死六千八百余人[110]。

平阳县：元年丁酉七月十四日夜，飓风、大雨、海溢，高二丈（乾隆府志旧志修）漂荡民居田地盐庵（章嘉风潮赋序）平阳、瑞安二州溺死六千八百余人（元史·五行志）（图 2-20e）[111]。

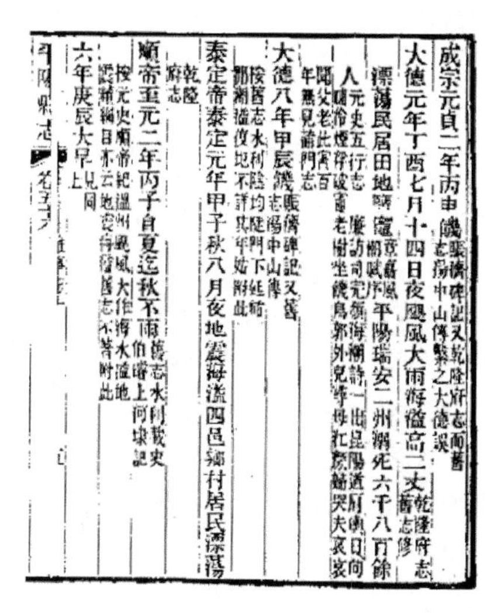
成宗元貞二年丙申饑（[illegible]）
大德元年丁酉七月十四日夜颶風大雨海溢高二丈（乾隆府志舊志修）
漂蕩民居田地鹽竈（章嘉風潮賦序）平陽瑞安二州溺死六千八百餘
人（元史五行志）[illegible]
大德八年甲辰饑（[illegible]）
泰定帝泰定元年甲子秋八月夜地震海溢四邑鄉村居民漂蕩
順帝至元二年丙子自夏迄秋不雨（[illegible]）
六年庚辰大旱（[illegible]）
平陽縣志　卷五十六

图 2-20(e)　民国十四年《平阳县志·卷五十六　祥异》记载大德元年风暴潮

苍南县：元年七月十四日，飓风暴雨，山洪骤发，海溢高 2 丈，漂荡民舍、盐灶。平阳、瑞安两州共溺死六千八百人[112]。

乐清县（今乐清市）：元年八月十四日夜，飓风大雨，黎明海溢，

110　温克刚.中国气象灾害大典·浙江卷·第一章　热带气旋.北京：气象出版社，2006：15.

111　平阳县志·卷五十六　祥异.民国十四年.

112　苍南县地方志编纂委员会.苍南县志·大事记.杭州：浙江人民出版社，1997：10.

沿海居民溺死甚多[113]。

瑞安县(今瑞安市):元年七月十四日,海溢,飓风,暴雨,海浪高二丈余,坏田四万四千余亩,屋两千余座,平阳、瑞安溺死数六千八百余人[114]。

1303 年

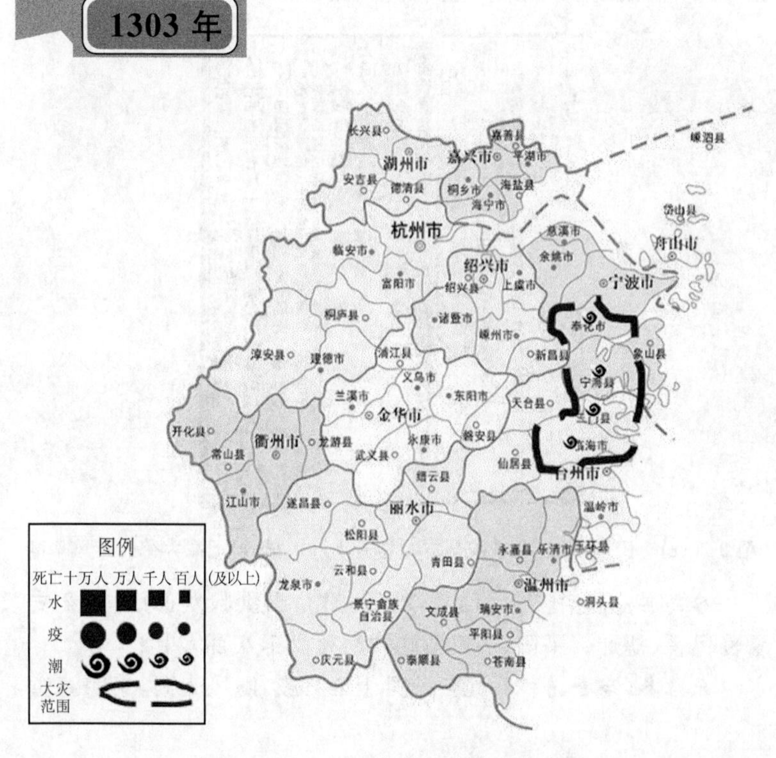

图 2-21(a) 1303 年浙江省大灾分布图

113 乐清市水利水电局.乐清市水利志·第四章 水旱灾害.南京:河海大学出版社,1998:48-57.

114 瑞安市土地志编纂委员会.瑞安市土地志·丛录.北京:中华书局,2000:253.

评价:浙东。大灾点连贯性好。史料简单、明确。地点、灾情都说清了。死亡人数为 659 人(图 2-21a)。

灾种:风暴潮。

资料条数:4 条。

〈2〉**宁波市　宁海、临海县**:元大德七年(1303 年)台州风水大作,宁海、临海二县死者五百五十人(《浙江灾异简志》)。

奉化县(今奉化市):七年六月,辽阳大宁开元等路六郡大雨水,坏田庐,男女死者一百十有九人(图 2-21b)[115]。

七年六月遼陽大甯開元等路六郡大雨水壞田廬男女死
者一百十有九人大甯路蝗
仁宗皇慶元年六月大甯碩達勒達路水
二年三月晉甯大同大甯等郡饑
延祐元年二月戊辰大甯路地震四月甲申朔大甯路地震
有聲如雷十一月戊辰大甯地震如雷
泰定帝泰定三年十一月瀋陽大甯廣甯等路饑十二月大
甯路瑞州大水壞民田五千五百頃廬舍八百九十所溺死
者百五十人

56

图 2-21(b)　清光绪十一年《奉化县志·卷之一　灾祥》记载大德七年风暴潮

〈10〉**台州市　临海县(今临海市)**:七年,台州风水大作,宁海、临海二县死者五百五十人《元史》[116]。七年五月,风水大作,宁海、临海二县死者五百五十人(图 2-21c)[117]。

115　奉化县志·卷之一　灾祥.清光绪十一年.

116　台州市气象局气象志编纂委员会.台州市气象志·第九章　历代灾异.北京:气象出版社,1998:108.

117　台州府志·卷百三十二之三十六　大事记五卷.民国二十五年.

不鐸吉帶言浙東一道地極邊惡賊所巢穴復還三萬戶以合剌帶一軍戍沿海明台亦怯
烈一軍戍溫處礼忽帶一軍戍紹興從之 世祖紀
成宗元貞二年四月黃巖饑 元史五行志
大德四年三月臨海縣風雹 五行志
七年五月風水大作寧海臨海二縣死者五百五十人 五行志
九年饑 康熙志
十年旱 康熙志
十一年又旱四月不雨至七月大饑民相食 康熙志 振之 元史食貨志
時紹興慶元台州三路皆饑以鈔一十四萬七千餘錠鹽引五千道糧三十萬石振之 食貨志
武宗至大元年春大疫 五行志 復饑 康熙志 死者甚衆振之 武宗紀
時紹興慶元台州疫死者二萬六千餘人 五行志 正月己巳紹興台州慶元廣德建康鎮江六
路饑死者甚衆饑戶四十六萬有奇戶月給米六斗以沒入朱淸張瑄物貨隸徽政院者鬻
鈔三十萬錠振之 武宗紀

台州府志 卷一百三十三 大事略二 上海民智書局承印

十一月詔免田租 武宗紀
仁宗延祐元年七月饑 五行志
八月丁未水詔發廩減價振糶 仁宗紀
英宗至治元年三月庚戌廷試進士賜泰普化及第 英宗紀
三年三月甲辰黃巖州饑振糧兩月 英宗紀
泰定帝泰定二年饑 康熙志
文宗天曆二年六月饑 文宗紀
江浙行省言紹興慶元台州婺州諸路饑民凡十一萬八千九十戶 文宗紀
至順元年夏四月臨海等縣饑振糶米五千石 文宗紀
順帝至元二年九月饑發義倉募富人出粟振之 順帝紀
是年臨海大火 康熙志
至正元年四月臨海火 臨海志
閏七月大水 康熙志

1780

图 2-21(c) 民国二十五年《台州府志·卷百三十二之三十六 大事记五卷》记载大德七年风暴潮

临海、宁海县(今三门县)：七年六月，台州风水大作，临海、宁海溺死五百五十人[118]。

118 三门县志编纂委员会.三门县志·第二编 自然环境·第三章 气候.杭州：浙江人民出版社，1992：99.

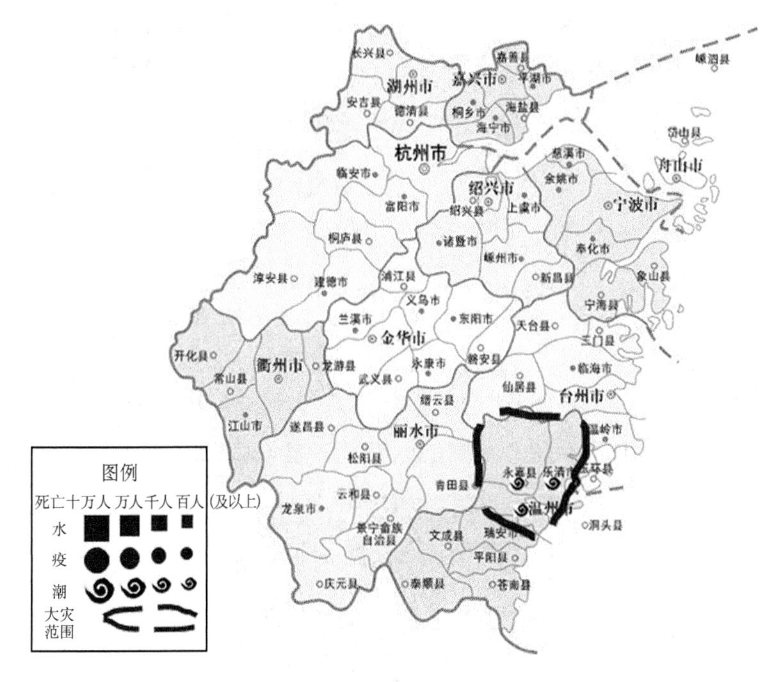

图 2-22(a)　1344 年浙江省大灾分布图

评价:浙东南。大灾点连贯性好。“海溢,水满上陆二三十里”,潮水深入到内地,导致“庐舍几被荡平。”死亡人数为数百人(图 2-22a)。

灾种:风暴潮。

资料条数:5 条。

〈3〉**温州市　温州府(今温州市)**:元至正四年(1344 年)七月,衢州西安县大水。温州飓风大作,海水溢,漂民居,溺死者甚众[119]。

119　元史·卷五十一　志第三下.

四年七月，飓风大作，漂民居，溺死人甚众(图 2-22b)[120]。

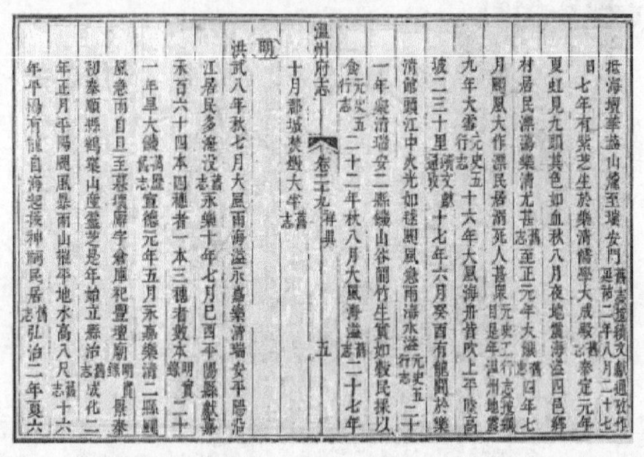

抵海壖華蓋山麓至瑞安門舊志按續文獻通攷作延祐二年八月二十七日七年有紫芝生於樂清儒學大成殿舊志泰定元年夏虹見九頭其色如血秋八月夜地震海溢四邑鄉村居民漂蕩樂清尤甚舊志至正元年大饑舊志四年七月颶風大作漂民居溺死人甚衆元史五行志按綱目是年溫州地震九年大雪元史五行志十六年大風海舟皆吹上平陸高坡二三十里續文獻通攷十七年六月癸酉有龍鬬於樂清館頭江中火光如毬颶風急雨海水溢元史五行志二十一年樂清瑞安二縣饑山谷間竹生實如穀民採以食元史五行志二十二年秋八月大風海溢舊志二十七年十月郡城焚燬大半舊志

溫州府志　卷二十九　祥異　五

明

洪武八年秋七月大風雨海溢永嘉樂清瑞安平陽沿江居民多淹沒舊志永樂十年七月己酉平陽縣獻嘉禾百六十四本四穗者一本三穗者數本明實錄二十一年旱大饑萬曆府志宣德元年五月永嘉樂清二縣颶風急雨自旦至暮壞廟學倉庫祀豐壇廟明實錄景泰初泰順擬鶴巢山産靈芝是年始立縣治舊志成化二年正月平陽颶風暴雨山摧平地水高八尺舊志十六年平陽有龍自海起拔神廟民居舊志弘治二年夏六

图 2-22(b)　清乾隆庚辰《温州府志·卷之二十九　祥异》记载至正四年风暴潮

四年七月，飓风大作，漂民居，溺死人甚众(图 2-22c)[121]。

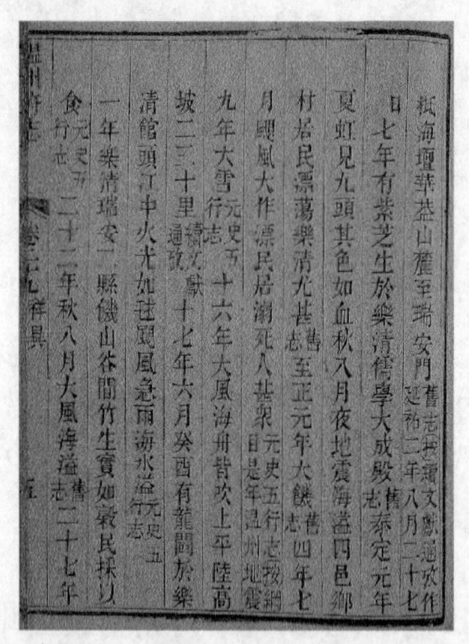

抵海壖華蓋山麓至瑞安門舊志按續文獻通攷作延祐二年八月二十七日七年有紫芝生於樂清儒學大成殿舊志泰定元年夏虹見九頭其色如血秋八月夜地震海溢四邑鄉村居民漂蕩樂清尤甚舊志至正元年大饑舊志四年七月颶風大作漂民居溺死人甚衆元史五行志按綱目是年溫州地震九年大雪元史五行志十六年大風海舟皆吹上平陸高坡二三十里續文獻通攷十七年六月癸酉有龍鬬於樂清館頭江中火光如毬颶風急雨海水溢元史五行志二十一年樂清瑞安二縣饑山谷間竹生實如穀民採以食元史五行志二十二年秋八月大風海溢舊志二十七年

溫州府志　卷二十九　祥異　五

图 2-22(c)　清同治丙寅《温州府志·卷之二十九　祥异》记载至正四年风暴潮

120　温州府志·卷之二十九　祥异. 清乾隆庚辰.

121　温州府志·卷之二十九　祥异. 清同治丙寅.

鹿城(今鹿城区):四年七月飓风大作、地震、海溢,居民漂荡,溺死者众[122]。

温州、永嘉县:四年七月,飓风大作,海溢,漂民居,溺死人甚众。台州秋海溢,水满上陆二三十里;宁波、镇海海啸[123]。

永嘉县:四年七月,飓大作,海水溢,漂民居,溺死者甚众[124]。

乐清县(今乐清市):四年七月初一日,飓风大雨,海啸上陆30里,庐舍几被荡平,溺死者无数[125]。

122　李定荣.温州市鹿城区水利志·大事记.北京:中国水利水电出版社,2007:9.

123　温克刚.中国气象灾害大典·浙江卷·第一章　热带气旋.北京:气象出版社,2006:15.

124　永嘉县志·卷三十六　祥异.光绪.

125　乐清市水利水电局.乐清市水利志·第四章　水旱灾害.南京:河海大学出版社,1998:48-57.

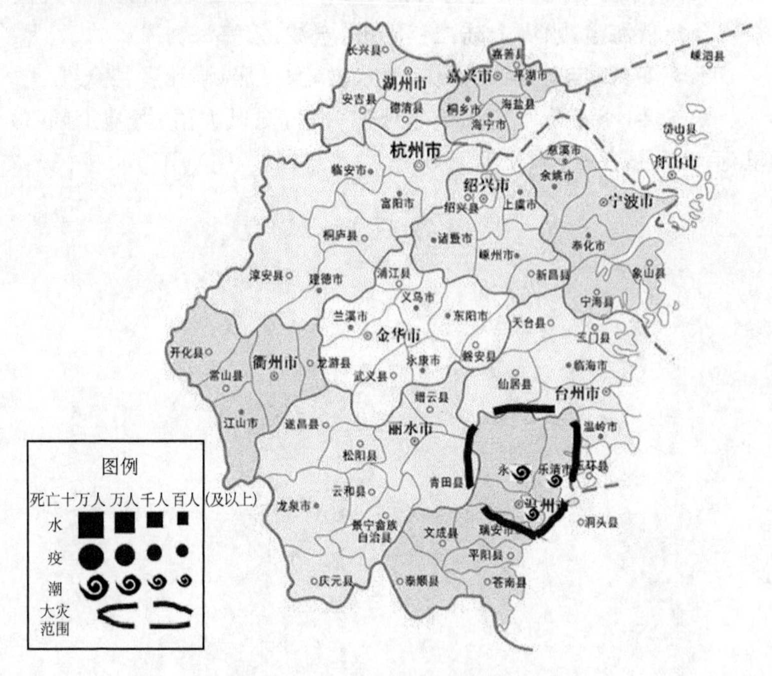

图 2-23(a)　1348 年浙江省大灾分布图

评价:浙东南。大灾点连贯性好。风暴潮潮水进入陆地二三十里,大风海舟吹上高坡十余里,水溢数十丈,可见其风力超强。死亡人数为数千人(图 2-23a)。

灾种:风暴潮。

资料条数:3 条。

〈3〉**温州市　鹿城(今鹿城区)**:元至正八年(1348 年)大风,海舟吹上高坡十余里,水溢数十丈,死者数千,谓之海啸[126]。

126　李定荣. 温州市鹿城区水利志 · 大事记. 北京:中国水利水电出版社,2007:9.

乐清县(今乐清市)：八年，大风暴，海水上陆二三十里，死者甚多[127]。

永嘉县：八年，永嘉大风，海舟吹上高坡十余里，水溢数十丈，死者数千，谓之海啸(图 2-23b)[128]。

且將破廬舍敗城郭見黃文獻溍永嘉縣重修海塘記
順帝至元三年六月蝗元史五行志
六年大旱府志仙釋傳
至正元年夏饑元史五行志
四年七月颶風大作海水溢漂民居溺死者甚衆元史五行志
按綱目是年温州地震
五年夏温州饑元史五行志
八年永嘉大風海舟吹上高坡十餘里水溢數十丈死者
數千謂之海嘯其後方國珍據海爲盗屢犯永嘉死兵
刃之下者無算七修類藁續文獻通考
永嘉縣志　卷三十六　襍志　祥異　八
九年三月大雪元史五行志
十二年七月初七日夜來福門内火燔淨光寺并塔崇德
寺大來橋數百家萬厯府志按舊志在泰定四年條下泰定無十二年疑即至正
十三年大旱民鬻子食宋景濂文集
十七年夏六月温州大水沒千餘家草木子、按元史五行志至正十七年六
月癸酉温州有龍鬭於樂清江中颶風大作所至有光如毬死者萬餘人
二十二年秋八月大風海溢舊府志按舊志作至元恐僞
二十五年饑萬厯府志
二十七年十月火城内焚燬大半舊府志按舊志作至元恐誤
明

〔光緒〕永嘉縣志　卷三六

图 2-23(b)　光绪《永嘉县志·卷三十六　祥异》记载至正八年风暴潮

127　乐清市水利水电局. 乐清市水利志·第四章　水旱灾害. 南京：河海大学出版社，1998：48-57.

128　永嘉县志·卷三十六　祥异. 光绪.

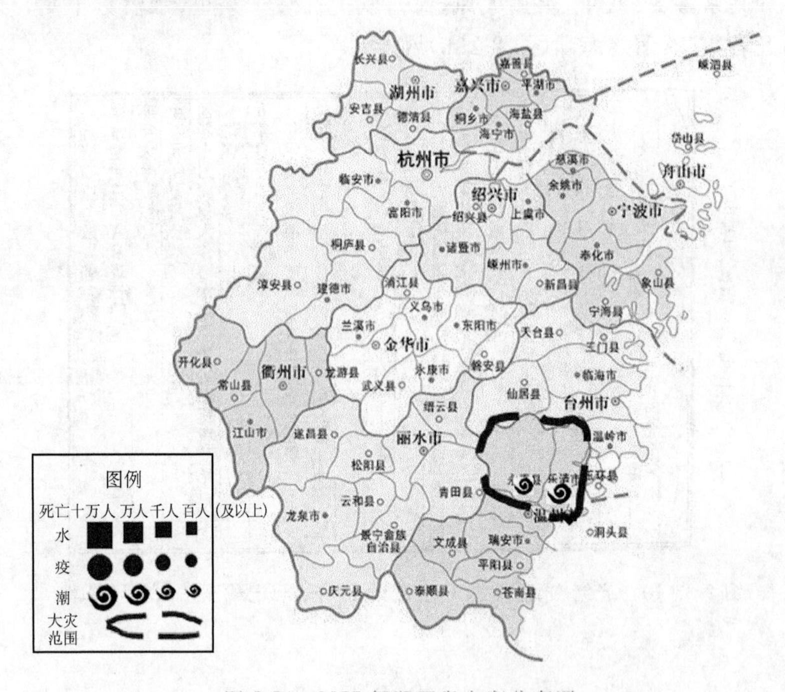

图 2-24　1357 年浙江省大灾分布图

评价:浙东南。大灾点连贯性好。“有龙阙于乐清江中”,“龙”即热带风暴发生前的龙卷风。死亡人数为数万人(图 2-24)。

灾种:风暴潮。

资料条数:2 条。

注:下列资料凡斜体者,为死亡万人及以上。编号:15W1357。

〈3〉温州市　乐清县(今乐清市):元至正十七年(1357 年)夏六月癸酉,龙头瑁头江中,火光如球,飓风急雨,海潮泛滥,西乡居民死者万数[129]*。十七年六月癸酉,温州有龙阙于乐清江中,飓风大*

129　乐清市地方志编纂委员会.乐清县志·自然环境.北京:中华书局,2000.

作,所至有光如球,死者万余人[130]。

永嘉县:*十七年夏六月,温州大水没千余家(《草木子》、按《元史·五行志》至正十七年六月癸酉,温州有龙斶于乐清江中,飓风大作,所至有光如球,死者数万人)*[131]。

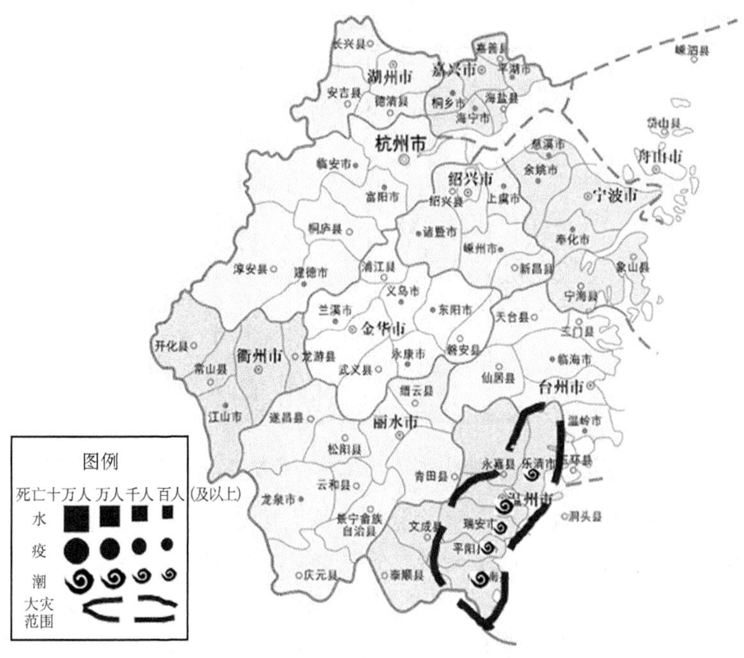

图 2-25(a)　1375 年浙江省大灾分布图

评价:浙东南。大灾点连贯性好。风暴潮潮高 3 丈,相当于 10 米。"海上防御倭寇官军尽溺",军事防御尽毁。死亡人数为

130　元史·卷五十一　志第三下.

131　永嘉县志·卷三十六　祥异.光绪.

2 千人(图 2-25a)。

灾种:风暴潮。

资料条数:6 条。

〈3〉**温州市**　**温州府(今温州市)**:明洪武八年(1375 年)秋七月二日,大风雨,海大溢。居民死者二千余。海上防御倭寇官军尽溺(图 2-25b)[132]。

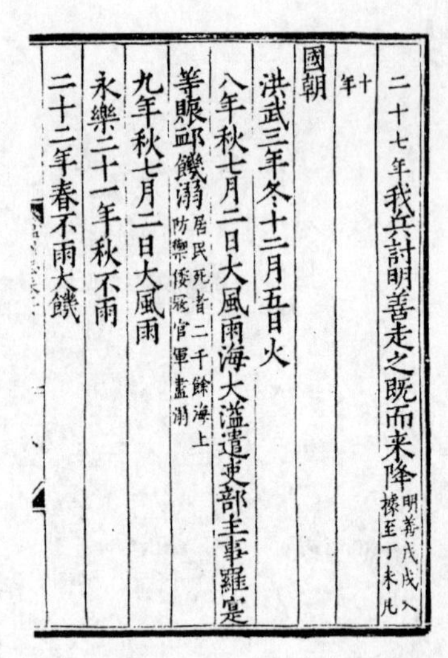

二十七年我兵討明善走之既而来降明善戊戌入據至丁未凡十年
國朝
洪武三年冬十二月五日火
八年秋七月二日大風雨海大溢遣吏部主事羅寔等賑卹饑溺居民死者二千餘海上防禦倭寇官軍盡溺
九年秋七月二日大風雨
永樂二十一年秋不雨
二十二年春不雨大饑

图 2-25(b)　明嘉靖丁酉《温州府志·卷之六　灾之变》记载洪武八年风暴潮

鹿城(今鹿城区):八年秋七月二日大风雨,大海溢。遣史部主事罗实等赈恤饥溺(居民死者二千余,海上防御倭寇官军尽溺)[133]。

苍南县:八年七月,大风雨、海溢,沿江居民淹死二千余人[134]。

乐清县(今乐清市):八年七月初二日,狂风暴雨,潮高三丈,海

132　温州府志·卷之六　灾之变. 明嘉靖丁酉.

133　李定荣. 温州市鹿城区水利志·大事记. 北京:中国水利水电出版社,2007:10.

134　苍南县地方志编纂委员会. 苍南县志·大事记. 杭州:浙江人民出版社. 1997,2006:11.

大溢,死者二千余人[135]。

平阳县:洪武乙卯七月,飓风,大雨,海潮溢高三丈,沿江死者二千余人,室庐漂荡(图 2-25c)[136]。

明洪武乙卯七月颶風大雨海潮溢高三丈沿江死者
二千餘人室廬漂蕩事聞命官賑恤　丙辰七月颶風
猛雨復作沿江禾稻皆沒
永樂壬辰南鄉田產嘉禾一本四穗或三穗二穗　甲
午大饑
正統己巳山魈掠村民
景泰庚午魈環城三日坊郭村落居民燬者過半
成化丙戌五月颶風暴雨三日夜山崩屋壞平地水滿
五六尺人多淹死田禾無收　己丑十一月市心街大

155

图 2-25(c)　明隆庆五年《平阳县志・灾祥》记载洪武乙卯风暴潮

瑞安、平阳县:八年,温州七月大风雨海溢。永嘉、乐清,七月大风雨海溢,沿江居民多淹没。瑞安,秋七月大风海溢,潮高三丈,沿江居民多淹没。平阳,七月大风雨海溢,潮高三丈,沿江居民死者二千余人[137]。

135　乐清市水利水电局.乐清市水利志・大事记.开封:河南大学出版社,1998:6.

136　平阳县志・灾祥.隆庆五年:155.

137　温州市江河水利志编纂委员会.温州水利史料汇编・第四章　风潮,1999:22.

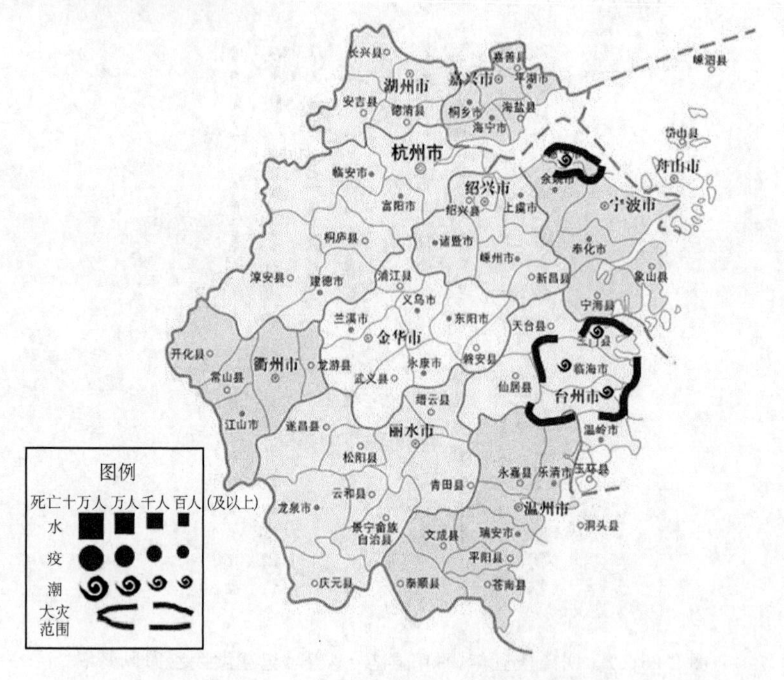

图 2-26(a) 1378 年浙江省大灾分布图

评价:浙东。大灾点连贯性好。风暴潮导致海塘决口。死亡人数为数百人(图 2-26a)。

灾种:风暴潮。

资料条数:4 条。

〈2〉**宁波市　余姚、慈溪县(今慈溪市)**:明洪武十一年(1378 年),海溢堤决,余姚、慈溪居民漂没无算[138]。

〈10〉**台州市　台州**:十一年七月,台州等四府海溢,人多溺死

138　宁波气象志编纂委员会.宁波气象志·第二章　气象灾害·附:气象灾害年表.北京:气象出版社,2001:93.

(《明史》)[139]。十一年秋七月,台州海溢,人多溺死(图 2-26b)[140]。

台州府志卷一百三十四
大事略三
明太祖洪武二年日本掠台州旁海民（明史外國日本傳）
日本古倭奴國唐咸亨初改日本以近東海日出而名也地環海惟在北限大山有五畿七
道三島共一百十五州統五百八十七郡宋以前皆通中國朝貢不絕惟元世未相通明太
祖即位方國珍張士誠相繼誅服諸豪亡命往往糾島人入寇山東濱海州縣是年三月帝
遣行人楊載詔諭其國且詰以入寇之故日本王良懷不奉命復寇山東轉掠溫台明州旁
海民遂寇福建沿海郡三年三月又遣萊州同知趙秩責讓之始遣其僧祖來奉表稱臣貢
馬及方物且送還明台二郡被掠人口七十餘（日本傳）
夏四月癸巳台州獻瑞麥（明實錄）
四年十二月詔靖海侯吳禎籍方國珍所部溫台慶元三府軍士（明史兵志）及船戶凡十一萬一千
七百餘人（明史紀事本末）隸各衛為軍且禁沿海民私出海（明史兵志）
時國珍餘黨多入海剽掠故命禎往籍之（明史紀事本末）禎奉命收方氏故卒[illegible]引平民台
台州府志【卷一百三十四】　大事略三　一　上海浙民印刷所承印
溫騷然寧海知縣王士弘曰（明史王士弘傳）吾軍籍死罪不可濫良民為兵即上封事（紀事本末）辭極懇
切詔罷之民賴以安（明史）
十一年秋七月台州海溢人多溺死（五行志）遣官存恤（太祖紀）
十三年臨海火（康熙志）
十四年十月衢處台三府山寇吳達山葉丁香等連結作亂命延安侯唐宗勝右軍都督僉事
張赫率兵討之明年正月賊平各賜田莊（顧炎武天下郡國利病書）
十五年蘭谿吳沈薦方孝孺召見（明史方孝孺傳）
十七年正月壬戌（太祖紀）命信國公湯和巡視海上築浙東西沿海諸城（兵志）
倭寇海上帝謂湯和曰卿雖老強為朕一行和請與方鳴謙俱鳴謙國珍從子也習海事常
訪以禦倭策鳴謙曰倭海上來則海上禦之耳請量地遠近置衛所陸聚步兵水具戰艦則
倭不得入入亦不得傅岸近海民四丁籍一以為軍戍守之可無煩客兵也帝以為然和乃
度地浙西東並海設衛所城五十有九選丁壯三萬五千人築之盡發州縣錢及籍罪人貲
給役役夫往往過望而民不能無擾浙人頗苦之或謂和曰民讟矣奈何和曰成遠算者不

图 2-26(b)　民国二十五年《台州府志·卷百三十二之三十六　大事记五卷》记载洪武十一年风暴潮

台州(今三门县):十一年秋七月,海溢,人多溺死[141]。

临海县:十一年七月,海溢,死人多[142]。

139　台州市气象局气象志编纂委员会.台州市气象志·第九章　历代灾异.北京:气象出版社,1998:108.

140　台州府志·卷百三十二之三十六　大事记五卷.民国二十五年.

141　三门县志编纂委员会.三门县志·第二编　自然环境·第三章　气候.杭州:浙江人民出版社,1992:100.

142　临海县志编纂委员会.临海县志·第三编　自然地理·第八章　自然灾害.杭州:浙江人民出版社,1989:148.

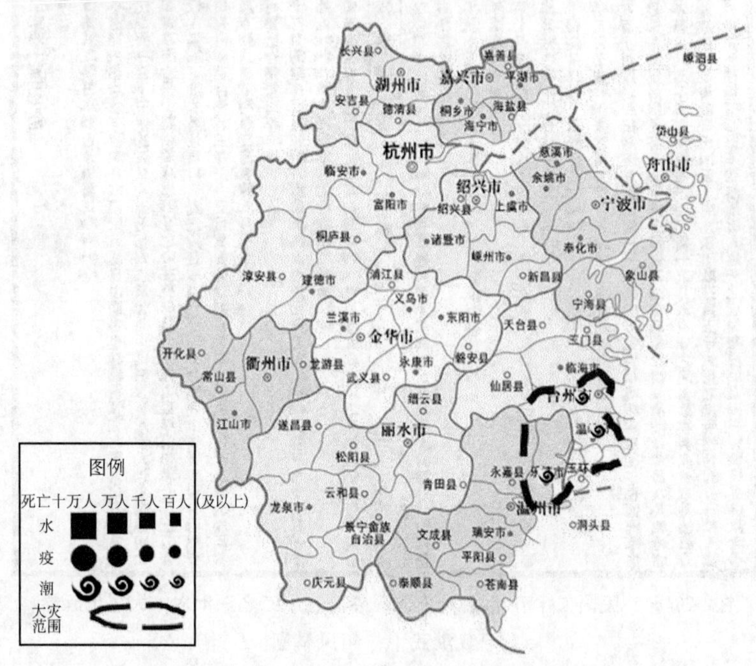

图 2-27　1443 年浙江省人灾分布图

评价:浙东。大灾点连贯性好。“城不浸者数版”(一版约 2 尺)。该句话的意思是,洪水导致没有被淹到的地方离城墙顶部仅半米左右。死亡人数为数百人(图 2-27)。

灾种:风暴潮。

资料条数:2 条。

〈3〉**温州市　乐清县(今乐清市)**:明正统八年(1443 年),十一月春秋多雨水,禾稼淹,伤人畜,漂流无数[143]。

143　乐清市水利水电局. 乐清市水利志·第四章　水旱灾害. 南京:河海大学出版社,1998:48-57.

〈10〉**台州市　松门(今温岭市松门镇)、海门县(今台州市椒江区)**:八年八月,松门、海门海潮泛滥,坏城郭、官亭、民舍、军器。临海大水,城不浸者数版,漂没室庐人畜不可胜计(《明史》、康熙《浙江通志》、嘉靖《黄岩县志》)[144]。

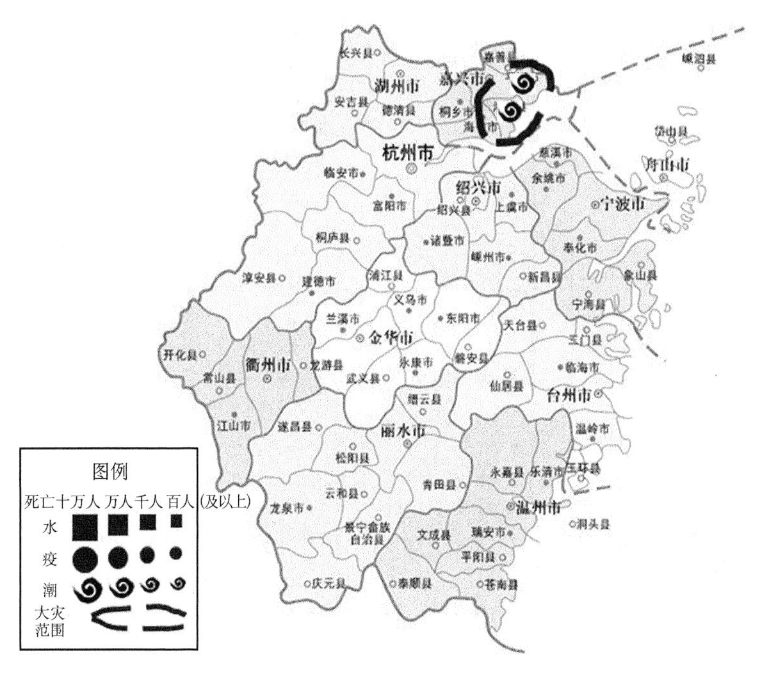

图 2-28(a)　1458 年浙江省大灾分布图

评价:浙北。大灾点连贯性好。这是在浙北杭州湾北岸发生的少有风暴潮灾,死亡人数为上万人(图 2-28a)。

144　台州市气象局气象志编纂委员会.台州市气象志·第九章　历代灾异.北京:气象出版社,1998:109.

灾种:风暴潮。

资料条数:3 条。

注:下列资料凡斜体者,为死亡万人及以上。编号:20W1458。

*〈4〉**嘉兴市**　嘉兴府(今嘉兴市):明天顺戊寅(二年,1458 年)秋,海溢,溺死男女万余人*(图 2-28b)[145]。

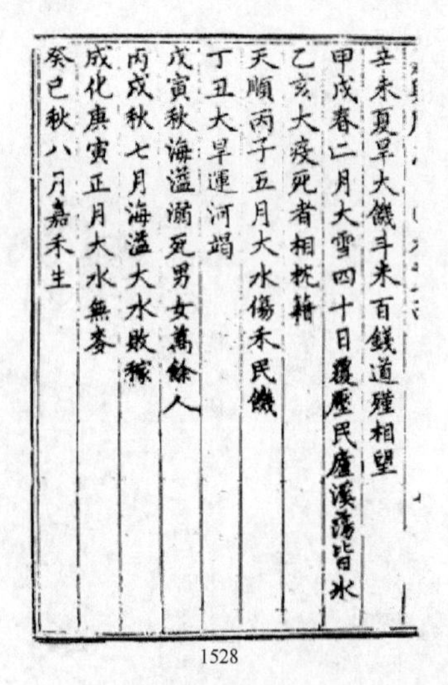
辛未夏旱大饑斗米百錢道殣相望
甲戌春二月大雪四十日覆壓民廬溪蕩皆氷
乙亥大疫死者相枕藉
天順丙子五月大水傷禾民饑
丁丑大旱運河竭
戊寅秋海溢溺死男女萬餘人
丙戌秋七月海溢大水敗稼
成化庚寅正月大水無麥
癸巳秋八月嘉禾生

1528

图 2-28(b)　明万历二十八年《嘉兴府志·卷二十四　丛记》记载天顺戊寅风暴潮

海盐、平湖县(今平湖市):二年秋,海盐、平湖两县海溢,溺死万余人[146]。

平湖县(今平湖市):二年秋,海溢,溺死男女万余人(图 2-28c)[147]。

145　嘉兴府志·卷二十四　丛记.明万历二十八年.

146　海盐县水利志编纂委员会.海盐县水利志·大事记.杭州:浙江人民出版社,2008:10.

147　平湖县志·卷二十五　外志·祥异.光绪十二年.

平湖縣志卷二十五

四品銜升用同知平湖縣知縣彭潤章修

外志 祥異 災祲

明

宣德十年秋大風潮暴溢海岸盡崩 九山補志

景泰元年春正月大雪二旬間有異花積至丈餘民多飢死鳥鵲飛墮是夏雷雨傷稼大饑　二年夏旱大饑斗米百錢道殣相望　五年春二月大雪四旬不止平地數尺民間房屋俱壓毀夏六月大疫死者相枕藉 府志

平湖縣志 卷二十五 外志 祥異 一

天順二年秋海溢溺死男女萬餘人 九山補志 千志作三年 府志　四年夏五月大水傷禾稼　六年大旱鹽運河竭 程志作運河 從王志改

成化二年秋七月海溢大水敗稼 九山補志 千志作八月 府志　六年春正月大水無麥 程志　七年秋七月初三日及九月初一日海溢　八年秋七月十七日海大溢平地水丈餘溺死無算九年十年海俱溢 九山補志　十二年冬十二月恆寒冰堅踰月舟楫不通 程志　十三年春正月雷大雪海溢溺民居　十四年海復溢 九山補志　十五年秋九月二十日地震聲從乍浦 程志

弘治十八年秋九月十一日夜地震屋瓦皆鳴次日地生白毛 府志 劉志

正德四年夏旱秋七月七日雨驟至如注下至十月不止禾多腐

图 2-28(c)　光绪十二年《平湖县志・卷二十五　外志・祥异》

记载天顺二年风暴潮

1471 年

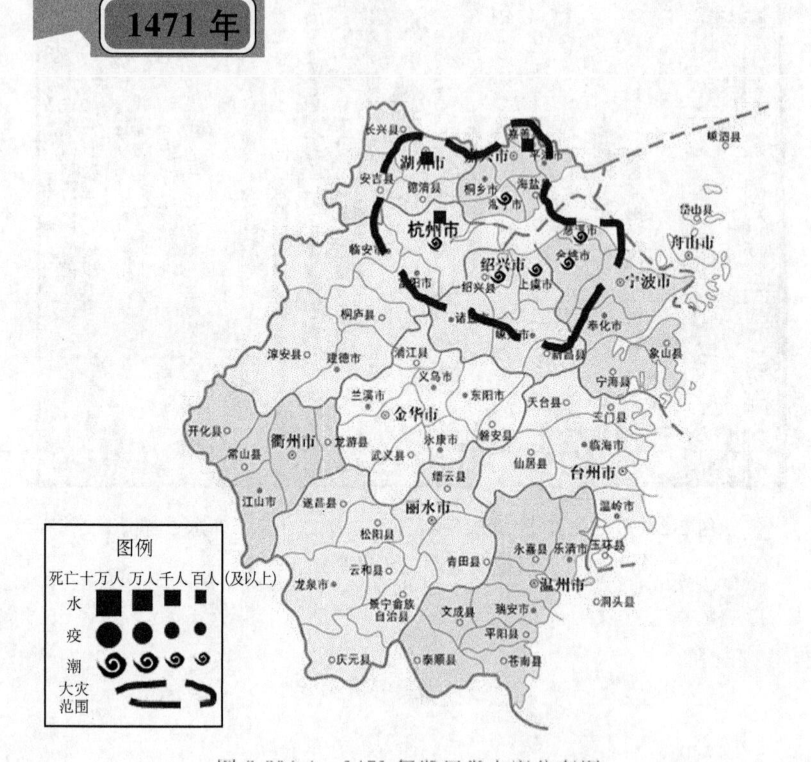

图 2-29(a) 1471 年浙江省大灾分布图

评价:浙北。大灾点连贯性好。“杭、嘉、湖、绍四府俱海溢”,受灾范围较广泛。又是杭州湾潮作案。继 1458 年杭州湾北岸发生风暴潮后,过 13 年在杭州湾两岸又发生风暴潮。死亡人数为二万八千余人(图 2-29a)。

灾种:风暴潮、洪水。

资料条数:10 条。

注:下列资料凡斜体者,为死亡万人及以上。编号:22W1471。

杭州府(今杭州市)、嘉兴府(今嘉兴市)、绍兴府(绍兴市):明成化七年(1471 年)闰九月,杭州、嘉兴、绍兴各府俱海溢,淹田宅人畜无算[148]。

〈1〉**杭州市　余杭县(今余杭区)**:七年夏,霖雨,余杭大水,决化湾塘,淹没田禾,灾及旁邑,死亡无算。闰九月,潮水泛滥,淹没田宅人畜无算[149]。

〈2〉**宁波市　慈溪县(今慈溪市)**:明成化七年(1471 年)九月,海溢,溺死男女七百余口[150]。

余姚县(今余姚市):七年九月,海溢,溺男女七百余口(图 2-29b)[151]。

丈封其肉餘萬斤潮至復去康熙志
景泰五年大雪自十二月至六年二月乃霽乾隆府志七年夏
旱饑康熙志
天順元年大旱饑二年三年旱薦饑五年夏旱蝗八年七
月海溢康熙志
成化七年九月海溢溺男女七百餘口大饑種稑幾絕康熙
志九年水溢壞田廬十二年大雨害稼水陷沒石堰場鹽
數十萬引乾隆府志案康熙志稱天順九年雙雁鄉洪水壞田廬八月海溢十二年七月大雨害稼
沒石堰場鹽數十萬引考天順僅八年不得有九年十二年必成化間事傳寫者誤移於彼耳今據乾隆府志正
之十七年十八年十九年皆大水饑二十三年秋大旱饑
人化爲虎康熙志原注七修類稿云成化間餘姚通德里有王三者每夜出曉還其子迹之已變爲虎
而足尚未全後遂不復還
餘姚縣志　卷七　祥異　四
弘治元年大饑二年四年又饑七年海溢十月至十二月
不雨八年正月至三月不雨十一年境內水湧高三四尺
猝平災饑十二年春不雨冬大寒姚江冰合十三年三月
不雨至五月晦乃雨江南災焚民居三千餘家傷百有八
人火渡江焚靈緒山民居二百餘家乾隆府志十四年秋旱蝗
大饑十五年無麥七月大雷電海溢十八年九月地震雉
雉皆鳴响有妖民驚眾晝夜禦之踰月乃息康熙志
正德元年夏旱饑三年夏旱大饑四年七月大水十一月
大冰害豆麥橘柚五年大水饑六年八月虎入治城巡檢
高寧射殺之七年七月大水海溢山崩隄決漂沒廬舍人

128

图 2-29(b)　清光绪二十五年《余姚县志・卷七　祥异》记载成化七年风暴潮

148　陈桥驿. 浙江灾异简志. 杭州:浙江人民出版社,1991:71.

149　余杭县志编纂委员会. 余杭县志・第二编　自然环境・第五章　水旱灾害. 杭州:浙江人民出版社,1990:81.

150　慈溪县地方志编纂委员会. 慈溪县志・大事记. 杭州:浙江人民出版社,1992:9.

151　余姚县志・卷七　祥异. 清光绪二十五年.

宁波府县、绍兴府县、海宁、会稽、平湖、海盐县：七年七月，杭、嘉、湖、宁、绍五府海溢，宁波府县、绍兴府县淹没田禾，漂毁官民庐舍畜户无算，溺死者二万八千人。七月十七日，海宁、会稽、平湖、海盐海大溢，平地水深丈余，溺死无算[152]。

〈4〉**嘉兴市　海宁（今海宁市）**：七年闰九月，杭、嘉、湖、绍四府海溢，漂盐场、淹田宅、人畜无算[153]。

嘉善县：七年辛卯闰九月，海溢，淹田宅、人畜无算（图 2-29c）[154]。

九年甲寅大水無秋揚志
正統七年壬戌大水七月十七日颶風大作圩岸俱圮八年癸
亥大風雨害稼章志九年甲子大水江湖泛溢隄防衝決淹沒
禾稼補纂參明英宗實錄十一年丙寅五月大水十四年己巳大水無
秋章志
景泰元年庚午正月大雪二旬間有黑花凝積至丈餘民多饑
死鳥鵲幾盡夏霪雨傷稼大饑二年辛未夏旱大饑府圖記五
年甲戌二月大雪連四十日平地數尺民間茅舍俱壓毀于志
是年大雨傷苗六旬不止補纂參明史五行志六年乙亥大疫死者相
枕籍于志
天順元年丁丑七月蝗補纂參明史五行志二年戊寅大旱運河竭章志附
嘉善縣志　卷三十四　祥眚　二
圖記作元年　四年庚辰四五月陰雨連緜江湖泛溢麥禾俱傷籽
粒無收明實錄六年壬午太平道院眞武殿柱產芝三本倪志
成化二年丙戌海溢大水敗稼補纂參吳府志六年庚寅正月大水無
麥補纂參袁府志五月大水傷禾于志七年辛卯閏九月海溢淹田宅
人畜無算補纂參明史五行志九年癸巳四月水災補纂參明史八月魏塘
顧氏圃生嘉禾二本倪志十二年丙申九月二十日袁府志作二十九日
地震十二月恒寒冰凝踰月舟楫不通章志十三年丁酉正月
震雷大雪補纂參趙圖記十四年戊戌八月二十日夜南方有聲如
運磨達旦十二月龍見於南方以十數康熙府志十五年己亥六
月初十日夜彗流如火曳尾長五六丈移時始滅九月二十
日地震自申起至寅始定于志參章志十六年庚子奉四南區民

673

图 2-29(c)　光绪十八年《重修嘉善县志·卷三十四　杂志(上)·眚祥》记载成化七年风暴潮

〈6〉**绍兴市　杭州府（今杭州市）、嘉兴府（今嘉兴市）、湖州府**

152　温克刚. 中国气象灾害大典·浙江卷·第一章　热带气旋. 北京：气象出版社，2006：17.

153　海宁市建设志办公室. 海宁建设志大事记（征求意见稿），2009.

154　重修嘉善县志·卷三十四　杂志（上）·眚祥. 光绪十八年.

(今湖州市)、绍兴府(今绍兴市):成化七年闰九月,杭、嘉、湖、绍四府俱海溢,淹田宅、人畜无算(图 2-29d)[155]。

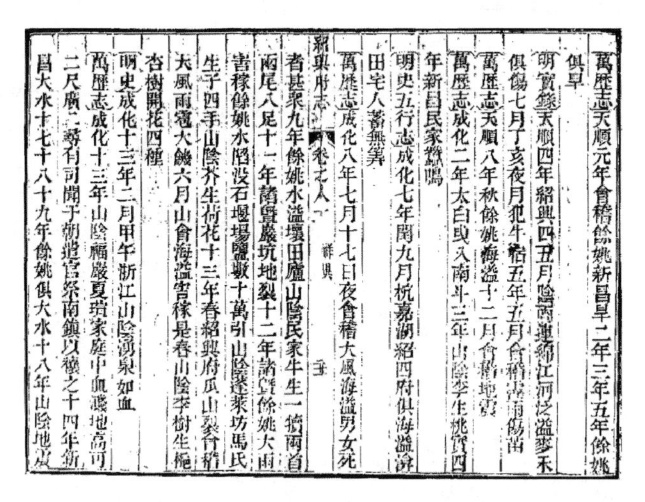
萬曆志天順元年會稽餘姚新昌旱二年三年五年餘姚
俱旱
明實錄天順四年紹興四五月陰雨連綿江河泛溢麥禾
俱傷七月丁亥夜月犯牛宿五年五月會稽淫雨傷苗
萬曆志天順八年秋餘姚海溢十二月會稽地震
萬曆志成化二年太白晝見入南斗三年山陰李生桃實四
年新昌民家雞鳴
明史五行志成化七年閏九月杭嘉湖紹四府俱海溢淹
田宅人畜無算
萬曆志成化八年七月十七日夜會稽大風海溢男女死
紹興府志　卷之八十　祥異
者甚衆九年餘姚水溢壞田廬山陰民家牛生一犢兩首
兩尾八足十一年蕭山巖坑地裂十二年諸暨餘姚大雨
害稼餘姚水陷沒石堰場鹽數十萬引山陰蓬萊坊馬氏
生子四手山陰芥生荷花十三年春紹興府瓜山裂會稽
大風雨雹大饑六月山會海溢害稼是春山陰李樹生梔
杏樹開花四種
明史成化十三年二月甲午浙江山陰湧泉如血
萬曆志成化十三年山陰楊巖夏璜家庭中血濺地高可
二尺廣二尋有司聞于朝遣官祭南鎮以禳之十四年新
昌大水十七十八十九年餘姚俱大水十八年山陰地震

图 2-29(d)　清乾隆五十七年《绍兴府志・卷之八十　祥异》记载成化七年风暴潮

上虞县(今上虞市):七年九月,洪涛坏堤,东自乌盆(今谢塘镇远东村)西至纂风(今沥东乡邵家村),人家存者十仅二三[156]。

155　绍兴府志・卷之八十　祥异.清乾隆五十七年.

156　上虞市志编纂委员会.上虞市志・大事记.杭州:浙江人民出版社,2005.

1472 年

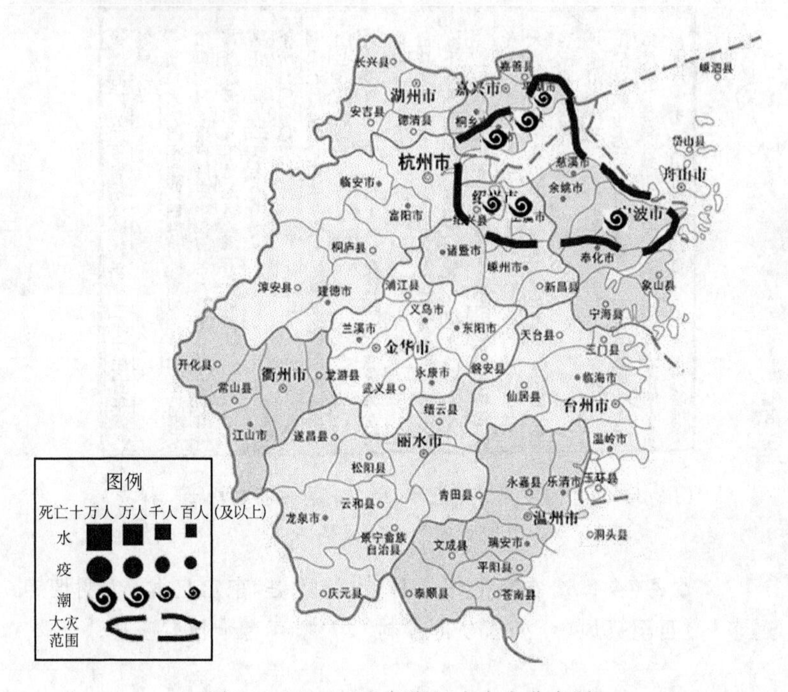

图 2-30(a)　1472 年浙江省大灾分布图

评价:浙北。大灾点连贯性好。一次十分凶险的风暴潮灾害。继 1471 年杭州湾南岸发生风暴潮后,次年杭州湾两岸均发生风暴潮灾害,北岸和南岸均有死亡万人点。死亡人数为数万人(图 2-30a)。

灾种:风暴潮。

资料条数:7 条。

注:下列资料凡斜体者,为死亡万人及以上。编号:23W1472。

〈2〉*宁波市　宁波府(今宁波市)*:成化八年(1472 年)七月,宁波府、县淹没田禾，漂没官民庐舍畜无算，溺死者甚多[157]。

宁波府县、绍兴府县：*八年七月，杭、嘉、湖、宁、绍五府海溢，宁波府县、绍兴府县淹没田禾，漂没官民庐舍畜户无算，溺死者一万八千人*[158]。

*〈4〉****嘉兴市　海盐县：****八年七月十七日，海大溢，平地水丈余，溺死男女万余人*（图 2-30b）[159]。

图 2-30(b)　明天启《海盐县图经·卷十六　杂识·祥异》记载成化八年风暴潮

张宁集有诗云：成化壬辰秋七月，海潮腾风石塘决，桑田夜变陆成川，一望边沙烟火绝，青苗百屋随奔流，红颜皓首尸横邱，一身虽存六亲尽，至今乱骨无人收（图 2-30c）[160]。

157　上海、江苏、安徽、浙江、江西、福建省（市）气象局，中央气象局研究所. 华东地区近五百年气候历史资料，1978：4. 88.

158　宁波气象志编纂委员会. 宁波气象志·第二章　气象灾害·附：气象灾害年表. 北京：气象出版社，2001：94.

159　海盐县图经·卷十六　杂识·祥异. 明天启.

160　海盐县志·卷十三　祥异考. 清光绪二年.

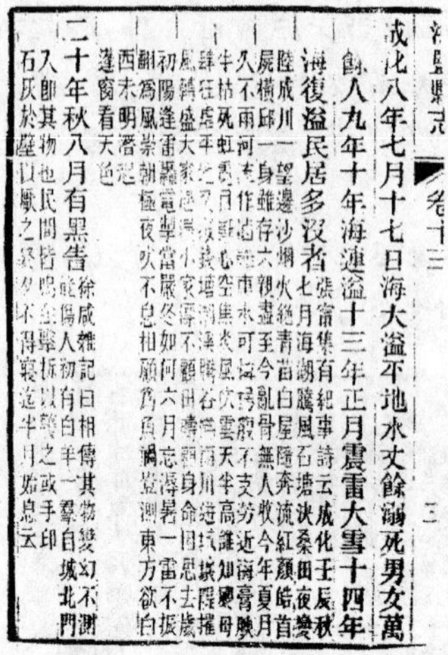

1276

图 2-30(c)　清光绪二年《海盐县志·卷十三　祥异考》记载成化八年风暴潮

平湖县(今平湖市):八年秋七月十七日,海大溢,平地水丈余,溺死无算[161]。

***海宁(今海宁市)**:八年七月,潮溢,死两万八千余人。朱静庵有诗曰:飓风拔木浪如山,振荡乾坤顷刻间。临海人家千万户,漂流不见一人还[162]。*

〈6〉**绍兴市　会稽县(今越城区)**:八年七月十七日夜,会稽大风,海溢,男女死者甚众[163]。

***上虞县(今上虞市)**:八年七月潮汛尤剧,高过塘岸二三尺,东起临山,西抵沥海,南绕后郭,塘根石块方阔五、七者,滚去一二箭,淹死者数以万计[164]。*

161　平湖县志·卷二十五　外志·祥异.光绪十二年.

162　海宁市建设志办公室.海宁建设志大事记(征求意见稿),2009.

163　绍兴府志·卷之八十　祥异.清乾隆五十七年.

164　上虞市志编纂委员会.上虞市志·大事记.杭州:浙江人民出版社,2005.

1477 年

图 2-31　1477 年浙江省大灾分布图

评价:浙北。大灾点连贯性好。“二月海溢”,属于温带风暴潮。死亡人数为数百人(图 2-31)。

灾种:风暴潮。

资料条数:2 条。

〈4〉***嘉兴市　海宁县(今海宁市)***:明成化十三年(1477 年)二月海溢逼县城,溺死众多,城西南寺庙、房舍沦淹将尽[165]。

165　海宁市志编纂委员会. 海宁市志・大事记. 上海:汉语大词典出版社,1995:5.

海盐县:十三年二月,海溢,房舍沦淹将尽,人溺死众多[166]。

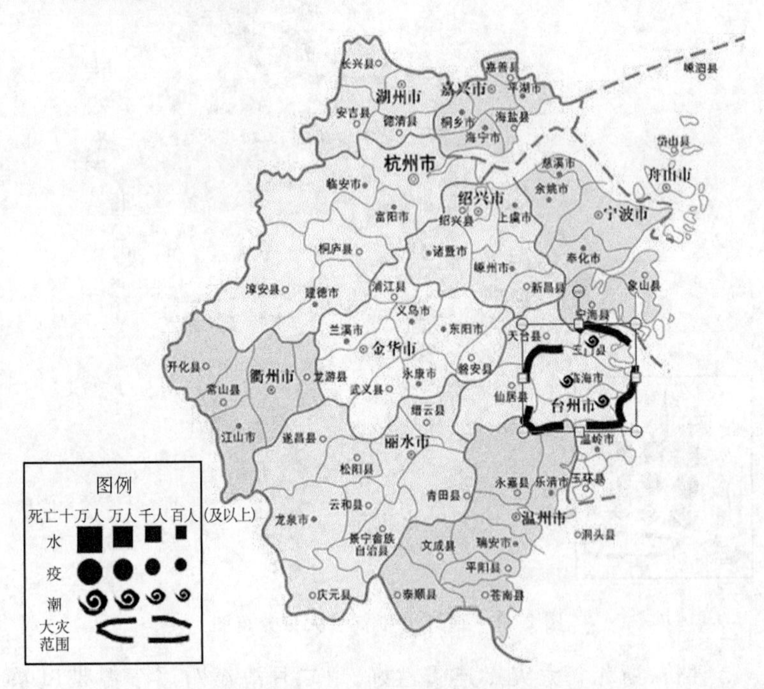

图 2-32(a) 1488 年浙江省大灾分布图

评价:浙东。大灾点连贯性好。“四月大风雨”,是比较早的风暴潮灾。“海溢平地数丈”,增水高度 8～10 米。死亡人数为数百人(图 2-32a)。

灾种:风暴潮。

资料条数:3 条。

166 海盐县水利志编纂委员会.海盐县水利志·大事记.杭州:浙江人民出版社,2008:11.

〈10〉**台州市**　**台州**：明弘治元年(1488 年)，台州四月大风雨，发屋走石，海溢平地数丈，漂没陵谷，死者不知其数[167]。元年四月，大风雨，海溢。发屋走石，海浸平地数丈，漂没陵谷，死者不知其数(图 2-32b)[168]。

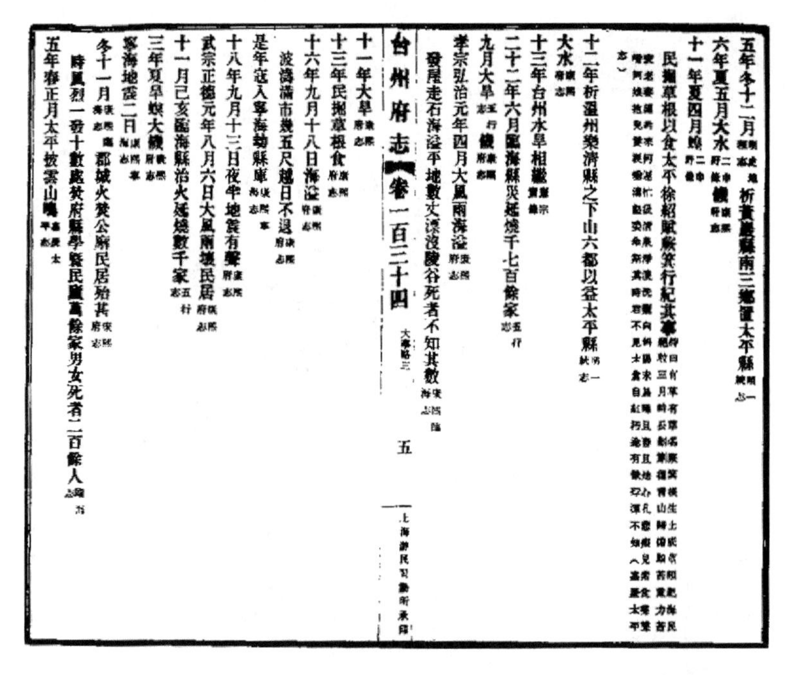

五年冬十二月析黄巖縣南三鄉置太平縣
六年夏五月大水饑（康熙府志）
十一年夏四月蝗
民掘草根以食太平徐紹賦蝝災行紀其事
十二年析温州樂清縣之下山六都以益太平縣
大水（康熙府志）
十三年台州水旱相繼
二十二年六月臨海縣災延燒千七百餘家（五行志）
九月大旱（五行志）饑（康熙府志）
孝宗弘治元年四月大風雨海溢（康熙府志）
發屋走石海溢平地數丈漂沒陵谷死者不知其數（康熙臨海志）

台州府志　卷一百三十四　大事略三　五

十一年大旱（康熙府志）
十三年民掘草根食（康熙府志）
十六年九月十八日海溢（康熙府志）
波濤滿市幾五尺越日不退（康熙府志）
是年寇入寧海劫縣庫（康熙寧海志）
十八年九月十三日夜半地震有聲（康熙府志）
武宗正德元年八月六日大風雨壞民居（康熙府志）
十一月己亥臨海縣治火延燒數千家（五行志）
三年夏旱蝗大饑（康熙府志）
寧海地震二日（康熙寧海志）
冬十一月（康熙寧海志）郡城火焚公廨民居殆甚（康熙府志）
時風烈一發十數處焚府縣學暨民廬萬餘家男女死者二百餘人（臨海志）
五年春正月太平披雲山鳴（嘉慶太平志）

图 2-32(b)　民国二十五年《台州府志·卷百三十二之三十六　大事记五卷》记载弘治元年风暴潮

临海县：元年四月，台州大风雨，拔屋走石，海溢。黄岩、温岭大风雨，拔屋走石，海溢。临海四月大风雨，拔屋走石，海溢平地数丈，漂没陵谷，死者无算。仙居四月大风雨，屋倒、石飞、水溢(万历《黄岩县志》卷七、光绪《黄岩县志》卷三八、《临海县志》、《温岭县

167　温克刚. 中国气象灾害大典·浙江卷·第一章　热带气旋. 北京：气象出版社，2006：18.

168　台州府志·卷百三十二之三十六　大事记五卷. 民国二十五年.

志》、《仙居县志》)。

临海县(今三门县):元年四月,大风雨,飞沙走石,拔树倒屋,海水涌上陆地数丈,漂没陵谷,死者不知其数[169]。

1512 年

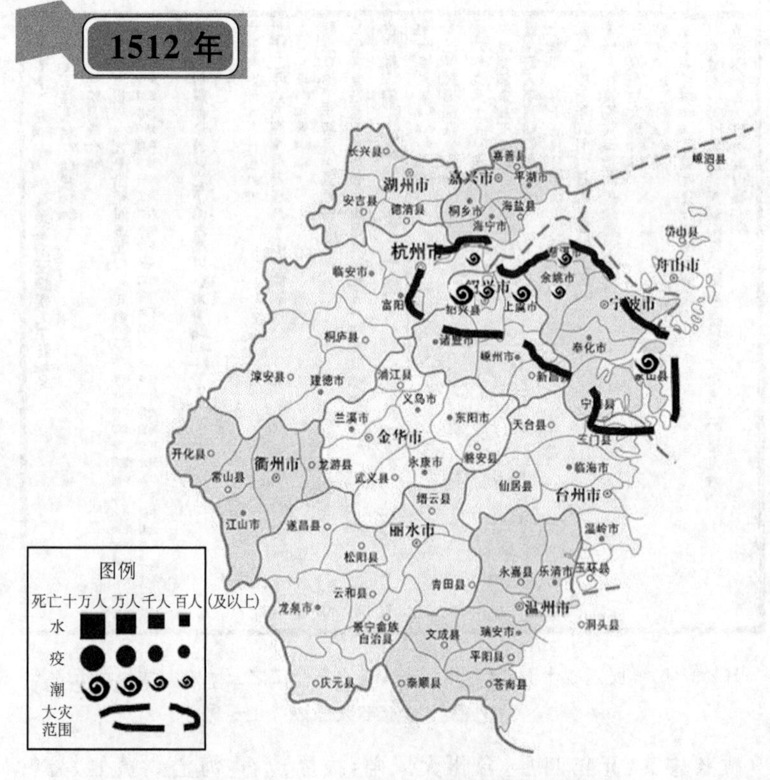

图 2-33(a) 1512 年浙江省大灾分布图

评价:浙东北。大灾点连贯性好。风暴潮潮高 3 丈,相当于 10 米。“顷刻”,即只有分秒的时间,潮水铺天盖地地向民众扑来。“余姚海溢平陆数十里”,海水深入内路几十里路。缺乏阻挡物,海

169 三门县志编纂委员会.三门县志·第二编 自然环境·第三章 气候.杭州:浙江人民出版社,1992:101.

水任意肆虐，扫荡一切。死亡人数为上万人（图 2-33a）。

灾种：风暴潮。

资料条数：7 条。

注：下列资料凡斜体者，为死亡万人及以上。编号：25W1512。

〈1〉**杭州市　萧山县（今萧山区）**：明正德七年（1512 年）七月，飓风大作，海水涨溢，顷刻高数丈许，濒海男女溺死无算，居亦无存者（图 2-33b）[170]。

蕭山縣志　卷十九　祥異　二

弘治八年潮嚙長山堤幾圮太守游典以聞事下參政
韓鎬議屬同知羅璞督工築爲石堤
九年六月山陰蕭山山崩水湧溺死三百餘人
十八年地大震生白毛
正德三年大旱歲饑
七年七月颶風大作海水漲溢頃刻高數丈許瀕塘男
女溺死無算居亦無存者
十四年西江塘圮大水饑
十六年二月地大震
嘉靖元年西北塘復圮
嘉靖六年六月蕭山霪雨壞江塘平原成巨浸沿塘
民家皆漂沒
嘉靖八年立秋日蝗飛入境
十八年六月六日西江塘壞縣市可駕巨舟大饑
二十四年大旱斗米二錢六分民多疾疫死者盈路
田藝蘅留青日札嘉靖丁未自夏至冬浙江潮汐不至
水源乾涸中流可泳而渡舊江闊十八里而今止一
線眞異事也
留青日札嘉靖三十年蕭山桃樹生柟田藝蘅占曰木
生異實主殀傳曰出入不節奪民農時及有奸謀則

蕭山縣志　卷十九　祥異　三

图 2-33(b)　清乾隆十六年《萧山县志·卷十九　祥异志》记载正德七年风暴潮

〈2〉**宁波市　慈溪县（今慈溪市）**：七年七月十九日凌晨，海溢溺民，浮尸蔽江[171]。七年，濒海地飓风大作，居民漂没。按：《七修类稿》七月秋，余姚大风，海溢，平陆数十里，沿海多死者（图 2-33c）[172]。

170　萧山县志·卷十九　祥异志.清乾隆十六年.

171　慈溪县地方志编纂委员会.慈溪县志·大事记.杭州：浙江人民出版社，1992：10.

172　慈溪县志·卷五十五　前事·祥异.清光绪二十五年.

子仲貴年七十次仲伯三仲柔四仲常年俱踰六十○宋訪冊虞賓
詩孫留慶集吟仙與丹子開篇共彩勝扶國杖鄉瑞上壽宜見宜弟拜高堂瑞大稚孫花鬢髮綺席丞歡瞻綉梁多少親
朋都一笑霜毫雪劍是兒郎
宏治十三年瑞麥瑞穀兩見於秋夏 閩過庭撰崔嵩傳
十七年大饑朝廷遣王璟賚內帑銀賑之 嘉靖府志○史既十六年九月都御
史王璟巡視賑濟相差一年
十八年九月癸巳地震有聲 明史五行志
正德三年六月至十二月不雨 敘止錄○嘉靖府志正德二年慈谿縣東清道觀之劉山得原
有巨石竟丈餘盤陀巔阜時忽墜於田有聲如雷偃仆畝間人不能舉傳以爲異徵次年果大旱六月至十二月不雨禾
黍無收民采蕨聊生不給至鬻男女以食冬大雪河冰不解草木皆死民凍餒者甚衆
五年十月以水災免甯波夏稅麥及絲綿有差 武宗實錄
六年大旱 嘉靖府志張津傳

慈谿縣志 卷五十五 前事 祥異

七年瀕海地颶風大作居民漂沒 明史陶琰傳 是年乏食 五行志○武宗
實錄十月以水旱免甯波屢蠲役糧仍命撫按地方鎮巡等官區畫賑濟
按七修類藁七月餘姚大風海溢平陸數十里沿海多
死者前數夜時人見海中多紅燈往來至是海嘯云云慈
餘瀕海地俱接壤陶琰傳中所載甯紹瀕海地颶風大作
者當即海嘯也
九年正月民間訛言妖眚至每夜人各持兵器震響竹以備
之 嘉靖府志
十一年水災○武宗實錄十月以水災減湖州嘉興甯波三府夏稅麥及絲綿有差
十四年夏旱 雍正府志葉洙傳
嘉靖元年夾田橋西忽漲一洲銳圓而隆起太守向鎰曰沙洲
漲夾田慈谿出狀元明年癸未姚淶果以狀元及第耆儒袁

1193

图 2-33(c) 清光绪二十五年《慈溪县志·卷五十五 前事·祥异》记载正德七年风暴潮

***象山县**：七年十月，濒海飓风大作，居民漂没万数*[173]。

余姚县(今余姚市)：七年七月，飓风大作。海潮溢，溺村落，居民漂没无数。余姚海溢平陆数十里，沿海多死者，宁波府乏食[174]。

七年七月，大雨震雷，大水山崩，文庙坏，海大溢，堤决，漂田庐，溺人畜无算(图 2-33d)[175]。

173 象山县志编纂委员会. 象山县志·地理·第七章 气候. 杭州：浙江人民出版社，1998：119.

174 宁波气象志编纂委员会. 宁波气象志·第二章 气象灾害·附：气象灾害年表. 北京：气象出版社，2001：94.

175 新修余姚县志·卷之十八 祥异. 明万历.

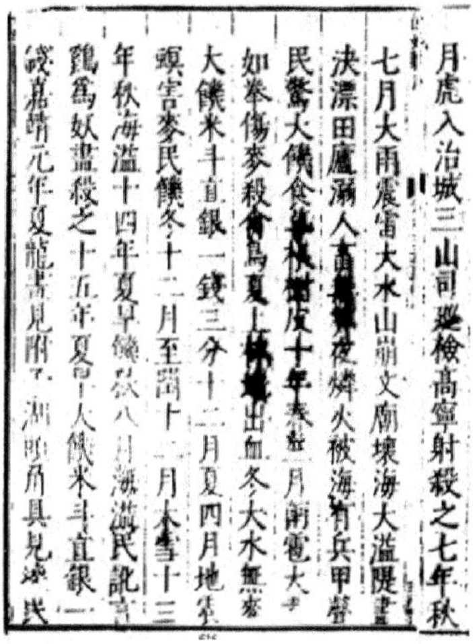

图 2-33(d)　明万历《新修余姚县志·卷之十八　祥异》记载正德七年风暴潮

〈6〉***绍兴市　山阴(今绍兴县)、会稽(今越城区)、上虞县:***七年七月十七夜山阴、会稽、上虞濒海之处飓风大作,风潮坏塘,居民漂没,死者千计[176]。松按:正德七年七月之飓风,《嘉庆山阴县志·饥祥》引录旧志,记载为:正德"七年七月,飓风大作,海水涨溢,顷刻高数丈许,并海居民漂没,男女枕藉以死者万计。苗穗淹溺,岁大歉。"[177]

上虞县(今上虞市):正德七年十七日夜,飓风大作,海潮溢入,坏下五乡民居,男女漂溺死者数以千计(《万历志》)(图 2-33e)[178]。

176　绍兴市地方志编纂委员会.绍兴市志·第一卷·大事记.杭州:浙江人民出版社,1997:76-104.

177　娄如松.绍兴市志娄校.北京:群言出版社,2007:21.

178　上虞县志·卷三十八　杂志一　风俗祥异.清光绪十六年.

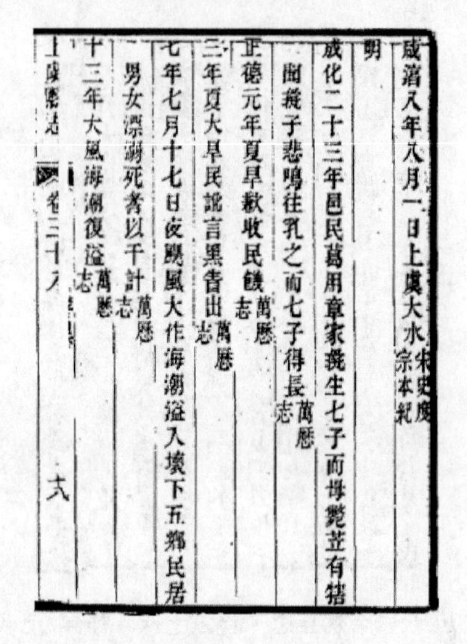

咸淳八年八月一日上虞大水宋史度宗本紀

明

成化二十三年邑民葛用章家猪生七子而母斃並有猪

一豗猪子悲鳴往乳之而七子得長萬歷志

正德元年夏旱歉收民饑萬歷志

三年夏大旱民訛言黑眚出萬歷志

七年七月十七日夜颶風大作海潮溢入壞下五鄉民居

一男女漂溺死者以千計萬歷志

十三年大風海潮復溢萬歷志

上虞縣志 卷三十八

图 2-33(e)　清光绪十六年《上虞县志·卷三十八　杂志一　风俗祥异》记载正德七年风暴潮

会稽县(今越城区)、上虞县(今上虞市)、萧山县(今萧山区,今属杭州市)、余姚县(今余姚市,今属宁波市):正德七年,会稽、上虞、萧山海溢,死者甚众。余姚大水,山崩,文庙坏,海大溢,堤尽决,没田庐人畜无算,大饥[179]。

179　绍兴府志·卷之八十　祥异.清乾隆五十七年.

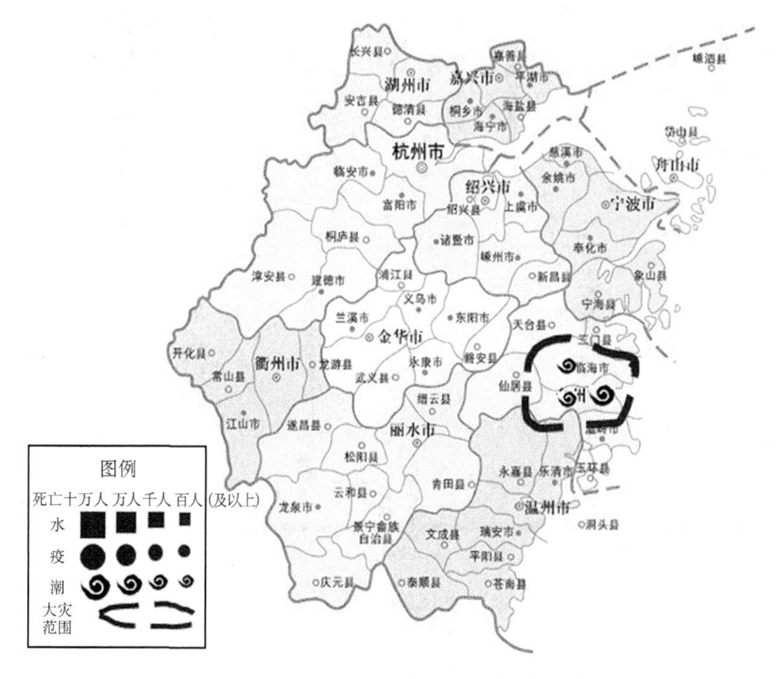

图 2-34(a)　1541 年浙江省大灾分布图

评价:浙东。大灾点连贯性好。风暴潮潮高数丈,相当于 10 米左右。死亡人数为数万余人(图 2-34a)。

灾种:风暴潮。

资料条数:5 条。

注:下列资料凡斜体者,为死亡万人及以上。编号:27W1541。

〈10〉**台州市**　明嘉靖二十年(1541 年)七月十八日,飓风大作。飓风挚屋、发石、拔木,大雨如注,洪潮暴涨,平地水数丈,死者无算(图 2-34b)[180]。

180　台州府志 · 卷百三十二之三十六　大事记五卷. 民国二十五年.

夏旱（嘉慶太平志）

七年乏食（五行志）

九年倭寇寧海（崇禎寧海志）

漳人引倭人寇寧化典史陸方領兵追捕大獲（寧海志）

十三年夏六月大水（二申野錄）民多渰死（萬曆仙居志）

十五年六月癸未夜火隕三大如盤燭草木皆焦（五行志）

十六年夏大疫（二申野錄）

世宗嘉靖五年大旱饑草俱盡死者相枕（康熙府志）

八年會銑成進士授長樂知縣（明史會銑傳）

八月十六日大水（萬曆天台志）

郡西城陷下尺餘漂壞田廬死者甚衆（康熙臨海志）天台水深尋丈近溪居民俱衝壞（萬曆天台志）

十年十月天台火延燒學宮（萬曆天台志）是年仙居亦火學宮災（康熙府志）

十三年春大疫（康熙府志）

台州府志　卷一百三十四　大事略三　六　上海游民習藝所承印

漳船假倭名劫太平茅峴及松門（嘉慶太平志）

十七年新隆頑城霪雨百日不止（太平志）

十八年倭寇寧海（崇禎寧海志）

倭至石所莊十日沿海居民擁逃（寧海志）

二十年六月旱（仙居一所彙）

七月十八日颶風大雨（康熙府志）

颶風掣屋發石拔木大雨如注洪潮暴漲平地水數丈死者無算（康熙府志）知府周志偉請諸院

司勸論衆庶得錢數萬行縣親振（王臣新塗海門志序）

是月山中蛟出（嘉慶太平志引西園雜記）

偏身皆火踏山龍出冀關水火相傳赤氣漫空壞臨海太平天台三縣民居田畝死者甚多（西園雜記）

二十三年三月丁巳賜秦鳴雷進士及第（世宗實錄）

是年巡視海道副使移駐台州（天下郡國利病書）

1790

图 2-34(b)　民国二十五年《台州府志·卷百三十二之三十六　大事记五卷》记载嘉靖二十年风暴潮

椒江（今椒江区）：*嘉靖二十年七月十八日，洪潮又溢，台州湾两岸民死数万*[181]。

台州、黄岩县（今黄岩区）：二十年七月十八日，台州、黄岩飓风，大雨如注，洪潮暴涨，平地水深数丈，溺人无算[182]。

临海市（今临海市）：二十年七月十八日，飓风大雨，发屋拔木，洪涛暴涨，平地水数丈，死者无计[183]。

181　椒江市志编纂委员会. 椒江市志·大事记. 杭州：浙江人民出版社，1998：6.

182　陈桥驿. 浙江灾异简志. 杭州：浙江人民出版社，1991：87.

183　上海、江苏、安徽、浙江、江西、福建省（市）气象局，中央气象局研究所. 华东地区近五百年气候历史资料，1978：4.164.

黄岩县(黄岩区):二十年七月十八日,飓风掣屋,发石拔木,大雨如注,洪潮暴涨,平地数丈,死者无算[184]。

1568 年

图 2-35(a) 1568 年浙江省大灾分布图

评价:浙东。大灾点连贯性好。非常严重的风暴潮灾害,造成死亡万人以上的有台州、天台、临海、宁海。台风、大雨、潮水、山洪,诸水夹击,洪水淹没城区三天,淹没房屋 5 万间、田地 15 万亩。人们只能在屋脊上生存。洪水退时,人畜尸体堆满巷道,仅掩埋就花费了几个月时间。死亡人数为三万余人(图 2-35a)。

---

184 黄岩县志・卷七 纪变.明万历.

灾种:风暴潮、洪涝。

资料条数:6 条。

注:下列资料凡斜体者,为死亡万人及以上。编号:28W1568。

〈2〉**宁波市　宁海县**:明隆庆二年(1568 年),大风雨,坏田地,居民无数,流尸遍野[185]。二年,大风雨,坏田地、民居无算,流尸遍野,俟水落后,乡民群收胔骼培土之同溪南田间上阜相望(图 2-35b)[186]。

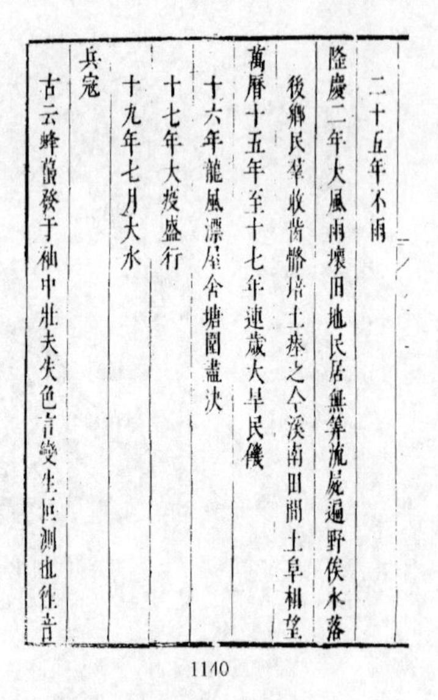
二十五年不雨
隆慶二年大風雨壞田地民居無算流屍遍野俟水落
後鄉民羣收胔骼培土瘞之今溪南田間土阜相望
萬曆十五年至十七年連歲大旱民饑
十六年颱風漂屋舍塘閘盡決
十七年大疫盛行
十九年七月大水
兵寇
古云蜂蠆發于袖中壯夫失色言變生叵測也往古

1140

图 2-35(b)　明崇祯五年《宁海县志・卷之十二　流览志・灾祲》记载明隆庆二年风暴潮

*〈10〉**台州市　台州**:二年七月二十九日,台州飓风挟潮,天台诸山水入城三日,溺死三万余人,没田十五万亩,淹庐舍五万余区,民上屋脊,敲椽拆瓦,号泣之声御城,旧传台州仅留十八家,水未退,有在屋上生育者,裹尸者,或操舟市中者,水退,人畜尸骸满间*

185　宁波气象志编纂委员会. 宁波气象志・第二章　气象灾害・附:气象灾害年表. 北京:气象出版社,2001:95.

186　宁海县志・卷之十二　流览志・灾祲. 明崇祯五年.

巷，埋葬数月方尽；玉环厅大风雨，坏田地禾稼；仙居蜃水，山摧；黄岩七月二十九日平地水高丈余。七月，仙居大水，田禾淹没，民多饥死（《浙江灾异简志》、万历《黄岩县志》卷七、光绪《玉环厅志》卷一四、《仙居县志》）。二年七月，台州飓风，海潮大涨，挟天台山诸水入城，三日溺死三万余人，没田十五万亩，坏庐舍五万区[187]。

天台县：*二年七月，飓风，海潮大涨，挟天台山诸水入城三日，溺死三万余人，没田十五万亩，坏庐舍五万区*[188]。

仙居县：二年七月，大水，田禾淹没，民多饥死[189]。

临海县：*二年七月台风挟海潮，并天台诸水入城，死人三万余，毁庐舍五万区，坏县城西南二门*[190]。

临海、宁海县(今三门县)：*二年七月三日，飓风大雨，海潮山洪猛涨，溺死三万余人，淹田十五万顷，漂庐舍五万区，尸骸片野，谷烂发腐*[191]。

187　明史卷二十八　志第四.

188　上海、江苏、安徽、浙江、江西、福建省(市)气象局，中央气象局研究所.华东地区近五百年气候历史资料，1978：4.165.

189　仙居县志编纂委员会.仙居县志·自然地理篇·第八章　自然灾害.杭州：浙江人民出版社，1987：62.

190　临海市志编纂委员会.临海县志·大事记.杭州：浙江人民出版社，1989：9.

191　三门县志编纂委员会.三门县志·第二编　自然环境·第三章　气候.杭州：浙江人民出版社，1992：101.

1569 年

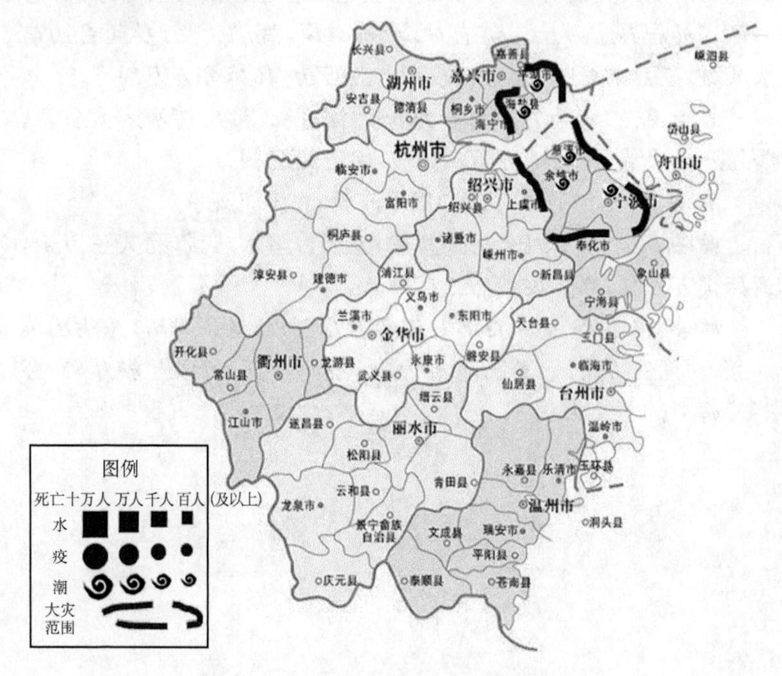

图 2-36(a)　1569 年浙江省大灾分布图

评价:浙东北。大灾点连贯性好。“崩塌海塘”,沿海地区“万物漂没”。死亡人数为数百人(图 2-36a)。

灾种:风暴潮。

资料条数:4 条。

〈2〉**宁波市　慈溪县(今慈溪市)**:明隆庆三年(1569 年)闰六月十四日,飓风海啸,崩塌海塘、房屋,万物漂流,漂没人畜无数[192]。

慈溪县(今慈溪市)、余姚(今余姚市)、镇海县(今镇海区):三

192　慈溪市地方志编纂委员会.慈溪县志·第三编　自然环境·第八章　自然灾害.杭州:浙江人民出版社,1992:153.

年闰六月十四、十五日，慈溪、余姚、镇海海溢，余姚、镇海海啸坍房漂没人畜无算[193]。

慈溪县(今慈溪市)：三年闰六月十四日，风潮崩塌海塘、房屋，万物漂没，死无存(图 2-36b)[194]。

惠昭感攝威靈□鄉諸鶴之民罔不叩謁徼福其在境下丸
切贈依且斂私錢□祀神既不斷幾百年之患乃今竟孤眾望
坐視羣虎之縱橫耶礙以爲至申刻具牢醪食稽首拜於
祠下仍操文告於神前宜鑒予之忱令將吏戮力毒弓矢而
殲之不然當驅之出境俾無敢
肆虐於鄉堡以驚懼余良民
三十四年十二月二十九日未申時日光暗有青黑紫色如
日狀者數十與日相盪戲而數百千萬彌天者半逾時漸向
西北散去明年四月十一日倭奴陷慈谿縣 嘉靖府志
三十五年秋下黑雨 嘉靖府志
按浙江通志作三十四年慈谿縣下黑雨相差一年
三十六年免甯波被災者稅糧 明史世宗紀○鄞縣志旱七月八日颶風大作是年
慈谿四鄉多虎白晝嚙人有巫降神於甘將軍廟鄉人羣訴
虎患巫書符召一虎入廟中妥伏戒諭之叱使去虎乃奮出
巫語人曰八月後當靖已而果然 嘉靖府志
慈谿縣志　卷五十五　前事　祥異
三十七年民訛言稽兵爲孽 天啟志○敬止錄三十七年春浙東有馬道人爲孽於嘉湖入鄞
稽爲兵呪即持刃杖作陣焚劫地方官兵追捕之已而流入
杭州爲幻已復由紹過甯民間競言馬道人分徒黨偏擾村
郭或以人物器皿投地人得之以歸即舉家擾亂不可驅逐
或升屋破號而入無問男婦深睡時爲所壓不能展轉甯則
氣索索不蘇有用面覆聽者逐近大鬧每向夜則俱刀杖震
響竹道逐之竟夕不息各戶多懸鑑爵簇飯四字以厭勝之
當道奏聞約限追捕竟不可得民北逾三四月始息
三十八年南鄉有李氏婦一旦昏迷自食其子 嘉靖府志
四十三年六月初三日甯波落雪似黃色 二申野錄
按敬止錄嘉靖四十一年六月三日天落白物如雪鄞及
定海皆然而未言及慈谿二申錄中則統甯波言之且年
分亦差二年姑存之
隆慶二年夏大疫 陳茂義撰弟婦王安人墓志
三年閏六月十四日風潮崩塌海塘房屋萬物漂流漭死無

1194

图 2-36(b)　清光绪二十五年《慈溪县志・卷五十五　前事・祥异》
隆庆三年风暴潮

余姚县(今余姚市)：三年，飓风，海溢，漂没人畜无算(图 2-36c)[195]。

193　宁波气象志编纂委员会. 宁波气象志・第二章　气象灾害・附：气象灾害年表. 北京：气象出版社，2001：95.

194　慈溪县志・卷五十五　前事・祥异. 清光绪二十五年.

195　新修余姚县志・卷之十八　祥异. 明万历.

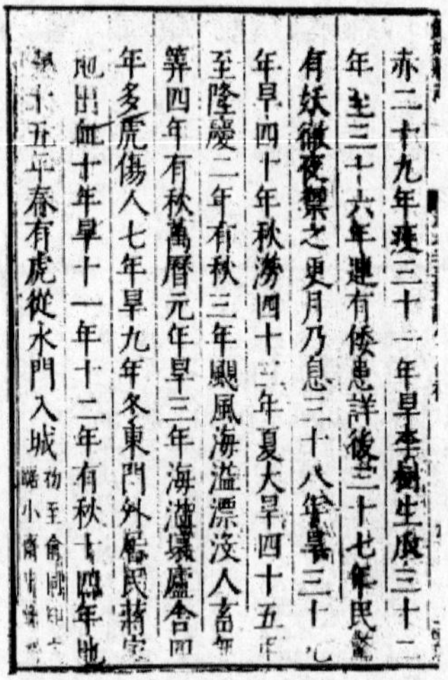

赤二十九年疫三十一年旱李樹生庚三十二
年[illegible]三十六年邑有倭患詳後三十七年民驚
有妖徹夜擊之更月乃息三十八年旱三十九
年旱四十年秋澇四十三年夏大旱四十五年
至隆慶二年有秋三年颶風海溢漂沒人畜無
筭四年有秋萬曆元年旱三年海潮壞廬舍四
年多虎傷人七年旱九年冬東門外居民將宰
豕出血十年旱十一年十二年有秋十四年地
震十五年春有虎從水門入城

图 2-36(c)　明万历《新修余姚县志·卷之十八　祥异》记载隆庆三年风暴潮

〈4〉**嘉兴市　平湖县(今平湖市)、海盐、慈溪(今慈溪市)、余姚(今余姚市)、镇海县(今镇海区)**:三年闰六月十四、十五日,平湖、海盐、慈溪、余姚、镇海飓风海溢,崩坍海塘房屋漂没人畜无算[196]。

196　温克刚.中国气象灾害大典·浙江卷·第一章　热带气旋.北京:气象出版社,2006:19.

1573 年

图 2-37(a)　1573 年浙江省大灾分布图

评价:浙东北。大灾点连贯性好。“海涌数丈,没战船、庐舍、人畜不计其数”,海防建设遭到严重破坏。死亡人数为数千人(图 2-37a)。

灾种:风暴潮。

资料条数:6 条。

〈1〉**杭州市　杭州**:明万历元年(1573 年)六月杭州……四府海涌数丈,没庐舍人畜不计其数[197]。

〈2〉**宁波市　宁波府(今宁波市)**:元年六月,宁波府海涌数丈,

[197] 杭州市地方志编纂委员会. 杭州市志 · 第一卷自然环境篇. 北京:中华书局,2000.

没战船庐舍、人不计其数[198]。

鄞县(今鄞州区)：元年六月，宁波海涌数丈，没战船、庐舍、人畜不计其数。明史·五行志(图 2-37b)[199]。

四十一年六月三日天晴忽空中降白物大小如雪片晶光映日以手撲之隨滅自午至申而止六月二十四日暮天西北隕物如升子體圓而長上銳下大其色黃白下有紫赤色挾持之瞬息大如斗精光四燭將至地光影起伏者再蓋類占書所謂天狗但墮地不聞有聲耳李志

四十二年春有猛虎形如赤馬大鬣長尾尖觜白面傷人甚多李志

四十三年八月十四至十八夜月圓如望西滬潮溢三日不汐傷死四鄉男女不可計李志

隆慶二年九月五日申時有赤鷹攫東門一十歲小兒至

鄞縣志 卷二十六 雜識二

觀風亭上其父急禱於元壇之神追得之兒自言見元壇鐵簡擊鷹始得活李志

萬歷元年六月寧府海湧數丈沒戰船廬舍人畜不計其數明史五行志

是年鄞天封寺誦法華經有林姓者與友狂飲塔上醉溺於塔簷頃刻雷火擊死李志

三年六月戊辰杭嘉寧紹大風海溢淹人畜廬舍明史神宗紀

十五年七月大水太白山龍見乘風鼓雨天童寺室宇皆漂沒礎礫無一存者天童寺志

十六年大饑民有以一子女易一餐者甚有以百金田券不得售而死者李志

五九九

图 2-37(b) 乾隆《鄞县志·卷二十六 杂识二》记载万历元年风暴潮

镇海县(今镇海区)：元年六月，宁波府海涌数丈，没战船、庐舍、人畜不计其数(图 2-37c)[200]。

198 上海、江苏、安徽、浙江、江西、福建省(市)气象局，中央气象局研究所. 华东地区近五百年气候历史资料，1978：4. 92.

199 鄞县志·卷二十六 杂识二. 乾隆.

200 镇海县志·卷三十七 杂识. 光绪.

於稷面予筠昊眷青嗣府蓮在齊雲事新元帝之南宮……（小字注，略難辨）

四十年六月三日天晴忽空中降白物大小如雪片晶光映日以手撲之隨滅自午至申而止 三十四日暮天西北隕物如升子上銳下大其色黃白下有紫赤色挾持之瞬息大如斗精光四射將至地光影起伏者再蓋類占書所謂天狗但墮地不聞有聲耳 以上嘉靖志

隆慶三年秋淫雨颶風大作海嘯潮水湧溢由女墻灌入城中居民惶懼總鎮劉顯知縣馬有錐躡芒履向水稽顙

鎮海縣志　卷三十七雜識　五

潮始退時浙東郡縣俱災圯廬沈稼朝議遣官祭告海神巡撫都御史親至定海致祭有御祭碑在候濤山上 唐令志稾

萬歷元年六月甯波府海湧數丈沒戰船廬舍人畜不計其數 明史五行志

三年六月戊辰杭嘉甯紹大風海溢溺人畜廬舍 明史神宗紀

十六年大饑流離瘟疫盛行 雍正府志 民有以子女易一餐者有懷百金田券不得售而死者 李鄴志

十七年六月海沸甯波府屬縣廨宇多圮碎官民船及戰舸壓溺人 明史五行志

十九年七月十九日東北風大作大雨如注海潮溢入城

唐令志稾

七三五

图 2-37(c)　清光绪《镇海县志・卷三十七　杂识》记载万历元年风暴潮

〈4〉**嘉兴市**　**嘉兴**：元年海大溢，死数千人[201]。

海宁县（今海宁市）：元年六月，杭宁四府海涌数丈，没庐舍、人畜不计其数（图 2-37d）[202]。

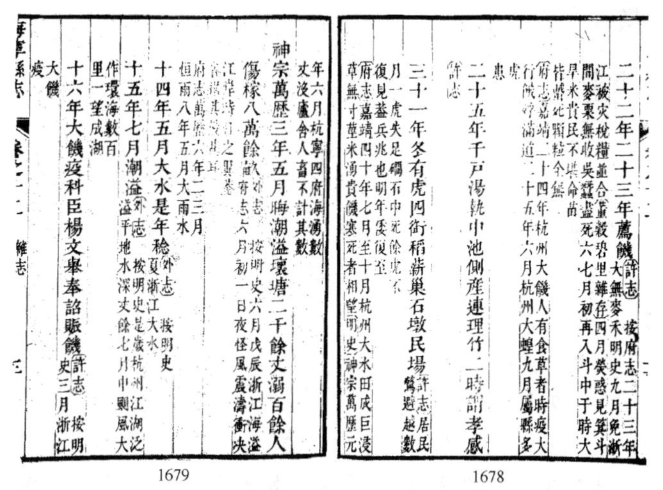
二十二年二十三年薦饑（許志） 按府志二十三年大無麥禾明史九月免浙江被災稅糧並合蠶殺恐里雜存四月熒惑見箕斗間麥粟無收吳蠶盡死六七月初再入斗中于時大旱米貴民不堪命苗皆焦死顆粒全無

府志嘉靖二十四年杭州大饑人有食草者時疫大行餓殍滿道二十五年六月杭州大蝗九月屬縣多虫患

二十五年千戶湯執中池側產連理竹二 時謂孝感（許志）

三十一年冬有虎四衛稻薪巢石墩民場（許志）居民驚避越數月一虎失足礙石中死餘虎不復見蓋兵兆也明年倭復至

府志嘉靖四十年七月至十月杭州大水田成巨浸草無寸莖米湧貴饑寒死者相望 明史神宗萬歷元

1678

年六月杭寧四府海湧數丈沒廬舍人畜不計其數

神宗萬歷三年五月晦潮溢壞塘二千餘丈溺百餘人傷稼八萬餘畝（外志） 按明史六月戊辰浙江海溢府志六月初一日夜怪風震濤衝決

府志萬歷六年二三月恒雨八年五月大雨水

十四年五月大水是年稔（外志） 按明史夏浙江大水

十五年七月潮溢（外志） 按明史是歲杭州江湖泛溢平地水深丈餘七月中颶風大作環海數百里一望成湖

十六年大饑疫科臣楊文舉奉詔賑饑（許志） 按明史三月浙江大饑疫

海寧縣志　卷十二　雜志

1679

图 2-37(d)　清乾隆三十年《海宁县志・卷十二　杂志・灾祥》记载万历元年风暴潮

201　陈桥驿．浙江灾异简志．杭州：浙江人民出版社，1991：94．

202　海宁县志・卷十二　杂志・灾祥．清乾隆三十年．

1575 年

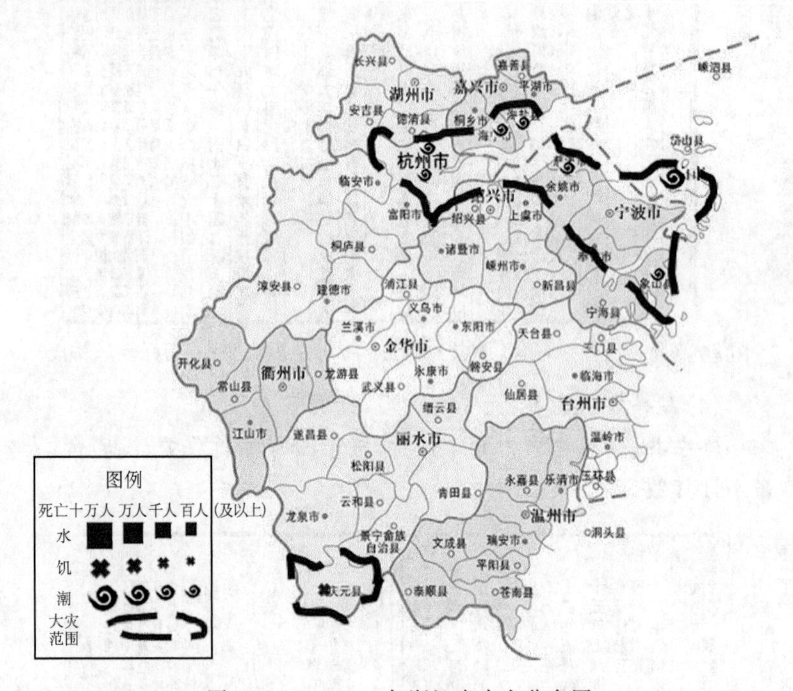

图 2-38(a)　1575 年浙江省大灾分布图

评价:浙东北。大灾点连贯性较好。“杭、嘉、宁、绍四府,海涌数丈”,受风暴潮影响广;“海潮溢坏塘二千余丈”,破坏力强。“溺死军民万余。”(图 2-35a)

灾种:风暴潮、饥荒。

资料条数:10 条。

注:下列资料凡斜体者,为死亡万人及以上。编号:29W1575

〈1〉杭州市　杭州府(今杭州市)、嘉兴府(今嘉兴市)、宁波府(今宁波市)、绍兴府(今绍兴市):明万历三年(1575 年)六月,杭、嘉、宁、

绍四府,海涌数丈,没战船、庐舍、人畜不计其数(图 2-38b)[203]。

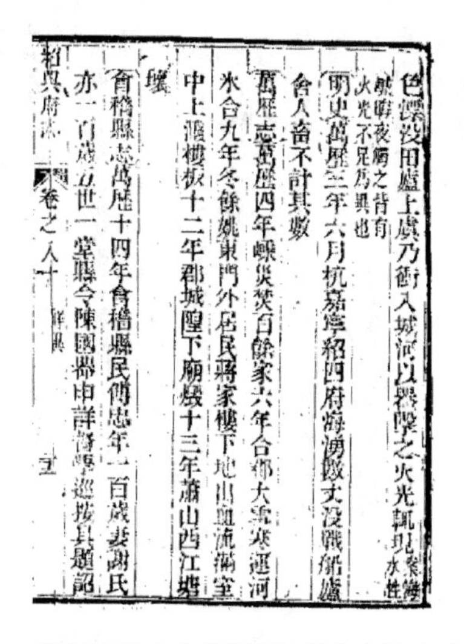

邑鰾没田廬上虞乃衝入城河以礮擊之火光輒見案海水性鰌畏夜觸之背有火光不見乃異也
明史萬曆三年六月杭嘉寧紹四府海湧數丈没戰船廬舍人畜不計其數
萬曆志萬曆四年縣災焚百餘家六年合郡大雪寒運河冰合九年冬餘姚東門外居民蔣家樓下地出血流滿室中上虞樓板十二年郡城隍下廟燬十三年蕭山西江塘壞
會稽縣志萬曆十四年會稽縣民傅忠年一百歲妻謝氏亦一百歲五世一堂縣令陳國卿申詳督學巡按具題詔
紹興府志　卷之八十　祥異

图 2-38(b)　清乾隆五十七年《绍兴府志・卷之八十　祥异》
记载万历三年风暴潮

杭州:三年六月,海涌数丈,没庐舍、人畜不计其数(图 2-38c)[204]。

203　绍兴府志・卷之八十　祥异.清乾隆五十七年.

204　杭州府志・卷八十四　祥异三.民国十一年铅字本.清光绪十四年.

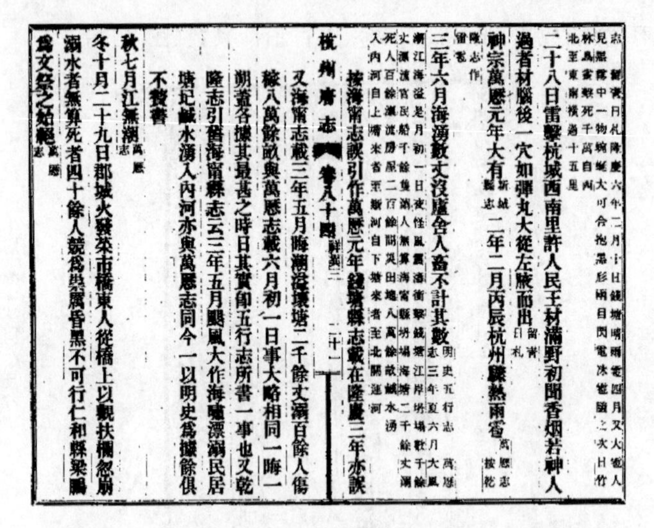
志續實月札隆慶六年二月廿日錢塘晴雨雹四月又大雹人見黑霧中一物蜿蜒大可合抱鬣彤兩目閃電冰雹隨之次日竹林鳥雀斃死千萬自西北至東南横過十五里

二十八日雷擊杭城西南里許人民王材滿野初聞香烟若神人過者材腦後一穴如彈丸大從左腋而出留青日札

神宗萬曆元年大有新城縣志二年二月丙辰杭州縣熱雨雹萬曆志按乾隆志作留雹

三年六月海湧數丈沒廬舍人畜不計其數明史五行志萬曆志三年夏六月大風潮江海溢是月初一日夜怪風震濤衝擊錢塘江岸坍塌數千餘丈漂流官民船千餘隻溺人無算海寧縣坍塌海塘二千餘丈溺死人百餘漂流房屋二百餘間災田地八萬餘畝鹹水湧入內河自上塘來者至斷河自下塘來者至北關運河

按海甯志誤引作萬歷元年錢塘縣志載在隆慶三年亦誤

杭州府志 卷八十四 祥異三 二十一

又海甯志載三年五月晦潮溢壞塘二千餘丈溺百餘人傷稼八萬餘畝與萬歷志載六月初一日事大略相同一晦一朔蓋各據其最甚之時日其實卽五行志所書一事也又乾隆志引舊海甯縣志云三年五月颶風大作海嘯漂溺民居塘圮鹹水湧入內河亦與萬歷志同今一以明史爲據餘俱不發書

秋七月江無潮萬歷志

冬十月二十九日郡城火發菜市橋東人從橋上以觀扶欄忽崩溺水者無算死者四十餘人競爲舁屬昏黑不可行仁和縣梁鵬爲文祭之始絕萬歷志

图 2-38(c) 清光绪十四年编纂、民国十一年铅字本

《杭州府志·卷八十四 祥异三》记载万历三年风暴潮

杭州府(今杭州市)、海宁县(今属海宁市,嘉兴市)、海盐县(属嘉兴市):三年夏六月,大风潮,江海溢。是月初一日夜恠风震涛,冲击钱塘江,岸塌数千余丈,漂流官民船千余只,溺死人命无算。海宁县坍塌海塘二千余丈,溺死人命百余,漂流房屋二百余间,灾伤田地八万余亩,咸水涌入内河。自上塘来者至断河,自下塘来者至北关运河,海盐海患尤甚,平地水涌数丈,土石旧塘自秦驻山东至白马庙延袤一十八里,全塌七百五十丈,半塌一千七百九十二丈。淹没田禾漂流庐舍,溺死人民不知其数(图 2-38d)[205]。

[205] 杭州府志·卷之七 国朝郡事纪下.明万历七年.

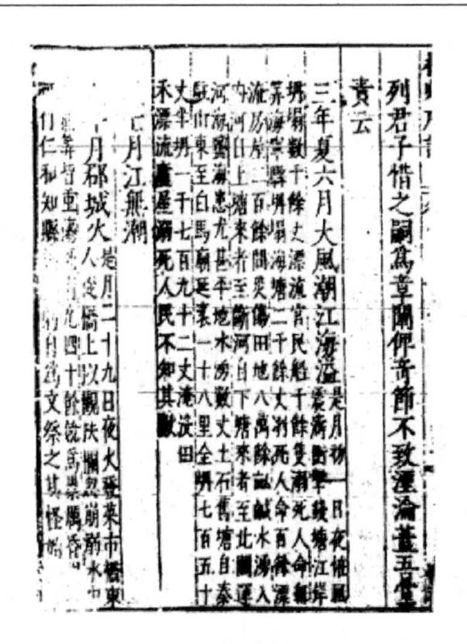
列君子惜之嗣爲章閣俾寄節不致湮淪蓋五堂

贊云

三年夏六月大風潮江海溢

月江無潮

月郡城火

图 2-38(d)　明万历七年《杭州府志·卷之四　事纪下》记载万历三年风暴潮

余杭县(今余杭区):三年六月初一日,怪风震涛,冲击江岸,倒塌数千丈,漂流官民船千余只,溺人无算[206]。

〈2〉**宁波市　象山县**:三年六月,海涌数丈,没船只、庐舍、人畜不计其数[207]。

慈溪县(今慈溪市):三年六月戊辰大风,海溢,淹死人畜庐舍。明史五行志:六月杭、嘉、宁、绍四府,海涌数丈,没战船、庐舍、人畜不计其数(图 2-38e)[208]。

206　余杭县志编纂委员会.余杭县志·第二编　自然环境·第五章　水旱灾害.杭州:浙江人民出版社,1990:81.

207　象山县志编纂委员会.象山县志·地理·第七章　气候.杭州:浙江人民出版社,1998:120.

208　慈溪县志·卷五十五　前事·祥异.清光绪二十五年.

慈谿縣志 卷五十五 前事 祥異

存（慈谿丈量田地尺巾葉○續文獻通考隆慶三年以水災免鄞慈奉象定存留錢糧）

四年正月十八日夜下黑雨（雍正府志）

萬曆三年六月戊辰大風海溢淹人畜廬舍（明史神宗紀○五行志六月杭嘉寧紹四府海湧數丈沒戰船廬舍人畜不計其數）

八年桃李冬華（雍正府志）

十五年大水又大風若排山倒海合圍巨木石柱無不摧折室廬傾圮屋瓦翻飛（雍正志）

十六年大饑流離徧野民有以一子女易一餐者（雍正府志○天啟志萬曆甲申乙酉丙戌歲頻稔民間視粟米如糞土丁亥戊子遂大祲前既賤用之稀有蓋藏無以周緩急鄉民攜妻抱子行乞者如蟻官作粥糜散之不能救也至有懷百金田券不得售而死之戊子夏瘟疫繼之道殣相望○又何偉偉令慈時蝗蝻游虐道殣相望偉發粟平糶作糜以飼餓者）

十七年六月海沸甯波屬縣廨宇多圮碎官民船及戰舸壓溺人（明史五行志）

十九年夏有青鸞集於裏府教學馮柯之庭（慈湖書院詩傳）六月庚子慈谿茅家浦湧血八處大如盆高尺許血濺船船出血濺人足足亦出血數刻乃止（明史五行志○二申野錄己丑入郡茅家浦口紅血從草中出○按己[illegible]）

[illegible]十七年 七月濱海潮溢傷稼淹人（明史五行志○[illegible]）

九月卿雲見於大寶山（[illegible]）

[illegible]

图 2-38(e) 清光绪二十五年《慈溪县志·卷五十五 前事·祥异》记载万历三年风暴潮

〈4〉**嘉兴市 海宁县(今海宁市)**:三年五月,海潮溢坏塘二千余丈,溺百余人,伤稼八万余亩(图 2-38f)[209]。

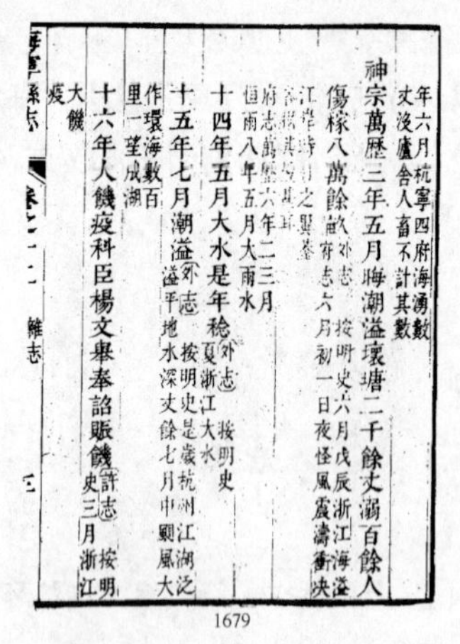

年六月杭寧四府海湧數丈沒廬舍人畜不計其數

神宗萬曆三年五月海潮溢壞塘二千餘丈溺百餘人傷稼八萬餘畝（外志）按明史六月戊辰浙江海溢府志六月初一日夜怪風震濤衝決江岸[illegible]

府志萬曆六年二三月恆雨八年五月大雨水

十四年五月大水是年稔（外志）按明史夏浙江大水

十五年七月潮溢（外志）按明史是歲杭州江湖泛溢平地水深丈餘七月中颶風大作環海數百里一望成湖

十六年大饑疫科臣楊文舉奉詔賑饑（許志）按明史三月浙江大饑疫

海寧縣志 卷十二 雜志

1679

图 2-38(f) 清乾隆三十年《海宁县志·卷十二 杂志·灾祥》记载万历三年风暴潮

209 海宁县志·卷十二 杂志·灾祥.清乾隆三十年.

海盐县:三年五月三十日夜,大风,海溢,城中平地水三尺,频海德政、海盐、甘泉三乡水丈余,溺死者数千人,坏庐舍,亡箅田为碱潮所淹,无秋,民大饥(图 2-38g)[210]。

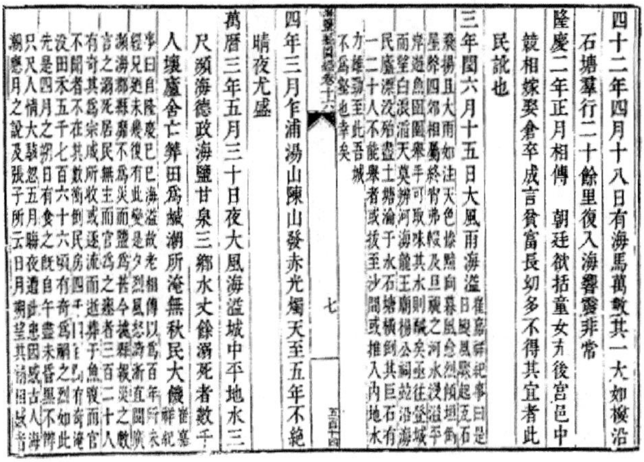
四十二年四月十八日有海馬萬數其一大如樓沿
石塘羣行二十餘里復入海響震非常
隆慶二年正月相傳 朝廷欲括童女充後宮邑中
競相嫁娶倉卒成言貧富長幼多不得其宜者此
民訛也
三年閏六月十五日大風雨海溢
四年三月乍浦湯山陳山發赤光燭天至五年不絕
晴夜尤盛
萬曆三年五月三十日夜大風海溢城中平地水三
尺頻海德政海鹽甘泉三鄉水丈餘溺死者數千
人壞廬舍亡箅田爲鹹潮所淹無秋民大饑

史208-639

图 2-38(g) 明天启《海盐县图经·卷十六 杂识·祥异》记载万历三年风暴潮

*〈9〉**舟山市 定海县(今定海区)**:三年五月十三日,大风雨,漂没房舍,坏船数十艘,溺死数十艘,溺死军民万余,禾稼尽淹*[211]。

〈11〉**丽水市 庆元县**:三年五月,民间绝粒,野多饿死(图 2-38h)[212]。

210 海盐县图经·卷十六 杂识·祥异.明天启.

211 定海县志编纂委员会.定海县志·第二篇 自然环境·第五章 气候.杭州:浙江人民出版社,1994:96.

212 庆元县志·卷之十一 杂事志 祥异.清嘉庆六年.

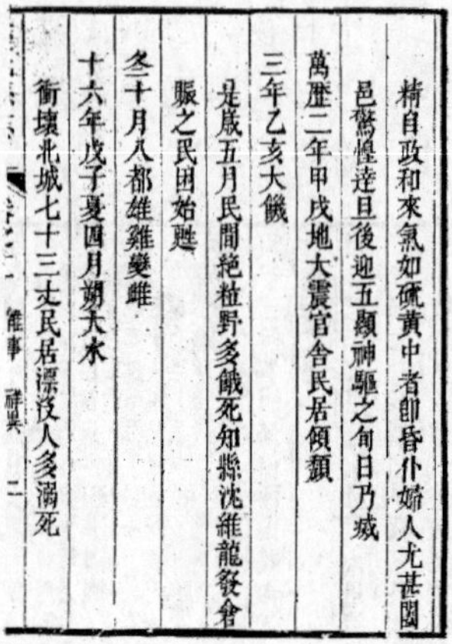

精自政和來氣如硫黃中者卽昏仆婦人尤甚闔
邑驚惶達旦後迎五顯神驅之旬日乃滅
萬曆二年甲戌地大震官舍民居傾頹
三年乙亥大饑
是歲五月民間絕粒野多餓死知縣沈維龍發倉
賑之民困始甦
冬十月八都雄雞變雌
十六年戊子夏四月朔大水
衝壞北城七十三丈民居漂沒人多溺死

雜事 祥異 二

471

图 2-38(h) 清嘉庆六年《庆元县志·卷之十一 杂事志 祥异》记载万历三年饥荒

三年,丽水旱,斗米价银一钱五分,遂昌大旱,庆元大饥,五月民间绝粒,野多饿死(图 2-38i)[213]。

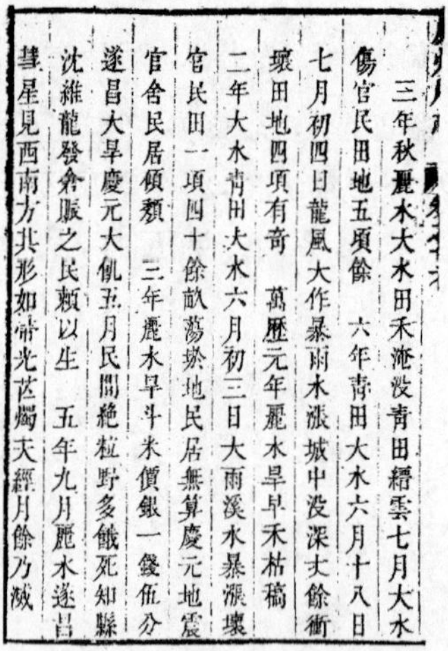

三年秋麗水大水田禾淹沒青田縉雲七月大水
傷官民田地五頃餘 六年青田大水六月十八日
七月初四日龍風大作暴雨水漲城中没深丈餘衝
壞田地四項有奇 萬歷元年麗水旱早禾枯槁
二年大水青田大水六月初三日大雨溪水暴漲壞
官民田一項四十餘畝蕩淤地民居無算慶元地震
官舍民居傾頹 三年麗水旱斗米價銀一錢伍分
遂昌大旱慶元大饑五月民間絕粒野多餓死知縣
沈維龍發倉賑之民賴以生 五年九月麗水遂昌
彗星見西南方其形如帚光芒燭天經月餘乃滅

2158

图 2-38(i) 清雍正十一年《处州府志·卷之十六 杂事志·灾眚》记载万历三年饥荒

213 处州府志·卷之十六 杂事志·灾眚.清雍正十一年.

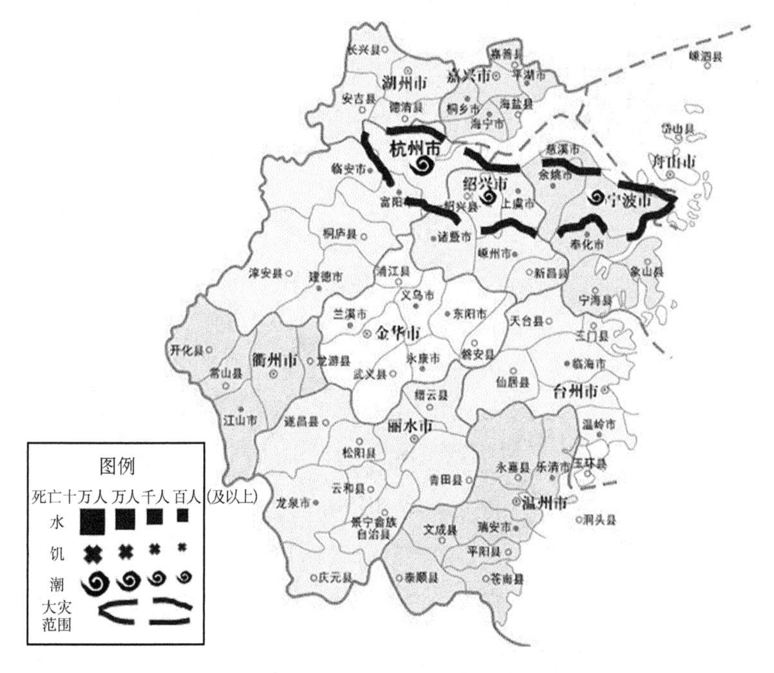

图 2-39　1591 年浙江省大灾分布图

评价:浙东北。大灾点连贯性较好。两次海溢,六月和七月。六月"溺人数万计",七月"宁、绍、苏、松、常五府滨海潮溢",宁、绍属浙江境内。死亡人数为数万人(图 2-39)。

灾种:风暴潮。

资料条数:2 条。

注:下列资料凡斜体者,为死亡万人及以上。编号:31W1591。

〈1〉杭州市　杭州:明万历十九年(1591 年)六月,杭州海溢大

水，溺人数万计[214]。

〈2〉**宁波市　宁波府(今宁波市)、绍兴府(今绍兴市)等**：十九年七月，宁、绍、苏、松、常五府滨海潮溢，伤稼淹人[215]。

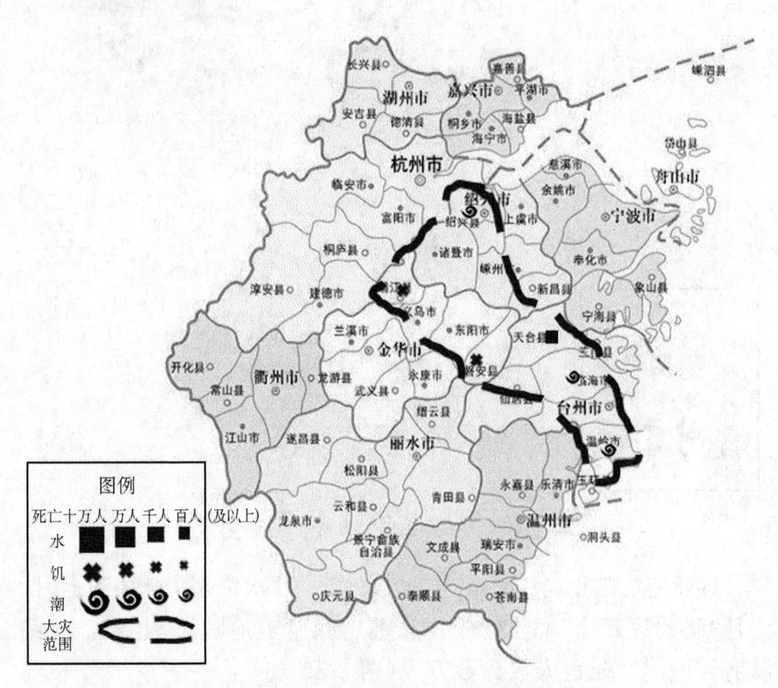

图 2-40(a)　1599 年浙江省大灾分布图

评价：浙中至浙东。大灾点连贯性较好。“巨浪直冲内地，石梁漂去里许方沉”，多大的力量能产生这样大的威力？死亡人数为

214　温克刚.中国气象灾害大典·浙江卷·第二章　暴雨、洪涝.北京：气象出版社，2006：77.

215　明史卷二十八　志第四.

千余人(图 2-40a)。

灾种:风暴潮、洪涝。

资料条数:5 条。

〈7〉**金华市　磐安县:**明万历二十七年(1599 年)大旱,山地颗粒无收,饿殍载道[216]。

浦江县:二十七年春,民皆食草根树皮,至有飧泥者,饿殍不可胜言[217]。

〈10〉**台州市　太平县(今温岭市):**二十七年七月,风雨大作,漂没无算[218]。

临海、太平县(今温岭市)、天台县:二十七年七月,龙关于海风雨大作,漂没无算。西园杂记:嘉靖辛丑七月,台州山中豻出遍身皆火,诸山龙出与关水火相薄,赤气漫空,坏临海、太平、天台三邑民居、田亩,死者甚多(图 2-40b)[219]。

216　磐安县志编纂委员会. 磐安县志·大事记略. 杭州:浙江人民出版社,1993:12.

217　浦江县志编纂委员会. 浦江县志·第二编　自然环境·第六章　灾异. 杭州:浙江人民出版社,1990:91.

218　温岭县志编纂委员会. 温岭县志·地理·第二编　自然环境·第七章　灾异. 杭州:浙江人民出版社,1992:78.

219　太平县志·卷十八　杂志·灾祥. 清嘉庆十五年.

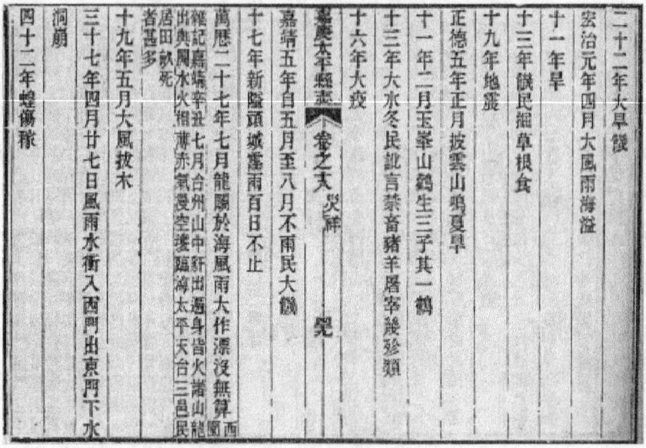

二十二年大旱饑
宏治元年四月大風雨海溢
十一年旱
十三年饑民掘草根食
十九年地震
正德五年正月拔雲山鳴夏旱
十一年二月玉峯山鷄生三子其一鵝
十三年大水冬民訛言禁畜豬羊屠宰幾殄類
十六年大疫
嘉慶太平縣志　卷之十八　災祥
嘉靖五年自五月至八月不雨民大饑
十七年新隘頭城壓雨百日不止
萬歷二十七年七月龍鬭於海風雨大作漂沒無算西園
雜記嘉靖辛丑七月台州山中新出遍身皆火諸山龍出與鬭水火相薄赤氣漫空淩臨海太平天台三邑民居田畝死者甚多
十九年五月大風拔木
三十七年四月廿七日風雨水衝入西門出東門下水洞崩
四十二年蝗傷稼

图 2-40(b)　清嘉庆十五年《太平县志·卷十八　杂志·灾祥》记载万历二十七年龙卷风

临海、太平县(今温岭市)、天台县、山阴县(今绍兴县,今属绍兴市):二十七年七月,风雨大作,临海、太平、天台三县死不可胜计,山阴巨浪直冲内地,石梁漂去里许方沉,倒坏民居,淹毙者不可胜计[220]。

[220] 温克刚.中国气象灾害大典·浙江卷·第一章　热带气旋.北京:气象出版社,2006:20.

1602 年

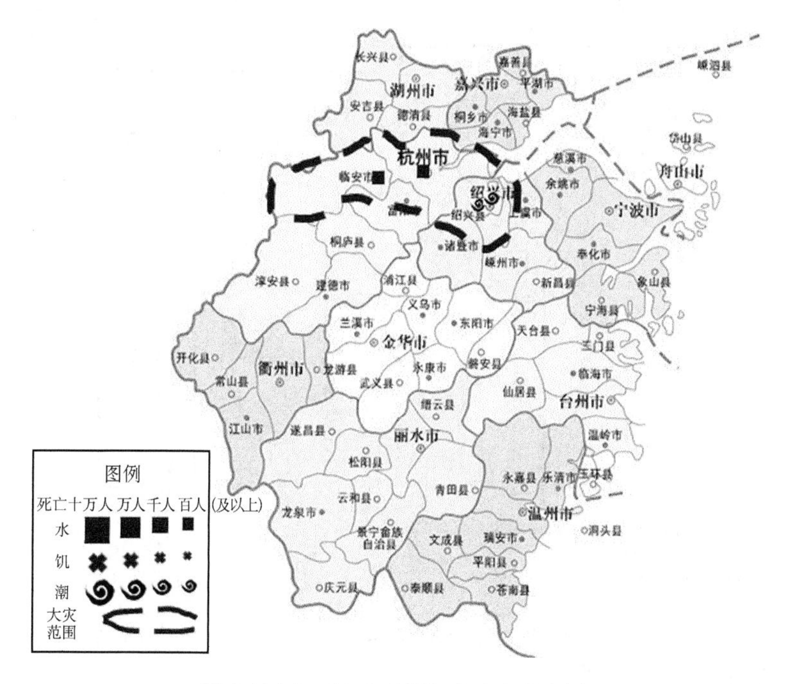

图 2-41(a)　1602 年浙江省大灾分布图

评价:浙东北。大灾点连贯性较好。"水入县治,高四尺",县治一般设置于地势较高地区,县治已没,民居如何？死亡人数为数百人(图 2-41a)。

灾种:风暴潮、洪涝。

资料条数:4 条。

〈1〉**杭州市　杭州、临安县(今临安区):**明万历三十年(1602年)杭州五月大雨,龙井山水出,顷刻高四尺。临安五月大水。水入县治,高四尺,塘堰溃决,人多溺死[221]。

临安县(今临安区):三十年五月,大水,水入县治,高四尺。塘堰溃决,人多溺死(图 2-41b)[222]。

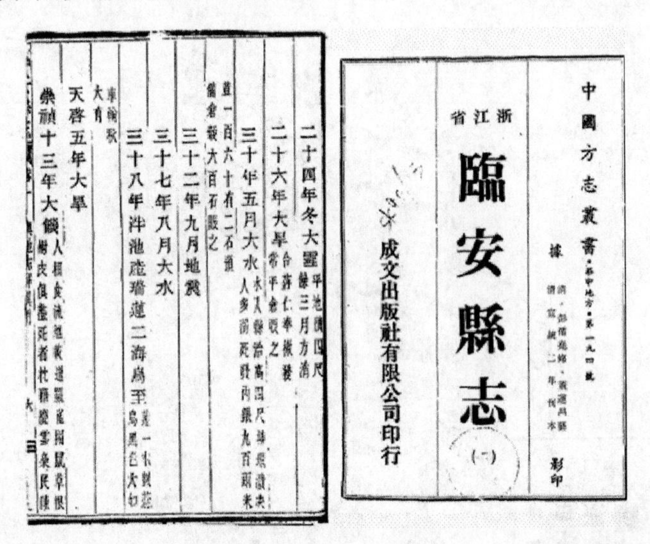
二十四年冬大雪
二十六年大旱
三十年五月大水 水入縣治高四尺塘堰潰決 人多溺死
三十二年九月地震
三十七年八月大水
三十八年泮池產瑞蓮二 海鳥至
天啓五年大旱
崇禎十三年大饑

中國方志叢書
浙江省
臨安縣志
(一)
成文出版社有限公司印行

图 2-41(b) 宣统二年《临安县志·卷一 祥异》记载万历三十年洪灾

〈6〉**绍兴市 会稽县(今越城区)**:三十年七月,大风雨,海水溢,民溺死不可胜计[223]。

山阴县(今绍兴县)、会稽县(今越城区):三十年七月,大风雨,山阴、会稽民溺死,不可胜计。海潮骤入城,漂石梁里许方沉(图 2-41c)[224]。

221 杭州市地方志编纂委员会. 杭州市志·第一卷 自然环境篇. 北京:中华书局,2000.

222 临安县志·卷一 祥异. 宣统二年.

223 上海、江苏、安徽、浙江、江西、福建省(市)气象局,中央气象局研究所. 华东地区近五百年气候历史资料,1978:4.117.

224 绍兴府志·卷之八十 祥异. 清乾隆五十七年.

紹興府志　卷之八十　祥異

二十九年臥龍山上城隍廟火蕭山民家竈前地出血濺
高尺許巡撫以聞諸暨姜氏妻產子即咬其母死子亦亡
三十年七月大風雨山陰會稽民溺死不可勝計海潮驟
入城漂石梁里許方沉諸暨民婦姙十五月産子鬚髮俱
白不乳食死三十二年十月八日夜半各邑地震三十五
年五月六月淫雨閏六月諸暨縣山出蛟洪水泛溢溺人
不可勝計三十六年雨七晝夜諸暨大水飢三十七年嵊
大水民多溺四十年五月諸暨有黑霧障天行人[illegible]之間
叚茹臊者必死四十三年諸暨大水四十五年六月六日
諸暨雷電驟作寒逾冬月四十七年府城火四十八年諸

图 2-41(c)　清乾隆五十七年《绍兴府志·卷之八十　祥异》记载万历三十年风暴潮

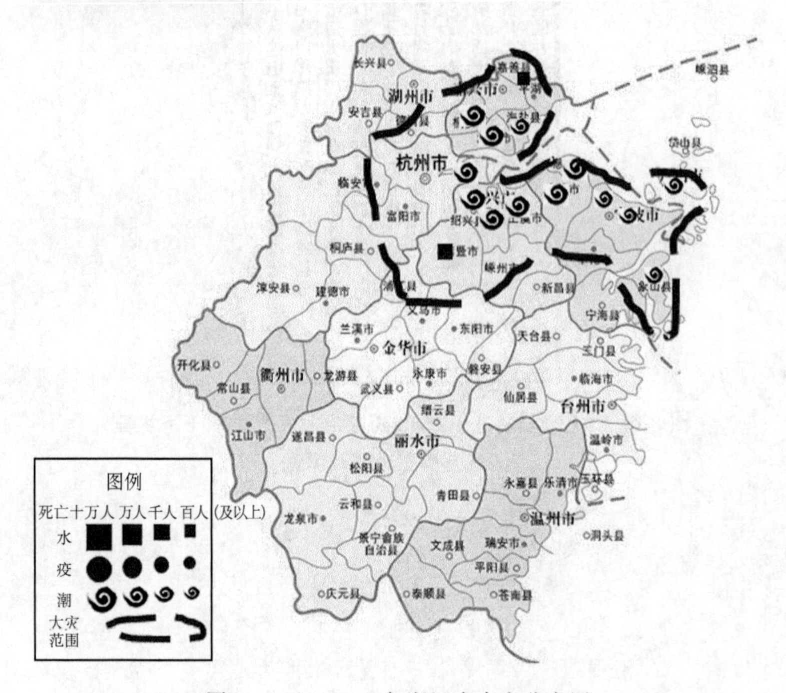

图 2-42(a)　1628 年浙江省大灾分布图

评价：浙东北。大灾点连贯性好。一次非常可怕的风暴潮灾害，明末杭州湾两岸经济最繁荣的地区被严重毁坏。很少见到几个县同时因风暴潮死亡成千上万人的灾例。其中，造成死亡万人以上的有萧山、绍兴、越城、慈溪、上虞，均在杭州湾南岸；海宁、桐乡，均在杭州湾北岸。“抚按奏闻萧山淹死人口共一万七千二百余口，老稚妇女不在数内”，这么多人口死亡，奏报死亡人数只有男丁，可见当时的价值观。杭州湾北的海盐县“海溢，咸潮入城，塘尽圮，四门吊桥大水冲塌，浮尸牛马畜物蔽海至上虞县，榜额漂至海上”，报尸布告贴在杭州湾南的上虞县。死亡人数为十万人以上。这样的灾害，要是发生在当今，不可想象。它的危害，比 2011 年东日本“3·11”地震海啸高 4 倍！其实，这场台风从象山登陆，路径与 5612、8807 号台风非常相似（图 2-42a）。

灾种：风暴潮、洪涝。

资料条数：16 条。

注：下列资料凡斜体者，为死亡万人及以上。编号：32W1628。

*〈1〉**杭州市　杭州府（今杭州市）、嘉兴府（今嘉兴市）、绍兴府（今绍兴市）**：明崇祯元年（1628 年）七月壬午，杭、嘉、绍三府海啸，坏民居数万间，溺数万人，海宁、萧山尤甚*[225]。

***萧山县（今萧山区）**：元年七月，连雨，廿三日，飓风大作，酉刻海水骤溢，自白洋瓜沥而入，漂没庐舍、田禾，淹死人民。廿九日复大风雨。抚按奏闻萧山淹死人口共一万七千二百余口，老稚妇女不在数内*[226]。

元年七月，连雨，廿三日，飓风大作，酉刻海水骤溢，自白洋瓜沥而入，漂没庐舍、田禾，淹死人民。廿九日复大风雨。抚按奏闻萧山淹死人口共一万七千二百余口，老稚妇女不在数内（图 2-42b）[227]。

蕭山縣志　卷十九　四

紹興府志天啓七年秋冠山之麓曰茅山一夕光氣燭
天視之有一石壁明徹如鏡山川人物纖微畢照逾
月漸晦
舊志崇禎元年七月連雨廿三日颶風大作酉刻海水
驟溢從白洋瓜瀝而入漂没廬舍田禾淹死人民廿
九日復大風雨撫按奏聞蕭山淹死人口共一萬七
千二百餘口老稚婦女不在數内
九年秋潮衝瓜瀝塘壊
十四年四月疫癘大作死者相藉于道五月大旱米每
石三兩三錢大麥每石一兩五錢
十月辛卯朔日食既
十五年五月大水西江塘壊田禾淹没六月十六日大
雨三日江水復進如前重種禾苗又淹没無遺遺府
及山會知縣看塘督修
順治三年五月大旱運河盡成赤地大兵入城士民饑
化甘霖大霈
九年二月十四日四更地震
十一年西江塘圮
康熙三年八月初三日海嘯塘坍二百餘丈田廬漂没
邑令徐則敏于要患處築石塘一百丈

卷十九　祥異　五

图 2-42(b)　清乾隆十六年《萧山县志・卷十九　祥异志》记载崇祯元年风暴潮

225　明史卷二十八　志第四.

226　萧山县志・卷十九　祥异志．清乾隆十六年.

227　萧山县志・卷十九　祥异志.清乾隆十六年.

〈2〉宁波市　宁波、慈溪、余姚县(今余姚市):元年七月,宁波大风雨,拔木圮石坊;慈溪海啸,飓风大作;余姚海溢,漂没庐舍,被溺者以万计[228]。

余姚县(今余姚市):元年七月二十三日,海溢,漂没庐舍、人畜无算(图 2-42c)[229]。

冬多虎康熙志　三十年東山鄉杜氏子年百三十八歲謝起龍東山志原注朱鑒譜土名杜雜萬歷壬寅有杜氏子年百三十八歲因史聞之召至邑城動履健捷齒髮無恙與之語多弘正間事後復十餘年始卒
天啟七年七月大水康熙志
崇禎元年七月二十三日海溢漂沒廬舍人畜無算七年八月大水八年地震十三年文廟柏樹見雀錫十四年正月雨雪不止六月蝗大饑十七年旱康熙志
國朝
順治三年餘姚內附城隍廟火康熙志　甘露降於松皇朝文獻通考
四年甘露降化安山松樹五年四月雨雹十一年十二月大寒江水皆冰十五年七月大風十八年大旱饑康熙志
餘姚縣志　卷七　祥異　六

图 2-42(c)　清光绪二十五年《余姚县志·卷七　祥异》记载崇祯元年风暴潮

慈溪县(今慈溪市):元年七月二十三日,海啸、飓风,漂没庐舍,溺死者以万计[230]。元年七月,海啸飓风大作,海水溢流,傍海居民多被溺死(图 2-42d)[231]。

228　宁波气象志编纂委员会.宁波气象志·第二章　气象灾害·附:气象灾害年表.北京:气象出版社,2001:96.

229　余姚县志·卷七 祥异.清光绪二十五年.

230　慈溪市地方志编纂委员会.慈溪县志·第三编　自然环境·第八章　自然灾害.杭州:浙江人民出版社,1992:153.

231　慈溪县志·卷五十五　前事·祥异.清光绪二十五年.

地震雍正府志○天啟志冬夜三鼓地震牀榻皆搖屏上雙環如連叩不已萬戶俱驚屯以待旦
三十七年秋大水漂沒民居無算溢止錄○天啟志秋大水附麓盡井依山結廬者半委泥沙千霄古刹曠代石橋崩陷無算易處凡
遂湮藝漂骨者無算甚則平原一望野咸爲沼水日或夾於逵
腥繼居列萬櫺戶速千火頃刻一決不知所之居民
之濱江者器具什物悉流取之擇好棄餘不勝收拾
三十九年春多火入夏數旬未雨不得刺秧秧盡枯農越鄉
邑貸種六月望雨甚水溢至二十日始退二十八日雨復霪
注越月初二日乃已南畝之實盡秭不能登場天啟志
四十四年正月三日雷慘黯雪墜空如傾封堞可一二尺許
或三尺許山中坎陷平填七八尺摧拉竹木無算時入春十
日歲裏雷早發聲而陰凍連旬不解人共瘴瘃簷冰長短垂
垂如銀栅排戶雍正府志
四十六年七月大水壞廬舍溺死者甚衆雍正府志
慈谿縣志　卷五十五　前事　祥異
天啟元年六七月亢旱浙江通志
二年十二月大火○雍正志怪見於市民馮濟家或衣緋幘或素衣冠或一或二三爲伍始惟小兒見之繼則男女俱得注視月餘乃止父老云此當災冬十二月二十七日火發自酉至子關帝廟明倫堂尊經閣與燈北自驛廢澤橋南至驟馬橋晷刻成燼
三年十二月二日申時地震雍正志
崇正元年七月海嘯颶風大作海水溢流傍海居民多被渰死
雍正志
二年米價騰貴雍正志○鄞縣志元年二年俱水災
四年林大智妻曾氏年百歲
五年永明寺火○雍正志壬申正月聞永明寺住僧傳言諸佛時當自焚偶小舟數艇從半空中職之而去聞者莫不以爲訛至十月十八日火從寺中小屋起烈焰彌天立成灰燼僅存山門如故
六年癸酉海嘯暴風發屋民廬半圮[illegible]

图 2-42(d)　清光绪二十五年《慈溪县志·卷五十五　前事·祥异》记载崇祯元年风暴潮

崇祯戊辰年七月，海啸，飓风大作，海水溢流，傍海居民多被渰死(图 2-42e)[232]。

潰者夜聞喧譟聲良久起視之見所拔之石浮於岸
上自此往來無恙後宦山建文昌閣以其石礎焉
寶山卿雲　大寶山佳居先松木翁蔥以障風氣一日龍
郡禾從縉治之暇集諸紳于邑東裔道觀指
點西山峰巒如畫儼見卿雲輪囷四
起如蓋天玉樓見者驚異皆隆紀之
天刑不孝　邑十九都有趙姓者什遜不孝愛養鸂鶒一
日他出其母方作羹鸂鶒誤落沸湯中鸂母
懼遭譴[illegible]含趨歸取利刃藏出石穴中以甘言迎母
歸行過纖刃所手探石穴如有力掣之者竟死道左
死而手乃得出人見石罅有刃方知
其欲殺母也天刑不孝衆共快之
風變　萬曆十五年大風忽作勢若排山倒海盬合闡巨
木古坊石柱無不拔折室廬傾覆屋瓦飛翻十六
年歲大飢道殣相望崇禎戊辰年七月海嘯颶風大
作海水溢流傍海居民多被渰死己巳年米價騰貴
地震　萬曆二十一年秋地震筆床茶竈相擊有聲次冬
夜復震萬戶驚起坐以待旦又天啟癸亥季冬申
時復震

图 2-42(e)　清雍正八年《慈溪县志·卷十二　纪异》记载崇祯戊辰风暴潮

232　慈溪县志·卷十二　纪异.清雍正八年.

象山县:元年七月,风雨,海溢,居民漂没无数[233]。

鄞县(今鄞州区)、慈溪(今慈溪市)、余姚(今余姚市)、镇海(今镇海区):元年七月二十七日,鄞县、慈溪、余姚、镇海皆飓风海溢,漂没庐舍、人畜无算[234]。

*〈4〉**嘉兴市　海宁县(今海宁市)**:元年七月二十三日,潮决深入平野二十里,漂溺人畜、庐舍无算(许志)。按:七月壬午,浙江风雨海啸,坏民居数万间,溺数万人,海宁尤甚*(图 2-42f)[235]。

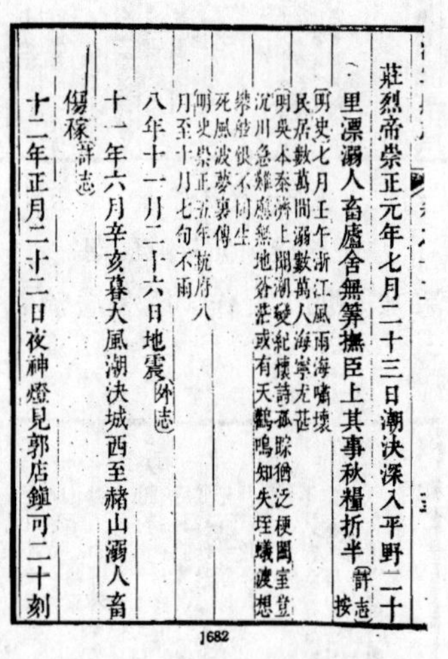
莊烈帝崇正元年七月二十三日潮決深入平野二十
里漂溺人畜廬舍無算撫臣上其事秋糧折半(許志)按
明史七月壬午浙江風雨海嘯壞
民居數萬間溺數萬人海寧尤甚
明與本奏濟上開湖變紀樣詩孤踪猶泛梗岡室豈
沉川急雜應無地浴茫或有天鶴鳴知失垤蟻渡想
舉舵俱不同生
死風波夢裏傳
明史崇正五年杭府八
月至十月七旬不雨
八年十一月二十六日地震(許志)
十一年六月辛亥暮大風潮決城西至赭山溺人畜
傷稼(許志)
十二年正月二十二日夜神燈見郭店鎮可二十刻
1682

图 2-42(f)　清乾隆三十年《海宁县志·卷十二　杂志·灾祥》记载崇祯元年风暴潮

元年七月壬午,杭州府海啸,坏民居数万余间,溺数万人,海宁尤甚(图 2-42g)。

233　象山县志编纂委员会.象山县志·地理·第七章　气候.杭州:浙江人民出版社,1998:120.

234　温克刚.中国气象灾害大典·浙江卷·第一章　热带气旋.北京:气象出版社,2006:21.

235　海宁县志·卷十二　杂志·灾祥.清乾隆三十年.

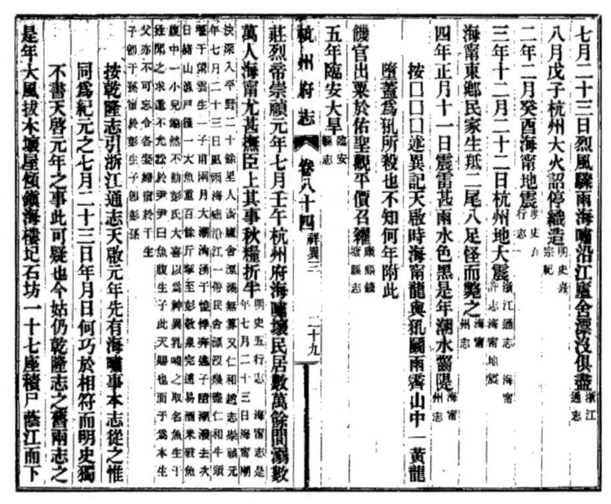

七月二十三日烈風驟雨海嘯沿江廬舍漂沒俱盡浙江通志
八月戊子杭州大火詔停織造明史莊烈帝紀
二年二月癸酉海甯地震明史五行志
三年十二月二十二日杭州地大震浙江通志 海甯州志 海甯地震
海甯東鄉民家生羝二尾八足怪而斃之海甯州志
四年正月十一日震雷甚雨水色黑是年潮水齧隄海甯州志
按口口口述異記天啟時海甯龍與犼鬭雨霽山中一黃龍
墮蓋爲犼所殺也不知何年附此
饑官出粟於佑聖觀平價召糴康熙錢塘縣志
五年臨安大旱臨安縣志
杭州府志　卷八十四　祥異三　二十九
莊烈帝崇禎元年七月壬午杭州府海嘯壞民居數萬餘間溺數
萬人海甯尤甚撫臣上其事秋糧折半明史五行志 海甯志是年七月二十三日海甯潮
決深入平野二十餘里人畜廬舍漂溺無算又仁和趙志崇禎元
年七月二十三日風雨海嘯沿江一帶民舍漂沒幾盡仁和牛頭
灣于棠雲生一子甫兩月大潮洶湧于惶悴奔逃子隨潮漫去夫
婦攜山巔戶後一大魚重百餘斤擎至彭敬泉宅遺易酒米買魚
腹中一小兒儼然不動彭氏大喜以爲神異乳哺之取名魚生于
廷聞之求還不允訟於尹尹曰魚腹生子此天賜也而于爲本生
父亦不可忘合各娶婦宿於于生
子卽于孫宿於彭生子卽彭孫
按乾隆志引浙江通志天啟元年先有海嘯事本志從之惟
同爲紀元之七月二十三日年月日何巧於相符而明史獨
不書天啓元年之事此可疑也今姑仍乾隆志之舊兩志之
是年大風拔木壞屋傾嶺海樓圮石坊一十七座櫺戶蔭江而下

图 2-42(g)　清光绪十四年编纂、民国十一年铅字本《杭州府志·卷八十四　祥异三》记载崇祯元年风暴潮

嘉善县:元年戊辰七月,飓风淫雨,居民被溺者不可胜(图 2-42h)[236]。

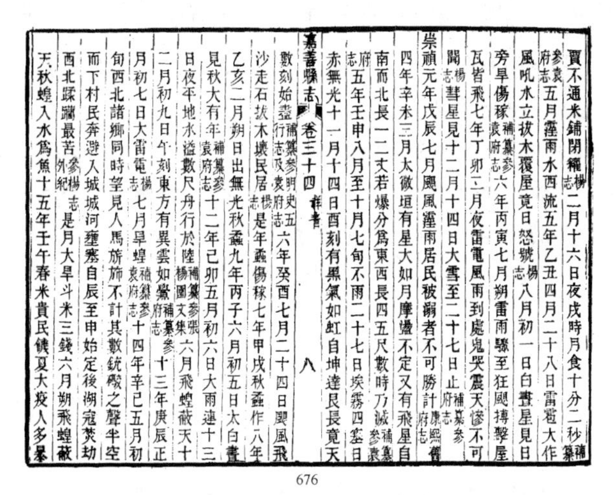

貿不通米鋪閉糴楊志二月十六日夜戌時月食十分二秒補纂
參袁府志五月霪雨水西流五年乙丑四月二十八日雷雹大作
風吼水立拔木覆屋竟日怒號楊志八月初一日白晝星見日
旁旱傷稼補纂參袁府志六年丙寅七月朔雷雨驟至狂颶搏擊屋
瓦皆飛七年丁卯三月夜雷電風雨到處鬼哭震天慘不可
聞楊志彗星見十二月十四日大雪至二十七日止補纂參府志
崇禎元年戊辰七月颶風霪雨居民被溺者不可勝計康熙府志 舊
四年辛未三月太微垣有星大如月摩盪不定又有飛星自
南而北長一二丈若爆分爲東西長四五尺數時乃滅補纂參袁
府志五年壬申八月至十月七旬不雨二十七日埃霧四塞日
赤無光十一月十四日酉刻有黑氣如虹自坤達艮長竟天
嘉善縣志　卷三十四　祥眚　八
數刻始盡補纂參明史五行志及袁府志六年癸酉七月二十四日颶風飛
沙走石拔木壞民居楊志是年蝨傷稼七年甲戌秋蝨作八年
乙亥二月朔日出無光秋蝨九年丙子六月初五日太白晝
見秋大有年補纂參袁府志十二年己卯五月初六日大雨連十三
日夜平地水溢數尺舟行於陸補纂參張楊園文集六月飛蝗蔽天十
二月初九日午刻東方有異雲如黨補纂參府志十三年庚辰正
月初七日大雷電楊志七月旱蝗補纂參袁府志十四年辛巳五月初
旬西北諸鄉同時望見人馬旂旆不計其數銃礮之聲半空
而下村民奔避入城城河壅塞自辰至申始定後湖寇焚劫
西北蹂躪最苦參楊志外紀是月大旱斗米三錢六月朔飛蝗蔽
天秋蝗入水爲魚十五年壬午春米貴民饑夏大疫人多暴

676

图 2-42(h)　光绪十八年《重修嘉善县志·卷三十四　杂志(上)·眚祥》记载崇祯元年洪灾

236　重修嘉善县志·卷三十四　杂志(上)·眚祥.光绪十八年.

海盐县:元年七月廿三海溢塘溃,“浮尸、畜物蔽海”[237]。七月二十三日,海溢,咸潮入城,塘尽圮,四门吊桥大水冲塌,浮尸牛马畜物蔽海至上虞县,榜额漂至海上(图 2-42i)[238]。

三年十二月二十二日地震
四年正月二十九日初昏空中有聲如礮光燭天自西至
須臾息以上見圖經
天啟元年辛酉夏熒惑直據南斗中位光燄噴射
四年自春及秋大雨水浸城郭
五年旱損稼高阜無收八月蝕白晝星見月傍
崇禎元年戊辰七月二十三日海溢鹹潮入城塘盡圮四
門弔橋大水衝塌浮屍牛馬畜物蔽海至上虞縣榜額
漂至海上
五年夏秋大旱
海鹽縣志 卷十三 祥異考
1287

图 2-42(i) 清光绪二年《海盐县志·卷十三 祥异考》记载崇祯元年风暴潮

石门县(今桐乡市石门镇):*元年石门七月二十三日,大风拔树,海水溢塘,民死数万*[239]。

〈6〉绍兴市 舟山县(属舟山市)、会稽县(今越城区)、萧山县(今萧山区,属杭州市)、上虞县(今上虞市)、余姚县(今余姚市,属宁波市):*崇祯元年七月,大风拔木发屋,海大溢,府城街市行,舟山、会稽、萧山民溺死各数万,上虞、余姚各以万计(图 2-42j)*[240]。

---

237 海盐县志编纂委员会.海盐县志·大事记.杭州:浙江人民出版社,1992:6.

238 海盐县志·卷十三 祥异考.清光绪二年.

239 上海、江苏、安徽、浙江、江西、福建省(市)气象局,中央气象局研究所.华东地区近五百年气候历史资料,1978:4.52.

240 绍兴府志·卷之八十 祥异.清乾隆五十七年.

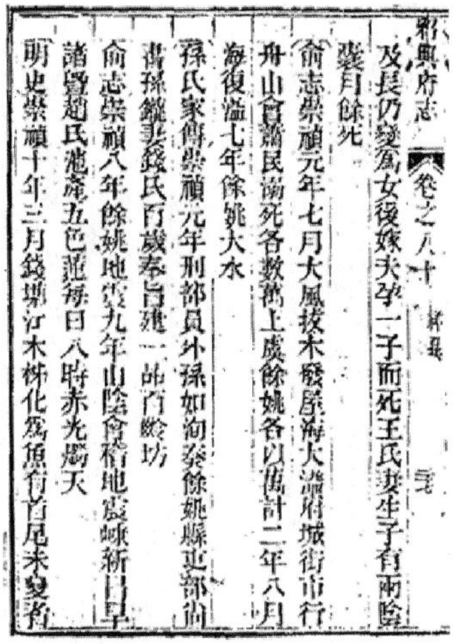

紹興府志　卷之八十　祥異

及長乃變爲女後嫁夫孕一子而死王氏妻生子有兩陰
囊月餘死
俞志崇禎元年七月大風拔木發屋海大溢府城街市行
舟山會蕭民溺死各數萬上虞餘姚各以萬計二年八月
海復溢七年餘姚大水
孫氏家傳崇禎元年刑部員外孫如洵癸餘姚縣吏部尚
書孫鑨妻錢氏百歲奉旨建一品百齡坊
俞志崇禎八年餘姚地震九年山陰會稽地震嵊新昌旱
諸暨趙氏池產五色蓮每日八時赤光燭天
明史崇禎十年三月錢塘江木柹化爲魚有首尾未變者

图 2-42(j)　清乾隆五十七年《绍兴府志·卷之八十　祥异》
记载崇祯元年风暴潮

山阴县(今绍兴县)、会稽县(今越城区)、上虞县(今上虞市)、诸暨县(今诸暨市):*元年七月二十三日,浙江海溢,山阴、会稽、上虞、诸暨大风雨,溺者以万计*[241]。

诸暨县(今诸暨市):元年七月二十三日,大风拔木,洪水泛滥,溺死湖区居民千余人[242]。

上虞县(今上虞市):*元年七月二十三日,飓风大作,拔木发屋,海潮大进塘堤尽溃,自夏盖山至沥海所淹死者以万计(《康熙志》)*(图 2-42k)[243]。

241　绍兴县地方志编纂委员会.绍兴县志　第1册·第2卷　自然环境·附录3　历代灾异录.北京:中华书局,1999.

242　诸暨县地方志编纂委员会.诸暨县志·大事记.杭州:浙江人民出版社,1993:9.

243　上虞县志·卷三十八　杂志一　风俗祥异.清光绪十六年.

畏避縣官戒獵徒擒之不能得後於東門外販之叢薄
處獲一虎而人亦有重傷者萬曆志
三十二年十一月初九日夜地震屋宇搖動甚有傾倒者
萬歷志○明陳繼疇詩仲冬熙熙如仲春朔暘啟蟄嘘
重雲驕陰乘陽出未得欲雨不雨蒸絪緼鉤呈漸舒開
管鑰海水周流波相薄蟠蜿張口候儀動龍機發銅
丸落是時漏點方三更六街闃靜無人行驚一燈燕生酒
初醒忽聞四壁聲錚錚洸如空中旋磨蟻又以弄舟江
心裹屋瓦紛飛水自波千門萬戶重重敲寄鳥繞枝棲
不定兒童啞呼聲相聽爭言無處可容身嗟爾神何
太橫由來地道貴安貞一陽之月宜上行歷北而西三
萬里胡爲偏向東南傾東南虛自循樂土男耕女織多
愁苦災來有基豈偶然茲理雖微聊可觀君不見周幽
王三川地震須臾亡又不見漢文帝地震山裂成至治
岸言能使天意回轉妖爲祥歷可紀方今聖德邁唐虞
羣工欽翼無專諭漫言天變不足畏涓涓不止成江湖
禮殿減膳亦徒爾貢琛獻瑞何其誣一自鯨波沸東海
西川跋扈又數載徵調頻年物力徵奚堪榷酤復開採
長狐乳虎何咆哮鑿海煮海皆民膏膏盡髓竭命不保
九閽欲叩君門高君門高兮不必歎但願君心
恤災患一朝赫怒宏羊烹三儀順軌方儀奠
天啟四年十月地震康熙志
崇禎元年正月朔日食風霾七月二十三日颶風大作拔
木發屋海潮大進塘堤盡潰自夏蓋山至瀝海所淹死
者以萬計康熙志
五年大旱七月前江十都地潮水曲劃竟通夏蓋湖鹹水
直注餘姚康熙志

图 2-42(k)　清光绪十六年《上虞县志·卷三十八　杂志一　风俗祥异》记载崇祯元年风暴潮

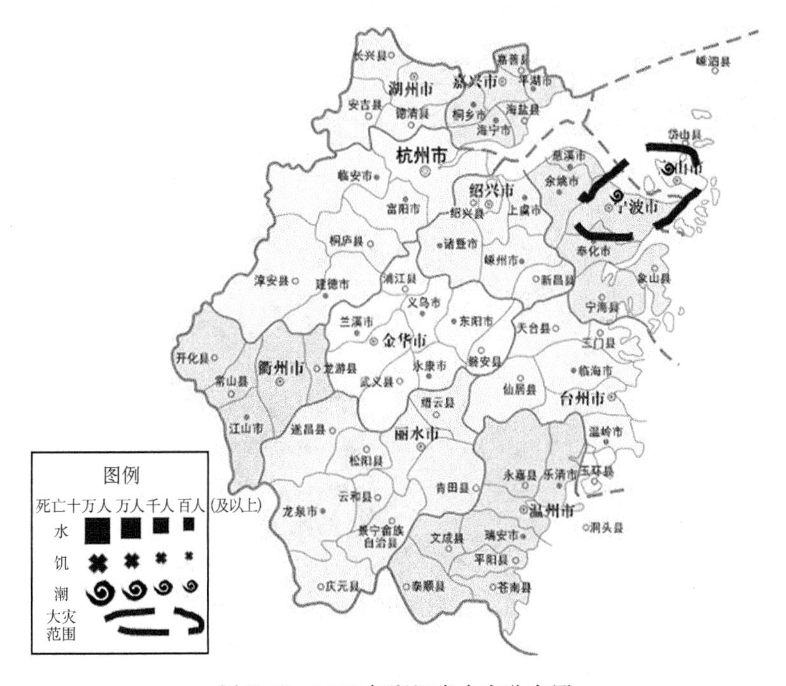

图 2-43　1633 年浙江省大灾分布图

评价：浙东北。大灾点连贯性好。沿海风暴潮，主要受灾的是沿海战船，船只翻沉，造成大量兵士丧生。死亡人数为数百人（图 2-43）。

灾种：风暴潮。

资料条数：2 条。

〈2〉**宁波市　镇海县（今镇海区）**：明崇祯七年（1633 年），镇海六月飓风雨如注旬日，民庐倒塌，外洋防海战船漂没八、九，巡民沉溺不计其数；慈溪海啸暴风，民庐半圮[244]。

〈9〉**舟山市　定海县（今定海区）**：六年六月，飓风，大雨如注，民房倒塌，外洋防海战船漂没，水兵死伤不计其数[245]。

1644 年

图 2-44(a)　1644 年浙江省大灾分布图

评价：浙东北、浙中。大灾点连贯性好。沿海风暴潮、干旱、内

244　宁波气象志编纂委员会.宁波气象志·第二章　气象灾害·附：气象灾害年表.北京：气象出版社，2001：96.

245　定海县志编纂委员会.定海县志·第二篇　自然环境·第五章　气候.杭州：浙江人民出版社，1994：96.

陆洪涝，数灾并发。死亡人数为近千人(图 2-44a)。

灾种：风暴潮、洪涝、饥荒、瘟疫。

资料条数：6 条。

〈1〉**杭州市　杭州府(今州市)、嘉兴府(今嘉兴市)、宁波府(今宁波市)、绍兴府(今绍兴市)、台州府(今台州市)：**崇祯十七年(1644 年)六月，浙江海沸，杭、嘉、宁、绍、台属县廨宇多圮，碎官民船及战舸，压溺者三百余人[246]。

〈2〉**宁波市　慈溪县(今慈溪市)：**清顺治元年，饥。《韩湘梦游记略》岁在甲申，旱魃肆虐……皆为饥国，斗米千钱，人尽踏树拔草，绥槁不收，疫疠大作，城郭内外所在填尸枕藉(图 2-44b)[247]。

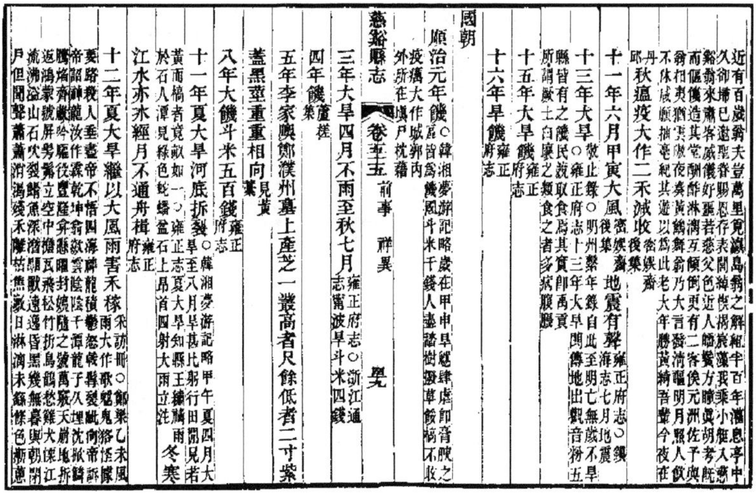

图 2-44(b)　清光绪二十五年《慈溪县志·卷五十五　前事·祥异》记载顺治元年饥荒

〈4〉**嘉兴市　平湖县(今平湖市)：**元年五月不雨至十一月十五

246　明史卷二十八　志第四.

247　慈溪县志·卷五十五　前事·祥异.清光绪二十五年.

日乃雨,河底枯槁,道殣相望[248]。

〈5〉**湖州市　乌程县南浔镇(今南浔区)**:十七年春,大疫,民呕血缕即死[249]。

〈7〉**金华市　东阳县(今东阳市)**:元年,东阳七月十四日风雨交作三日不止,次午天黑如夜,二十四都拔去禾木数十本,又玉山乡蜃水骤发,冲坏夹溪桥,民多淹死。八月又大水[250]。

磐安县:元年七月十四日,风雨交作,三天不止,玉山乡蜃水骤发,冲坏夹溪桥,民多淹死[251]。

248 桐乡市桐乡县志编纂委员会.桐乡县志·第二编　自然环境·第五章　自然灾害.上海:上海书店出版社,1996:139.

249 南浔镇志编纂委员会.南浔镇志·第一编　政区·第二章　自然环境.上海:上海科学技术文献出版社,1995:54.

250 朱建宏.金华水旱灾害志·第一章　洪水灾害.北京:中国水利水电出版社,2009:8.

251 磐安县志编纂委员会.磐安县志·卷二　自然环境·灾害.杭州:浙江人民出版社,1993:69.

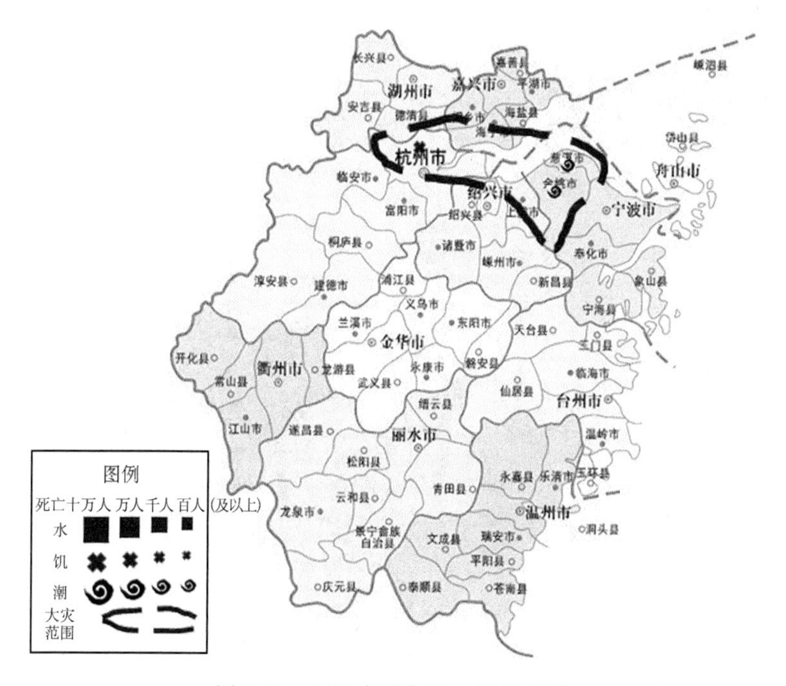

图 2-45　1662 年浙江省大灾分布图

评价:浙北。大灾点连贯性较好。东潮西饥,“大风潮,漂庐舍”。死亡人数为数百人(图 2-45)。

灾种:风暴潮、饥荒。

资料条数:3 条。

〈1〉**杭州市　余杭区(今余杭区)**:清康熙二年(1662 年)春,浙右大饥,余杭尤甚,饿殍载道[252]。

〈2〉**宁波市　慈溪县(今慈溪市)**:二年六月,大风潮,漂庐舍,

252　陈桥驿.浙江灾异简志.杭州:浙江人民出版社,1991:358.

坏禾棉,伤人畜无数[253]。

余姚县(今余姚市)、慈溪县(今慈溪市):二年六月,余姚、慈溪大风潮,漂庐舍,伤人畜无数[254]。

1668 年

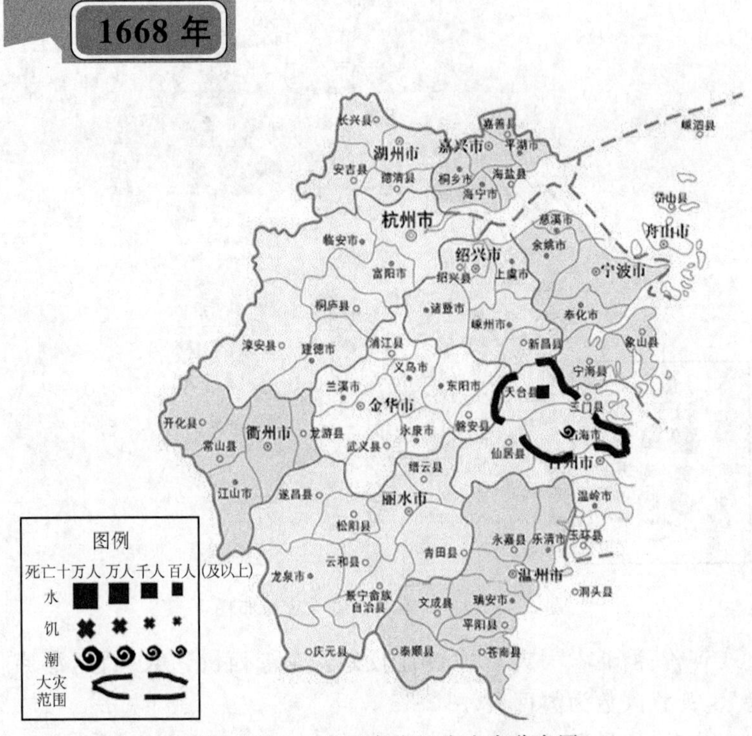

图 2-46(a)　1668 年浙江省大灾分布图

评价:浙东。大灾点连贯性较好。东潮西饥,“大风潮,漂庐舍”。死亡人数为数百人(图 2-46a)。

253　慈溪市地方志编纂委员会.慈溪县志·第三编　自然环境·第八章　自然灾害.杭州:浙江人民出版社,1992:154.

254　宁波气象志编纂委员会.宁波气象志·第二章　气象灾害·附:气象灾害年表.北京:气象出版社,2001:97.

灾种:风暴潮。

资料条数:2 条。

〈10〉**台州市　临海县**:清康熙七年(1668 年)四月,仙居大雨十余日,田庐俱没;四月二十日,临海、天台大风雨,淹田;太平大雨如注;五月,太平积雨旬余;台州大水;黄岩大水;四月二十日,临海飓风,崩山拔木,城圮,骤雨,顷刻水深数尺,人多淹死(光绪《台州府志》卷三 O、民国《台州府志》卷一三二、光绪《黄岩县志》卷三八、《临海县志》)。

天台县:七年四月二十日,飓风骤雨,崩山、拔木,坏城垣及官民房屋殆甚,顷刻水深数尺,淹死人民至多。天台志作七月烈风猛雨连旬不息,田庐冲没。七月恐是四月之误(图 2-46b)[255]。

凡三十四人見陳耕亭筆記又如黃靜生　王仲華　楊寬稀蘇鵬九林楚岑
李玉輝　徐羽可　章伯慧　一林曉木戴上選黑晤蕉　楊臣飛驟
衣星斎顧公朱玉章　何若嚴包向明　沈惟宸陳詠叔　枝赤友　戴伯
秀候惟□鄭爾先　陳用泰　潘玉虎　許登迅董君翰麗以
光戴君寵范兆玉森蔡雨周季芷林允求傅與時　趙端凝陳士熊陳朗人葉溪水陳叔
文楊樹人朱素仙彥先于天士　饗介繁　周玫先應上選趙和仲周鳳一　秦
淮棠　周可章金廷陽陳儀卿金叔殷周季蘅黎子谷蔣霖白金插碧　陳君杜邵魁
生許隆知許仲喆六十一人見寨叢紀年又有傅褒五　何志濟　陳大捷　洪鐘
四人見台州遺閒錄名字不無複出而大致可以考見也
康熙七年大風雨　康熙府志四月二十日颶風驟雨崩山拔木壞城垣及官民房屋殆甚頃
刻水深數尺淹死人民至多臨海志亦作四月二十日仙居志大風雨十餘日田廬盡沒黃
巖志大水皆不言何月而天台志作七月烈風猛雨連旬不息田廬冲沒案七月恐是四月
之誤

台州府志　卷一百三十五　大事略四　孜異　二　上海藝文印刷所承印

十年臨海天台仙居旱　康熙府志作事天仙三縣旱案臨海志言是年夏旱而寧海志不言
事當是臨之誤今據洪志正之
康熙十三年五月二十二日提督塞白理兵至台　案貝子功績錄臨海志俱作五月康熙府
志作四月恐誤
六月二十七日金華賊李雲陷仙居二十八日副都統阿什兔兵至台　康熙府志作二十八
日李雲陷仙居二十七日副都統阿什兔兵至台先後互異案府志先敘仙居陷次敘副都
統兵至則陷在兵至之前可知阿什兔乾隆黃巖志作阿什圖功績錄作周雲龍
八月七日黃巖陷轟克蘇自刎死　案國史逆臣曾養性傳作九月黃巖陷令從僞府縣志
又康熙府志作令轟大功績錄乾隆黃巖志俱作轟克蘇功績錄臨海志作自刎死府志及
黃巖志作中傷死洪南沙集閩縣記作巷戰死未知孰是
黃巖知縣鄒兆鼎　案黃巖志作兆鼎功績錄作兆昇叢形近而譌
十四年三月十七日寧波水師提督常進功擊賊於海門斃賊將朱飛熊　國史逆臣曾養性
傳作將軍傅喇哈以四月斬飛熊平定浙東紀略作八月貝子功績錄作三月十七日斬飛

图 2-46(b)　民国二十五年《台州府志・卷百三十二之三十六　大事记五卷》记载康熙七年风暴潮

255　台州府志・卷百三十二之三十六　大事记五卷. 民国二十五年.

1708 年

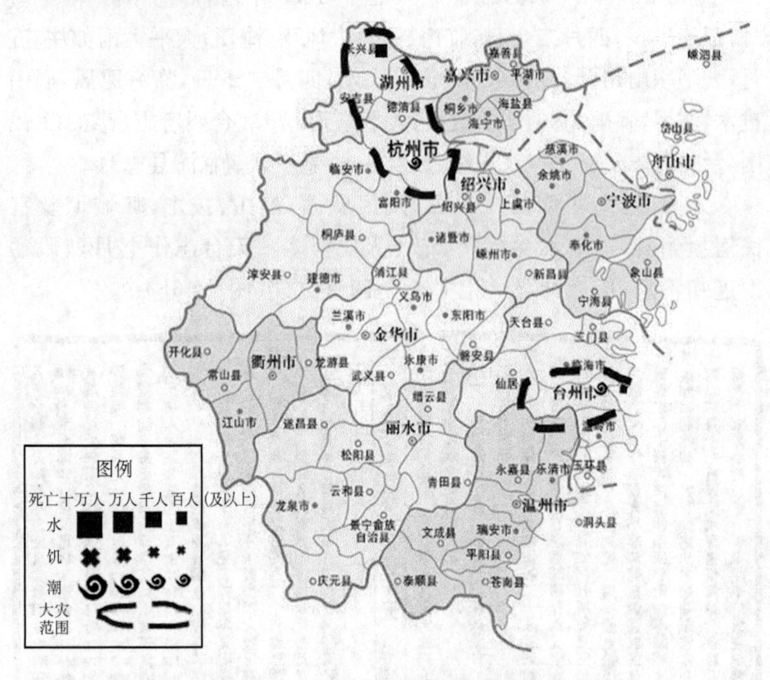

图 2-47　1708 年浙江省大灾分布图

评价:浙北、浙东。大灾点连贯性较好。浙东、浙北为同一热带风暴。灾前,恰逢另一场灾害“进行时”,渡江求食时,逢台风吹沉。死亡人数为数百人(图 2-47)。

灾种:风暴潮、洪涝。

资料条数:3 条。

〈1〉**杭州市　余杭县(今余杭区)**:清康熙四十七年(1708 年)七月初八,狂风暴雨,屋庐倾圮,田禾三种三沉,岁大饥。塘栖饥民数千，群驾舟渡大江，欲求食江北，适逢狂飙，俱遭覆溺[256]。

〈5〉**湖州市　长兴县**：四十七年七月初八，长兴风雨大至嵰画溪等处陡发，漂溺庐舍、人无算[257]。

〈10〉**台州市　台州**：四十七年七月初七（8 月 22 日）夜更余，飓风，发屋拔木，骤雨如注，海溢，坏民庐田稼，沿海漂骸遍野（康熙《台州府志》）[258]。

256 余杭县志编纂委员会.余杭县志·第二编　自然环境·第五章　水旱灾害.杭州：浙江人民出版社，1990：82.

257 湖州市地方志编纂委员会.湖州市志（上卷）·第三卷　自然环境·第七章　自然灾害录.北京：昆仑出版社，1999：230.

258 台州市气象局气象志编纂委员会.台州市气象志·第九章　历代灾异.北京：气象出版社，1998：113.

1712 年

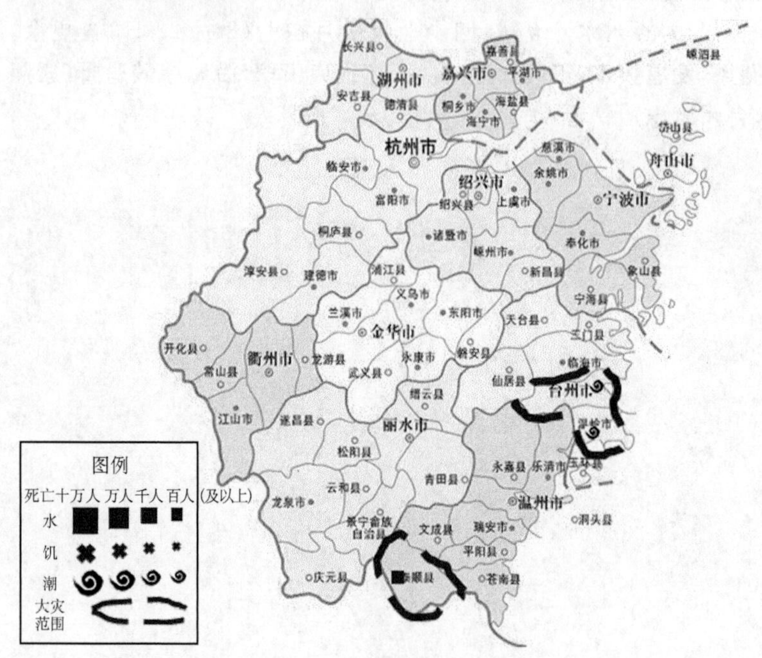

图 2-48(a) 1712 年浙江省大灾分布图

评价:浙东。大灾点连贯性好。光绪《太平县志》描绘灾情生动翔实,而同一灾情民国《台州府志》写得刻板。死亡人数为数百人(图 2-48a)。

灾种:风暴潮、洪涝。

资料条数:3 条。

〈3〉**温州市　泰顺县**:清康熙五十一年(1712 年),大水,八都雅泽双溪口地方,漂去居民房屋人畜,淹死者不可胜数[259]。

---

259 上海、江苏、安徽、浙江、江西、福建省(市)气象局,中央气象局研究所. 华东地区近五百年气候历史资料,1978:4.205.

〈10〉**台州市　太平县(今温岭市)**:五十一年八月初,大雨三日不止,飓风复起,太平县屋瓦尽揭,海潮暴涌,水入平壁皆黄色。诘旦,见堂寝坛囿尽如河沼,登高望之,一片荒白,男妇漂没,有全家无存者。有家留一二口者,尸骸棺木,随波上下,城中及城郊遍处皆是。时晚禾方茂,淹浸七八日,根俱坏烂(光绪《太平县志》)[260]。

五十一年八月,大风雨,太平海溢。先五年戊子七夕之变,坏学宫、县署,拔大木、禾稼,尚收有司加蠲振民困未甚至,是大雨三日,飓风复起,海潮暴涌男女漂没,有全家无存者,有仅存一二人者,棺骸随波上下遍野皆是。是秋禾方茂,淹浸七八日,根俱坏烂(图 2-48b)[261]。

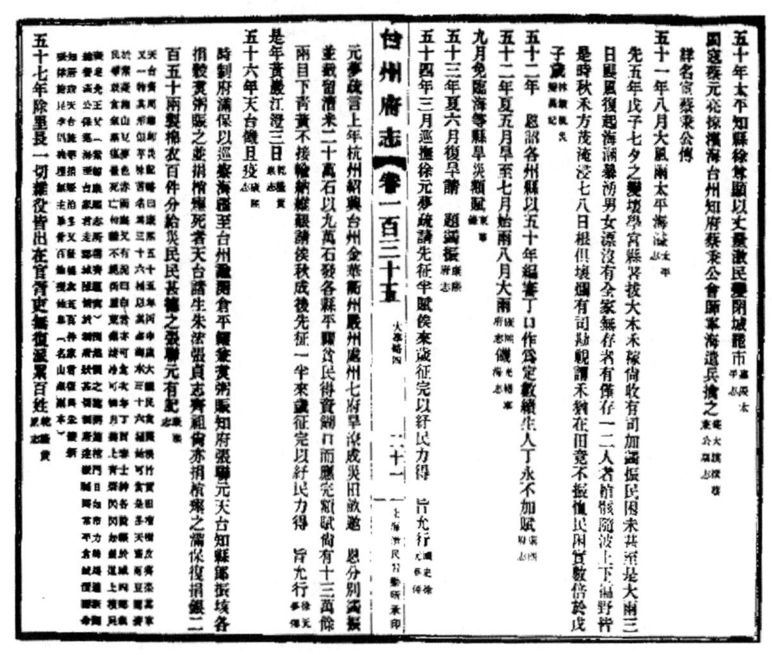
五十年太平知縣徐箕顯以丈量激民變閉城罷市
圍寇蔡元從掠擾海台州知府蔡秉公會師剿海遣兵擒之
拜名宦蔡秉公傳
五十一年八月大風雨太平海溢
先五年戊子七夕之變壞學宮縣署拔大木禾稼尚收有司加蠲振民困未甚至是大雨三
日颶風復起海潮暴湧男女漂沒有全家無存者有僅存一二人者棺骸隨波上下徧野皆
是時秋禾方茂淹浸七八日根俱壞爛有司勘覈謂禾猶在田竟不振恤民困實數倍於戊
子歲
五十二年　恩詔各州縣以五十年編審丁口作爲定數續生人丁永不加賦
五十二年夏五月旱至七月始雨八月大雨　饑
九月免臨海等縣旱災額賦
五十三年夏六月復旱請　題蠲振
五十四年三月巡撫徐元夢疏請先征半賦俟來歲征完以紓民力得　旨允行
台州府志　卷一百三十五　大事略四　二十一
元夢疏言上年杭州紹興台州金華衢州嚴州處州七府旱潦成災田畝邀　恩分別蠲振
並截留漕米二十萬石以九萬石發各縣平糶貧民得資餬口而應完額賦尚有十三萬餘
兩目下青黃不接輸納維艱請俟秋成後先征一半來歲征完以紓民力得　旨允行
是年黃巖江澄三日
五十六年天台饑且疫
時制府滿保以巡察海疆至台州發開倉平糶兼煮粥賑知府張聯元天台知縣鄒振垓各
捐穀煮粥賑之並捐棺瘞死者天台諸生朱浤張貞志齊祖尚亦捐棺瘞之滿保復捐銀二
百五十兩製棉衣百件分給災民民甚德之張聯元有記
五十七年除里長一切雜役皆出在官胥吏無復滋累百姓

图 2-48(b)　民国二十五年《台州府志·卷百三十二之三十六　大事记五卷》记载康熙五十一年风暴潮

260　台州市气象局气象志编纂委员会. 台州市气象志·第九章　历代灾异. 北京:气象出版社,1998:113.

261　台州府志·卷百三十二之三十六　大事记五卷. 民国二十五年.

温岭、黄岩县(今黄岩区):五十一年八月初,温岭、黄岩大雨三日不止,飓风起,屋瓦尽揭,海潮暴涌;人畜淹没无数,晚禾淹七八天,根烂[262]。

1714 年

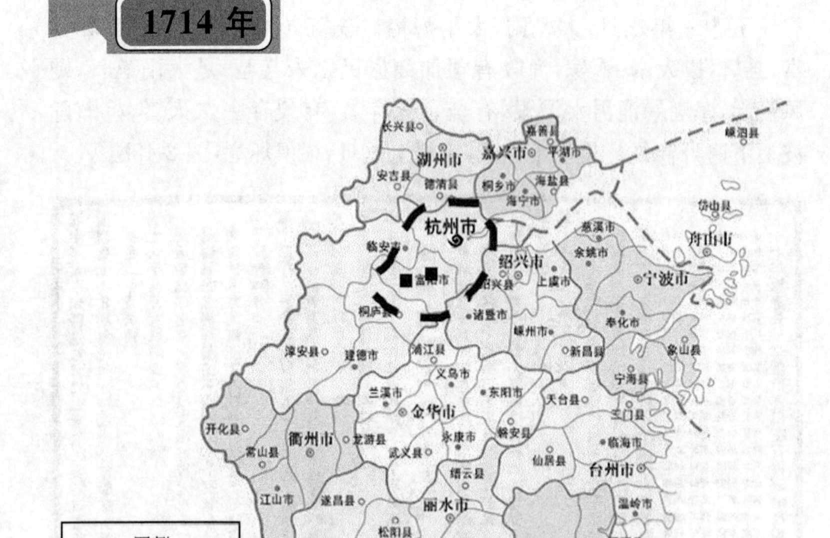

图 2-49　1714 年浙江省大灾分布图

评价:浙北。大灾点连贯性好。上游的暴雨系热带风暴带来,满江无数浮尸,为沿江沿溪被冲淹之灾民。死亡人数为数百人(图 2-49)。

灾种:风暴潮、洪涝。

262　温克刚.中国气象灾害大典·浙江卷·第一章　热带气旋.北京:气象出版社,2006:23.

资料条数:2 条。

〈1〉**杭州市　杭州**:清康熙五十三年(1714 年)五月十八日,风雨海啸,上江顺流浮尸无数[263]。

富阳县(今富阳市)、新城县(今富阳市):五十三年五月中旬大雨,富阳、新城水灾。江上漂尸无数,浮尸蔽江而下,秋无禾[264]。

1723 年

图 2-50(a)　1723 年浙江省大灾分布图

263　上海、江苏、安徽、浙江、江西、福建省(市)气象局,中央气象局研究所.华东地区近五百年气候历史资料,1978:4.14.

264　富阳市水利志编纂委员会.富阳市水利志·大事记.南京:河海大学出版社,2007:8.

评价:浙东北。大灾点连贯性较好。一点是饥荒,一点是风暴潮。死亡人数为数百人(图 2-50a)。

灾种:风暴潮、洪涝。

资料条数:2 条。

〈2〉**宁波市　镇海县(今镇海区)**:清雍正元年(1723 年),旱禾麦尽槁,民不聊生,有剥榆皮及采水仙、蕨草、鬼绿红刺等根以为食,道殣相望,通邑皆然(图 2-50b)[265]。

六十一年正月二十三日鎮海城守營兵丁盧大有妻虞
氏一產三男浙江通志
雍正元年旱禾麥盡槁民不聊生有剝取榆皮及採水仙
蕨草鬼綠紅刺等根以爲食者道殣相望通邑皆然乾隆志
浙閩總督滿保運米至甯波兵民平糶陳志
三年三月西管鄉二三十里內麥莖生蟲頭紅身黑狀如
蠶十日內麥葉食盡縣令胡隆禱於神蟲入後海而滅麥
仍熟乾隆志　七月十八日大雨海水溢鄉民避水者棲於屋
脊或大木上見海上火光閃爍有龍橫身阻潮皆云是蛟
門老龍巡海使者上其事建廟於東門外浙江通志
四年七鄉俱大有
鎮海縣志　卷三十七　雜識
五年五月淋雨彌月禾盡秀而不實歲饑詳請賑卹
六年正月十四夜有鳥飛蔽天如黑雲聲若雷來自西北
向東南去老農皆云豐年之兆是年果禾麥豐收
七年孔浦民家牛生一犢遍體鱗紋色青黑頷下有鬣項
皆細鱗見者以爲麟是歲大有年
八年八月二十四日酉刻地動有聲卯刻連震聲自西來
出海而止
九年邑內豐稔石穀銀四錢是歲八月二十四日陳道才
妻應氏一產三男
十年楊廷先妻艾氏年百歲
十一年十一月朔辰刻日食不盡如鉤以上乾隆志

图 2-50(b)　光绪《镇海县志・卷三十七　杂识》记载雍正元年饥荒

余姚县(今余姚市):元年夏六月,余姚海滨捕鱼人午后见……秋七月,海啸,飓风作潮,坏堤,飘庐舍万家,人民俱淹。次年秋,海潮又大作(图 2-50c)[266]。

265　镇海县志・卷三十七　杂识. 光绪.

266　绍兴府志・卷之八十　祥异. 清乾隆五十七年.

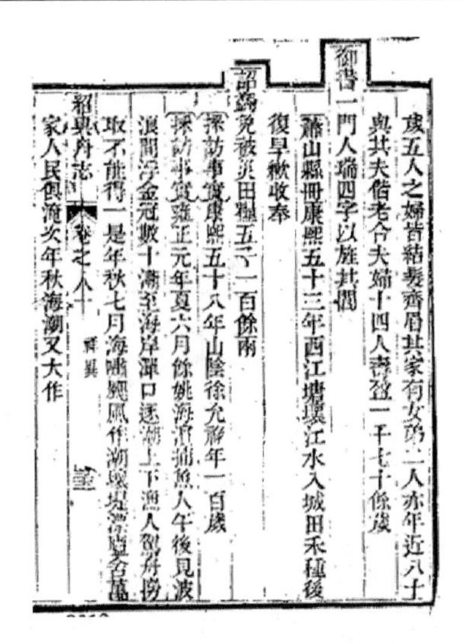
歲五人之婦皆結髮齊眉其家有女壻二人亦年近八十
與其夫偕老合夫婦十四人壽踰一千七十餘歲
御書一門人瑞四字以旌其閭
蕭山縣冊康熙五十三年西江塘壞江水入城田禾種後
復旱敕收奉
詔蠲免被災田糧五千一百餘兩
採訪事實康熙五十八年山陰徐允滌年一百歲
採訪事實雍正元年夏六月餘姚海濱捕魚人午後見波
浪間浮金冠數十潮至海岸渾口逐潮上下漁人覬得撈
取不能得一是年秋七月海嘯颶風作潮壞堤漂沒廬舍萬
紹興府志　卷之八十　祥異
家人民俱淹次年秋海潮又大作

图 2-50(c)　清乾隆五十七年《绍兴府志·卷之八十　祥异》记载雍正元年风暴潮

慈溪县(今慈溪市):雍正元年(1723 年)7 月,海啸,飓风作潮,坏堤,漂没庐舍,万家人民俱淹[267]。

267　浙江省慈溪市农业局.慈溪农业志·第一章　农业环境.上海:上海科学技术出版社,1993:57.

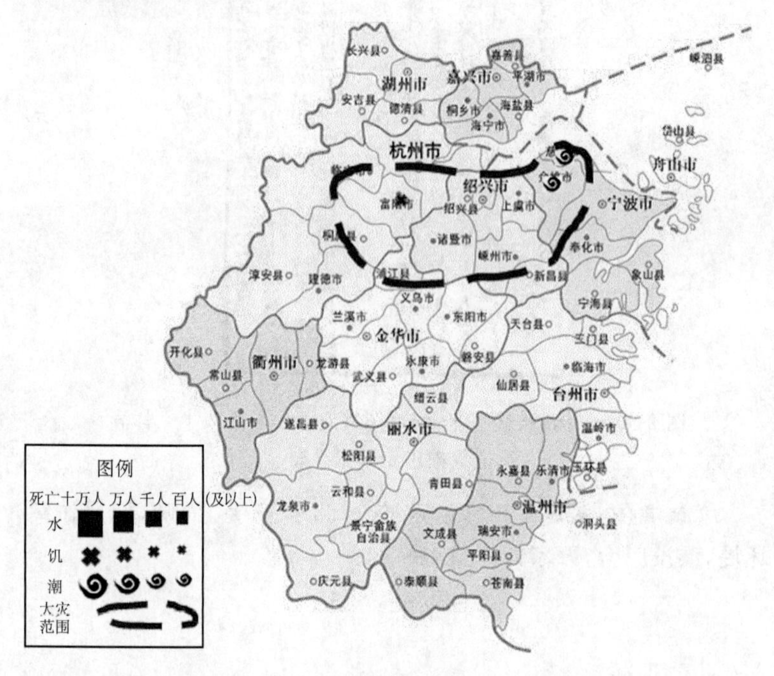

图 2-51(a) 1724 年浙江省大灾分布图

评价:浙东北。大灾点连贯性较好。“飓风驾潮,堤决,平地水深 3 丈”,即有 9 米之深,破坏力极大。死亡人数为 2 千人(图 2-51a)。《慈溪农业志》记载为死亡八千人,但其依据未知。

灾种:风暴潮、饥荒。

资料条数:4 条。

〈1〉**杭州市　富阳县(今富阳市)**:清雍正二年(1724 年)春涝至夏,麦稻失收,饿殍相望[268]。

268 富阳市水利志编纂委员会. 富阳市水利志・大事记. 南京:河海大学出版社,2007:8.

〈2〉**宁波市　慈溪县(今慈溪市)**：二年七月十八日夜，飓风驾潮，堤决，平地水深三丈，屋舍、禾棉、竹木尽毁，浮棺满地，尸横遍野。越四、五日，咸潮始退。潮塘南北居民得生者十之一，界塘南北水深丈余，居民得生者十之五，周塘、新塘、散塘水势稍间，大塘以南室中水深二尺，禾、棉、豆均无收。历二十日道路可行，溺死二千余人[269]。

余姚县(今余姚市)：二年七月，海溢，漂没庐舍，溺死二千余人(图 2-51b)[270]。

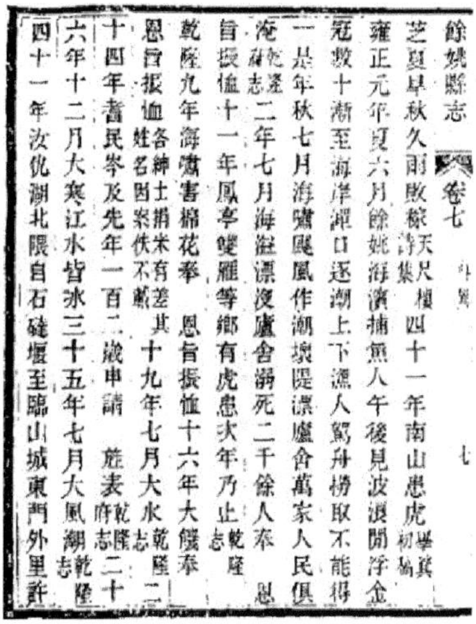
餘姚縣志　卷七　祥異　七

芝夏旱秋久雨敗稼天尺樓詩集四十一年南山患虎邵舉其
雍正元年夏六月餘姚海濱捕魚人午後見波浪間浮金
冠數十漸至海岸濯口逐潮上下漂人駕舟撈取不能得
一是年秋七月海嘯颶風作潮壞隄漂廬舍萬家人民俱
淹乾隆府志二年七月海溢漂沒廬舍溺死二千餘人奉　恩
旨振恤十一年鳳亭雙雁等鄉有虎患次年乃止乾隆志
乾隆九年海嘯害棉花奉　恩旨振恤十六年大饑奉
恩旨振恤各紳士捐米有差其姓名因案佚不載　十九年七月大水乾隆志二
十四年耆民岑及先年一百二歲申請　旌表乾隆府志二十
六年十二月大寒江水皆冰三十五年七月大風潮乾隆志
四十一年汝仇湖北限自石碶堰至臨山城東門外里許

图 2-51(b)　清光绪二十五年《余姚县志·卷七　祥异》记载雍正二年风暴潮

二年七月，海溢，大风、大雨、大水，漂没庐舍，溺死八千余人[271]。

269　慈溪市地方志编纂委员会. 慈溪县志·第三编　自然环境·第八章　自然灾害. 杭州：浙江人民出版社，1992：145-163.

270　余姚县志·卷七　祥异. 清光绪二十五年.

271　浙江省慈溪市农业局. 慈溪农业志·第一章　农业环境. 上海：上海科学技术出版社，1993：57.

1763 年

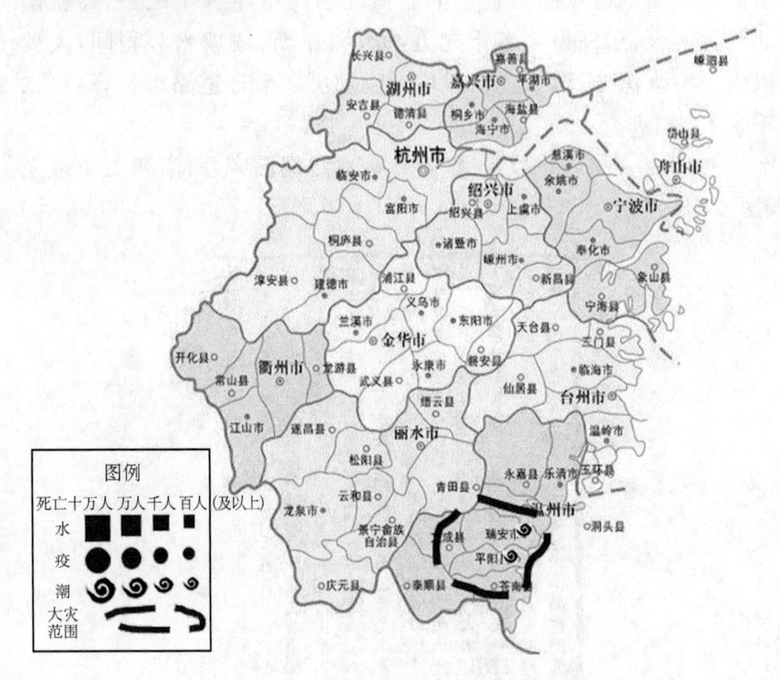

图 2-52(a) 1763 年浙江省大灾分布图

评价:浙东南。大灾点连贯性好。“潮退僵尸蔽野”,潮至人被卷入,“平地水满五六尺”,灾民难以抗御;尸体等到潮退方见到天日。死亡人数为数百人(图 2-52a)。

灾种:风暴潮。

资料条数:2 条。

〈3〉**温州市　鹿城区:**清乾隆二十八年(1763 年)五月,海溢,平地水满五六尺。八月,飓风暴雨,海溢,淹没屋舍、人、畜无数,僵尸遍野，稻谷无收[272]。

平阳县：二十八年八月，飓风大雨，海溢，漂没屋庐人畜无算，潮退僵尸蔽野，苗槁无收（图 2-52b）[273]。

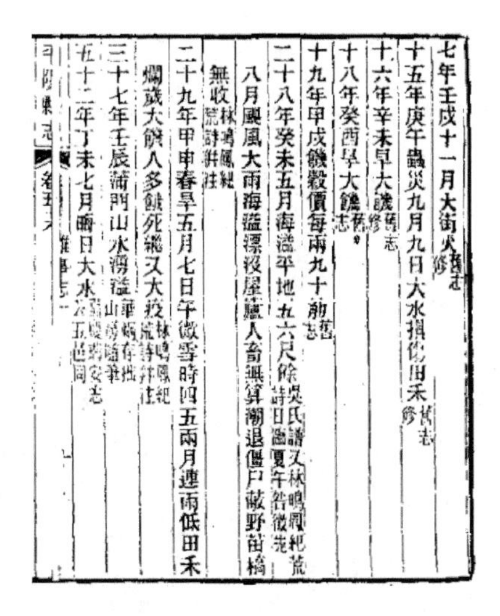

七年壬戌十一月大街火舊志修
十五年庚午蟲災九月九日大水損傷田禾舊志修
十六年辛未旱大饑舊志修
十八年癸酉旱大饑舊志
十九年甲戌饑穀價每兩九十觔舊志
二十八年癸未五月海溢平地五六尺餘吳氏譜又林鳴鳳紀荒詩
八月颶風大雨海溢漂沒屋廬人畜無算潮退僵尸蔽野苗槁
無收林鳴鳳紀荒詩并注
二十九年甲申春旱五月七日午微雪時四五兩月連雨低田禾
爛歲大饑人多餓死繼又大疫林鳴鳳紀荒詩并注
三十七年壬辰蒲門山水溺溢
五十二年丁未七月兩日大水
平陽縣志　卷五十六

图 2-52(b)　民国十四年《平阳县志·卷五十六　祥异》
记载乾隆二十八年风暴潮

272　鹿城区地方志编纂委员会. 温州市鹿城区志·大事记. 北京：中华书局，2010：8.

273　上海、江苏、安徽、浙江、江西、福建省（市）气象局，中央气象局研究所. 华东地区近五百年气候历史资料，1978：4.206.

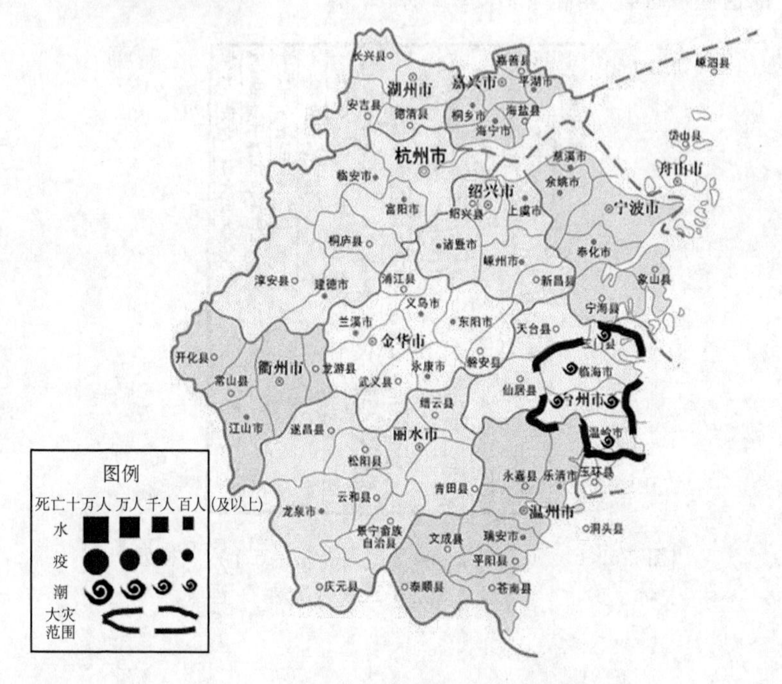

图 2-53　1766 年浙江省大灾分布图

评价:浙东。大灾点连贯性好。“掣屋发石拔木,大雨如注,洪湖暴涨”。典型的风暴潮灾害特征。造成破坏最严重的是“二塘、三塘塌”,海塘的破坏,海水涌入内地。死亡人数为数百人(图 2-53)。

灾种:风暴潮。

资料条数:5 条。

〈10〉**台州市**　**台州**:清乾隆三十一年(1766 年)秋,大风,海潮顿溢,沿岸居民溺死无算[274]。

黄岩县(今黄岩区)、太平县(今温岭市)、临海县(今临海市):

274　椒江市志编纂委员会.椒江市志·大事记.杭州:浙江人民出版社,1998:9.

三十一年七月六日(8 月 11 日),飓风,掣屋发石拔木,大雨如注,洪湖暴涨。黄岩平地水深丈余,太平县三塘、二塘坍,及临海县沿岸,居民皆溺死无算[275]。

黄岩县(今黄岩区):三十一年七月初六日,飓风,掣屋发石拔木,大雨如注,平地水丈余,死者无算[276]。七月,黄岩大雨如注,平地水深丈馀,溺死无算[277]。

临海县(今临海市):三十一年七月初八日,临海县海潮泛滥,人溺死无算。七月,温岭大风,海溢,二塘、三塘塌,漂没无算(《临海县志》《温岭县志》)。

临海县(今三门县):三十一年七月初八日,大风,海潮上踊沿岸居民,溺死无数[278]。

275　台州市气象局气象志编纂委员会.台州市气象志·第九章　历代灾异.北京:气象出版社,1998:113.

276　上海、江苏、安徽、浙江、江西、福建省(市)气象局,中央气象局研究所.华东地区近五百年气候历史资料,1978:4.171.

277　清史稿·卷四十二　志十七.

278　三门县志编纂委员会.三门县志·第二编　自然环境·第三章　气候.杭州:浙江人民出版社,1992:103.

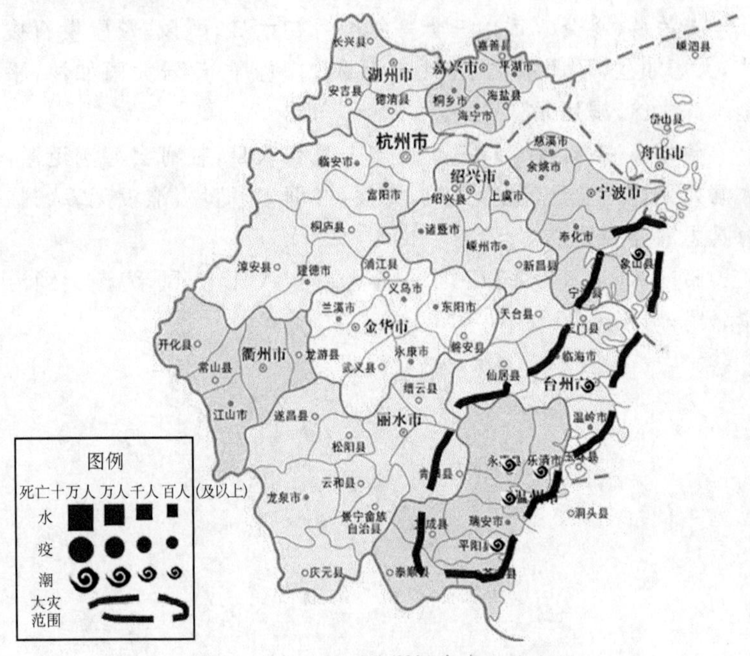

图 2-54(a)　1796 年浙江省大灾分布图

评价:浙东。大灾点连贯性好。“飓风骤雨，坏城垣廨宇庐舍”，暴雨洪涝风暴潮，摧毁了城墙，压倒房屋，压死人畜。死亡人数为上千人(图 2-54a)。

灾种:风暴潮。

资料条数:6 条。

〈2〉**宁波市　象山县:**清嘉庆元年(1796 年)秋，象山飓风发，冲坏塘岸，居民死者无算[279]。

279　温克刚. 中国气象灾害大典・浙江卷・第一章　热带气旋. 北京:气象出版社，2006:26.

〈3〉**温州市　鹿城区**：元年春正月严霜杀禾，夏五六月大旱歉收。秋八月壬寅朔飓风为灾，是日天阴，晡时风雨起，入夜暴烈雨雹交下，大风拔木，电掣潮激，比晓方止，压坏城乡官民庐舍，毙人口牲畜无算[280]。

乐清县（今乐清市）：元年八月初一日，暴雨如注，荡房舍庙宇，淹死数百人，县城、大荆城均毁[281]。

永嘉县：元年秋八月壬寅，飓风为灾，是日天阴晡时风雨起，入夜暴烈雨雹交下，大风拔木，电掣潮激，或云蛟斗，比晓方止，压坏城乡官民庐舍，毙人口生产无算[282]。

平阳县：元年丙辰八月一日，飓风，骤雨坏城垣、廨宇、庐舍，毙人口、牲畜无算（图 2-54b）[283]。

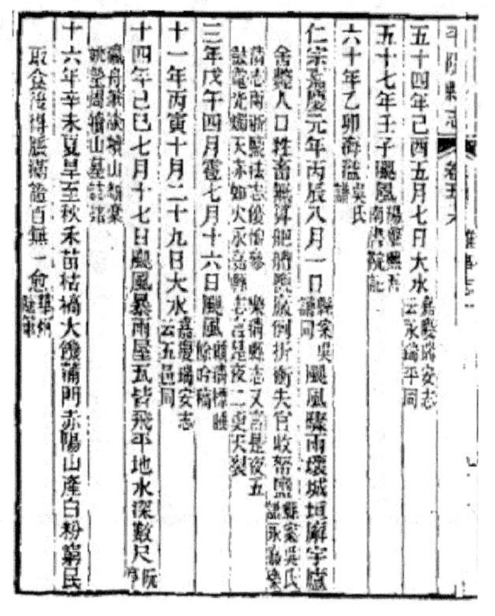
五十四年己酉五月七日大水
五十七年壬子颶風
六十年乙卯海溢
仁宗嘉慶元年丙辰八月一日颶風驟雨壞城垣廨宇廬舍斃人口牲畜無算
三年戊午四月雹七月十六日颶風
十一年丙寅十月二十九日大水
十四年己巳七月十七日颶風暴雨屋瓦皆飛平地水深數尺
十六年辛未夏旱至秋禾苗枯槁大饑蒲門赤陽山產白粉窮民取食後得脹病者百無一愈

图 2-54(b)　民国十四年《平阳县志·卷五十六　祥异》记载嘉庆元年风暴潮

280　李定荣. 温州市鹿城区水利志·大事记. 北京：中国水利水电出版社，2007：13.

281　乐清市水利水电局. 乐清市水利志·大事记. 开封：河南大学出版社，1998：6.

282　上海、江苏、安徽、浙江、江西、福建省（市）气象局，中央气象局研究所. 华东地区近五百年气候历史资料，1978：4.207.

283　平阳县志·卷五十六　祥异. 民国十四年.

〈10〉**台州市　黄岩县(今黄岩区)**:元年七月十八日,黄岩大雨海溢,平地水高丈余,死者无算;玉环厅八月初一日大风雨(光绪《黄岩县志》卷三八、光绪《玉环厅志》卷一四)[284]。

元年七月十八日夜,大雨,黄岩海溢,平地高丈余,濒海居民死者无算(图 2-54c)[285]。

五十五年夏六月十四日大風雨海溢太平小西門崩太平志
十二月二十四日黃巖大雷雨冰木介光緒黃巖志
五十八年太平下蔣虞氏牛生犢兩首一尾四足太平志
六十年寧海旱饑寧海志
六月二十四日大水臨海志
仁宗睿皇帝嘉慶元年正月大雨雪如油黃巖志
土人謂之油雪橘樹麥苗多死黃巖志
七月十八日夜大雨黃巖海溢平地高丈餘瀕海居民死者無算黃巖志
十月仙居誅妖人李鶴皋光緒仙居志
鶴皋章安鎮人乾隆五十九年於仙居大張莊築屋數座倡邪教偽造天書實銅埋於山墨
夜放光如是者三年一日掘而取之自言得天書有道法煽惑愚民男女從而傳道者幾千
人常以環核置燭內說法時起立云神仙到此燭符放花夜深閉戶說法婦女環侍謂之擭
綠張大勇知其將爲亂以狀白於縣知縣鄒大訓遣典史滌純美往樹之爲所逐純美折足
台州府志（卷一百三十五）　大事略四　二十五
歸大訓乃親率兵往而鶴皋勢甚張言有神兵能騰空殺人大訓兵不敢前大勇乃請具
詳大府乞援兵自募數千人是年往擒之置鶴皋於法餘黨悉平仙居志
二年太平夾嶼民家產牛獨角一目俱當中無乳數日斃太平志
五年三月提督蒼保黃巖鎮總兵岳璽在洋搜捕土盜擒獲一百七十餘名奉　旨交部議敘東華續錄
九月十四日黃巖鎮總兵岳璽溫州鎮總兵胡振聲會剿水澳幫盜船五十餘隻於東臼外洋
至北麂洋擊沈盜船三隻生擒盜匪三十餘人
六年安南夷艇鳳尾盜六七千人遁回入浙逼台州松門巡撫阮元勒兵擊之二十二日水師
總統李長庚率師至海門會黃巖鎮謀攻取遇颶風覆溺盜船於松門外獲偽爵侯倫貴利傑
之阮元撰李長庚傳
艇盜者始於安南阮光平父子篡國後師老財匱乃招瀕海亡命資以兵船誘以官爵令劫
內洋商船以濟兵餉夏至秋歸蹤跡飄忽大爲患粵地繼而內地土盜鳳尾幫水澳幫亦附
之遂深入閩浙是年六月聖武記安南大艇幫四總兵三十餘艘鳳尾水澳各六七十艘瀕

图 2-54(c)　民国二十五年《台州府志·卷百三十二之三十六　大事记五卷》记载嘉庆元年风暴潮

284　台州市气象局气象志编纂委员会.台州市气象志·第九章　历代灾异.北京:气象出版社,1998:115.

285　台州府志·卷百三十二之三十六　大事记五卷.民国二十五年.

1797 年

图 2-55　1797 年浙江省大灾分布图

评价:浙东。大灾点连贯性好。“洪潮上陆”,应为风暴潮。死亡人数为数百人(图 2-55)。

灾种:风暴潮。

资料条数:2 条。

〈10〉**台州市　临海县:**清嘉庆二年(1797 年)七月二十日,临海大水,洪潮上击毁庐舍,死者甚众。(《临海县志》)

临海县(今三门县):二年七月二十日,大水,洪潮上陆,屋宇漂流，溺死甚多[286]。

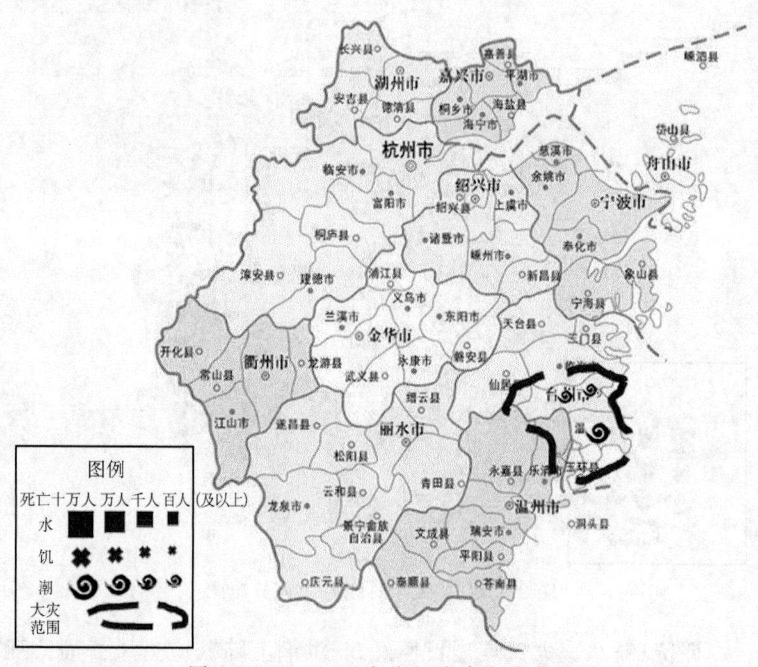

图 2-56(a) 1815 年浙江省大灾分布图

评价：浙东。大灾点连贯性好。“沿海渔民、居民死伤数万人。”一次大灾，死亡人数为上万人(图 2-56a)。

灾种：风暴潮。

资料条数：3 条。

注：下列资料凡斜体者，为死亡万人及以上。编号：37W1815。

---

286 三门县志编纂委员会. 三门县志 · 第二编 自然环境 · 第三章 气候. 杭州：浙江人民出版社，1992：104.

〈10〉**台州市**　**台州、黄岩县(今黄岩区)**:清嘉庆二十年(1815年)六月二十九日,台州、黄岩大水,死百余人(光绪《黄岩县志》卷三八)[287]。

黄岩县(今黄岩区):二十年六月二十九日,大水。六都(今潮济乡)淹死百余人[288]。

二十年,大水,黄岩六部溺死百余人(图2-56b)[289]。

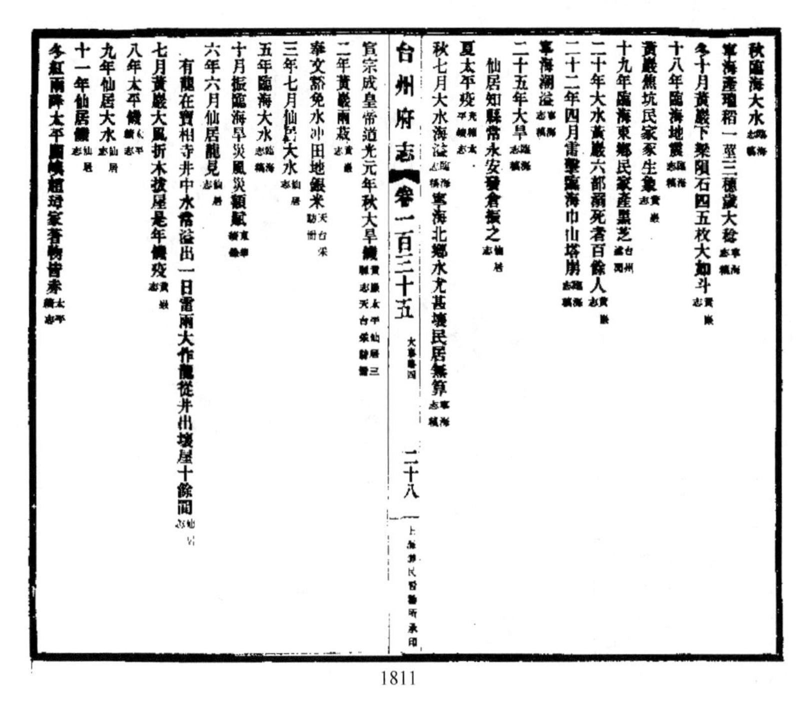

秋臨海大水(臨海縣志)
寧海產瑞稻一莖三穗歲大稔(寧海縣志)
冬十月黃巖下梁隕石四五枚大如斗(黃巖志)
十八年臨海地震(臨海縣志)
黃巖焦坑民家豕生象(黃巖志)
十九年臨海東鄉民家產黑芝(台州[illegible]志)
二十年大水黃巖六部溺死者百餘人(黃巖志)
二十二年四月雷擊臨海巾山塔崩(臨海縣志)
寧海潮溢(寧海縣志)
二十五年大旱(臨海縣志)
仙居知縣常永安發倉振之(仙居志)
夏太平疫(光緒太平續志)
秋七月大水海溢(臨海縣志)寧海北鄉水尤甚壞民居無算(寧海縣志)

台州府志　卷一百三十五　大事略四　二十八

宣宗成皇帝道光元年秋大旱饑(黃巖太平仙居三縣志天台采訪冊)
二年黃巖雨菽(黃巖志)
秦文谿免水沖田地餽米(天台采訪冊)
三年七月仙居大水(仙居志)
五年臨海大水(臨海縣志)
十月振臨海旱災風災額賦(東華續錄)
六年六月仙居龍見(仙居志)
有龍在寶相寺井中水常溢出一日雷雨大作龍從井出壞屋十餘間(仙居志)
七月黃巖大風折木拔屋是年饑疫(黃巖志)
八年太平饑(太平續志)
九年仙居大水(仙居志)
十一年仙居饑(仙居志)
冬紅雨降太平[illegible]嶼[illegible]家著物皆赤(太平續志)

1811

图2-56(b)　民国二十五年《台州府志·卷百三十二之三十六　大事记五卷》记载嘉庆二十年风暴潮

287　台州市气象局气象志编纂委员会.台州市气象志·第九章　历代灾异.北京:气象出版社,1998:115.

288　浙江省黄岩县志办公室.黄岩县志·第三编　自然环境.上海:上海三联书店,1992:86.

289　台州府志·卷百三十二之三十六　大事记五卷.民国二十五年.

温岭县:二十年,温岭7月28日台风,沿海渔民、居民死伤数万人(《温岭县志》)。

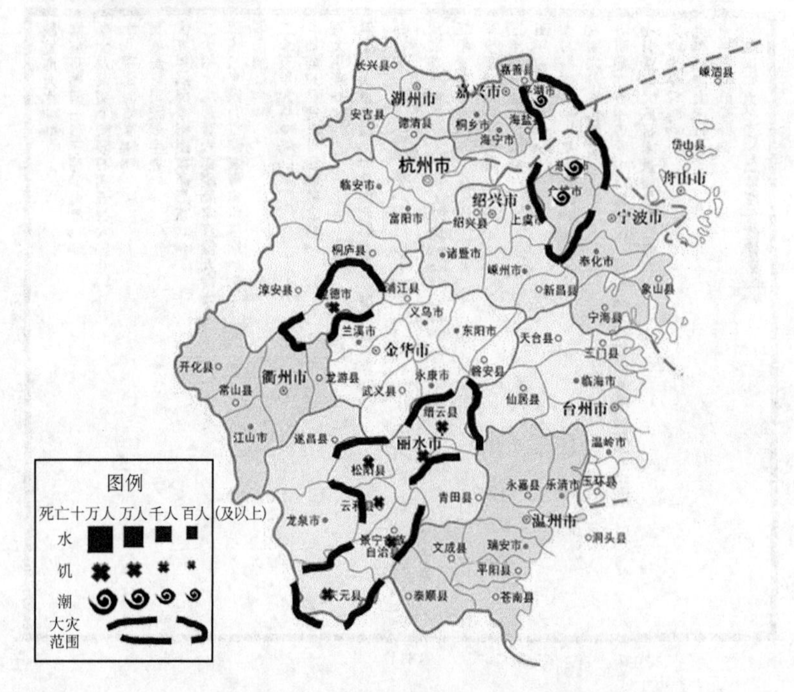

图 2-57(a) 1835年浙江省大灾分布图

评价:浙东北、浙西南。大灾点连贯性好。北潮南旱。“永清塘、晏海塘决,死数千人。”海塘是最早一道防护线,堤防一破,潮水毫无阻挡地涌入内地。沿海居住人口密集,也是造成严重伤亡的原因。“自五月至八月不雨,民食树皮草根,秋疫作”,疫与旱有关。死亡人数为数千人(图 2-57a)。

灾种:风暴潮、洪涝。

资料条数:6条。

〈1〉**杭州市　建德县(今建德市)**:清道光十五年(1835 年),大旱,民饥,至食观音粉,死徙亦众(图 2-57b)[290]。

五十年大旱民饑野殍無數
五十一年大有年
五十三年大水
嘉慶七年大旱民饑
十年六月大風雨上鄉青山蔡姓祖墓下陷十餘丈墈木墓道隨
下如故塚
十九年旱民饑
二十年有年
二十二年二月員家山王之吉妻歐陽氏一產三男
建德縣志　卷之二十　雜志 祥異　五
二十四年三月十三日大雨山水陡發八字塢汪姓毀沒十餘家
男女溺死三十九人
二十五年旱
道光元年有年
八年旱
十五年大旱民饑至食觀音粉或云即禹餘糧死徙亦衆
十九年西溪大塢隕石廣丈餘長倍之
二十七年大有年
二十八年二十九年江水漲入城內市口深七八尺自南嶺以南

581

图 2-57(b)　清康熙元年《建德县志・卷之二十　祥异》记载道光十五年饥荒

〈2〉**宁波市　慈溪县(今慈溪市)**:十五年四月至八月,大旱。六月十四日、七月二日,飓风海啸,永清塘、晏海塘决,屋舍、木棉尽毁,死数千人[291]。

余姚、慈溪县(今慈溪市):十五年六月十四日,余姚、慈溪飓风海啸,永清塘、晏海塘决,死数千人[292]。

〈4〉**嘉兴市　平湖县(今平湖市)**:十五年六月十四日夜,大风,海溢,人多溺死(图 2-57c)[293]。

290　建德县志・卷之二十　祥异.清康熙元年.

291　慈溪市地方志编纂委员会.慈溪县志・第三编　自然环境・第八章　自然灾害.杭州:浙江人民出版社,1992:145-163.

292　温克刚.中国气象灾害大典・浙江卷・第一章　热带气旋.北京:气象出版社,2006:27.

293　平湖县志・卷二十五　外志・祥异.光绪十二年.

嘉慶元年春正月九日風雪大寒湖冰堅凍旬有二日乃泮麥多凍死秋有年　二年夏菜麥大稔秋有年　三年春二月二十一日雨雹夏六月旱秋七月霪雨冬十月晦衆星東南流如織通夕乃止　四年秋有年除夕無雪　五年春正月既望大雪平地三尺餘　六年春正月十一日海潮日三至　七年秋大有年　八年春正月十一日東湖潮日三至夏秋疫人家爭粘戴磁鐵三字於門以禳八月螟害稼　九年春恆雨夏五月二十三日大雨洊晝夜漲河低田俱浸斗米四百錢秋有年禾多三四穗者據曹志　十九年夏六月螟鎮西大火延燒二百餘家　二十四年夏四月福十日戌時雨雹秋大旱　二十五年冬疫新篁

道光元年夏大疫俗名吊腳痧死者甚衆　二年春正月大雨雪夏大

平湖縣志　卷二十五　外志　祥異　七

旱六月十一日午濁木場火雨雹夜始滅　三年夏五月大雨水沒秋七月初二日大風拔木暴雨如注二十九日大風海嘯　四年秋九月二十日邑署大堂火　七年夏六月二十八日夜星隕於韓家埭秋七月二十三日大風傷稼　八年夏五月霪雨傷禾秋九月不雨冬不雨　九年春三月乃雨　十年秋七月二十一日大風雨傷稼　十一年冬十一月霪雨米貴　十二年夏五月恆寒秋七月旱米石六千錢冬不雨　十三年春三月乃雨浹旬不止豆麥俱壞夏蟲嚙木棉殆盡冬鹹霜晚禾歉收　十四年秋七月二十四日大風雨木棉長丈餘　十五年夏五月旱河水涸六月十四日夜大風海溢人多溺死秋八月霪雨　十七年秋疫十八年秋七月大雨據府志冬大有年府志　十九年春正月朔大雨

图 2-57(c)　光绪十二年《平湖县志·卷二十五　外志·祥异》记载道光十五年风暴潮

〈11〉**丽水市　丽水、缙云、松阳、庆元、云和、景宁(今景宁畲族自治县)**:十五年,大旱成灾,自五月至八月不雨,民食树皮草根,秋疫作,道路积尸无算[294]。

云和县:十五年,大旱成灾,民食树皮草根,秋疫作,道路积尸无算(图 2-57d)[295]。

294　上海、江苏、安徽、浙江、江西、福建省(市)气象局,中央气象局研究所.华东地区近五百年气候历史资料,1978:4.191.

295　云和县志·卷十五　祥异.同治三年.

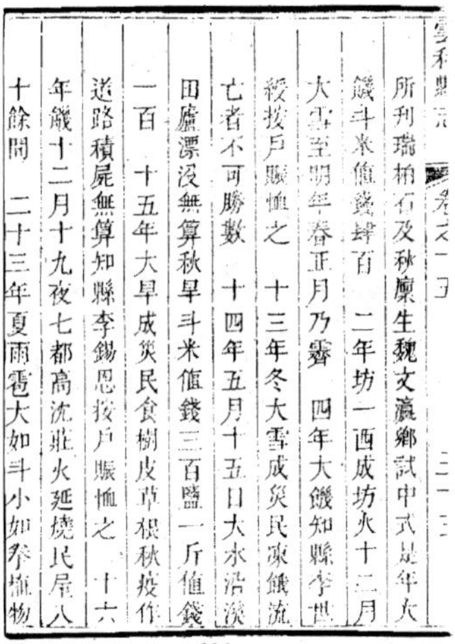

所刊瑞柏石及秋廩生魏文瀛鄉試中式是年大
饑斗米值錢肆百　二年坊一西成坊火十二月
大雪至明年春正月乃霽　四年大饑知縣李世
紱按戶賑恤之　十三年冬大雪成災民凍餓流
亡者不可勝數　十四年五月十五日大水沿溪
田廬漂沒無算秋旱斗米值錢三百鹽一斤值錢
一百　十五年大旱成災民食樹皮草根秋疫作
道路積屍無算知縣李錫恩按戶賑恤之　十六
年饑十二月十九夜七都高流莊火延燒民屋八
十餘間　二十三年夏雨雹大如斗小如拳傷物

896

图 2-57(d)　同治三年《云和县志·卷十五　祥异》记载道光十五年灾荒

1843 年

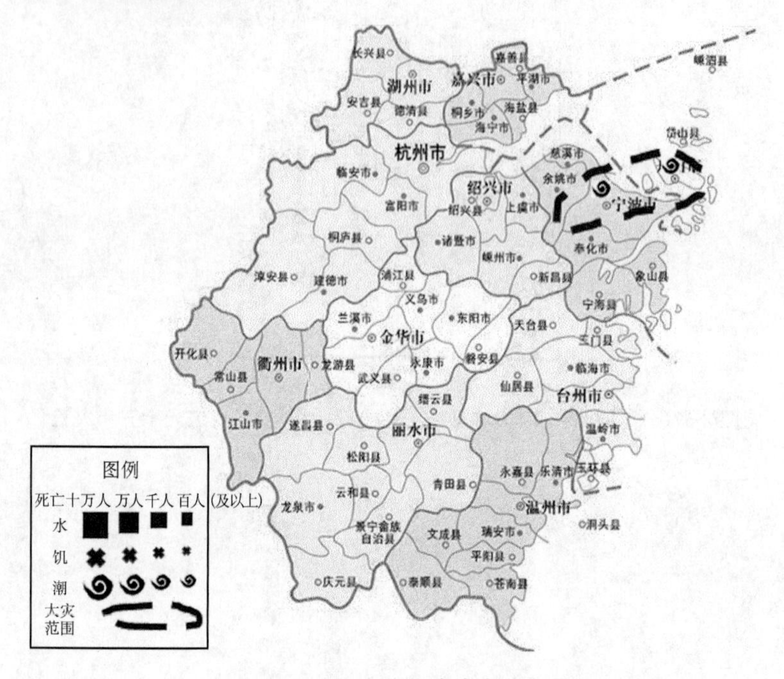

图 2-58　1843 年浙江省大灾分布图

评价:浙东北。大灾点连贯性好。“水高一丈”,相当于 3 米,增水导致“舟行桥上”。死亡人数为数百人(图 2-58)。

灾种:风暴潮。

资料条数:2 条。

〈2〉**宁波市　镇海县(今镇海区)**:清道光二十三年(1843 年)八月初八(10 月 1 日)大风雨,水高一丈,舟行桥上。牲畜溺死、房屋崩塌、棺木漂流,不计其数[296]。

296　镇海县志编纂委员会. 镇海县志·大事记. 北京:中国大百科全书出版社,1994:11.

〈9〉**舟山市　定海县(今定海区)**：二十三年闰七月初八夜，大风雨，洞岙、芦蒲等地淹溺百余人[297]。

图 2-59(a)　1853 年浙江省大灾分布图

评价：浙东南、浙西北。大灾点连贯性较好。“大风大雨，海潮怒激”，前者也是由热带风暴引起的。“大雨十昼夜”，“水深丈余，弥月不退”，长时期降水，造成洪灾。死亡人数为数百人(图 2-59a)。

灾种：风暴潮、洪涝、饥荒。

297　定海县志编纂委员会. 定海县志 · 第二篇　自然环境 · 第五章　气候. 杭州：浙江人民出版社，1994：97.

资料条数:5 条。

〈1〉**杭州市　建德县(今建德市)**:清咸丰三年(1853 年),旱,大饥,民食树皮、观音粉,肠被塞,多有死者(图 2-59b)[298]。

至堯渡迄栗樹下俱通舟矮屋全沒樓房亦淹過半
二十九年上鄉塘水溢如急浪湧起逾時乃定
三十年江水溢較二十八九年小三尺許六月蛟水亦大南關外
漂民房甚多上鄉楊林河水及樹杪
咸豐三年雨豆
六年五月果園古松林有五鶴來巢
同治元年六月蛟水大作南關有巨屋一所及民人二十餘口同
漂去
二年秋大疫民得癟足病半日即死十二月大雪至三年正月初
建德縣志　卷之二十　雜志 祥異　六
止約深六尺民多凍死
三年旱大饑民食樹皮觀音粉腸被塞多有死者是年有惡獸路
遇人輒攫食之或夜入民家嚙人
五年三月天雨雹豆麥大傷屋瓦多被擊毀
六年麥秀兩歧
八年九年俱大水城內市口行船數月始退
十年八月大板新莊雨豆其色斑
光緒二年分流民遇一獸獨足狀似山羊羣擁而剖之內堅實惟
一腸至臍止是年四五月有妖僧以黃紙為人形咒之能飛嚙人

图 2-59(b)　清康熙元年《建德县志·卷之二十　祥异》记载咸丰三年饥荒

〈10〉**台州市　临海县**:三年六月,太平大水,城外白浪如潮,水乡高至丈余,二十天不退,早稻芽烂,斗米六百钱,饥民夺食。六月初九至二十日,玉环风雨连旬,拔木淹禾;六月丨八日,台州大雨水,水深丈余,弥月不退。六月,仙居大水,有野兽五六成群,食猪犬,人称海狗。六月十九日,临海大风雨,激海潮;二十日,平地水高丈五、六,民露处屋脊,死人畜甚众(《温岭县志》、光绪《玉环厅志》卷一四、光绪《黄岩县志》卷三八、光绪《台州府志》卷三一、《仙居县志》、《临海县志》)。

临海县(今三门县):三年六月十九日,大风大雨,海潮怒激。二十日,平地水高丈五、六尺,居民露处屋脊,人畜死亡,五谷秽烂,

298　建德县志·卷之二十　祥异.清康熙元年.

臭不可闻[299]。

黄岩县(今黄岩区):三年六月十八日,黄岩山水暴涨,水深丈余,弥月不退,西乡宁溪等处山崩,民多溺死(光绪《台州府志》)[300]。三年六月,大水。十八日,大雨,山水暴涨,水深丈余,弥月不退,禾稼淹没,黄岩西乡宁溪诸处山崩,民多死[301]。

〈11〉**丽水市　青田县**:三年六月,大雨十昼夜,屿头山崩,压坏民房,垟心水暴溢,人多溺死,田地淹没无数(光绪《青田县志》卷十七)[302]。

299　三门县志编纂委员会.三门县志·第二编　自然环境·第三章　气候.杭州:浙江人民出版社,1992:104.

300　台州市气象局气象志编纂委员会.台州市气象志·第九章　历代灾异.北京:气象出版社,1998:116.

301　台州府志·卷百三十二之三十六　大事记五卷.民国二十五年.

302　青田县志编纂委员会.青田县志·第二编　自然环境·第三章　气候.杭州:浙江人民出版社,1990:137.

1854 年

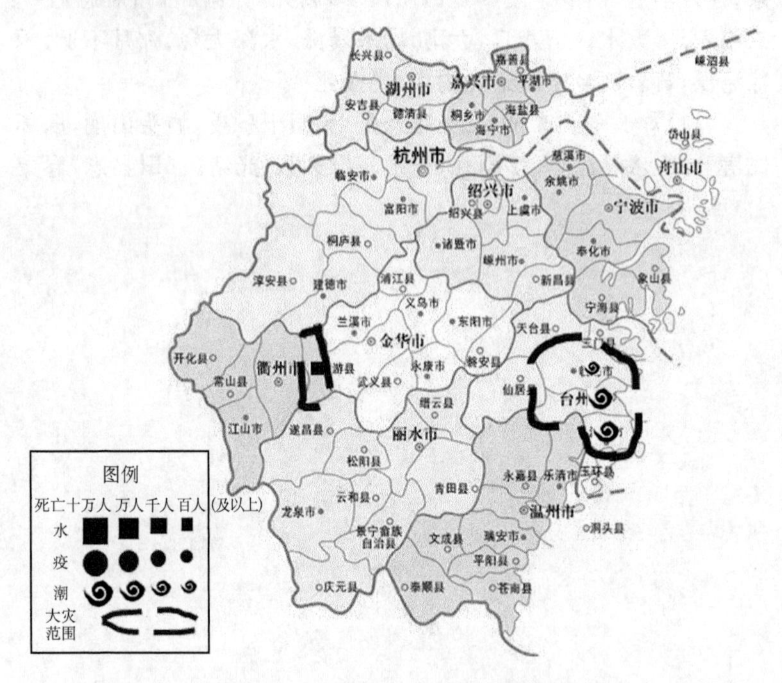

图 2-60(a)　1854 年浙江省大灾分布图

评价:浙东、浙西。大灾点连贯性好。“灾不在广,超值则大。”本年受灾面积不大,但灾情奇重。太平漂没居民三万余人。黄岩淹死男妇五六万计,合计死亡八九万人,为浙江省风暴潮死亡人数之高值(图 2-60a)。

灾种:风暴潮、洪涝。

资料条数:5 条。

注:下列资料凡斜体者,为死亡万人及以上。编号:38W1854。

〈8〉*衢州市　龙游县*:清咸丰四年(1854 年)四月南乡大水,七月南乡又大水,灵山附近山崩数处,桐溪、岭根两源同时山水暴发,溺死者甚多[303]。

*〈10〉**台州市　台州、太平(今温岭市)、黄岩(今黄岩区)、临海(今临海市)**:四年闰七月初六(8月29日),闰七月初五日(8月28日),台州大风雨海溢,太平漂没居民三万余人。黄岩淹死男妇五六万计;玉环大水。闰七月,临海大水洪潮交作;十一月初五,海潮沸溢,历未申二时*(光绪《太平县志》卷一七、光绪《黄岩县志》卷三八、光绪《玉环厅志》卷六、《临海县志》)[304]。

***黄岩县**:四年七月初五,大风雨,海溢,潮水涌上陆地,淹死五六万人,积尸遍野*[305]。

***黄岩(今黄岩区)、温岭县(今温岭市)**:四年秋七月七日,洪潮,黄岩、温岭死人数万。自三荡以下,庐舍无存,灾后霍乱流行*[306]。

***黄岩(今黄岩区)、太平县(今温岭市)**:咸丰四年秋七月七日,海溢,黄岩、太平民死者数万*(图2-60b)[307]。

303　上海、江苏、安徽、浙江、江西、福建省(市)气象局,中央气象局研究所.华东地区近五百年气候历史资料,1978:4.155.

304　台州市气象局气象志编纂委员会.台州市气象志·第九章　历代灾异.北京:气象出版社,1998:116.

305　浙江省黄岩县志办公室.黄岩县志·第三编　自然环境.上海:上海三联书店,1992:86.

306　椒江市志编纂委员会.椒江市志·大事记.杭州:浙江人民出版社,1998:10.

307　台州府志·卷百三十二之三十六　大事记五卷.民国二十五年.

台州府志卷一百三十六

大事略五

文宗顯皇帝咸豐元年夏六月大水 太平奸民蔡炎詐稱守備鳳群率兵捕之

奸民駕船數十艘向各村勒索錢帑爲拆兩貲不予即被掠官軍往捕多赴水死獲四十餘

人解省尋誅

秋九月廣寇布興有掠海門 及寧海境

廣東盜船形如蚱蜢號蚱蜢艇濱海民呼爲綠壳布興有其魁也 嗣巨艘數十入海門

一定黃溫三鎮不能拒退入黃林港 賊登岸焚掠 復掠澤洋五嶼門欲進掠大

溪寧海胡慶等集團防堵賊知有備而止 旋犯海門十餘日始去 寧波知府羅鏞賄

之降

二年八月二十七日夜半有白氣自空下墮太平橫街上須臾紅若火

十一月六日夜黃巖太平寧海皆地震

三年春正月十四日夜黃巖院橋雨血二月雨豆四月雨豆五色自正月至三月黃巖地震者

台州府志 卷一百三十六 大事略五 一

五 三月寧海亦地震 五月臨海地震

六月大水

十八日大雨山水暴漲水深丈餘彌月不退禾稼淹沒黃巖西鄉寧溪諸處山崩民多溺

死 臨海江潮怒激二十日平地水高丈五六尺二十四日巾子山東塔圮 仙居有

異獸五六成羣食豬犬人呼爲海狗

七月三日太平火隕大如斗 五日黃巖白龍見於雲中

是月太平土寇亂逾月平

土寇李大六小六屯花居洞糾黨攻城八月朔知縣李宗謨獲其黨二人斬之三日與守備張

繼成率兵進勦衛令鄉紳顏坤壓督團兵夾擊賊以巨礮守洞口衆不敢進乃從後山夾攻

之賊突圍出小六中槍死大六潛伏寺岐黃泉之鄉兵傷數人是役也參將林簾勦不敢過

城及奏功據爲己有

是歲省發賑錢一千兩郡城立粥廠五所 奉文豁免水冲田地錢米

四年秋七月七日海溢黃巖太平民死者數萬

图 2-60(b) 民国二十五年《台州府志·卷百三十二之三十六 大事记五卷》记载咸丰四年风暴潮

太平县(今温岭市):咸丰四年甲寅七月初五日,大风雨,海溢,沿海居民漂没三万余人(图 2-60c)[308]。

308 太平县志·卷之十七 杂志上·灾祥.清光绪.

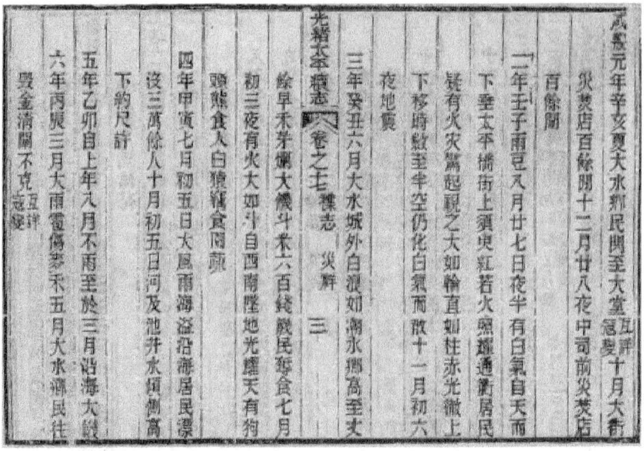

咸豐元年辛亥夏大水流民鬨至大堂[illegible]扂變十月大街
災焚店百餘間十二月廿八夜中司前災焚店
百餘間
二年壬子兩邑八月廿七日夜半有白氣自天而
下至太平橋街上須臾紅若火照耀通衢居民
疑有火災驚起視之大如輪直如柱赤光微上
下移時斂至半空仍化白氣而散十一月初六
夜地震
三年癸丑六月大水城外白浪如潮水鄉高至丈

光緒太平續志　卷之十七　雜志　災祥　三

餘旱禾芽爛大饑斗米六百錢饑民奪食七月
初三夜有火大如斗自西南墜地光耀天有狗
頭蟹食人白糧稱食閙蔬
四年甲寅七月初五日大風雨海溢沿海居民漂
沒三萬餘人十月初五日河及池井水傾側高
下約尺許
五年乙卯自上年八月不雨至於三月沿海大饑
六年丙辰三月大雨雹傷麥禾五月大水流民往
毀金清閘不克[illegible]

图 2-60(c)　清光绪《太平县志·卷之十七　杂志上·灾祥》
记载咸丰四年风暴潮

1881 年

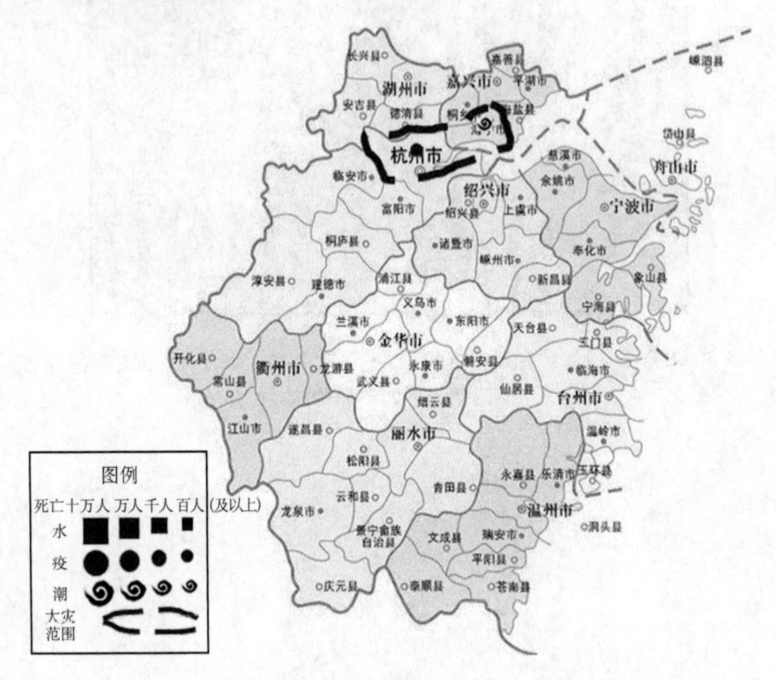

图 2-61　1881 年浙江省大灾分布图

评价:浙北。大灾点连贯性好。风暴潮毁坏道路、房屋、桥梁、陡门及死亡人数都精确。死亡人数为数百人(图 2-61)。

灾种:风暴潮、瘟疫。

资料条数:2 条。

〈1〉**杭州市　昌化县(今临安区)**:清光绪七年(1881 年)昌化秋大疫,死亡无算[309]。

〈4〉**嘉兴市　海宁县(今海宁市)**:七年,暴风怒潮,冲毁道路

309　上海、江苏、安徽、浙江、江西、福建省(市)气象局,中央气象局研究所.华东地区近五百年气候历史资料,1978:4.24.

22600 丈、房屋 7103 间、桥梁 163 座、陡门 586 座，淹死 170 人。灾民 31400 人[310]。

1911 年

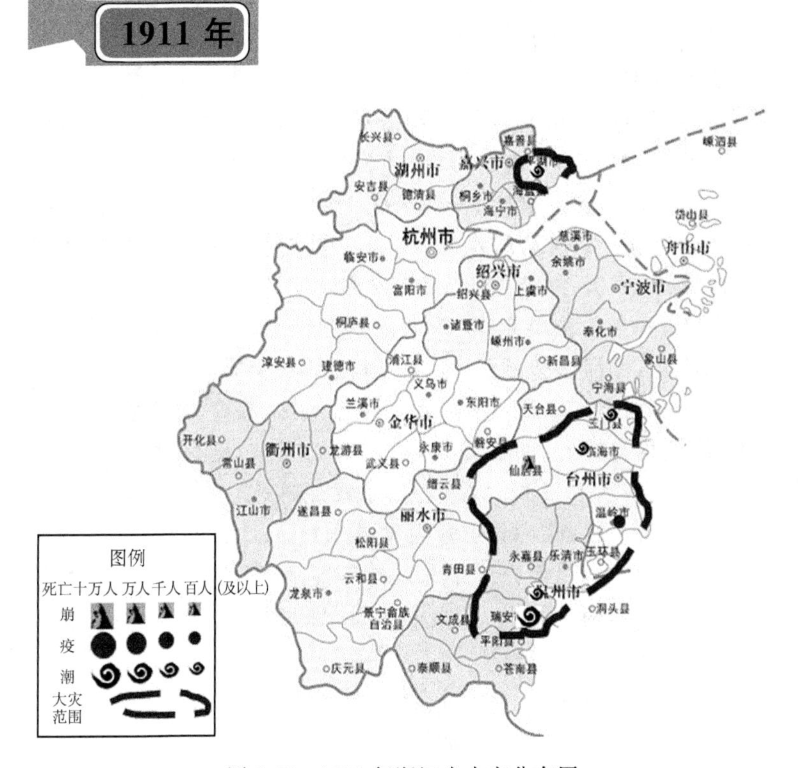

图 2-62　1911 年浙江省大灾分布图

评价：浙东。大灾点连贯性较好。均为风暴潮灾所致，另两处结果的起因也是风暴潮，温岭县灾后霍乱流行，死者无算；仙居县山崩泥石流为洪涝、风暴潮的次生灾害。从防御来说，仙居县是十分深刻的教训，村民已经发现裂缝，并采取了避险的措施，这是十

310　海宁市志编纂委员会. 海宁市志・大事记. 上海：汉语大词典出版社，1995：7.

分正确的;但不知为何,村民们又返回村里,结果是悲惨的。全村近百人与外出的3人天各一方。裂缝的风险并没有排除,是山崩的前兆。“漂没居民有数万之多,浮尸蔽江,喊救得生者不过少数”,死亡人数为数万人(图2-62)。

灾种:风暴潮、山崩、瘟疫。

资料条数:6条。

注:下列资料凡斜体者,为死亡万人及以上。编号:40W1911。

〈3〉**温州市　瑞安县(今瑞安市)**:*清宣统三年(1911年)七月、八月二次飓风暴雨。来安乡、嘉安乡、广镇、南岸镇共有十五个乡,都受灾最严重。漂没居民有数万之多,浮尸蔽江,喊救得生者不过少数。田园、房屋、牲畜、器具漂失数难以统计*[311]。

〈4〉**嘉兴市　平湖县(今平湖市)**:三年七月十一日起,连日烈风暴雨不止,江河水势猛涨,嘉湖府人畜溺失无数[312]。

〈10〉**台州市　临海县**:三年七月初三日,临海狂风暴雨,山水骤发,矮屋均与檐齐,阅二日始退,又大雨累日,飓风并作,大木折拔,田禾尽淹,水入城高七八尺,人畜溺死甚多。八月,温岭大雨,平地水深五六尺(《临海县志》《温岭县志》)。

临海县(今三门县):三年七月初三日,暴雨狂风,山洪骤发,矮屋水与檐齐,越两日始退,又大雨累口,飓风并作,大木折拔,田禾尽淹,人畜溺死者无数[313]。

温岭县(今温岭市):三年八月,大雨,平地水深五六尺。灾后霍乱流行,死者无算,棺材售罄[314]。

---

311 上海、江苏、安徽、浙江、江西、福建省(市)气象局,中央气象局研究所.华东地区近五百年气候历史资料,1978:4.212.

312 浙江省平湖县县志编纂委员会.平湖县志·第三编　自然环境·第三章　气候.上海:上海人民出版社,1993:112.

313 三门县志编纂委员会.三门县志·第二编　自然环境·第三章　气候.杭州:浙江人民出版社,1992:105.

314 温岭县志编纂委员会.温岭县志·大事记.杭州:浙江人民出版社,1992:9.

仙居县：三年九月二日，谷坦道人寮村附近山上发生一里长大裂缝，村民冒雨离村，三日晚回村。四日，突然山崩地裂，全村近百人葬身于泥石之下[315]。谷坦道人寮村发生泥石流，全村近百人除外出的 3 人外，皆葬身于泥石[316]。

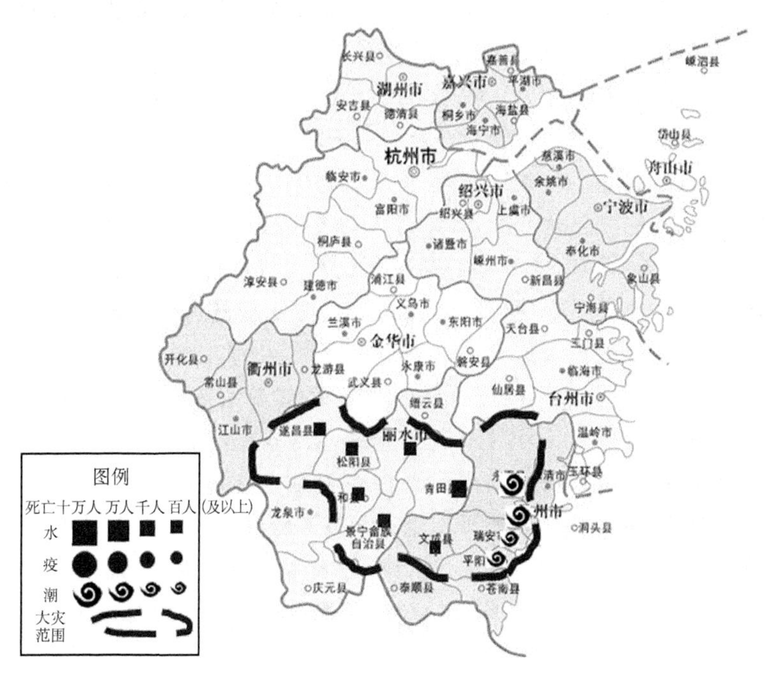

图 2-63(a)　1912 年浙江省大灾分布图

评价：浙南。大灾点连贯性好。“山洪暴发，漂流无算，男女老

315　仙居县志编纂委员会. 仙居县志·自然地理篇·第八章　自然灾害. 杭州：浙江人民出版社，1987：65.

316　仙居县志编纂委员会. 仙居县志·大事记. 杭州：浙江人民出版社，1987：5.

幼蔽流而下，溺死者多逾巨万”。洪水将房屋、粮食、人畜都冲走了，说明降水量非常之大。“大雨如注”，水位高到“没檐际”，即屋檐都淹没了（图 2-63a）。

灾种：风暴潮、洪涝。

资料条数：12 条。

注：下列资料凡斜体者，为死亡万人及以上。编号：41W1912。

*〈3〉**温州市　鹿城区：**民国元年（1912 年）8 月 28 日至 30 日及 9 月 11 日，先后遭两次强台风袭击，瓯江两岸许多地方发生数百年来罕见的特大洪水，数百村庄庐舍漂荡，田园冲毁，溺死者上万，哀鸿遍野[317]。山洪暴发，漂流无算，男女老幼蔽流而下，溺死者多逾巨万，数日之内海外港捞获死尸不下千具[317]。*

***永嘉、瑞安、平阳县：**元年 8 月下旬和 9 月下旬，五次飓风暴雨，永、瑞、平三县溺死逾万，灾民 141570 人，毁死亡田地无数[318]。*

***永嘉县：**元年，永嘉，八月二十八日、二十九日、三十日飓风暴雨，西溪一带山洪暴发，瀑流无数，老弱男女蔽流而下。溺死者多逾巨万，数日之内海外港捞尸不下千具。八月二十八日、二十九日、三十日飓风暴雨，西溪一带山洪暴发，漂流无算，老弱男女蔽流而下，溺死者多逾巨万，数日之内海外港涝获死尸不下千具[319]。*

瑞安县（今瑞安市）：瑞安曹许乡七月十七日大风雨。夜间水没屡檐际，港乡一带人畜田禾淹没无数。较一九一一年七月尤甚。八月二十八日、二十九日飓风大雨，镇乡各区山水横溢，人、房屋及什粮，损失甚巨。三十日飞云江横尸蔽江[320]。元年七月十七日大

317　鹿城区地方志编纂委员会. 温州市鹿城区志·大事记. 北京：中华书局，2010：1-48.

318　温州市地方志办公室. 温州市志·政权政务卷·民政志，1994：36.

319　上海、江苏、安徽、浙江、江西、福建省（市）气象局，中央气象局研究所. 华东地区近五百年气候历史资料，1978：4. 212.

320　温州市江河水利志编纂委员会. 温州水利史料汇编·第四章　风潮，1999：26.

风雨,夜间水没檐际。港乡一带人畜田禾淹没无算,较一九一一年七月尤甚。八月二十八日、二十九日飓风大雨,镇乡各区山水横溢,人、房屋及什粮,损失甚巨,三十日飞云江横尸蔽江[321]。

平阳县:*八月二十七日至九月十七日大风雨凡五次。四乡山水暴发,田庐冲没,平地水淹三四日至六七日,岁收大欠。八月二十八日、二十九日两日飓风暴发,大雨如注,城内外一片汪洋。平阳八区受灾。以南港镇为最重。温、处两府淹死十数万人*[320]。

文成县:元年农历八月十四日,大暴雨引起特大洪水,峃口飞云江水位高达 39.4 米,大峃街林店尾民房进水近 1 米,各区山乡山水横溢,人畜、房屋、田禾淹没无数[321]。

〈11〉**丽水市　丽水县(今莲都区)**:元年七月十八日大水,八月十八日又大水,连遭浩劫沿溪一带田庐漂没,人畜溺毙无算[321]。

松阳县:元年农历七月中旬,淫雨连绵四昼夜,至十七日各乡山崩地陷,冲没田庐,淹毙居民不计其数,东南较重,石仓区尤甚,毙民百余口,芥菜源全村覆没,冲塌城南大堜百二十余丈[321]。

遂昌县:元年七月中旬,淫雨连绵,阅四昼夜至十七日,各乡山崩地陷,冲坏田庐无算,淹毙居民不计其数,东南较重,石仓区尤甚,芥菜源村全覆没[321]。

青田县:元年六月初三日,田亩冲毁,水面浮尸累累[321]。因飓风、洪涝等灾害,据统计:冲毁民房三十四万六千一百余间,淹沙及沙积地四十万一千八百余亩,其中以青田灾情最重,死亡达七八千人[322]。8 月 29 日,大水,龙风暴雨大作,山洪溢发。县城(鹤城镇)水位 23.46 米(鹤城镇警戒水位是 13.5 米),街巷行舟,三四千户

321　上海、江苏、安徽、浙江、江西、福建省(市)气象局,中央气象局研究所.华东地区近五百年气候历史资料,1978:4.196,212.

322　温克刚.中国气象灾害大典・浙江卷・第二章　暴雨、洪涝.北京:气象出版社,2006:99.

房屋漂没殆尽，一万四千余人，仅存五千余人[323]。

云和、景宁县：元年云和、景宁 7 月 15 日、16 日连日大雨，17 日雨更甚，沿溪村落，水深丈余，淹死居民无算[322]。

景宁县(今景宁畲族自治县)：元年 7 月 15 日、16 连日大雨，17 日申刻雨甚，霹雳数声，数百里内群山崒崩，沿溪村落水深丈余，大均以下益高涨，外舍全村覆没，淹毙居民无算。旧六都张山淹毙死三十余人，其余在多牲畜不计，县城冲没田亩尤多(图 2-63b)[324]。

爲道光後第一次水災
宣統二年四月二十夜彗星見於西方　三年五
月大雨金坵水碓頭等處山水暴漲葉源橋冲
壞　七月初七初八連日烈風大雨禾苗大蝕
民國元年七月夏曆以後於記載下倣此十五十六連日大雨
十七申刻雨甚霹靂數聲數百里內羣山崒崩
沿溪村落水深丈餘大均以下益高漲外舍全
村覆没淹斃居民無算舊六都張山淹斃三十
餘人其餘所在多有牲畜不計縣城冲没田畝
尤多耆老謂災情之重爲數百年所未見較道

538

图 2-63(b)　民国二十一年《景宁县续志(全)·卷之十五　风土志·祥祲》记载民国元年洪灾

323　青田县志编纂委员会. 青田县志·第二编　自然环境·第三章　气候. 杭州：浙江人民出版社，1990：138.

324　景宁县续志(全)·卷之十五　风土志·祥祲. 民国二十一年.

1915 年

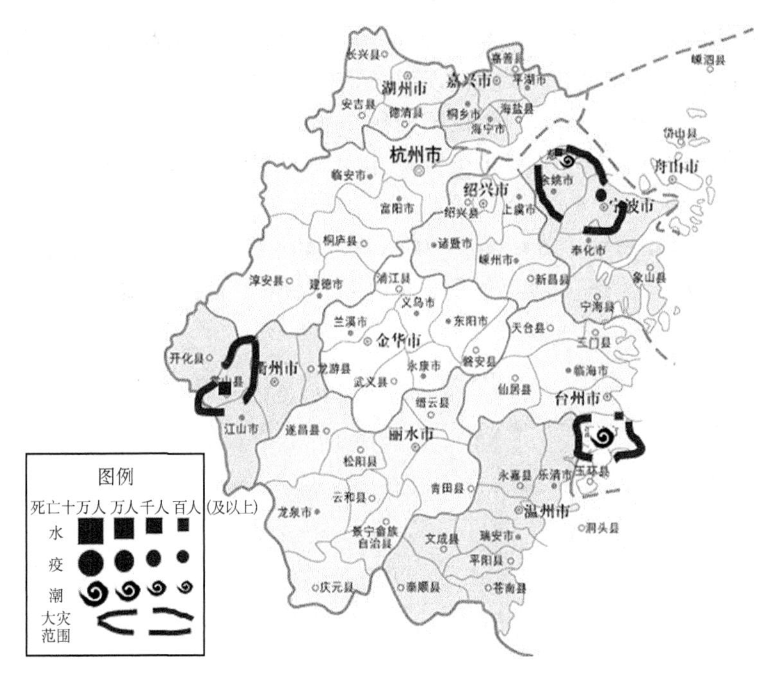

图 2-64 1915 年浙江省大灾分布图

评价:浙东。大灾点连贯性好。“潮水泛溢,沿海居民死伤数万人,秋稼荡涤无存”。潮水水位“高五六尺”,达到 1.6 米至 2 米(图 2-64)。

灾种:风暴潮、洪涝、瘟疫。

资料条数:5 条。

注:下列资料凡斜体者,为死亡万人及以上。编号:42W1915。

浙江:民国四年(1915 年)7 月 28 日,浙江遭飓风,毁屋覆舟,

伤人无数,沿海受潮之害,死伤达数万人[325]。

〈2〉**宁波市　镇海县(今镇海区)**:四年,镇海县郭巨一带霍乱流行。1937年、1943年复发生,3次死238人[326]。

慈溪县:四年7月16日,海溢,潮入利济塘南,水高5、6尺,淹棉花,冲没庐舍、人畜及盐板、尸棺横塘脚泾洞口不计其数[327]。

〈8〉**衢州市　常山县**:民国四年6月,端午日前大雨两天两夜,洪水暴涨,街市成河,横街可行舟,洪水淹至鲁家厅巷口,居民房屋倒塌无数,人畜死亡甚多,县城水位91.69米[328]。

*〈10〉**台州市　温岭县(今温岭市)**:温岭四年7月29日午后,温岭县飓风大作,薄暮大雨,至8月1日始息。潮水泛溢,沿海居民死伤数万人,秋稼荡涤无存*[329]。

---

325 温克刚.中国气象灾害大典·浙江卷·第一章　热带气旋.北京:气象出版社,2006:30.

326 宁波市地方志编纂办公室.宁波市志·大事记.北京:中华书局,1995.

327 慈溪市地方志编纂委员会.慈溪县志·第三编　自然环境·第八章　自然灾害.杭州:浙江人民出版社,1992:145-163.

328 常山县志编纂委员会.常山县志·第二编　自然环境·第六章　自然灾害.杭州:浙江人民出版社,1990:120.

329 台州市气象局气象志编纂委员会.台州市气象志·第九章　历代灾异.北京:气象出版社,1998:119.

1920 年

图 2-65(a)　1920 年浙江省大灾分布图

评价：浙东。大灾点连贯性好。最严重的是 9 月“山洪暴发，男女老幼漂流而下，溺死者逾万”。其次，是 7 月“狂风暴雨历时三昼夜，洪潮泛滥，淹死三千余人”是年，死亡人数为 14000 余人（图 2-65a）。

灾种：风暴潮、洪涝。

资料条数：8 条。

注：下列资料凡斜体者，为死亡万人及以上。编号：43W1920。

〈2〉**宁波市　宁海县（今宁海市）**：民国九年（1920 年）六月，飓风历四昼夜，东南北三乡受灾殆遍，田地尽成泽国，漂流 300 户，淹死数百人[330]。

〈3〉温州市　永嘉县：九年 9 月 6 日，上塘当日雨量超过 300 mm。三天雨量超过 600 mm。上塘调查水位 9.72 m，山洪暴发，男女老幼漂流而下，溺死者逾万[331]。

〈4〉**嘉兴市　嘉兴县(今秀城区)**：九年三月，脑膜炎流行，嘉兴县死亡人数达千人以上[332]。

〈10〉**台州市　黄岩县(今黄岩区)**：九年五月三十日，洪潮暴涨，漂没无算(图 2-65b)[333]。

图 2-65(b)　民国九年 7 月 15 日台风破坏码头沿江之情景
(据台州市档案馆、椒江区档案馆)

---

330 宁波气象志编纂委员会. 宁波气象志·第二章　气象灾害·附：气象灾害年表. 北京：气象出版社，2001：103.

331 浙江省水利学会，浙江省水力发电工程学会. 地方水利技术的应用与实践　第 5 辑. 北京：中国水利水电出版社，2006：242.

332 嘉兴市志编纂委员会. 嘉兴市志·第三十八篇　医疗卫生·疾病防治. 北京：中国书籍出版社，1997：1678.

333 基命堂主人历年灾变记. 黄岩文史资料. 第十四期，1992：157.

温岭县(今温岭市):九年7月14日,狂风暴雨历时三昼夜,洪潮泛滥,淹死三千余人[334]。7月15日,温岭灾情尤重,死三千余人。松门一带捞尸四百余具,沉船数百只,无家可归者万余户,受淹农田27万亩[335]。

椒江区海门镇:九年5月30日夜,狂风暴雨,海潮暴涨,高数丈,海门镇店屋漂去十之七八,死千余人,码头冲坏[336]。

临海、温岭县:九年,临海7月15日海乡洪潮,海门江岸市屋漂去十之八九,溺死无数;7月16日大水入城,高丈余;8月23日大水入城,高数尺;9月5日暴雨四昼夜不止,大水漫城,城上通舟,三日始退,东乡平地水深数丈。温岭7月15日台风,大雨倾盆两昼夜,山洪暴发,海溢,沿海平地水深丈余,内地深数尺,冲毁田庐淹死人畜无算;9月2日台州暴雨,海溢,淹没农田27.65万亩,颗粒无收,乡民饿死无数,沿海居民财产漂流殆尽(《临海县志》《温岭县志》)。

临海县(今三门县):九年9月5日,大雨如注,四昼夜不止,大水漫城,城内可行舟,东乡平地水深数丈。台州沿海温、黄、临、宁县,共死3000人[337]。

334　温岭市档案馆.百年温岭大事记(1950—2001年).温岭档案.

335　浙江省政协文史资料委员会.新编浙江百年大事记(1840—1949).杭州:浙江人民出版社,1990:162.

336　温克刚.中国气象灾害大典·浙江卷·第一章　热带气旋.北京:气象出版社,2006:31.

337　三门县志编纂委员会.三门县志·第二编　自然环境·第三章　气候.杭州:浙江人民出版社,1992:105.

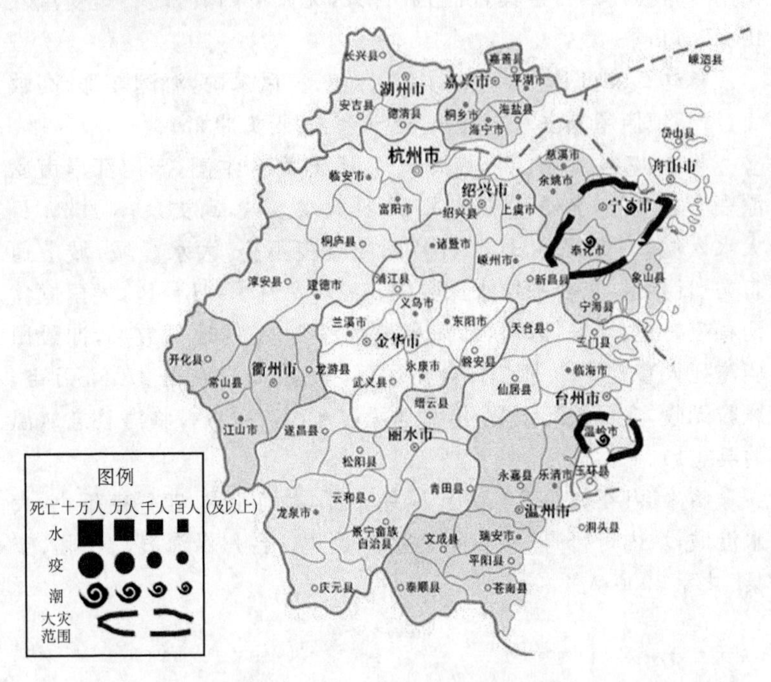

图 2-66　1921 年浙江省大灾分布图

评价:浙东。大灾点连贯性好。“大潮泛滥,东南两乡沿海一带冲没禾稻、房屋”,可见受潮灾影响是有限的。死亡人数为数百人(图 2-66)。

灾种:风暴潮。

资料条数:3 条。

〈2〉**宁波市　奉化县(今奉化市)**:民国十年(1921 年)7 月 12 日,台风、山洪暴发,毁连山乡袁家岙民房三百余间,死二百余人[338]。

鄞县(今鄞州):十年 8 月中旬以来,浙省很多地方狂风暴雨,

338　奉化市志编纂委员会. 奉化市志 · 大事记. 北京:中华书局,1994:16.

鄞县、慈溪、奉化、绍兴、余姚、上虞、新昌、临海等县山洪暴发，塘堤溃决，人、畜、田、庐、道路、桥梁多被冲毁淹没，灾情严重。如鄞江桥仅樟村一处死伤即达一百七十多人[339]。

〈10〉**台州市　温岭县(今温岭市)**：十年，临海8月13日大风雨2天，城中水满6尺，山区山洪暴发二百多处。温岭7月15日海溢，大潮泛滥，东南两乡沿海一带冲没禾稻、房屋，淹死人口无算，灾民三万余人，重以二次淫雨为灾，全县几成泽国，早晚稻大半均淹没，颗粒无收。仙居水灾，横溪一带受灾面积六千多亩。(《临海县志》《温岭县志》《仙居县志》)8月18日，海潮泛滥，冲没稻禾、房屋，淹毙人口无算，受灾地区纵横四十余里，灾民3万人[340]。

339　浙江省政协文史资料委员会.新编浙江百年大事记(1840—1949).杭州：浙江人民出版社，1990：166.

340　温岭县志编纂委员会.温岭县志·大事记.杭州：浙江人民出版社，1992：12.

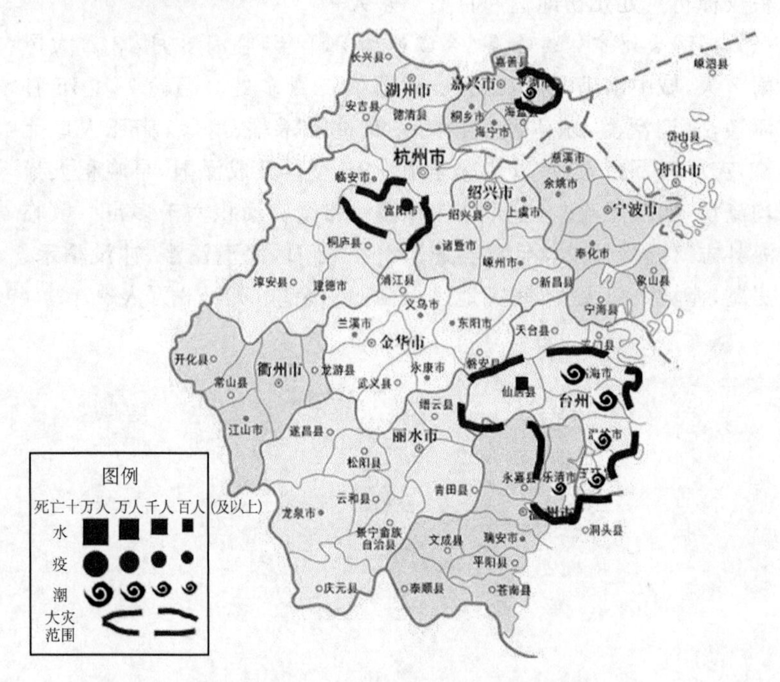

图 2-67(a) 1923 年浙江省大灾分布图

评价:浙东。大灾点连贯性好。台风从乐清登陆,沿海北上,灾情渐重,至临海,“大风雨,洪潮泛滥,海门至钓鱼亭溺死数万人。”(图 2-67a)

灾种:风暴潮、洪涝、瘟疫。

资料条数:11 条。

注:下列资料凡斜体者,为死亡万人及以上。编号:44W1923。

〈1〉**杭州市　富阳县:**民国十二年(1923 年),富阳县城天花流行，死百余人[341]。

〈3〉**温州市　乐清县(今乐清市)**：十二年8月19日，又暴雨如注，晚禾受淹，岐头村尤甚，死伤近百人[342]。

〈10〉**台州市　临海市(今临海市)**：*十二年六月二十五日(8月7日)大风雨，洪潮泛滥，海门至钓鱼亭溺死数万人*[343]。

椒江区：*十二年8月7日，海门飓风洪潮大作。最高潮位达7.3～7.5米，沿江百数十里，成一片白地，死亡不下万人*[344]。

黄岩县(今黄岩区)、温岭县(今温岭市)、仙居、台州：*民国十二年8月6日夜，东北风起。7日，大风，雨渐密，薄暮，风狂雨急，黄昏后，海潮泛滥，黄岩水深二三尺，午夜换东南风，风更狂，寺塔动摇，墙塌壁倒，拔木走石，沿椒江纵深百数十里间，顿成一片废墟。潮水涌入临海城，覆灵江长船七十余艘，温岭、仙居两县压死、溺死无数。台州灾情奇重，有死亡不下万余人云云*[345]。

黄岩县(今黄岩区)：民国十二年六月二十四日夜，东北风起，二十五日，风大，雨渐密，薄暮，风狂雨急，黄昏后，海潮汜滥，没入人家，深约二三尺，中夜换东南风而更狂，寺塔动摇，江船覆没，拔木走石，墙塌壁倒，沿海居民，为洪潮所淹没者无算。二十八日东北风又作，入夜更甚，二十九日海潮又汜滥，午后，换东南风而更猛，瓦片如落叶飞舞，波涛有倾山倒峡之势，人心惶惶，不可终日，潮退风止，金清港一带，积尸没路，秽气薰天，人人为之幗足，此为

341 富阳县志编纂委员会. 富阳县志·大事记. 杭州：浙江人民出版社，1993：20.

342 乐清市水利水电局. 乐清市水利志·第四章　水旱灾害. 南京：河海大学出版社，1998：48-57.

343 上海、江苏、安徽、浙江、江西、福建省(市)气象局，中央气象局研究所. 华东地区近五百年气候历史资料，1978：4.177.

344 椒江市志编纂委员会. 椒江市志·大事记. 杭州：浙江人民出版社，1998：16.

345 台州市气象局气象志编纂委员会. 台州市气象志·第九章　历代灾异. 北京：气象出版社，1998：120.

近百年未有之灾[346]。8月7日，台风拔树倒屋，海潮泛滥，江船覆没，大潮冲决塘堤，淹没田园、人畜无法计算。11日海潮又泛滥，午后换东南风，瓦片如落叶，大树连根拔倒，金清一带，积尸载道，灾情之重，百年所罕见[347]。

临海、温岭、仙居县：十二年临海8月7日夜，大风雨，洪潮入城，海滨死人甚多，灵江长船70多艘覆坏。8月11日又大风雨，损失益重。温岭六月二十五日（8月7日）洪潮，北港山岳家住房推倒，人溺死，财产漂没殆尽；8月7日台风倒屋拔木，渔船倾覆，全县压死、溺死者无数；10—11日又台风大作，暴雨，海堤决口，内陆水深数尺，倒屋不少，淹没田禾16.7万亩，减产五成以上；10月9日台风大作，海潮高数丈，海溢，淹死人口无算，无主尸棺达876具。仙居8月大风雨，水灾，屋倒无数，人溺死者甚众（《临海县志》《温岭县志》《仙居县志》）。

温岭县（今温岭市）：十二年8月7日，临海、海门、温岭连遭台风暴雨，海塘决口，无家可归灾民达4735户16560人；温岭东乡淹毙2018人，南巷淹毙1102人，两乡无家可归灾民3582户13153人，其中仅石塘庄即沉船六百余只，东乡浦南庄淹死137人，无主尸体878具[348]。10月9日，洪潮泛滥，淹死人无数，仅无主尸棺达876具。水灾后瘟病流行，罹重症者不日即死，荒郊僵尸随处可见（图2-67b）[349]。

---

346 基命堂主人历年灾变记.黄岩文史资料.第十四期，1992:157.

347 浙江省黄岩县志办公室.黄岩县志·第三编 自然环境.上海：上海三联书店，1992:87.

348 温克刚.中国气象灾害大典·浙江卷·第一章 热带气旋.北京：气象出版社，2006:32.

349 温岭县志编纂委员会.温岭县志·大事记.杭州：浙江人民出版社，1992:12.

图 2-67(b)　1923 年 10 月 9 日，温岭县遭受强台风、洪潮袭击，东乡横河庄孤魂祠堂棺木成堆

仙居县：十二年 8 月，大风雨，水灾，屋倒无数，人溺死者甚众[350]。

玉环县：十二年 11 月 2 日，台风挟雨迅猛，海潮山洪并发，村落人口淹没甚多，秋粮无收[351]。

玉环县、温岭县(今温岭市)：十二年 8 月 10 日，东北风又作，入夜更甚。11 日，有台风在福建沙埕登陆，午后转东南风，更猛，玉环海潮，山洪并发，居民伤亡严重。温岭堤坝决口，内陆水深数尺，淹田禾 16.7 万亩，减产五成以上。温黄沿海大树连根拔倒，瓦片如落叶飞舞，海潮汹涌，人心惶惶不可终日。潮退风止，金清港一带积尸没路，秽气薰天，人人如之裹足，为百年罕见之灾[352]。

350　仙居县志编纂委员会. 仙居县志・自然地理篇・第八章　自然灾害. 杭州：浙江人民出版社，1987：65.

351　玉环县志编纂委员会. 玉环县志・大事记. 上海：汉语大词典出版社，1994：7.

352　台州市气象局气象志编纂委员会. 台州市气象志・第九章　历代灾异. 北京：气象出版社，1998：120.

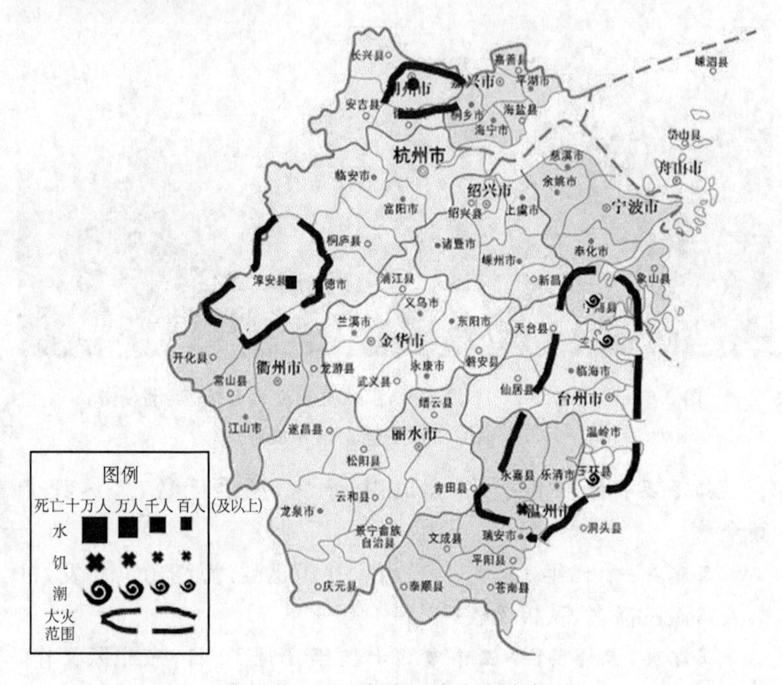

图 2-68　1928 年浙江省大灾分布图

评价:浙东。大灾点连贯性较好。“两次台风淫雨,海潮骤涨”,“饥民达四十万以上,村村饿殍相枕藉,十家九室无炊烟。”台风、饥荒,死亡人数为上千人(图 2-68)。

灾种:风暴潮、饥荒、洪涝、瘟疫。

资料条数:6 条。

〈1〉**杭州市　淳安县:**民国十七年(1928 年)7 月 20 日,特大洪水,淳安唐村番峰庄、葛蒲庄受灾 32 户,灾民五百三十多人合桥冲没[353]。

〈2〉**宁波市　宁海县**：十七年八月初，暴风怒潮，沿海堤塘冲毁无遗，毁房屋七千一百多间，淹毙170人，灾民三万余，冲毁堤塘7700丈，田禾棉花损失甚巨[354]。九月，风雨成灾，冲毁陡门塘堤，倒屋703间，死270人。民采野菜、草根充饥[355]。

〈3〉**温州市　温州市**：十七年，大饥荒，温属六县饥民达四十万以上，村村饿殍相枕藉，十家九室无炊烟[356]。

〈5〉**湖州市　湖州**：十七年秋，大水后起疫疠，人畜死亡满目，庐舍为墟[357]。

〈10〉**台州市　宁海县(今三门县)**：十七年七月、九月，两次台风，冲毁东南沿海各乡房屋7103间，道路22600丈，陡门586座，淹死170人，灾民31400人[358]。

玉环县：十七年七八月，两次台风淫雨，海潮骤涨，山洪暴发，淹没稻禾，人畜伤亡无数[359]。

353　浙江省淳安县志编纂委员会.淳安县志·第二编　自然环境·附:历代自然灾害.上海:汉语大词典出版社,1990:81.

354　宁波气象志编纂委员会.宁波气象志·第二章　气象灾害·附:气象灾害年表.北京:气象出版社,2001:104.

355　宁海县地方志编纂委员会.宁海县志·大事记.杭州:浙江人民出版社,1993:21.

356　温州市地方志办公室.温州市志·农业卷·粮食生产志,1993:1.

357　湖州市地方志编纂委员会.湖州市志(上卷)·第三卷　自然环境·第七章　自然灾害录.北京:昆仑出版社,1999:238.

358　三门县志编纂委员会.三门县志·第二编　自然环境·第三章　气候.杭州:浙江人民出版社,1992:106.

359　玉环县志编纂委员会.玉环县志·第二编　自然环境·第八章　灾异.上海:汉语大词典出版社,1994:82.

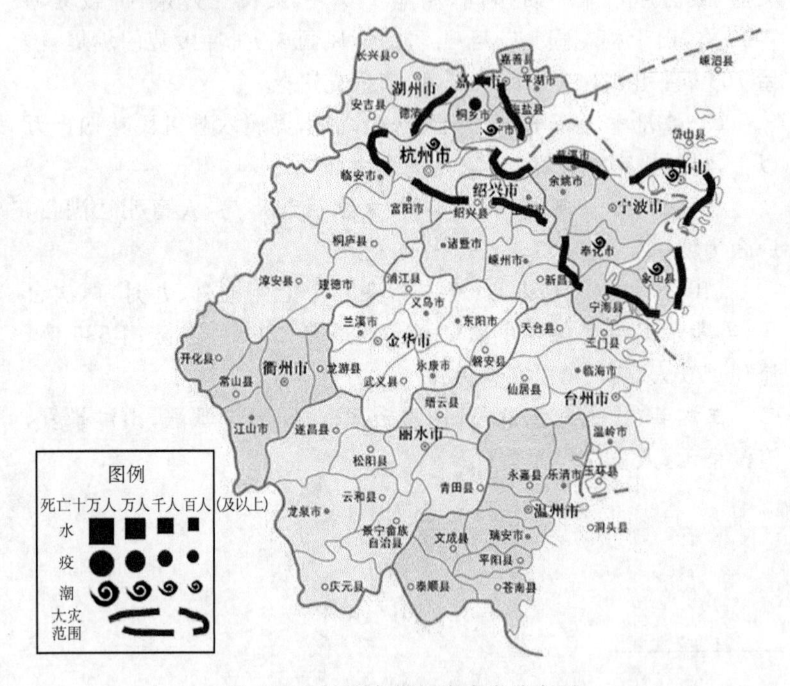

图 2-69　1948 年浙江省大灾分布图

评价:浙东北。大灾点连贯性较好。"狂风大潮,平地水深六七尺",即水深 2 米。死亡人数为数百人(图 2-69)。

灾种:风暴潮。

资料条数:4 条。

〈1〉**杭州市　余杭县(今余杭区)、海宁县(近海宁市,属嘉兴市)**:民国三十七年(1948 年)六月初一晨和九月初六夜二时,狂风大潮,平地水深六七尺,盐民扶老携幼奔逃。生产工具被卷入海,海宁至杭州市七堡长达六十余里,庐舍冲毁,人口死亡,损失难以数计[360]。

〈2〉**宁波市　象山、奉化县**：三十七年，入梅，宁波淫雨不断，7月6日暴风雨，海浪汹涌，象山、奉化翻沉渔船等120艘，毙人三百余[361]。

〈4〉**嘉兴市　桐乡县（今桐乡市）**：民国三十七年，流行性脑脊髓膜炎流行，因缺医少药，死亡率较高[362]。

〈9〉**舟山市　定海县（今定海区）**：三十七年7月3日，台风袭境，死三百余人，毁船120艘[363]。

360　余杭县林业水利局.余杭县水利志·大事记，1987：36.

361　宁波气象志编纂委员会.宁波气象志·第二章　气象灾害·附：气象灾害年表.北京：气象出版社，2001：105.

362　桐乡市桐乡县志编纂委员会.桐乡县志·第三十编　卫生·第五章　卫生防疫.上海：上海书店出版社，1996：1232.

363　定海县志编纂委员会.定海县志·大事记.杭州：浙江人民出版社，1994.

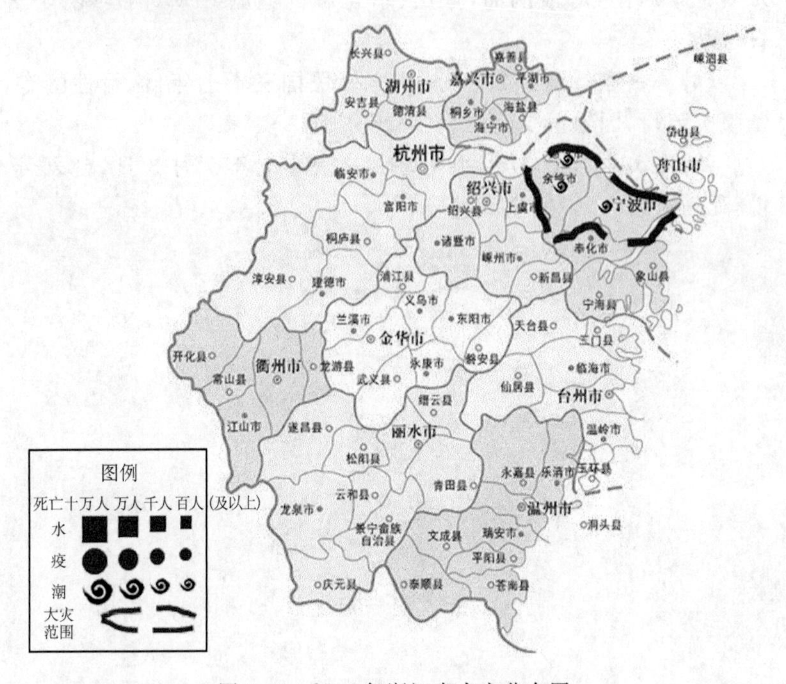

图 2-70　1949 年浙江省大灾分布图

评价:浙东北。大灾点连贯性好。热带风暴中心风力强,降雨量大,“海潮越塘堤”,“一地溺死者及海潮卷走者逾 200 人。”死亡人数为 214 人(图 2-70)。

灾种:风暴潮。

资料条数:3 条。

〈2〉**宁波市**　**宁波市**:民国三十八年(1949 年)7 月 24 日,台风袭境淹田六十二万余亩,受灾六万余人,塌屋一千六百余间。余姚等县死 214 人[364]。

364　宁波市地方志编纂办公室. 宁波市志·大事记. 北京:中华书局,1995.

余姚县(今余姚市)、慈溪县(今慈溪市):三十八年7月24日,4906号台风在浙江普陀登陆,影响日期7月24日。中心附近风力12级,降雨量一般50毫米,局地108毫米。受淹农田62.3万亩,受灾58.8万亩。人员死亡200人。余姚、慈溪影响最大[365]。

余姚县(今余姚市):三十八年7月24日,台风暴雨,海潮越塘堤,倒屋拔树,海塘大部溃决,沿海各县受淹农田62.7万亩,余姚尤甚,灾民6万人,仅临山一地溺死者及海潮卷走者逾200人[366]。

365 宁波气象志编纂委员会.宁波气象志·第二章　气象灾害·第一节　台风.北京:气象出版社,2001.

366 宁波气象志编纂委员会.宁波气象志·第二章　气象灾害·附:气象灾害年表.北京:气象出版社,2001:105.

1956 年

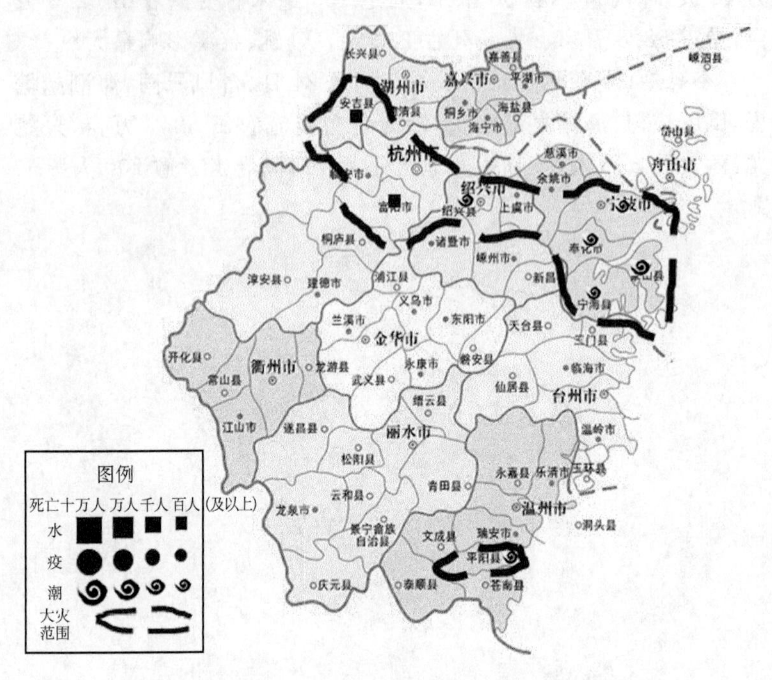

图 2-71(a)　1956 年浙江省大灾分布图

评价:浙中偏北。大灾点连贯性好。5612 号著名台风,是浙江省在新中国成立后死亡人数最多的台风灾害,是浙江省防台风的风向标台风。台风从象山县登陆后,长驱直入,经过宁波、绍兴,经杭州市后北上。这条路径被多次走过,如 1988 年“8·8”台风,可称为“台风通道”,加上“9·2”台风、“9·23”洪涝,死亡人数为 5260 人(图 2-71a)。

灾种:风暴潮、洪涝。

资料条数:12 条。

浙江:1956 年 8 月 1 日晚 24 时,“八一”台风在浙江省舟山专区象山县南庄登陆。登陆时中心气压 923 百帕,风速 60～65

米/秒。由于风雨潮特大,造成的灾情也特别严重,全省死亡4926人,伤五万余人,洪涝面积735万亩,毁房85万间,毁水利设施2.7万处,桥梁一千五百多座,39%公路被破坏,沉毁船只三千五百多条,死牲畜万头……[367]

〈1〉**杭州市　富阳县(今富阳市)**:1956年8月1—3日,12号台风袭击富阳、新登两县,最大风力12级,最大日雨量185毫米。城阳镇街道积水最深处1.75米。两县冲毁水利设施近3000处,受淹农田七千余公顷,倒塌民房8934间,桥梁、道路、船只等损失严重,死亡128人。大同乡骆家庄被山洪冲毁,小源乡里汪村死15人。灾后,两县政府共拨救灾款82.2万元,并组织三千多人支援灾区建设[368]。

淳安县:1956年,麻疹流行,发病2631人,死亡104人[369]。

〈2〉**宁波市　宁波市专区**:1956年8月1日晚8时至12时,第十三号强台风在象山县登陆,袭击宁波全区,中心风力12级以上。全市死3625人〈其中象山县死3401人〉、伤8061人,内老市区死8人、伤160人。坍屋11.31万间,毁江、海塘坝257公里、碶闸、水库、山塘829处,淹没农田138万余亩,损失渔船486只[370]。

奉化县(今奉化市):1956年8月1日,12级台风、暴雨,江堤、海塘决口,死188人,伤六百余人,受淹农田14万亩[371]。

宁海县:1956年8月1日,强台风在象山县登陆,宁海受灾严重。全县死187人,伤175人,倒屋31667间,损失船只710艘,海塘决口1208处,农田颗粒无收16000亩。西店、峡山、薛岙等沿海

---

367 鞠建林,王纲.浙江60年档案解密.杭州:浙江人民出版社,2009:84-88.

368 富阳市水利志编纂委员会.富阳市水利志·大事记.南京:河海大学出版社,2007:14.

369 浙江省淳安县志编纂委员会.淳安县志·第二十六编　卫生体育·第三章　卫生保健.上海:汉语大词典出版社,1990:615.

370 宁波市地方志编纂办公室.宁波市志·大事记.北京:中华书局,1995.

371 奉化市志编纂委员会.奉化市志·大事记.北京:中华书局,1994:25.

乡村灾情尤重[372]。

象山县:1956年7月31日晚10时,第12号强台风在本县登陆,中心风力在12级以上。潮水冲毁门前涂海堤,南庄平原一片汪洋,酿成“八一台灾”。8月1日,灾民汇至县城,县委、县府全力安置。2日,省派飞机视察灾情,后又空投面包救灾。台灾损失惨重:死亡3401人,其中干部50人、战士3人、群众3348人;房屋倒塌77395间,12个村全毁;淹没粮田116611亩,损失粮食20380吨;毁坏海塘碶门465处;冲走船只102艘(图2-71b)[373]。

图2-71(b)　八一台风纪念碑

鄞县(今鄞州区):1956年8月1日12号强台风在象山港登陆后,入侵鄞县,全县有44个乡镇遭受不同程度的损害,冲毁江海塘、涵洞、桥梁、道路等,淹没农田39.66万亩,粮食减产6100万

372　宁海县地方志编纂委员会.宁海县志·大事记.杭州:浙江人民出版社,1993:34.

373　象山县志编纂委员会.象山县志·大事记.杭州:浙江人民出版社,1998:30.

斤，人员死亡 102 人，重伤 163 人，倒塌房屋 8289 间[374]。

〈3〉**温州市　平阳县**：1956 年 9 月 2 日至 4 日，十二级台风袭击县境，海潮内灌，山洪暴发，平阳全县死 212 人，伤 144 人，房屋坍坏 5768 间，稻田受淹 23 万亩，经济作物受淹 4 万 5 千亩，堤坝、陡门、桥梁等被冲毁 199 处，渔船沉没、损坏 312 只[375]。

〈5〉**湖州市　孝丰(今安吉县孝丰镇)、安吉县**：1956 年 9 月 23 日—24 日，苕溪流域大雨，孝丰、安吉部分地区再度水灾，全市共坍屋 39191 间，损屋 26126 间，死 122 人，伤 664 人，亡畜 993 头，淹田 58.91 万亩，成灾 50.28 万亩[376]。

〈6〉**绍兴市　绍兴专区(今绍兴市)**：1956 年 8 月 1 日傍晚，第 12 号台风中心经过境内时，据当时嵊县气象站记载，瞬时风力超过 12 级，属县降水量均在 100 毫米以上，曹娥江最高水位达 21.05 米(嵊县)，狂风暴雨，受淹农田 44 万亩，粮食减产 3797 万公斤，倒坍房屋 3.27 万间，死亡 318 人，伤者不计其数。浙赣铁路中断，停车 30 小时[377]。

绍兴县：1956 年 8 月 1 日傍晚，第 12 号台风中心经过境内时，据当时嵊县气象站记载，瞬时风力超过 12 级，属县降水量均在 100 毫米以上，曹娥江最高水位达 21.05 米(嵊县)，狂风暴雨，受淹农田 44 万亩，粮食减产 3797 万公斤，倒坍房屋 3.27 万间，死亡 318 人，伤者不计其数。浙赣铁路中断，停车 30 小时[378]。

374　鄞县民政事业发展的现状. 2005 年 3 月 23 日. http://yzsz2009.nbyz.gov.cn/info.aspx?code=e99cd050-4283-494d-8e55-4b7f290f1367.

375　平阳县志编纂委员会. 平阳县志·大事记. 上海：汉语大词典出版社，1993.

376　湖州市地方志编纂委员会. 湖州市志(上卷)·第三卷　自然环境·第七章　自然灾害录. 北京：昆仑出版社，1999：220.

377　绍兴市地方志编纂委员会. 绍兴市志·第一卷·卷 2　自然环境·附录 3　历代灾异录. 杭州：浙江人民出版社，1997：280-284.

378　绍兴县地方志编纂委员会. 绍兴县志　第 1 册·第 2 卷　自然环境·附录 3　历代灾异录. 北京：中华书局，1999.

1994 年

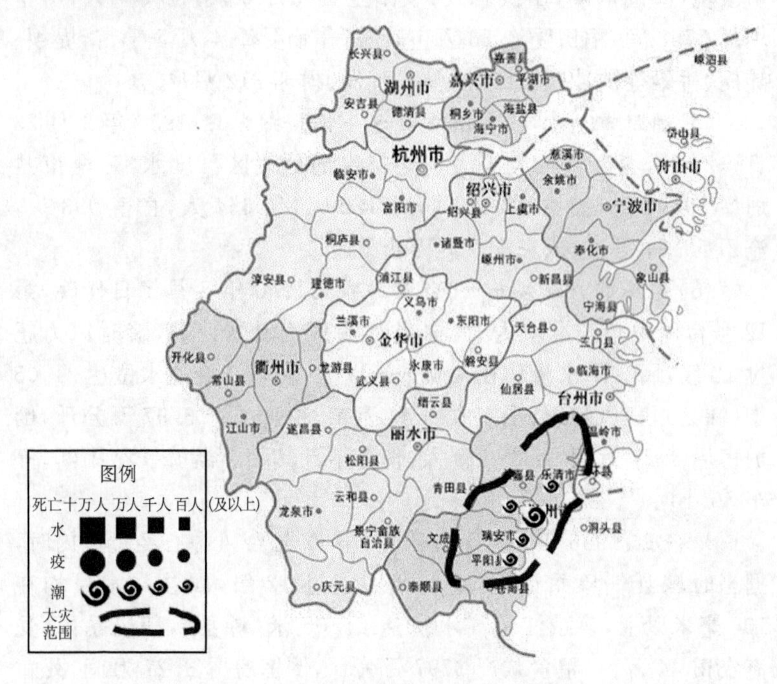

图 2-72　1994 年浙江省大灾分布图

评价：浙东南。大灾点连贯性好。台风“中心风力 12 级以上，过程降雨量 400 毫米；加以大潮顶托，造成百年未遇的严重灾害”，造成死亡人数为 1123 人(图 2-72)。

灾种：风暴潮。

资料条数：5 条。

〈3〉**温州市　温州市：**1994 年 8 月 21 日 17 号台风在瑞安梅头登陆，大风、大雨、大潮造成百年未遇的严重灾害。全市损坏房屋 84 万间，倒塌 17 万间；受淹农田 9.8 万公顷，稻禾颗粒无收 4.6 公顷；冲毁堤增 760 公里，工矿企业停产 6 万多家；死 1123 人，重伤

2385 人;直接经济损失 95 亿元[379]。

瓯海区:1994 年 8 月 21 日,台风正面袭击,瓯海永强沿海与台风登陆点——瑞安市梅头相邻,瓯海受灾村庄 170 个,死亡一百多人,倒塌房屋两千多间,晚稻绝收 5.5 万亩……直接经济损失 17 亿元[380]。

瑞安市:1994 年 8 月 21 日 22 时 30 分,17 号台风在梅头登陆,正面袭击瑞安,中心风力 12 级以上,过程降雨量 400 毫米;加以大潮顶托,造成百年未遇的严重灾害。死 360 人,失踪 5 人,重伤 780 人,直接经济损失 45.67 亿元[381]。倒塌民房 8.43 万间;受淹田地 1.8 万亩,受灾耕地 41.4 万亩;冲跨江、海堤坝 51 千米。属 108 年一遇的特大台风,风速 40 米/秒[382]。

乐清市:1994 年 8 月 21 日午夜,9417 号台风正面袭击乐清,时值农历七月十五大潮,内陆风速达 37 米每秒,沿海海面风速在 40 米每秒以上,砩头在 21 日 1 天的降雨量达 620 毫米,乐清胜利塘潮位高达 7.4 米,山洪暴发,河水猛涨,洪潮成灾,全市受灾人口达 73.3 万人,冲毁民房 10065 间,死亡 207 人,重伤 276 人,无家可归的有 5200 人;洪涝海溢农田 37.93 万亩。成灾 26.6 万亩,绝收 11 万亩;海塘溃崩 173 处计 103.75 公里,其中标准海塘被毁 33.75 公里;损失船舶 234 艘[383]。

平阳县:1994 年 8 月 21 日 22 时 30 分,17 号台风在梅头登陆,正面袭击瑞安,中心风力 12 级以上,过程降雨量 400 毫米;加以大潮顶托,造成百年未遇的严重灾害。死 360 人,失踪 5 人,重伤 780 人,直接经济损失 45.67 亿元[384]。

379　温州市志编纂委员会.温州市志·大事记.北京:中华书局,1998.

380　温州市瓯海区委员会文史资料委员会.瓯海文史资料第 6 辑,1996:115-124.

381　大事纪要.瑞安市爱国主义教育基地.2011 年 7 月 1 日.

382　瑞安市土地志编纂委员会.瑞安市土地志·丛录.北京:中华书局,2000:253.

383　乐清市水利水电局.乐清市水利志·大事记.开封:河南大学出版社,1998:16.

384　瑞安市地方志编纂委员会.瑞安市志(上)·大事记.北京:中华书局,2003.

第三章 风灾

浙江省大风灾害中心区分布图(1696—2015 年)

● 浙江省大风灾害中心区主要在沿海地区,7 个发生大风的年份中有 5 个在沿海;其次是内陆,为 2 个。

● 没有万人以上死亡年份。

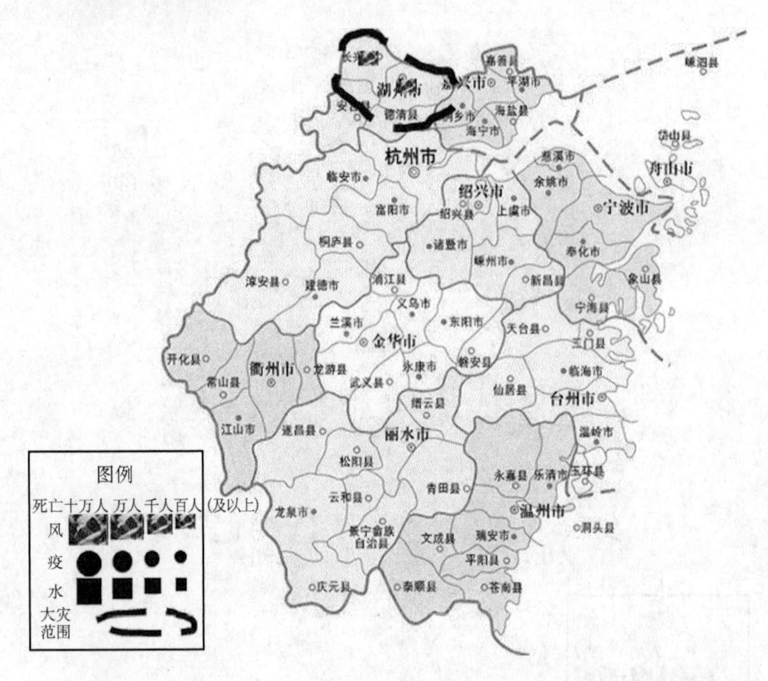

图 3-1(a) 1292 年浙江省大灾分布图

评价:浙北。大灾点连贯性较好。“买舟十余，载数千人同往”，一舟乘百人，肯定是严重超载，引起船只的重心不稳，吃水过深;“至湖心，大风骤至，悉就溺死”，在外力的作用下，船只侧翻，造成严重的惨案。死亡人数为数千人(图 3-1a)。

灾种:大风。

资料条数:2 条。

〈5〉*湖州市*　*湖州*:元至元二十七年(1292 年)五月，连雨四十日，大水，浙西之田尽没无遗，数千农人结队乘舟于太湖往淮南觅食，至湖心风骤落水，悉就溺死[1]。

长兴县：二十七年庚寅五月，连雨四十日，浙西之田尽没无遗……幸而不没者，则大风骞湖水而来，田庐、村落顷刻而尽，名之曰湖翻，农人皆相与结队往淮南趁食，于太湖买舟十余，载数千人同往，至湖心，大风骤至，悉就溺死[2]。

大水輟上供米擇其貧者振之二十七年庚寅五月
連雨四十日浙西之田盡沒無遺農家艱尤甚於丁
亥歲雖景定辛酉亦所不及也幸而不沒者則大風
驀湖水而來田廬村落頃刻而盡名之曰湖翻農人
皆相與結隊往淮南趁食於太湖買舟十餘所載數
千人同往至湖心大風驟至悉就溺死癸辛雜識二十九
年六月甲子湖州路水免至元二十八年田租丁亥
湖州大水免田租元史世祖紀元貞元年五月湖州水元史
成宗紀二年湖州大水大德元年大水五年積雨泛溢
大傷民田新府志十年七月大風太湖溢漂沒田廬無

图 3-1(b)　清同治十三年《长兴县志·卷九　灾祥》记载至元二十七年风灾

1　湖州市地方志编纂委员会. 湖州市志(上卷)·第三卷　自然环境·第七章　自然灾害录. 北京：昆仑出版社，1999：214.

2　长兴县志·卷九　灾祥. 清同治十三年.

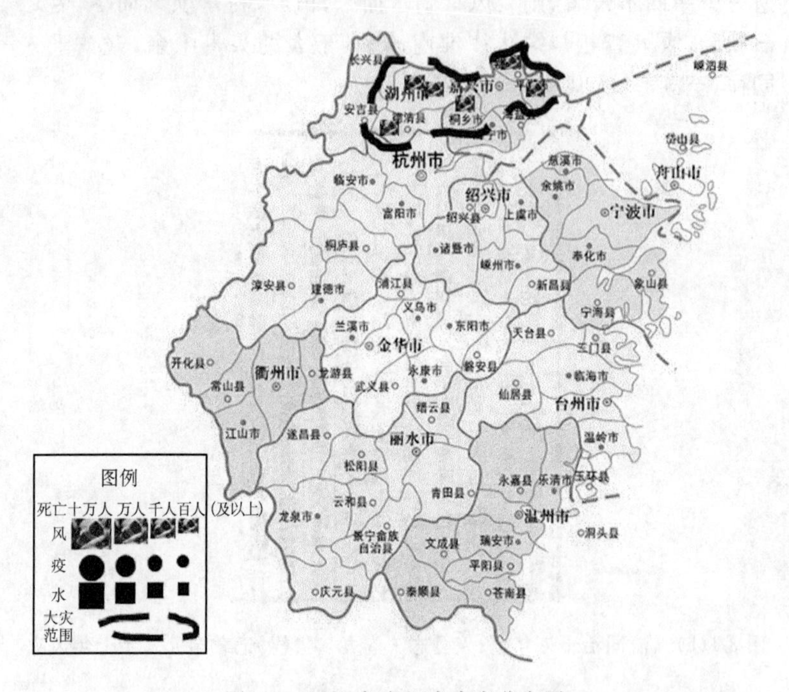

图 3-2　1696 年浙江省大灾分布图

评价:浙北。大灾点连贯性较好。“飓风大作,飞瓦拔树,民居倾复”,按照发生时间来说,可能是热带风暴。死亡人数为数百人(图 3-2)。

灾种:大风。

资料条数:2 条。

〈5〉**湖州市　吴兴县(今吴兴区)、嘉善县(今属嘉兴市)、平湖县(今平湖市,今属嘉兴市)、桐乡县(今桐乡市,今属嘉兴市)、德清县**:清康熙三十五年(1696 年)七月二十三日,湖州府,嘉兴府属县、吴兴、嘉善、平湖、桐乡、德清皆飓风大作,飞瓦拔树,坏民居,压死伤甚众[3]。

〈5〉**湖州市 南浔镇(今南浔区)**:三十五年七月二十三日,大风雨,傍晚飓风大作,入夜俞猛,飞瓦拔树,民居倾复,压死者甚众[4]。

1840 年

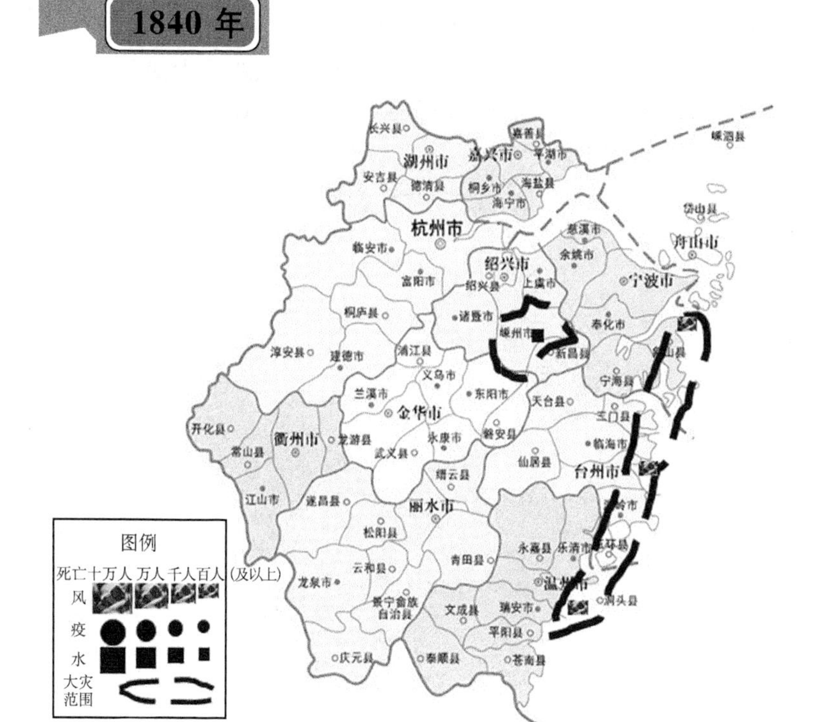

图 3-3 1840 年浙江省大灾分布图

---

3 温克刚.中国气象灾害大典·浙江卷·第一章 热带气旋.北京:气象出版社,2006:23.

4 南浔镇志编纂委员会.南浔镇志·第一篇 政区·第二章 自然环境.上海:上海科学技术文献出版社,1995:52.

评价:浙东。大灾点连贯性较好。沿海地区大风灾害严重,漂没大量的船舶,死亡人数为数百人(图 3-3)。

灾种:大风,洪涝。

资料条数:2 条。

〈2〉**宁波市　温州(属温州市)、台州(属台州市)、宁波:**清道光二十年(1840 年)三月二十七日(4 月 28 日),温州、台州、宁波海上暴风彻夜,漂坏商渔船人口无算(道光《瓯乘补》)[5]。

〈6〉**绍兴市　嵊县(今嵊州市):**二十年庚戌八月十四日,大雨,次日平地水数丈,舟行城堞上庐舍、人畜漂没无算[6]。

5　台州市气象局气象志编纂委员会. 台州市气象志 · 第九章　历代灾异. 北京:气象出版社,1998:116.

6　嵊县志 · 卷三十一　杂志 · 祥异. 民国二十年.

1864 年

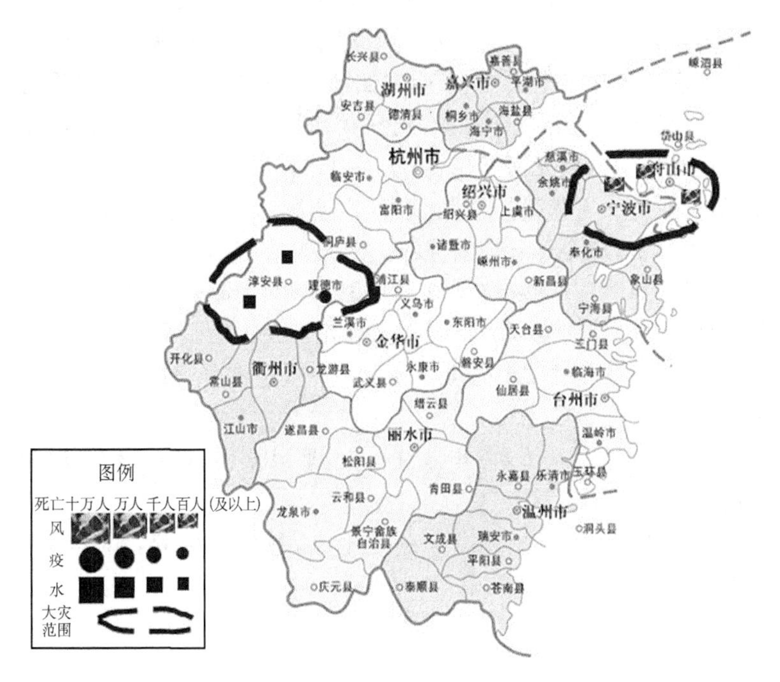

图 3-4　1864 年浙江省大灾分布图

评价:浙东北、浙西。大灾点连贯性好。大风、瘟疫造成数百人死亡(图 3-4)。

灾种:大风、瘟疫。

资料条数:7 条。

〈1〉**杭州市　建德县(今建德市)**:清同治三年(1864 年)春,大疫,日毙百人[7]。

淳安县:胡富,字学余,嘉瑜长子。性好施予,凡父所欲为而未

7　富阳市水利志编纂委员会.富阳市水利志·大事记.南京:河海大学出版社,2007:10.

及为者,皆先后赞成之。甲子,水灾,淹死者尸骸相属,富择地为义冢收瘗之。辛未大旱,复指囷以济,减价平粜。当事重其父子名,汇达地官。生平尤循循礼法。今子侄多为邑诸生[8]。

遂安县(今淳安县):方成缘,字穉荣,四隅人,慷慨多大节,以孝友著里中。年十七失怙,家业式微,母毛孀居,诸弟尚幼,缘竭力承欢,甘旨无间。诸弟皆先没,抚侄犹己子。弟妇姜氏守志,给薪水以全其操。姻族死而无嗣者,咸瘗埋之。甲子洪水,漂没尸骸无数,尽为收葬。有鬻妻子以偿债者,出金赎之。人或告贷,不少有难色,视其贫,辄令子象瑁焚其券。士大夫咸敬礼之[9]。

〈2〉**宁波市　镇海(今镇海区)、定海县(今定海区)**:三年六月十六日,定海、镇海暴风雨,坏舟,民溺死无数[10]。

定海县(今定海区):三年六月初十日,定海暴风疾雨,坏各埠船,溺死兵民无数[11]。

〈9〉**舟山市　舟山**:三年六月十日,暴风疾雨,坏各埠舟,溺死兵民无数[12]。

定海县(今定海区):三年六月十日,暴风雨毁船,溺死军民无数[13]。

8　淳安县志·卷九　人物志一　忠义　名臣　武功　循吏.清光绪十年.

9　遂安县志·卷七　人物.民国十九年.

10　陈桥驿.浙江灾异简志.杭州:浙江人民出版社,1991:163.

11　清史稿·卷四十二　志十七.

12　舟山市地方志编纂委员会.舟山市志·大事记.杭州:浙江人民出版社,1992.

13　定海县志编纂委员会.定海县志·第二篇　自然环境·第五章　气候.杭州:浙江人民出版社,1994:97.

1871 年

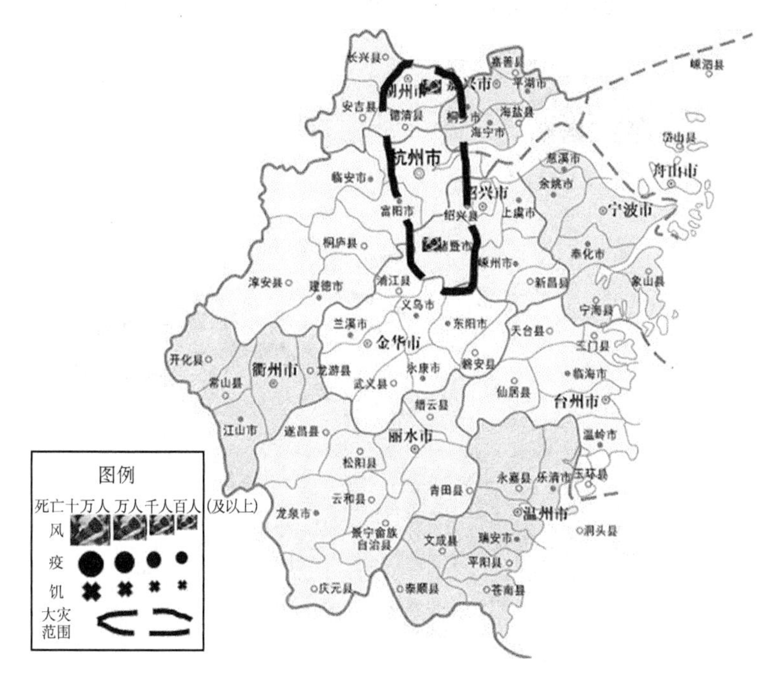

图 3-5　1871 年浙江省大灾分布图

评价:浙北。大灾点连贯性较好。龙卷风、雷雨大风,风到之处,皆成废墟。死亡人数为数百人(图 3-5)。

灾种:大风。

资料条数:2 条。

〈5〉***湖州市　南浔镇(今南浔区)***:清同治十年(1871 年)三月十四日,大雨雹后,二十二日下午,狂风骤雨,拔木毁屋,复舟伤人。当天,湖州有龙卷风袭击,自西方起卷至南浔,约及百里,同时拆木毁屋扬沙飞石、死者甚众,有数村被风卷去变成平地,数百年大树有被拔者[14]。

〈6〉**绍兴市　诸暨县(今诸暨市)**:十年二月初十、二十二日,雷雨大风,大雨雹,飘瓦拔木,毙人无算[15]。

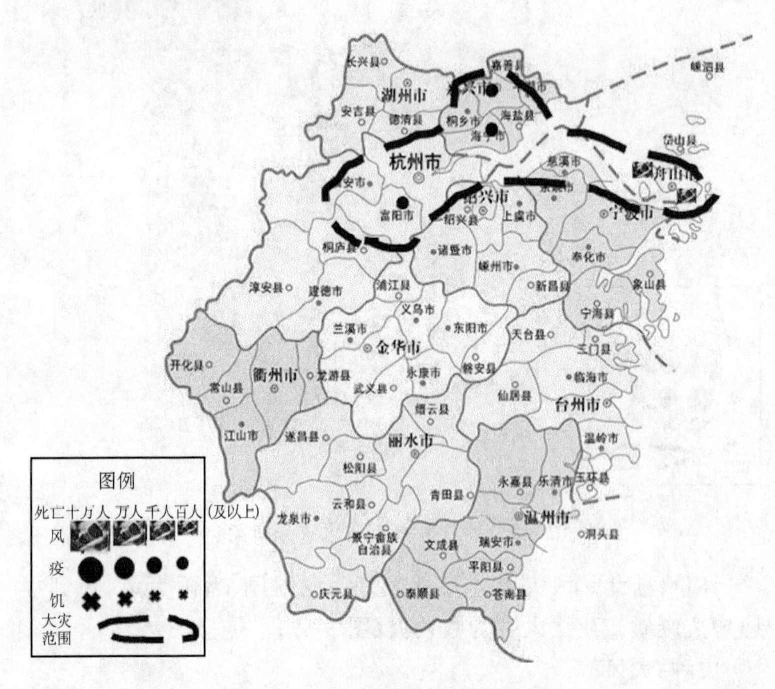

图 3-6　1931 年浙江省大灾分布图

评价:浙北。一次风灾吹翻 500 艘渔船,是很严重的灾害。死

14　南浔镇志编纂委员会.南浔镇志·第一篇　政区·死二章　自然环境.上海:上海科学技术文献出版社,1995:52.

15　温克刚.中国气象灾害大典·浙江卷·第六章　雷电、冰雹、龙卷风.北京:气象出版社,2006:208.

亡人数为1600余人（图3-6）。

灾种：大风、瘟疫。

资料条数：5条。

〈1〉**杭州市　富阳县（今富阳市）**：民国十二年、二十年（1931年），迎薰镇天花流行，发病数百人，死亡120多人[16]。

〈4〉**嘉兴市　嘉兴（今嘉兴市）**：二十一年8月3日《嘉兴商报》载："酷暑中人死率突增，三月间40余人，病名不清，与热有关，热传霍乱，又蔓极速，其他痢疾、麻疹亦相继发生，而状况殊坏，每起即见危象，死亡至速。"[17]

海宁县（今海宁市）：二十年2月，海宁、余杭、武康、崇德、海溢、新登登县发生流行性脑脊髓膜炎，疫势猖獗，海宁一县已死亡500余人[18]。

〈9〉**舟山市　舟山**：二十年12月11日，海礁洋面狂风覆没渔船500余艘，死伤渔民千余人[19]。

定海县（今定海区）：二十年12月11日下午8时许，渔船遇狂风，覆没500余艘，死伤千余人[20]。

---

16 富阳县地方志编纂委员会.富阳县志·第二十三编　卫生　体育·第三章　预防保健.杭州：浙江人民出版社，1993：743.

17 嘉兴市志编纂委员会.嘉兴市志·第三十八篇　医疗卫生·疾病防治.北京：中国书籍出版社，1997：1678.

18 浙江省政协文史资料委员会.新编浙江百年大事记(1840—1949).杭州：浙江人民出版社，1990：245.

19 舟山市地方志编纂委员会.舟山市志·大事记.杭州：浙江人民出版社，1992.

20 定海县志编纂委员会.定海县志·第二篇　自然环境·第五章　气候.杭州：浙江人民出版社，1994：97.

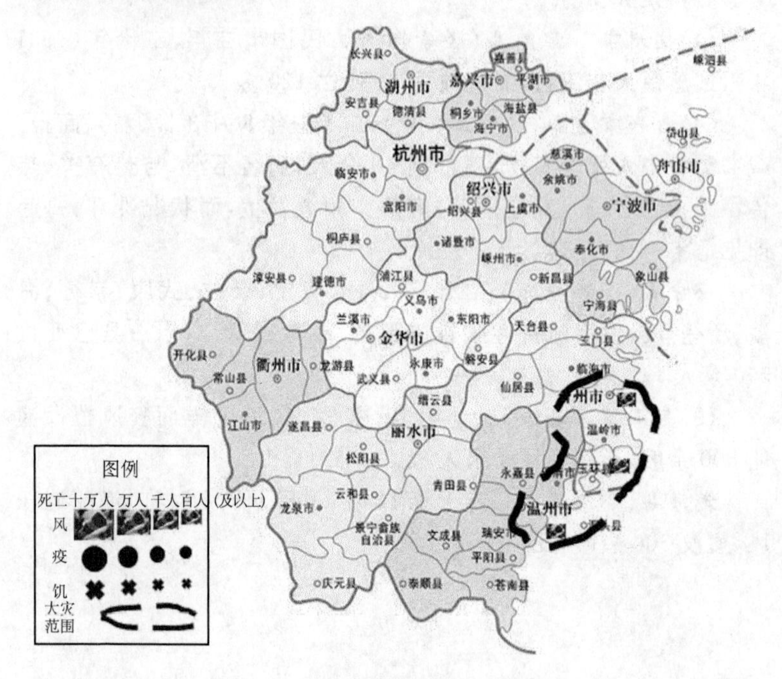

图 3-7　1955 年浙江省大灾分布图

评价：浙东南。大灾点连贯性好。主要灾害是大风灾害，死亡人数为 551 人(图 3-7)。

灾种：大风。

资料条数：3 条。

〈3〉**温州市　温州专区**：1955 年 2 月 19 日至 3 月 12 日沿海两次遭 7 级以上大风袭击，温州渔船、蛎壳船 67 艘被狂浪打沉，渔民死亡 172 人[21]。

〈10〉**台州市　台州**：1955 年 2 月 19 日，浙江省大陈渔场风力

21　温州市志编纂委员会. 温州市志・大事记. 北京：中华书局，1998.

骤增至8～9级，掀翻温岭县渔船6艘，死27人；玉环县渔船翻沉23艘，淹死53人，另一大钓船南漂，失踪32人。3月12日，大陈渔场又遭9级以上大风袭击，温岭渔场翻沉8艘，死36人；坎门小钓船沉12艘，溺死73人[22]。

玉环县：1955年2月19日与3月12日，坎门渔民先后在大陈渔场遭大风袭击，翻沉渔船35艘，126人遇难，32人失踪[23]。

22　台州市气象局气象志编纂委员会. 台州市气象志·第九章　历代灾异. 北京：气象出版社，1998：124.

23　玉环县志编纂委员会. 玉环县志·大事记. 上海：汉语大词典出版社，1994：29.

1959 年

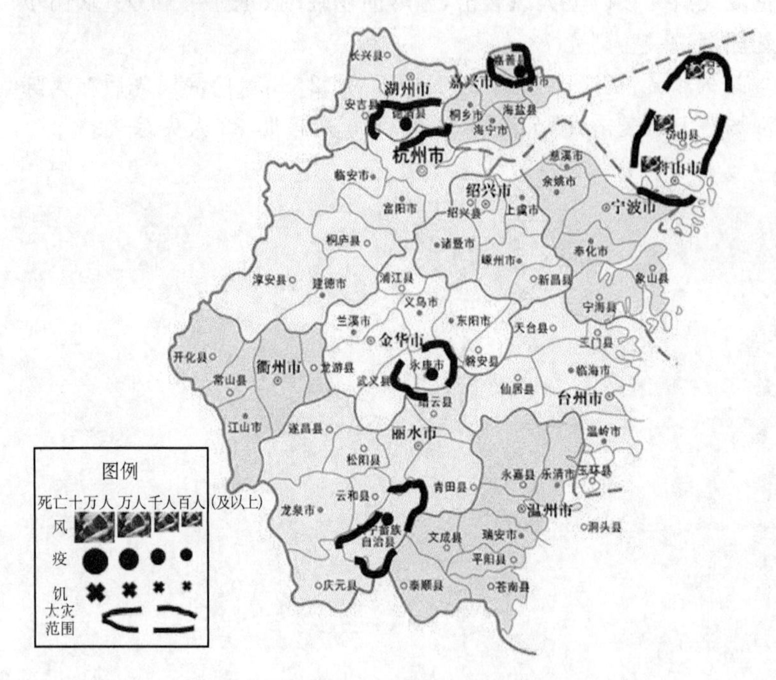

图 3-8　1959 年浙江省大灾分布图

评价:浙东北。大灾点连贯性好。大风灾害死亡 545 人,瘟疫死亡 1105 人,共计死亡人数为 1650 人(图 3-8)。

灾种:大风、瘟疫。

资料条数:7 条。

〈4〉**嘉兴市　嘉善县**:1959 年,全县发生麻疹病人 11967 人,死亡 318 人[24]。

〈5〉**湖州市　德清县**:1959 年,发生流脑 584 例,死亡 61 人;

---

[24] 嘉善县志编纂委员会. 嘉善县志・大事记. 上海:上海三联书店,1995:21.

麻疹 12360 例,死亡 217 人;白喉 107 例,死亡 25 人;百日咳 1710 例,死亡 6 人[25]。

〈7〉**金华市　永康市(今永康市)**:1959 年,麻疹发病 13795 人,死亡 298 人[26]。

〈9〉**舟山市　岱山县**:1959 年 4 月 11 日,吕泗渔场遭特大风暴袭击,县内渔船翻沉 59 艘,死亡 327 人[27]。

定海县(今定海区):1959 年 4 月 11 日,白泉、小沙等公社 10 个渔业大队渔船在吕泗洋捕鱼,遇大风暴,沉船 13 艘,死 108 人[28]。

宁波专区舟山县嵊泗人民公社(今嵊泗县):1959 年 4 月 11 日,江苏吕泗渔场突然遭到飓风袭击。本县去该渔场捕鱼的渔民死亡 110 人;损坏渔船 220 只.约合人民币 54 万余元[29]。

〈11〉**丽水市　景宁县(今景宁畲族自治县)**:1959 年,麻疹发病 4063 例,死亡 180 人[30]。

25　德清县志编纂委员会.德清县志·第二十一卷　卫生·第四章　卫生保健.杭州:浙江人民出版社,1992:570.

26　应宝容.永康自然灾情录,1991:14.

27　岱山县志编纂委员会.岱山县志·大事记.杭州:浙江人民出版社,1994:27.

28　定海县志编纂委员会.定海县志·大事记.杭州:浙江人民出版社,1994.

29　嵊泗县志编纂委员会.嵊泗县志·大事记.杭州:浙江人民出版社,1989:9.

30　景宁畲族自治县志编纂委员会.景宁畲族自治县志·第二编　自然环境·第七章　灾异.杭州市:浙江人民出版社,1995:85.

第四章

浙江省低温冷害灾害中心区分布图(1186—2015年)

● 浙江省低温冷害灾害中心区分布偏东部地区，西部发生概率较小。

● 没有发生死亡人数万人以上的年份。

1186 年

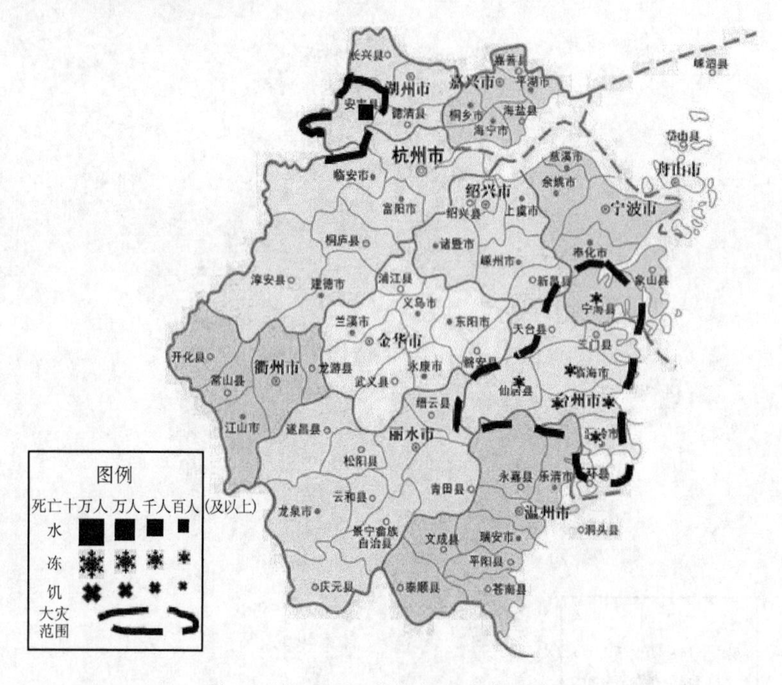

图 4-1(a)　1186 年浙江省大灾分布图

评价:浙东、浙北。大灾点连贯性好。“自十二月至明年正月,台州雪深丈余”,南方地区少有的雨雪冰冻灾害。雪大也属于冬季降雨量多,浙北“暴水发,漂庐舍田稼”也是多雨,死亡人数为千人以上(图 4-1a)。

灾种:低温冷害、洪水、饥荒。

资料条数:6 条。

〈5〉**湖州市　安吉县**:南宋淳熙十三年(1186 年)八月戊寅,安吉县枣园村暴水发,漂庐舍田稼,溺死千余人[1]。

1　陈桥驿.浙江灾异简志.杭州:浙江人民出版社,1991:32.

〈10〉**台州市**　**台州**：十二年冬大雪，自十二月至明年正月，台州雪深丈余，冻死者甚众(《宋史》)[2]。十二年雨雹雪深丈余，自十二月至次年正月不解，民冻死者甚众(图 4-1b)[3]。

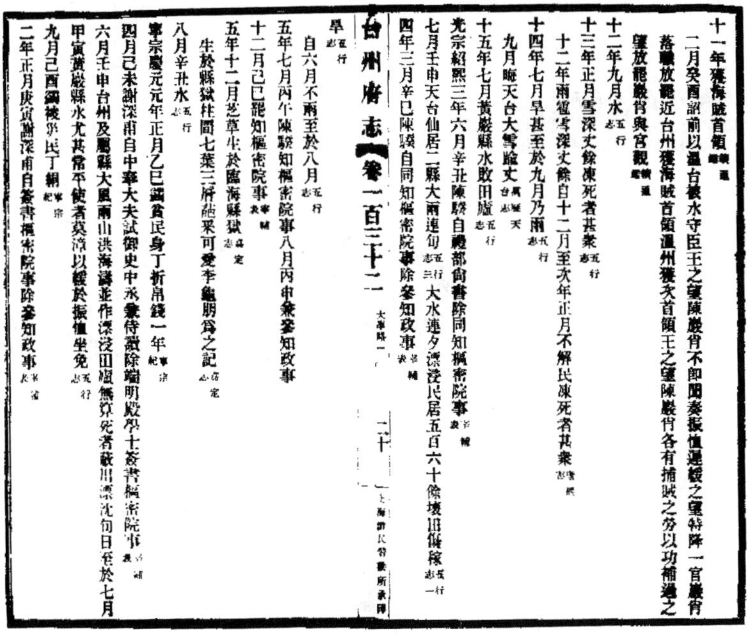
十一年獲海賊首領（續通鑑）
二月癸酉詔前以溫台被水守臣王之望陳巖肖不即聞奏振恤遲緩之望特降一官巖肖落職放罷近台州獲海賊首領溫州獲次首領王之望陳巖肖各有捕賊之勞以功補過之望放罷巖肖與宮觀（續通鑑）
十二年九月水（五行志）
十三年正月雪深丈餘凍死者甚衆（五行志）
十二年雨雹雪深丈餘自十二月至次年正月不解民凍死者甚衆
十四年七月旱甚至於九月乃雨（五行志）
九月晦天台大雪踰丈
十五年七月黃巖縣水敗田廬（五行志）
光宗紹熙三年六月辛丑陳騤自禮部尚書除同知樞密院事（宰輔表）
七月壬申天台仙居二縣大雨連旬（五行志）大水連夕漂浸民居五百六十餘壞田傷稼（五行志）
四年三月辛巳陳騤自同知樞密院事除參知政事（宰輔表）

台州府志　卷一百三十二　大事略一　二十

旱（五行志）
自六月不雨至於八月（五行志）
五年七月丙午陳騤知樞密院事八月丙申兼參知政事
十二月己巳罷知樞密院事（宰輔表）
五年十二月芝草生於臨海縣獄（嘉定志）
生於縣獄柱間七葉三層葩采可愛李鑑朋爲之記（嘉定志）
八月辛丑水（五行志）
寧宗慶元元年正月乙巳蠲貧民身丁折帛錢一年（寧宗紀）
四月己未謝深甫自中奉大夫試御史中丞兼侍讀除端明殿學士簽書樞密院事（宰輔表）
六月壬申台州及屬縣大風雨山洪海濤並作漂浸田廬無算死者蔽川漂沈旬日至於七月甲寅黃巖縣水尤甚常平使者莫漳以緩於振恤坐免（五行志）
九月己酉蠲被災民丁絹（寧宗紀）
二年正月庚寅謝深甫自簽書樞密院事除參知政事（宰輔表）

1771

图 4-1(b)　民国二十五年《台州府志·卷百三十二之三十六　大事记五卷》记载淳熙十三年雨雪冰冻灾害

黄岩县(黄岩区)：十三年正月，雪深丈余，民多冻死[4]。

太平县(今温岭市)：十三年正月，雪深丈余，民多冻死[5]。

2　台州市气象局气象志编纂委员会. 台州市气象志·第九章　历代灾异. 北京：气象出版社，1998：106.

3　台州府志·卷百三十二之三十六　大事记五卷. 民国二十五年.

4　黄岩县志·卷七　纪变. 明万历.

5　太平县志·地舆二. 明嘉靖.

临海市(今临海市):十二年,临海雪深丈余,自十二月至次年正月不解,冻死者甚众[6]。

宁海县(今属宁波市)、仙居、黄岩县(今黄岩区):十三年正月,雪深丈余,民多冻死[6]。

1453 年

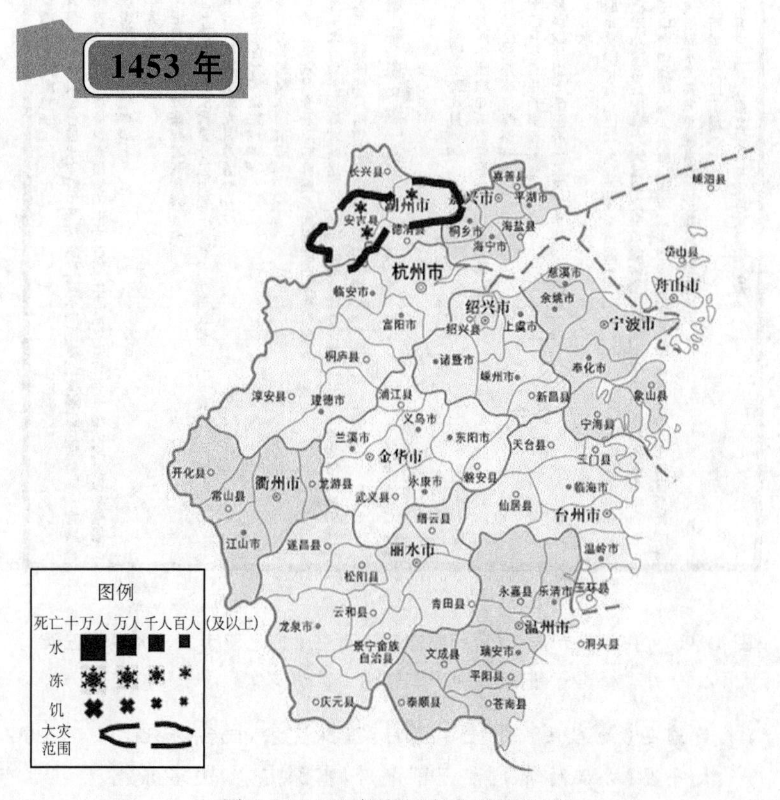

图 4-2　1453 年浙江省大灾分布图

评价:浙北。大灾点连贯性好。“大雪数尺”,天气寒冷,“太湖诸港渎皆冻”。死亡人数为数百人(图 4-2)。

6　温克刚.中国气象灾害大典·浙江卷·第四章　寒潮、大雪.北京:气象出版社,2006:164.

灾种:低温冷害。

资料条数:2 条。

〈5〉**湖州市　安吉、孝丰县(今安吉县孝丰镇)**:明景泰四年(1453 年)十一月至五年孟春,大雪数尺,太湖诸港渎皆冻,舟楫不通,禽兽草木皆死;安吉、孝丰平地雪深七尺,安吉冻死百余人,孝丰冻死甚众[7]。

乌程县南浔镇(今南浔区):四年十一月至五年春,大雪数尺,压覆民居,诸港冻结,舟楫不通,人畜冻死无数。入夏大水,民相食[8]。

7　湖州市地方志编纂委员会.湖州市志(上卷)·第三卷　自然环境·第七章　自然灾害录.北京:昆仑出版社,1999:239.

8　南浔镇志编纂委员会.南浔镇志·第一编　政区·第二章　自然环境.上海:上海科学技术文献出版社,1995:53.

1508 年

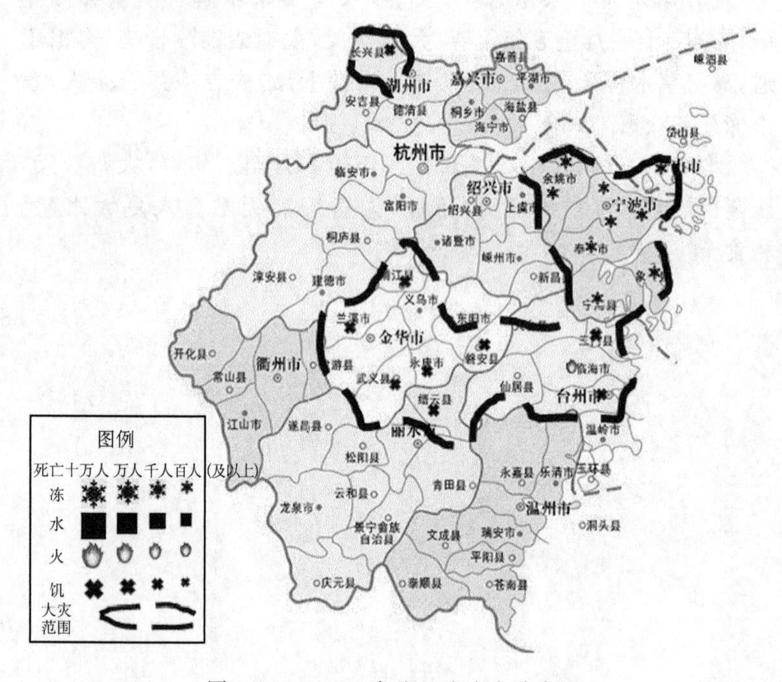

图 4-3(a)　1508 年浙江省大灾分布图

评价:浙中至浙东、浙北。大灾点连贯性好。发生南方地区少有的低温冷害,受灾地区范围很广,宁波地区“冻饿至死甚众”,用通俗的话,即“饥寒交迫”。死亡人数为数千人(图 4-3a)。

灾种:低温冷害、饥荒、大火。

资料条数:18 条。

〈2〉**宁波市**　**宁波**:明正德三年(1508 年)六月至十二月,宁波不雨,禾麦无收。冬大雪,冻饿至死甚众[9]。

余姚、象山、宁海县:三年旱,饥;冬大雪,河水不解,草木萎死,

[9] 宁波市地方志编纂办公室. 宁波市志・大事记. 北京:中华书局,1995.

民蔽冻绥者甚众[10]。

鄞县（今鄞州区）：三年冬大雪，河冰不解，草木萎死，民毙冻绥者甚众[11]。

镇海县（今镇海区）：三年六至十二月，不雨，禾黍无收，百姓采野菜为食，仍难以生活，以至卖儿鬻女相食。冬大雪，河冰不化，草木萎死，全县冻饿死者甚众[12]。

慈溪县（今慈溪市）：三年六月至十二月不雨。《敬止录》：嘉靖府志正德二年，慈溪县东清道观之，……次年果大旱，六月至十二月不雨，黍无收，民采蕨聊生不给。至鬻男女以食，冬大雪，河冰不解，草木萎死，民毙冻绥者众（图 4-3b）[13]。

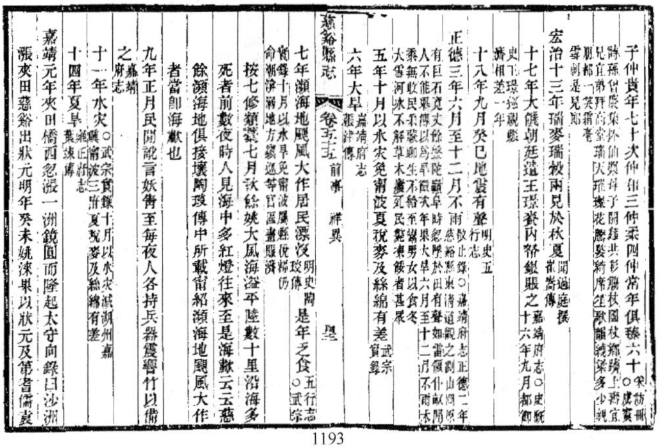
子仲貴年七十次仲伯三仲柔四仲常年俱踰六十○宋訪冊虞賓
[illegible]
宏治十三年瑞麥瑞穀兩見於秋夏闕過庭撰崔嵩傳
十七年大饑朝廷遣王璟賚內帑銀賑之嘉靖府志○史璟十六年九月都御史王璟撫視蠲賑相差一年
十八年九月癸巳地震有聲明史五行志
正德三年六月至十二月不雨敬止錄○嘉靖府志正德二年有巨石竟丈餘盤陟巔阜時忽墜於田有聲如雷傾仆畝間慈谿縣東清道觀之側山阿原人不能舉傳以爲旱徵次年果大旱六月至十二月不雨禾黍無收民采蕨聊生不給至鬻男女以食冬大雪河冰不解草木盡死民凍餓者甚衆
五年十月以水災免甯波夏稅麥及絲綿有差武宗實錄
六年大旱嘉靖府志張津傳
慈谿縣志　卷五十五　前事　祥異
七年瀕海地颶風大作居民漂沒明史陶琰傳是年乏食五行志○武宗實錄十月以水旱免甯波屬縣稅糧仍[illegible]
按七修類稾七月秋餘姚大風海溢平陸數十里沿海多死者前數夜時人見海中多紅燈往來至是海嘯云云慈餘瀕海地俱接壤陶琰傳中所載甯紹瀕海地颶風大作者當卽海嘯也
九年正月民間訛言妖售至每夜人各持兵器震響竹以備之嘉靖府志
十一年水災○武宗實錄十月以水災減湖州嘉興甯波三府夏稅麥及絲綿有差
十四年夏旱嘉靖府志葉球傳
嘉靖元年夾田橋西忽漲一洲鏡圓而隆起太守向錄曰沙洲漲夾田慈谿出狀元明年癸未姚淶果以狀元及第耆儒袁
1193

图 4-3(b)　清光绪二十五年《慈溪县志·卷五十五　前事·祥异》记载正德三年旱冻灾

10　宁波气象志编纂委员会. 宁波气象志·第二章　气象灾害 1568 附：气象灾害年表. 北京：气象出版社，2001：94.

11　上海、江苏、安徽、浙江、江西、福建省（市）气象局，中央气象局研究所. 华东地区近五百年气候历史资料，1978：89.

12　镇海县志编纂委员会. 镇海县志·大事记. 北京：中国大百科全书出版社，1994：5.

13　慈溪县志·卷五十五　前事·祥异. 清光绪二十五年.

鄞县(今鄞州区)、慈溪县(今慈溪市)、镇海县(今镇海区)、奉化县(今奉化市):三年,鄞县、慈溪、镇海、奉化等县冬大雪,河冰不解,草木萎死,民毙冻馁甚众[14]。

〈5〉**湖州市　长兴县**:三年,大旱,饥民死者塞道(图 4-3c)[15]。

差明孝宗實錄五年水太湖泛溢田禾淹太湖備考十六年冬
大雪積四五尺同上正德三年大旱饑民死者塞道府志
四年大水民疫五年復大水疫甚地震生白毛府志
蠲免缺欠起運存留等米府志十月減湖州夏稅麥及
絲綿六年十二月以旱免長興稅糧明武宗實錄七年十
二月大雪丈許浙府志太寒太湖冰行人履冰往來太湖
備考十年十一月以水災免湖州夏稅明武宗實錄十三年
水災府志七月廿九日長興四安鎮山崩復泛洪水
壞廬盛合郡災傷舊記準本府兌運改折每石折銀六
錢其餘無徵十四年大水準折如十三年縣志嘉靖元

图 4-3(c)　清同治十三年《长兴县志・卷九　灾祥》记载正德三年饥荒

〈7〉**金华市　兰溪县(今兰溪市)、武义县**:三年,金华各县大旱。兰溪自五月至十二月,不雨。武义自六月至明年二月始雨,岁大荒,早晚禾豆粟皆无收,民采蕨根、树皮、野菜亦食尽,饿殍载路(图 4-3d)[16]。

14　温克刚. 中国气象灾害大典・浙江卷・第四章　寒潮、大雪. 北京:气象出版社,2006:165.

15　长兴县志・卷九　灾祥. 清同治十三年.

16　金华府志・卷之二十六　祥异. 成化十六年.

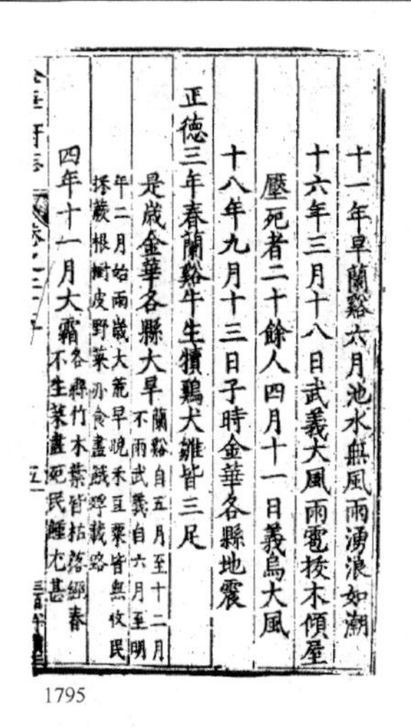

十一年旱蘭谿六月池水無風雨湧浪如潮
十六年三月十八日武義大風雨雹拔木傾屋
壓死者二十餘人四月十一日義烏大風
十八年九月十三日子時金華各縣地震
正德三年春蘭谿牛生犢雞犬雛皆三足
是歲金華各縣大旱蘭谿自五月至十二月不雨武義自六月至明年二月始雨歲大荒旱晚禾豆粟皆無收民採蕨根樹皮野菜亦食盡餓殍載路
四年十一月大霜各縣竹木藥皆枯落綳春不生菜盡死民饑尤甚

1795

图 4-3(d)　成化十六年《金华府志·卷之二十六　祥异》记载正德三年旱灾

武义县：三年，民饥馑，食蕨根、树皮、野菜，饿死甚多[17]。

兰溪县(今兰溪市)：三年，夏五月不雨至十二月，早晚禾、豆、粟者皆无收。蕨根树皮采食无遗，民多饿殍[18]。

永康县(今永康市)：三年，大旱，自五月不雨至于冬十月，民采蕨根树皮野菜以聊生。饿死者甚众(图 4-3e)[19]。

17　武义县志编纂委员会. 武义县志·大事记. 杭州：浙江人民出版社，1990：11.

18　上海、江苏、安徽、浙江、江西、福建省(市)气象局，中央气象局研究所. 华东地区近五百年气候历史资料，1978：132.

19　永康县志·卷之十一　祥异. 清光绪.

成化十九年大水漂沒田廬不可勝計多大雪一夕深五尺　二十三年秋旱
宏治四年大旱民採蕨食之　五年大有年　八年秋九月十六夜有星如月自東南
流於西北有聲如雷十一年下市火延及布政司門城隍廟門　十三年雨雹大如
卵屋瓦多碎　十八年秋九月十三日子時地震
正德三年大旱自五月不雨至于冬十月民採蕨根樹皮野菜以聊生飢死者甚衆
五年大水又旱　八年三月城東火燬民居幾盡　十年春正月大雪彌月不止三
月雨雹四月又雹　十六年春正月元日彗星見二月仁政橋火延及譙樓
嘉靖三年大旱　八年夏中市火秋七月大水城中可通舟楫　十八年大雨浹旬壞
民田舍　二十四年赤氣見西方大旱餓殍相枕藉
隆慶三年秋七月蜃發水溢山阜多崩禾稼盡燬
萬歷七年春正月縣吏舍火文卷燬盡民居多火六月七月大旱　二十年大水城中
可通小舟　二十六年大旱人多流離次年春發預備倉穀一十八廒賑濟　三十
九年中市火　四十七年九月六日縣東五里樹頭有甘露
天啓三年上市火延燒北鎮廟五聖殿兩兩街燬盡　七年夏五月乙酉地震戊子大
火
崇正三年春二月庚午大雨雪麥多凍死越十日復抽麥苗加盛　五年春正月永富
坊火　七年春正月自巳丑雨雪至二月壬申秋七月城中水溝過膝

永康縣志　卷之十一　祥異　二三

633

图 4-3(e)　清光绪《永康县志·卷之十一　祥异》记载正德三年饥荒

磐安县：三年，大旱，早稻禾、豆、粟皆无收，自五月不雨至于冬十月，民采蕨根、树皮、野菜以聊生，饥饿死者众[20]。

浦江县：三年，大旱，竹木皆枯落，经春不生，菜尽死，民殍尤甚[21]。

〈9〉**舟山市　定海县（今定海区）**：三年六月至十二月，不雨，禾黍无收，民采蕨聊生不给至鬻男女以食。冬大雪，河水不解，草木萎死民毙，冻馁者甚众（图 4-3f）[22]。

20　磐安县志编纂委员会.磐安县志·卷二　自然环境·灾害.杭州：浙江人民出版社，1993:66.

21　浙江省金华市水电局.金华市水利志·第二编　水旱灾害与防汛防旱·第一章　水旱灾害.北京：中国水利水电出版社，1996:113.

22　定海县志·卷九　饥祥.明嘉靖四十二年.

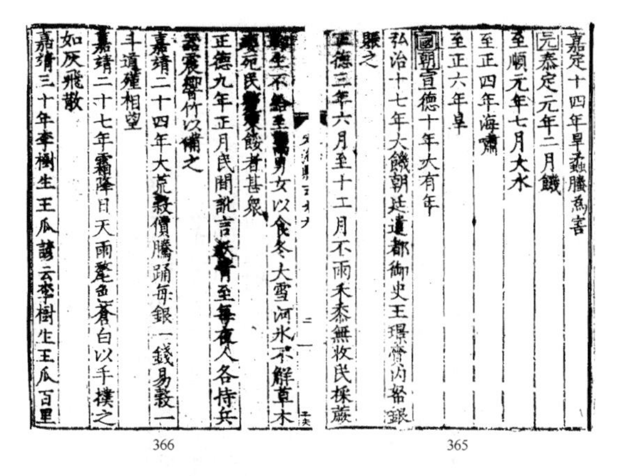
嘉定十四年旱螽螣為害
元泰定元年二月饑
至順元年七月大水
至正四年海嘯
至正六年旱
國朝宣德十年大有年
弘治十七年大饑朝廷遣都御史王璟賫內帑銀
賑之
正德三年六月至十二月不雨禾黍無收民採蕨
[illegible]生不給至[illegible]男女以食冬大雪河冰不解草木
[illegible]死民[illegible]餓者甚衆
正德九年正月民間訛言[illegible]至每夜人各持兵
器震響竹以備之
嘉靖二十四年大荒穀價騰踴每銀一錢易穀一
斗道殣相望
嘉靖二十七年霜降日天雨氂色蒼白以手撲之
如灰飛散
嘉靖三十年李樹生王瓜諺云李樹生王瓜百里

366　　365

图 4-3(f)　明嘉靖四十二年《定海县志·卷八　祥异》记载正德三年饥荒

〈10〉**台州市　临海县**：三年夏蝗，大饥，民殍。十一月，火烈，焚民庐万余，飞焰及巾山，二塔栏杆俱尽，城中全者无几家，死者二百余人[23]。

临海、宁海县(今三门县)：三年夏季，大旱，螟、蝗为害，民大饥，饿死甚众[24]。

黄岩县(今黄岩区)：三年夏旱，大饥，民多饿死[25]。

〈11〉**丽水市　缙云县**：三年，大旱，五月至十月连晴无雨，饿死甚众[26]。

三年，丽水旱。缙云大旱，五月至十月不雨，饥死者甚众(图 4-3g)[27]。

23　临海县志编纂委员会.临海县志·第三编　自然地理·第八章　自然灾害.杭州：浙江人民出版社，1989：149.

24　三门县志编纂委员会.三门县志·第二编　自然环境·第三章　气候.杭州：浙江人民出版社，1992：101.

25　浙江省黄岩县志办公室.黄岩县志·第三编　自然环境.上海：上海三联书店，1992：91.

26　缙云县志编纂委员会.缙云县志·大事记.杭州：浙江人民出版社，1996：2.

27　处州府志·卷之十六　杂事志·灾眚.清雍正十一年.

宣平景寧大水官[illegible]尤[illegible]各壞民[illegible]二百餘家溺死
者甚衆縉雲大雪一夜深五尺餘　二十年五月宣
平水春間修築甫畢之從岸至是積雨[illegible]溢壞甚
二十二年旱　癸卯[illegible][illegible]和大水日午雨如瀉中
夜溪水高二丈漂溺[illegible]屋[illegible]流　宏治四年縉雲旱
五年宣平旱　[illegible][illegible][illegible]山崩　八年良溪鎮
端家伏雞皆雄[illegible][illegible]　十三年正月縉雲雨雹大
如雞子屋瓦多碎　十八年八月地震青田東寶山
農家雞夜生四脚　正德三年麗水旱縉雲大旱五
月至十月不雨飢死者甚衆遂昌大旱民俱食[illegible][illegible]

2153

图 4-3(g)　清雍正十一年《处州府志·卷之十六　杂事志·灾眚》
记载正德三年旱灾

1595 年

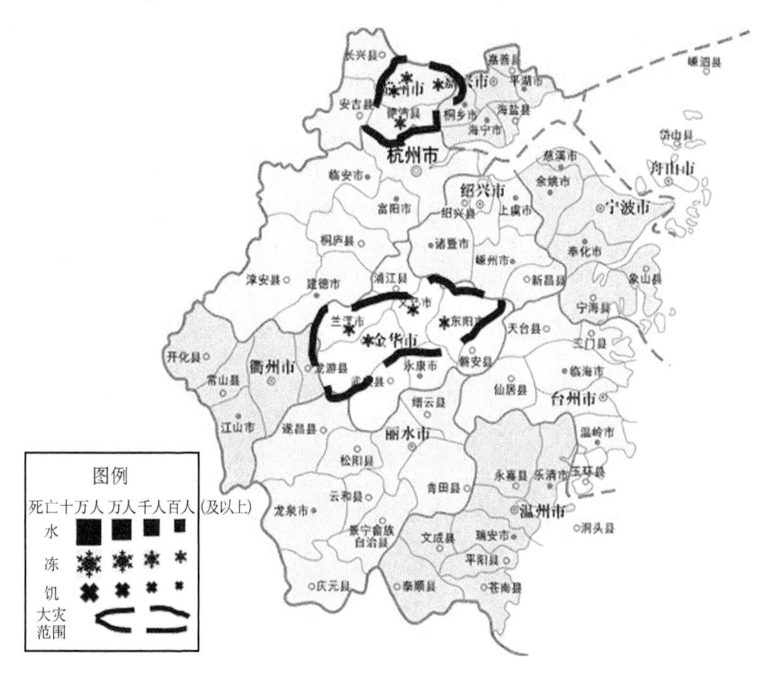

图 4-4　1595 年浙江省大灾分布图

评价:浙北、浙中。大灾点连贯性好。“经两月雪冻不解”,低温冷害持续了 2 个月。“大雪平地丈许”,即雪深 3 米。死亡人数为数百人(图 4-4)。

灾种:低温冷害。

资料条数:6 条。

〈5〉***湖州市***　***湖州:***明万历二十三年(1595 年),大雪,平地丈许,两月雪冻不化,人死者甚众,鸟兽俱冻死,被灾七分[28]。

28　湖州市地方志编纂委员会.湖州市志(上)·第三卷　自然环境·第七章　自然灾害录.北京:昆仑出版社,1999:239.

乌程县(今吴兴区):二十三年,乌程大雪平地丈余,两月雪冻不释,死者甚众[29]。

南浔镇(今南浔区):二十三年,大雪,平地丈余,经两月雪冻不解,死者甚众[30]。

孝丰县(今安吉县孝丰镇):二十三年,孝丰大雪平地丈许,雪冻不释,死者甚众[29]。

德清县:二十三年,大雪平地丈许,两月雪冻不释,死者甚众[29]。

〈7〉**金华市　金华、义乌、东阳(今东阳市)、兰溪县(今兰溪市)**:二十三年,金华、义乌、东阳、兰溪大雪四十日,人畜多饿毙。

29　上海、江苏、安徽、浙江、江西、福建省(市)气象局,中央气象局研究所.华东地区近五百年气候历史资料,1978:48.

30　南浔镇志编纂委员会.南浔镇志·第一编　政区·第二章　自然环境.上海:上海科学技术文献出版社,1995:53.

1656 年

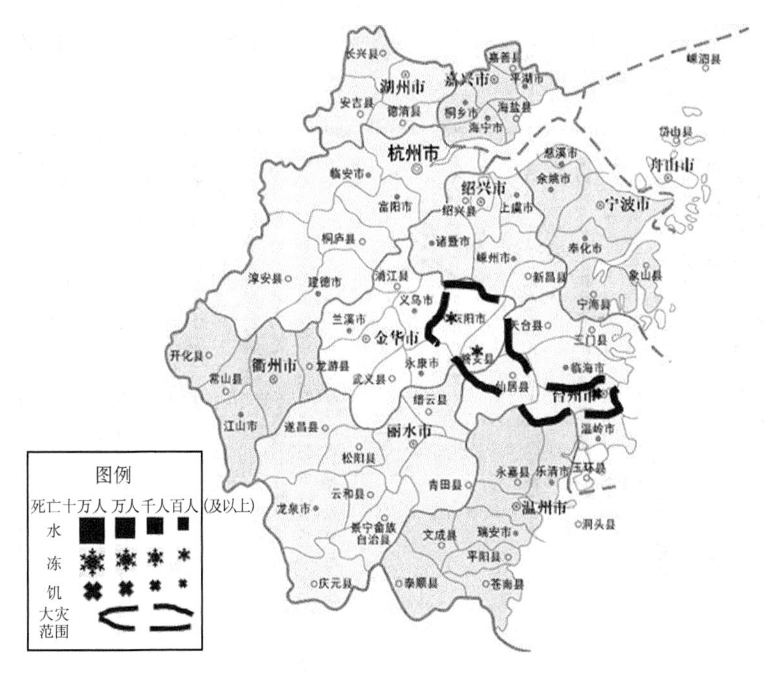

图 4-5(a)　1656 年浙江省大灾分布图

评价:浙中偏东。大灾点连贯性好。“十二月大雪,至次年二月积冻不解”,低温冷害持续了 2 个多月。死亡人数为数百人(图 4-5a)。

灾种:低温冷害、饥荒。

资料条数:3 条。

〈7〉**金华市　东阳县(今东阳市):**清顺治十二年(1655 年)九月二十日大霜,禾稼尽枯。十二月大雪,至次年二月积冻不解,竹木冻死过半，贫民冻死甚多[31]。

磐安县：十二年九月二十日杀霜，十二月大雪至次年二月，积冻不解，道路不行，竹木冻死过半，贫民冻死甚多[32]。

〈10〉**台州市**　**台州**：十二年，大旱，饥。斗米银五钱，民食樟树皮，饿殍盈野（图 4-5b）[33]。

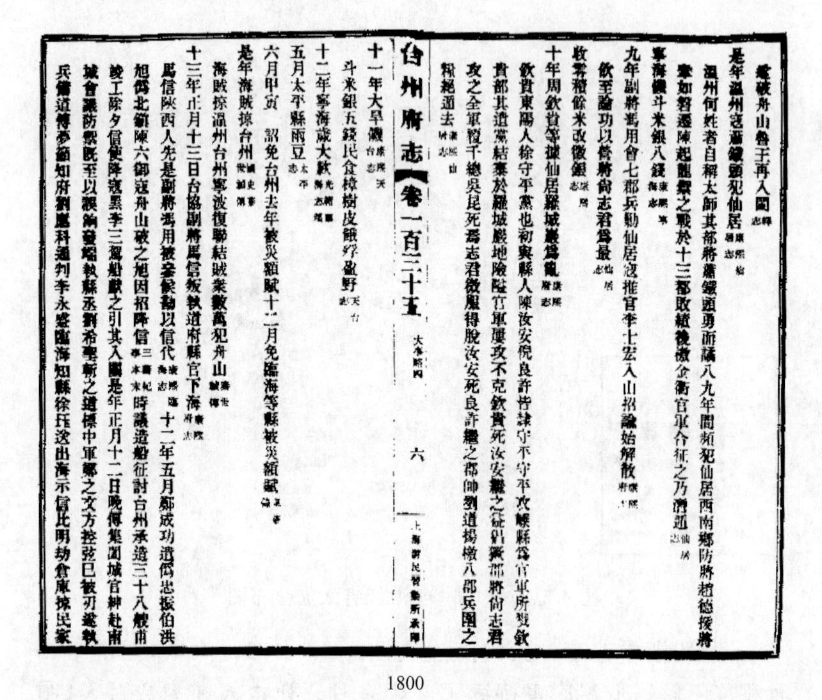

遂破舟山魯王再入閩
是年溫州寇犯仙居（康熙仙居志）
溫州何姓者自稱太師其部將蕭鏹通勇而黠八九年間頻犯仙居西南鄉防將趙德援將
李如碧遂陳起龍禦之戰於十三都敗績後檄金衢官軍合征之乃潛遁（仙居志）
寧海饑斗米銀八錢（康熙寧海志）
九年副將馬用會七郡兵勦仙居寇推官李士宏入山招諭始解散（康熙府志）
欽至論功以偏將俞志君爲最（仙居志）
收寇穀餘米改徵銀（康熙志）
十年周欽貴等據仙居縣城叛爲亂（康熙府志）
欽貴東陽人徐守平黨也初與縣人陳汝安倪良許皆隸守平守平敗降縣爲官軍所殺欽
貴部其遺黨結寨於縣城嚴地險隘官軍屢攻不克欽貴死汝安繼之從偏將俞志君
攻之全軍殺千總吳昆死焉志君僅身得脫汝安死良許繼之都帥劉道揚檄八郡兵圍之
糧絕遁去（康熙仙居志）

台州府志　卷一百三十五　大事略四　六　上海……所承印

十一年大旱饑（康熙天台志）
斗米銀五錢民食樟樹皮餓殍盈野（天台志）
十二年寧海歲大歉（光緒寧海志）
五月太平縣雨豆（太平志）
六月甲寅　詔免台州去年被災額賦十二月免臨海等縣被災額賦（東華錄）
是年海賊掠台州（國史世祖本紀）
海賊掠溫州台州寧波復聯結賊衆數萬犯舟山
十三年正月十三日台協副將馬信叛執道府縣官下海（康熙府志）
馬信陝西人先是副將馬用被參候勘以信代（康熙臨海志）十二年五月鄭成功遣僞忠振伯洪
旭僞北鎮陳六御寇舟山破之旭因招降信（三藩紀事本末）時議造船征討台州承造三十八艘甫
竣工除夕信使降寇黑李三駕船獻之引其入關是年正月十二日晚傳集闔城官紳赴南
城會議防禦既至以親兵蕭綸執縣丞劉希聖斬之道標中軍鄭之文方控弦已被刃逃執
兵備道傅夢籲知府劉應科通判李永盛臨海知縣徐珏遂出海示信比明劫倉庫掠民家

1800

图 4-5(b)　民国二十五年《台州府志·卷百三十二之三十六　大事记五卷》记载顺治十二年饥荒

31　东阳市志编纂委员会. 东阳市志·卷三　灾异·第二章　灾害纪略. 上海：汉语大词典出版社，1993.

32　磐安县志编纂委员会. 磐安县志·卷二　自然环境·灾害. 杭州：浙江人民出版社，1993：75.

33　台州府志·卷百三十二之三十六　大事记五卷. 民国二十五年.

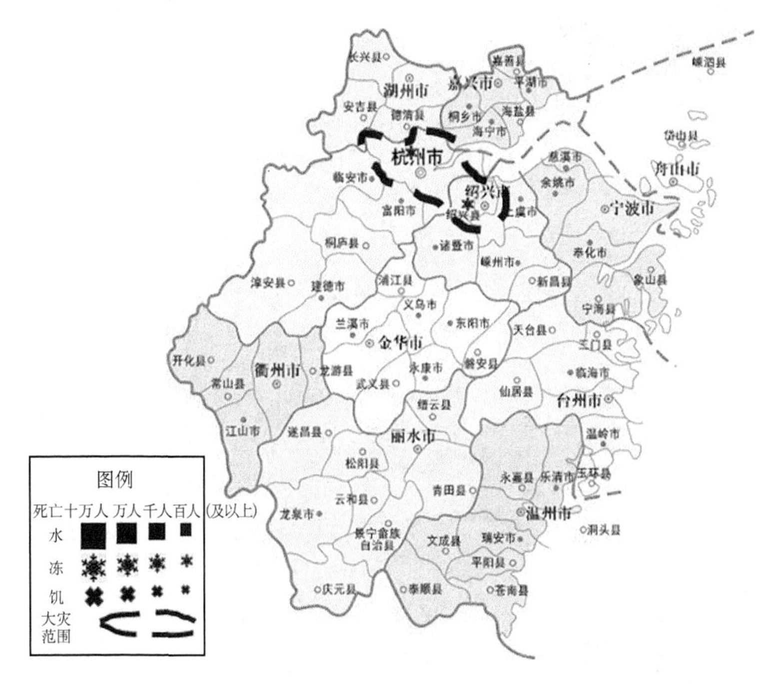

图 4-6　1680 年浙江省大灾分布图

评价:浙北。大灾点连贯性好。“大雪连绵四十日”,在浙江很少连续下雪如此长时间。雪“积至丈余”。死亡人数为数百人(图 4-6)。

灾种:低温冷害。

资料条数:2 条。

〈1〉**杭州市　昌化县(今属临安区)**:清康熙十九年(1680 年),大雪连绵四十日,山阴冬大雪狭旬,积至丈余,山民难以入,冻饿载道[34]。

〈6〉**绍兴市　山阴县(今绍兴县)**:十九年,山阴冻大雪浃旬,积

34　温克刚.中国气象灾害大典・浙江卷・第四章　寒潮、大雪.北京:气象出版社,2006:168.

至丈余，山民难于出入，冻饿载道[35]。

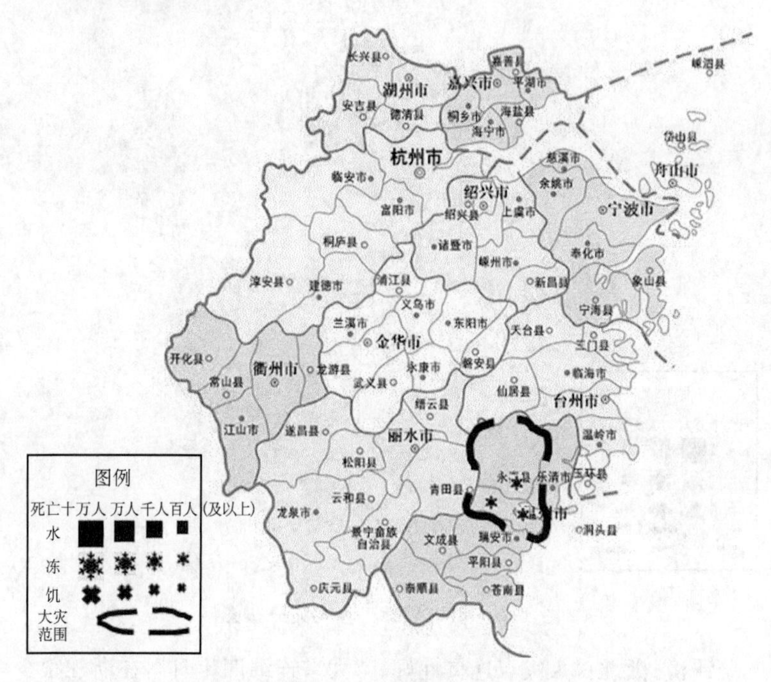

图 4-7(a) 1798 年浙江省大灾分布图

评价：浙东南。大灾点连贯性好。冬季，超级寒冷，又缺少御寒措施。死亡人数为数百人(图 4-7a)。

灾种：低温冷害。

资料条数：3 条。

〈3〉**温州市** **温州**：清嘉庆三年(1798 年)春夏大疫，冬大寒，

---

35 上海、江苏、安徽、浙江、江西、福建省(市)气象局，中央气象局研究所. 华东地区近五百年气候历史资料，1978：120.

民冻死者甚多[36]。

鹿城区:三年春夏,大疫,冬大寒,民冻死者甚多[37]。

永嘉县:三年春夏,大疫,冬大寒,人民冻毙甚多(图 4-7b)[38]。

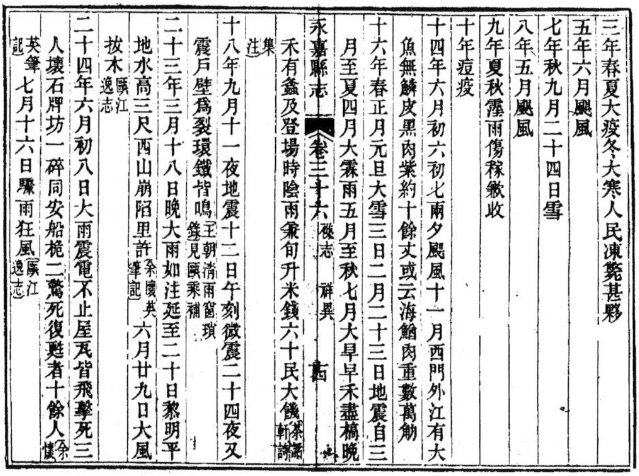
三年春夏大疫冬大寒人民凍斃甚夥
五年六月颶風
七年秋九月二十四日雪
八年五月颶風
九年夏秋霪雨傷稼歉收
十年痘疫
十四年六月初六初七兩夕颶風十一月西門外江有大
魚無鱗皮黑肉紫約十餘丈或云海鰌肉重數萬觔
十六年春正月元旦大雪三日二月二十三日地震自三
月至夏四月大霖雨五月至秋七月大旱早禾盡槁晚
永嘉縣志　卷三十六　祥異
禾有螽及登場時陰雨兼旬升米錢六十民大饑（茶話軒詩集注）
十八年九月十一夜地震十二日午刻微震二十四夜又
震戶壁爲裂環鐵皆鳴（王朝清雨窗瑣錄見甌乘補）
二十三年三月十八日晚大雨如注延至二十日黎明平
地水高三尺西山崩陷里許（余懷英筆記）六月廿九日大風
拔木（甌江逸志）
二十四年六月初八日大雨震雹不止屋瓦皆飛擊死三
人壞石牌坊一碎同安船桅二驚死復甦者十餘人（余懷
英筆記）七月十六日驟雨狂風（甌江逸志）

图 4-7(b)　光绪《永嘉县志·卷三十六　祥异》记载嘉庆三年饥荒

36　温州市志编纂委员会.温州市志(上册)·大事记.北京:中华书局,1998:22.

37　鹿城区地方志编纂委员会.温州市鹿城区志·大事记.北京:中华书局,2010:8.

38　永嘉县志·卷三十六　祥异.光绪.

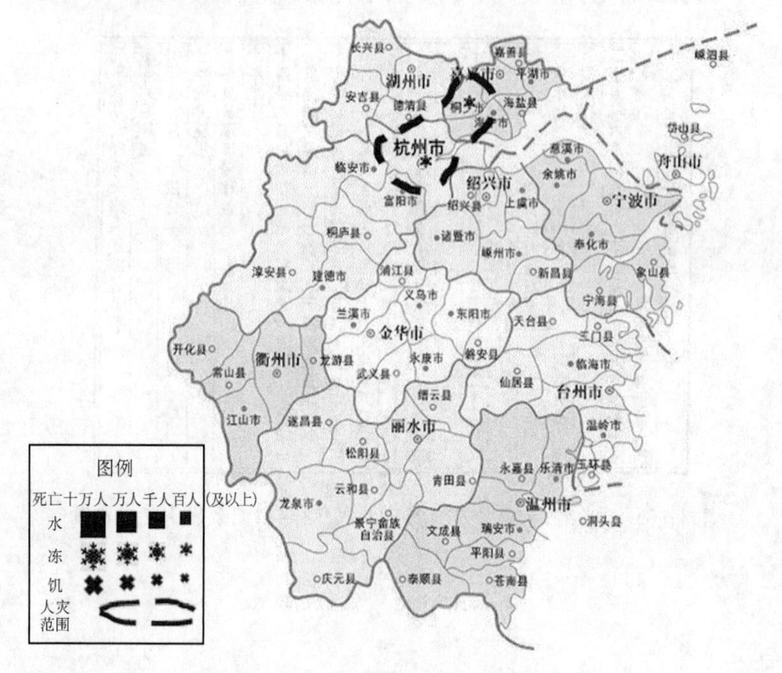

图 4-8　1841 年浙江省大灾分布图

评价:浙北。大灾点连贯性好。十月雨雪,“至次年四月始销”,超长期的雨雪冰冻灾害,造成“尽压圮屋舍”“菜麦苗俱伤”。死亡人数为数百人(图 4-8)。

灾种:低温冷害。

资料条数:2 条。

〈1〉**杭州市　杭州**:清道光二十一年(1841 年),杭州大雪,厚丈余,至次年四月始销。尽压圮屋舍、伤人甚多[39]。

〈4〉**嘉兴市　桐乡县(今桐乡市)**:二十一年十月二十九日,雨

39　杭州府志·卷八十五　祥异四.民国十一年铅字本.清光绪十四年.

雪，大如木棉花，门外深五、六尺，街道壅塞，停市数日，压圮屋宇，伤人甚多，菜麦苗俱伤[40]。

[40] 桐乡市桐乡县志编纂委员会.桐乡县志·第二编　自然环境·第五章　自然灾害.上海:上海书店出版社,1996:143.

第五章

饥荒

浙江省饥荒中心区分布图(335—2015 年)

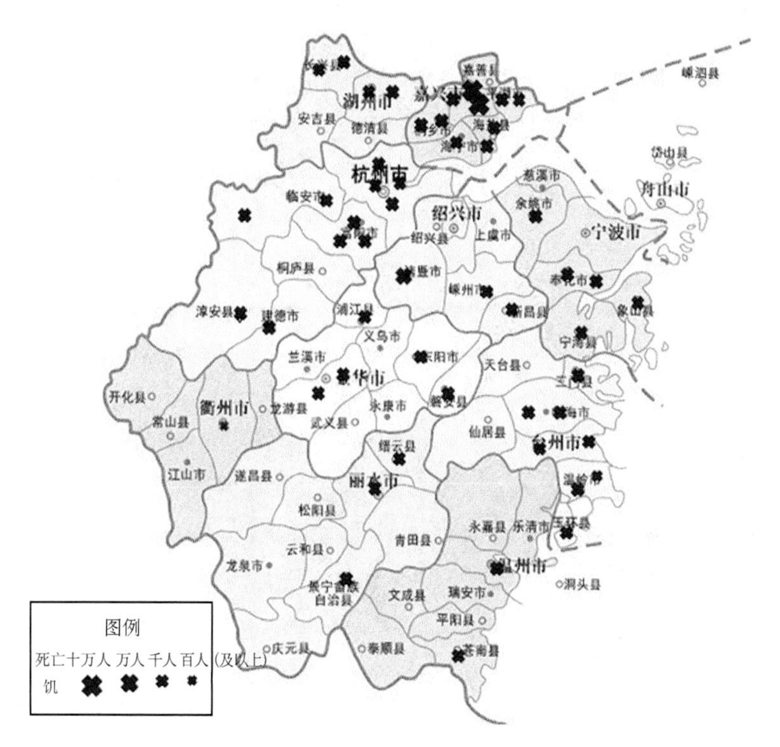

● 浙江省饥荒中心区分布偏于东中部地区,发生时间早;西部地区发生频次较少,发生时间晚。

● 浙江省饥荒中心区是嘉兴市、杭州市、台州市。

● 死亡万人以上的年份有 6 个。其中,东晋 1 个:元兴元年(402 年);南北朝 1 个:南朝宋大明七年(463 年);宋代 1 个:北宋熙宁八年(1075 年);明代 2 个:万历十六年(1588 年)、崇祯十五年(1642 年);清代 1 个:同治元年(1862 年)。

335 年

图 5-1　335 年浙江省大灾分布图

评价：浙北。大灾点连贯性好。死亡人数为数百人以上(图 5-1)。

灾种：干旱造成饥荒。

资料条数：3 条。

〈2〉**宁波市　慈溪县(今慈溪市)**：东晋咸康元年至三年(335—337 年)大旱。斗米值五百，民有相鬻者[1]。

〈6〉**绍兴市　嵊县(今嵊州市)**：元年大旱。斗米五百钱，人

1　慈溪县地方志编纂委员会. 慈溪县志・大事记. 杭州：浙江人民出版社，1992：5.

相食[2]。

上虞县(今上虞市):元年六月,大旱,会稽尤甚,斗米五百钱,人相食[3]。

372 年

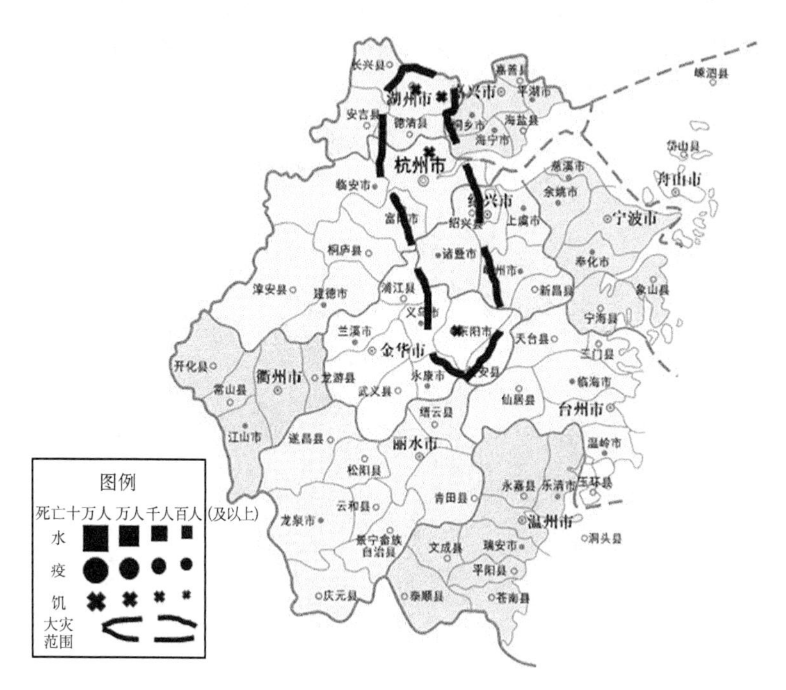

图 5-2　372 年浙江省大灾分布图

评价:浙北至浙中。大灾点连贯性较好。死亡人数为数百人

2　嵊县志编纂委员会.嵊县志·大事记.杭州:浙江人民出版社,1989:1.

3　上虞县志编纂委员会.上虞县志·第二篇　自然环境·第三章　气候.杭州:浙江人民出版社,1990:110.

以上(图 5-2)。

灾种:干旱造成饥荒。

资料条数:4 条。

〈1〉**杭州市　余杭县(今余杭区):**东晋咸安二年(372 年),三吴旱,人多饿死[4]。

〈5〉**湖州市　湖州:**二年,三吴大旱,人多饿死[5]。

乌程县(今南浔区):二年,乌程大旱,人多饥死[6]。

〈7〉**金华市　东阳县(今东阳市):**二年,大旱,人多饿死[7]。

4　余杭县志编纂委员会.余杭县志·第二编　自然环境·第五章　水旱灾害.杭州:浙江人民出版社,1990:86.

5　湖州市地方志编纂委员会.湖州市志(上卷)·第三卷　自然环境·第七章　自然灾害录.北京:昆仑出版社,1999:223.

6　温克刚.中国气象灾害大典·浙江卷·第三章　干旱、热害.北京:气象出版社,2006:115.

7　东阳市志编纂委员会.东阳市志·卷三　灾异·第二章　灾害纪略·第一节　旱灾.上海:汉语大词典出版社,1993.

402 年

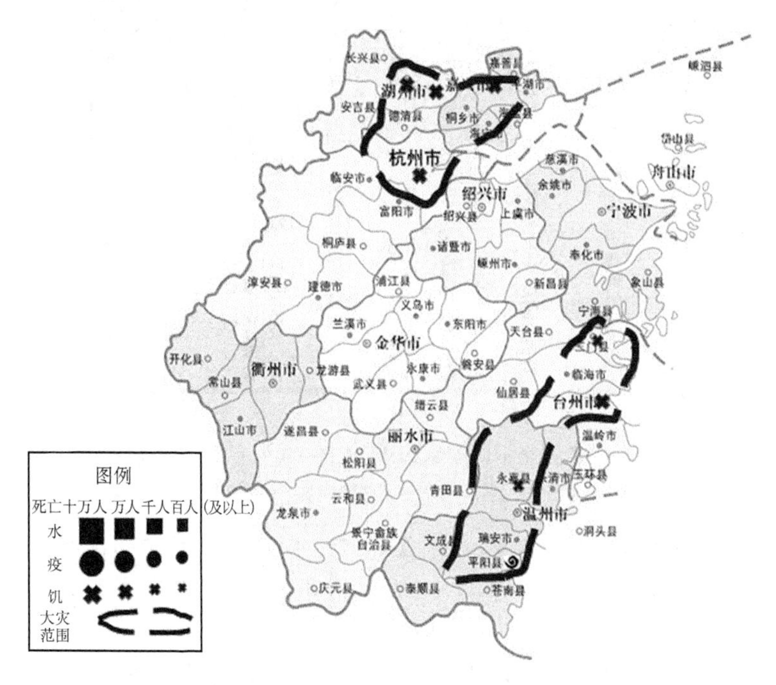

图 5-3(a)　402 年浙江省大灾分布图

评价:浙北、浙东南。大灾点连贯性较好。“大饥,人相食。户口减半”,几个县均如此。并有几万人逃荒。死亡人数为上万人(图 5-3a)。

灾种:饥荒、风暴潮。

资料条数:7 条。

注:下列资料凡斜体者,为死亡万人及以上。编号:2W402。

〈1〉**杭州市　杭州:**东晋元兴元年(402 年),大饥,吴郡户口减半。又流奔而西者万计(图 5-3b)[8]。

8　杭州府志·卷八十二　祥异一.民国十一年铅字本.清光绪十四年.

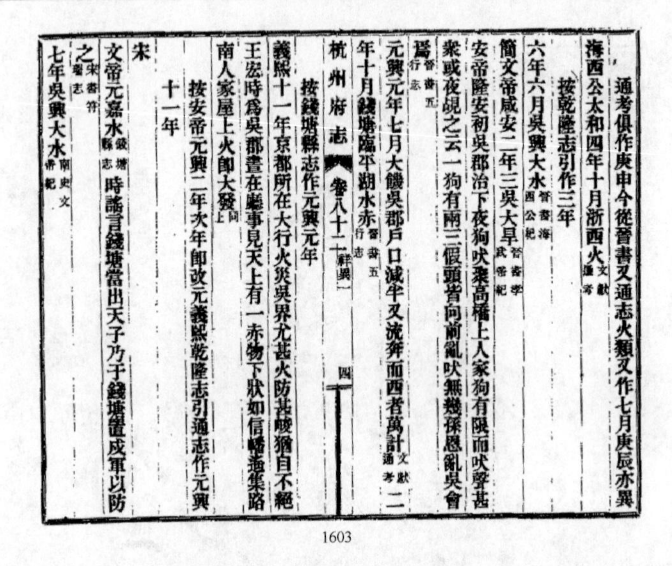
通考俱作庚申今從晉書又通志火類又作七月庚辰亦異
海西公太和四年十月浙西火文獻通考
按乾隆志引作三年
六年六月吳興大水晉書海西公紀
簡文帝咸安二年三吳大旱晉書孝武帝紀
安帝隆安初吳郡治下夜狗吠聚高橋上人家狗有限而吠聲甚
衆或夜覘之云一狗有兩三假頭皆向前亂吠無幾孫恩亂吳會
焉晉書五行志
元興元年七月大饑吳郡戶口減半又流奔而西者萬計文獻通考 二
年十月錢塘臨平湖水赤晉書五行志
杭州府志 卷八十二 祥異一 四
按錢塘縣志作元興元年
義熙十一年京都所在大行火災吳界尤甚火防甚峻猶自不絕
王宏時爲吳郡晝在廳事見天上有一赤物下狀如信幡遙集路
南人家屋上火即大發同上
按安帝元興二年六年即改元義熙乾隆志引通志作元興
十一年
宋
文帝元嘉水錢塘縣志 時謠言錢塘當出天子乃于錢塘置戍軍以防
之宋書符瑞志
七年吳興大水南史文帝紀

1603

图 5-3(b)　清光绪十四年编纂、民国十一年铅字本《杭州府志·卷八十二　祥异一》记载元兴元年饥荒

〈3〉**温州市　永嘉郡(今永嘉县)**:元年三吴大饥,户口减半,永嘉尤甚,富室皆衣罗纨怀金玉,闭门相守饿死[9]。四月永嘉大饥,人相易子而食[10]。

*〈4〉**嘉兴市　太湖地区**:东晋隆安五年(401 年)至元兴元年,因旱灾死亡一半*[11]。

〈5〉**湖州市　吴兴县(吴兴区)**:元年七月,大饥。人相食。吴郡吴兴户口减半,又流奔而西者万计(图 5-3c)[12]。

9　李定荣. 温州市鹿城区水利志·大事记. 北京:中国水利水电出版社,2007:6.

10　温州市志编纂委员会. 温州市志(上册)·大事记. 北京:中华书局,1998:14.

11　嘉兴市志编纂委员会. 嘉兴市志(上册)·第四篇　自然环境·自然灾异. 北京:中国书籍出版社,1997:321.

12　吴兴备志·卷二十一　祥孽征第十六.

廢帝太和中烏程閣下生蓮花 萬歲曆
掌故誤以爲唐太和許匡籍譌
安帝元興元年七月大饑人相食吳郡吳興戸口減半
又流奔而西者萬計 晉書
宋元嘉三年閏正月己丑甘露降吳興烏程太守王韶
之以聞 宋書
元嘉十三年二月甘露降吳興武康董道益家園樹
元嘉十三年五月己酉會稽郡西南向晚忽天光明有
青龍騰躍淩雲久而後滅吳興諸處並以其日同見光
景揚州刺史彭城王義康以聞
元嘉十九年二十年白龜兩見於吳興

图 5-3(c)　《吴兴备志·卷二十一　祥孽征第十六》
记载元兴元年灾荒

乌程县(今南浔区):*元年七月,大饥,人相食。户口减半*[13]。

〈10〉台州市　台州:*元年七月,大饥。人相食,浙江东饿死流亡十六七*(《宋书》)[14]。

临海县(今三门县):元年,大饥,户口殆尽[15]。

13　温克刚. 中国气象灾害大典·浙江卷·第二章　暴雨、洪涝. 北京:气象出版社,2006:50.

14　台州市气象局气象志编纂委员会. 台州市气象志·第九章　历代灾异. 北京:气象出版社,1998:105.

15　三门县志编纂委员会. 三门县志·第二编　自然环境·第三章　气候. 杭州:浙江人民出版社,1992:98.

463 年

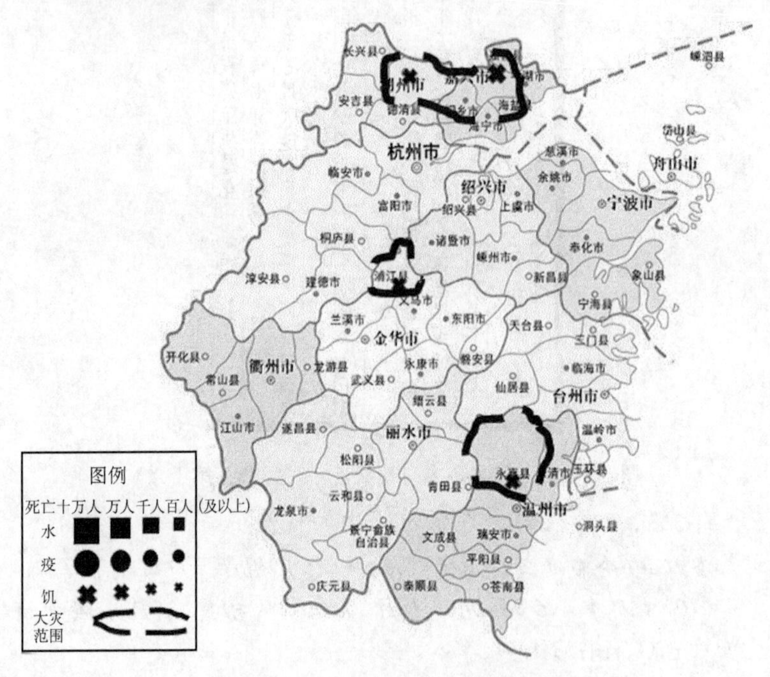

图 5-4　463 年浙江省大灾分布图

评价:浙北。大灾点连贯性较好。死亡人数为十多万人。这是浙江灾情史料记载的死亡人数最多的一年(图 5-4)。

灾种:干旱造成饥荒。

资料条数:4 条。

注:下列资料凡斜体者,为死亡万人及以上。编号:3W463。

〈3〉温州市　永嘉县:南朝宋大明七年(463 年)至八年间,永嘉等浙东诸郡连续两年大旱,米一升价数百钱,饿死者十有六七[16]。

---

16 温州市志编纂委员会. 温州市志(上册)·大事记. 北京:中华书局,1998:14.

〈4〉**嘉兴市**　**太湖地区**：七年至八年，因旱灾死亡 25 万人[17]。

〈5〉**湖州市**　**湖州**：七年，连岁旱饥，饿死者十有六七[18]。

〈7〉**金华市**　**浦江县**：七年，连年岁旱饥，米一升钱数百，饿死十六七[19]。

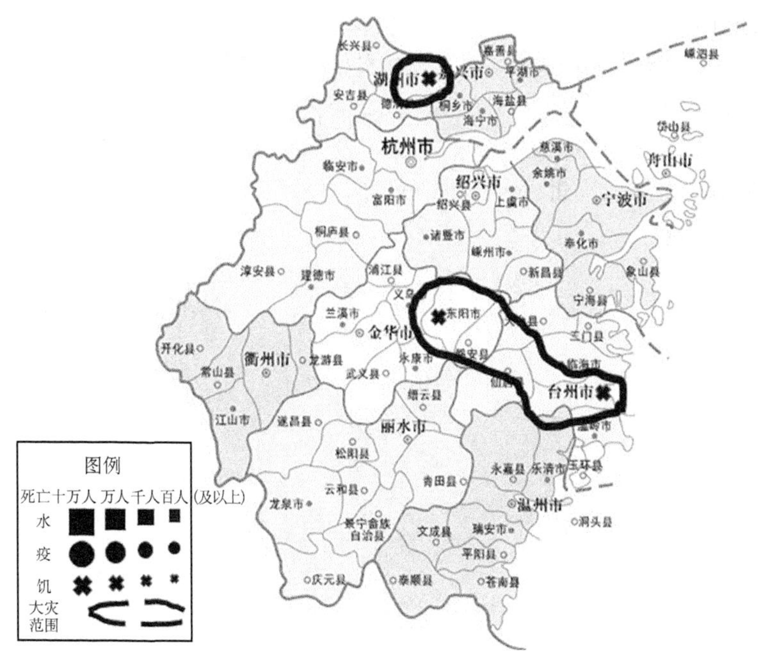

图 5-5　464 年浙江省大灾分布图

17　嘉兴市志编纂委员会. 嘉兴市志(上册)·第四篇　自然环境·自然灾异. 北京：中国书籍出版社，1997：321.

18　湖州市地方志编纂委员会. 湖州市志(上卷)·第三卷　自然环境·第七章　自然灾害录. 北京：昆仑出版社，1999：223.

19　浙江省金华市水电局. 金华市水利志·第二编　水旱灾害与防汛防·旱一章　水旱灾害. 北京：中国水利水电出版社，1996：110.

评价:浙中至浙东、浙北。大灾点连贯性较好。继上年饥荒后,持续干旱、饥荒。“饿死者十有六七”“民死十二三”。死亡人数为近千人(图5-5)。

灾种:干旱造成饥荒。

资料条数:3条。

〈5〉**湖州市　乌程县(今南浔区)**:南朝宋大明八年(464年),乌程去岁及是年大旱,东方诸郡连岁大饥,米一升数百钱,饿死者十有六七[20]。

〈7〉**金华市　东阳县(今东阳市)**:八年,连年旱饥,饿死者十分之六七[21]。

〈10〉**台州市　台州**:八年,去岁及是岁,东诸郡大旱,甚者米一升数百。东土大饥,民死十二三(《宋书》)[22]。

---

20 温克刚.中国气象灾害大典·浙江卷·第一章　干旱、热害.北京:气象出版社,2006:116.

21 东阳市志编纂委员会.东阳市志·卷三　灾异·第二章　灾害纪略·第一节　旱灾.上海:汉语大词典出版社,1993.

22 台州市气象局气象志编纂委员会.台州市气象志·第九章　历代灾异.北京:气象出版社,1998:105.

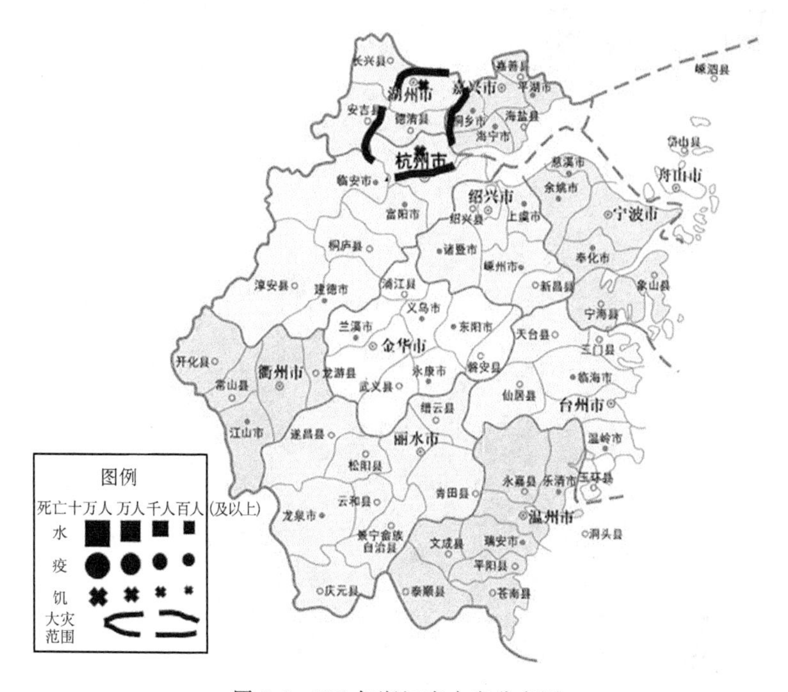

图 5-6　502 年浙江省大灾分布图

评价：浙北。大灾点连贯性较好。“粜贵”，即卖米，价格昂贵。死亡人数为上千人(图 5-6)。

灾种：干旱造成饥荒。

资料条数：2 条。

〈1〉**杭州市　余杭县(今余杭区)**：南朝梁天监元年(502 年)八月，钱唐大旱，人多饥死[23]。

〈5〉**湖州市　湖州**：元年八月，粜贵，五谷不成，大旱，斗米五

[23] 余杭县志编纂委员会. 余杭县志·第二编　自然环境·第五章　水旱灾害. 杭州：浙江人民出版社，1990：86.

千,人多饿死[24]。

550 年

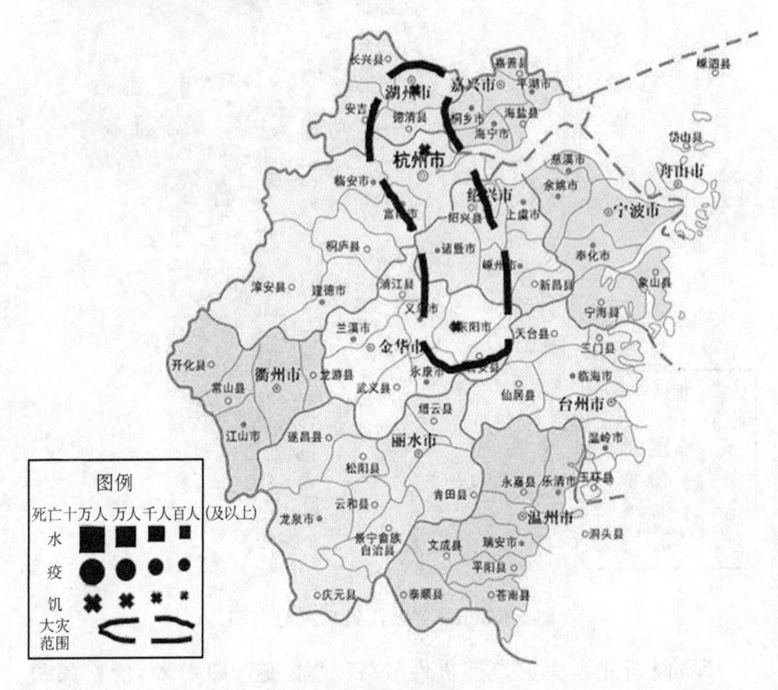

图 5-7　550 年浙江省大灾分布图

评价:浙北至浙中。大灾点连贯性较好。死亡人数为上千人(图 5-7)。

灾种:干旱造成饥荒。

资料条数:3 条。

〈1〉**杭州市　余杭县(今余杭区):**梁大宝元年(550 年)仍旱

24　湖州市地方志编纂委员会. 湖州市志(上卷)·第三卷　自然环境·第七章　自然灾害录. 北京:昆仑出版社,1999:223.

蝗,千里烟绝,白骨成聚[25]。

〈5〉**湖州市 湖州**:元年,江南连年旱蝗,百姓流亡,死者蔽野,千里绝烟,人迹罕见,白骨如丘垄[26]。

〈7〉**金华市 东阳县(今东阳市)**:元年,连年大旱,百姓流亡,死者遍野,千里绝烟,人迹罕见[27]。

---

25 余杭县志编纂委员会.余杭县志·第二编 自然环境·第五章 水旱灾害.杭州:浙江人民出版社,1990:86.

26 湖州市地方志编纂委员会.湖州市志(上卷)·第三卷 自然环境·第七章 自然灾害录.北京:昆仑出版社,1999:235.

27 东阳市志编纂委员会.东阳市志·卷三 灾异·第二章 灾害纪略·第一节 旱灾.上海:汉语大词典出版社,1993.

790 年

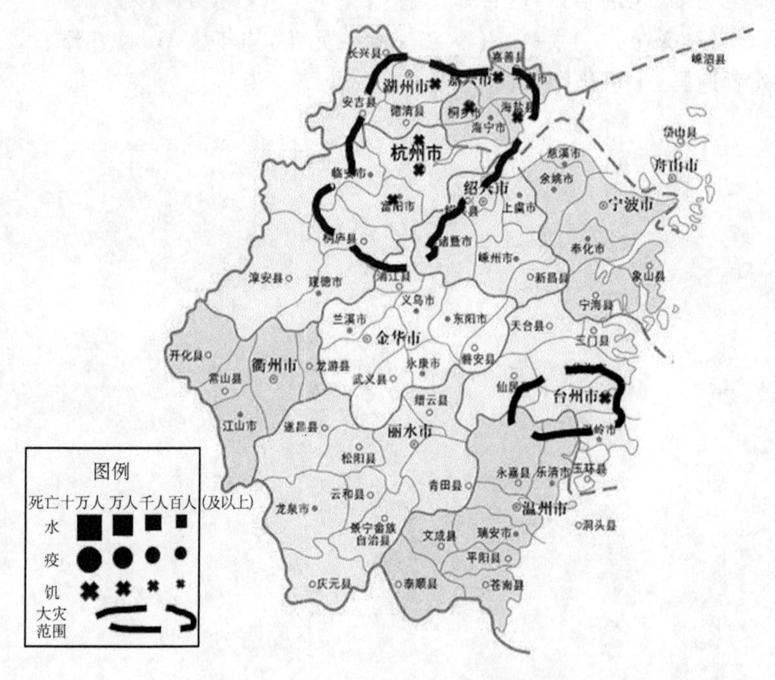

图 5-8(a) 790 年浙江省大灾分布图

评价:浙北、浙东南。大灾点连贯性较好。死亡人数为上千人(图 5-8a)。

灾种:干旱造成饥荒。

资料条数:7 条。

唐贞元六年(790 年)春,浙西大旱,井泉竭,人渴且疫死者甚众[28]。

〈1〉**杭州市　杭州府(今杭州市)**:六年夏,浙西大旱。《唐书》井泉竭,人渴且疫死者甚众(图 5-8b)[29]。

---

[28] 浙江通志·卷六十三　杂志　天文祥异.明嘉靖四十年.

[29] 杭州府志·卷之三　事纪中.明万历七年.

图 5-8(b)　明万历七年《杭州府志·卷之三　事纪中》记载贞元六年瘟疫

贞元六年春，浙西大旱，井泉竭，人渴且疫死者甚众(图 5-8c)[28]。

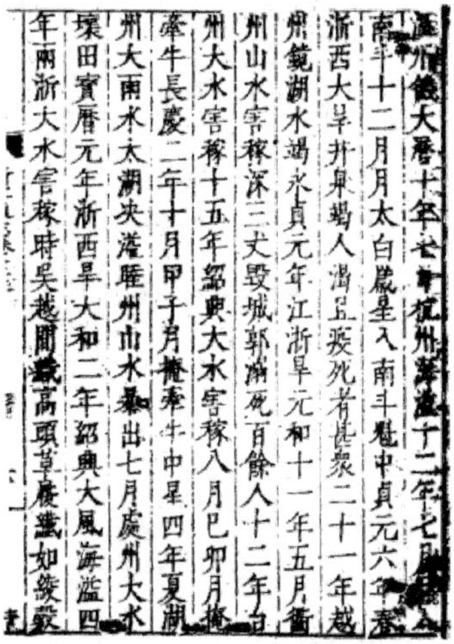

图 5-8(c)　明嘉靖四十年《浙江通志·卷六十三　杂志　天文祥异》记载贞元六年瘟疫

钱塘县(今杭州市)、富阳县(今富阳市)、乌程县(今南浔区，今

属湖州市)、桐乡县(今桐乡市,今属嘉兴市)、海盐县(今属嘉兴市):六年夏,浙东西、钱塘、富阳、乌程、桐乡、海盐大旱,井泉竭,且疫死者甚众[30]。

余杭县(今余杭区):六年夏,浙西大旱,井泉干涸,疫死甚众[31]。

〈4〉**嘉兴市　嘉兴县(今嘉兴市)**:六年庚午春,浙西大旱,井泉竭人渴且疫死者甚众(图 5-8d)[32]。

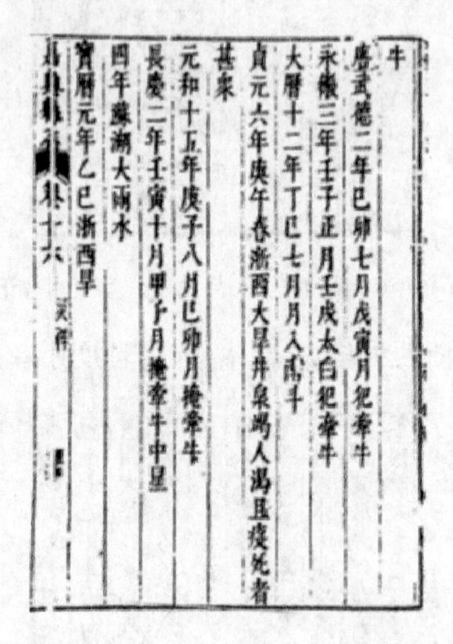

牛
唐武德二年己卯七月戊寅月犯牽牛
永徽三年壬子正月壬戌太白犯牽牛
大曆十二年丁巳七月月入南斗
貞元六年庚午春浙西大旱井泉竭人渴且疫死者
甚衆
元和十五年庚子八月己卯月掩牽牛
長慶二年壬寅十月甲子月掩牽牛中星
四年蘇湖大兩水
寶曆元年乙巳浙西旱
卷十六　災祥

图 5-8(d)　明崇祯《嘉兴县志・卷十六　灾祥》记载贞元六年瘟疫

〈10〉**台州市　台州**:六年夏,浙东西旱,井泉多涸,人渴乏,死者大半(《旧唐书》《新唐书》)[33]。

---

[30] 温克刚. 中国气象灾害大典・浙江卷・第三章　干旱、热害. 北京:气象出版社,2006:116.

[31] 余杭县志编纂委员会. 余杭县志・第二编　自然环境・第五章　水旱灾害. 杭州:浙江人民出版社,1990:86.

[32] 嘉兴县志・卷十六　灾祥. 崇祯.

[33] 台州市气象局气象志编纂委员会. 台州市气象志・第九章　历代灾异. 北京:气象出版社,1998:105.

图 5-9　805 年浙江省大灾分布图

评价:浙中至浙西。“湖水竭”,说明干旱的程度。“人相食”“人食人”,并非仅一地出现这样的惨象。死亡人数为数百人(图 5-9)。

灾种:干旱造成饥荒。

资料条数:2 条。

〈7〉**金华市　东阳县(今东阳市)**:唐贞元二十一年(805 年)大旱,人相食[34]。

34　东阳市志编纂委员会.东阳市志·卷三　灾异·第二章　灾害纪略·第一节　旱灾.上海:汉语大词典出版社,1993.

〈8〉**衢州市**　**衢州市**：二十一年，旱，越州镜湖水竭；衢州人食人[35]。

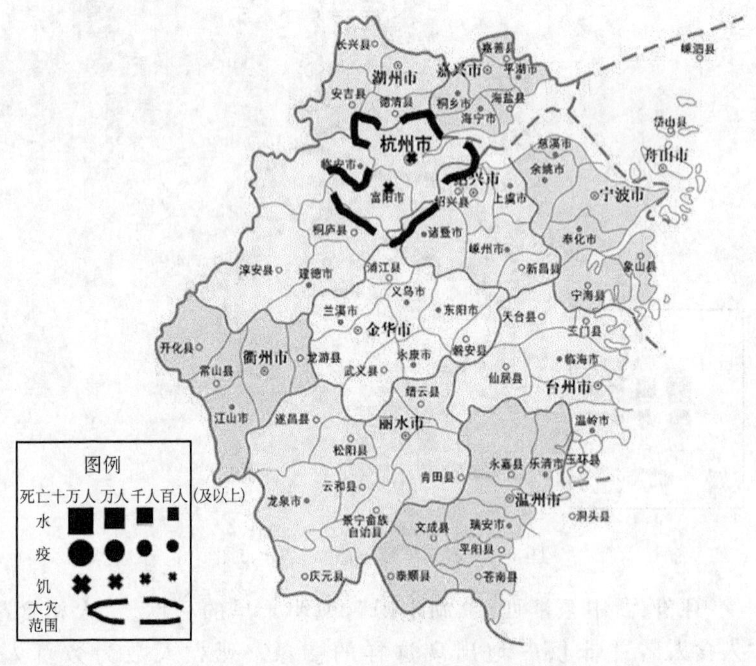

图 5-10(a)　997 年浙江省大灾分布图

评价：浙北。大灾点连贯性较好。这年饥荒的原因是一个字“旱”，后果是粮价高涨，穷人无法得到粮食，最后被饿死。后果是成批人死亡，“沟渠皆是死人”。死亡人数为上千人(图 5-10a)。

灾种：干旱造成饥荒。

资料条数：2 条。

35　陈桥驿.浙江灾异简志.杭州：浙江人民出版社，1991：181.

〈1〉**杭州市**　**杭州**：北宋至道三年(997 年)旱，知泰州田锡上言杭州灾荒状疏言：今年十一月，有杭州赍牒泰州会问公事。臣闻彼处米价每斗六百五十文，饥饿死者不少，沟渠皆是死人。一僧收拾埋葬千人作一坑，五十人作一窖(图 5-10b)[36]。

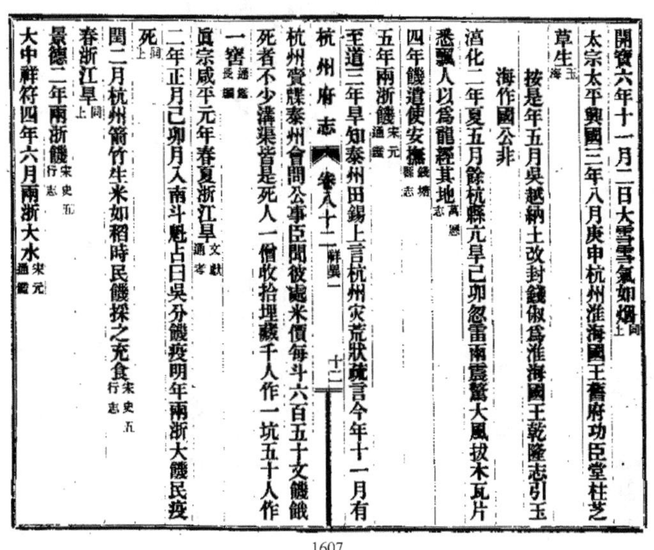
開寶六年十一月二日大雪雪氣如烟 同上
太宗太平興國三年八月庚申杭州淮海國王舊府功臣堂柱芝
草生 玉海
按是年五月吳越納土改封錢俶爲淮海國王乾隆志引玉
海作國公非
淳化二年夏五月餘杭縣亢旱己卯忽雷雨震驚大風拔木瓦片
悉飄人以爲龍經其地 萬曆志
四年饑遣使安撫 錢塘縣志
五年兩浙饑 宋元通鑑
至道三年旱知泰州田錫上言杭州災荒狀疏言今年十一月有
杭州府志　卷八十二　祥異一　十二
杭州賫牒泰州會問公事臣聞彼處米價每斗六百五十文饑餓
死者不少溝渠皆是死人一僧收拾埋藏千人作一坑五十人作
一窖 通鑑長編
眞宗咸平元年春夏浙江旱 文獻通考
二年正月己卯月入南斗魁占曰吳分饑疫明年兩浙大饑民疫
死 同上
閏二月杭州箭竹生米如稻時民饑採之充食 宋史五行志
春浙江旱 同上
景德二年兩浙饑 宋史五行志
大中祥符四年六月兩浙大水 宋元通鑑
1607

图 5-10(b)　清光绪十四年编纂、民国十一年铅字本《杭州府志·卷八十二　祥异一》记载至道三年饥荒

富阳县(今富阳市)：三年，灾荒岁歉，斗米价六十五元，饿死者甚多[37]。

36　杭州府志·卷八十二　祥异一.民国十一年铅字本.清光绪十四年.

37　富阳县地方志编纂委员会.富阳县志·第二编　自然环境·第七章　自然灾害.杭州：浙江人民出版社，1993：158.

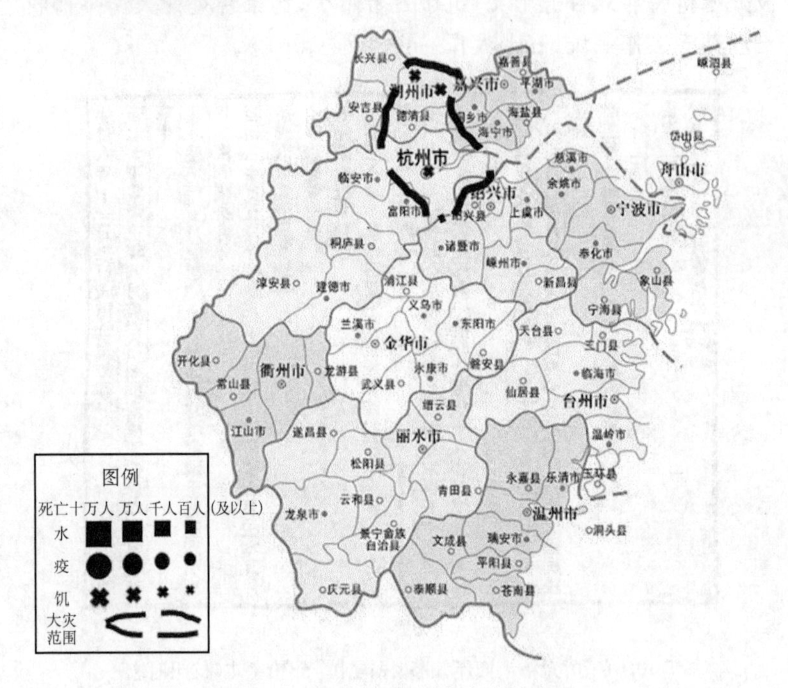

图 5-11　1074 年浙江省大灾分布图

评价:浙北。大灾点连贯性较好。死亡人数为数百人(图 5-11)。

灾种:干旱造成饥荒。

资料条数:1 条。

〈1〉**杭州市　杭州、乌程县(今南浔区)、归安县(今吴兴区):**北宋熙宁七年(1074 年),浙江久旱,杭州、乌程、归安大旱,民多殍死[38]。

38　温克刚.中国气象灾害大典·浙江卷·第三章　干旱、热害.北京:气象出版社,2006:119.

1075 年

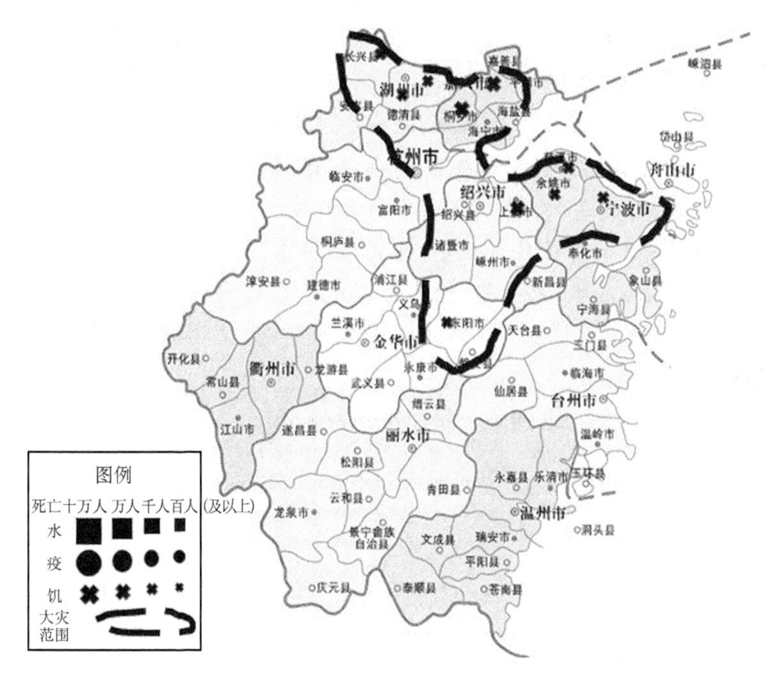

图 5-12 1075 年浙江省大灾分布图

评价:浙北。大灾点连贯性好。降雨量减少,“太湖水退,数里内见邱墓街道”,死亡人数为万人以上(图 5-12)。

灾种:干旱造成饥荒。

资料条数:9 条。

注:下列资料凡斜体者,为死亡万人及以上。编号:5W1075。

〈2〉*宁波市 余姚县(今余姚市)、慈溪县(今慈溪市)、镇海县(今镇海区)*:北宋熙宁八年(1075 年),余姚、慈溪、镇海连年旱,籍尸郊野[39]。

〈4〉**嘉兴市**　**太湖地区**:*八年,因旱死人过半*[40]。

桐乡县(今桐乡市):*八年八月,饥馑疾疫,死者殆半*[41]。

〈5〉**湖州市**　**湖州**:八年,连续大旱,至夏太湖水退,数里内见邱墓街道,田皆旱死,至秋无稼,民多殍死[42]。

归安县(今吴兴区)、乌程县(今南浔区):*八年八月,两浙旱,七八月吴越大旱,饥馑疾厉,死者殆半,归安、乌程连大旱,民多殍死,夏太湖水退,数里内见邱墓街道,秋无稼*[39]。

南浔镇(今南浔区):八年,连大旱,民多殍死[43]。

长兴县:八年,连大旱,民多殍死[44]。

〈6〉**绍兴市**　**上虞市(今上虞市)**:*八年七、八月,吴越大旱,饥馑疾病,死者殆半*[45]。

〈7〉**金华市**　**东阳县(今东阳市)**:八年七、八月大旱,饥疾交迫,死亡众多[46]。

---

39 温克刚.中国气象灾害大典·浙江卷·第三章　干旱、热害.北京:气象出版社,2006:119.

40 嘉兴市志编纂委员会.嘉兴市志(上册)·第四篇　自然环境·自然灾异.北京:中国书籍出版社,1997:321.

41 桐乡市桐乡县志编纂委员会.桐乡县志·第二编　自然环境·第五章　自然灾害.上海:上海书店出版社,1996:139.

42 湖州市地方志编纂委员会.湖州市志(上卷)·第三卷　自然环境·第七章　自然灾害录.北京:昆仑出版社,1999:224.

43 南浔镇志编纂委员会.南浔镇志·第一篇　政区·死二章　自然环境.上海:上海科学技术文献出版社,1995:49.

44 长兴县志编纂委员会.长兴县志·第二卷　自然环境·第七章　自然灾害.上海:上海人民出版社,1992:105.

45 上虞市水利局.上虞市水利志·第二章　水旱灾害.北京:中国水利水电出版社,1997:68.

46 东阳市志编纂委员会.东阳市志·卷三　灾异·第二章　灾害纪略·第一节　旱灾.上海:汉语大词典出版社,1993.

图 5-13　1154 年浙江省大灾分布图

评价:浙东北。水旱不济,"斗米千钱,道殣相望"(图 5-13)。

灾种:饥荒、洪涝。

资料条数:3 条。

〈2〉**宁波市　宁海县**:南宋绍兴二十四年(1154 年)浙东旱,宁海四月不雨至秋九月,五谷无收,人多流亡[47]。

〈5〉**湖州市　湖州**:二十四年,浙西旱五十余日,大饥,斗米千

[47] 宁波气象志编纂委员会.宁波气象志·第二章　气象灾害·附:气象灾害年表.北京:气象出版社,2001:91.

钱,道殣相望[48]。

〈6〉**绍兴市　山阴县(今绍兴县)**:二十四年,山阴县大水,流民庐舍,淹没者数百人[49]。

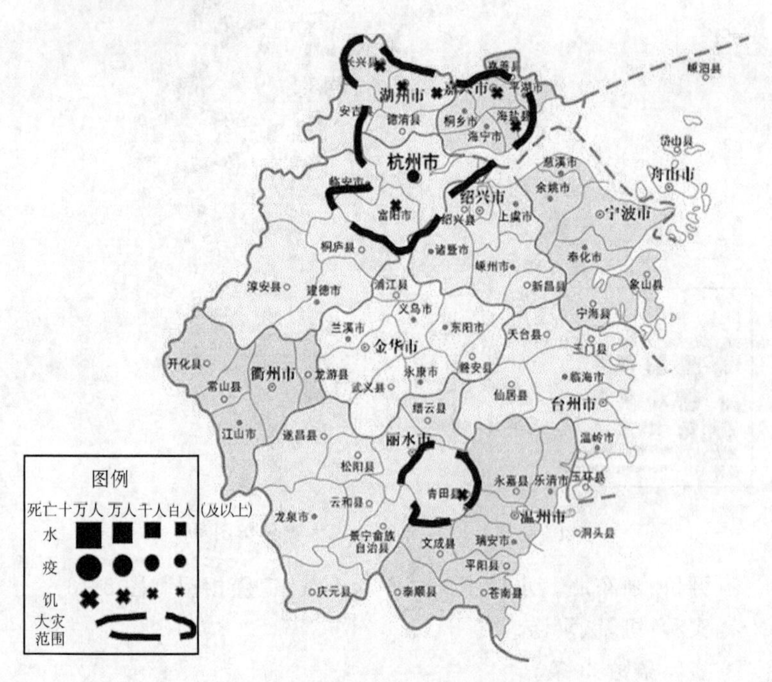

图 5-14(a)　1165 年浙江省大灾分布图

评价:浙北。大灾点连贯性好。数灾并发。主要大灾发生地区是在杭州湾北岸。由于灾情严重,“殍迁者不可胜计”,大批灾民

48　湖州市地方志编纂委员会.湖州市志(上卷)·第三卷　自然环境·第七章　自然灾害录.北京:昆仑出版社,1999:224.

49　陈桥驿.浙江灾异简志.杭州:浙江人民出版社,1991:24.

迁移外乡逃难。死亡人数为上千人(图 5-14a)。

灾种:洪涝及造成饥荒、瘟疫。

资料条数:9 条。

〈1〉**杭州市　富阳县(今富阳市)**:南宋乾道元年(1165 年)春,大饥,邑殍相望(图 5-14b)[50]。

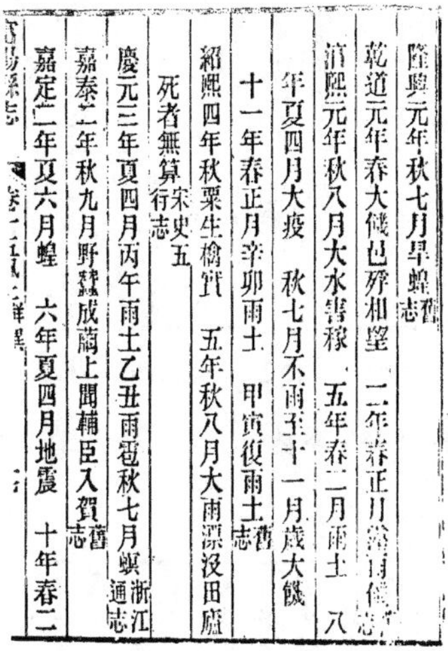
隆興元年秋七月旱蝗舊志
乾道元年春大饑邑殍相望　二年春正月[illegible]饑舊志
淳熙元年秋八月大水害稼　五年春二月雨土　八
年夏四月大疫　秋七月不雨至十一月歲大饑
十一年春正月辛卯雨土　甲寅復雨土舊志
紹熙四年秋粟生櫓穞　五年秋八月大雨漂沒田廬
死者無算宋史五行志
慶元三年夏四月丙午雨土乙丑雨雹秋七月螟浙江通志
嘉泰二年秋九月野蠶成繭上聞輔臣入賀舊志
嘉定二年夏六月蝗　六年夏四月地震　十年春二

图 5-14(b)　清光绪三十二年《富阳县志 · 卷十五　祥异》记载乾道元年饥荒

临安府(今杭州市):元年春二月,临安大饥。《宋史〉疫死殍徙者不可胜计(图 5-14c)[51]。

50　富阳县志 · 卷十五　祥异. 清光绪三十二年.

51　杭州府志 · 卷之四　事纪下. 明万历七年.

□□旣不獲必懸賞顧非有智術能逆探也直以
理信之耳至是果懸三班借職貫錢五百緡爲賞
則順之言驗而大理之在人心者信不容泯矣但
武穆之忠烈雖獲少伸而檜賊之奸邪尚未追戮
終不能無遺憾也剡湯思退力主和議而當時相
之則檜死仍有一檜在矣武穆寧逃賊邪噫
孝宗皇帝隆興二年夏六月餘杭縣大蝗宋史
冬十一月試吏部侍郎吳芾奉命知臨安府宋史
乾道元年春二月臨安大饑宋史疫死殍徙者不可勝計
二年春正月臨安淫雨至于夏四月猶寒宋史

图 5-14(c)　明万历七年《杭州府志·卷之四　事纪下》记载乾道元年瘟疫

〈4〉**嘉兴市　嘉兴府(今嘉兴市)**:乙酉春,大饥,殍徙无算(图 5-14d)[52]。

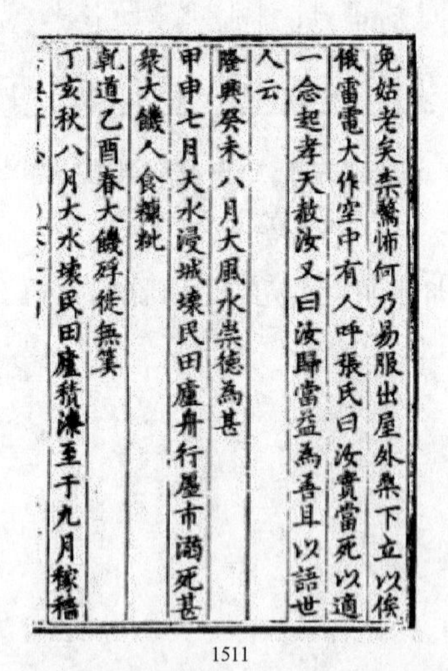
免姑老矣恭驚怖何乃易服出屋外桑下立以候
俄雷電大作空中有人呼張氏曰汝實當死以適
一念起孝天赦汝又曰汝歸當益爲善且以語世
人云
隆興癸未八月大風水崇德爲甚
甲申七月大水浸城壞民田廬舟行壓市溺死甚
衆大饑人食糠粃
乾道乙酉春大饑殍徙無算
丁亥秋八月大水壞民田廬積潦至于九月稼穡

1511

图 5-14(d)　明万历二十八年《嘉兴府志·卷二十四　丛记》记载乾道元年饥荒

[52] 嘉兴府志·卷二十四　丛记.明万历二十八年.

海盐县:元年,大饥,殍徙者不可胜计(图 5-14e)[53]。

中和四年旱大饑
天復三年十二月大雪海有氷
宋皇祐二年十一月丁酉地震有聲自北起如雷
紹聖元年秋海風駕潮害民田
紹興二年大饑米斗千錢時餓殍縈急民益犇食云
二十四年四月有海鰌乘潮至羣蝦從之聲若謳歌
閣于沙高齊縣門長百丈海民臠其肉轉鬣壓死
數十人文獻通考 宋五行志稱其抵岸僵沙上猶掀鬣濆刺云
二十八年九月大風水溢
隆興元年七月大風雨水傷稼
海鹽縣圖經卷十六 二 二百八十三
二年七月積陰雨水浸於城根
乾道元年大饑殍徙者不可勝計
三年八月雨至於九月禾稼腐
淳熙十四年饑民有流徙者
紹熙四年冬不雨至於五年之六月
五年七月乙亥大風駕潮至時方久旱醎水暴溢稼
則盡槁民饑
慶元三年螟
嘉泰元年饑二年大旱荐饑
嘉定九年四月大霖雨至於六月

图 5-14(e) 明天启《海盐县图经・卷十六 杂识・祥异》
记载乾道元年饥荒

〈5〉**湖州市** **湖州**:元年六月,湖州水灾,大疫,大饥,死者不可胜计[54]。

吴兴县(吴兴区):元年春,湖秀大饥,殍徙者不可胜计(图 5-14f)[55]。

---

53 海盐县图经・卷十六 杂识・祥异.明天启.

54 湖州市地方志编纂委员会.湖州市志(上卷)・第三卷 自然环境・第七章 自然灾害录.北京:昆仑出版社,1999:237.

55 吴兴备志・卷二十一 祥孽征第十六.

上聞近蘇湖地震泉州大水輒不以奏何也會侍御史
辛炳殿中侍御史常仝論頤浩過惡遂罷 宋通鑑
紹興六年湖秀海風害民田
紹興三十二年六月浙西大霖雨
談庚安吉布衣也紹興中言本邑去秋園瓜並蒂合而
爲一此皇帝孝治天下故見祥瑞以昭天意 氏族大全
隆興元年秋湖州螟爲穀災
隆興二年七月蘇湖大水
乾道元年春湖秀大饑殍徙者不可勝計州縣爲糜食
之
乾道六年冬湖秀饑

图 5-14(f) 《吴兴备志·卷二十一 祥孽征第十六》
记载乾道元年饥荒

南浔镇(今南浔区):元年六月大水饥疫,殍迁者不可胜计[56]。

长兴县:元年六月,大水,坏田圩,大疫大饥,死亡与逃荒者不可胜计[57]。

〈11〉**丽水市 青田县**:元年八月,青田海溢至县治,溺死者甚众(图 5-14g)[58]。

56 南浔镇志编纂委员会.南浔镇志·大事记.上海:上海科学技术文献出版社,1995:8.

57 长兴县志编纂委员会.长兴县志·大事记.上海:上海人民出版社,1992:843.

58 处州府志·卷之十六 杂事志·灾眚.清雍正十一年.

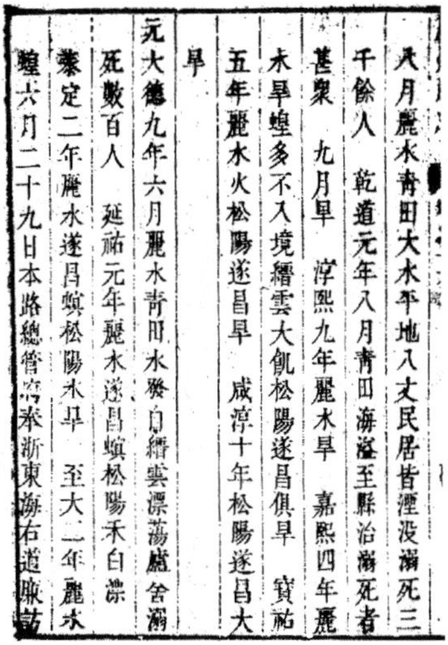

八月麗水青田大水平地八丈民居皆湮沒溺死三千餘人　乾道元年八月青田海溢至縣治溺死者甚衆　九月旱　淳熙九年麗水旱　嘉熙四年麗水旱蝗多不入境縉雲大飢松陽遂昌俱旱　寶祐五年麗水火松陽遂昌旱　咸淳十年松陽遂昌大旱

元大德九年六月麗水青田水發白縉雲漂蕩廬舍溺死數百人　延祐元年麗水遂昌螟松陽禾白漂泰定二年麗水遂昌螟松陽水旱　至大二年麗水蝗六月二十九日本路總管府奉浙東海右道廉訪

2150

图 5-14(g)　清雍正十一年《处州府志·卷之十六杂事志·灾眚》记载乾道元年洪灾

1197 年

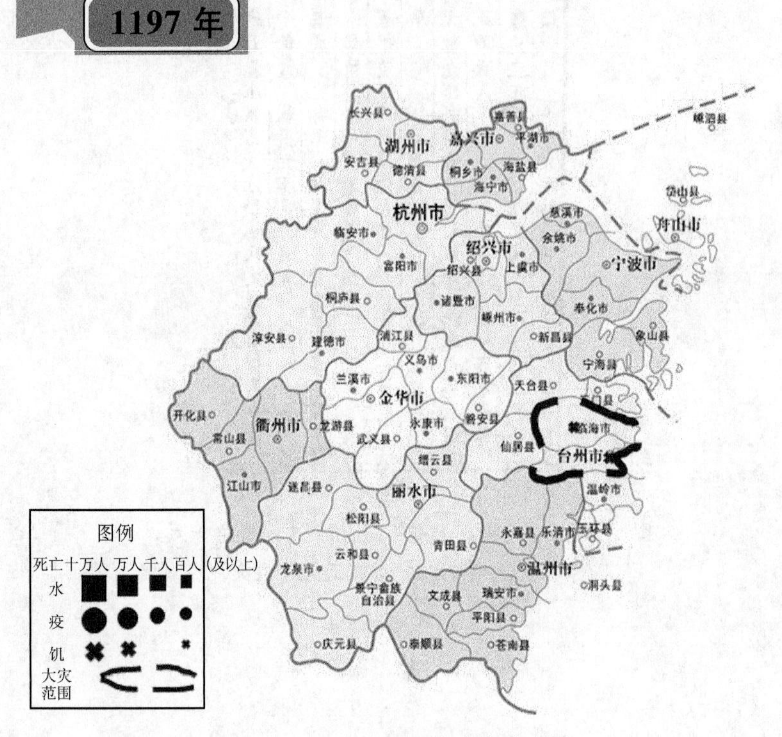

图 5-15　1197 年浙江省大灾分布图

评价:浙东。大灾点连贯性较好。“大亡麦”、“大无麦”,春荒。死亡人数为数百人(图 5-15)。

灾种:饥荒。

资料条数:2 条。

〈10〉**台州市**　**台州**:南宋庆元三年(1197 年),大亡麦,民饥多殍[59]。

临海县:三年,台州大无麦,民饥多殍(民国《临海县志稿》卷四一)。

59　台州府志・卷百三十二之三十六　大事记五卷.民国二十五年.

图 5-16(a)　1198 年浙江省大灾分布图

评价：浙北。大灾点连贯性较好。“六月霖雨至八月”，大雨连续下了两个多月，导致粮食歉收。这是全国最富裕的地区，发生了严重饥馑，连都城也难以幸免。死亡人数为数百人(图 5-16a)。

灾种：久雨造成饥荒。

资料条数：5 条。

〈1〉**杭州市　杭州：**南宋庆元四年(1198 年)秋，浙西洊饥道多殣(图 5-16b)[60]。

60　杭州府志·卷八十三　祥异二.民国十一年铅字本.清光绪十四年.

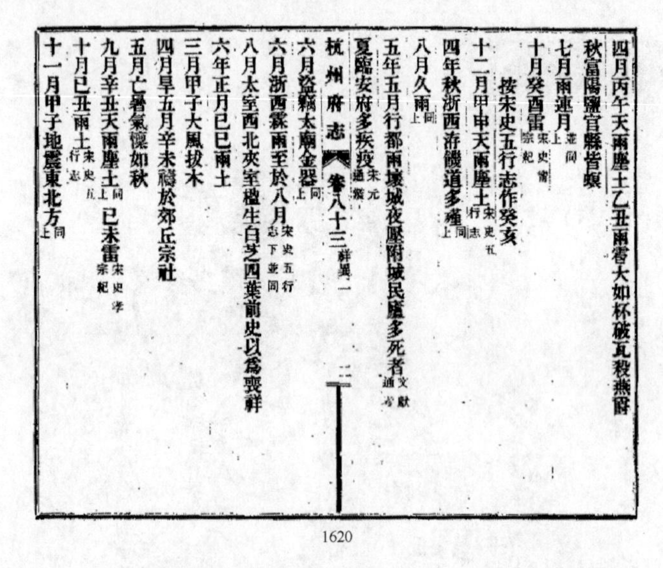
四月丙午天雨塵土乙丑雨雹大如杯破瓦殺燕爵
秋富陽鹽官縣皆螟並同上
七月雨連月上
十月癸酉雷宋史甯宗紀
按宋史五行志作癸亥
十二月甲申天雨塵土宋史五行志
四年秋浙西荐饑道多殣同上
八月久雨同上
五年五月行都雨壞城夜壓附城民廬多死者文獻通考
夏臨安府多疾疫宋元通鑑
杭州府志 卷八十三 祥異二 三
六月盜竊太廟金器同上
六月浙西霖雨至於八月宋史五行志下並同
八月太室西北夾室楹生白芝四葉前史以爲瑞祥
六年正月己巳雨土
三月甲子大風拔木
四月旱五月辛未禱於郊丘宗社
五月亡暑氣慄如秋
九月辛丑天雨塵土同上 已未雷宋史孝宗紀
十月己丑雨土宋史五行志
十一月甲子地震東北方同上

1620

图 5-16(b) 清光绪十四年编纂、民国十一年铅字本《杭州府志·卷八十三 祥异二》记载庆元四年饥荒

余杭县(今余杭区):四年八月,浙西久雨,饥荒,多有饿殍[61]。

〈2〉**宁波市　余姚县(今余姚市)**:四年,余姚六月霖雨至八月,秋,浙东饥,道多饿死者(雍正浙江通志·祥异)[62]。

〈4〉**嘉兴市　海宁县(今海宁市)**:四年,大饥。按宋史,是年秋,浙西薦饥,多道殣(图 5-16c)[63]。

61　余杭县志编纂委员会.余杭县志·第二编　自然环境·第五章　水旱灾害.杭州:浙江人民出版社,1990:79.

62　宁波气象志编纂委员会.宁波气象志·第二章　气象灾害·附:气象灾害年表.北京:气象出版社,2001:92.

63　海宁县志·卷十二　杂志·灾祥.清乾隆三十年.

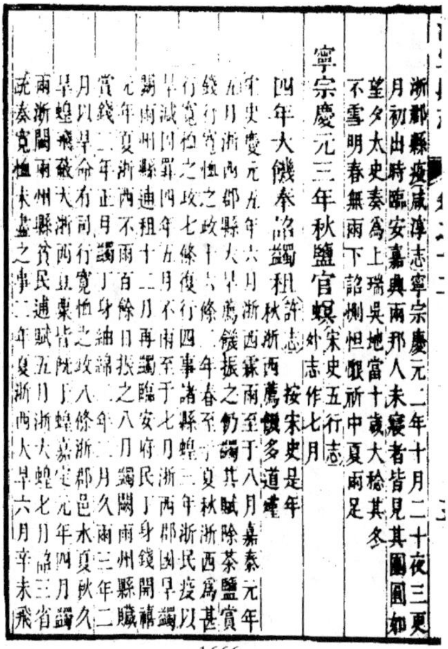

浙郡縣疫（咸淳志）寧宗慶元二年十月二十夜三更
月初出時臨安嘉興兩邢人未寢者皆見其圓圓如
望夕太史奏爲上瑞吳地富十歲大稔其冬
不雪明春無雨下詔惻怛懇祈中夏雨足
寧宗慶元三年秋鹽官螟（宋史五行志外志作七月）
四年大饑奉詔蠲租（許志）按宋史是年秋浙西薦饑多道殣
宋史慶元元年六月浙西霖雨至于八月嘉泰元年
五月浙西郡縣大旱爲饑振之仍蠲其賦除茶鹽賞
錢行寬恤之政十六條二年春至于夏秋浙西爲甚
行寬恤之政七條復行四事諸縣蝗二年浙民疫以
旱減囚罪四年五月不雨至于七月浙西郡國旱蠲
蠲兩州縣逋租十二月再蠲臨安府民丁身錢開禧
元年夏浙西不雨百餘日振之八月蠲闕雨州縣贓
賞錢二年正月蠲丁身紬絹二年二月久雨三年二
月以旱命有司行寬恤之政八條浙郡邑水夏秋久
旱蝗飛蔽天浙西豆粟皆既丁蝗嘉定元年四月蠲
兩浙闕雨州縣貧民逋賦五月浙大蝗七月詔三省
疏奏寬恤未盡之事二年夏浙西大旱六月辛未飛

1666

图 5-16(c)　清乾隆三十年《海宁县志·卷十二杂志·灾祥》记载庆元四年饥荒

1215 年

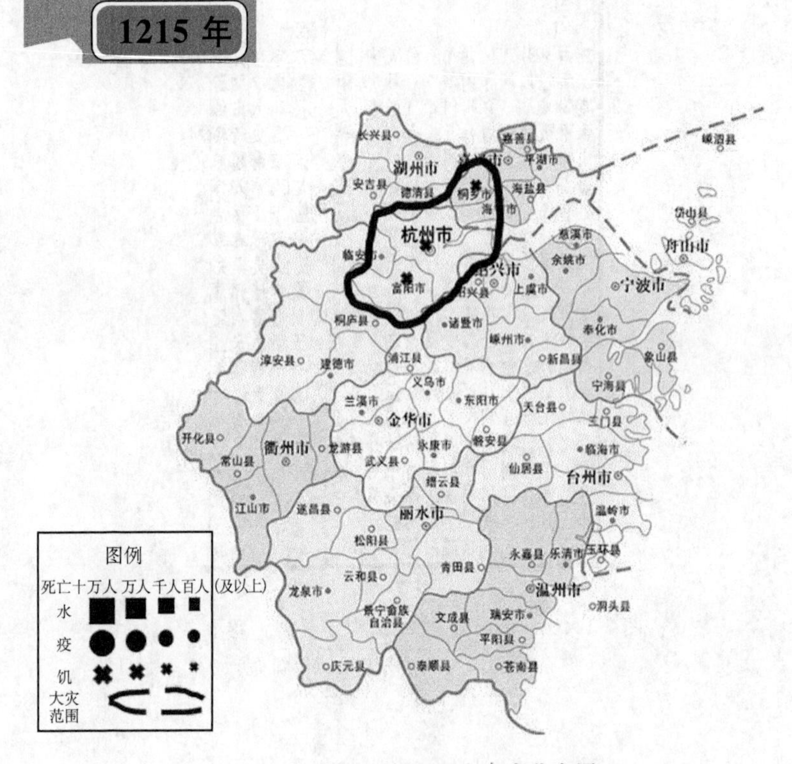

图 5-17(a)　1215 年浙江省大灾分布图

评价:浙北。大灾点连贯性较好。“六月霖雨至八月”,大雨连续下了两个多月,导致粮食歉收。死亡人数为数百人(图 5-17a)。

灾种:久雨造成饥荒。

资料条数:3 条。

〈1〉**杭州市**　**杭州**:南宋嘉定八年(1215 年)五月,大熯,草木枯槁,百泉皆竭,行都斛水百钱,暍死者众(图 5-17b)[64]。

64　杭州府志・卷八十三　祥异二. 民国十一年铅字本. 清光绪十四年.

按乾隆志云續綱目及萬歷志舊府志並作七年四月浙江
通志載七年六月文獻通考載八年四月惟宋史五行志及
續通考兩年分見今從之
五月辛未天雨塵土宋史五行志下並同
大燠草木枯槁百泉皆竭行都斛水百錢暍死者衆
九月丙寅雷
九年四月六月大雨霖二十餘日浙西郡縣爲災尤甚同上參文獻通考
五月行都大水漂田廬害稼行都饑閭巷有殍宋史五行志
冬無雪十二月癸巳天雨土宋史五行志下並同
按金史是年閏七月壬午朔據此推之則十二月無癸巳十
杭州府志　卷八十三　祥異二　十二
年二月亦無癸巳有之則二月不得復有庚申史誤顯然以
十年四月丁未朔推之益信
十年正月乙未晝霾大風拔木
二月癸巳日無光雨土庚申地震自東南
三月連雨至于四月
七月不雨甯宗日午曝立禱於宮中
十月霖雨害稼冬浙江濤溢圮廬舍覆舟溺死甚衆
十一月丁丑大風
是年都城市井作歌詞末句皆曰東君去後花無主朝廷惡而禁
之未幾太子詢薨並同上

图 5-17(b)　清光绪十四年编纂、民国十一年铅字本《杭州府志·卷八十三　祥异二》记载嘉定八年旱灾

新登县(今富阳市):嘉定八年五月辛未,天雨尘土大燠,草木枯槁,百泉皆竭,暍死者众[65]。

〈4〉**嘉兴市　桐乡县(今桐乡市)**:八年夏五月,大燠,草木枯槁,百泉皆竭,两浙旱灾为虐,种不入土者十之七八,春旱至八月,浙郡县皆旱,浙东西饥,死者甚众[66]。

65　温克刚.中国气象灾害大典·浙江卷·第三章　干旱、热害.北京:气象出版社,2006:123.

66　桐乡市桐乡县志编纂委员会.桐乡县志·第二编　自然环境·第五章　自然灾害.上海:上海书店出版社,1996:139.

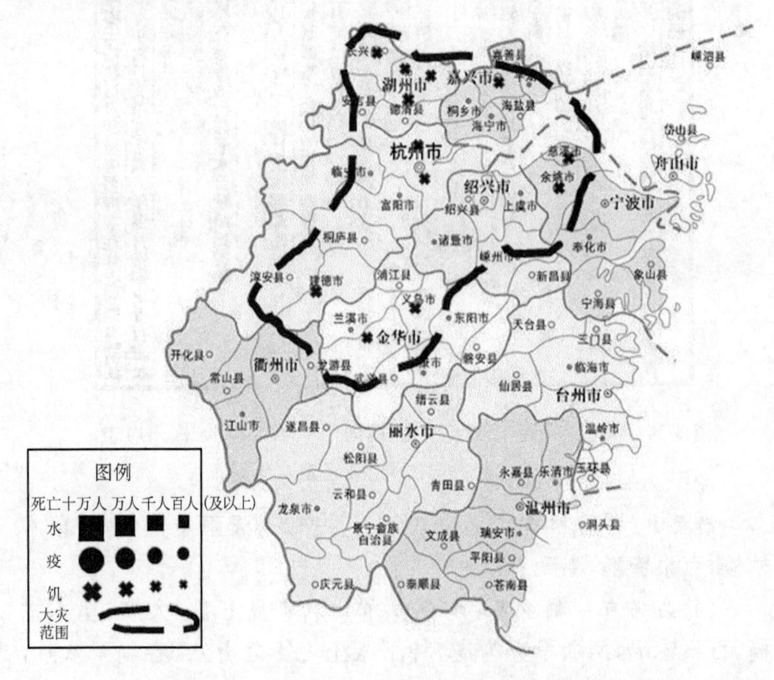

图 5-18(a) 1240 年浙江省大灾分布图

评价:浙北、浙中偏西。大灾点连贯性好。这是富足的地区,降水也最为充沛,干旱使得“湖水竭”,湖泊都干涸了。由于干旱,粮食短缺,行人抢夺、杀人现象时有发生。“日为晡,路无行人”,写出了当时灾民生活的困景。死亡人数为千余人(图 5-18a)。

灾种:干旱造成饥荒。

资料条数:12 条。

〈1〉**杭州市　临安府(今杭州市)**:南宋嘉熙四年(1240 年),临安大饥。杀人以卖,盗在隐处,日未晡路无行人(图 5-18b)[67]。

67　杭州府志·卷之四　事纪下.明万历七年.

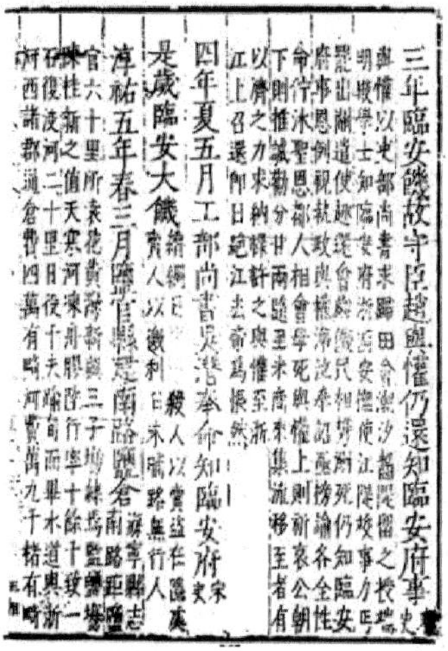

图 5-18(b)　明万历七年《杭州府志·卷之四　事纪下》记载嘉熙四年饥荒

余杭县(今余杭区):四年正月,杭州大饥,人多夺食于路,市中杀人,日未落,路无行人[68]。

建德县(今建德市):四年夏秋,大旱,明年春,民食橡蕨路殍相枕藉(图 5-18c)[69]。

---

[68] 余杭县志编纂委员会.余杭县志·第二编　自然环境·第五章　水旱灾害.杭州:浙江人民出版社,1990:80.

[69] 建德县志·卷之十　饥祥.清乾隆十九年.

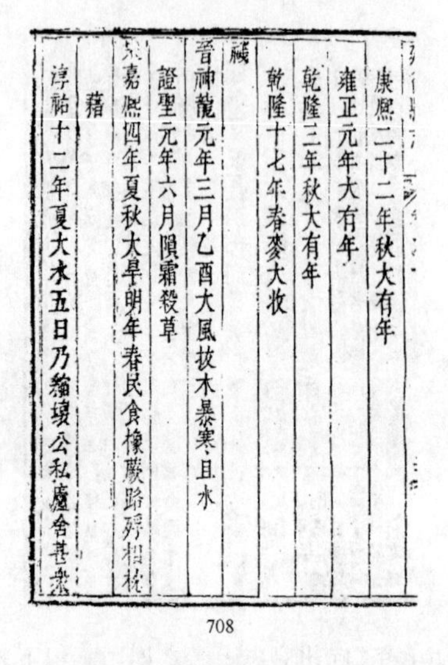

康熙二十二年秋大有年
雍正元年大有年
乾隆三年秋大有年
乾隆十七年春麥大收
祲
晉神龍元年三月乙酉大風拔木暴寒且水
證聖元年六月隕霜殺草
宋嘉熙四年夏秋大旱明年春民食橡蕨路殍相枕
藉
淳祐十二年夏大水五日乃縮壞公私廬舍甚衆

708

图 5-18(c)　清乾隆十九年《建德县志·卷之十　饥祥》记载嘉熙四年饥荒

〈2〉**宁波市**　**余姚(今奉化市)、慈溪县(今慈溪市)**:四年,大旱,饿殍成邱[70]。

慈溪县(今慈溪市):四年,大饥,死殍成邱[71]。

〈4〉**嘉兴市**　**杭嘉**:四年六月,当湖水竭,蝗,人相食[72]。

〈5〉**湖州市**　**湖州**:四年六月,江浙大旱,蝗,湖州旱荒,饥殍枕藉,人相食[73]。

70　宁波气象志编纂委员会.宁波气象志·第二章　气象灾害·附:气象灾害年表.北京:气象出版社,2001:92.

71　慈溪县志·卷五十五　前事·祥异.清光绪二十五年.

72　嘉兴市志编纂委员会.嘉兴市志(上册)·第四篇　自然环境·自然灾异.北京:中国书籍出版社,1997:322.

73　湖州市地方志编纂委员会.湖州市志(上卷)·第三卷　自然环境·第七章　自然灾害录.北京:昆仑出版社,1999:224,235.

南浔镇(今南浔区):四年,大旱,飞蝗漫天为害,人相食[74]。

乌程县(今南浔区)、归安县(今吴兴区):四年,乌程、归安大旱,蝗,人相食[73]。

长兴县:四年六月,江浙大旱蝗,人相食[75]。

〈7〉**金华市　金华府**:四年六月,浙大旱、蝗。《三朝政要》卷二云:都城大荒,饥者夺食于路,盗于隐处卖人以微利,市中杀人以麦,日为晡,路无行人[76]。

义乌县(今义乌市):四年六月,浙大旱、蝗。《三朝政要》卷二云:都城大荒,饥者夺食于路,盗于隐处掠卖人以微利,市中杀人以交,日未晡,路无行人[77]。

74　南浔镇志编纂委员会.南浔镇志·第一编　政区·第二章　自然环境.上海:上海科学技术文献出版社,1995:51.

75　长兴县志编纂委员会.长兴县志·第二卷　自然环境·第七章　自然灾害.上海:上海人民出版社,1992:106.

76　浙江省金华市水电局.金华市水利志·第二编　水旱灾害与防汛防·旱一章　水旱灾害.北京:中国水利水电出版社,1996:112.

77　义乌县志编纂委员会.义乌县志·第二篇　自然地理.杭州:浙江人民出版社,1987:57.

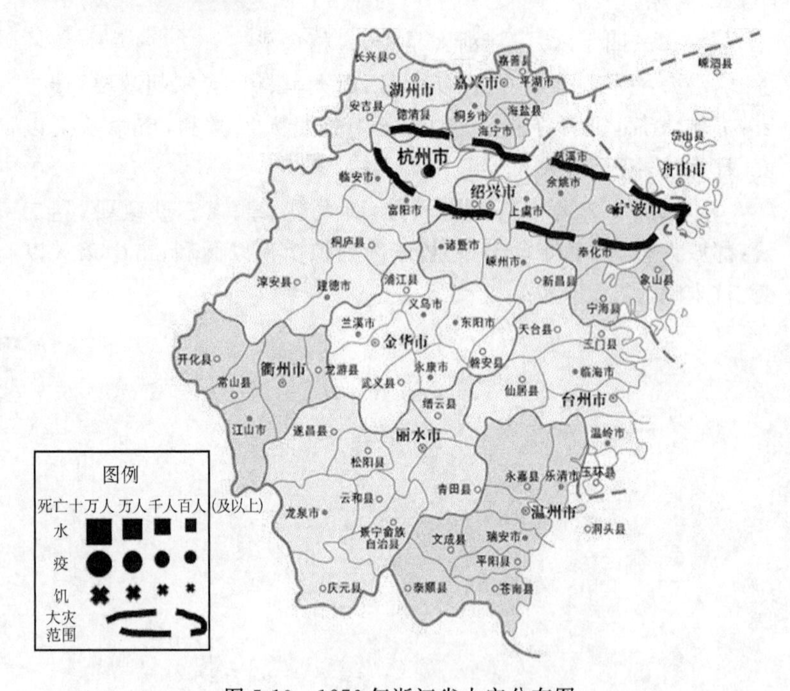

图 5-19　1276 年浙江省大灾分布图

评价：浙东北。北宋元符三年，林茂指出：苏州“城中沟浍堙淤发为疫气”。南宋绍兴八年，在成都府“春夏之交，大疫，居人多死，众谓污秽熏蒸之咎”。淳熙二年，隆兴府“沟洫不通，气郁不泄，疫疠所生也”。可见，垃圾、污秽的长期堆积，是河道水源污染的来源，助长病菌的孳生，很容易引发传染病的流行(余小满. 试论宋代城市发展及其管理制度变革. 天中学刊，2009，24(6)：98-102)。清代中医一般认为瘟疫是由四时不正之气、六淫(风、寒、暑、湿、燥、火)、尸气及其他秽浊熏蒸之气而形成的疫气所致。死亡人数为数百人(图 5-19)。

灾种：干旱造成饥荒、瘟疫。

资料条数:2 条。

〈1〉**杭州市　杭州**:南宋德祐二年(1276 年)闰三月数日间,城中疫气熏蒸,人之病死者,不可以胜计[78]。

〈2〉**宁波市　明州(今宁波市)**:景炎元年(1276 年)夏,明州大旱,饥,民多流亡[79]。

1288 年

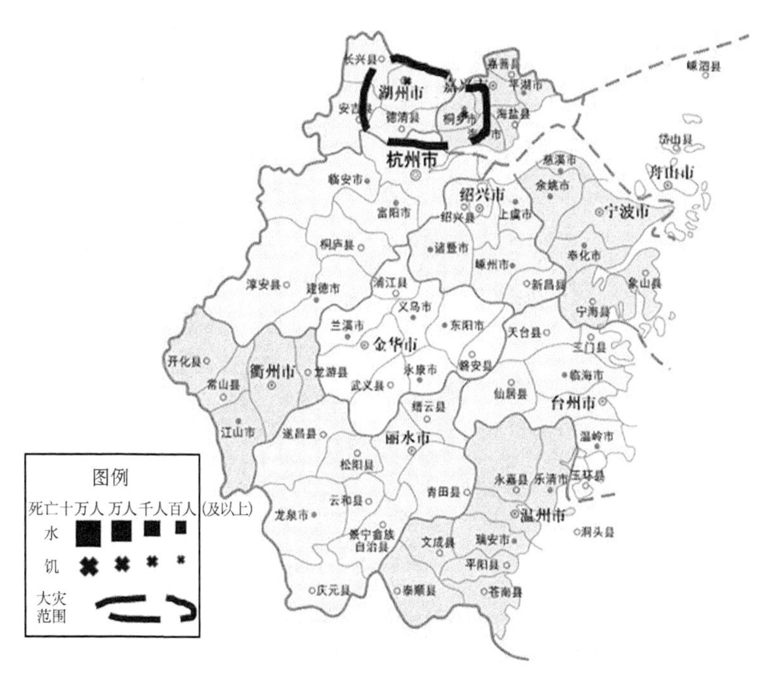

图 5-20　1288 年浙江省大灾分布图

78　杭州府志・卷八十三　祥异二.民国十一年铅字本.清光绪十四年.

79　宁波气象志编纂委员会.宁波气象志・第二章　气象灾害・附:气象灾害年表.北京:气象出版社,2001:92.

评价:浙北。大灾点连贯性好。“大水,民妻女易食”,洪涝导致农田失收,饥民大增。死亡人数为数百人(图5-20)。

灾种:洪涝致饥荒。

资料条数:2条。

〈4〉**嘉兴市　桐乡县**:元至元二十五年(1288年)四月,杭、湖、秀州大水,民妻女易食[80]。

〈5〉**湖州市　湖州**:二十五年三月,浙西大水,湖州坏田稼,民鬻妻女易食[81]。

80　桐乡市桐乡县志编纂委员会.桐乡县志·大事记.上海:上海书店出版社,1996.

81　湖州市地方志编纂委员会.湖州市志(上卷)·大事记.北京:昆仑出版社,1999:17.

1307 年

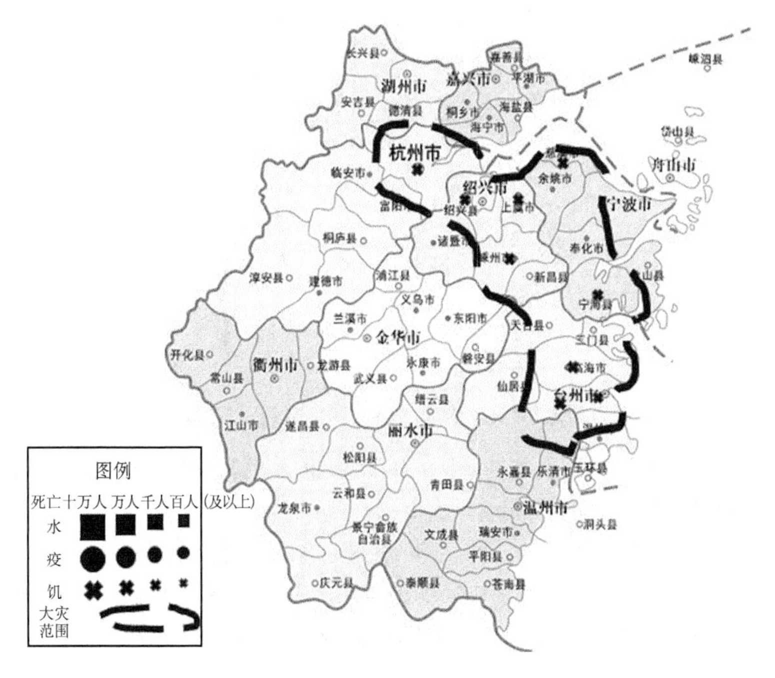

图 5-21(a) 1307 年浙江省大灾分布图

评价:浙东。大灾点连贯性好。“五月,大旱至八月方雨”,正是降雨季节,连续 3 个月无雨,造成“六种绝收”。死亡人数为近千人(图 5-21a)。

灾种:干旱造成饥荒。

资料条数:9 条。

〈1〉**杭州市　杭州(今杭州市)**:元大德十一年(1307 年),杭州大饥。《蓉塘诗话》官设粥倦林寺中,饥民殍死不□(图 5-21b)[82]。

82　杭州府志·卷之四　事纪下.明万历七年.

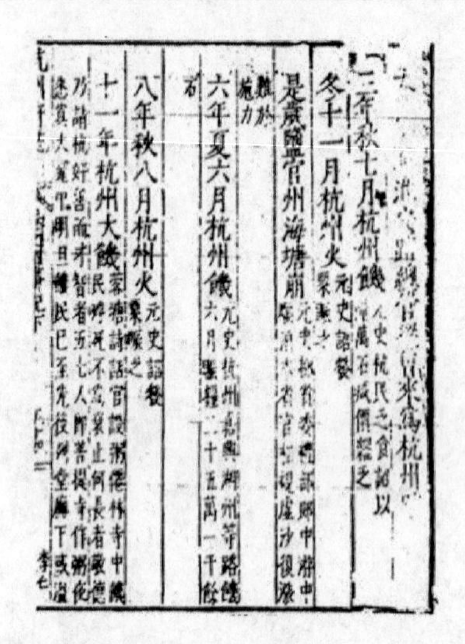
二年秋七月杭州饑
冬十一月杭州火
是歲鹽官州海塘崩
六年夏六月杭州饑
八年秋八月杭州火
十一年杭州大饑

图 5-21(b) 明万历七年《杭州府志·卷之四 事纪下》记载大德十一年饥荒

〈2〉**宁波市 宁海县**:十一年,旱,岁大歉,民相枕藉死[83]。四至七月不雨,大饥,民相食[84]。

慈溪县(今慈溪市):十一年,大旱,饥,疫,耗户近半[85]。

〈6〉**绍兴市 绍兴府(今绍兴市)**:十一年五月,大旱至八月方雨,六种绝收,饿者十八九,盗贼四起,父子相食(图 5-21c)[86]。

---

[83] 宁海县地方志编纂委员会.宁海县志·大事记.杭州:浙江人民出版社,1993:18.

[84] 宁波气象志编纂委员会.宁波气象志·第二章 气象灾害·附:气象灾害年表.北京:气象出版社,2001:92.

[85] 慈溪市地方志编纂委员会.慈溪县志·第三编 自然环境·第八章 自然灾害.杭州:浙江人民出版社,1992:150.

[86] 绍兴府志·卷之八十 祥异.清乾隆五十七年.

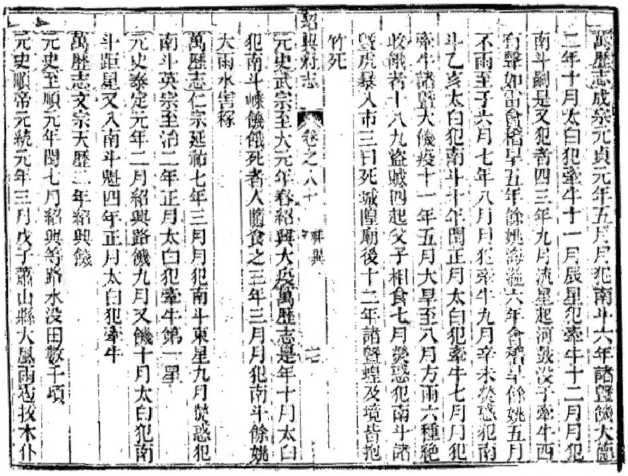

萬歷志成宗元貞元年五月月犯南斗六年諸暨饑大德
二年十月太白犯牽牛十一月辰星犯牽牛十二月月犯
南斗嗣是又犯者四三年九月流星起河鼓没于牽牛西
有聲如雷會稽旱五年餘姚海溢六年會稽旱餘姚五月
不雨至于六月七年八月月犯牽牛九月辛未熒惑犯南
斗乙亥太白犯南斗十年閏正月太白犯牽牛七月月犯
牽牛諸暨大饑疫十一年五月大旱至八月方雨六種絶
收餓者十八九盜賊四起父子相食七月熒惑犯南斗諸
暨虎暴入市三日死城隍廟後十二年諸暨蝗及境皆抱
竹死

紹興府志　卷之八十　祥異　七

元史武宗至大元年春紹興大疫萬歷志是年十月太白
犯南斗嵊饑餓死者人臨食之三年三月月犯南斗餘姚
大雨水害稼
萬歷志仁宗延祐七年三月月犯南斗東星九月熒惑犯
南斗英宗至治二年正月太白犯牽牛第一星
元史泰定元年二月紹興路饑九月又饑十月太白犯南
斗距星又入南斗魁四年正月太白犯牽牛
萬歷志文宗天歷二年紹興饑
元史至順元年閏七月紹興等路水没田數千頃
元史順帝元統元年三月戊子蕭山縣大風雨雹拔木仆

图 5-21(c)　清乾隆五十七年《绍兴府志·卷之八十　祥异》记载大德十一年旱灾

诸暨县(今诸暨市)：十一年五月大旱，至八月方雨，六种绝收，饿者十之八九，盗贼四起，父子相食[87]。

上虞县(今上虞市)：十一年夏，五月一日雨后晴，即旱，至八月八日方雨，六种绝收，饿死者十之八九，人食人至父子相食[88]。

〈10〉**台州市**　**台州**：十一年自夏四月不雨至秋八月，人相食[89]。十一年，又旱不雨至七月，大饥，民相食(图 5-21d)[90]。

87　陈桥驿. 浙江灾异简志. 杭州：浙江人民出版社，1991：201.

88　上虞市水利局. 上虞市水利志. 北京：中国水利水电出版社，1997：68.

89　陈桥驿. 浙江灾异简志. 杭州：浙江人民出版社，1991：201.

90　台州府志·卷百三十二之三十六　大事记五卷. 民国二十五年.

不倖吉帶言浙東一道地極邊惡賊所巢穴復還三萬戶以合剌帶一軍戍沿海明台亦怯
烈一軍戍溫處札剌帶一軍戍紹興從之世祖紀
成宗元貞二年四月黃巖饑元史五行志
大德四年三月臨海縣風雹五行志
七年五月風水大作寧海臨海二縣死者五百五十人五行志
九年饑康熙志
十年旱康熙志
十一年又旱四月不雨至七月大饑民相食康熙志 振之元史食貨志
時紹興慶元台州三路皆饑以鈔一十四萬七千餘錠鹽引五千道糧三十萬石振之食貨志
武宗至大元年春大疫五行志 復饑康熙志 死者甚衆振之武宗紀
時紹興慶元台州疫死者二萬六千餘人五行志 正月己巳紹興台州慶元廣德建康鎮江六
路饑死者甚衆饑戶四十六萬有奇戶月給米六斗以沒入朱清張瑄物貨隸徽政院者鬻
鈔三十萬錠振之武宗紀

台州府志【卷一百三十三】大事略二 上海游民習藝所承印

十一月詔免田租武宗紀
仁宗延祐元年七月饑五行志
八月丁未水詔發廩減價振糶仁宗紀
英宗至治元年三月庚辰廷試進士賜泰普化及第英宗紀
三年三月甲辰黃巖州饑振糧兩月英宗紀
泰定帝泰定二年饑康熙志
文宗天曆二年六月饑文宗紀
江浙行省言紹興慶元台州婺州諸路饑民凡十一萬八千九十戶文宗紀
至順元年夏四月臨海等縣饑振糶米五千石文宗紀
順帝至元二年九月饑發義倉募富人出粟振之順帝紀
是年臨海大火康熙臨海志
至正元年四月臨海火臨海志
閏七月大水康熙志

1780

图 5-21(d)　民国二十五年《台州府志·卷百三十二之三十六大事记五卷》记载大德十一年旱灾

临海县：十一年，旱，四月不雨，大饥，民相食[91]。

黄岩县(今黄岩区)：十一年四至七月，无雨，发生大饥荒，人相食[92]。

---

[91] 临海县志编纂委员会. 临海县志·第三编　自然地理·第八章　自然灾害. 杭州：浙江人民出版社，1989：148.

[92] 浙江省黄岩县志办公室. 黄岩县志·第三编　自然环境. 上海：上海三联书店，1992：90.

1354 年

图 5-22　1354 年浙江省大灾分布图

评价:浙东。大灾点连贯性较好。死亡人数为数百人(图 5-22)。

灾种:饥荒。

资料条数:2 条。

〈10〉**台州市　台州**:元至正十四年(1354 年)春,浙东台州,江东饶,闽海福州、邵武、汀州,江西龙兴、建昌、吉安、临江,广西静江等郡皆大饥,人相食[93]。

93　元史・卷五十一　志第三下.

台州(今三门县):十四年春,大饥,人相食[94]。

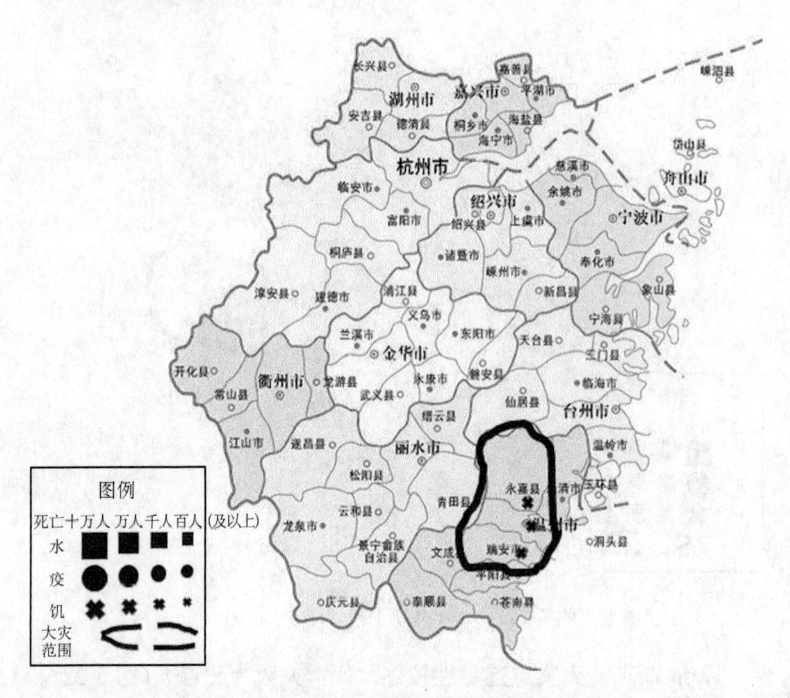

图 5-23　1423 年浙江省大灾分布图

评价:浙东南。大灾点连贯性好。“自秋至明春不雨”,冬季、春季无雨,致使“晚禾无收,早秧亦不能下”。死亡人数为数百人(图 5-23)。

灾种:干旱造成饥荒。

资料条数:4 条。

〈3〉**温州市**　**温州**:明永乐二十一年(1423 年)自秋至明春不

94　三门县志编纂委员会.三门县志·第二编　自然环境·第三章　气候.杭州:浙江人民出版社,1992:100.

雨，晚禾无收，早秧亦不能下，民大饥，草根木皮，食之殆尽，死者枕藉于道[95]。

鹿城(今鹿城区)：二十一年，自秋至明春不雨，晚禾无收，早秧亦不能下，民大饥，草根木皮食之殆尽，死者枕藉于道[96]。

永嘉、瑞安县(今瑞安市)：二十一年，自秋至明春不雨，晚禾无收，早秧亦不能下，民大饥，食之殆尽，死者枕藉于道[97]。

永嘉县：二十一年，自秋至明春不雨，晚禾无收，早秧亦不能下，民大饥，草木木皮食之殆尽，死者枕籍于道[98]。

95 陈桥驿. 浙江灾异简志. 杭州：浙江人民出版社，1991：207.

96 李定荣. 温州市鹿城区水利志·大事记. 北京：中国水利水电出版社，2007：10.

97 温克刚. 中国气象灾害大典·浙江卷·第三章　干旱、热害. 北京：气象出版社，2006：127.

98 永嘉县志·卷三十六　祥异. 光绪.

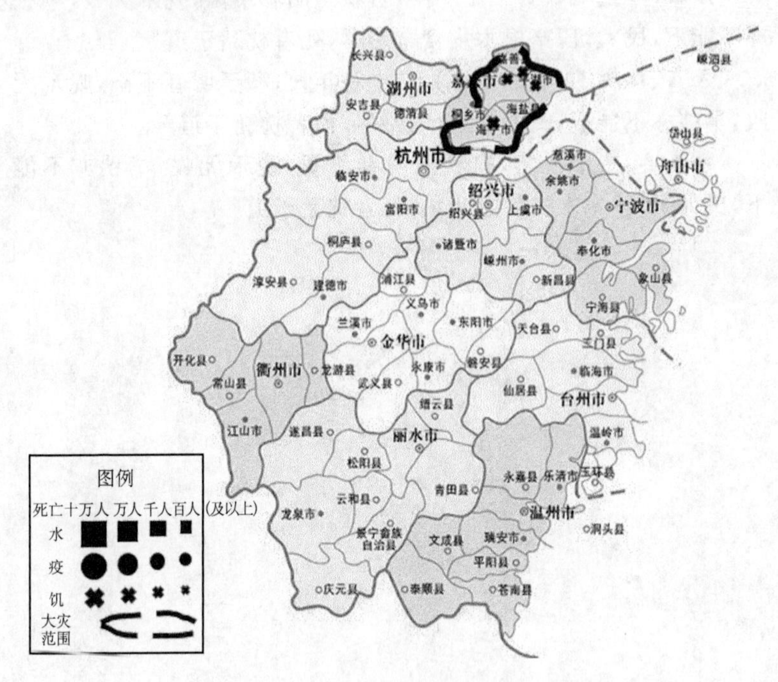

图 5-24　1451 年浙江省大灾分布图

评价:浙北。大灾点连贯性好。旱灾引发粮价腾贵,“斗米百钱”。死亡人数为数百人(图 5-24)。

灾种:干旱造成饥荒。

资料条数:3 条。

〈4〉**嘉兴市　嘉兴县(今嘉兴市)**:明景泰辛未(二年,1451 年)夏,旱,大饥,斗米百钱,道殣相望[99]。

99　嘉兴县志·卷十六　灾祥.明崇祯.

嘉善、平湖、海宁县：二年夏，旱，大饥，道殣相望[100]。

平湖县(今平湖市)：二年夏，旱，大饥，斗米百钱，道殣相望[101]。

图 5-25 1454 年浙江省大灾分布图

评价：浙北。大灾点连贯性好。“夏大水，继秋亢旱”，涝旱相继，冰冻，大疫，数灾并发。死亡人数为数百人(图 5-25)。

灾种：干旱造成饥荒、瘟疫、低温冷害。

---

100 温克刚. 中国气象灾害大典 · 浙江卷 · 第三章 干旱、热害. 北京：气象出版社，2006：128.

101 平湖县志 · 卷二十五 外志 · 祥异. 清光绪十二年.

资料条数:4 条。

〈4〉**嘉兴市　平湖县(今平湖市)**:明景泰五年(1454 年)六月,大疫,死者相枕籍[102]。

〈5〉**湖州市　湖州**:五年夏大水,继秋亢旱,大饥疫,民相食[103]。

长兴县:五年,湖州大雨伤苗,六旬不止,夏大水,秋亢旱,大饥疫,民相食[104]。

安吉县:五年,安吉孝丰雪深七尺,冻死甚众[105]。

102　平湖县志·卷二十五　外志·祥异.光绪十二年.

103　湖州市地方志编纂委员会.湖州市志(上卷)·第三卷　自然环境·第七章　自然灾害录.北京:昆仑出版社,1999:224.

104　长兴县志编纂委员会.长兴县志·第二卷　自然环境·第七章　自然灾害.上海:上海人民出版社,1992:107.

105　温克刚.中国气象灾害大典·浙江卷·第四章　寒潮、大雪.北京:气象出版社,2006:165.

1455 年

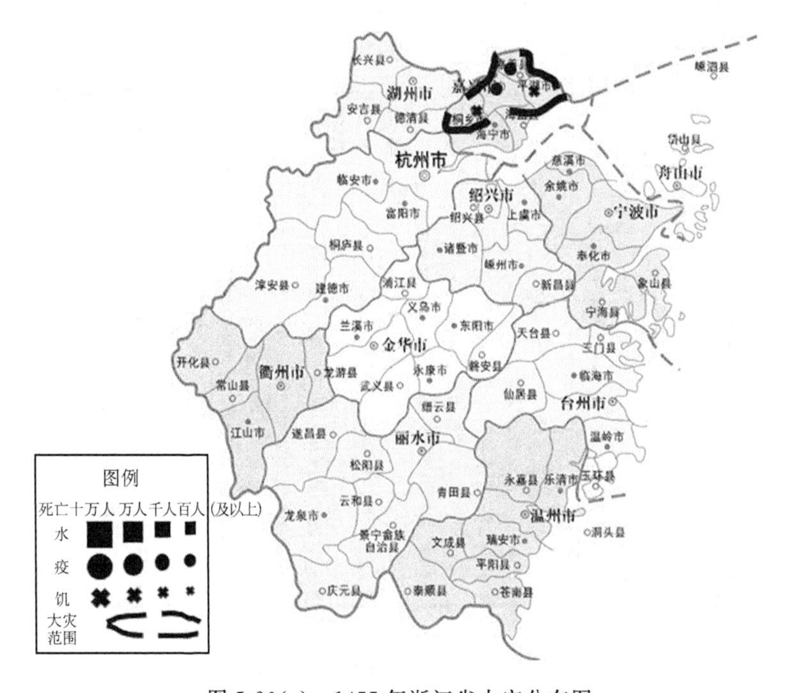

图 5-26(a) 1455 年浙江省大灾分布图

评价:浙北。大灾点连贯性好。“三月不雨至于六月”,有 3 个月不雨,正是发生在雨季。死亡人数为数百人(图 5-26a)。

灾种:干旱造成饥荒、瘟疫。

资料条数:4 条。

〈4〉**嘉兴市　嘉兴县(今嘉兴市)**:明景泰乙亥(六年,1455 年),大疫,死者相枕藉[106]。

桐乡县(今桐乡市):六年,嘉兴府自三月不雨至于六月,石门

106　嘉兴县志·卷十六　灾祥.崇祯.

旱，斗米千钱，饥，民饿死者甚众[107]。

平湖县（今平湖市）：六年，嘉兴府自三月不雨至于六月，石门旱，斗米百钱，饥，民饥死者甚众[107]。

嘉善县：六年乙亥，大疫，死者相枕藉（图 5-26b）[108]。

九年甲寅大水無秋楊志
正統七年壬戌大水七月十七日颶風大作圩岸俱圮八年癸
亥大風雨害稼章志九年甲子大水江湖泛溢隄防衝決淹沒
禾稼補纂參明英宗實錄十一年丙寅五月大水十四年己巳大水無
秋章志
景泰元年庚午正月大雪二旬間有黑花凝積至丈餘民多餓
死鳥鵲幾盡夏霪雨傷稼大饑二年辛未夏旱大饑府圖記五
年甲戌二月大雪連四十日平地數尺民開茅角俱壓毀于志
是年大雨傷苗六旬不止補纂參明史五行志六年乙亥大疫死者相
枕藉于志
天順元年丁丑七月蝗補纂參明史五行志二年戊寅大旱運河竭章志

嘉善縣志 卷三十四 祥眚 二

圖記作元年四年庚辰四五月陰雨連綿江湖泛溢麥禾俱傷籽
粒無收明實錄六年壬午太平道院眞武殿柱產芝三本倪志
成化二年丙戌海溢大水敗稼補纂參吳府志六年庚寅正月大水無
麥補纂參袁府志五月大水傷禾于志七年辛卯閏九月海溢淹田宅
人畜無算補纂參明史五行志九年癸巳四月水災補纂參明史八月魏塘
顧氏園生嘉禾二本倪志十二年丙申九月二十日袁府志作二十九日
地震十二月恒寒冰凝踰月舟楫不通章志十三年丁酉正月
震雷大雪補纂參趙圖記十四年戊戌八月二十日夜南方有聲如
運磨達旦十二月龍見於南方以十數康熙府志十五年己亥六
月初十日夜彗流如火曳尾長五六丈移時始滅九月二十
日地震自申起至寅始定參于志章志十六年庚子奉四南區民

673

图 5-26(b) 光绪十八年《重修嘉善县志·卷三十四 杂志(上)·眚祥》记载景泰六年瘟疫

107 桐乡市桐乡县志编纂委员会. 桐乡县志·第二编 自然环境·第五章 自然灾害. 上海：上海书店出版社，1996：139.

108 重修嘉善县志·卷三十四 杂志(上)·眚祥. 光绪十八年.

图 5-27(a) 1456 年浙江省大灾分布图

评价:浙东北。大灾点连贯性较好。景泰四年、五年、六年、七年连续大灾。死亡人数为数百人(图 5-27a)。

灾种:干旱造成饥荒。

资料条数:2 条。

〈2〉**宁波市 奉化县(今奉化市)**:明景泰七年(1456 年)夏,旱,人饥,饿殍载道[109]。

---

109 宁波气象志编纂委员会.宁波气象志·第二章 气象灾害·附:气象灾害年表.北京:气象出版社,2001:93.

〈10〉**台州市　天台县**：七年，天台大饥，民多流亡(图 5-27b)[110]。

詭合方物戎器滿而東遇官兵矯云入貢我無備即肆殺掠貢即不如期守臣幸無事輒請
俯順倭情已而備禦漸疏至是倭入桃渚大掠官庾民舍焚劫驅掠少壯發掘塚墓束嬰孩
竿上沃以沸湯視其啼號拍手笑樂得孕婦卜度男女刳視中否為勝負飲酒積骸如陵明史
紀事本末浙江僉事陶成有智略遇事敢任倭犯桃渚成密布釘板海沙中倭至躍舟躍上釘洞
足背倭畏之遠去成字孔思鬱林人明史成傳先是洪熙時黃巖民周來保困於徭役叛入倭
倭每來寇為之鄉導正統八年導倭犯樂清先登岸偵伺俄倭去來保留村中丐食被獲置
極刑梟其首於海上日本傳
五年臨海天台等縣五六月間大旱傷稼明實錄
八年城桃渚黃巖志
三月隕霜如雪殺草木豆無葉自四月雨至於八月麥腐禾苗不長八月又大風雨水溢六穀
無收萬曆天台志
是月郡大水黃巖台州衛碑記松門海門海潮泛溢壞城郭官亭民舍軍器明史五行志
九年閏七月大水五行志

台州府志　卷一百三十四　大事略三　四

冬瘟疫大作五行志
時台州紹興寧波俱瘟疫及明年死者三萬餘人五行志
十年三月大旱黃佐翰林記
時寧波台州久旱民遭疾疫遣禮部王英祀南鎮至日即雨灌獻之夕雨止明日又雨田野
霑足浙江通志引聞見錄
正統中巡按御史馬謹疏振台處寧紹四府饑明史馬謹傳
代宗景泰二年四月仙居梅盡花康熙府志
十二月庚寅王一寧以禮部侍郎兼翰林學士直文淵閣預機務景帝紀
三年四月王一寧兼太子少師七月卒明史宰輔表
四月寧海大饑民多殍死光緒寧海志
六年倭寇健跳所官軍城守不得入天下郡國利病書
七年天台大饑民多流亡萬曆天台志
憲宗成化四年大雨海溢康熙府志

1789

图 5-27(b)　民国二十五年《台州府志·卷百三十二之三十六
大事记五卷》记载景泰七年饥荒

110　台州府志·卷百三十二之三十六　大事记五卷．民国二十五年．

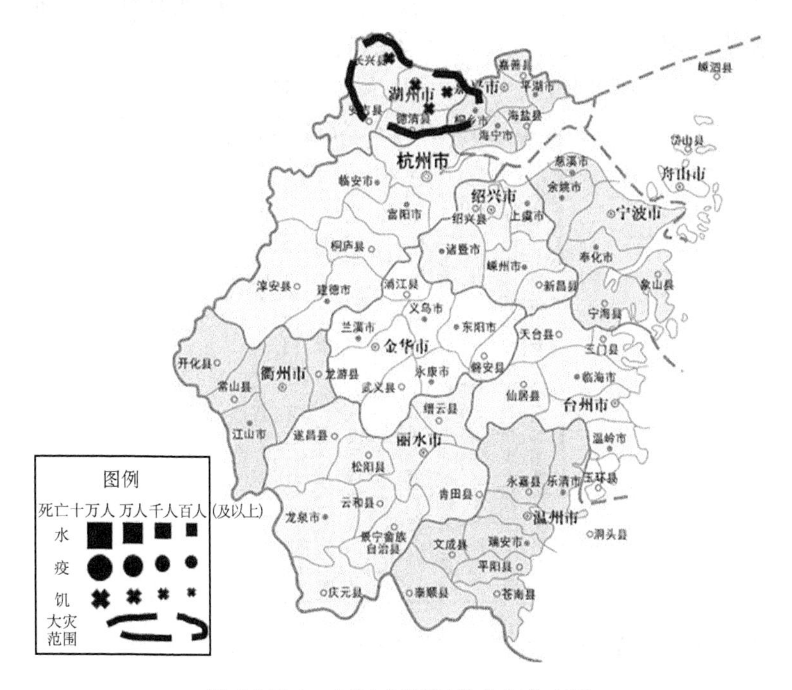

图 5-28(a) 1482 年浙江省大灾分布图

评价:浙北。大灾点连贯性好。旱涝频仍。死亡人数为数百人(图 5-28a)。

灾种:洪涝造成饥荒。

资料条数:4 条。

〈5〉**湖州市** **湖州**:明成化十八年(1482 年),大饥,人相食[111]。

111 湖州市地方志编纂委员会.湖州市志(上卷)·第三卷 自然环境·第七章 自然灾害录.北京:昆仑出版社,1999:229.

乌程县(今吴兴区):十八年,大饥,人相食[112]。

南浔镇(今南浔区):十八年,春夏不雨,七月飓风暴雨为患,八月连日大雨,太湖水溢,平地水深数尺,禾稻漂没,九月至冬,无时不雨,稼悉漂没,民饥,次年大饥,民相食[113]。

长兴县:明成化十八年,大饥,人相食(图 5-28b)[114]。

溢麥禾俱傷同上五年六月免湖州去年被災田糧同上
七月大風雨太湖溢漂沒民居死者甚眾太湖備考八年
大水民饑顧志邑人臧恭代輸一縣田賦韓志成化六年
四月湖州水災免稅糧明憲宗實錄九年四月湖州水災
十年水災免成化九年秋糧同上十二年十二月太湖
冰舟楫不通者逾月太湖備考十七年春夏不雨七月雨
有颶風八月連大雨太湖水溢平地深數丈九月[illegible]
大風雨晝夜如注至冬無日不雨禾稼僅存者悉[illegible]
沒明年大饑人相食二十年湖州水大饑二十二年
大水新府志宏治四年十一月以湖屬免夏稅秋糧有

图 5-28(b) 清同治十三年《长兴县志·卷九 灾祥》记载成化十八年饥荒

112 上海、江苏、安徽、浙江、江西、福建省(市)气象局,中央气象局研究所.华东地区近五百年气候历史资料,1978:4.37.

113 南浔镇志编纂委员会.南浔镇志·大事记.上海:上海科学技术文献出版社,1995:9.

114 长兴县志·卷九 灾祥.清同治十三年.

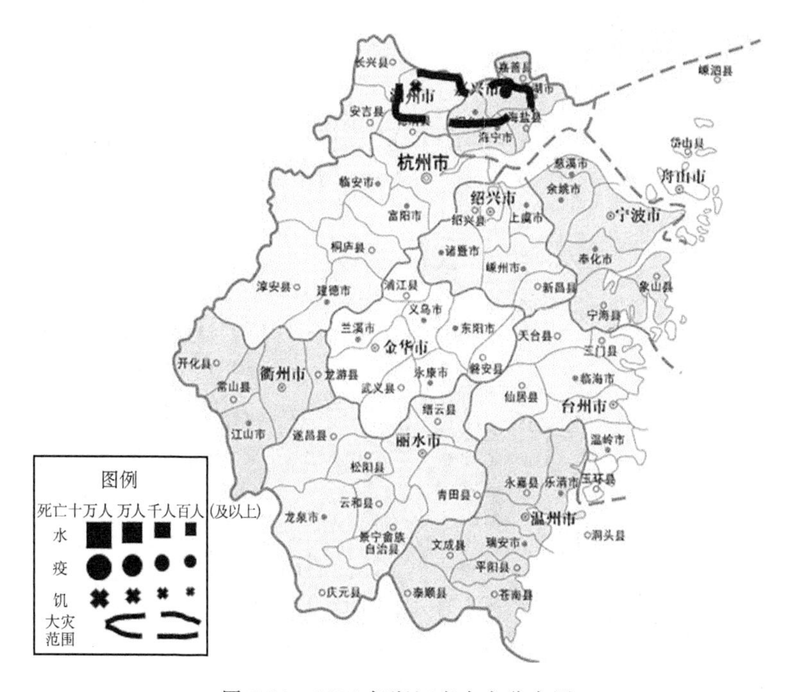

图 5-29 1506 年浙江省大灾分布图

评价:浙北。大灾点连贯性好。饥疫频仍。死亡人数为数百人(图 5-29)。

灾种:饥荒、瘟疫。

资料条数:2 条。

〈4〉**嘉兴市 嘉兴县(今嘉兴市)**:明正德辛亥(元年,1506 年)五月,大疫,死者枕藉[115]。

〈5〉**湖州市 孝丰县(今安吉县孝丰镇)**:元年,孝丰岁大祲,道

115 嘉兴县志·卷十六 灾祥.崇祯.

殣相望[116]。

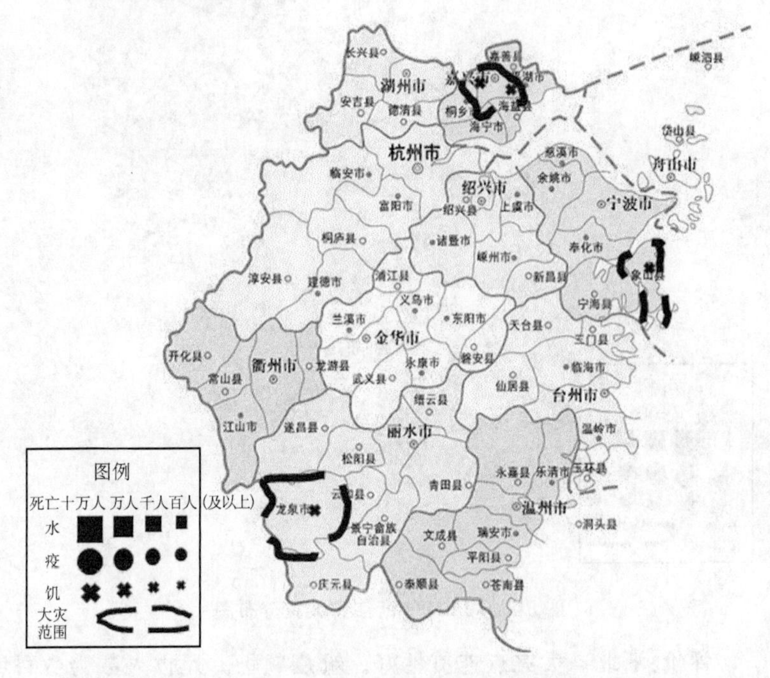

图 5-30(a) 1509 年浙江省大灾分布图

评价:浙北。大灾点连贯性好。由于饥荒,“民采榉树皮舂磨作饼充饥,食之多死”。死亡人数为数百人(图 5-30a)。

灾种:干旱、寒冷造成饥荒,瘟疫。

资料条数:4 条。

〈2〉**宁波市　象山县:**明正德四年(1509 年)冬,大雪,草木尽

116　上海、江苏、安徽、浙江、江西、福建省(市)气象局,中央气象局研究所. 华东地区近五百年气候历史资料,1978:4.39.

萎，冻饿死者无数，男女鬻于异乡者甚众[117]。

〈4〉**嘉兴市**　**杭、嘉、湖、苏、松、常、镇等州**：四年七至十月，禾尽腐，每斗米价一百九十钱，大饥，疫病蔓延，积尸盈河[118]。

嘉兴府(今嘉兴市)：乙巳秋，大旱，米价腾踊如前，殍殣相望(图 5-30b)[119]。

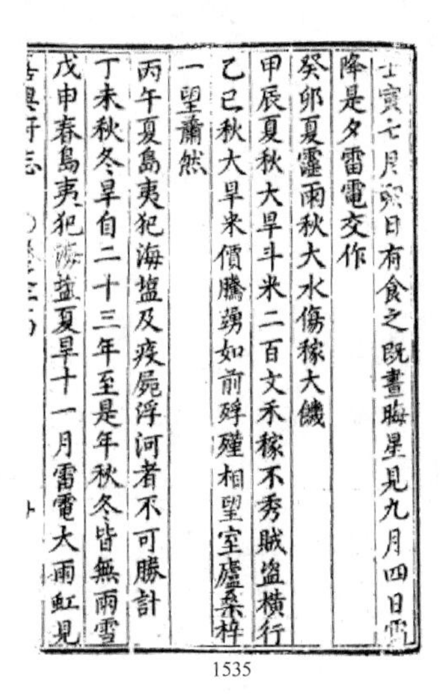
壬寅七月朔日有食之既晝晦星見九月四日雷
降是夕雷電交作
癸卯夏霪雨秋大水傷稼大饑
甲辰夏秋大旱斗米二百文禾稼不秀賊盜橫行
乙巳秋大旱米價騰踴如前殍殣相望室廬桑梓
一望蕭然
丙午夏島夷犯海塩及疫屍浮河者不可勝計
丁未秋冬旱自二十三年至是年秋冬皆無雨雪
戊申春島夷犯海塩夏旱十一月雷電大雨虹見

1535

图 5-30(b)　明万历二十八年《嘉兴府志·卷二十四　丛记》记载正德四年饥荒

〈11〉**丽水市**　**龙泉县**：四年春夏，大饥，民采榉树皮舂磨作饼充饥，食之多死[120]。

117　象山县志编纂委员会. 象山县志·地理·第七章　气候. 杭州：浙江人民出版社，1998：119.

118　嘉兴市志编纂委员会. 嘉兴市志(上册)·第四篇　自然环境·自然灾异. 北京：中国书籍出版社，1997：318.

119　嘉兴府志·卷二十四　丛记. 明万历二十八年.

120　龙泉县志编纂委员会. 龙泉县志·大事记. 上海：汉语大词典出版社，1994.

1510 年

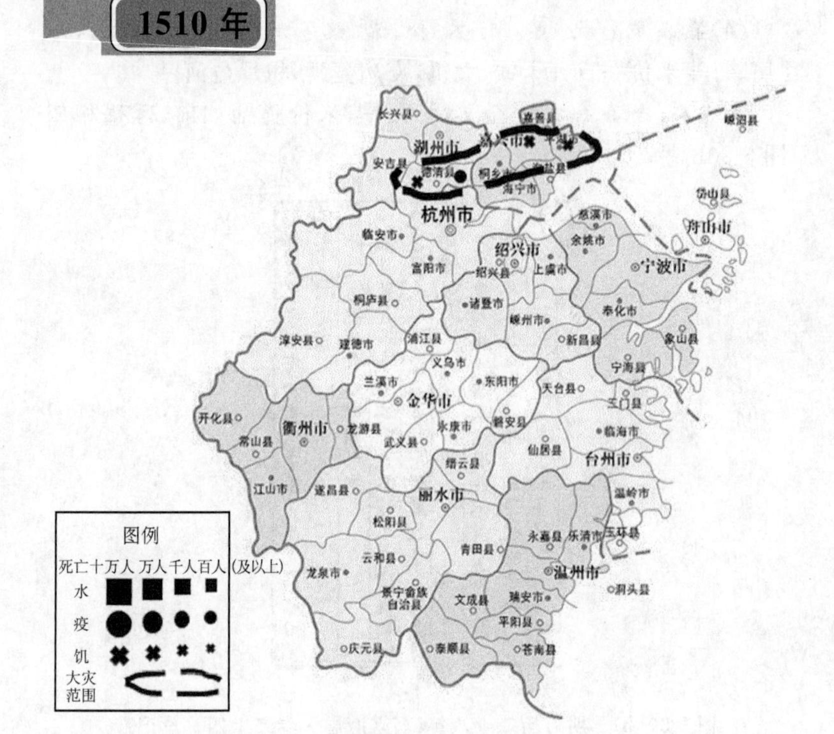

图 5-31　1510 年浙江省大灾分布图

评价:浙北。大灾点连贯性好。“积尸盈河”,死亡人数近千人(图 5-31)。

灾种:干旱、洪涝造成饥荒,瘟疫。

资料条数:4 条。

〈4〉**嘉兴市　嘉、湖、苏、松、常等州 26 县**:明正德五年(1510 年)五月,水位到六道中,不通往来,农作物受灾,吴江长桥水浸尺余,斗米三百钱,大饥,民半数逃亡,大饥,积尸盈河[121]。

121　嘉兴市志编纂委员会. 嘉兴市志(上册)·第四篇　自然环境·自然灾异. 北京:中国书籍出版社,1997:318.

平湖县(今平湖市):五年,春淫雨,水势更大于正德四年,民乏食,积尸盈河,灾情更大于正德四年[122]。

〈5〉**湖州市　德清县**:五年,武康大水,岁荒民疫,死者枕藉[123]。

武康县(今德清县):五年,大水,饿殍枕藉[124]。

1526 年

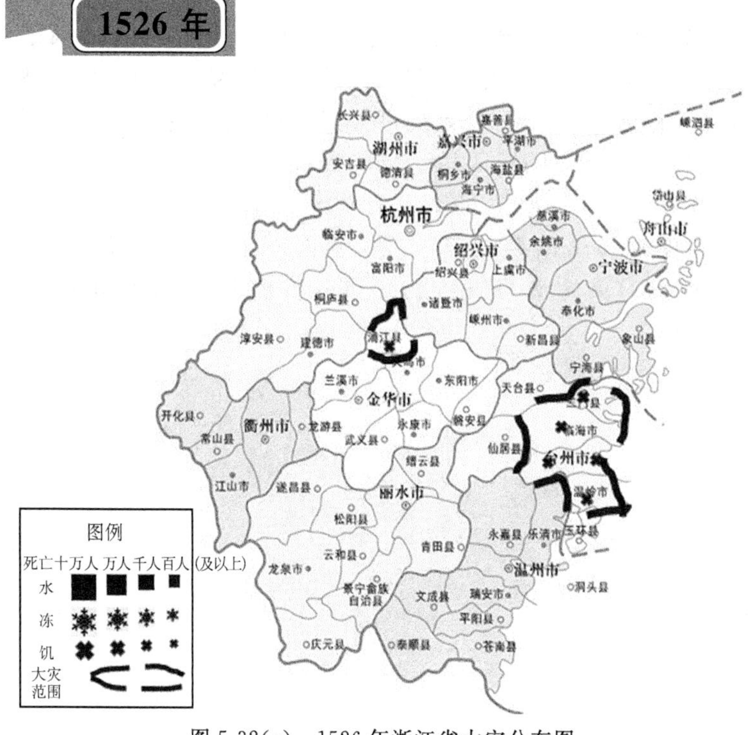

图 5-32(a)　1526 年浙江省大灾分布图

122　桐乡市桐乡县志编纂委员会.桐乡县志·第二编　自然环境·第五章　自然灾害.上海:上海书店出版社,1996:137.

123　上海、江苏、安徽、浙江、江西、福建省(市)气象局,中央气象局研究所.华东地区近五百年气候历史资料,1978:4.39.

124　武康县志·卷一　祥异.乾隆十二年.

评价:浙东。大灾点连贯性好。干旱导致粮食减产,没有可吃的,"草根俱尽,死者相枕",死亡人数为近千人(图 5-32a)。

灾种:干旱造成饥荒。

资料条数:6 条。

〈7〉**金华市　浦江县**:明嘉靖五年(1526 年)大旱,草根树皮俱食尽,饿殍载道[125]。

〈10〉**台州市　台州、黄岩、临海县**:五年,台州旱饥,草木俱尽,死者相枕;黄岩大旱。临海大旱,饥甚,人食草木,死者枕藉。温岭大旱,六月至九月不雨,民大饥(民国《台州府志》卷一三四、万历《黄岩县志》卷七、《临海县志》、《温岭县志》)。

临海县:五年,大旱,饥甚,人食草木,死者甚众[126]。

临海县(今三门县):五年,大旱,饥甚,人食草木,死者相枕[127]。

黄岩县(黄岩区):五年,大旱饥,草根俱尽,死者相枕(图 5-32b)[128]。

125　上海、江苏、安徽、浙江、江西、福建省(市)气象局,中央气象局研究所.华东地区近五百年气候历史资料,1978:4.133.

126　临海县志编纂委员会.临海县志·第三编　自然地理·第八章　自然灾害.杭州:浙江人民出版社,1989:149.

127　三门县志编纂委员会.三门县志·第二编　自然环境·第三章　气候.杭州:浙江人民出版社,1992:101.

128　黄岩县志·卷七　纪变.明万历.

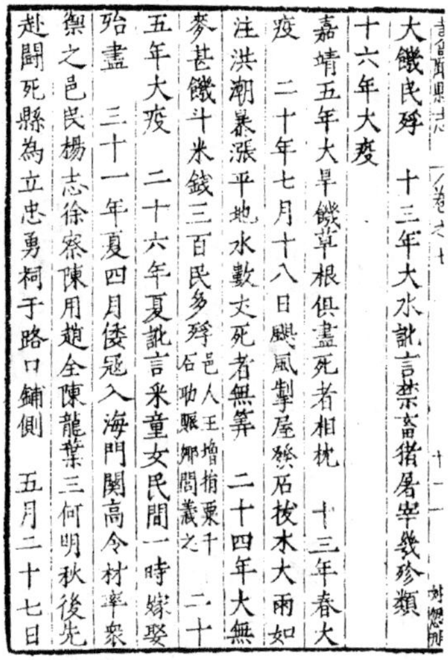

黃岩縣志　卷之七

大饑民殍　十三年大水訛言禁畜猪屠宰殺殄類

十六年大疫

嘉靖五年大旱饑草根俱盡死者相枕　十三年春大

疫　二十年七月十八日颶風掣屋發石拔木大雨如

注洪潮暴漲平地水數丈死者無算　二十四年大無

麥甚饑斗米錢三百民多殍邑人王增捐粟千石助賑鄉閭義之　二十

五年大疫　二十六年夏訛言采童女民間一時嫁娶

殆盡　三十一年夏四月倭寇入海門關高令材率衆

禦之邑民楊志徐察陳用趙全陳龍葉三何明秋後先

赴鬬死縣為立忠勇祠于路口鋪側　五月二十七日

图 5-32(b)　明万历《黄岩县志·卷七　纪变》记载嘉靖五年饥荒

太平县(今温岭市):五年,大旱饥,米斗四百,民亡盖藏(图 5-32c)[129]。

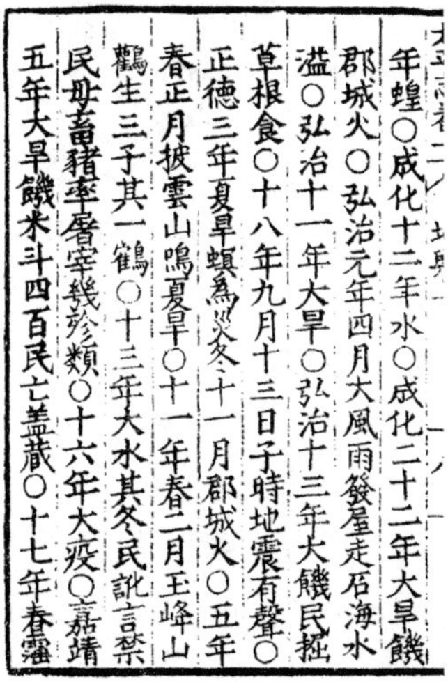

太平志卷二　地輿

年蝗○成化十二年水○成化二十二年大旱饑

郡城火○弘治元年四月大風雨發屋走石海水

溢○弘治十一年大旱○弘治十三年大饑民掘

草根食○十八年九月十三日子時地震有聲○

正德三年夏旱蝗為災冬十一月郡城火○五年

春正月披雲山鳴夏旱○十一年春二月王峰山

鸛生三子其一鶴○十三年大水其冬民訛言禁

民毋畜猪率屠宰殺殄類○十六年大疫○嘉靖

五年大旱饑米斗四百民亡蓋藏○十七年春霪

图 5-32(c)　明嘉靖《太平县志·地舆二》记载嘉靖五年饥荒

129　太平县志·地舆二.明嘉靖.

1538 年

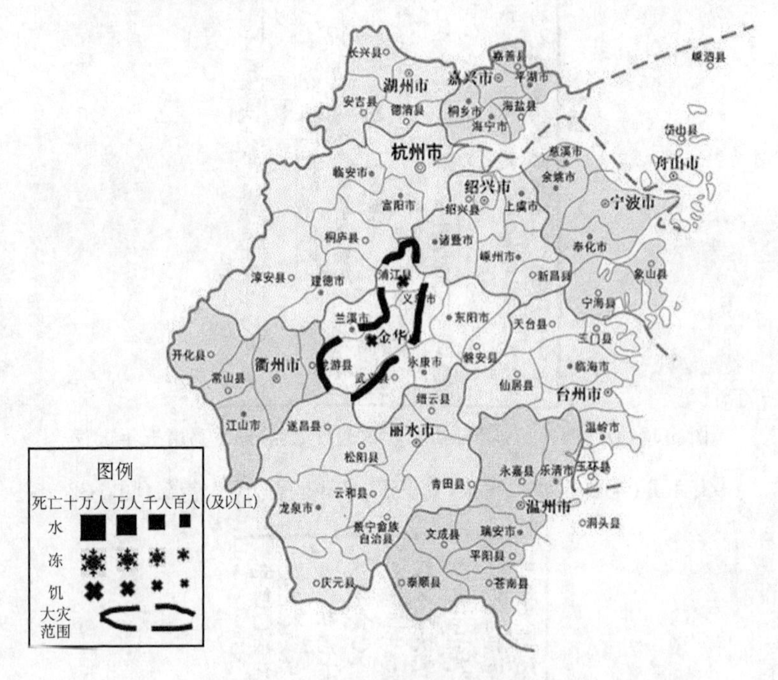

图 5-33　1538 年浙江省大灾分布图

评价:浙中偏西。大灾点连贯性较好。“又旱”,是复旱的意思,“饿殍载道”。死亡人数为数百人(图 5-33)。

灾种:干旱造成饥荒。

资料条数:2 条。

〈7〉**金华市**　**金华:**嘉靖十七年(1538 年),金华府八月俱旱,饿殍载道[130]。

130　浙江省金华市水电局.金华市水利志·第二编　水旱灾害与防汛防·旱一章　水旱灾害.北京:中国水利水电出版社,1996:113.

浦江县：十七年，又旱，自十五年至此，饿殍载道[131]。

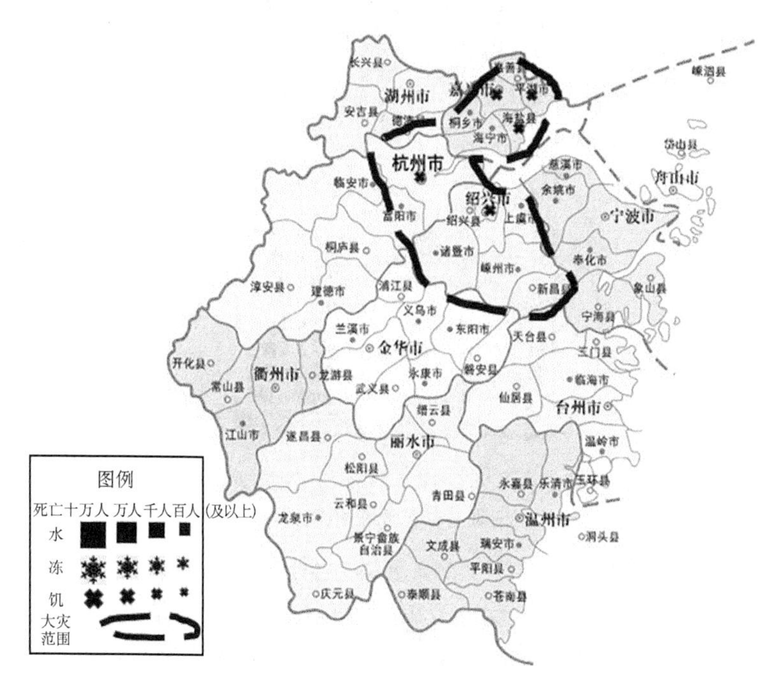

图 5-34(a)　1544 年浙江省大灾分布图

评价：浙北。大灾点连贯性好。“连年大旱，湖尽涸为赤地”，粮食产量大减，造成严重饥荒。“米价腾贵，民食草木至有食人肉者”。死亡人数为上千人（图 5-34a）。

灾种：干旱造成饥荒。

资料条数：5 条。

131　浦江县志编纂委员会. 浦江县志·第二编　自然环境·第六章　灾异. 杭州：浙江人民出版社，1990：91.

〈1〉**杭州市　杭州府(今杭州市)**:明嘉靖二十三年(1544 年),杭州大无麦禾。是岁,大旱,田无麦禾,米石价一两八钱,饿莩载道,富者亦食半菽(图 5-34b)[132]。

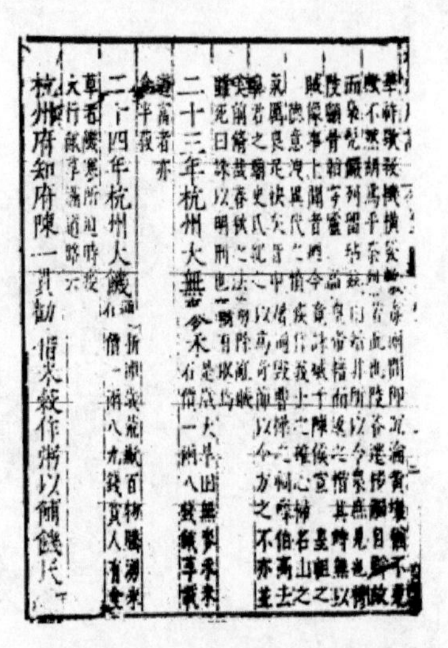
二十三年杭州大無麥禾

富者亦食半菽

二十四年杭州大饑

杭州府知府陳一貫勸借米穀作粥以餔餓民

图 5-34(b)　明万历七年《杭州府志·卷之四　事纪下》记载嘉靖二十三年饥荒

〈4〉**嘉兴市　嘉兴、平湖、海盐县**:二十三年,嘉兴府各县夏秋大旱,平湖、海盐尤甚,乡民力田外,恒以纺织为生,是岁,木棉旱槁,机杼为空,民皆束手待毙,水上浮尸及途中饿殍为鸢狗所食者不可胜计[133]。

海盐县:二十三年,荐饥,人死徙转鬻者不胜计(图 5-34c)[134]。

132　杭州府志·卷之七　国朝郡事纪下.明万历七年.

133　陈桥驿.浙江灾异简志.杭州:浙江人民出版社,1991:222.

134　海盐县志·卷十三　祥异考.清光绪二年.

四月甘露降凝結如霜樹爲之白 案董穀澉水志載是年蝗蔽天

二十二年大饑

二十三年荐饑人死徙轉溝者不勝計

三十一年二月隱馬山有軍馬現遠望甚明即之不見八月復現未幾海寇至 是年秋九月日將晡時西方有赤氣亘天不散如是者百餘日明年海寇作民被殺戮者無算

三十二年五六月地連震生白毛長者四五寸李樹生黃

1280

图 5-34(c) 清光绪二年《海盐县志·卷十三 祥异考》记载嘉靖二十三年饥荒

平湖县(今平湖市):二十三年夏秋大旱,禾蹲无收,米价腾贵,民食草木至有食人肉者[135]。

〈6〉**绍兴市 绍兴府(今绍兴市)**:二十三年明年,合府连年大旱,湖尽涸为赤地,斗米二钱,丐人饥死接踵。乡人挟粞一升夜归,即被劫杀于道。郡县散谷赈饥,饥民趋就食,或死于道,或至仓前死[136]。二十三四年绍兴合郡连年大旱,湖尽涸为赤地,斗米银二钱,人饥死接踵(图 5-34d)[137]。

135 浙江省平湖县县志编纂委员会.平湖县志·第三编 自然环境·第三章 气候.上海:上海人民出版社,1993:110.

136 绍兴市地方志编纂委员会.绍兴市志·第一卷·大事记.杭州:浙江人民出版社,1997:76-104.

137 绍兴府志·卷之八十 祥异.清乾隆五十七年.

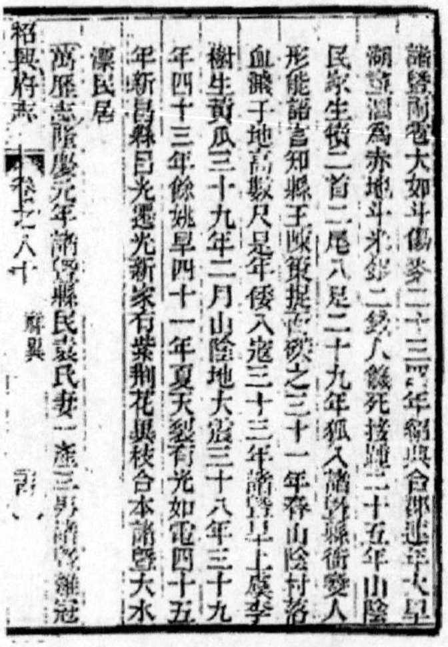

諸暨雨雹大如斗傷麥二十三四年紹興合郡連年大旱
湖盡涸爲赤地斗米銀二錢人饑死接踵二十五年山陰
民家生彘二首二尾八足二十九年狐入諸暨縣衙變人
形能語言知縣王畋策捉而斃之三十一年春山陰村落
血灑于地高數尺是年倭入寇三十三年諸暨上虞李
樹生黄瓜三十九年二月山陰地大震三十八年三十九
年四十三年餘姚旱四十一年夏天裂有光如電四十五
年新昌縣日光還光新家有紫荆花異枝合本諸暨大水
漂民居
萬歷志隆慶元年諸暨縣民袁氏妻一產三男諸暨雞冠

紹興府志 卷之八十 祥異

图 5-34(d) 清乾隆五十七年《绍兴府志·卷之八十 祥异》记载嘉靖二十三年四旱灾

1545 年

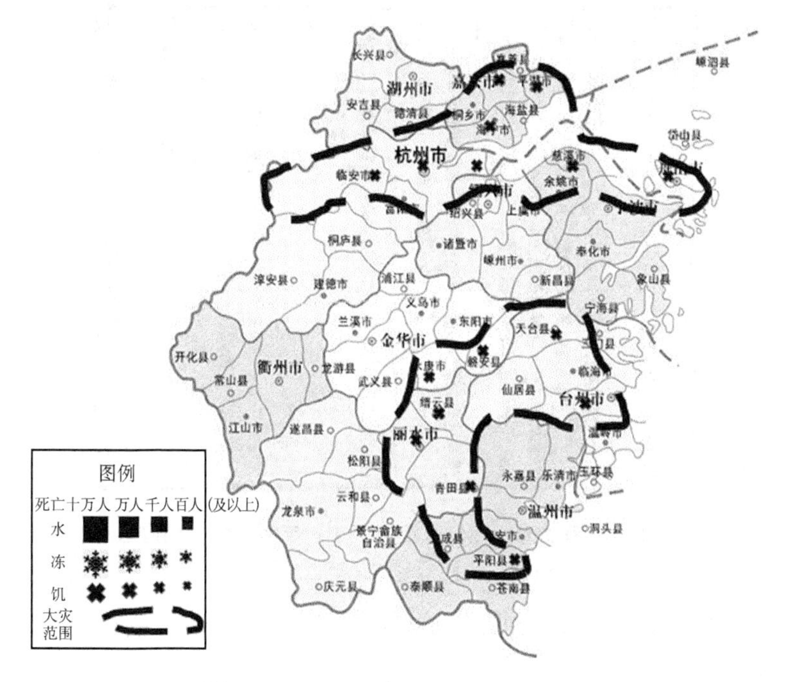

图 5-35(a) 1545 年浙江省大灾分布图

评价:浙北、浙中、浙东南。大灾点连贯性较好。很大的两块灾区,涉及二十余州县。旱情很重。“饿殍盈野塞河,鱼族腥秽不堪食”,因饥因病死亡之人,无人收殓,被抛入河中,河水被污染,死尸、鱼尸味道交杂在一起,十分难闻。死亡人数为上千人(图 5-35a)。

灾种:干旱造成饥荒。

资料条数:17 条。

《浙江通志》卷一〇九载:明嘉靖二十四年(1545 年),“浙江旱,杭州大饥,通浙连岁荒歉,百物腾涌,贫者有食草者,时疫大行,饿殍满道”。

〈1〉**杭州市　杭州**:明嘉靖二十四年(1545 年),杭州大饥,通浙连岁荒歉，百物腾涌，贫人有食草者，时疫大行，饿殍载道（图 5-35b）[138]。

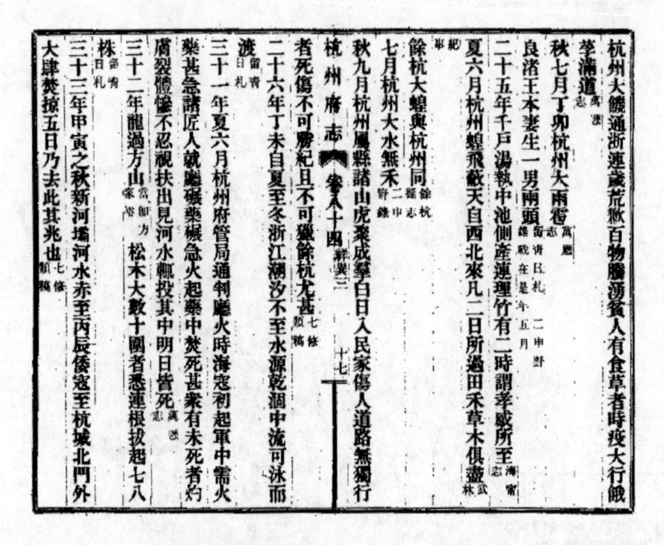
杭州大饑通浙連歲荒歉百物騰湧貧人有食草者時疫大行餓
莩滿道萬曆志
秋七月丁卯杭州大雨雹萬曆志
良渚王本妻生一男兩頭留青日札二申野錄載在是年五月
二十五年千戶湯執中池側產連理竹有二時謂孝感所至海寧志
夏六月杭州蝗飛蔽天自西北來凡二日所過田禾草木俱盡武林紀事
餘杭大蝗與杭州同餘杭縣志
七月杭州大水無禾二申野錄
秋九月杭州屬縣諸山虎聚成羣白日入民家傷人道路無獨行

杭州府志 卷八十四 祥異三 十七

者死傷不可勝紀且不可蹤餘杭尤甚七修類稿
二十六年丁未自夏至冬浙江潮汐不至水源乾涸中流可泳而
渡留青日札
三十一年夏六月杭州府管局通判廳火時海寇初起軍中需火
藥甚急諸匠人就廳碾藥碾急火起藥中焚死甚衆有未死者灼
爛裂體慘不忍視扶出見河水輒投其中明日皆死萬曆志
三十二年龍過方山嘗卽方家塢松木大數十圍者悉連根拔起七八
株留青日札
三十三年甲寅之秋新河壩河水赤至丙辰倭寇至杭城北門外
大肆焚掠五日乃去此其兆也七修類稿

图 5-35(b) 清光绪十四年编纂、民国十一年铅字本《杭州府志·卷八十四 祥异三》记载嘉靖二十四年灾荒

萧山县（今萧山区）：二十四年，大旱，斗米一钱六分，民多疾疫，死者盈路[139]。

临安县（今临安区）：二十四年，大饥。人食草根树皮，饿殍载道[140]。

〈2〉**宁波市　慈溪县（今慈溪市）**：二十四年，大荒。谷价踊，每银一钱易米一斗，道殣相望（图 5-35c）[141]。

138　杭州府志·卷八十四　祥异三. 民国十一年铅字本. 清光绪十四年.

139　萧山县志·卷十九　祥异志. 清乾隆十六年.

140　临安县志·卷一　祥异. 宣统二年.

141　慈溪县志·卷五十五　前事·祥异. 清光绪二十五年.

県間何所據向出安吉志云凡洲起爲魁元之兆（嘉靖府志）
五年旱（世宗實錄）
十六年夾田橋東復起一洲明年戊戌袁煒會試魁天下（嘉靖府志○雍正府志作十二年）
二十四年大荒穀價騰踊每銀一錢易米一斗道殣相望（嘉靖府志）
按七修類稾嘉靖乙巳天下十荒八九吾浙百物騰湧米每石一兩五錢時疫大行餓殍横積敬止錄二十四年諸縣大荒道殣相望據此俱作二十四年事顔鯨錢義士傳云嘉靖丙午邑大饑斗粟百錢劉侯逢愷捐賑募好義樂施者自初夏迄早禾登全活無算蓋饑在二十四年賑濟則在二十五年春夏間也

慈谿縣志　卷五十五　前事　祥異

三十年李樹生王瓜諺云李樹生王瓜百里無人家已而果爲倭奴剽殺甚衆（嘉靖府志○雍正志作甲寅是三十三年相差二年）
三十一年秋旱穭秫焦槁（袁文榮集）
三十三年四月戊子慈谿民田湧血高尺餘（明史五行志○嘉靖府志灌浦鄭家有一人昏時起步室中忽漫然有聲若泥淖濺其股呼愕視之乃血也衣袴盡赭滿室沾溼出門試步畦町往往皆是當道畢奏人以爲倭寇陷縣之兆○七修類稾嘉靖甲寅三月慈谿灌浦鄭家忽然地裂流血舉家驚惶至晩畦町間俱是當道舉奏明年四月倭寇陷其縣搢紳軍民死者無算○寒村日錄縣志載嘉靖三十三年灌浦鄭家地出血郡志亦載此事而陳建通紀中至謂慈谿縣地中出血約有數處然余聞之老父相傳云文魁第中有患足瘡者早起磨豆腐暗中失足流血被地天明視之戲謂地中出血訛傳沸騰遂至形諸章奏書之史冊蓋怪事之不足信如此）
是年西鄉多虎（采訪冊○袁煒驅虎文略曰嘉靖三十三年仲冬十有六日元峯袁子驅自邑里入山中舊第將經紀先見葬事夜臥小樓聞猛虎途行不守巔穴嗥吼村落聲連枕席以行人錯愕居民震恐蓋亦不恆有之事也袁子愀然思之毒獸橫驚人力不能制其死命必賴神明赫怒始克殛而除之[?]境廓俯注[?]君郡下將吏代食蒸土鎮撫有年禦災捍）

图 5-35(c)　清光绪二十五年《慈溪县志·卷五十五　前事·祥异》记载嘉靖二十四年灾荒

〈3〉**温州市　平阳县**：嘉靖乙巳，大饥，人民殍死者无算(图 5-35d)[142]。

丁酉春雨岐者數十本　庚子八月有龍自海起經五都
拔神祠至四都拔民居十八家壓死者二人　癸卯十
一月北郭廟前火　乙巳南門外火延燒百餘家
弘治己酉六月颶風暴雨如成化丙戌　庚戌大饑
其年七月南鄉田生嘉禾一本四穗餘三穗二穗不可
勝數　甲寅十一月市心亭橋廟門皆火
嘉靖甲辰春夏大旱田穀不登十二月十二日夜海賊
假以民舡羅教大艦三隻進泊前倉江埠次日突出縱
火劫掠而去　乙巳大饑人民殍死者無數五月知縣
156

图 5-35(d)　明隆庆五年《平阳县志·灾祥》记载嘉靖乙巳饥荒

142　平阳县志·灾祥.隆庆五年：155.

〈4〉**嘉兴市　杭、嘉、湖、苏、松、常等镇**:二十四年,太湖水涸,漏湖绝流,斗米价格一百钱,大饥,有食草者,大疫,路殍相枕[143]。

平湖县(今平湖市):二十四年夏,大疫,饿殍盈野塞河,鱼族腥秽不堪食[144]。

〈7〉**金华市　磐安县**:二十四年,赤气见西方,果四至六月不雨,大旱,饿殍相枕,米麦每石银三两,盗贼公行,民流亡[145]。

永康县(今永康市):二十四年,赤气见西方,大旱,饿殍相枕藉[146]。

〈9〉**舟山市　定海县(今定海区)**:二十四年,大荒,谷价腾贵,道殣相望[147]。

〈10〉**台州市　台州**:二十四年,大旱,无麦,苗尽槁,岁大饥,民多殍(图 5-35e)[148]。

---

143 嘉兴市志编纂委员会.嘉兴市志(上册)·第四篇　自然环境·自然灾异.北京:中国书籍出版社,1997:322.

144 浙江省平湖县县志编纂委员会.平湖县志·第三编　自然环境·第三章　气候.上海:上海人民出版社,1993:110.

145 磐安县志编纂委员会.磐安县志·卷二　自然环境·灾害.杭州:浙江人民出版社,1993:66.

146 永康县志·卷之十一　祥异.清光绪.

147 定海县志编纂委员会.定海县志·第二篇　自然环境·第五章　气候.杭州:浙江人民出版社,1994:96.

148 台州府志·卷百三十二之三十六　大事记五卷.民国二十五年.

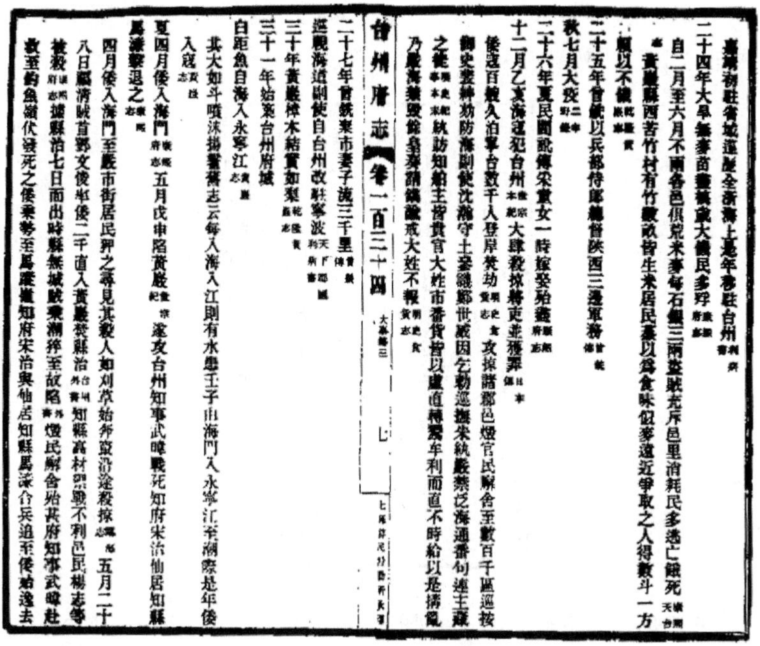

嘉靖初駐省城巡歷全浙海上是年移駐台州
二十四年大旱無麥苗盡槁歲大饑民多殍
自二月至六月不雨各邑俱荒米麥每石價三兩盜賊充斥邑里消耗民多逃亡餓死
黄巖縣西吾竹村有竹數畝皆生米居民採以爲食味似麥遠近爭取之人得數斗一方
賴以不饑
二十五年曾銑以兵部侍郎總督陝西三邊軍務
秋七月大疫
二十六年夏民間訛傳采童女一時嫁娶殆盡
十二月乙亥海寇犯台州 大肆殺掠轉吏並獲罪
倭寇百餘久泊寧台數千人登岸焚劫 攻掠諸郡邑燬官民廨舍至數百千區巡按
御史裴紳劾防海副使沈瀚守土參議鄭世威因乞勅巡撫朱紈嚴禁泛海通番句連主藏
之徒 紈訪知舶主皆貴官大姓市番貨皆以虛直轉鬻牟利而直不時給以是構亂
乃嚴海禁毀餘皇奏請鐫諭戒大姓不報

台州府志　卷一百三十四　大事略三　七

二十七年曾銑棄市妻子流三千里
巡視海道副使自台州改駐寧波
三十年黄巖樟木結實如梨
三十一年始築台州府城
白距魚自海入永寧江
其大如斗噴沫揚鬐舊志云每入海入江則有水患壬子由海門入永寧江至湖際是年倭
入寇
夏四月倭入海門 五月戊申陷黄巖 遂攻台州知事武暐戰死知府宋治仙居知縣
馬滲擊退之
四月倭入海門至巖市街居民畀之尋見其殺人如刈草始奔竄沿途殺掠 五月二十
八日臨清賊首鄧文俊率倭二千直入黄巖焚縣治 知縣高材 戰不利邑民楊志等
被殺 據縣治七日而出時縣無城賊乘潮猝至故陷 燬民廨舍殆盡府知事武暐赴
救至鉤魚嶺伏發死之倭乘勢至馬蹄嶺知府宋治與仙居知縣馬滲合兵追至倭始逸去

图 5-35(e)　民国二十五年《台州府志·卷百三十二之三十六
大事记五卷》记载嘉靖二十四年灾荒

黄岩县(今黄岩区):二十四年,大旱,麦类无收。禾苗尽枯槁,发生大饥荒。每斗米价三百钱,人多饿死[149]。

〈11〉**丽水市**　**丽水县(今丽水市)**:二十四年,大饥,死者甚众[150]。

缙云县:二十四年,大旱,麦无收,饥死者众[151]。

149　浙江省黄岩县志办公室.黄岩县志·第三编　自然环境.上海:上海三联书店,1992:91.

150　上海、江苏、安徽、浙江、江西、福建省(市)气象局,中央气象局研究所.华东地区近五百年气候历史资料,1978:4.181.

151　缙云县志编纂委员会.缙云县志·第二编　自然环境·第三章　气候.杭州:浙江人民出版社,1996:40.

丽水县(今丽水市)、缙云、青田县:二十四年,丽水、缙云、青田大饥,无麦,饿死者甚众(图 5-35f)[152]。

大雷凡四晝夜 十五年閏十二月大雷雹陰霾十
餘日 十六年松陽十八三十等都山裂 十八年
宣平大水 十九年縉雲蝗六月火焚民居數百麗
水蝗 二十年麗水大火自砂坊延燒府前譙樓是
年多火患 二十一年旱 二十二三四年宣平連
旱 二十三年縉雲火 二十四年麗水縉雲青田
大飢無麥餓死者甚衆松陽雷震殺五牛背上有字
莫辨 背田木碓坑農家猪產象又 溪南農家雌雞一
時毛落出紅毛變雄 二十六年縉雲火焚民居數
百家 二十七年大水舟至縣門淹沒民居大半

2156

图 5-35(f) 清雍正十一年《处州府志·卷之十六 杂事志·灾眚》记载嘉靖二十四年饥荒

152 处州府志·卷之十六 杂事志·灾眚.清雍正十一年.

1551 年

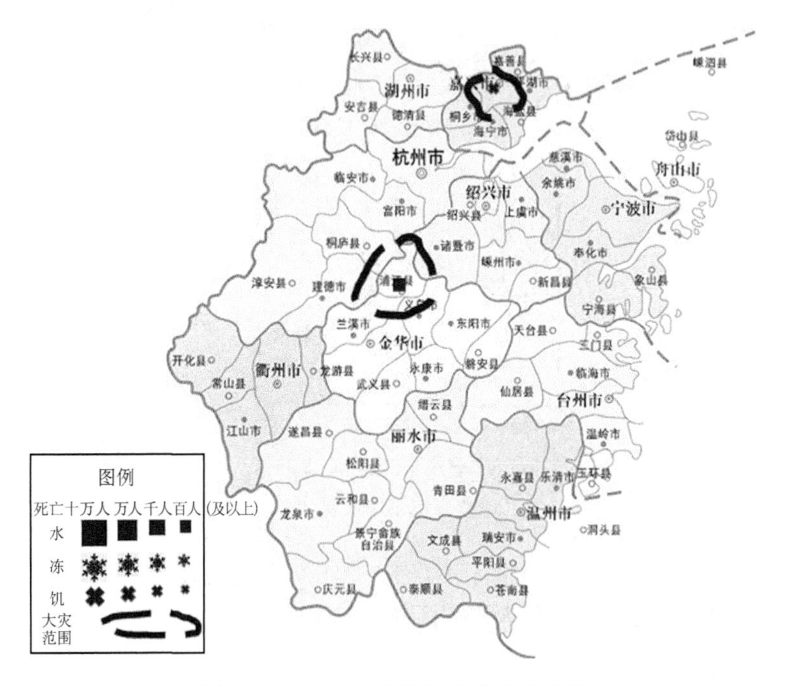

图 5-36(a)　1551 年浙江省大灾分布图

评价:浙西。大灾点连贯性较好。“闰五月,淫雨大水,坏田禾,至十一月水弗退”,近半年淫雨,导致灾民生活无计。死亡人数为数百人(图 5-36a)。

灾种:洪涝造成饥荒、洪涝。

资料条数:2 条。

〈4〉**嘉兴市　嘉兴府(今嘉兴市)**:明嘉靖辛亥(三十年)闰五月,淫雨大水,坏田禾,至十一月水弗退,民大饥,有司设粥饵之,殍殣相望(图 5-36b)[153]。

153　嘉兴府志·卷二十四　丛记.明万历二十八年.

以厭勝之其妖術行三四月始息
庚申年四月二十五日地震二次屋瓦有聲五月
二十六日又震
辛亥三月郡城西門外新橋頭王四家有血從地
濺起井水俱赤四月初七日雨氷雹閏五月霪雨
大水壞田禾至十一月水弗退民大饑有司設粥
餌食之殍殣相望
壬戌三月十二日黄白二龍合股由太湖而來一
青龍隨之自陡門至峽石東南入海

1538

图 5-36(b)　明万历二十八年《嘉兴府志·卷二十四　丛记》记载嘉靖三十年洪灾

〈7〉**金华市**　**浦江县**：三十年，浦江八都范村前山坞，久雨山崩，大水泛滥，没民庐，人多溺死[154]。

[154] 朱建宏.金华水旱灾害志·第一章　洪水灾害.北京：中国水利水电出版社，2009：8.

1588 年

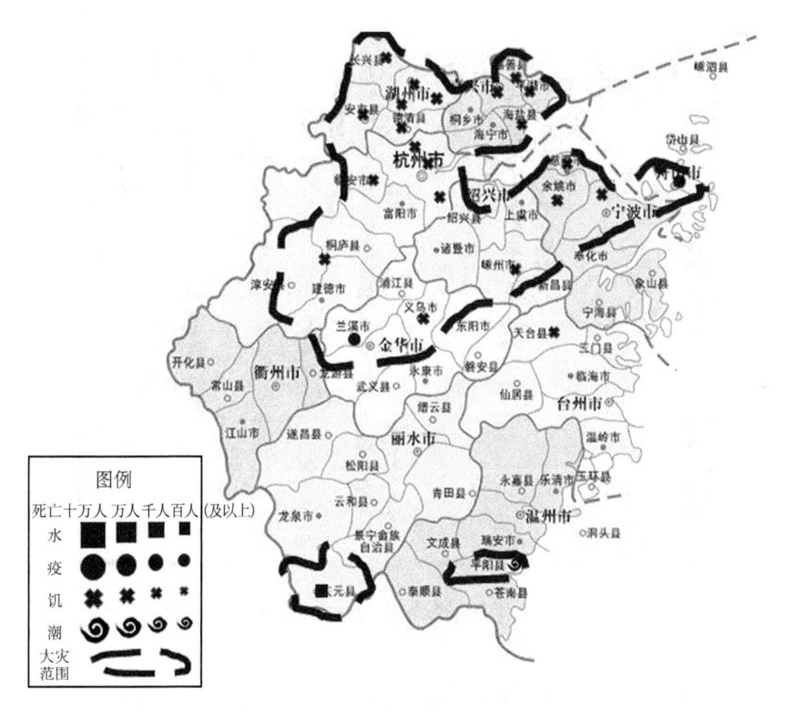

图 5-37(a)　1588 年浙江省大灾分布图

评价:浙北、浙中。大灾点连贯性好。大灾点多,大片发生旱涝,引发严重饥荒。“先大水后大旱,太湖为陆地,斗米价格一百八十钱,饥荒食草木,大疫,饿死者万计。”(图 5-37a)

灾种:干旱造成饥荒、瘟疫、洪涝、风暴潮。

资料条数:27 条。

注:下列资料凡斜体者,为死亡万人及以上。编号:30W1588。

〈1〉***杭州市　临安(今临安区)、於潜县(今临安区於潜镇)、昌化县(今临安区昌化镇)***:明万历十六年(1588 年),夏秋三月无雨,五谷皆枯,临安、於潜、昌化民食草根树皮,携妻负子贩鬻,弃死道路不相顾[155]。

余杭县(今余杭区):十六年,余杭大疫,大祲,死者相藉(图5-37b)[156]。

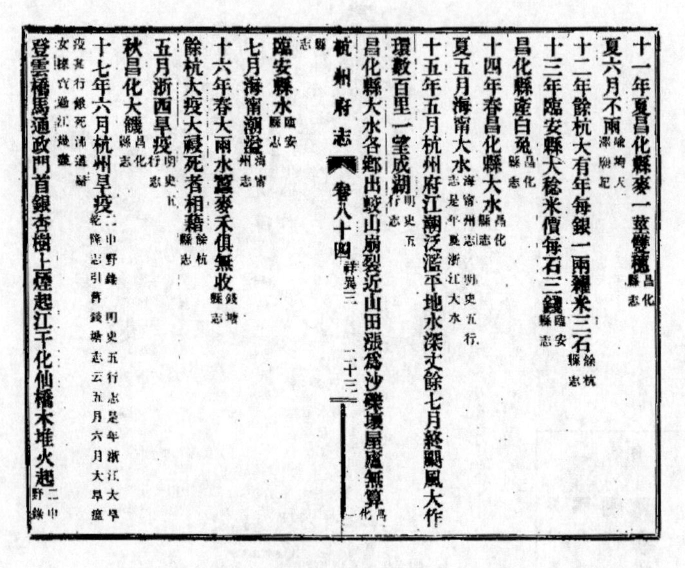
十一年夏昌化縣麥一莖雙穗昌化縣志
夏六月不雨喩均天潔崩旱
十二年餘杭大有年每銀一兩糴米三石餘杭縣志
十三年臨安縣大稔米價每石三錢臨安縣志
昌化縣產白兔昌化縣志
十四年春昌化縣大水昌化縣志
夏五月海甯大水海甯州志明史五行志是年夏浙江大水
十五年五月杭州府江潮泛濫平地水深丈餘七月終颶風大作
環數百里一望成湖明史五行志
昌化縣大水各鄉出蛟山崩裂近山田漲爲沙礫壞屋廬無算昌化

杭州府志 卷八十四 祥異三 二十三

縣志
臨安縣水臨安縣志
七月海甯潮溢海甯州志
十六年春大雨水蠶麥禾俱無收錢塘縣志
餘杭大疫大祲死者相藉餘杭縣志
五月浙西旱疫明史五行志
秋昌化大饑昌化縣志
十七年六月杭州旱疫二申野錄明史五行志是年浙江大旱乾隆志引舊錢塘志云五月六月大旱瘟
疫甚行餘死沸道婦女標賣過江幾盡
登雲橋馬通政門首銀杏樹上煙起江干化仙橋木堆火起二申野錄

图 5-37(b) 清光绪十四年编纂、民国十一年铅字本《杭州府志·卷八十四 祥异三》记载万历十六年瘟疫

钱塘(今杭州市)、仁和(今杭州市)、余杭县(今余杭区):十六年,钱塘、仁和、余杭三县,自三月至五月中旬雨不止,蚕、麦、禾俱无,斗米二百钱,死者枕藉[157]。

严州府(今桐庐、淳安、建德市):十六年,大饥且疫,死者载道,

155 临安县志编纂委员会.临安县志·大事记.上海:汉语大词典出版社,1992:4.

156 杭州府志·卷八十四 祥异三.民国十一年铅字本.清光绪十四年.

157 余杭县志编纂委员会.余杭县志·第二编 自然环境·第五章 水旱灾害.杭州:浙江人民出版社,1990:81.

民掘草根而食[158]。

萧山县(今萧山区):十六年自正月逮五月,淫雨,麦复不登,米价腾踊,一斗一钱八分。丐人地震接踵。所在盗起,官设粥场,以赈民竞就食,多卧于道,疫痢大作(图 5-37c)[159]。

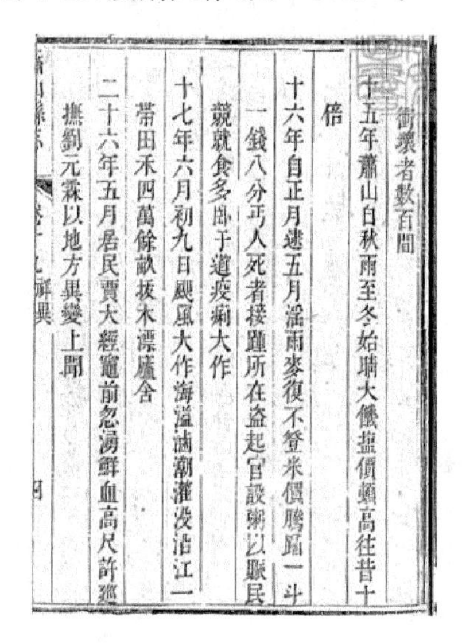
衝壞者數百間
十五年蕭山自秋雨至冬始晴大饑鹽價頓高往昔十
倍
十六年自正月逮五月淫雨麥復不登米價騰踊一斗
一錢八分丐人死者接踵所在盜起官設粥以賑民
競就食多卧于道疫痢大作
十七年六月初九日颶風大作海溢鹹潮灌沒沿江一
帶田禾四萬餘畝拔木漂廬舍
二十六年五月居民賈大經竈前忽湧鮮血高尺許巡
撫劉元霖以地方異變上聞

图 5-37(c) 清乾隆十六年《萧山县志·卷十九 祥异志》记载万历十六年饥荒

〈2〉**宁波市 镇海县(今镇海区)**:十六年,大饥,瘟疫盛行,死者甚众。米价每石银一两六钱[160]。

余姚县(今余姚市):十六年又淫雨,疫疠交作,余姚旱,通郊大饥,斗米银三钱,殍死载道,民有杀子而食(图 5-37d)[161]。

---

158 上海、江苏、安徽、浙江、江西、福建省(市)气象局,中央气象局研究所.华东地区近五百年气候历史资料,1978:4.7.

159 萧山县志·卷十九 祥异志.清乾隆十六年.

160 镇海县志编纂委员会.镇海县志·大事记.北京:中国大百科全书出版社,1994:7.

161 绍兴府志·卷之八十 祥异.清乾隆五十七年.

图 5-37(d) 清乾隆五十七年《绍兴府志·卷之八十 祥异》记载万历十六年饥荒

慈溪县(今慈溪市):十五年,大风,忽作势若排山倒海,虽合围巨木,右坊石柱无不摧折,室庐倾覆,屋瓦飞翻。十六年,岁大饥,道殣相望(图 5-37e)[162]。

图 5-37(e) 清雍正八年《慈溪县志·卷十二 纪异》记载万历十五年饥荒

162 慈溪县志·卷十二 纪异.清雍正八年.

*〈4〉**嘉兴市*** *杭、嘉、湖、苏、松、常：十六年，先大水后大旱，太湖为陆地，斗米价格一百八十钱，饥荒食草木，大疫，饿死者万计*[163]。

嘉兴县（今嘉兴市）：戊子，大水，复大疫，米石至一两八钱，流民动以万计，积骸盈河塞巷。民无食而滥死者，不可胜计[164]。

嘉善县：十六年戊子，大饥，米石至一两八钱，流民动以万计，积骸盈河塞巷缢死野寺荒庵者不可胜计（图 5-37f）[165]。

十年辛酉自四月初雨至閏五月苗種淹沒田成巨浸民大
饑康熙府志四十一年壬戌三月十二日黃白二龍見雨雹揚志四
十三年甲子七月十七十八日太白晝見補纂參袁府志十一月十
二日雷電龍見揚志十二月朔雷鳴大風拔木揚沙入日舟楫
不行補纂參袁府志四十五年丙寅十一月十一日袁府志作十五日四更
有大星隕羣星數百隨之康熙府志
隆慶二年戊辰元旦大風揚沙白晝晦暝三年己巳五月大雨
十一月二十日地震補纂參袁府志
萬歷三年乙亥四月朔日食旣晝晦星見五月三十日夜颶風
海水湧入河水多鹹田禾潦死月餘水退亢旱大荒五年丁
丑九月二十七日夜彗星見西方光長數丈月餘始息章志六

嘉善縣志 卷三十四 雜眚 六

年戊寅正月初六日夜有星如日西移眾星從之康熙府志十一
月大冰七年己卯四月大水淹田禾章志十一月冬至前一日
大雷虹見康熙府志九年辛巳大水舊浙江通志十一年癸未夏旱十
三年乙酉秋大水十四年丙戌秋大水害稼補纂參袁府志十五年
丁亥五月大水舟行畎畝閒秋大風拔木凡十餘日十六年
戊子大饑米石至一兩八錢流民動以萬計積骸盈河塞巷
縊死野寺荒庵者不可勝算章志七月地震補纂參袁府志十七年己
丑大疫哭聲滿街市六月大旱卑鄉俱荒章志八月己卯地震
有聲補纂參府志冬大冰月餘人行蕩漾中章志十九年辛卯秋大
水二十年壬辰正月十九日地震二十二年甲午元旦雷雨
補纂參袁府志二十三年乙未元旦雷又大雪里巷鳥雀多死康熙府志

675

图 5-37(f) 清光绪十八年《重修嘉善县志·卷三十四 杂志（上）·眚祥》记载万历十六年饥荒

秀水县（今嘉兴市）*：十六年，旱无获，饿死者以万计*（万历《秀

163 嘉兴市志编纂委员会. 嘉兴市志（上册）·第四篇 自然环境·自然灾异. 北京：中国书籍出版社，1997：322.

164 嘉兴县志·卷十六 灾祥. 崇祯.

165 重修嘉善县志·卷三十四 杂志（上）·眚祥. 光绪十八年.

水县志》)[166]。

海盐县:十六年,上年大水淹田,当年又淫雨成灾,复秋旱,富户拥米不出,民多以糠草充腹,饿殍相藉,浮尸蔽水。吕元声记事诗云:“两年田白无草生,到处瘟黄哭人死。米不满斛值百千,人犹锁栈等价钱。饿夫伸手头抢地,寒士束腹呼高天。”[167]十六年,米价腾踊,大饥,秋旱复无年,浮胔蔽水。民间多茹糠秕、草木以充腹饥而死者相藉,日以千百计(图 5-37g)[168]。

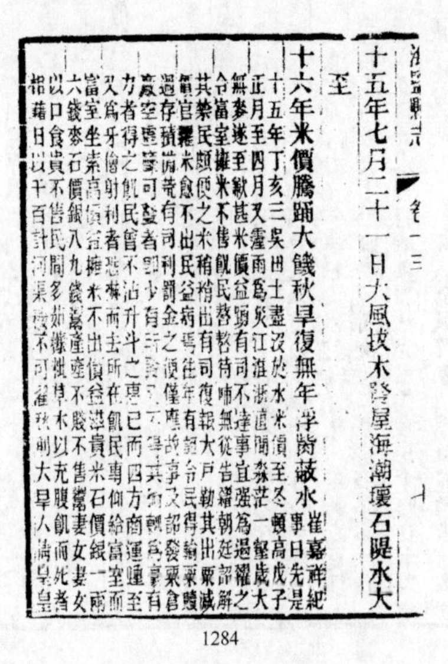
十五年七月二十一日大風拔木隳屋海潮壞石隄水大

至

十六年米價騰踊大饑秋旱復無年浮胔蔽水

1284

图 5-37(g)　清光绪二年《海盐县志·卷十三　祥异考》
记载万历十六年饥荒

平湖县(今平湖市):十六年,旱无获,饥死无算(图 5-37h)[169]。

166　浙江省历史地震资料编辑组.浙江省历史地震年表,1979:22.

167　海盐县志编纂委员会.海盐县志·大事记.杭州:浙江人民出版社,1992:6.

168　海盐县志·卷十三　祥异考.清光绪二年.

169　平湖县志·卷二十五　外志·祥异.光绪十二年.

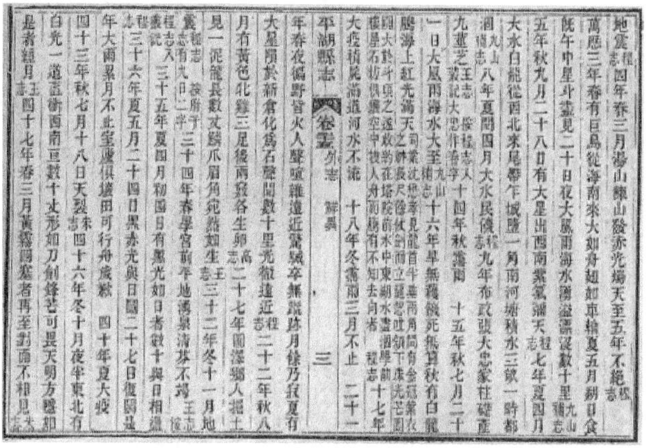

地震程志四年春三月湯山韓山發赤光燭天至五年不絕嘉志
萬曆三年春有巨鳥從海南來大如舟翅如車輪夏五月朔日食
既午中星斗盡見二十日夜大風雨海水湧溢漂沒數十里九山補志
五年秋九月二十八日有大星出西南紫氣滿天程志七年夏四月
大水白龍從西北來尾擊乍城墮一角南河塘積水三钦一時都
涸九山補志八年夏閏四月大水民饑程志九年布政張大忠家柱礎產
九莖芝王志設記大忠作浩字按程志入十四年秋淫雨　十五年秋七月二十
一日大風雨海水大至九山補志十六年旱無禾饑死無算秋有白龍
颶海上紅光滿天司業沈懋孝見龍首牛垂兩角間有金鎖紫衣
國大於斗頃之遙數約在塔晚前水中東湖水盡涸學前樓壘石坊俱飛空中拔人舟南樹有不知去向者程志十七年
大疫積屍滿道河水不流　十八年冬淫雨三月不止　二十一
平湖縣志　卷二十五　外志　祥異　三
年春夜偏野皆火人聲喧雜遠近驚駭卒無蹤跡月餘乃寂夏有
大星隕於新倉化爲石聲聞數十里光徹遠近程志二十二年秋八
月有黃色化雞三足後兩翼各生卵高志二十七年閏四月淫溺人摇土
見一泥龍長數丈鱗爪眉角宛然如生王志三十二年冬十一月地
震程志按府志有九日二字三十四年春學宮前平地湧泉清冽不竭王志按
程志入叢記三十五年夏四月朔四日有黑光如日者數十與日相盪
程志三十六年夏五月二十四日黑赤光與日鬬二十七日復鬬是
年大雨累月不止室廬俱壞田可行舟歲歉　四十年夏大疫
四十三年秋七月十八日天裂宋志四十六年冬十月夜半東北有
白光一道亘衢西南亘數十丈形如刀劍鋒芒可畏天明方隱如
是者經月王志四十七年春三月黃霧四塞者再至對面不相見

图 5-37(h)　清光绪十二年《平湖县志·卷二十五　外志·祥异》记载记载万历十六年饥荒

〈5〉**湖州市**　**湖州**：十六年五月，大旱，蝗，饥殍载道，民茹草木[170]。

乌程县(今吴兴区)：十六年，乌程三月大饥疫，五月大旱蝗，饥殍载道[171]。

南浔镇(今南浔区)：十六年，米贵至每石银一两七钱(平时每石仅五六钱)，饥殍弃尸满道，河水皆腥[172]。

孝丰县(今安吉县孝丰镇)：十六年，孝丰旱蝗且大疫时，饥殍载道，民茹草木[171]。

长兴县：十六年秋，大风雨拔木，太湖溢，平地水深丈余，五月大旱蝗，饥殍载道，民茹草木[171]。

170　湖州市地方志编纂委员会. 湖州市志(上卷)·第三卷　自然环境·第七章　自然灾害录. 北京：昆仑出版社，1999：224.

171　上海、江苏、安徽、浙江、江西、福建省(市)气象局，中央气象局研究所. 华东地区近五百年气候历史资料，1978：4.47.

172　南浔镇志编纂委员会. 南浔镇志·大事记. 上海：上海科学技术文献出版社，1995：10.

德清县:十六年,米价骤涨,饥饿、疫病,死者甚多[173]。

〈6〉**绍兴市　嵊县(今嵊州市)**:十五年丁亥秋七月,暴风连日,禾实尽落。明年,斗米银一钱八分,大麦斗六分,小麦斗九分,草木根皮可食者搜取殆尽,饿殍塞道。夏,疫民死益多(图 5-37i)[174]。

隆慶二年戊辰秋大風雨溪流怒溢壞西城
萬曆四年丙子城中火華台門燬及民房百餘所
萬曆六年戊寅冬大雪
萬曆十一年癸未旱
萬曆十五年丁亥秋七月暴風連日禾實盡落明年斗米銀一錢八分大麥斗六分小麥斗九分草木根皮可食者搜取殆盡餓莩塞道夏疫民死益多（周志補遺云民掘蕨及葛根剝榔樹皮食之所在榔樹爲之骨立有草根略似蒜名三十六桶以水漉三十六桶乃可食也時亦取食撫遺先是連年大熟斗米銀三分大小麥視若沙礫識者已早見其有今日云）
萬曆三十二年甲辰十月初八日地夜震屋舍撼搖有聲
萬曆四十四年丙辰夏旱
天啓七年丁卯秋七月二十二日暴風雨拔不偃禾大成殿可遠

嵊縣志　卷三十一　雜志　五　民國廿三年印

2221

图 5-37(i)　民国二十年《嵊县志·卷三十一　杂志·祥异》记载万历十六年饥荒

〈7〉**金华市　兰溪县(今兰溪市)**:十六年,大水入城市,谷价八钱,民食草根、树皮,疫疠大作,死亡接踵[175]。

义乌县(今义乌市):十六年夏,旱,谷贵甚,民殣载道(图 5-37j)[176]。

173　德清县志编纂委员会. 德清县志·第二卷　自然环境·第二章　气候. 杭州:浙江人民出版社,1992:56.

174　嵊县志·卷三十一　杂志·祥异. 民国二十年.

175　兰溪县志·卷七　祥异. 明万历三十四年.

176　义乌县志·卷十九　祥异. 嘉庆七年.

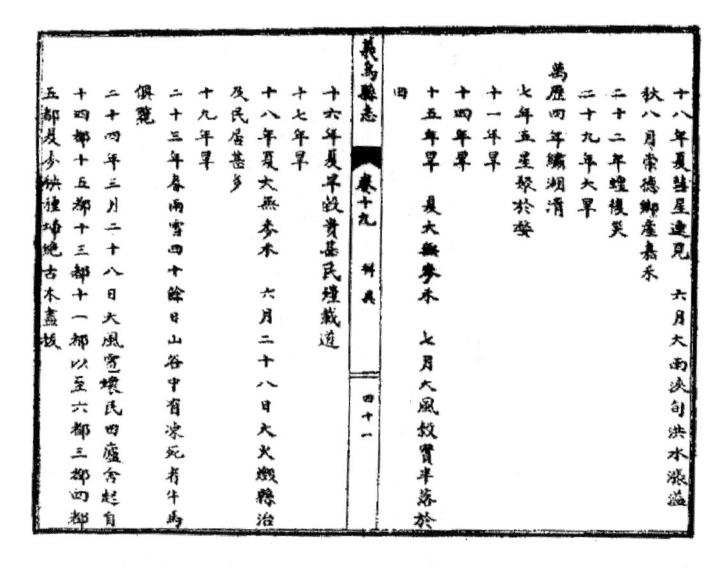

十八年夏彗星連見　六月大雨浹旬洪水漲溢
秋八月崇德鄉產嘉禾
二十二年蝗復災
二十九年大旱
萬曆四年繡湖清
七年五星聚於婺
十一年旱
十四年旱
十五年旱　夏大無麥禾　七月大風敉實半落於
田

義烏縣志　卷十九　祥異　四十一

十六年夏旱穀貴甚民殣載道
十七年旱
十八年夏大無麥禾　六月二十八日大火燬縣治
及民居甚多
十九年旱
二十三年春雨雪四十餘日山谷中有凍死者牛馬
俱斃
二十四年三月二十八日大風雹壞民田廬舍起自
十四都十五都十三都十一都以至六都三都四都
五都及步侯塘坤絕古木盡拔

图 5-37(j)　清嘉庆七年《义乌县志·卷十九　祥异》
记载万历十六年饥荒

〈9〉**舟山市　舟山**：十六年，大饥，瘟疫，死者甚众[177]。

定海县(今定海区)：十六年，大饥，流离遍野，瘟疫继之，道殣相望[178]。

〈10〉**台州市　天台县**：十六年，“民食草根木实，死者无算，兼大疫”[179]。

〈11〉**丽水市　庆元县**：十六年夏四月朔，大水，冲坏北城七十三丈，居民漂没，人多溺死(图 5-37k)[180]。

177　舟山市地方志编纂委员会. 舟山市志·大事记. 杭州：浙江人民出版社，1992.

178　定海县志编纂委员会. 定海县志·第二篇　自然环境·第五章　气候. 杭州：浙江人民出版社，1994：96.

179　天台县志编纂委员会. 天台县志·大事记. 上海：汉语大词典出版社，1995：5.

180　庆元县志·卷之十一　杂事志　祥异. 清嘉庆六年.

精自政和來氛如硫黃中者即昏仆婦人尤甚閩
邑驚惶迨且後迎五顯神驅之旬日乃滅
萬歷二年甲戌地大震官舍民居傾頹
三年乙亥大饑
是歲五月民間絶粒野多餓死知縣沈維龍發倉
賑之民困始甦
冬十月八都雄雞變雌
十六年戊子夏四月朔大水
衝壞北城七十三丈民居漂沒人多溺死
雜事　祥異　二

471

图 5-37(k)　清嘉庆六年《庆元县志·卷之十一　杂事志　祥异》记载万历十六年饥荒

十六年,丽水、遂昌大旱荒疫。四月,庆元大水民居漂没,人多溺死(图 5-37l)[181]。

十六年麗水遂昌大旱荒疫四月慶元大水民居漂
沒人多溺死　十七年縉雲大水　十九年宣平大
火三坊延燒殆盡　二十六年遂昌旱荒　二十七
年七月縉雲大水　二十九年七月大風一晝夜
三十一年十二月麗水大火譙樓災民居延燒幾百
間　三十二年十一月麗水遂昌地震　三十七年
麗水青田遂昌大水水自西來官民廬舍俱淹田禾
漂沒　三十九年七月縉雲大水　四十八年秋麗
水遂昌有星如偃月刀二更自東方出天曉乃沒如
是二月　戊申年雲和大水高數丈陷縣前街二里
雜事　災眚

2159

图 5-37(l)　清雍正十一年《处州府志·卷之十六　杂事志·灾眚》记载万历十六年饥荒

181　处州府志·卷之十六　杂事志·灾眚.清雍正十一年.

1589 年

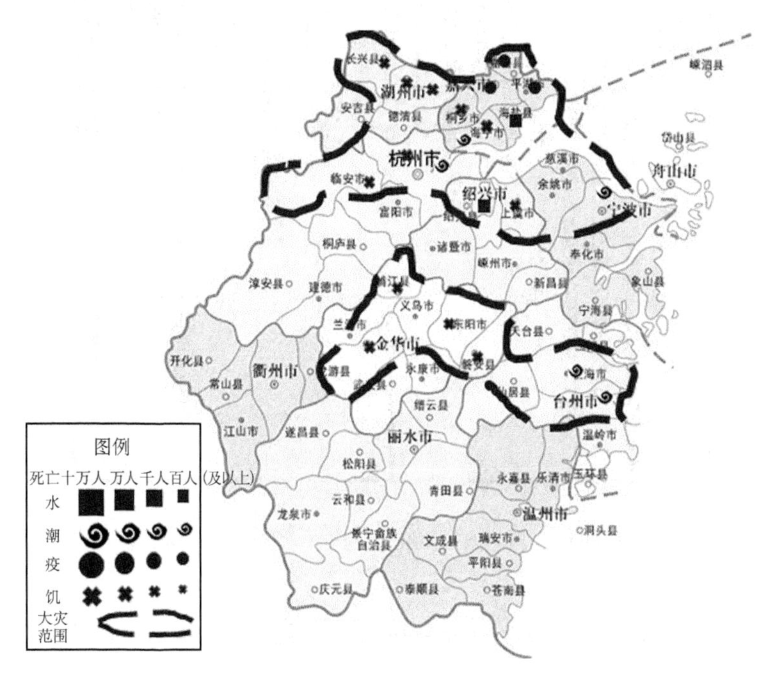

图 5-38(a)　1589 年浙江省大灾分布图

评价:浙北、浙中。大灾点连贯性好。大灾点多,持续发生灾情,比上年更为严重。“瘟疫盛行,饿尸满道,妇女被掠卖”。死亡人数为数千人(图 5-38a)。

灾种:干旱造成饥荒、风暴潮、洪涝、瘟疫。

资料条数:25 条。

〈1〉**杭州市**　**杭州**:明万历十七年(1589 年)六月,浙江海沸,杭、嘉、宁、绍、台属县廨宇多圮,碎官民船及战舸,压溺者三百余人[182]。是年,浙江海沸,杭属县廨宇多圮,碎官民船及船舸,压溺者

182　明史卷二十八　志第四.

二百余人(图 5-38b)[183]。

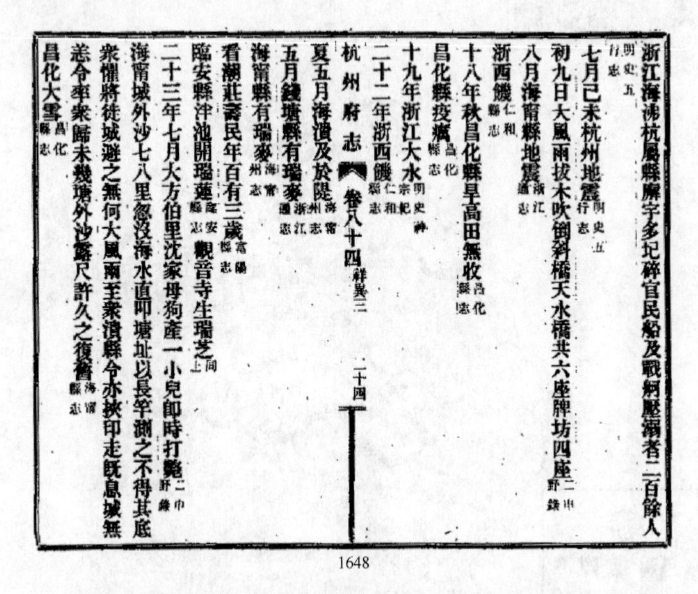

浙江海沸杭屬縣廨宇多圮碎官民船及戰舸壓溺者二百餘人(明史五行志)
七月己未杭州地震(明史五行志)
初九日大風雨拔木吹倒斜橋天水橋共六座牌坊四座(二申野錄)
八月海甯縣地震(浙江通志)
浙西饑(仁和縣志)
十八年秋昌化縣旱高田無收(昌化縣志)
昌化縣疫癘(昌化縣志)
十九年浙江大水(明史神宗紀)
二十二年浙西饑(仁和縣志)
杭州府志 卷八十四 祥異三 二十四
夏五月海潰及於隄(海甯州志)
五月錢塘縣有瑞麥(浙江通志)
海甯縣有瑞麥(海甯州志)
看潮莊壽民年百有三歲(富陽縣志)
臨安縣泮池開瑞蓮(臨安縣志)觀音寺生瑞芝(問上)
二十三年七月大方伯里沈家母狗產一小兒即時打斃(二申野錄)
海甯城外沙七八里忽沒海水直叩塘址以長竿測之不得其底
衆懼將徙城避之無何大風雨至衆潰縣令亦挾印走既息城無
恙令率衆歸未幾塘外沙露尺許久之復舊(海甯縣志)
昌化大雪(昌化縣志)

1648

图 5-38(b) 清光绪十四年编纂、民国十一年铅字本《杭州府志·卷八十四 祥异三》记载万历十七年风暴潮

临安县(今临安区):十七年秋,昌化再饥,加之疫疠,遗尸相陈于道[184]。

余杭县(今余杭区):十七年六月,杭州旱,瘟疫盛行,饿尸满道,妇女被掠卖[185]。

〈2〉**宁波市**　**宁波**:十七年,宁波碎没官民及战府所属各县屋

183 杭州府志·卷八十四　祥异三.民国十一年铅字本.清光绪十四年.

184 临安县志编纂委员会.临安县志·大事记.上海:汉语大词典出版社,1992:4.

185 余杭县志编纂委员会.余杭县志·第二编　自然环境·第五章　水旱灾害.杭州:浙江人民出版社,1990:88.

塌船舸，压溺人二百余[186]。

镇海县（今镇海区）：十七年大风，海沸。宁波府所属各县屋塌船毁，压溺死者甚众[187]。

〈4〉**嘉兴市　杭、嘉、湖、苏、松、常、镇 20 县**：十七年，运河龟裂，野无青草，泖湖涸，震泽为陆地。斗米一百六十钱，人饥食树皮，卖子妻，逃亡他乡，大疫，饿殍载道[188]。

嘉兴县（今嘉兴市）：己丑夏，大旱，湖心龟裂，野无青草，民啖糠麸草木，又大疫，死者无算[189]。

海宁县（今海宁市）：十七年，大饥，疫浮胔蔽水。《许志》按：明史六月甲申，浙江大风海沸，杭属县廨宇多圮碎，官民船压溺人邑。邑志不载[190]。六月，浙江海沸。杭、嘉、宁、绍、台属各县，廨宇多圮，碎官、民船及站舸，压溺两百余人（图 5-38c）[191]。

186　温克刚. 中国气象灾害大典·浙江卷·第一章　热带气旋. 北京：气象出版社，2006：20.

187　镇海县志编纂委员会. 镇海县志·大事记. 北京：中国大百科全书出版社，1994：7.

188　嘉兴市志编纂委员会. 嘉兴市志（上册）·第四篇　自然环境·自然灾异. 北京：中国书籍出版社，1997：322.

189　嘉兴县志·卷十六　灾祥. 明崇祯.

190　海宁县志·卷十二　杂志·灾祥. 清乾隆三十年.

191　海宁市建设志办公室. 海宁建设志大事记（征求意见稿），2009.

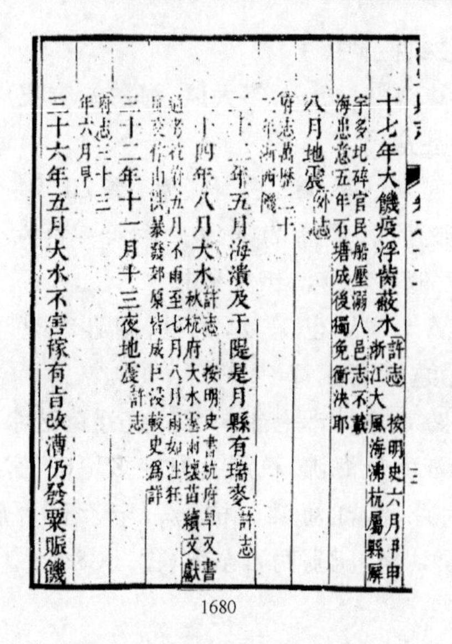

十七年大饑疫浮胔蔽水（許志）按明史六月甲申浙江大風海沸杭屬縣廨宇多圮碎官民船壓溺人邑志不載海患意五年石塘成後獨免衝決耶

八月地震（府志）

府志萬曆二十一年浙西饑

二十二年五月海潰及于隄是月縣有瑞麥（許志）

二十四年八月大水（許志）按明史書杭府旱又書秋杭府大水水潦淹壞苗續文獻通考花谷五月不雨至七月八月雨如注狂風交作山洪暴發郊原皆成巨浸較史爲詳

三十二年十一月十三夜地震（許志）

府志三十三年六月旱

三十六年五月大水不害稼有旨改漕仍發粟賑饑

1680

图 5-38(c)　清乾隆三十年《海宁县志・卷十二　杂志・灾祥》记载万历十七年饥荒

桐乡县（今桐乡市）：十七年夏，大旱，运河龟坼，民咽糟糠，茹树皮，卖妻鬻子，饿殍载道，疫死者无算[192]。

平湖县（今平湖市）：十七年，大疫，积尸满道，河水不流[193]。

〈4〉**嘉兴市　海盐县**：十七年，大疫，民死者十三四（图5-38d）[194]。

192　桐乡市桐乡县志编纂委员会. 桐乡县志・第二编　自然环境・第五章　自然灾害. 上海：上海书店出版社，1996：139.

193　平湖县志・卷二十五　外志・祥异. 光绪十二年.

194　海盐县图经・卷十六　杂识・祥异. 明天启.

十七年大疫民死者十三四
二十三年八月訛言有眚
二十九年四月訛言倭至民入西關避争門多踐死者
三十六年正月十九日初昏有聲如車馬喧或如礮有光如火隱現自西南起亘東北人皆奔避爲有冠夜分止
三十七年十月有大魚至閣於東門海灘其長十丈餘
四十四年七月十三日西郊起蜃水從小柵橋出高丈餘舟多覆近蜃穴民居淺於水者三時始退其穴土甚燥而鱓蝿集於中逐不去
泰昌元年穀暴貴掠者四起

史208-640

图 5-38(d)　明天启《海盐县图经·卷十六　杂识·祥异》记载万历十七年瘟疫

石门县(今桐乡市石门镇):十七年,石门下大旱,运河龟坼,野无青草,五谷不登。民从远方市绿豆、小麦、黑豆、荞麦糊其口咽糟糠,茹树皮,卖妻子[195]。

嘉善县:十七年乙丑大疫,哭声满街市,六月大旱,卑乡俱荒[196]。

〈5〉**湖州市**　**湖州**:十七年六至八月,大旱,饥殍疫死无算[197]。

南浔镇(今南浔区):十七年,太湖旱为平陆,大疫,又夏雪,饥殍载道[198]。

195　上海、江苏、安徽、浙江、江西、福建省(市)气象局,中央气象局研究所.华东地区近五百年气候历史资料,1978:4.47.

196　重修嘉善县志·卷三十四　杂志(上)·眚祥.光绪十八年.

197　湖州市地方志编纂委员会.湖州市志(上卷)·第三卷　自然环境·第七章　自然灾害录.北京:昆仑出版社,1999:238.

198　南浔镇志编纂委员会.南浔镇志·第一编　政区·第二章　自然环境.上海:上海科学技术文献出版社,1995:53.

乌程县(今吴兴区):十七年,乌程六月至八月,不雨无禾,大旱,太湖水涸,饥殍疫死无算[199]。

长兴县:十七年六月至八月,不雨无禾,太湖水涸,饥殍疫者无数[200]。

〈6〉**绍兴市　绍兴府(今绍兴市)**:十七年六月,浙江海沸,杭、嘉、湖、绍、台属县廨宇多圮,碎官民船及战舸,压溺者二百余人[201]。

上虞县(今上虞市):十七年复旱,湖河溪浍最深者亦尽涸,田坼,禾焦,升斗无入至剥草根、树皮以食,饿殍载道(《万历志》)[202]。

〈7〉**金华市　金华府(今金华市)**:十五、十六、十七年,八县连旱,民大饥,饿殍载道[199]。

东阳县(今东阳市):十七年六至八月,旱,民大饥,饿殍载道[203]。

磐安县:十七年,复大旱,民大饥,金华八县皆荒,饿殍载道[204]。

浦江县:十七年,大旱,民大饥,饿殍载道[205]。

〈10〉**台州市　台州**:十七年六月甲申(7月20日),浙江海沸,杭、嘉、宁、绍、台属县廨宇多圮,碎官民船及战舸,压溺者二百余人

199　上海、江苏、安徽、浙江、江西、福建省(市)气象局,中央气象局研究所.华东地区近五百年气候历史资料,1978:4.47,137.

200　长兴县志编纂委员会.长兴县志·第二卷　自然环境·第七章　自然灾害.上海:上海人民出版社,1992:108.

201　绍兴府志·卷之八十　祥异.清乾隆五十七年.

202　上虞县志·卷三十八　杂志一　风俗祥异.清光绪十六年.

203　东阳市志编纂委员会.东阳市志·卷三　灾异·第二章　灾害纪略·第一节　旱灾.上海:汉语大词典出版社,1993.

204　磐安县志编纂委员会.磐安县志·卷二　自然环境·灾害.杭州:浙江人民出版社,1993:66.

205　浦江县志编纂委员会.浦江县志·第二编　自然环境·第六章　灾异.杭州:浙江人民出版社,1990:91.

(《明史》、光绪《台州府志》)[206]。

临海县(今三门县):十七年六月,海沸,廨宇多圮,碎民船、战船,压死、溺死者甚众[207]。

1598 年

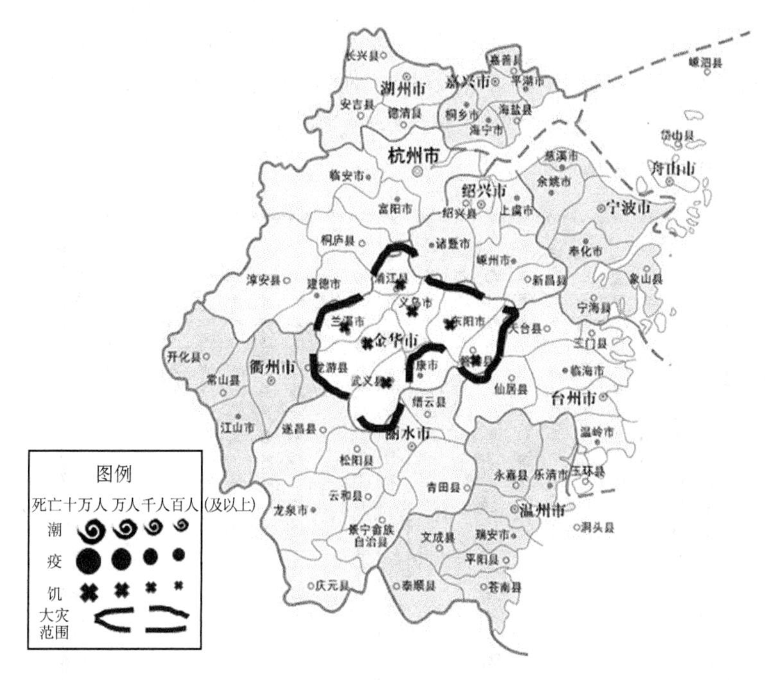

图 5-39(a)　1598 年浙江省大灾分布图

评价:浙中。大灾点连贯性好。死亡人数为数百人(图 5-39a)。

206　台州市气象局气象志编纂委员会. 台州市气象志·第九章　历代灾异. 北京:气象出版社,1998:111.

207　三门县志编纂委员会. 三门县志·第二编　自然环境·第三章　气候. 杭州:浙江人民出版社,1992:101.

灾种:干旱造成饥荒。

资料条数:4 条。

〈7〉**金华市　金华府(今金华市)、兰溪县(今兰溪市)、浦江、义乌县(今义乌市)、东阳县(今东阳市)、武义县:**明万历二十六年(1598 年),八县大旱,汤溪五月不雨至十月,兰溪大旱,颗粒无收,民多饿死。浦江五月至九月不雨,次年春,民皆食草根树皮,有咽泥者,饿殍不可胜言。义乌粒谷无收,民食草木,饿殍满野。东阳自四月至八月不雨,赤地千里,颗粒无收。民大饥,多有饿死。永康民多流离。武义五月不雨,至八月始雨,颗粒无收,民多饿死[208]。

义乌县(今义乌市):二十六年,大旱,粒谷无收,民食草木,饿殍满野(图 5-39b)[209]。

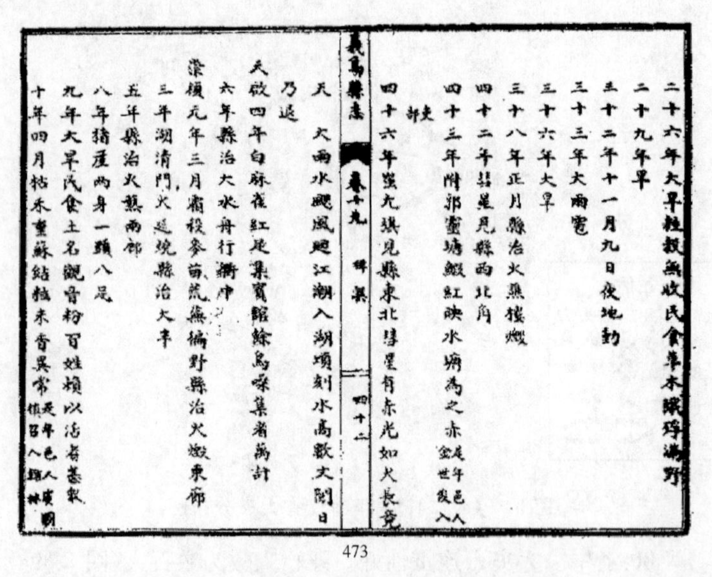

二十六年大旱粒穀無收民食草木餓殍滿野
二十九年旱
三十二年十一月九日夜地動
三十三年大雨雹
三十六年大旱
三十八年正月縣治火燕樓燬
四十二年彗星見縣西北角
四十三年附郭蜜塘鰕紅映水㾗為之赤是年邑人金世俊入史部
四十六年螢九棋見縣東北彗星有赤光如火長竟天
大雨水飓風廻江潮入湖頃刻水高數丈閱日乃退

義烏縣志　卷十九　祥異　四十二

天啓四年白麻雀紅足集賓館餘烏喙集者萬計
六年縣治大水舟行衙中
崇禎元年三月霜殺麥苗荒蕪徧野縣治火燬東廊
三年湖清門火延燒縣治大半
五年縣治火燬兩廊
八年猪産兩身一頭八足
九年大旱民食土名觀音粉百姓賴以活者甚衆
十年四月枯禾重蘇結粒未香異常是年邑人虞明楨召入翰林

473

图 5-39(b)　嘉庆七年《义乌县志・卷十九　祥异》记载万历二十六年饥荒

208　浙江省金华市水电局. 金华市水利志・第二编　水旱灾害与防汛防旱・第一章　水旱灾害. 北京:中国水利水电出版社,1996:114.

209　义乌县志・卷十九　祥异. 嘉庆七年.

东阳县(今东阳市)：二十六年四至八月大旱，赤地千里，颗粒无收，民大饥，死者众[210]。

磐安县：二十六年四至八月久旱不雨，赤地千里，颗粒无收，民大饥，多有饿死[211]。

1600 年

图 5-40(a)　1600 年浙江省大灾分布图

210　东阳市志编纂委员会. 东阳市志・卷三　灾异・第二章　灾害纪略・第一节　旱灾. 上海：汉语大词典出版社，1993.

211　磐安县志编纂委员会. 磐安县志・卷二　自然环境・灾害. 杭州：浙江人民出版社，1993：66.

评价:浙北。连续性好。由于灾害造成粮食减产,引发缺粮的情况,大批灾民死亡(图 5-40a)。

灾种:饥荒。

资料条数:1 条。

〈6〉**绍兴市　山阴县(今绍兴县)、会稽县(今越城区):**明万历二十八年(1600 年),山阴、会稽大饥,殍死无算(图 5-40b)[212]。

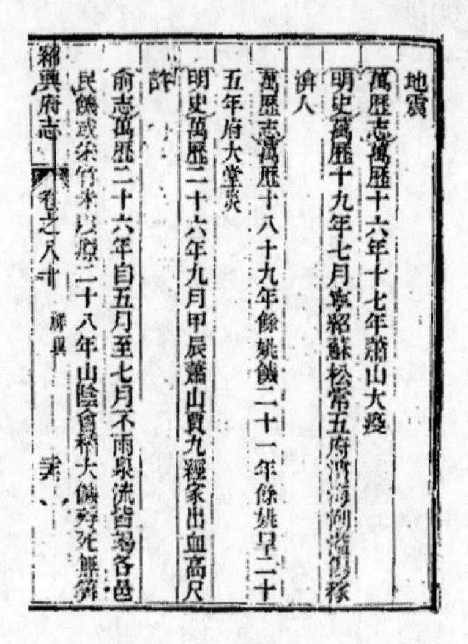
地震
萬歷志萬歷十六年十七年蕭山大疫
明史萬歷十九年七月壬紹蘇松常五府濱海潮溢傷稼
淹人
萬歷志萬歷十八十九年餘姚饑二十一年餘姚旱二十
五年府大堂災
明史萬歷二十六年九月甲辰蕭山賈九經家出血高尺
許
俞志萬歷二十六年自五月至七月不雨泉流皆竭各邑
民饑或采竹米以療二十八年山陰會稽大饑殍死無算
紹興府志　卷之八十　祥異　𡗗

图 5-40(b)　清乾隆五十七年《绍兴府志·卷之八十　祥异》记载万历二十八年饥荒

212　绍兴府志·卷之八十　祥异. 清乾隆五十七年.

1636 年

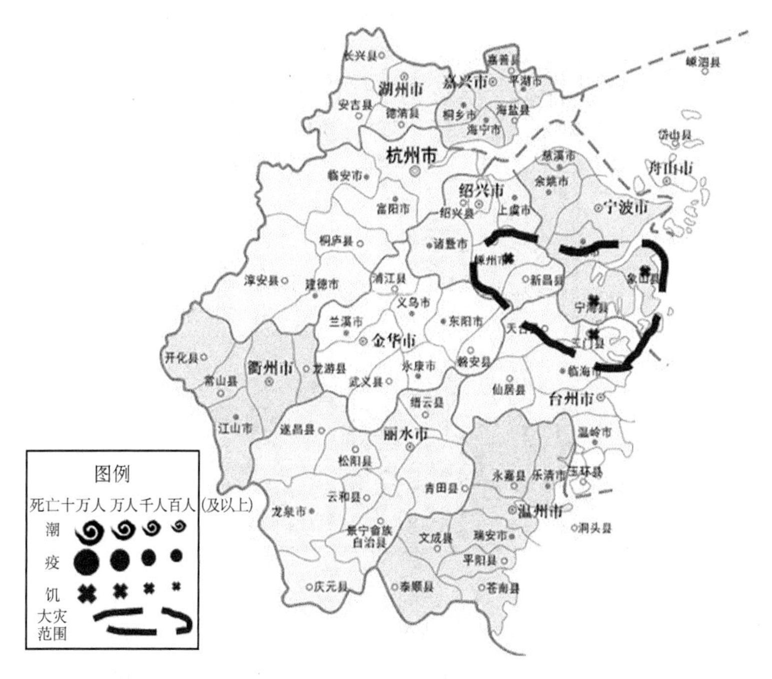

图 5-41(a)　1636 年浙江省大灾分布图

评价:浙东。大灾点连贯性较好。死亡人数数百人(图 5-41a)。

灾种:干旱造成饥荒。

资料条数:4 条。

〈2〉**宁波市　宁海县:**明崇祯九年(1636 年)十一月初九,地震。岁大旱,民饥死者众[213]。

象山县:九年,大旱,岁饥,多饿殍[214]。

213　宁海县地方志编纂委员会. 宁海县志・大事记. 杭州:浙江人民出版社,1993:11.

214　象山县志编纂委员会. 象山县志・地理・第七章　气候. 杭州:浙江人民出版社,1998:120.

〈6〉**绍兴市　嵊县(今嵊州市)**:九年丙子,自五月不雨至于秋,民多饥死。地中有白土争掘食之,名曰观音土,多致壅死(图 5-41b)[215]。

樓迎峯樓化龍門樓四山閣文星亭俱圮
崇禎九年丙子自五月不雨至於九月民多饑死地中有白土爭掘食之名曰觀
音粉多致壅死明年山陰劉侍郎宗周祁中丞彪佳遣諸生王朝式來
嵊與知縣劉永祚議賑民賴以活劉忠介公賑嵊蘇起季春有白馬山房之會偶及鄰嵊災
其民菜色有不忍言者蓋自去秋不登迄於今死亡流散之狀
日異而月不同勢岌岌盡矣一時諸君子相顧歎若身癢痛而
莫爲之所予因商之祁世培侍御請上官暫捐帑金召商轉糴
庶幾米集價平官不費而民沾微息亦小康之道乎或曰官帑
如洗奈何無已請以吾儕士大夫之有力者任之而終難其事
卒付之虛願而已既輟會語稍稍聞之王生爾吉慨然爲諸友
倡計以千金行一販而身任四之一於是遠近傳之踴躍相勸
方舉事有日而社中王金如亟顧余曰嵊民死者垂盡矣幸有
存者手無一錢而欲以平糴博斗粟之飽此索之枯魚之肆也
請如昔年天樂鄉故事設廠爲粥以食餓者予思以一邑之衆
而計口求活於二三措大之手猶西江之涓滴耳雖然士苟存
心於愛物於人必有所濟必博且衆將堯舜其猶病矣因聽諸
君子隨其願力爲之嗚呼口分世業之制壞而議常平常平不
可得而議借販至借販不可得而又議授餐斯爲救荒之策愈

图 5-41(b)　民国二十年《嵊县志·卷三十一　杂志·祥异》
记载崇祯九年饥荒

〈10〉**台州市　宁海县(今三门县)**:九年,大旱,斗米值钱五钱,民饥死者无数[216]。

215　嵊县志·卷三十一　杂志·祥异.民国二十年.

216　三门县志编纂委员会.三门县志·第二编　自然环境·第三章　气候.杭州:浙江人民出版社,1992:102.

1637 年

图 5-42　1637 年浙江省大灾分布图

评价:浙中偏西。大灾点连贯性较好。一场较广泛的饥荒。死亡人数为数百人(图 5-42)。

灾种:干旱造成饥荒。

资料条数:2 条。

〈1〉**杭州市　余杭县(今余杭区):**明崇祯十年(1637 年),浙江大饥,父子兄弟夫妇相食[217]。

217　杭州府志·卷八十四　祥异三.民国十一年铅字本.清光绪十四年.

〈7〉**金华市**　**金华府**：十年，浙江大饥，人相食[218]。

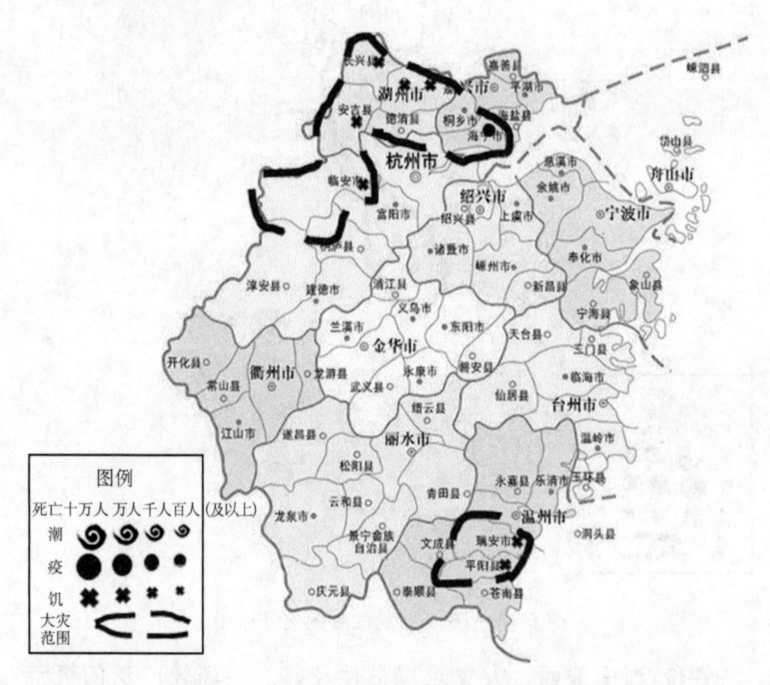

图 5-43(a)　1640 年浙江省大灾分布图

评价：浙北、浙东南。大灾点连贯性好。“罗雀掘鼠”，老鼠是何等机敏的小动物，饥民已无其他生路。“陈廿八杀人以食，事露死于法”，说明人相食现象并不广泛。死亡人数为数百人(图 5-43a)。

灾种：干旱造成饥荒、瘟疫。

资料条数：6 条。

218　浙江省金华市水电局. 金华市水利志·第二编　水旱灾害与防汛防旱·第一章　水旱灾害. 北京：中国水利水电出版社，1996：114.

〈1〉**杭州市 临安县(今临安区)**:明崇祯十三年(1640 年),大饥。人相食,流离载道,罗雀掘鼠,草根树皮俱尽,死者枕藉。云枭民陈廿八杀人以食,事露死于法(图 5-43b)[219]。

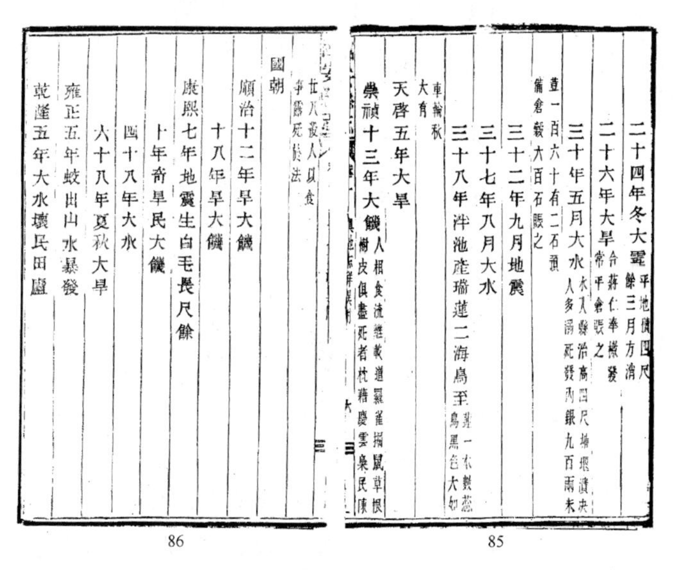
二十四年冬大雪平地積四尺餘三月方消
二十六年大旱合蔣仁奉撥發常平倉賑之
三十年五月大水水入縣治高四尺墻垣潰決人多溺死發內銀九百兩米壹一百六十有二石預備倉穀六百石賑之
三十二年九月地震
三十七年八月大水
三十八年泮池產瑞蓮二海鳥至蓮一本數蕊鳥黑色大如車輪秋大有
天啓五年大旱
崇禎十三年大饑人相食流離載道羅雀掘鼠草根樹皮俱盡死者枕藉雲梟民陳廿八殺人以食事露死於法
國朝
順治十二年旱大饑
十八年旱大饑
康熙七年地震生白毛長尺餘
十年奇旱民大饑
四十八年大水
六十八年夏秋大旱
雍正五年蛟出山水暴發
乾隆五年大水壞民田廬

86 85

图 5-43(b) 清宣统二年《重修临安县志·卷一 舆地志·祥异》记载崇祯十三年饥荒

〈3〉**温州市 瑞安(今瑞安市)、平阳县**:十三年五月,大雨七昼夜,大水没禾伤稼,水溢街市,民大饥,草根树皮俱尽,人相食,道殣相望,死者不可胜数[220]。

〈4〉**嘉兴市 海宁县(今海宁市)**:崇祯十三年秋,米涌一石值四金(《许志》)。按外志石值二两。明史五月浙江旱饥荒(《许志》)。秋大旱,禾尽枯,民食榆屑,疫死无算(图 5-43c)[221]。

219 重修临安县志·卷一 舆地志·祥异.清宣统二年.

220 湖州市地方志编纂委员会.湖州市志(上卷)·第三卷 自然环境·第七章 自然灾害录.北京:昆仑出版社,1999:216.

221 海宁县志·卷十二 杂志·灾祥.清乾隆三十年.

〔藂林雜俎〕

十三年秋米涌貴一石值四金〔許志〕按外志石值二兩明史五月浙江旱饑

〔許志〕秋大旱禾盡枯民食榆屑疫死無算

十四年六月大旱蝗民饑疫鬻子女售田舍塗有餓殍而賦稅加苛始苦田累〔外志〕

十五年春夏米涌貴一石值三金人不聊生〔許志〕按府志是年旱蝗〔外志〕哀花長安有殺人煮賣者

十二月城東三里橋有物偃于沙長二十餘丈高三丈人呼為海象爭剮之不盡流腐及秧田廟有取其

海寧縣志　卷十二　雜志

1683

图 5-43(c)　清乾隆三十年《海宁县志·卷十二　杂志·灾祥》记载崇祯十三年饥荒

〈5〉**湖州市　乌程县(今南浔区)、归安(今吴兴区)**:十三年五月,大水蝗灾,害稼,三吴皆饥,草根树皮俱尽,人相食,道殣相望。死者不可胜数[222]。

安吉县:十三年,大饥,道殣相望,死者不可胜数[223]。

长兴县:十三年五月,大雨七昼夜,没禾。蝗害稼,草根树皮俱尽,人相食,道殣相望,死者不可胜数[224]。

222　湖州市地方志编纂委员会.湖州市志(上卷)·第三卷　自然环境·第七章　自然灾害录.北京:昆仑出版社,1999:236.

223　上海、江苏、安徽、浙江、江西、福建省(市)气象局,中央气象局研究所.华东地区近五百年气候历史资料,1978:4.53.

224　长兴县志编纂委员会.长兴县志·第二卷　自然环境·第七章　自然灾害.上海:上海人民出版社,1992:108.

1641 年

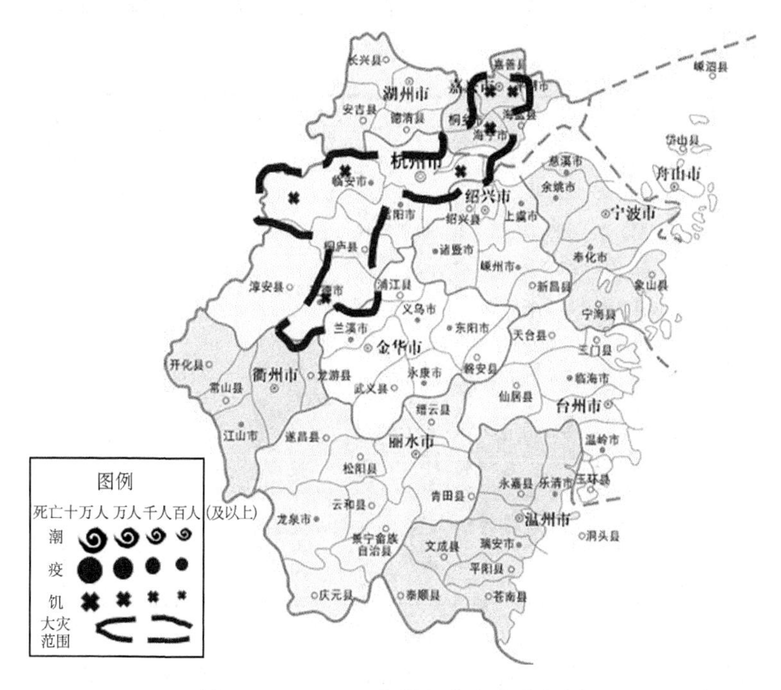

图 5-44(a)　1641 年浙江省大灾分布图

评价:浙西北。大灾点连贯性好。呈现出北西西向长条形分布。旱、蝗灾,造成民饥。“民食草木,卖子女,人相食,疫病,饿殍载道”。数灾并发,人民难以招架。死亡人数为千余人(图 5-44a)。

灾种:干旱造成饥荒。

资料条数:6 条。

〈1〉**杭州市　於潜县(今临安区於潜镇)、昌化县(今临安区昌化镇)**:明崇祯十四年(1641 年),於潜、昌化相继大饥,野有饿殍。

米每斗银五钱[225]。

萧山县(今萧山区):十四年四月,疫疠大作,死者相藉于道[226]。

建德县(今建德市):十四年辛巳冬月,民大饥,有掠人而食者(图 5-44b)[227]。

地旁有牧兒覓無蹤
泰昌元年冬十二月十八大雪至正月
崇禎元年戊辰七月大水
四年辛未有年
七年甲戌有年
十年丁丑三月民大饑發黃土名觀音粉多腹墜病
十三年庚辰民訛言龍神降所在迎祀計口出錢雖小兒無遺者
十四年辛巳冬月民大饑有掠人而食者
十五年壬午春民多饑死秋蟲食粟苗松葉一望如焚冬多虎時

建德縣志 卷之二十 舊志 祥異 三

孔貞運里居告郡邑檄貴池獵人捕之殺七虎中有一虎孕四焉
十六年癸未秋冬不雨前河水三處斷流後河魯公堰斷流一里
許
十七年東鄉民陳姓家猪產象形無毛
國朝順治二年三年皆有年
四年丁亥三月至六月穀貴民大饑米每石至銀六兩
五年六月初九日大水邑治後蛟起湧水二丈餘官倉貯米豆盡
漂時所在山蛟並出政坑舖淩家左側山崩壓田百餘畝多溺死
者

580

图 5-44(b) 清康熙元年《建德县志·卷之二十 祥异》记载崇祯十四年饥荒

〈4〉**嘉兴市 杭、嘉、湖、苏、松、常、镇 20 县**:十四年二至六月,至和塘、吴淞涸,蝗。斗米四百五十钱,民食草木,卖子女,人相食,疫病,饿殍载道[228]。

嘉兴:十四年大旱,六月二十九日,飞蝗满田,不断者 5 日,食

---

225 临安县志编纂委员会. 临安县志·大事记. 上海:汉语大词典出版社,1992:4.

226 萧山县志·卷十九 祥异志. 清乾隆十六年.

227 建德县志·卷之二十 祥异. 清康熙元年.

228 嘉兴市志编纂委员会. 嘉兴市志(上册)·第四篇 自然环境·自然灾异. 北京:中国书籍出版社,1997:322,327.

禾草殆尽，石米四两五钱，月杪，苗复出，蝗子复生，食禾，民大饥，道殣相望，饥，人相食[228]。旱灾，饥殍无算[229]。

海宁县(今海宁市)：十四年六月，大旱，蝗虫害稼。民饥，疫，鬻子女、售田地，途有饿殍，而税赋加苛[230]。

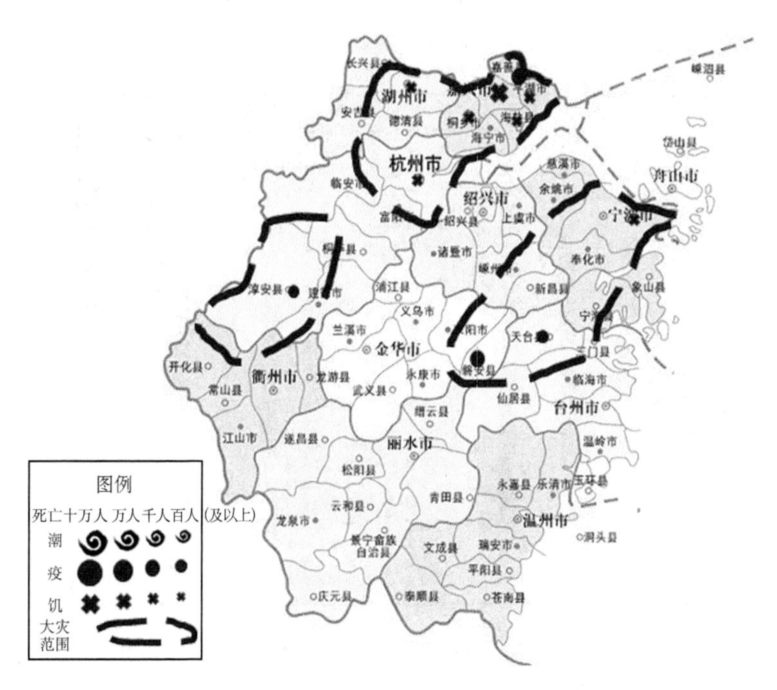

图 5-45(a) 1642 年浙江省大灾分布图

评价：浙北、浙东。大灾点连贯性好。死亡人数高达 18 万人，

229 上海、江苏、安徽、浙江、江西、福建省(市)气象局，中央气象局研究所. 华东地区近五百年气候历史资料，1978:4.54.

230 海宁市建设志办公室. 海宁建设志大事记(征求意见稿)，2009.

是迄今为止发现浙江灾情史料中最严重的。社会体现出的混乱状况，整个是一种无序形态。灾民生活之痛苦，管理之任性，达到无以复加的地步（图 5-45a）。

灾种：干旱造成饥荒、瘟疫。

资料条数：12 条。

注：下列资料凡斜体者，为死亡万人及以上。编号：33W1642。

〈1〉**杭州市**　**杭州**：明崇祯十五年（1642 年），杭州旱，飞蝗集地数寸，草木呼吸皆尽，岁饥，民强半饿死[231]。秋，大饥，民多疫死者枕藉，杭城尤甚（图 5-45b）[232]。

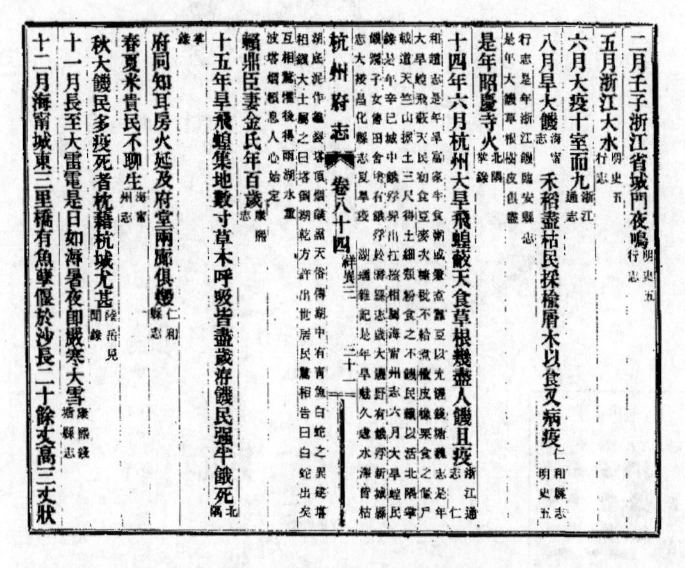
二月壬子浙江省城門夜鳴 明史五行志
五月浙江大水 明史五行志
六月大疫十室而九 浙江通志
八月旱大饑 海寧志 禾稻盡枯民採榆屑木以食又病疫 仁和縣志 明史五行志
是年浙江饑 臨安縣志 是年大饑草根樹皮俱盡
是年昭慶寺火 北隅掌錄
十四年六月杭州大旱飛蝗蔽天食草根幾盡人饑且疫 浙江通志
仁和志是年旱富家斗食粥成糜煮蠶豆以丸鏹 錢塘縣志是年大旱蝗飛蔽天民初食豆麥次糠秕不給煮橡皮橡栗食之僵尸載道天竺山掘土三尺得土細類粉食之不饑民賴以活 北隅掌錄是年辛巳城中饑殍屍山扛拾相屬 海甯州志六月大旱蝗民饑殍子女鬻田舍鬻有餓殍於野 縣志歲大饑野有餓殍 新城縣志大祲 昌化縣志夏旱疫 湖壖雜記是年旱魃久虐水澤皆枯
杭州府志 卷八十四 祥異三 二十一
湖底泥作龜裂塔頂烟燄燭天俗傳湖中有青魚白蛇之異建塔相鎮大士屬之曰塔倒湖乾方許出世居民驚相告曰白蛇出矣互相驚懼後得雨湖水重波塔烟始息人心始定
輻鼎臣妻金氏年百歲 康熙志
十五年旱飛蝗集地數寸草木呼吸皆盡歲洊饑民強半餓死 北隅掌錄
府同知耳房火延及府堂兩廊俱燬 仁和縣志
春夏米貴民不聊生 海寧州志
秋大饑民多疫死者枕藉杭城尤甚 陸岳見聞錄
十一月長至大雷電是日如海暑夜即嚴寒大雪 康熙錢塘縣志
十二月海甯城東三里橋有魚孽偃於沙長二十餘丈高三丈狀

图 5-45(b)　清光绪十四年编纂、民国十一年铅字本《杭州府志·卷八十四　祥异三》记载崇祯十五年饥疫

遂安县（今淳安县）：十五年，大疫，僵尸塞路[233]。

231　陈桥驿．浙江灾异简志．杭州：浙江人民出版社，1991：334．

232　杭州府志·卷八十四　祥异三．民国十一年铅字本．清光绪十四年．

233　遂安县志·杂志·灾异．民国．

〈2〉**宁波市　鄞县(今鄞州区)**:十五年,大旱饥,春夏之间疾疫大兴,死者相枕[234]。

〈4〉**嘉兴市　杭、嘉、湖、苏、松、常、镇 20 县**:十五年,先大水后大旱,蝗。斗米四百钱,民食草木,有食人肉者,大疫,十室九空,积尸横道,死人十分之三[235]。

嘉兴:十五年,大疫,十室九空,河淹,大饥,人相食,路殍相望[236]。十五年,因旱灾及疫病约死十八万人[235]。

嘉善县:十五年春,米贵民饥,夏大疫,人多暴死[237]。

平湖县(今平湖市):十五年夏秋,大旱,积尸横道,朝所见尸及暮见之,非复前尸矣[237]。大风雨,大饥,人食草木,路殍相望,语儿乡有食人者[238]。

桐乡县(今桐乡市):十五年,河溢,大疫大饥,人食草木,路殍相望。冬至夜,疾风,迅雷,暴雨。袁府志云:语儿乡有食人者[239]。

海盐县:十五年,大饥,斗米四钱,路殍相望[237]。

〈5〉**湖州市　南浔镇(今南浔区)**:十五年至十七年,大水,大饥,人相食[240]。

---

234 上海、江苏、安徽、浙江、江西、福建省(市)气象局,中央气象局研究所.华东地区近五百年气候历史资料,1978:4.95.

235 嘉兴市志编纂委员会.嘉兴市志(上册)·第四篇　自然环境·自然灾异.北京:中国书籍出版社,1997:321,322.

236 嘉兴市志编纂委员会.嘉兴市志·第三十八篇　医疗卫生·疾病防治.北京:中国书籍出版社,1997:1678.

237 上海、江苏、安徽、浙江、江西、福建省(市)气象局,中央气象局研究所.华东地区近五百年气候历史资料,1978:4.54.

238 桐乡市桐乡县志编纂委员会.桐乡县志·第二编　自然环境·第五章　自然灾害.上海:上海书店出版社,1996:137.

239 桐乡市桐乡县志编纂委员会.桐乡县志·大事记.上海:上海书店出版社,1996.

240 南浔镇志编纂委员会.南浔镇志·第一篇　政区·死二章　自然环境.上海:上海科学技术文献出版社,1995:47.

〈7〉**金华市　磐安县**：十五年，大疫，死尸相籍[241]。

〈10〉**台州市　天台**：十五年，岁饥，复大疫，死者相籍（康熙《天台县志》）[242]。

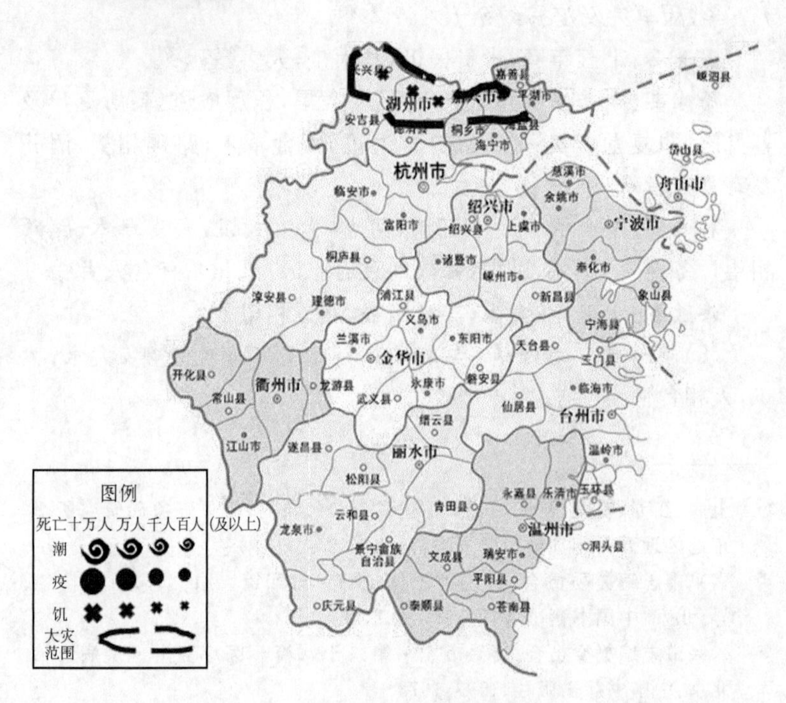

图 5-46　1643 年浙江省大灾分布图

评价：浙北。大灾点连贯性好。死亡人数为数百人（图 5-46）。

241　磐安县志编纂委员会. 磐安县志·卷二　自然环境·灾害. 杭州：浙江人民出版社，1993：76.

242　台州市气象局气象志编纂委员会. 台州市气象志·第九章　历代灾异. 北京：气象出版社，1998：111.

灾种:干旱造成饥荒。

资料条数:4 条。

〈4〉**嘉兴市　杭、嘉、湖、苏、松、常、镇 20 县**:明崇祯十六年(1643 年)五至六月,松江府河水尽涸,斗米四百钱,饥荒,人相食[243]。

〈5〉**湖州市　湖州**:十六年夏,大旱,饥,人相食,斗米四百钱[244]。

乌程县南浔镇(今南浔区):十六年夏,饥,人相食[245]。

长兴县:十六年夏,大旱饥,人相食[246]。

243　嘉兴市志编纂委员会. 嘉兴市志(上册)·第四篇　自然环境·自然灾异. 北京:中国书籍出版社,1997:322.

244　湖州市地方志编纂委员会. 湖州市志(上卷)·第三卷　自然环境·第七章　自然灾害录. 北京:昆仑出版社,1999:224.

245　南浔镇志编纂委员会. 南浔镇志·第一编　政区·第二章　自然环境. 上海:上海科学技术文献出版社,1995:54.

246　长兴县志编纂委员会. 长兴县志·第二卷　自然环境·第七章　自然灾害. 上海:上海人民出版社,1992:108.

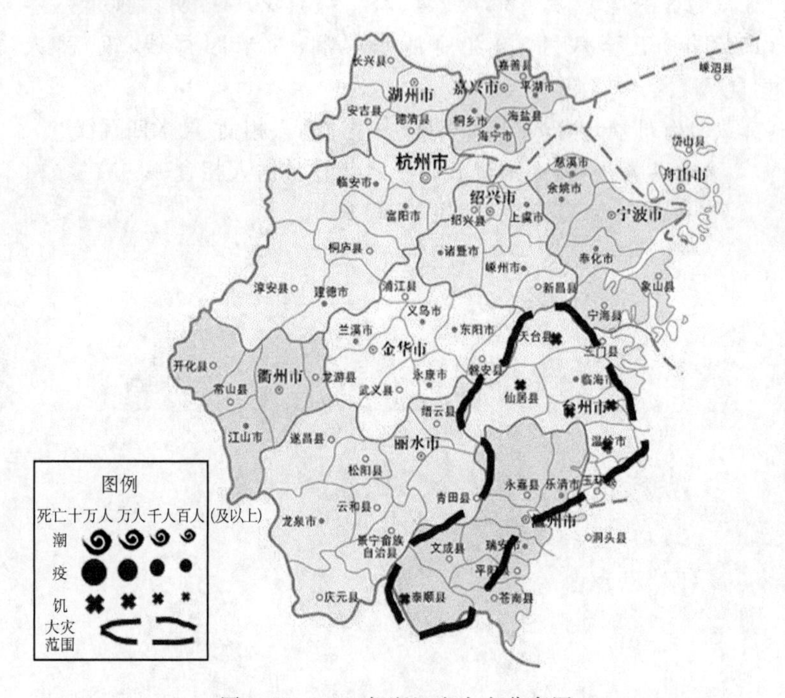

图 5-47　1646 年浙江省大灾分布图

评价:浙东南。大灾点连贯性较好。死亡人数为数百人(图 5-47)。

灾种:干旱造成饥荒。

资料条数:5 条。

〈3〉**温州市　泰顺县莒江乡**:清顺治三、四年(1646—1647 年),莒江连年荒歉,饿殍相枕[247]。

---

247 泰顺县地方志办公室.浙江省泰顺县莒江乡志·大事记.北京:中华书局,2001:2.

〈10〉**台州市**　**台州**:三年,干旱,自三至五月不雨,民饿死甚众[248]。

仙居县:三年,台州自三月不雨至五月。临海二月至五月不雨,苗尽枯。仙居大旱,饿殍载道(《浙江灾异简志》《临海县志》《仙居县志》)。

黄岩县(今黄岩区)、太平县(今温岭市)、仙居县:三年三月至五月,台州大旱,苗尽枯。黄岩大饥,民死载道。太平大祲,谷五斗钱一两,饥民采草根以食,死者甚众。天台奇荒,斗米银六钱,民多逃窜。仙居斗米七百钱,饿死者枕藉于途(康熙《台州府志》、光绪《黄岩县志》、康熙《太平县志》、康熙《天台县志》、康熙《仙居县志》)[249]。

天台、仙居、黄岩(今黄岩区)、温岭县(今温岭市):三年,台州府三月不雨至于五月,苗尽枯。天台、仙居、黄岩、温岭大旱奇荒,大饥,民死载道[250]。

248　椒江市志编纂委员会.椒江市志·大事记.杭州:浙江人民出版社,1998:7.

249　台州市气象局气象志编纂委员会.台州市气象志·第九章　历代灾异.北京:气象出版社,1998:112.

250　温克刚.中国气象灾害大典·浙江卷·第三章　干旱、热害.北京:气象出版社,2006:138.

1647 年

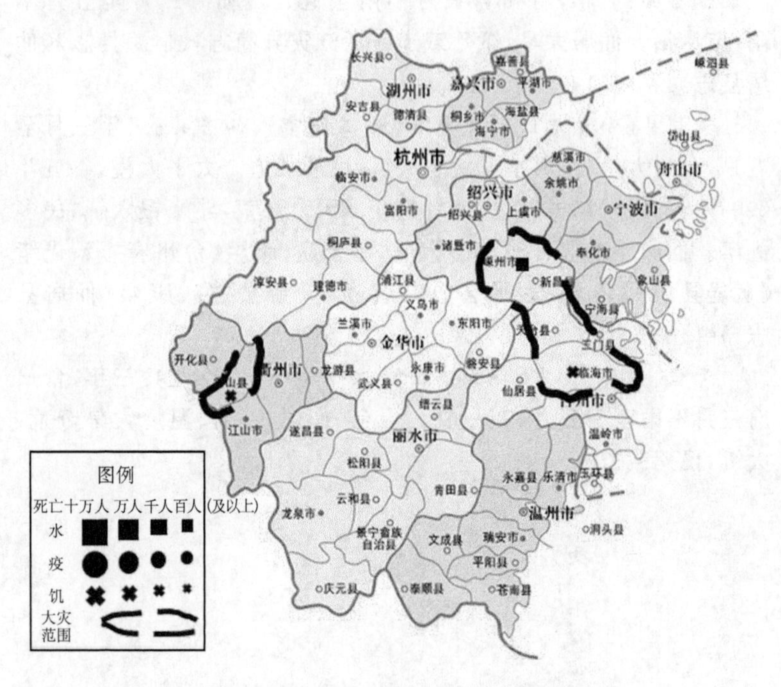

图 5-48(a) 1647 年浙江省大灾分布图

评价:浙东。大灾点连贯性较好。1640 年、1641 年、1642 年、1643 年、1644 年及 1646 年连续发灾,灾区生态极为衰弱。“民食草根,米每石银六两”,粮食是根本,致使灾区扩大灾情。死亡人数为数百人(图 5-48a)。

灾种:饥荒、洪涝。

资料条数:3 条。

〈6〉**绍兴市　嵊县(今嵊州市)**:清顺治四年(1647 年)大水。斗米钱四百,壮者为兵为“盗”,老弱死者枕藉[251]。七月,嵊大水,民

251　嵊县志编纂委员会.嵊县志·大事记.杭州:浙江人民出版社,1989:5.

多溺死(图 5-48b)[252]。

紹興府志　卷之八十　祥異

月至八月旱五月二十六日太白經天六月朔日
大兵臨府城士民歸化
聖朝文獻通考順治三年浙江餘姚縣甘露降於松
〔前志〕順治三年六月十一日星隕如雨八月初一日大風
拔木海鹽山陰會稽禾稼淹腐四年餘姚縣化安山松樹
有甘露山陰民家羊生羔三足前二後一殺於江橋張神
廟人不敢孚食七月嵊大水民多溺死九年二月十四日
夜四鼓蕭山地震諸暨旱十一年四月初六日辰時蕭山
地震有聲如雷是日又山鳴十二年山陰會稽旱十五年
閏三月朔日上虞雲中隱隱如龍戰鬭大雨雹倏忽高尺

图 5-48(b)　清乾隆五十七年《绍兴府志·卷之八十　祥异》记载顺治四年洪灾

〈8〉**衢州市　常山县**:四年,饥荒,斗米七钱,饿殍载道[253]。

〈10〉**台州市　临海县**:四年春,大饥,民食草根,米每石银六两,饿死甚众[254]。

252　绍兴府志·卷之八十　祥异.清乾隆五十七年.

253　常山县志·卷十二　拾遗　灾祥.雍正.

254　临海县志编纂委员会.临海县志·第三编　自然地理·第八章　自然灾害.杭州:浙江人民出版社,1989:151.

1649 年

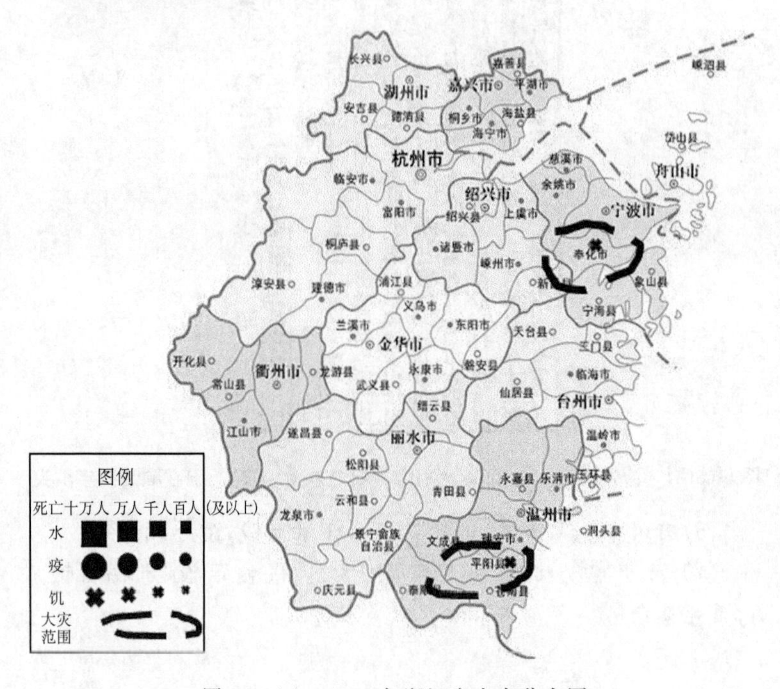

图 5-49(a)　1649 年浙江省大灾分布图

评价: 浙东。大灾零星发生。死亡人数为数百人(图 5-49a)。

灾种: 饥荒。

资料条数: 2 条。

〈2〉**宁波市　奉化县(今奉化市)**:清顺治六年(1649 年),大饥。饿殍载道[255]。

〈3〉**温州市　平阳县**:六年己丑春,大饥,米石至七八两(旧志)

255 上海、江苏、安徽、浙江、江西、福建省(市)气象局,中央气象局研究所. 华东地区近五百年气候历史资料,1978:4.95.

民饿死甚众(图 5-49b)[256]。

平陽縣志　卷五十六　祥異志一　八

北而沒次早天赤如血舊志　乾隆府志作乙酉五月平陽夜半云云是爲順治二年與此不符存疑

六月初三日微雪見於雅山紅寮前民家瓦上舊志修

清世祖順治六年己丑春大饑米石至七八兩舊志民餓死甚眾舊志

劉譜金鄉衛城記云己丑以遼運年蟲旱

十三年丙申疫城鄉男婦死者數百舊志補門

十四年丁酉九月初四日夜火自市心街起東至城西至繡衣坊南至賣書巷延燒城內幾半舊志

十二月一日午後炎熱蟄蟲盡出是夜嚴霜如雪野中蛇死無數舊志修

十五年戊戌冬有槐豆結實有桃實大如綠豆舊志

十七年庚子三月饑米石銀四兩有奇舊志吳氏譜參

聖祖康熙十年庚戌五月二十九日有蝗食沿江田禾五日八月

图 5-49(b)　民国十四年《平阳县志·卷五十六　祥异》记载顺治六年饥荒

256　平阳县志·卷五十六　祥异. 民国十四年.

1651 年

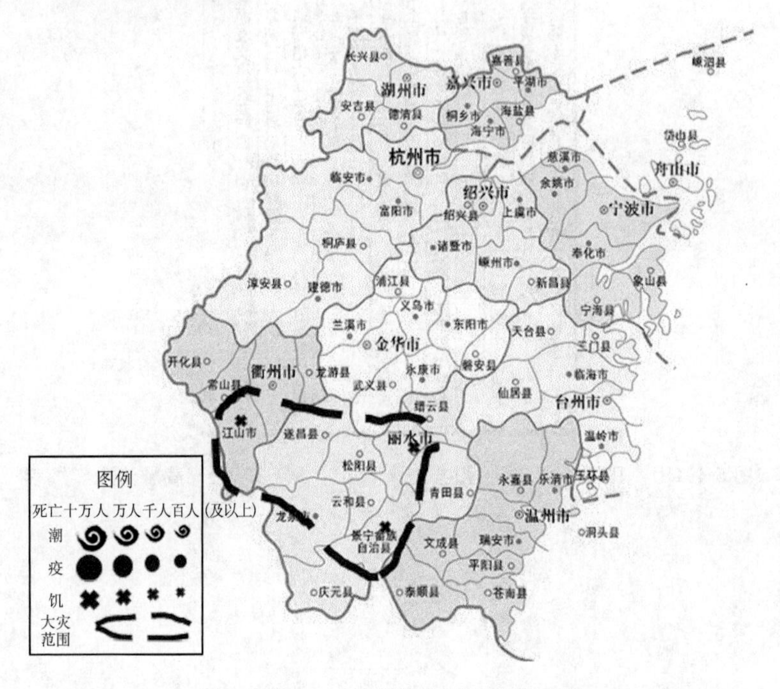

图 5-50(a)　1651 年浙江省大灾分布图

评价:浙西南。大灾成片发生。死亡人数为数百人(图 5-50a)。

灾种:干旱造成饥荒。

资料条数:3 条。

〈8〉**衢州市　江山县(今江山市):**清顺治八年(1651 年),旱,斗米五钱,民多饥死(图 5-50b)[257]。

257　开化县志·卷十二　拾遗志三　祥异.同治十二年.

十六年旱

國朝順治三年大旱 斗米八錢人採木皮土粉充饑

四年大旱饑

五年閩寇魏福賢亂 福賢嘯聚亡命出沒三省結連九仙山寇首楊文所在焚劫田地荒蕪至十四年三省會勦始平丁壯死徙殆盡往往鄉行竟日絕無人煙

六年西鄉虎爲患 時有合村罄食無餘者

七年西鄉虎復爲患

八年旱 斗米五錢民多饑死

十一年旱寇亂饑 斗米三錢復遭寇亂饑窘爲甚

十二年夏大水秋大旱

1658

图 5-50(b)　同治十二年《开化县志·卷十二　拾遗志三　祥异》记载顺治八年旱灾

〈11〉**丽水市　丽水县(今莲都区)**:八年,灾荒,斗米银六钱,民多饥死[258]。

景宁县(今景宁畲族自治县):七年,岁大饥,殍死相望。次年亦然[259]。

258　丽水市志编纂委员会.丽水市志·大事记.杭州:浙江人民出版社,1994:6.

259　景宁畲族自治县志编纂委员会.景宁畲族自治县志·第二编　自然环境·第七章　灾异.杭州:浙江人民出版社,1995:84.

1671 年

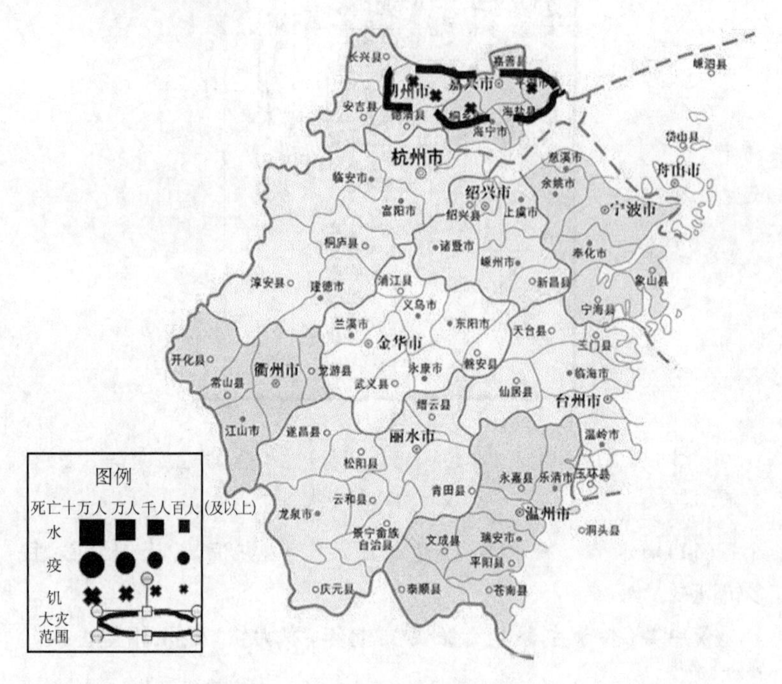

图 5-51　1671 年浙江省大灾分布图

评价：浙北。大灾点连贯性好。死亡人数为数百人（图 5-51）。

灾种：干旱造成饥荒。

资料条数：4 条。

〈4〉**嘉兴市　桐乡县（今桐乡市）：**清康熙十年（1671 年），自五月至九月不雨，大旱，大燠，草木枯槁，道殣相望[260]。

平湖县（今平湖市）：十年，自五月至九月不雨，大旱，大燠，草木枯槁，赤地千里，人多暍死[260]。

260　桐乡市桐乡县志编纂委员会. 桐乡县志·第二编　自然环境·第五章　自然灾害. 上海：上海书店出版社，1996：139.

〈5〉**湖州市**　**湖州**：十年五至七月，大旱，溪水尽涸，人渴死者众[261]。

南浔镇(今南浔区)：十年五月至十月，大旱异常，草木枯，人渴死者甚众，溪水西流，歉薄收[262]。

1751 年

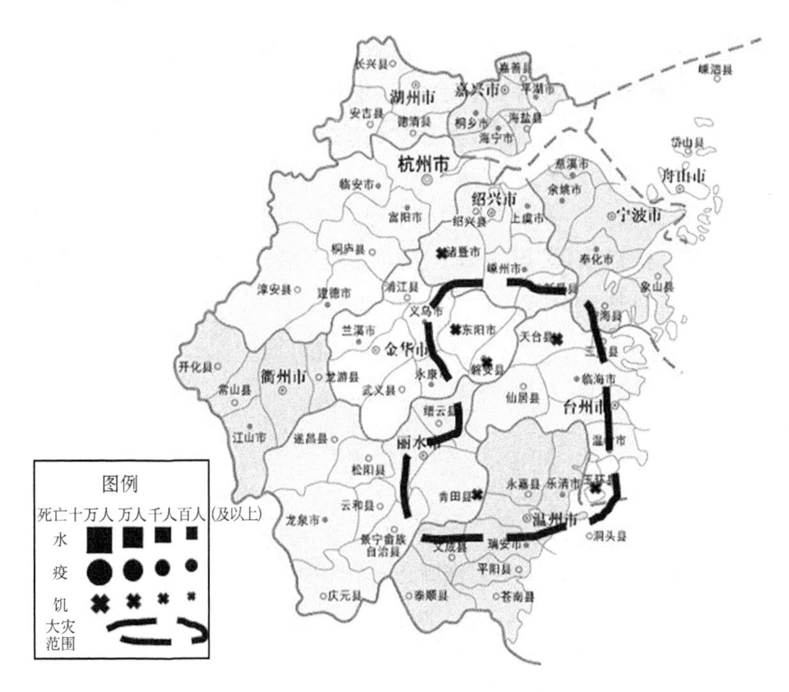

图 5-52　1751 年浙江省大灾分布图

评价：浙中。大灾点连贯性较好。成片发生。死亡人数为数

261　湖州市地方志编纂委员会.湖州市志(上卷)·第三卷　自然环境·第七章　自然灾害录.北京：昆仑出版社，1999：224.

262　南浔镇志编纂委员会.南浔镇志·第一编　政区·第二章　自然环境.上海：上海科学技术文献出版社，1995：50.

百人(图 5-52)。

灾种:干旱造成饥荒。

资料条数:6 条。

〈6〉**绍兴市　诸暨县(今诸暨市)**:清乾隆十六年(1751 年)大旱,歉收。百姓食观音土,多死[263]。

〈7〉**金华市　东阳县(今东阳市)**:十六年,大旱,虫荒,饿殍相望[264]。

磐安县:十六年,夏大旱,民饥食土,饿殍相望于道[265]。

〈10〉**台州市　天台县**:十六年,岁荒,道馑相望[266]。

玉环县:十六年,大旱,民息炊断烟,食豆麦苗、草木根,背井离乡,卖儿鬻女,沿途乞讨,饿殍遍野[267]。

〈11〉**丽水市　青田县**:十六年元月朔日大雪,延及二月中旬方霁,又兼上秋荒歉,民饥复续。夏,二麦不登,居民流殍甚众(阜阳《周氏宗谱》)[268]。

---

263 诸暨县地方志编纂委员会. 诸暨县志・大事记. 杭州:浙江人民出版社,1993:10.

264 上海、江苏、安徽、浙江、江西、福建省(市)气象局,中央气象局研究所. 华东地区近五百年气候历史资料,1978:4.149.

265 磐安县志编纂委员会. 磐安县志・卷二　自然环境・灾害. 杭州:浙江人民出版社,1993:67.

266 天台县志编纂委员会. 天台县志・第二编　自然环境・第七章　灾异. 上海:汉语大词典出版社,1995:54.

267 玉环县志编纂委员会. 玉环县志・大事记. 上海:汉语大词典出版社,1994:14.

268 青田县志编纂委员会. 青田县志・第二编　自然环境・第三章　气候. 杭州:浙江人民出版社,1990:137.

图 5-53 1785 年浙江省大灾分布图

评价:浙西北。范围应该很广,旱区连片,现在查到 2 点,应该连起来。死亡人数为数百人(图 5-53)。

灾种:干旱造成饥荒。

资料条数:2 条。

〈1〉**杭州市 建德县(今建德市)**:清乾隆五十年(1785 年),大旱,民饥,野殍无数[269]。

269 建德县志·卷之二十 祥异.清康熙元年.

〈4〉**嘉兴市　桐乡县(今桐乡市)**:五十年,浙中大旱,饿殍载道[270]。

1811 年

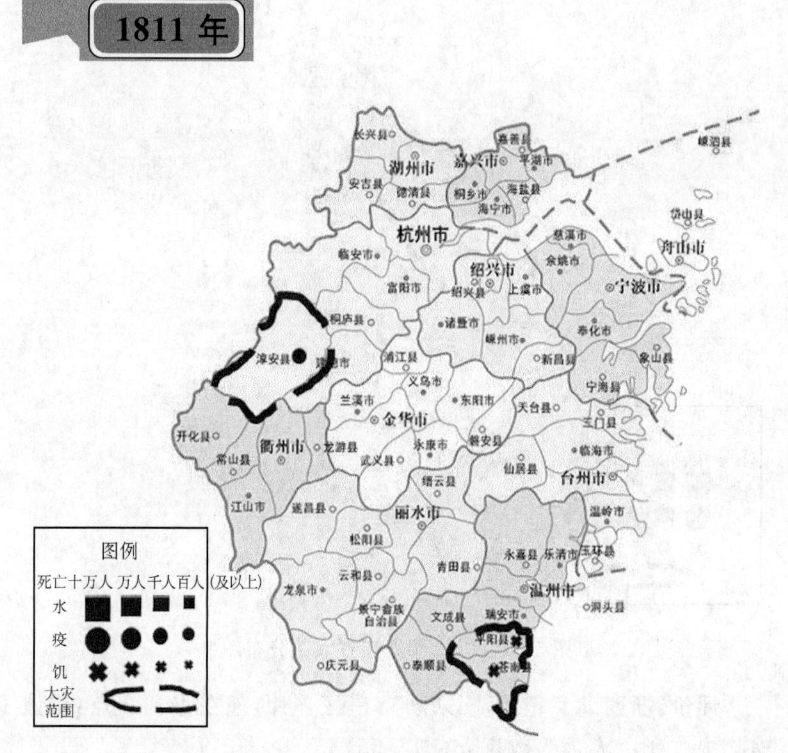

图 5-54　1811 年浙江省大灾分布图

评价:浙南、浙西。大灾点连贯性好。南旱北涝。北部降雨十余日,导致山洪暴发。南部夏秋连旱,饥民无粮,以观音土充饥。死亡人数为数百人(图 5-54)。

灾种:干旱造成饥荒、洪涝。

270　桐乡市桐乡县志编纂委员会.桐乡县志·第二十四编　民政·第三章　救灾救济.上海:上海书店出版社,1996:1017.

资料条数:3 条。

〈1〉**杭州市　遂安县(今淳安县)**:清嘉庆十六年(1811 年)夏，大水。霪雨兼旬，山洪暴发，南河两岸积尸相枕藉，庐舍、堰桥及近河田地多被冲荡[271]。

〈3〉**温州市　苍南县**:十六年夏旱至秋，禾苗尽枯，大饥。赤洋山(矾山)贫民挖白石粉(观音土)充饥，多胀死[272]。

平阳县:十六年夏旱至秋，禾苗尽枯，大饥。赤洋山(矾山)贫民挖白石粉(观音土)充饥，多胀死[273]。

271　遂安县志·杂志·灾异.

272　南县地方志编纂委员会.苍南县志·大事记.杭州:浙江人民出版社，1997:15.

273　平阳县志编纂委员会.平阳县志·大事记.上海:汉语大词典出版社，1993.

1832 年

图 5-55　1832 年浙江省大灾分布图

评价:浙中。大灾点连贯性好。“泉脉尽枯竭”,旱得连泉水都不滴水了,后果是“菽皆不能下种”,老百姓无粮可收获。死亡人数为数百人(图 5-55)。

灾种:干旱造成饥荒。

资料条数:2 条。

〈7〉**金华市　磐安县**:清道光十二年(1832 年)六月,大旱至秋冬,泉脉尽枯竭,菽皆不能下种,民食草木,饿殍相望[274]。

274　磐安县志编纂委员会.磐安县志・卷二　自然环境・灾害.杭州:浙江人民出版社,1993:67.

〈11〉**丽水市　缙云县**:十二年,大旱,饥死无算。道殣相望[275]。

图 5-56(a)　1861 年浙江省大灾分布图

评价:浙西北。大灾点连贯性好。发生南方地区少有的“大雪兼旬”,加之“居民避乱山中”,没有带足粮食,导致严重缺粮。死亡人数为数百人(图 5-56a)。

灾种:冰冻造成饥荒、瘟疫。

资料条数:3 条。

275　上海、江苏、安徽、浙江、江西、福建省(市)气象局,中央气象局研究所.华东地区近五百年气候历史资料,1978:4.191.

〈1〉**杭州市**　**杭州**:清咸丰十一年(1861 年)冬十二月,大雪兼旬,平地高五六尺,山中数丈,居民避寇,山中无处觅食,饿毙无算(图 5-56b)[276]。

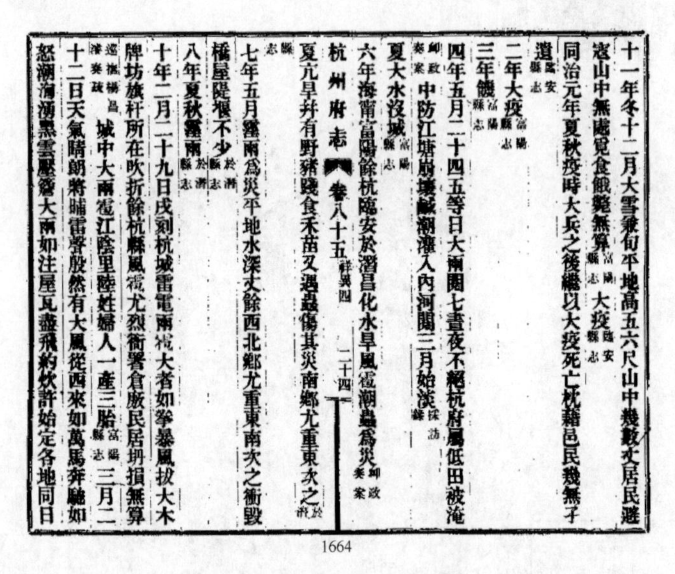

十一年冬十二月大雪兼旬平地高五六尺山中幾數丈居民避
寇山中無處覓食餓斃無算富陽縣志 大疫臨安縣志
同治元年夏秋疫時大兵之後繼以大疫死亡枕藉邑民幾無孑
遺臨安縣志
二年大疫富陽縣志
三年饑富陽縣志
四年五月二十四五等日大雨閱七晝夜不絕杭府屬低田被淹
卹政奏案 中防江塘崩壞鹹潮灌入內河閱三月始淡採訪錄
夏大水沒城富陽縣志
六年海甯富陽餘杭臨安於潛昌化水旱風雹潮蟲爲災卹政奏案

杭州府志　卷八十五　祥異四　二十四

夏亢旱并有野豬踐食禾苗又遇蟲傷其災南鄉尤重東次之於潛
縣志
七年五月霪雨爲災平地水深丈餘西北鄉尤重東南次之衝毀
橋屋隄堰不少於潛縣志
八年夏秋霪雨於潛縣志
十年二月二十九日戌刻杭城雷電雨雹大者如拳暴風拔大木
牌坊旗杆所在吹折餘杭縣風雹尤烈衙署倉廒民居坍損無算
浙撫楊昌濬奏疏 城中大雨雹江陰里睦姓婦人一產三胎富陽縣志 三月二
十二日天氣晴朗將晡雷聲殷然有大風從西來如萬馬奔馳如
怒潮洶湧黑雲壓簷大雨如注屋瓦盡飛約炊許始定各地同日

1664

图 5-56(b)　清光绪十四年编纂、民国十一年铅字本《杭州府志·卷八十五　祥异四》记载咸丰十一年饥荒

富阳县(今富阳市):十一年冬十二月,大雪兼旬,平地高五六尺,山中几数丈,居民避寇山中无处觅食,饿毙无算(图 5-56c)[277]。

276　杭州府志·卷八十五　祥异四.民国十一年铅字本.清光绪十四年.

277　富阳县志·卷十五　祥异.清光绪三十二年.

咸豐三年三月初九夜地大震窗櫺屋瓦搖撼有聲厨中
甑椀皆鳴
五年正月十一月俱地震屋牆破裂河水沸騰
六年夏亢旱秋飛蝗爲災米價騰貴
九年夏彗星見西北方光鋩閃爍形如帚長數百丈民
間謂之掃帚星或云即欃槍星月餘方滅
十年秋大源各山皆虎嘯或云天鼓鳴
十一年冬十二月大雪兼旬平地高五六尺山中幾數
富陽縣志　卷十五　祥異　三
丈居民避寇山中無處覓食餓斃無算
同治二年大疫三年賊退斗米千錢大兵之後又值凶年
鋒鏑餘生幾無噍類

1951

图 5-56(c)　清光绪三十二年《富阳县志·卷十五　祥异》记载咸丰十一年饥荒

昌化县(今临安区):十一年,昌化大疫,死者无算[278]。

278　上海、江苏、安徽、浙江、江西、福建省(市)气象局,中央气象局研究所.华东地区近五百年气候历史资料,1978:4.23.

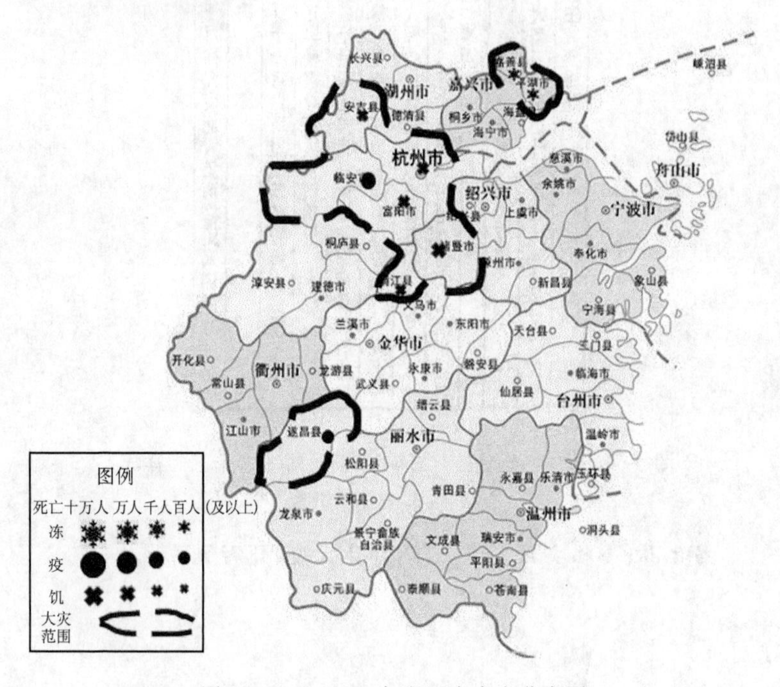

图 5-57(a) 1862 年浙江省大灾分布图

评价:浙北。大灾点连贯性好。最严重的是饥荒,“大旱,田禾荒芜,饿死者万余”。出现南方少见的冰冻灾害,“大寒,溪冰坚厚,舟楫不过”(图 5-57a)。

灾种:干旱、冰冻造成饥荒,低温冷害,瘟疫。

资料条数:8 条。

注:下列资料凡斜体者,为死亡万人及以上。编号:39W1862。

〈1〉**杭州市　富阳县(今富阳市)**:清同治元年(1862 年)春正

月,新城大寒,溪冰坚厚,舟楫不过,民多饿死[279]。

临安县(今临安区):元年夏秋疫。时大兵之后,继大疫死亡枕藉,邑民几无孑遗(图 5-57b)[280]。

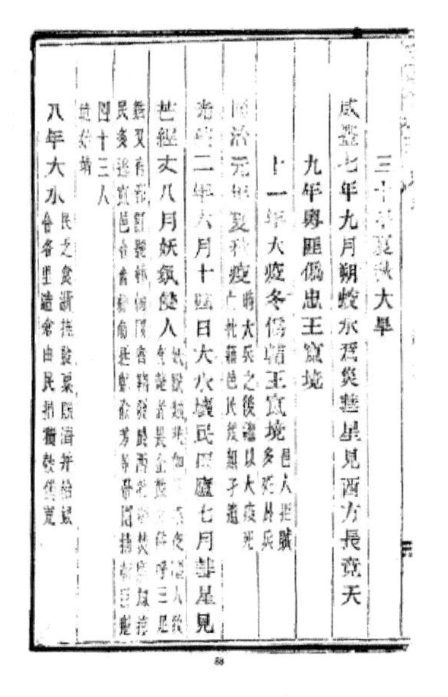
咸豐七年九月朔蛟水暴與慧星見西方長竟天
九年粵匪僞忠王竄境
十一年大疫冬僞輔王竄境邑人拒賊多死鋒兵
同治元年夏秋疫時大兵之後繼以大疫死亡枕藉邑民幾無孑遺
二年六月十四日大火燒民四廬七月彗星見
八月妖氛傷人
八年大水

图 5-57(b)　宣统二年《临安县志·卷一　祥异》记载同治元年灾荒

新登县(今富阳市)、平湖县(今平湖市,属湖州市)、嘉善县(今属嘉兴市):元年正月,溪冰坚厚,舟楫不通,人多冻死[281]。

〈5〉**湖州市　安吉县**:元年两县夏荒,民食树皮青草,六七月

279　富阳县地方志编纂委员会.富阳县志·第二编　自然环境·第七章　自然灾害.杭州:浙江人民出版社,1993:158.

280　临安县志·卷一　祥异.宣统二年.

281　温克刚.中国气象灾害大典·浙江卷·第四章　寒潮、大雪.北京:气象出版社,2006:172.

间,饿病死者甚多[282]。

平湖县(今平湖市):元年正月大寒,人多冻死[283]。

*〈6〉**绍兴市　诸暨县(今诸暨市)**:元年,诸暨大旱,田禾荒芜,饿死者万余*[284]。

〈7〉**金华市　浦江县**:元年正月,又大雪,连日雨雪,冰厚尺余,平地雪深五六尺,时战事频仍,百姓避匿山谷间,以饥荒死者甚众,田地大片荒芜[285]。

〈11〉**丽水市　遂昌县**:元年,大疫,死者甚众[286]。

---

282 安吉县地方志编纂委员会.安吉县志·大事年表.杭州:浙江人民出版社,1994:672.

283 浙江省平湖县县志编纂委员会.平湖县志·第三编　自然环境·第三章　气候.上海:上海人民出版社,1993:111.

284 温克刚.中国气象灾害大典·浙江卷·第三章　干旱、热害.北京:气象出版社,2006:150.

285 浦江县志编纂委员会.浦江县志·第二编　自然环境·第六章　灾异.杭州:浙江人民出版社,1990:92.

286 遂昌县志编纂委员会.遂昌县志·大事记.杭州:浙江人民出版社,1996:20.

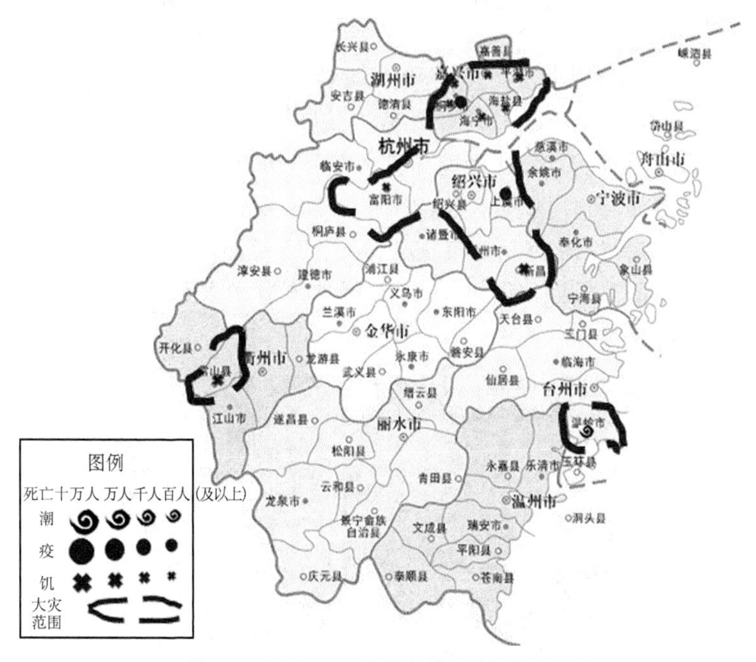

图 5-58(a)　1934 年浙江省大灾分布图

评价:浙北。大灾点连贯性较好。杭州湾北岸旱情严重,“溪涧断流,塘浦尽涸,已种旱稻苗均枯萎,未种之田尽龟裂”。形成严重社会不稳定,“天旱地裂,民不聊生,弱者坐泣田畔或自绝沟渎,强者聚千数百人,轮流呼号于县府之门。”死亡人数为数百人(图 5-58a)。

灾种:干旱造成饥荒,瘟疫,风暴潮。

资料条数:9 条。

〈1〉**杭州市　富阳县(今富阳市)**:民国二十三年(1934)富阳亢旱日久,溪涧断流,塘浦尽涸,已种旱稻苗均枯萎,未种之田尽龟裂,山居村落以造纸为生者,亦因水干槽停,灾情之重为数十年来所仅见,灾民啼饥之声,惨不忍闻。新登县亢旱成灾,秋收绝望,饥民载道，待哺嗷嗷[287]。

〈4〉**嘉兴市　崇德（今桐乡市崇德镇）、桐乡、嘉兴、海宁、海盐县**：二十三年6—8月连晴83天，无雨达100天，气温达39—40℃。水位大幅度下降，吴江水位1.87米，平望1.67米，嘉兴1.59米，崇德1.45米，海盐1.3米，致使除嘉善较低地区外普遍受灾，尤以崇德、桐乡、嘉兴、海宁、海盐县城一线之南受灾较重。河流干涸，河底龟裂，南湖见底，已种之田无法下种，粮价从8.5元/石猛涨至10.7元/石，民食树皮草根，纷纷流徙他乡乞食，嘉区灾民39.2万，约占总人口的1/4，缺粮100万石。饿毙、时疫身亡及投河、上吊自尽者时有所闻。7月27日王店难民数十人在七星桥站卧轨求死（图5-58b）[288]。

图5-58(b)　海宁旱灾惨重，河道干涸，行舟搁浅

---

287 富阳县地方志编纂委员会.富阳县志·第二编　自然环境·第七章　自然灾害.杭州：浙江人民出版社，1993：154.

288 嘉兴市志编纂委员会.嘉兴市志（上册）·第四篇　自然环境·自然灾异.北京：中国书籍出版社，1997：321.

平湖县(今平湖市):二十三年,大旱,六月梅雨不发,大旱至九月始雨,河港干涸,土地龟坼,田禾大半枯萎,秋收无望,农民鬻子易炊,流离行乞,阖门自杀,时有所闻,出现抢米风潮。境内灾情严重,尤以濮院、屠甸地势较高,灾象更重,惨况为近百年所未有[289]。

桐乡县(今桐乡市):二十三年7月21日《新乌青》刊载:暑气熏蒸,河水浅涸,华氏表达104度,因而霍乱流行,死亡相继[290]。

海盐县:二十三年夏初田禾甚茂。6—10月晴热干旱,7月12日气温高达40.6℃,河涸禾槁,全县农民遭灾,其中求救者3.7万人。乡民纷纷逃荒乞食。县长向省政府报告:"天旱地裂,民不聊生,弱者坐泣田畔或自绝沟渎,强者聚千数百人,轮流呼号于县府之门。"[291]

〈6〉**绍兴市　上虞县(今上虞市)**:二十三年春,瘟疫蔓延,百官尤甚,死者相继[292]。

〈7〉**金华市　浦江县**:二十三年,85天无雨,政府虽放冬春二赈,并在太极宫施粥,民间亦设平粜局购外米平粜,但灾民自杀、饿死者仍不少,逃荒、讨饭者更属平常[293]。

〈8〉**衢州市　常山县**:二十三年6月18日起,连晴70天,田土龟裂,稻禾尽为槁,农民以野菜和粥为食,饿死不少人[294]。

---

289 桐乡市桐乡县志编纂委员会.桐乡县志·第二编　自然环境·第五章　自然灾害.上海:上海书店出版社,1996:140.

290 桐乡市桐乡县志编纂委员会.桐乡县志.上海:上海书店出版社,1996:1232.

291 海盐县志编纂委员会.海盐县志·大事记.杭州:浙江人民出版社,1992:11.

292 上虞县志编纂委员会.上虞县志·第二篇　自然环境·第三章　气候.杭州:浙江人民出版社,1990:117.

293 浦江县志编纂委员会.浦江县志·第二编　自然环境·第六章　灾异.杭州:浙江人民出版社,1990:89.

294 常山县水电局.常山县水利志·第二章　防洪抗旱.杭州:杭州大学出版社,1991:66.

〈10〉**台州市　温岭县(今温岭市)**:二十三年 8 月 8 日,温岭风雨大作,海潮暴涨,松门平地水深数丈,刮倒民房。漂失渔船,淹没人口无算,晚禾杂粮损失殆尽[295]。

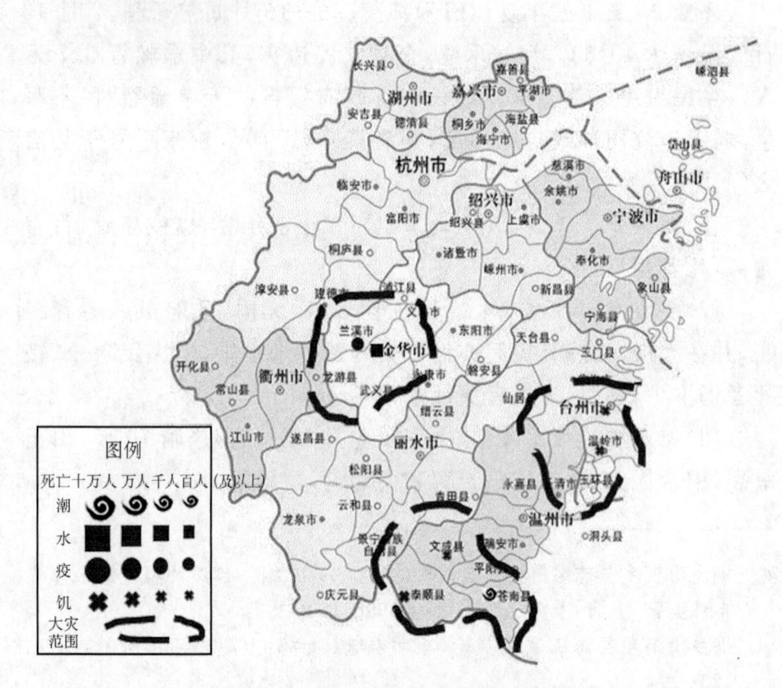

图 5-59　1960 年浙江省大灾分布图

评价:浙西、浙南、浙东南。大灾点连贯性好。成片发生。大灾点偏南部。死亡人数为 2300 人以上(图 5-59)。

灾种:干旱造成饥荒、洪涝、瘟疫、风暴潮。

295 台州市气象局气象志编纂委员会.台州市气象志·第九章　历代灾异.北京:气象出版社,1998:121.

资料条数:7条。

〈3〉**温州市　平阳县(今苍南县)**:1960年8月9日8号台风在厦门登陆,降特大暴雨,雨量412.9毫米,桥墩水库一小时最大雨量80.6毫米,10日凌晨4时15分,正在施工中的桥墩水库垮坝,淹死299人,房屋冲毁11062间,冲破5183间,其中4449户19116人无家可归,千年古镇桥墩镇被夷为平地,全县受灾水田31万亩,绝收26.6万亩[296]。

泰顺县:1959年全县大刮"浮夸风"出现粮食高指标、高征购,造成人为的饥荒局面。至1960年仕阳人民公社以树立"将军炉粮食万斤户村"的假典型,导致田园荒芜1915亩,外逃两千八百多人,患病2900人,死亡1267人。同时,以野树皮充饥者不计其数,一些妇女被迫离乡改嫁求生[297]。

文成县:1958年工作失误,出现"浮夸风",继临三年严重自然灾害,人民生活艰苦,人口出生率急剧下降。1960年出生人口2834人,死亡人口2063人,自然增长率降至3.9‰[298]。1959年总人口19.75万人,1960年19.48万人[298],减少0.27万人。与瑞安并县期间共发生浮肿病13130例,死亡103例[299]。

〈7〉**金华市　金华专区**:1960年9月12日,永康、义乌、浦江等县受特大暴雨侵袭,3～4小时降雨120～150毫米,受灾农田4.08万亩,冲坏水库6座、桥梁192座,倒塌房屋1450间,死102人,伤12人[300]。

兰溪县(今兰溪市):1960年春,游埠、永昌公社,发生肠原性

296　张嘉清.谈谈苍南县防御强台风和超强台风.温州水利网.2007年7月26日10:05.

297　泰顺大事记.泰顺政务网.2010年10月12日.

298　浙江省文成县地方志编纂委员会.文成县志・卷四　居民.北京:中华书局,1996:178,179.

299　王贵森.文成县卫生志・大事记.郑州:黄河出版社,2001:133.

300　金华市地方志编纂委员会.金华市志・第三编　自然灾害・第一章　灾情.杭州:浙江人民出版社,1992:91-102.

青紫病(亚硝酸中毒)。游埠区死 128 人[301]。

〈10〉**台州市　温岭县(今温岭市)**:1960 年,各县城乡主副食品供应十分紧张,农村发生浮肿病。温黄平原尤为严重,仅泽国区就有浮肿病人 1830 人,非正常死亡 537 人[302]。

黄岩县(今黄岩区):1960 年,黄岩县由于连续 3 年粮食高定产、高征购、食堂化和"共产风",以及东南乡局部自然灾害,农村每人每日原粮不足 1 市斤,副食品奇缺,饿、病、流、荒严重,东南一带饿死甚多,患浮肿病达 1.27 万人、妇女闭经近 2 万人[302]。

301　兰溪市志编纂委员会.兰溪市志·大事记.杭州:浙江人民出版社,1988:17.

302　中华人民共和国(1949 年至今).台州地方志.2013 年 6 月 19 日 15:49.

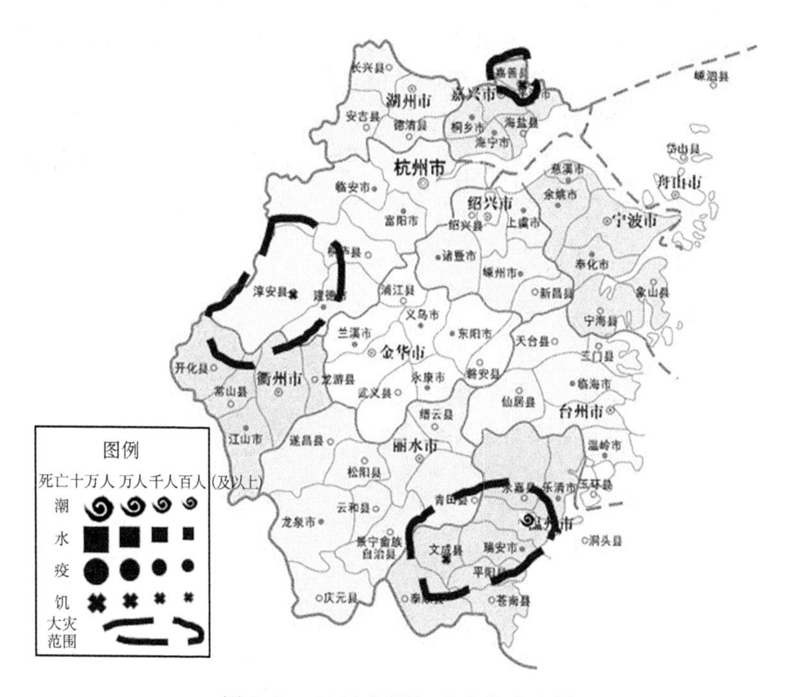

图 5-60 1961 年浙江省大灾分布图

评价:浙西、浙南、浙北。1960 年饥荒的余波。大灾点偏南部。死亡人数为上千人(图 5-60)。

灾种:干旱造成饥荒、风暴潮。

资料条数:4 条。

〈1〉**杭州市　淳安县:**1960 年底,零星发现浮肿病例,不久,发病者逐日增多。翌年春,已遍及全县各乡镇。是年,全县共治疗浮肿病患者 11829 人[303]。1959 年总人口为 369803 人,1960 年为 358952 人,1961 年为 352763 人[304]。

〈3〉**温州市** **温州专区**:1961 年 10 月 4 日台风侵袭温州,全区受灾土地 92 万亩,死亡 197 人,伤 995 人,房屋倒塌 90595 间[305]。

文成县:1961 年,全县浮肿病 2565 人,其中重型 235 例,中型 600 例,轻型 1438 例,干瘦型 292 例,死亡 125 人[306]。

〈4〉**嘉兴市** **嘉善县**:1961 年组织 415 名医务人员深入农村,设立 151 个集中治疗点,累计治疗"新三病"27698 人,计浮肿病 12557 人,妇女病 13257 人,小儿营养不良症 2064 人[307]。

303 浙江省淳安县志编纂委员会. 淳安县志·第二十六编 卫生体育·第三章 卫生保健. 上海:汉语大词典出版社,1990:616.

304 浙江省淳安县志编纂委员会. 淳安县志·第三编 人口·第一章 人口发展. 上海:汉语大词典出版社,1990:86.

305 温州市志编纂委员会. 温州市志·大事记. 北京:中华书局,1998.

306 王贵淼. 文成县卫生志·大事记. 郑州:黄河出版社,2001:133.

307 嘉善县志编纂委员会. 嘉善县志·大事记. 上海:上海三联书店,1995:21.

第六章 瘟疫

浙江省瘟疫中心区分布图(758—2015 年)

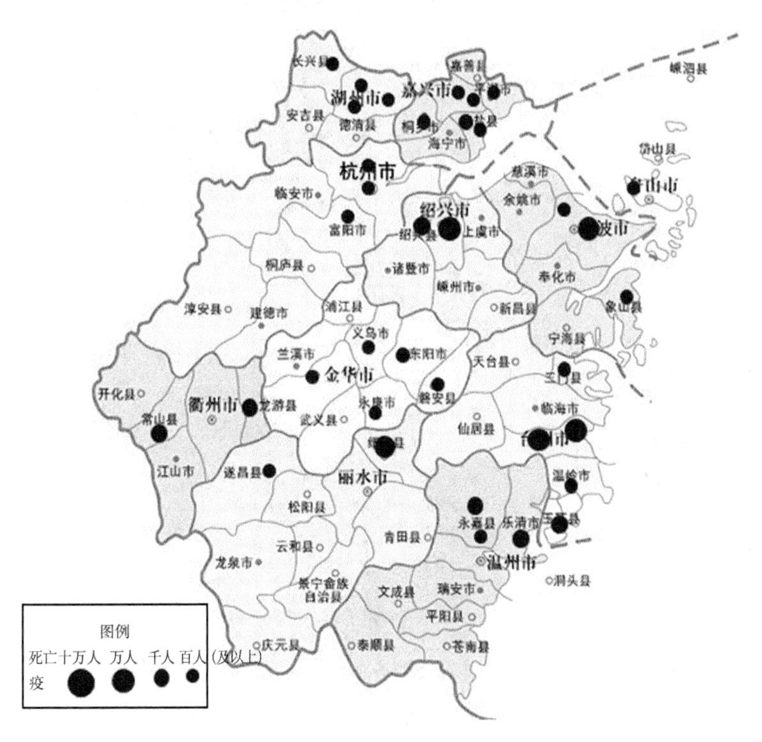

● 浙江省瘟疫中心区分布偏于东中部地区,发生时间早;西部地区发生频次较少,发生时间晚。

● 浙江省瘟疫中心区是嘉兴市、台州市、金华市。

● 死亡万人以上的年份有 7 个。其中,元代 1 个:至大元年(1308 年);明代 4 个,为最多的朝代:永乐十一年(1413 年)、正统九年(1444 年)、正统十年(1445 年)、嘉靖九年(1530 年);清代 1 个:道光十四年(1834 年);民国 1 个:民国三十五年(1946 年)。

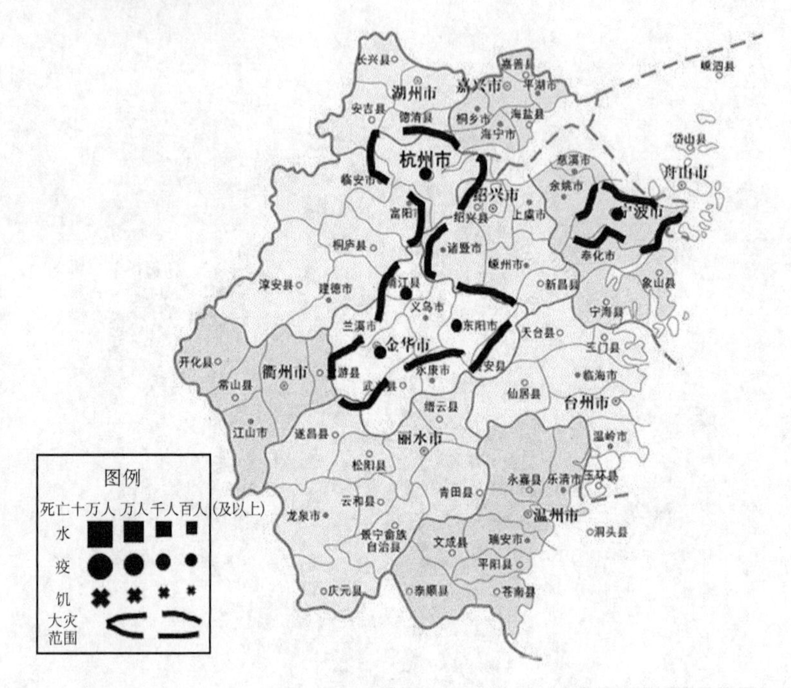

图 6-1(a) 758 年浙江省大灾分布图

评价:浙中。大灾点连贯性好。“水旱重困,民多疫死”,水、旱灾害严重,致使流行性传染病流行。死亡人数为数百人(图 6-1a)。

灾种:洪涝、干旱造成瘟疫。

资料条数:5 条。

〈1〉**杭州市**　**杭州**:唐乾元元年(758 年),浙江水旱重困,民多疫死(图 6-1b)[1]。

1　杭州府志・卷八十二　祥异一.民国十一年铅字本.清光绪十四年.

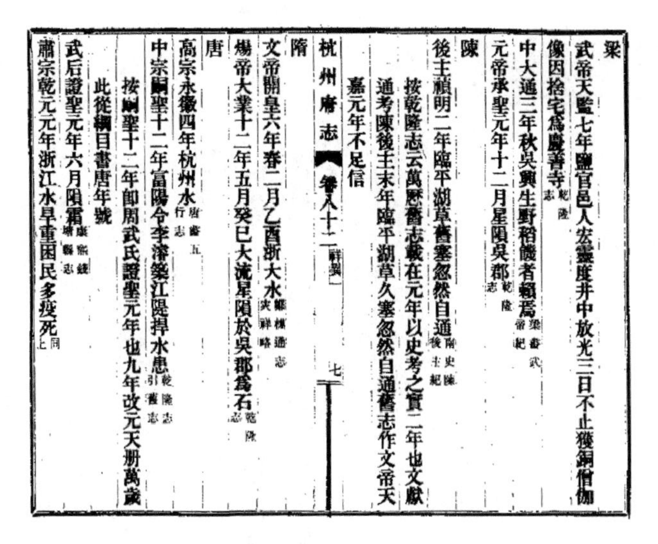
梁
武帝天監七年鹽官邑人宏靈度井中放光三日不止獲銅僧伽像因捨宅爲慶善寺（乾隆志）
中大通三年秋吳興生野稻饑者賴焉（梁書武帝紀）
元帝承聖元年十二月星隕吳郡（乾隆志）
陳
後主禎明二年臨平湖草舊塞忽然自通（南史陳後主紀）
按乾隆志云萬歷舊志載在元年以史考之實二年也文獻通考陳後主末年臨平湖草久塞忽然自通舊志作文帝天嘉元年不足信
杭州府志　卷八十二　祥異　七
隋
文帝開皇六年春二月乙酉浙大水（浙江通志災祥略）
煬帝大業十二年五月癸巳大流星隕於吳郡爲石（乾隆志）
唐
高宗永徽四年杭州水（唐書五行志）
中宗嗣聖十二年富陽令李濬築江堤捍水患（乾隆志引舊志）
按嗣聖十二年卽周武氏證聖元年也九年改元天册萬歲此從綱目書唐年號
武后證聖元年六月隕霜（康熙錢塘縣志）
肅宗乾元元年浙江水旱重困民多疫死（同上）

图 6-1(b)　清光绪十四年编纂、民国十一年铅字本《杭州府志・卷八十二　祥异一》记载乾元元年饥荒

〈2〉**宁波市**　**宁波**:元年,浙江水旱重困,民多疫死[2]。

〈7〉**金华市**　**金华**:元年,浙江水旱重困,民多疫死[3]。

浦江县:元年,水旱重困,民多疫死[4]。

东阳县(今东阳市):元年,水旱并发,民多疫死[5]。

2　宁波气象志编纂委员会.宁波气象志・第二章　气象灾害・附:气象灾害年表.北京:气象出版社,2001:90.

3　朱建宏.金华水旱灾害志・第一章　洪水灾害.北京:中国水利水电出版社,2009:4.

4　浦江县志编纂委员会.浦江县志・第二编　自然环境・第六章　灾异.杭州:浙江人民出版社,1990:90.

5　东阳市志编纂委员会.东阳市志・卷三灾异・第二章　灾害纪略・第二节　水灾.上海:汉语大词典出版社,1993.

762 年

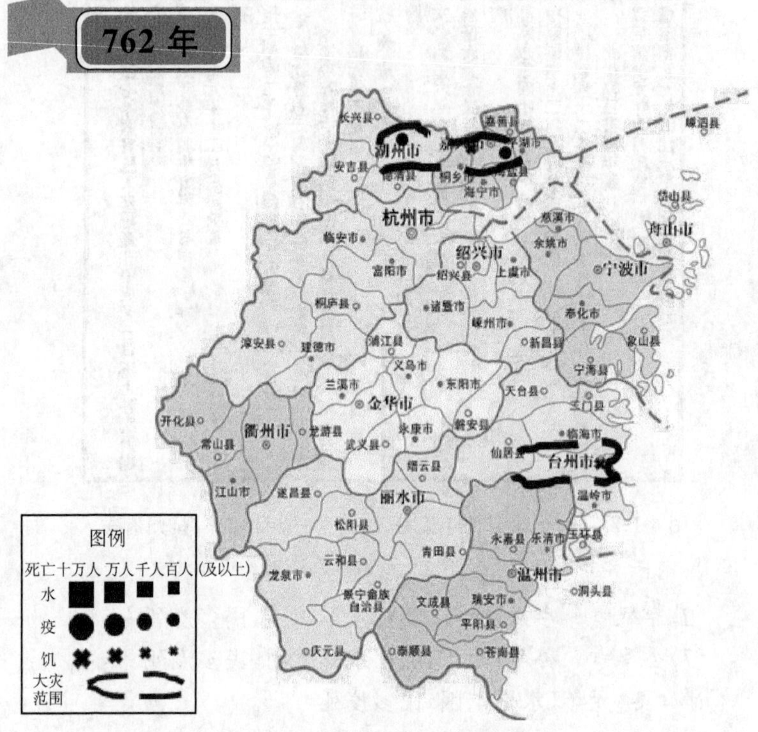

图 6-2　762 年浙江省大灾分布图

评价:浙北。大灾点连贯性好。“饿死流亡十六七”,“因旱死人过半”,死亡人数为上千人(图 6-2)。

灾种:干旱造成瘟疫、饥荒。

资料条数:3 条。

〈4〉**嘉兴市　太湖地区**:唐宝应元年(762 年),因旱死人过半[6]。江东大疫,死者过半[7]。

6　嘉兴市志编纂委员会.嘉兴市志(上册)·第四篇　自然环境·自然灾异.北京:中国书籍出版社,1997:321.

7　嘉兴市志编纂委员会.嘉兴市志(上册)·第四篇　自然环境·自然灾异.北京:中国书籍出版社,1997:327.

〈5〉**湖州市**　**湖州**：元年，水旱，民疫死[8]。

〈10〉**台州市**　**台州**：元年十月，诏：浙江水旱，百姓重困，州县勿辄科率，民疫死不能葬者为七月，大饥。人相食，浙江东饿死流亡十六七(《宋书》)[9]。

795 年

图 6-3(a)　795 年浙江省大灾分布图

8　湖州市地方志编纂委员会. 湖州市志(上卷)·第三卷　自然环境·第七章　自然灾害录. 北京：昆仑出版社，1999：223.

9　台州市气象局气象志编纂委员会. 台州市气象志·第九章　历代灾异. 北京：气象出版社，1998：105.

评价:浙北。大灾点连贯性较好。灾害涉及面积几乎占全省的一半。干旱,使得饮用水都缺乏,许多人干渴而亡;加之瘟疫流行,人口损耗量大。死亡人数为近千人(图 6-3a)。

灾种:干旱造成瘟疫、饥荒。

资料条数:8 条。

〈1〉**杭州市　杭州府(今杭州市)**:唐贞元六年(795 年)夏,浙西大旱,《唐书》:井泉竭,人暍且疫死者甚众(图 6-3b)[10]。

貞元六年夏浙西大旱 唐書井泉竭人暍且疫死者甚衆

七年富陽令鄭早增修陽陂湖 富陽縣志

十年浙西觀察使李若初請通錢往來 唐書

图 6-3(b)　明万历七年《杭州府志·卷之三　事纪中》记载贞元六年瘟疫

〈2〉**宁波市　宁波市**:六年夏,浙东旱,井泉多涸,人渴乏,疫死者众(《民国重修浙江通志稿·大事记》)。

〈4〉**嘉兴市　嘉兴县(今嘉兴市)**:六年庚午春,浙西大旱,井泉竭人渴且疫死者甚众[11]。

海宁县(今海宁市):六年夏,浙西大旱,井泉竭,人暍且疫,死

10　杭州府志·卷之三　事纪中.明万历七年.

11　嘉兴县志·卷十六　灾祥.崇祯.

者甚众(图 6-3c)[12]。

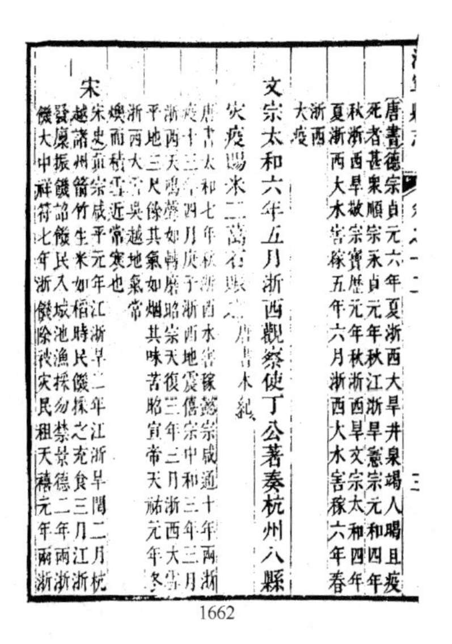
唐書德宗貞元六年夏浙西大旱井泉竭人暍且疫
死者甚衆順宗永貞元年秋江浙旱憲宗元和四年
秋浙西旱敬宗寶歷元年秋浙西旱文宗太和四年
夏浙西大水害稼五年六月浙西大水害稼六年春
浙西大疫
文宗太和六年五月浙西觀察使丁公著奏杭州八縣
灾疫賜米二萬石賑之　唐書本紀
唐書太和七年秋浙西水害稼懿宗咸通十年兩浙
疫十三年四月庚子浙西地震僖宗中和三年三月
浙西天鳴聲如轉磨昭宗天復三年三月浙西大雪
平地三尺餘其氣如烟其味苦昭宣帝天祐元年冬
浙西大雪吳越地氣常
燠而積雪近常寒也
宋史真宗咸平元年江浙旱二年江浙旱閏二月杭
越諸州餉竹生米如稻時民饑採之充食三月江浙
發廪振饑詔饑民入城池漁採勿禁景德二年兩浙
饑大中祥符七年浙饑除被灾民租天禧元年兩浙
1662

图 6-3(c)　清乾隆三十年《海宁县志·卷十二　杂志·灾祥》记载贞元六年瘟疫

〈5〉**湖州市　湖州**:六年夏,浙西大旱,井泉竭,人暍,且疫,死者甚众[13]。

〈7〉**金华市　东阳县(今东阳市)**:六年夏旱,井泉涸,多疫病,死者众[14]。

磐安县:六年大旱,井泉涸;又瘟疫流行,死者甚众[15]。

〈10〉**台州市　台州**:六年夏,浙东、西旱,井泉多涸,人渴乏,疫

12　海宁县志·卷十二　杂志·灾祥.清乾隆三十年.

13　湖州市地方志编纂委员会.湖州市志(上卷)·第三卷　自然环境·第七章　自然灾害录.北京:昆仑出版社,1999:223.

14　东阳市志编纂委员会.东阳市志·卷三·第二章　灾害纪略·第一节　旱灾.上海:汉语大词典出版社,1993.

15　磐安县志编纂委员会.磐安县志·大事记略.杭州:浙江人民出版社,1993:7.

死者众(《旧唐书》)[16]。

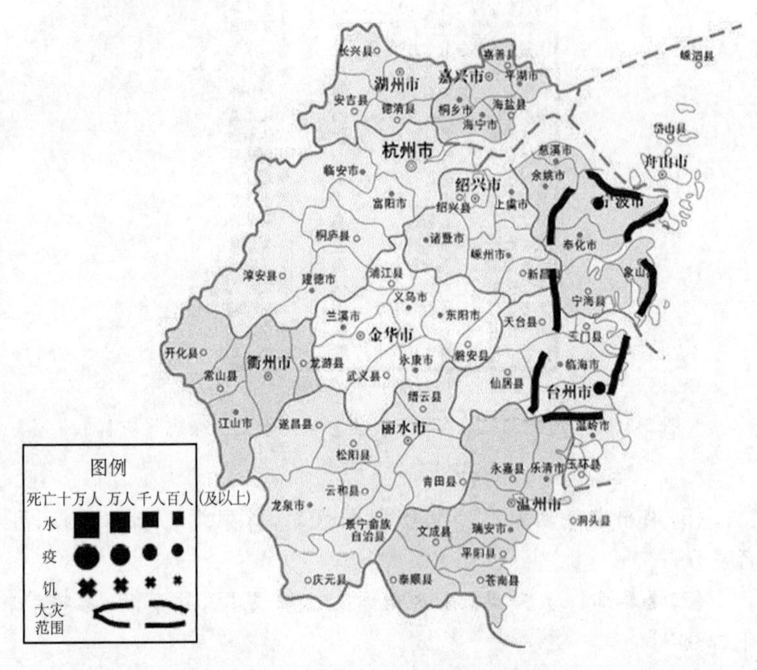

图 6-4　806 年浙江省大灾分布图

评价:浙东北。大灾点连贯性较好。“浙东大疫”,整个浙江东部地区发生严重瘟疫灾害。死亡人数为上千人(图 6-4)。

灾种:瘟疫。

资料条数:2 条。

〈2〉**宁波市**　**宁波:**唐元和元年(806 年)夏,浙东大疫,死者大

16　台州市气象局气象志编纂委员会. 台州市气象志·第九章　历代灾异. 北京:气象出版社,1998:105.

半(新唐书·五行志)。

〈10〉**台州市**　**台州**:元年夏,浙东大疫,死者大半者众(《旧唐书》《新唐书》)[17]。

1000 年

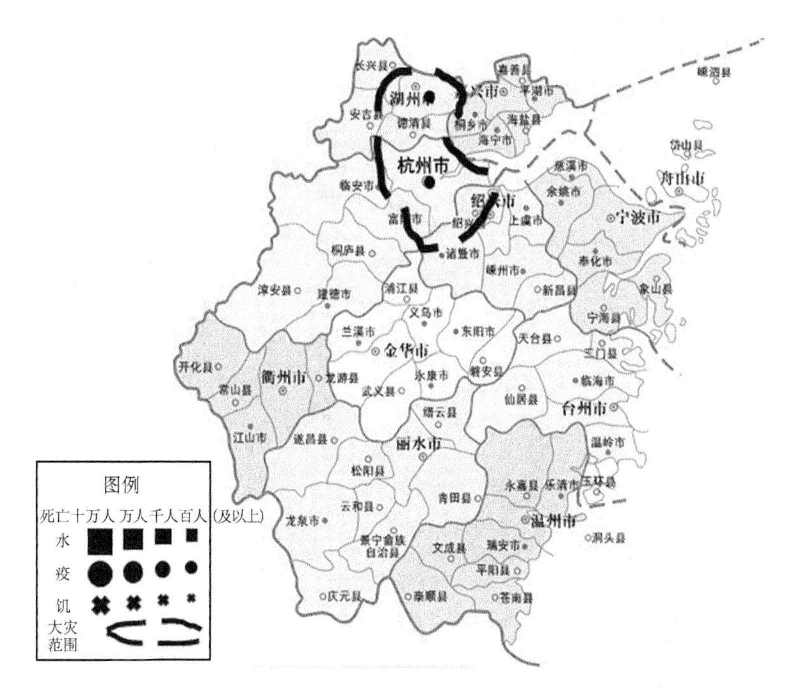

图 6-5　1000 年浙江省大灾分布图

评价:浙北。大灾点连贯性好。死亡人数为数百人(图 6-5)。

灾种:瘟疫。

资料条数:2 条。

17　台州市气象局气象志编纂委员会.台州市气象志·第九章　历代灾异.北京:气象出版社,1998:105.

〈1〉**杭州市**　**杭州**:北宋咸平三年(1000 年),两浙大饥,民疫死[18]。

〈5〉**湖州市**　**乌程县南浔镇(今南浔区)**:三年,大饥,民疫死[19]。

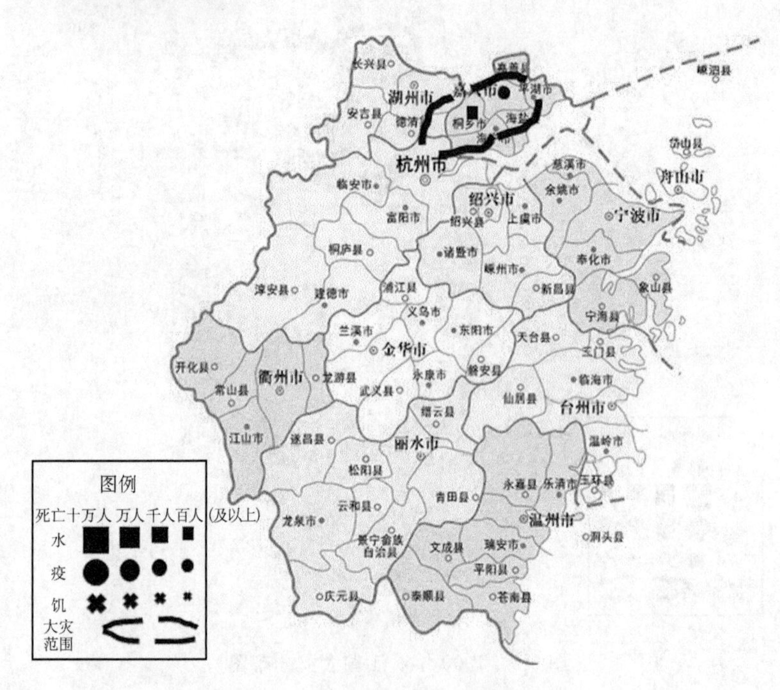

图 6-6　1133 年浙江省大灾分布图

评价:浙北。大灾点连贯性好。“县令将死而不葬者火化,作

18　杭州府志·卷八十二　祥异一.民国十一年铅字本.清光绪十四年.

19　南浔镇志编纂委员会.南浔镇志·第一编　政区·第二章　自然环境.上海:上海科学技术文献出版社,1995:52.

冢瘗之，刻死者姓名于石”，县令之举既防御瘟疫蔓延，又人性化。死亡人数为数百人(图 6-6)。

灾种:瘟疫、洪涝。

资料条数:2 条。

〈4〉**嘉兴市　盐官县(今海宁市)**:南宋绍兴三年(1133 年)春疫，县令将死而不葬者火化，作冢瘗之，刻死者姓名于石[20]。

分水县(今桐庐县分水镇):三年，分水大水，坏沿溪庐舍，民多溺死[21]。

20 海宁市志编纂委员会. 海宁市志・大事记. 上海:汉语大词典出版社，1995:3.

21 温克刚. 中国气象灾害大典・浙江卷・第二章　暴雨、洪涝. 北京:气象出版社，2006:55.

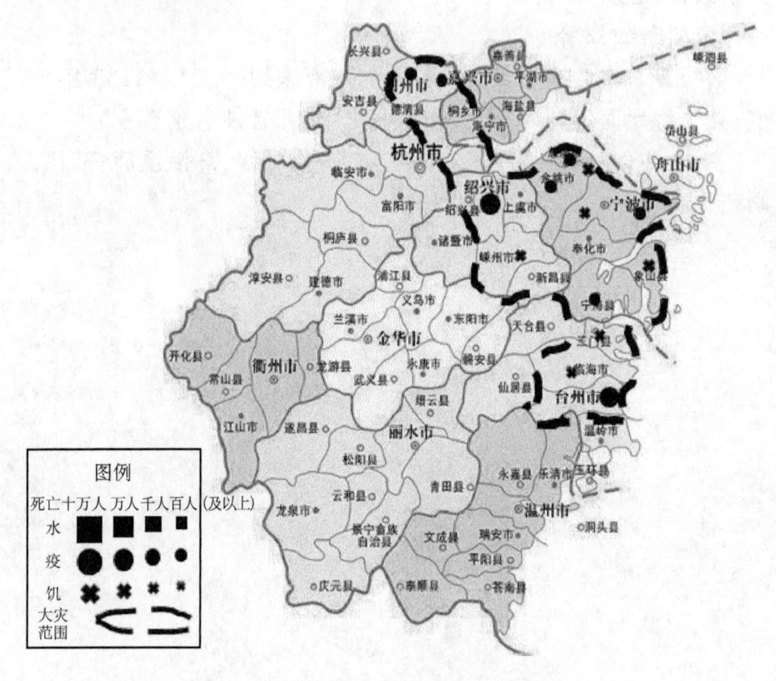

图 6-7(a) 1308 年浙江省大灾分布图

评价:浙东北。大灾点连贯性好。宁波、绍兴、台州发生瘟疫，均为沿海地区。应是输入性流行性传染病。死亡人数为近 3 万人(图 6-7a)。

灾种:瘟疫、饥荒。

资料条数:11 条。

注:下列资料凡斜体者，为死亡万人及以上。编号:14W1308。

〈2〉**宁波市　宁海县:**元至大元年(1308 年)春，大疫，死者众[22]。

庆元路(治鄞县,今鄞州区)、余姚县(今余姚市):元年,庆元路疫,死者甚众[23]。

庆元路(治鄞县,今鄞州区):元年正月,庆元路饥死者甚众(图6-7b)[24]。

宋史五行志
十四年明州蟊賊爲災是年明州旱宋史五行志
咸淳元年雨鈔於美山陳氏二日飛錢盈室嘉靖志
元至元二十九年慶元大饑清容居士集
大德六年六月慶元路饑元史成宗紀
至大元年正月慶元路饑死者甚衆饑戶月給米六斗元史武宗紀
泰定元年二月慶元路饑發粟賑之元史泰定帝紀
至順元年閏七月慶元路大水元史文宗紀
至元四年海嘯嘉靖志
至正六年慶元路旱嘉靖志
鄞縣志　卷二十六　雜識二　主
十一年明台山中竹箭生米特盛村民爭采之人日得米一斗食之味殊美嘉靖志
案成化志云至正末水旱相仍民甚艱食東湖錢山多箭篠忽生竹實如米民賴以充饑
十九年正月甲午鄞縣地震嘉靖志
二十一年明州松結實大者盈尺嘉靖志
二十三年七月有星墜於慶元路元史順帝紀
案星墜慶元路未必卽鄞地但路下惟鄞爲附郭故凡統明州言者類錄之
明永樂十七年寧波五縣疫明史五行志
宣德十年侍寶少卿袁忠徹家營新第堂之左楝產紫芝
五九五

图 6-7(b)　乾隆《鄞县志·卷二十六　杂识二》记载至大元年饥荒

象山县:元年,旱,饥民数万,死者甚众[25]。

慈溪县(今慈溪市):元年正月,饥死者甚众。是年春,疫死者甚众。按:济南府志杨允传允令慈溪岁大祲,殍死载道(图6-7c)[26]。

22　宁海县地方志编纂委员会.宁海县志·大事记.杭州:浙江人民出版社,1993:18.

23　宁波市地方志编纂办公室.宁波市志·大事记.北京:中华书局,1995.

24　鄞县志·卷二十六　杂识二.乾隆.

25　象山县志编纂委员会.象山县志·地理·第七章　气候.杭州:浙江人民出版社,1998:119.

26　慈溪县志·卷五十五　前事·祥异.清光绪二十五年.

四年七月辛酉大水圮田廬人多溺者宋史五行志
八年旱宋史五行志
十四年旱蝗螣爲災宋史五行志
嘉熙四年大饑死殍成邱嘉靖府志王鉞傳
咸淳十年饑山陰縣志王英孫傳
元
至元二十二年秋大水傷人民壞廬舍元史世祖紀
二十九年大饑清容集○元史拜降傳遷慶元路治中歲大饑繁上行省不報拜降曰民饑如是而不賑之設爲民父母意耶卽躬詣行省力請得發粟四百萬石民賴全活
大德二年饑○元史成宗紀二年四月發慶元路糶[illegible]石丐減其直以賑饑民
六年六月饑元史五行志
十一年旱荒○至正志慈溪縣瞭學海塗田地五百九十九畝大德十一年旱荒倒䄵○元史食貨志十一年以鈔提舉引賑慶元路饑民
慈谿縣志　卷五十五　前事　祥異
至大元年正月饑死者甚衆元史武宗紀○嘉靖府志發鈔十萬錠賑之　是年春疫死者甚衆元史五行志
按濟南府志楊允傳允令慈溪歲大祲殍死載道攷延祐志允知慈溪以大德十一年十一月任至大二年三月方安國代之則歲祲當在此時
至治二年蝗元史英宗紀
泰定元年二月饑元史五行志○泰定帝紀紹興慶元延安岳州潮州五路饑發粟賑之
天歷二年四月饑元史文帝紀
至順元年閏七月水没民田元史五行志
至元二年慶元慈溪縣饑遣官賑之元史順帝紀
按嘉靖府志列此事於世祖朝攷世祖至元二年爲宋涪

图 6-7(c)　清光绪二十五年《慈溪县志·卷五十五　前事·祥异》记载至大元年饥疫

〈5〉**湖州市**　**湖州**：元年六月，江浙饥；九月，疫疠大作，死者相枕藉[27]。

南浔镇（今南浔区）：元年，大水禾没，饥疫大作，民疫死甚众[28]。

〈6〉**绍兴市**　**嵊县（今嵊州市）**：元年，上年不雨三月；是年春，嵊县饥，饿死者人随食之，骷髅布地[29]。元年戊申，嵊大饥，人相食（《万历府志》）（图 6-7d）[30]。

27　湖州市地方志编纂委员会. 湖州市志（上卷）·第三卷　自然环境·第七章　自然灾害录. 北京：昆仑出版社，1999：238.

28　南浔镇志编纂委员会. 南浔镇志·大事记. 上海：上海科学技术文献出版社，1995：9.

29　绍兴市地方志编纂委员会. 绍兴市志·卷二十八　民政·第三章　救济扶贫. 杭州：浙江人民出版社，1997：1691-1693.

30　嵊县志·卷三十一　杂志·祥异. 民国二十年.

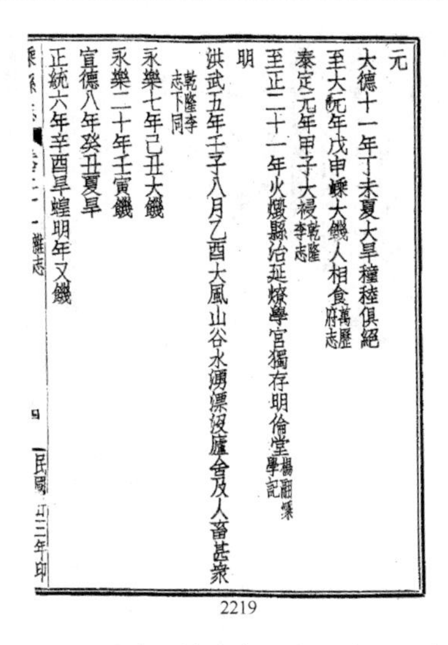

元
大德十一年丁未夏大旱穜稑俱絕
至大元年戊申嵊大饑人相食萬曆府志
泰定元年甲子大祲乾隆李志
至正二十一年火燬縣治延燎學宮獨存明倫堂楊翮嵊學記
明
洪武五年壬子八月乙酉大風山谷水湧漂沒廬舍及人畜甚衆乾隆李志下同
永樂七年己丑大饑
永樂二十年壬寅饑
宣德八年癸丑夏旱
正統六年辛酉旱蝗明年又饑

2219

图 6-7(d) 民国二十年《嵊县志·卷三十一 杂志·祥异》
记载至大元年饥荒

〈10〉台州市 绍兴(今绍兴市)、庆元路(治鄞县,今鄞州区)、台州:*元年正月己巳(2 月 1 日),赈台州等六路饥,死者甚众,饥户四十六万有奇,户月给米六斗。春,绍兴、庆元、台州疫死者二万六千余人。江浙饥荒之余,疫疠大作,死者相枕藉,父卖其子,夫鬻其妻,哭声震野,有不忍闻者(《元史》)*[31]。

元年春,大疫,复饥,死者甚众。时绍兴、庆元、台州疫死者二万六千余人(图 6-7e)[32]。

---

31 三门县志编纂委员会. 三门县志·第二编 自然环境·第三章 气候. 杭州:浙江人民出版社,1992:99.

32 台州府志·卷百三十二之三十六 大事记五卷. 民国二十五年.

不僞吉帶言浙東一道地極邊惡賊所巢穴復還三萬戶以合剌帶一軍戍沿海明台亦怯
烈一軍戍溫處札忽帶一軍戍紹興從之（世祖紀）
成宗元貞二年四月黃巖饑（元史五行志）
大德四年三月臨海縣風雹（五行志）
七年五月風水大作寧海臨海二縣死者五百五十人（五行志）
九年饑（康熙志）
十年旱（康熙志）
十一年又旱四月不雨至七月大饑民相食（康熙志）振之（元史食貨志）
時紹興慶元台州三路皆饑以鈔一十四萬七千餘錠鹽引五千道糧三十萬石振之（食貨志）
武宗至大元年春大疫（五行志）復饑（康熙志）死者甚衆振之（武宗紀）
時紹興慶元台州疫死者二萬六千餘人（五行志）正月己巳紹興台州慶元廣德建康鎮江六
路饑死者甚衆饑戶四十六萬有奇戶月給米六斗以沒入朱清張瑄物貨隸徽政院者鬻
鈔三十萬錠振之（武宗紀）

台州府志【卷一百三十三】大事略二 二 上海游民習勤所承印

十一月詔免田租（武宗紀）
仁宗延祐元年七月饑（五行志）
八月丁未水詔發廩減價振糶（仁宗紀）
英宗至治元年三月庚辰廷試進士賜泰普化及第（英宗紀）
三年三月甲辰黃巖州饑振糧兩月（英宗紀）
泰定帝泰定二年饑（康熙志）
文宗天曆二年六月饑（文宗紀）
江浙行省言紹興慶元台州婺州諸路饑民凡十一萬八千九十戶（文宗紀）
至順元年夏四月臨海等縣饑振糶米五千石（文宗紀）
順帝至元二年九月饑發義倉募富人出粟振之（順帝紀）
是年臨海大火（康熙臨海志）
至正元年四月臨海火（臨海志）
閏七月大水（康熙志）

1780

图 6-7(e)　民国二十五年《台州府志·卷百三十二之三十六大事记五卷》记载至大元年瘟疫

临海县：元年春，疫，复饥，死者甚众[33]。

临海、宁海县（今三门县）：元年，麦无收，饿死者无数[34]。

33　临海县志编纂委员会. 临海县志·第三编　自然地理·第八章　自然灾害. 杭州：浙江人民出版社，1989：148.

34　三门县志编纂委员会. 三门县志·第二编　自然环境·第三章　气候. 杭州：浙江人民出版社，1992：99.

1413 年

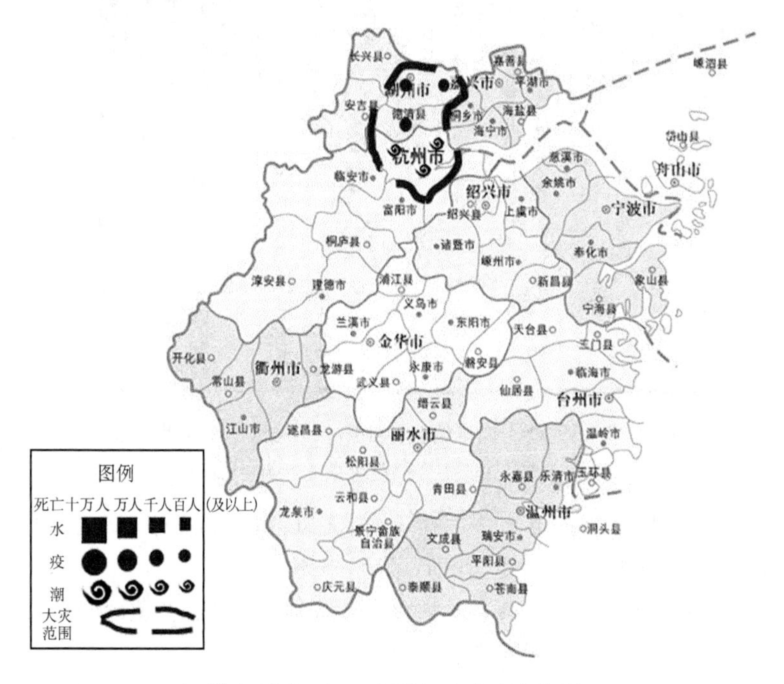

图 6-8(a)　1413 年浙江省大灾分布图

评价:浙北。大灾点连贯性好。潮水位太高,“十九、二十两都没于海。”“疫,男女死 10580 口。”(图 6-8a)

灾种:旱灾引发瘟疫、风暴潮。

资料条数:4 条。

注:下列资料凡斜体者,为死亡万人及以上。编号:17W1413。

〈1〉***杭州市　仁和(今杭州市)***:明永乐十一年(1413 年)五月,杭州大风潮,仁和十九、二十两都没于海,平地水高数丈,田庐殆尽,溺者无算(图 6-8b)[35]。

35　杭州府志·卷八十四　祥异三. 民国十一年铅字本. 清光绪十四年.

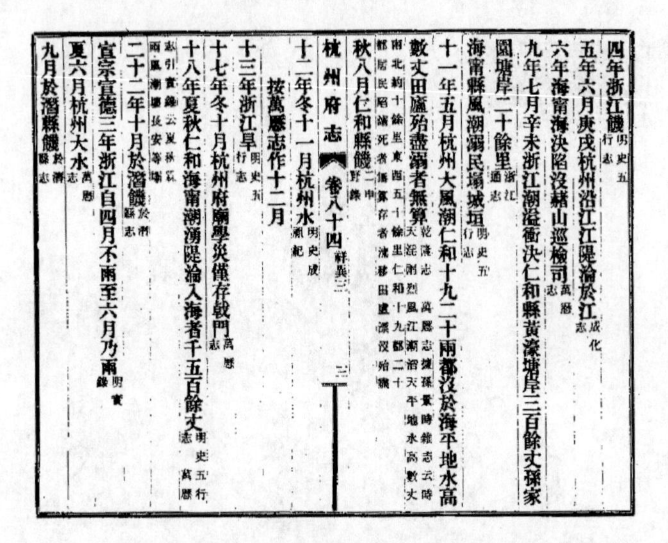

四年浙江饑明史五行志
五年六月庚戌杭州沿江江隄淪於江成化志
六年海甯海決陷沒赭山巡檢司萬曆志
九年七月辛未浙江潮溢衝決仁和縣黃濠塘岸三百餘丈孫家圍塘岸二十餘里浙江通志
海甯縣風潮溺民壞城垣明史五行志
十一年五月杭州大風潮仁和十九二十兩都沒於海平地水高數丈田廬殆盡溺者無算乾隆志萬曆志據孫景時雜志云時天涯附烈風江潮滔天平地水高數丈南北約十餘里東西五十餘里仁和十九都二十都居民陷溺死者僅存者流移田盧漂沒殆盡
秋八月仁和縣饑二申野錄

杭州府志　卷八十四　祥異三　三

十二年冬十一月杭州水明史成祖紀
按萬曆志作十二月
十三年浙江旱明史五行志
十七年冬十月杭州府廟學災僅存戟門萬曆志
十八年夏秋仁和海甯潮湧隄淪入海者千五百餘丈明史五行志萬曆志引實錄云夏秋霖雨風潮壞長安等壩
二十二年十月於潛饑於潛縣志
宣宗宣德三年浙江自四月不雨至六月乃雨明實錄
夏六月杭州大水萬曆志
九月於潛縣饑於潛縣志

图 6-8(b)　清光绪十四年编纂、民国十一年铅字本《杭州府志·卷八十四　祥异三》记载永乐十一年风暴潮

余杭县(今余杭区):十一年五月,大风潮,仁和县十九、二十两都没于海,平地水高数丈。田庐尽没,溺死无算[36]。

临平县(今余杭区临平镇):十一年大水,当时临平湖距钱塘江仅三里许,塘圮镇人溺死者众,田庐漂没[37]。

〈5〉湖州市　乌程县(今南浔区)、归安县(今吴兴区)、德清县:十一年三月,乌程、归安、德清三县疫,男女死 10580 口[38]。

36　余杭县志编纂委员会.余杭县志·第二编　自然环境·第五章　水旱灾害.杭州:浙江人民出版社,1990:81.

37　余杭临平镇志编纂委员会.余杭临平镇志·大事记.杭州:浙江人民出版社,1991:5.

38　湖州市地方志编纂委员会.湖州市志(上卷)·第三卷　自然环境·第七章　自然灾害录.北京:昆仑出版社,1999:238.

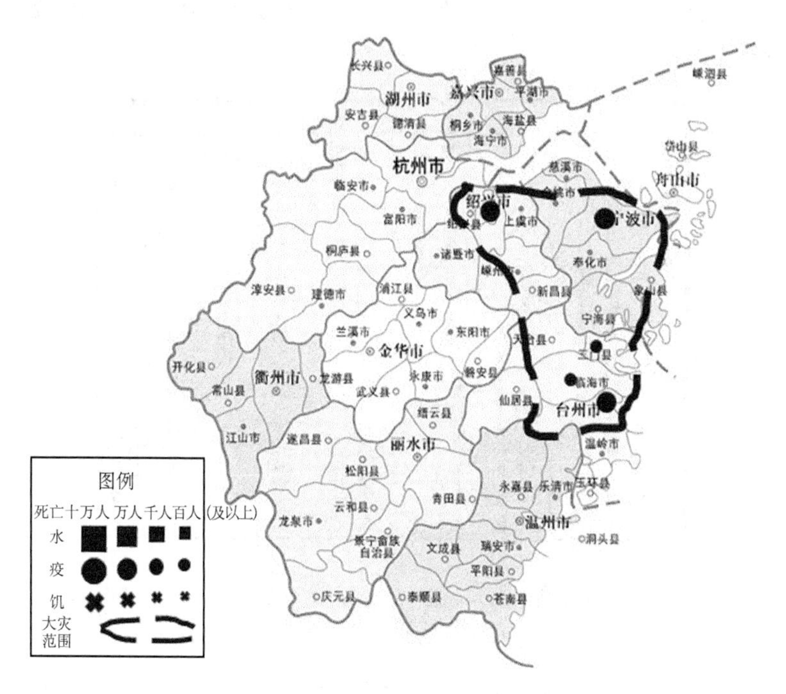

图 6-9(a) 1444 年浙江省大灾分布图

评价:浙东。大灾点连贯性较好。三府发生大瘟疫,死亡三万余人。具体情况不明,可能水灾是诱因之一。沿海地区瘟疫,外来型流行性传染病的可能性很大(图 6-9a)。

灾种:旱灾引发瘟疫。

资料条数:5 条。

注:下列资料凡斜体者,为死亡万人及以上。编号:18W1444。

〈6〉绍兴市 绍兴府(绍兴市)、宁波府(今属宁波市)、台州府(今属台州市):明正统九年(1444 年)冬,绍兴、宁波、台州瘟疫大

作,及明年,死者三万余人[39]。

绍兴府(绍兴市)、宁波府(今属宁波市)、台州府(今属台州市):九年冬,绍兴、宁波、台州瘟疫大作,及明年死者三万余人(图 6-9b)[40]。

有流星大如杯色赤有光出河鼓西南行至斗宿五小星
隨之辛酉夜月犯南斗魁第二星丁丑夜金星犯南斗魁
第三星萬歷志宣德七年諸暨大部鄉民家狐為梟震死
始息
明史正統五年八月潮決蕭山海塘
萬歷志正統七年秋餘姚海溢
明史正統八年十一月浙江紹興山移于平田萬歷志是
年諸暨淫雨害稼
明史正統九年冬紹興寧波台州瘟疫大作及明年死者
三萬餘人十二年夏秋間紹興各縣亢旱無收萬歷志餘
紹興府志 卷之八十 祥異
姚蝗
明史正統十三年寧紹二府及州縣七饑
萬歷志正統十四年新昌大水
萬歷志景泰元年正月朔新昌俞家氷上文荷花數十枝
葉亭亭青紅掩映久乃散五年會稽餘姚大雪自十二月
至六年二月乃霽七年春諸暨縣長山裂五月蕭山大
水會稽淫雨傷苗稼饑餘姚旱新昌饑
明實錄景泰七年四月己丑夜有流星大如杯光燭地出
天市垣南行至牛宿二小星隨之五月紹興久雨淹田禾
十月壬寅月犯斗宿大星

2006

图 6-9(b) 清乾隆五十七年《绍兴府志·卷之八十 祥异》记载正统九年瘟疫

〈10〉**台州市** **台州**:九年闰七月,台州大水。又台州奏:江河泛滥,堤防冲决,淹没禾稼。冬,绍兴、宁波、台州瘟疫大作,及明年死者三万余人(《明史》《明实录》)[41]。

九年冬,瘟疫大作。时台州、绍兴、宁波俱瘟疫及明年死者三万余人(图 6-9c)[42]。

---

39 明史·卷二十八 志第四.

40 绍兴府志·卷之八十 祥异.清乾隆五十七年.

41 台州市气象局气象志编纂委员会.台州市气象志·第九章 历代灾异.北京:气象出版社,1998:109.

42 台州府志·卷百三十二之三十六 大事记五卷.民国二十五年.

歸合方物戎器滿而東遇官兵矯云入貢我無備即肆殺掠貢即不如期守臣幸無事輒請
俯順倭情已而備禦漸疏至是倭入桃渚大嵩官庾民舍焚劫驅掠少壯發掘塚墓束嬰孩
竿上沃以沸湯視其啼號拍手笑樂得孕婦卜度男女刳視中否爲勝負飲酒積骸如陵（明史日本傳）
（紀事本末）浙江僉事陶成有智略遇事敢任倭犯桃渚成密布釘板海沙中倭至躡舟躍上釘洞
足背倭畏之遠去成字孔思鬱林人（明史陶成傳）　先是洪熙時黃巖民周來保困於徭役叛入倭
倭每來寇爲之鄉導正統八年導倭犯樂清先登岸偵伺俄倭去來保留村中丐食被獲置
極刑梟其首於海上（明史日本傳）
五年臨海天台等縣五六月間大旱傷稼（明實錄）
八年城桃渚（嘉靖府志）
三月隕霜如雪殺草木蠶無葉自四月雨至於八月麥腐禾苗不長八月又大風雨水溢六穀
無收（萬曆天台志）
是月都大水（萬曆台州府志）　松門海門海潮泛溢壞城郭官亭民舍軍器（明史五行志）
九年閏七月大水（志五行）

台州府志　卷一百三十四　大事略三　四　上海國民習勤所承印

冬瘟疫大作（五行志）
時台州紹興寧波俱瘟疫及明年死者三萬餘人（五行志）
十年三月大旱（黃佐翰林記）
時寧波台州久旱民遭疾疫遣禮部王英祀南鎮至日即雨澍獻之夕雨止明日又雨田野
霑足（浙江通志引明臣名臣錄）
正統中巡按御史馬謹疏振台處寧紹四府饑（明史馬謹傳）
代宗景泰二年四月仙居梅盡花（康熙府志）
十二月庚寅王一寧以禮部侍郎兼翰林學士黃文淵閣預機務（景帝紀）
三年四月王一寧晉太子少師七月卒（明史宰輔表）
四月寧海大饑民多殍死（光緒寧海志稿）
六年倭寇健跳所官軍城守不得入（天下郡國利病書）
七年天台大饑民多流亡（萬曆天台志）
憲宗成化四年大雨海溢（康熙府志）

1789

图 6-9(c)　民国二十五年《台州府志・卷百三十二之三十六大事记五卷》记载正统九年瘟疫

临海县：九年七月，大水；冬瘟疫大作，死者甚众[43]。

台州(今三门县)：九年七月，大水，江河泛滥，冲毁堤防，淹没禾稼。冬，瘟疫大作[44]。

43　临海县志编纂委员会.临海县志・第三编　自然地理・第八章　自然灾害.杭州：浙江人民出版社，1989：149.

44　三门县志编纂委员会.三门县志・第二编　自然环境・第三章　气候.杭州：浙江人民出版社，1992：100.

1445 年

图 6-10　1445 年浙江省大灾分布图

评价:浙中及浙东。大灾点连贯性好。三府发生大瘟疫,死亡三万余人(图 6-10)。

灾种:旱灾引发瘟疫。

资料条数:5 条。

注:下列资料凡斜体者,为死亡万人及以上。编号:19W1445。

*〈2〉**宁波市**　**宁波、台州:**《浙江通志》卷一〇九载:“正统十年(1445 年),宁波、台州久旱,民遭疾疫。”这次大瘟疫,连绍兴府在内,“死者三万余人”*[45]。

45　仓修良. 方志学通论. 北京:方志出版社,2003:532.

慈溪县(今慈溪市):十年三月,旱,民遭疾疫,人绝迹往来[46]。

*〈6〉**绍兴市　绍兴、宁波、台州**:十年,上年冬绍兴、宁波、台州亢旱无收,瘟疫大作。及明年,死者三万余人*[47]。

*〈10〉**台州市　临海县**:十年三月,台州久旱。临海三月大旱,疫死甚众*(《浙江灾异简志》《临海县志》)。

临海、宁海县(今三门县):明正统十年(1445)三月,大旱,疫死甚众[48]。

46　慈溪市地方志编纂委员会.慈溪县志·第三编　自然环境·第八章　自然灾害.杭州:浙江人民出版社,1992:151.

47　绍兴市地方志编纂委员会.绍兴市志·第一卷·大事记.杭州:浙江人民出版社,1997:76-104.

48　三门县志编纂委员会.三门县志·第二编　自然环境·第三章　气候.杭州:浙江人民出版社,1992:100.

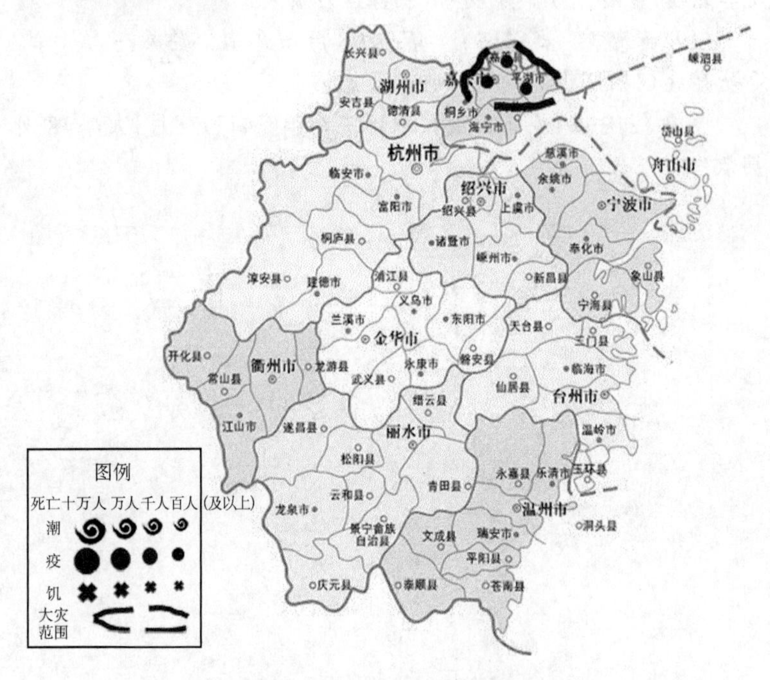

图 6-11(a)　1511 年浙江省大灾分布图

评价:浙北。大灾点连贯性好。从沿海瘟疫点分布推测,本年瘟疫可能是输入性流行性传染病。死亡人数为数百人(图 6-11a)。

灾种:瘟疫。

资料条数:4 条。

〈4〉*嘉兴市　嘉兴府(今嘉兴市)*:明正德辛未(六年,1511 年)夏五月,大疫,死者相枕籍(图 6-11b)[49]。

49　嘉兴府志·卷二十四　丛记.明万历二十八年.

梧桐鄉舊有一虎入縣境居民驚怖縣令張為文
遣之虎即不見
辛未夏五月大疫死者相枕籍
八年癸酉十二月初五日崇德縣霜凝樹枝狀如
垂露其味甘如飴
甲戌秋七月崇德縣蝗不害稼已而嘉禾生有一
本數穗者
乙亥夏六月十八日夜暴雨水漲頃刻丈許淹沒
居害稼

1532

图 6-11(b)　明万历二十八年《嘉兴府志·卷二十四丛记》记载正德六年瘟疫

嘉兴县(今秀城区):辛未五月,大疫,死者枕籍[50]。

平湖县(今平湖市):六年春夏,大疫,死者相枕籍(图 6-11c)[51]。

50　嘉兴县志·卷十六　灾祥.崇祯.

51　平湖县志·卷二十五　外志·祥异.光绪十二年.

蝗歲大饑　五年大水傷稼民苦饑流移者半　六年春夏大疫
死者相枕籍　十一年夏地震程志十二年春二月二十三日雷電
大雨雹傷麥冬十一月雷震大霧十二月乃止府志
嘉靖元年海溢九山補志二年海溢春夏大饑　三年春二月十五日
夜地震夏秋未雨蝗　七年冬十月十二日地震　八年秋大水
傷稼程志十五年海溢九山補志十七年禾歉米湧貴民饑死　十九年
大旱飛蝗蔽日食稼歲大饑　二十三年大旱禾稼無收米價騰
貴石二兩民食草木　二十四年夏大疫餓殍盈野塘河魚無遺
種不可食　三十年李樹生王瓜澉云李樹生王瓜百里無人家
巳而倭寇剽殺甚衆　三十一年有鵞飛集於屋程志三十三九山
補志作二年有大魚浮海至乍浦身高於城數日不去巡按胡宗憲爲
平湖縣志　卷二十五　外志　祥異　二
文祭之遂乘潮逝王志五湖外史云浙宗憲督兵驟於海鹽
見湖直犯蛟不能前忽有物如龍中國仗存祀之
魚遁乃知焉三十四府志作三年秋九月初八日未申時有青黑紫
色如日狀者數十與日相盪俄而數百千萬猶天者半逾時向西
北散去　三十五年春三月地生白毛又有黑者彩如亂髮夏五
月河濱有血湧如泉如是者三四處冬十月二十日天鼓鳴於西
北　三十七年有馬道人爲嘉湖間蘭精爲兵焚刦地方分遣
徒黨偏與村郭男女深瞳時即爲所魘遠近大鬨各戶多懸鍾馗
像康熙字典字出道藏四字以厭勝之訛言妖異逾三四月始息　三十
九府志作八年地震　四十年霪雨大水禾多渰死程志
隆慶二年民間訛言選宮人男女未及冠笄婚娶略盡老稚非偶
程志三年夏閏六月十五日大風雨海溢九山補志冬十一月二十日夜
605

图 6-11(c)　光绪十二年《平湖县志·卷二十五　外志·祥异》记载正德六年瘟疫

嘉善县:六年辛未春夏,大疫,死者枕籍(图 6-11d)[52]。

家庭前產芝三本倪志十七年辛丑春夏旱秋大水禾稼盡腐
饑十八年壬寅春夏大饑秋大水生員周澤家竹林中產芝
三本明年澤舉鄉試第一楊志于志參二十一年乙巳嘉善民鄒
亮妻初乳生三子再乳生四子三乳生六子補纂參明史五行志二十
二年丙午春黑龍趙國記作青見月餘始息二十三年丁未秋大
旱河底龜坼禾盡槁章志
弘治元年戊申十二月虹見雷電雨冰凡四日康熙府志三年庚戌
大勝寺竹林中產芝三本倪志四年辛亥春夏大水傷禾饑五
年壬子五月大水傷禾于志是年大疫補纂參袁府志七年甲寅五月
大雨水漲秋水淹田禾于志參袁府志八年乙卯饑補纂參明史五行志十一
年戊午河港池井水皆沸騰高二三尺甚至有丈餘者竟日
嘉善縣志　卷三十四　眚祥　Ｘ
始平康熙府志十二年己未六月旱一日[illegible]河小魚皆浮兩涯如
蟻比晚方散十四年辛酉十一月恒寒冰堅半月河蕩皆徒
行于志十八年乙丑九月十一日劉府志作十八日地震屋瓦皆鳴次
日地生白毛倪志
正德三年丁卯十月十一日小雪節疾雷震天雷火迸發二十
八日虹見雷大發聲是冬桃李花蜂蠅集康熙府志三年戊辰六
月雨雹于志四年己巳監生曹瑞家產芝六本初生色白漸黃
而紫大者盈尺小者數寸夏旱倪志參于志六月乙酉地震纔又
大雨補纂參魏塘詩陳七月大水傷禾十一月冰堅半月倪志參于志五
年庚午四月水漲滔天及樹杪十二月冰堅旬餘楊志六年辛
未春夏大疫死者枕籍于志七年壬申乏食補纂參明史五行志四月承

图 6-11(d)　光绪十八年《重修嘉善县志·卷三十四　杂志(上)·眚祥》记载正德六年瘟疫

52　重修嘉善县志·卷三十四　杂志(上)·眚祥.光绪十八年.

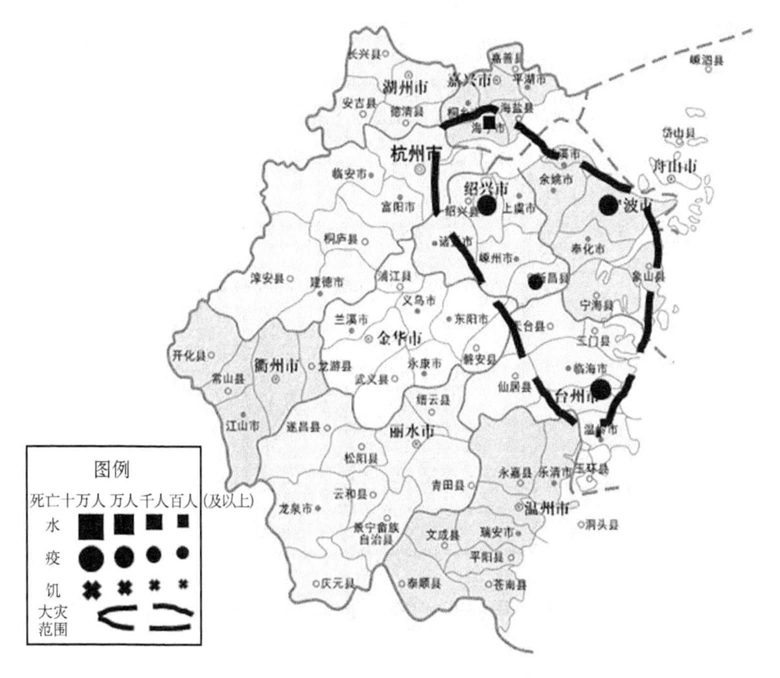

图 6-12(a)　1530 年浙江省大灾分布图

评价:浙东北。大灾点连贯性较好。来势猛烈,后果严重,“瘟疫大作,及明年死三万余人”(图 6-12a)。

灾种:旱灾引发瘟疫、洪涝。

资料条数:3 条。

注:下列资料凡斜体者,为死亡万人及以上。编号:26W1530。

〈4〉**嘉兴市　海宁县(今海宁市)**:明嘉靖九年(1530 年)海溃及干堤,暴尸如莽。埋于东山义冢[53]。

*〈6〉**绍兴市　新昌县**:九年冬,绍兴、宁波、台州三府瘟疫大作,*

53　海宁市建设志办公室.海宁建设志大事记(征求意见稿),2009.

及明年死三万余人。夏秋间，绍兴各县亢旱无收[54]。

*〈6〉**绍兴市　绍兴府（今绍兴市）**：九年夏秋绍兴府各县皆亢旱无收。冬，瘟疫大作，及明年，死者甚众*[55]。*冬绍兴三府瘟疫大作及明年死者三万余人*（图 6-12b）[56]。

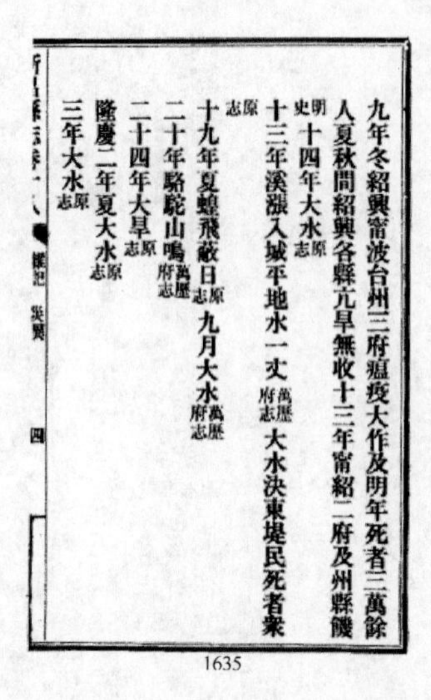

九年冬紹興甯波台州三府瘟疫大作及明年死者三萬餘人夏秋間紹興各縣亢旱無收十三年甯紹二府及州縣饑明史

十四年大水原志

十三年溪漲入城平地水一丈萬曆府志大水決東堤民死者衆原志

十九年夏蝗飛蔽日原志九月大水萬曆府志

二十年駱駝山鳴萬曆府志

二十四年大旱原志

隆慶二年夏大水原志

三年大水原志

1635

图 6-12(b)　民国八年《新昌县志·卷十八　灾异》记载嘉靖九年疫情

54　新昌县志·卷十八　灾异．民国八年．

55　绍兴市地方志编纂委员会．绍兴市志·第一卷·大事记．杭州：浙江人民出版社，1997：76-104．

56　上海、江苏、安徽、浙江、江西、福建省（市）气象局、中央气象局研究所．华东地区近五百年气候历史资料，1978：115．

图 6-13(a) 1587 年浙江省大灾分布图

评价：浙北、浙东北。分布呈散状。灾种各异。“饥疫死者弃尸满道，河水皆腥”，这种现象目前已经看不到了，从表象上来说，尸体没有被放到棺木中去，本质上是地方救灾不力，连灾民安葬都无力处理。死亡人数为上千人(图 6-13a)。

灾种：旱灾引发瘟疫、风暴潮、饥荒。

资料条数：7 条。

〈2〉**宁波市　鄞县(今鄞州区)：**明万历十五年(1587 年)七月二十日，浙江飓风大作，余姚、象山大风拔木发屋，海水大至；鄞县大风迭起，潮泛滥害人畜、田庐，县西张军庙基陷成溪；慈溪大风大水若排山倒海，巨木石柱无不摧折，室庐倾废瓦翻；宁波秋淫雨连旬,太白山山洪暴发,天童寺宁皆漂没,舟行城市;余姚秋雨至冬始晴[57]。

〈3〉**温州市　泰顺县**:十五年,瘟疫流行,死者十之四[58]。

〈5〉**湖州市　湖州**:十五年秋,大风雨,拔木,太湖溢,平地水深丈余,饥疫死者弃尸满道,河水皆腥[59]。

长兴县:十五年秋,大风拔木,太湖溢,平地水深丈余,饥疫死者弃道,河水皆腥[60]。

〈6〉**绍兴市　上虞县(今上虞市)**:十五年七月二十一日,风雨异常,屋瓦如飞,梁柱垣墙倾圮,漂没者无算,合抱之木立拔,平地水涌数尺,时早禾方熟未收,一日尽落泥水中漂去顿失。有秋(图6-13b)[61]。

57　宁波气象志编纂委员会.宁波气象志·第二章　气象灾害·附:气象灾害年表.北京:气象出版社,2001:95.

58　上海、江苏、安徽、浙江、江西、福建省(市)气象局,中央气象局研究所.华东地区近五百年气候历史资料,1978:199.

59　湖州市地方志编纂委员会.湖州市志(上卷)·第三卷　自然环境·第七章　自然灾害录.北京:昆仑出版社,1999:230.

60　长兴县志编纂委员会.长兴县志·第二卷　自然环境·第七章　自然灾害.上海:上海人民出版社,1992:108.

61　上虞县志·卷三十八　杂志一　风俗祥异.清光绪十六年.

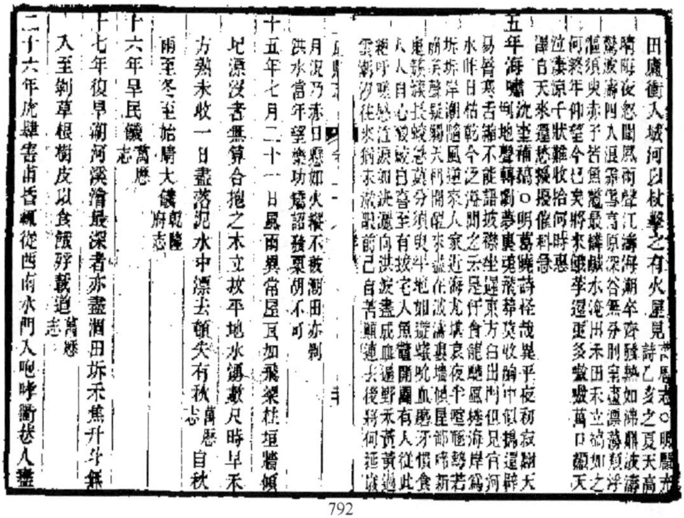

田廬衝入城河以杖擊之有火星見萬曆志○明[illegible]詩乙多之夏天高
晴晦夜怒鬭風雨聲江濤海潮卒齊發熱如沸鼎波濤
驚波濤四入混霖雪高原深谷無弗削寄盡漂蕩類浮
漚須臾赤子皆魚鱉最憐鹹水淹田禾田禾立槁如之
何終年仰望今已矣將來饑莩還更多蟣蟣萬口嗷天
泣淒涼千狀難收拾何時恩
澤自天來還愁撫恤倦科急
五年海嘯沈塞補禱○明葛曉詩怪哉異乎夜初寂翻天
[illegible]地聲轉劉夢輿魂飛犇莫收魄中似搗還辟
易爵真舌縮不能語拔襟坐遲東方白出門但見官河
水昨日枯乾今泛海問之云是仟食龍颶風捲海岸爲
坼坼岸潮隨風逆家人家近海九填哀夜半喧騰勢若
崩矣聲疑霹天門開醒來盡在波濤裏墻傾屋節席新
鬼號譟搖蛟蛇怒蹴分須臾平地如漩渦蝦吮血牙慣食
人人自心驚破自奮至有拔宅人魚鼈開闔有人從此
秘呼號愁泣淚如洪瀾向洪波盡成血遍野禾黃黃過
雲飈沙往來猶未散胆前已自苦顛連去後將何延喘
月況乃赤日懸如火髮不蔽潮田亦割
洪水當年望樂功竊詔發粟胡不可
十五年七月二十一日風雨異常屋瓦如飛梁柱垣牆傾
圮漂沒者無算合抱之木立拔平地水湧數尺時早禾
方熟未收一日盡落泥水中漂去頓失有秋萬曆志 自秋
雨至冬至始晴大饑乾隆府志
十六年旱民饑萬曆志
十七年復旱潮河溪滄最深者亦盡涸田坼禾焦升斗無
入至剝草根樹皮以食餓殍載道萬曆志
二十六年虎肆害由昏飄從西南水門入咆哮衢巷人盡

792

图 6-13(b)　清光绪十六年《上虞县志·卷三十八　杂志一　风俗祥异》记载万历十五年风暴潮

〈7〉**金华市　武义县**：十五至十七年，连年旱灾，瘟疫流行，死者甚多[62]。

〈9〉**舟山市　定海县（今定海区）**：十五年七月二十日，强台风袭境，禾黍一空，饿殍遍野[63]。

62　武义县志编纂委员会．武义县志·大事记．杭州：浙江人民出版社，1990：11．

63　定海县志编纂委员会．定海县志·大事记．杭州：浙江人民出版社，1994．

1648 年

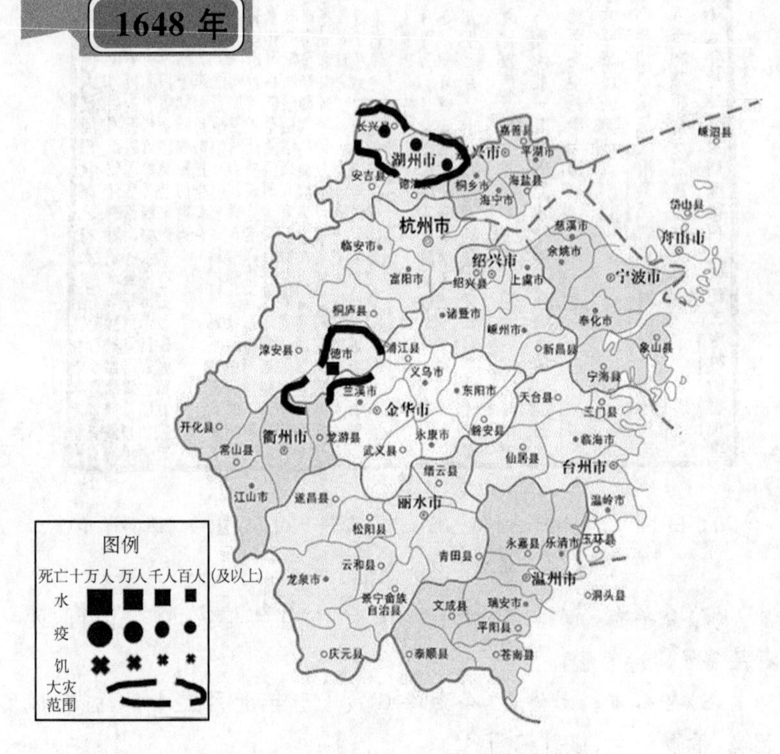

图 6-14(a) 1648 年浙江省大灾分布图

评价:浙北、浙西。大灾点连贯性较好。“四月二十七日暴雨,至九月大疫”。久雨,易生瘟疫。死亡人数为数百人(图 6-14a)。

灾种:洪涝引起的瘟疫、洪涝。

资料条数:3 条。

〈1〉**杭州市　建德县(今建德市)**:清顺治五年(1648 年)六月初九日,大水邑治后蛟起涌水二丈余,官仓贮米豆尽漂,时所在山蛟并出,政坑铺凌家左侧山崩,压田百余亩,多溺死者(图 6-14b)[64]。

64　建德县志·卷之二十　祥异.清康熙元年.

地旁有牧兒竟無恙
泰昌元年冬十二月十八大雪至正月
崇禎元年戊辰七月大水
四年辛未有年
七年甲戌有年
十年丁丑三月民大饑餐黃土名觀音粉多腹墜病
十三年庚辰民訛言瘟神降所在迎祀計口出錢雖小兒無遺者
十四年辛巳冬月民大饑有掠人而食者
十五年壬午春民多饑死秋蟲食禾苗松葉一望如焚冬多虎時
建德縣志　卷之二十　祥異　三
孔貞運里居告郡邑檄貴池獵人捕之殺七虎中有一虎孕四焉
十六年癸未秋冬不雨前河水三處斷流後河魯公壩斷流一里
許
十七年東鄉民陳姓家猪產象形無毛
國朝順治二年三年皆有年
四年丁亥三月至六月穀貴民大饑米每石至銀六兩
五年六月初九日大水邑治後蛟起湧水二丈餘官倉貯米豆盡
漂時所在山蛟並出政坑誦凌家左側山崩壓田百餘畝多溺死
者

580

图 6-14(b)　清康熙元年《建德县志·卷之二十　祥异》记载顺治五年洪灾

〈5〉**湖州市　乌程县(今南浔区)、归安县(今吴兴区)**:五年九月,乌程、归安大疫,死者无算[65]。

长兴县:五年四月二十七日暴雨,至九月大疫,死者无算[66]。

65　湖州市地方志编纂委员会.湖州市志(上卷)·第三卷　自然环境·第七章　自然灾害录.北京:昆仑出版社,1999:238.

66　长兴县志编纂委员会.长兴县志·第二卷　自然环境·第七章　自然灾害.上海:上海人民出版社,1992:108.

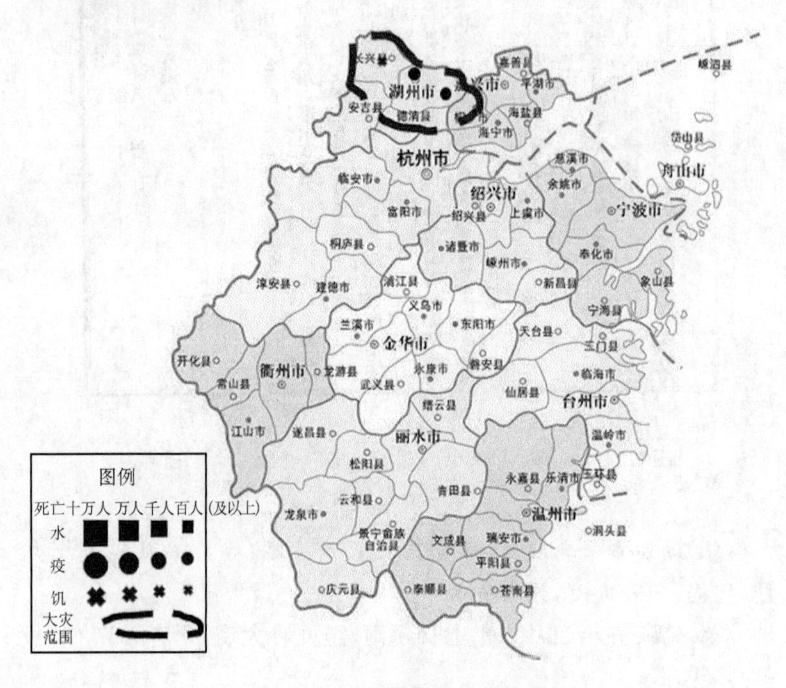

图 6-15　1756 年浙江省大灾分布图

评价:浙北。大灾点连贯性较好。饥荒、瘟疫交迫,灾情加重。死亡人数为数千人(图 6-15)。

灾种:旱灾引发瘟疫。

资料条数:4 条。

〈5〉**湖州市　乌程县(今南浔区)、归安县(今吴兴区)**:清乾隆二十一年(1756 年)春,乌程、归安大疫,饿殍满道[67]。

乌程县南浔镇(今南浔区):二十一年四月,石米三千四百有

[67] 湖州市地方志编纂委员会.湖州市志(上卷)·第三卷　自然环境·第七章　自然灾害录.北京:昆仑出版社,1999:238.

奇,饿殍满道众[68]。

吴兴区(今吴兴区):二十一年春,大疫饥,民食榆皮草根,饿殍载道[69]。

长兴县:二十一年春,大疫,饥民食榆皮草根,饿殍满道[70]。

1821 年

图 6-16(a)　1821 年浙江省大灾分布图

68　南浔镇志编纂委员会.南浔镇志·第一编　政区·第二章　自然环境.上海:上海科学技术文献出版社,1995:54.

69　上海、江苏、安徽、浙江、江西、福建省(市)气象局,中央气象局研究所.华东地区近五百年气候历史资料,1978:4.69.

70　长兴县志编纂委员会.长兴县志·第二卷　自然环境·第七章　自然灾害.上海:上海人民出版社,1992:110.

评价:浙东北、浙东。大灾点连贯性较好。瘟疫犯者多沿海地区,疑为输入性流行性传染病。死亡人数为数千人(图 6-16a)。

灾种:旱灾引发瘟疫、饥荒。

资料条数:8 条。

〈2〉**宁波市　镇海县(今镇海区)**:清道光元年(1821 年)八月,桃李花开。夏秋间,霍乱盛行,犯者上吐下泻,不逾时殒命。城乡死者数千人。唯僧尼幼孩少犯。秋冬霜盛渐差(图 6-16b)[71]。

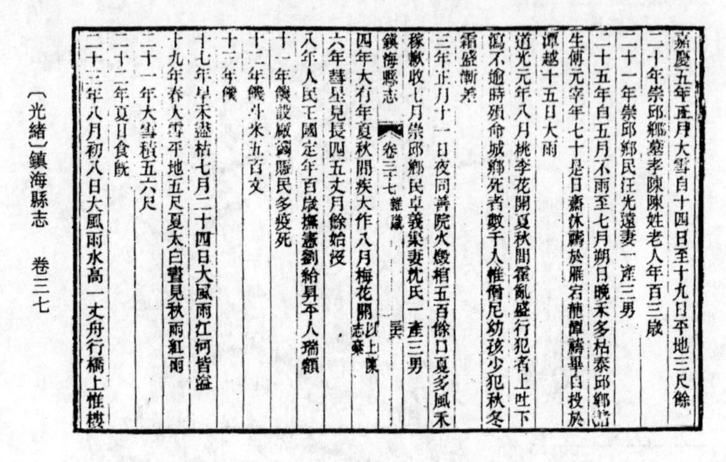
嘉慶五年正月大雪自十四日至十九日平地三尺餘
二十年崇邱鄉蔡孝陳陳姓老人年百三歲
二十一年崇邱鄉民汪光遠妻一產三男
二十五年自五月不雨至七月朔日晚禾多枯泰邱鄉諸
生俌元宰年七十是日齋沐禱於雁宕龍潭禱畢自投於
潭越十五日大雨
道光元年八月桃李花開夏秋間霍亂盛行犯者上吐下
瀉不逾時殞命城鄉死者數千人惟僧尼幼孩少犯秋冬
霜盛漸差
三年正月十一日夜同善院火燬棺五百餘口夏多風禾
稼歉收七月崇邱鄉民卓義渠妻沈氏一產三男
鎮海縣志　卷三十七雜識　異
四年大有年夏秋間疾大作八月梅花開以上陳志纂
六年彗星見長四五丈月餘始沒
八年人民王國定年百歲撫憲劉給昇平人瑞額
十一年饑設廠賑民多疫死
十二年饑斗米五百文
十三年饑
十七年旱禾盡枯七月二十四日大風雨江河皆溢
十九年春大雪平地五尺夏太白晝見秋雨紅雨
二十一年大雪積五六尺
二十二年夏日食旣
二十三年八月初八日大風雨水高一丈舟行橋上惟樓

〔光緒〕鎮海縣志　卷三七

图 6-16(b)　光绪《镇海县志・卷三十七　杂识》记载道光元年瘟疫

〈4〉**嘉兴市　嘉善县**:元年六七月间,大疫,名瘪螺痧,死者无虚日[72]。

平湖县(今平湖市):元年夏,大疫,俗称吊脚痧,死者甚众[73]。

71　镇海县志・卷三十七　杂识.光绪.

72　嘉善县志编纂委员会.嘉善县志・大事记.上海:上海三联书店,1995:8.

73　浙江省平湖县县志编纂委员会.平湖县志・第三编　自然环境・第三章　气候.上海:上海人民出版社,1993:111.

〈5〉**湖州市　湖州**：元年，湖州夏大疫，死者无算[74]。

乌程县（今南浔区）、归安县（今吴兴区）：元年夏，乌程、归安大疫，俗称吊脚痧，死者无算[75]。

〈10〉**台州市　太平县（今温岭市）**：元年六月，霍乱流行，死者甚多。秋，大旱，饥荒[76]。元年辛巳六月，人患钓脚痧脚痛缩即不治，死者甚众（图 6-16c）[77]。

光緒太平續志卷之十七

襍志上

災祥

昔班氏著漢書述五行志以紀災祥其後歷史因之至方隅之地水旱偏災禽蟲小異或不能書於國史而地志宜加詳焉然傳聞異辭訪冊所載彼此乖悟未能一一覈實也若夫日月薄蝕彗孛吐芒皆國史所當書而地志則不必載蓋以所係在天下而非一郡一邑所獨見也覽者幸毋病其略

光緒太平續志　卷之十七　襍志　災祥　一

嘉慶十七年壬申大饑斗米四百錢 邑富戶皆出米平糶每斗二百四十錢

二十五年庚辰夏城瘟疫凡染者二三日即斃經旬則無恙　秋旱米貴

道光元年辛巳六月人患釣腳痧腳筋痛縮即不治死者甚衆　秋大旱饑 葉志稿云是年始種罌粟花而花會盛行季世之風見災

八年戊子饑

十一年辛卯冬紅雨降關嶼趙璟家藁物皆赤色

822

图 6-16(c)　清光绪《太平县志·卷之十七　杂志上·灾祥》记载道光元年瘟疫

仙居县：元年，灾害频繁，民饥，死者甚众[78]。

74　上海、江苏、安徽、浙江、江西、福建省（市）气象局、中央气象局研究所. 华东地区近五百年气候历史资料，1978：75.

75　湖州市地方志编纂委员会. 湖州市志（上卷）·第三卷　自然环境·第七章　自然灾害录. 北京：昆仑出版社，1999：238.

76　温岭县志编纂委员会. 温岭县志·大事记. 杭州：浙江人民出版社，1992：5.

77　太平县志·卷之十七　杂志上·灾祥. 清光绪.

78　仙居县志编纂委员会. 仙居县志·自然地理篇. 杭州：浙江人民出版社，1987：64.

〈11〉**丽水市　松阳县**:元年,大旱,饿殍甚众[79]。

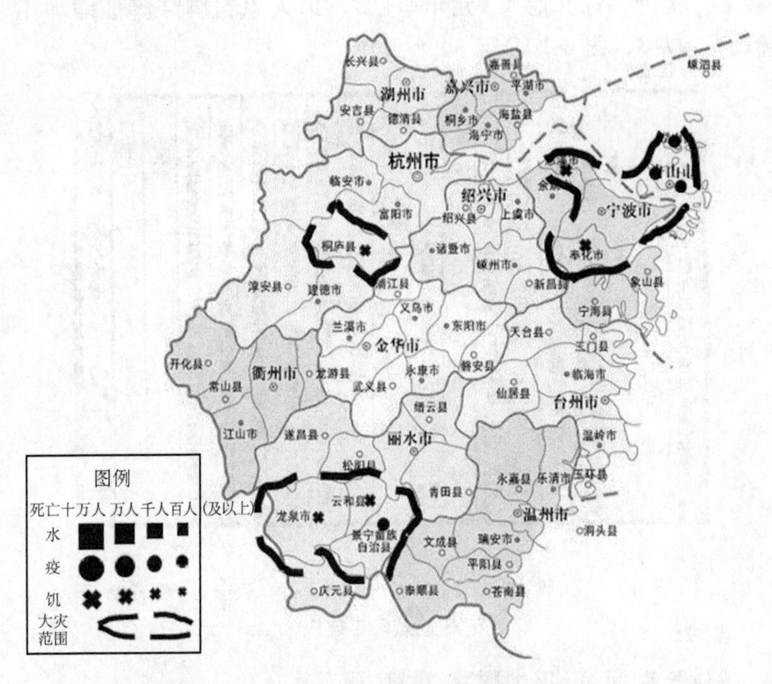

图 6-17(a)　1833 年浙江省大灾分布图

评价:浙东北及浙西南。大灾点连贯性好。大灾点分两块。浙东北瘟疫在沿海地区,疑为输入性流行性传染病。死亡人数为上千人(图 6-17a)。

灾种:旱灾引发瘟疫、饥荒。

资料条数:9 条。

79　上海、江苏、安徽、浙江、江西、福建省(市)气象局,中央气象局研究所.华东地区近五百年气候历史资料,1978:4.190.

〈1〉**杭州市 分水县(今桐庐县)**:清道光十三年(1833 年),岁凶,饥殍相望[80]。

〈2〉**宁波市 慈溪县(今慈溪市)**:十三年,大饥,道殣相望。城厢设局捐赈,民多疫死(图 6-17b)[81]。

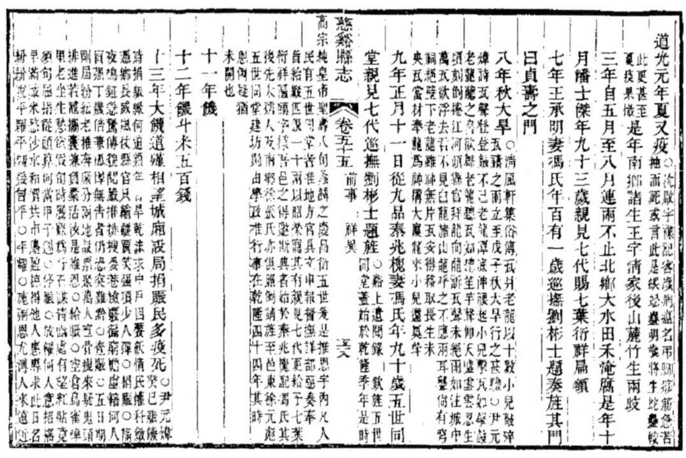

道光元年夏又疫

三年自五月至八月連雨不止北鄉大水田禾淹腐是年十月播士傑年九十三歲親見七代賜七葉衍祥扁額

七年王承明妻馮氏年百有一歲巡撫劉彬士題奏旌其門曰貞壽之門

八年秋大旱

九年正月十一日從九品秦兆槐妻馮氏年九十歲五世同堂親見七代巡撫劉彬士題旌

十一年饑

十二年饑斗米五百錢

十三年大饑道殣相望城廂設局捐賑民多疫死

慈谿縣志 卷五十五 前事 祥異

1201

图 6-17(b) 清光绪二十五年《慈溪县志·卷五十五 前事·祥异》记载道光十三年饥疫

奉化县(今奉化市):十三年,奉化秋大水,冬大雪,饿殍相枕[82]。

〈9〉**舟山市 舟山**:十三年,水涝,禾黍一空,病疫相继,居民死者甚众[83]。

定海县(今定海区):十三年,大雨水,禾黍一空,瘟疫继之,道

80 分水县志·卷十 杂志.光绪三十二年.

81 慈溪县志·卷五十五 前事·祥异.清光绪二十五年.

82 宁波气象志编纂委员会.宁波气象志·第二章 气象灾害·附:气象灾害年表.北京:气象出版社,2001:100.

83 舟山市地方志编纂委员会.舟山市志·大事记.杭州:浙江人民出版社,1992.

殣相望[84]。

岱山县:十三年,水涝成灾,疠疫相继,居民猝死甚多[85]。

〈11〉**丽水市　景宁县(今景宁畲族自治县)**:十三年七月十六日,大水,平地水深丈余,是岁饥,大疫,死者甚多[86]。

龙泉县:十三年大旱,乡民来城觅食,饿死道旁者不计其数[87]。

云和县:十三年冬,大雪,冻饿流亡者不可胜数[88]。

---

84 定海县志编纂委员会.定海县志·第二篇　自然环境·第五章　气候.杭州:浙江人民出版社,1994:97.

85 岱山县志编纂委员会.岱山县志·大事记.杭州:浙江人民出版社,1994:3.

86 景宁畲族自治县志编纂委员会.景宁畲族自治县志·大事记.杭州:浙江人民出版社,1995:13.

87 龙泉县志编纂委员会.龙泉县志·大事记.上海:汉语大词典出版社,1994.

88 云和县志编纂委员会.云和县志·第二编　自然环境.杭州·第三章　气候:浙江人民出版社,1996:42.

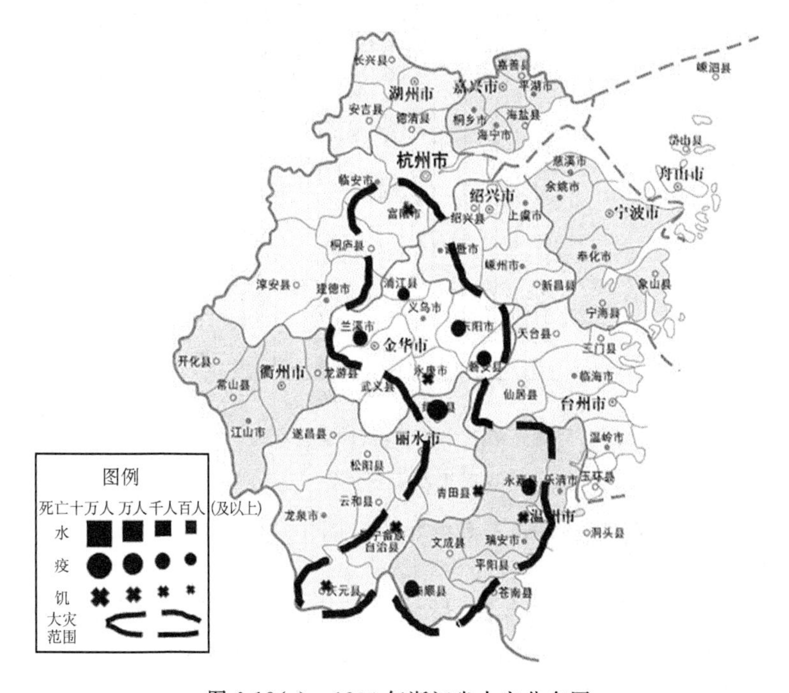

图 6-18(a)　1834 年浙江省大灾分布图

评价:浙中、浙南。大灾点连贯性好。大灾点呈现出一条可怕的长龙。“春,大疫,死者万余人”,对于流行病,人们没有办法加以控制,任其发难,导致大灾(图 6-18a)。

灾种:旱灾引发瘟疫、饥荒。

资料条数:13 条。

注:下列资料凡斜体者,为死亡万人及以上。编号:37W1834。

〈1〉**杭州市　富阳县(今富阳市)**:清道光十四年(1834 年),大旱,饥荒时疫流行,饿殍载道,市上棺木为空(图 6-18b)[89]。

89　富阳县志·卷十五　祥异.清光绪三十二年.

十四年大旱饑荒時疫流行餓殍載道市上棺木爲空
十八年彗星見東北
二十年冬大雪平地積四五尺山坳皆尋丈溪流冰凍
厚尺許至明年正月乃解
二十三年六月朔日食既白晝如夜一時許
二十六年六月夜半地震訛言紙人祟人翦人辮髮並
雞毛
二十七年秋大旱
二十九年夏霪雨浹旬田禾淹沒米貴民饑
三十年正月十六夜有白氣竟天米仍貴民食草根樹

1250

图 6-18(b) 清光绪三十二年《富阳县志·卷十五 祥异》记载道光十四年饥荒

〈3〉**温州市 鹿城(今鹿城区)**:十四年春夏,大疫大饥,石米八千,死于饥疫者日以十百计[90]。

泰顺县:十四年连年旱,后大饥,运瑞安米接济,升米价值钱四五十文,盐一斤价值一百二三十文。五至七月,城乡时疫,死亡甚众,有的全家病死[91]。

永嘉县:十四年春夏瘟疫流行,大饥,石米八千钱,死于饥疫者日以十百计,无棺则以草稾裹埋[92]。

〈7〉**金华市 兰溪县(今兰溪市)**:十四年春,大疫,民多死亡[93]。

90 李定荣.温州市鹿城区水利志·大事记.北京:中国水利水电出版社,2007:14.

91 泰顺县志编纂委员会.泰顺县志·大事记.杭州:浙江人民出版社,1998.

92 永嘉县地方志编纂委员会.永嘉县志(上)·大事记.北京:方志出版社,2003:19.

93 兰溪市志编纂委员会.兰溪市志·大事记.杭州:浙江人民出版社,1988:4.

东阳县(今东阳市)：十四年四月二十日，暴发大疫延至冬季，病没者十之三四，尸骸相望于道[94]。

永康县(今永康市)：道光十四年，斗米六百钱，人多食树皮，道殣相望(图 6-18c)[95]。

六年七月水　七年大旱奉
旨緩征冬十二月戊申有白氣著天如布西北行有聲譁如雷　八年佩知縣王斯[illegible]借
領烏程歸安二縣倉米平糶　十五年大有年　十六年彗星見大旱奉
旨緩征　二十五年大旱七月己未縣治火冬桃李華
道光二年大有年　五年春正月雨雪雷電三月戊戌夜雨雹大風拔木　十二年夏
旱秋冬潦　十三年春夏潦蟲秋疫　十四年斗米六百錢人多食樹皮道殣相望
春夏大　所染飢民爲多至有全家死亡者六月壬戌夜嶺脚木渠雅呂等處蛟
水發橋路多漂沒知縣李汝霖捐廉修築　十五年大旱巡撫烏　奏請奉
旨賑恤並照被災分數蠲租知縣應重機勸捐接賑　十七年秋旱禾中禾大熟七月己
亥夜雨大風庚子水沿河晚禾豆苗木棉多被傷　十九年冬大寒雨木冰大樹被
壓皆折　二十五年冬大寒樟桕多枯死　二十六年旱自五月初旬至七月凡六
十餘日不雨　二十八年秋大風拔木禾穀偃　三十年六月朔天狗墜東南方大
數圍色白其聲如雷至地不見
咸豐元年地震山鳴　二年夏五月初至十二月不雨歲大祲邑候湯力請賑恤得多
春二賑民賴以生并奉
旨蠲免三分有奇　三年六月連日雨七月螟螽爲災秋熟將穫一夜時稻禾立槁穀實
多耗歲又歉　四年水溢塘池皆沸起高尺餘逾時乃伏　五年冬大雪平地尺餘
永康縣志　卷之十一　祥異　二七

637

图 6-18(c)　清光绪《永康县志·卷之十一　祥异》
记载道光十四年饥荒

磐安县：十四年四月十四日，暴发大疫延至冬季，病死者十之三四，尸骸相望于道[96]。

94　上海、江苏、安徽、浙江、江西、福建省(市)气象局，中央气象局研究所. 华东地区近五百年气候历史资料，1978:4.153.

95　永康县志·卷之十一　祥异. 清光绪.

96　磐安县志编纂委员会. 磐安县志·卷二　自然环境·灾害. 杭州：浙江人民出版社，1993:76.

浦江县:十四年,疫病,十病九死,死亡枕藉[97]。

〈11〉丽水市　缙云县:十四年春,大疫,死者万余人[98]。

庆元县:十四年,大饥,死者甚众[99]。

景宁县(今景宁畲族自治县):十四年五月十五日,大水,沿溪田庐淹没无算。秋大旱,斗米价值三百,民食草木,道殣相望,饿死甚众,不可胜数[100]。

青田县:十四年,大旱,饥。民食糠秕、草根、瓜麻皮,死十之二三,户口骤减。八月十六日起,大雨七日,水涌骤减(光绪《青田县志》卷十七)[101]。

---

97 浦江县志编纂委员会.浦江县志·第十九编　卫生体育·第一章　卫生.杭州:浙江人民出版社,1990:574.

98 缙云县志编纂委员会.缙云县志·大事记.杭州:浙江人民出版社,1996:3.

99 上海、江苏、安徽、浙江、江西、福建省(市)气象局,中央气象局研究所.华东地区近五百年气候历史资料,1978:4.191.

100 景宁畲族自治县志编纂委员会.景宁畲族自治县志·第二编　自然环境·第七章　灾异.杭州:浙江人民出版社,1995:85.

101 青田县志编纂委员会.青田县志·第二编　自然环境·第三章　气候.杭州:浙江人民出版社,1990:137.

1837 年

图 6-19　1837 年浙江省大灾分布图

评价:浙中。大灾点连贯性好。小范围灾点。死亡人数为数百人(图 6-19)。

灾种:洪灾引发瘟疫、饥荒。

资料条数:3 条。

〈7〉**金华市　东阳县(今东阳市)**:清道光十七年(1837 年)七月大水成灾,田地淹没,房舍冲坏。时疫盛行,死亡众多[102]。

102　东阳市志编纂委员会.东阳市志·卷三灾异·第二章　灾害纪略·第二节　水灾.上海:汉语大词典出版社,1993.

磐安县：十七年，时疫盛行，死亡枕藉[103]。

〈11〉**丽水市　缙云县**：十七年，上年大饥。是年春，道殣相望[104]。

1863 年

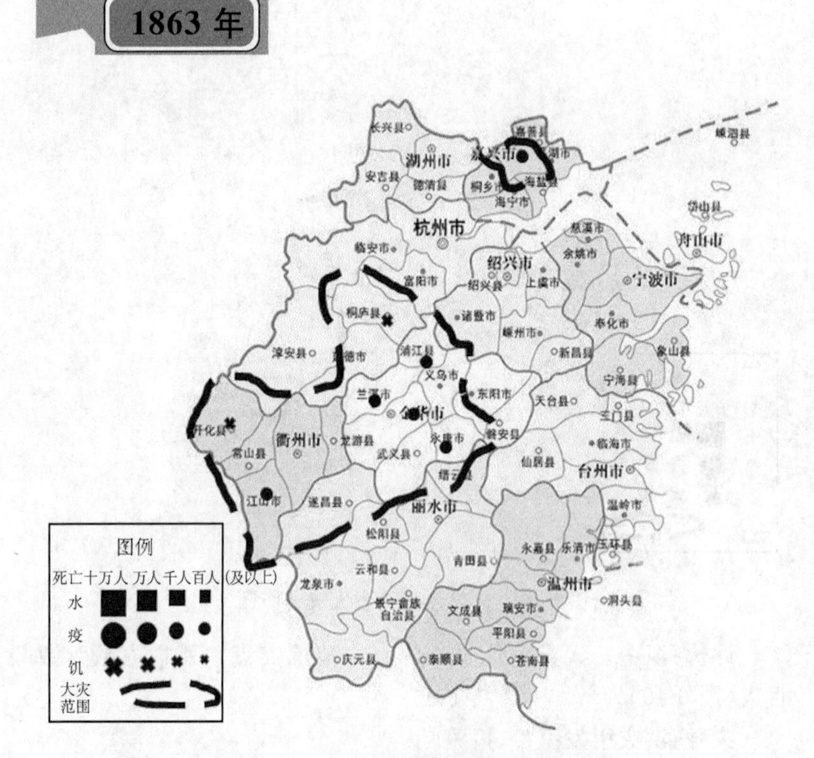

图 6-20(a)　1863 年浙江省大灾分布图

评价：浙西及浙中。大灾点连贯性好。死亡人数为上千人。沈

103　磐安县志编纂委员会. 磐安县志·卷二　自然环境·灾害. 杭州：浙江人民出版社，1993：76.

104　缙云县志编纂委员会. 缙云县志·第二编　自然环境·第三章　气候. 杭州：浙江人民出版社，1996：40.

梓《避寇日记》对于瘟疫产生的原因记载详尽，他认为：“海塘又圮，今年春濮院河水即带咸味，然时咸时淡，尚无害于田禾，至七月，则竟咸矣，饮之者肚腹率作胀痛，遂有吐泻霍乱之病”（图 6-20a）。

灾种：旱灾引发瘟疫、饥荒。

资料条数：8 条。

〈1〉**杭州市　分水县（今桐庐县）**：同治二年（1863 年），大旱，复大疫，饿殍满途，死亡枕藉（图 6-20b）[105]。

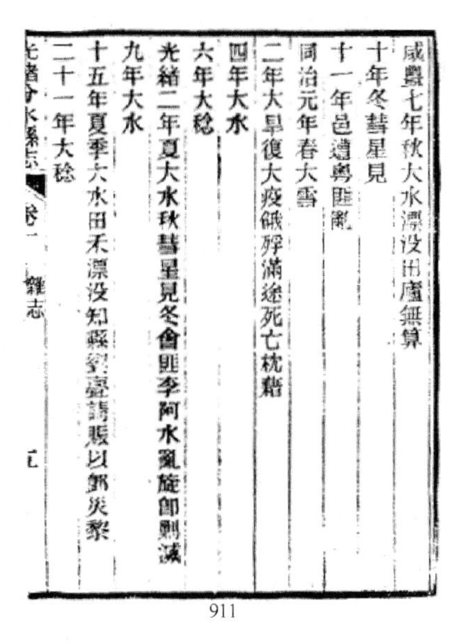
咸豐七年秋大水漂没田廬無算
十年冬彗星見
十一年邑遭粤匪亂
同治元年春大雪
二年大旱復大疫餓殍滿途死亡枕藉
四年大水
六年大稔
光緒二年夏大水秋彗星見冬會匪李阿水亂旋即剿滅
九年大水
十五年夏季大水田禾漂没知縣劉臺請賑以郵災黎
二十一年大稔
光緒分水縣志　卷十　雜志
911

图 6-20（b）　光绪《分水县志・卷十　杂志》记载同治二年灾荒

〈4〉**嘉兴市　嘉兴**：清濮院人沈梓《避寇日记》记载，同治二年，海塘又圮，今年春濮院河水即带咸味，然时咸时淡，尚无害于田禾，至七月，则竟咸矣，饮之者肚腹率作胀痛，遂有吐泻霍乱之病，八

105　分水县志・卷十　杂志．光绪三十二年．

月，濮院乡镇，每日辄毙数十人[106]。

〈7〉**金华市**　**金华**：二年二月大饥，夏五月大疫，数口之家有死之殆尽者[107]。

浦江县：二年春夏间，饥疫并作，十病九死，又兼岁旱，饥民食草木根皮殆尽，饿殍载途，斗粟千钱，米斤百数十文，珠玉服饰贱如粪土，有以亩田易米升许者[108]。

兰溪县（今兰溪市）：二年夏，大旱饥，民食草木，饿殍满途[109]。斗米千钱，复大疫，死亡枕藉[110]。

永康县（今永康市）：二年民大饥，夏秋疫染者多死[111]。

〈8〉**衢州市**　**开化县**：二年，大疫，二月初十日，陨霜杀菜麦，民多饥毙[112]。

---

106 嘉兴市志编纂委员会.嘉兴市志（上册）·第四篇　自然环境·自然灾异.北京：中国书籍出版社，1997：326.

107 浙江省金华市水电局.金华市水利志·第二编　水旱灾害与防汛防·第一章　水旱灾害.北京：中国水利水电出版社，1996：118.

108 浦江县志编纂委员会.浦江县志·第二编　自然环境·第六章　灾异.杭州：浙江人民出版社，1990：92.

109 上海、江苏、安徽、浙江、江西、福建省（市）气象局，中央气象局研究所.华东地区近五百年气候历史资料，1978：4.156.

110 浙江省金华市水电局.金华市水利志·第二编　水旱灾害与防汛防·第一章　水旱灾害.北京：中国水利水电出版社，1996：118.

111 上海、江苏、安徽、浙江、江西、福建省（市）气象局，中央气象局研究所.华东地区近五百年气候历史资料，1978.4.156.

112 开化县志编纂委员会.开化县志·第二编　自然环境·附：自然灾害年表.杭州：浙江人民出版社，1988：86.

图 6-21　1874 年浙江省大灾分布图

评价:浙东北。大灾点呈现连贯性分布。“港口检疫”,这个近代防疫新名词开始出现。死亡人数为数百人(图 6-21)。

灾种:瘟疫、洪灾。

资料条数:2 条。

〈2〉**宁波市　宁波(今宁波市)**:清同治十三年(1874 年)七月,宁波大风雨,山水暴下,害人畜无算,淹禾不计其数,内河船只皆从桥上过[113]。

113　宁波气象志编纂委员会.宁波气象志·第二章　气象灾害·附:气象灾害年表.北京:气象出版社,2001:100.

鄞县(今鄞州区)、慈溪、镇海县(今镇海区):十三年 8 月,鄞县、慈溪、镇海大疫,死者甚众,宁波港口实施港口检疫[114]。

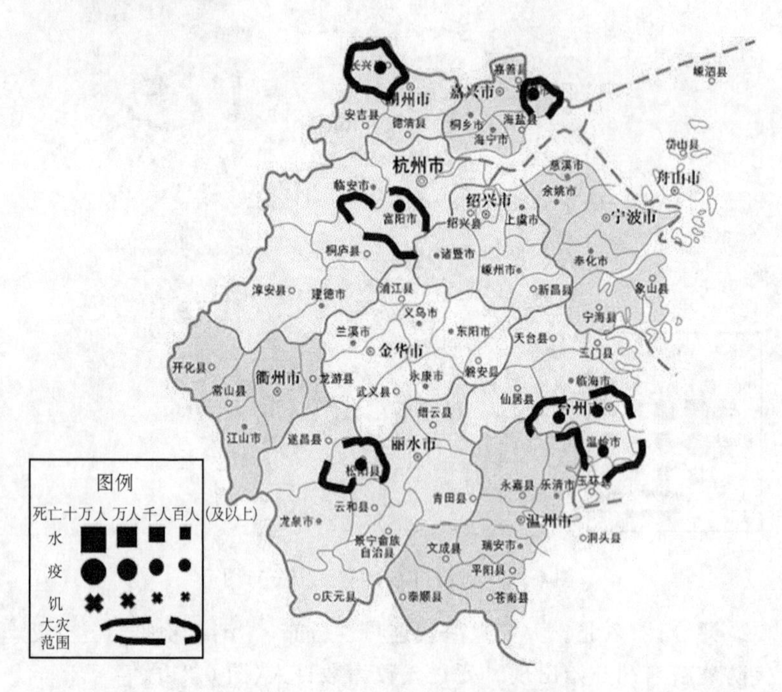

图 6-22　1902 年浙江省大灾分布图

评价:浙北、浙中及浙东。大灾点呈现散状分布。以台州片为最,"死者甚多",疑为输入性流行性传染病。死亡人数为近千人(图 6-22)。

灾种:旱灾引发瘟疫。

资料条数:6 条。

114　宁波市地方志编纂办公室.宁波市志·大事记.北京:中华书局,1995.

〈1〉**杭州市 新登县(今富阳市)**:清光绪二十八年(1902 年)新城夏秋大疫,死者甚众[115]。

〈4〉**嘉兴市 平湖县(今平湖市)**:二十八年夏,大疫,死亡甚众,竟致无处购买棺木[116]。

〈10〉**台州市 椒江县(今椒江区)**:二十八年,霍乱病流行,沿海一带居民病死甚多[117]。

黄岩县(今黄岩区):二十八年,黄岩县霍乱流行,县城及郊区死者枕藉,重阳后疫势始杀(民国《黄岩县新志》)[118]。

温岭县(今温岭市):二十八年,霍乱流行,死者甚多[119]。

〈11〉**丽水市 松阳县**:二十八年秋,瘟疫流行,城乡死人无数[120]。

---

115 富阳县地方志编纂委员会.富阳县志·第二编 自然环境·第七章 自然灾害.杭州:浙江人民出版社,1993:159.

116 浙江省平湖县县志编纂委员会.平湖县志·大事记.上海:上海人民出版社,1993:18.

117 椒江市志编纂委员会.椒江市志·大事记.杭州:浙江人民出版社,1998:13.

118 台州市气象局气象志编纂委员会.台州市气象志·第九章 历代灾异.北京:气象出版社,1998:118.

119 温岭县志编纂委员会.温岭县志·大事记.杭州:浙江人民出版社,1992:9.

120 松阳县志编纂委员会.松阳县志·大事记.杭州:浙江人民出版社,1996:13.

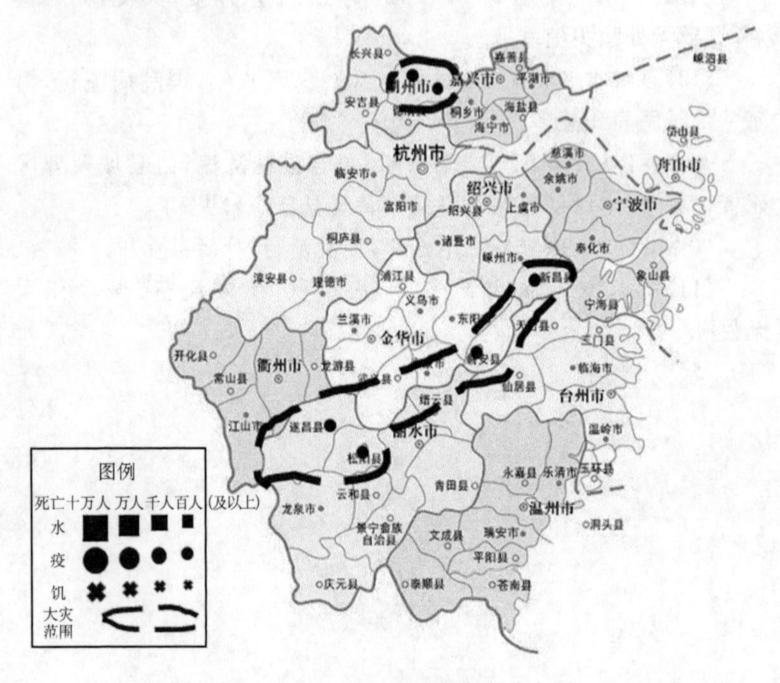

图 6-23　1918 年浙江省大灾分布图

评价：浙中、浙西。大灾点呈现长条形分布。死亡人数为数百人(图 6-23)。

灾种：瘟疫。

资料条数：6 条。

〈5〉*湖州市　吴兴县(今吴兴区)*：民国七年(1918 年)9 月，吴兴南浔时疫盛行，死亡相继[121]。

121　湖州市地方志编纂委员会. 湖州市志(上卷)·第三卷　自然环境·第七章　自然灾害录. 北京：昆仑出版社，1999：238.

南浔镇(今南浔区):七年九月,时疫盛行,死亡相继[122]。

〈6〉**绍兴市　新昌县**:七年秋,瘟疫流行,死者接踵[123]。

〈7〉**金华市　磐安县**:七年6月,瘟疫大发,死亡甚众[124]。

〈11〉**丽水市　遂昌县**:七年秋冬间时疫流行,死亡甚众[125]。

松阳县:七年9月,时疫流行,死亡枕藉[126]。

---

[122] 南浔镇志编纂委员会.南浔镇志·第一篇　政区·死二章　自然环境.上海:上海科学技术文献出版社,1995:55.

[123] 新昌县志编纂委员会.新昌县志·大事记.上海:上海书店,1994:14.

[124] 磐安县志编纂委员会.磐安县志·大事记略.杭州:浙江人民出版社,1993:18.

[125] 遂昌县志编纂委员会.遂昌县志·大事记.杭州:浙江人民出版社,1996:22.

[126] 松阳县志编纂委员会.松阳县志·第二篇　自然环境·第三章　气候.杭州:浙江人民出版社,1996:47.

1926 年

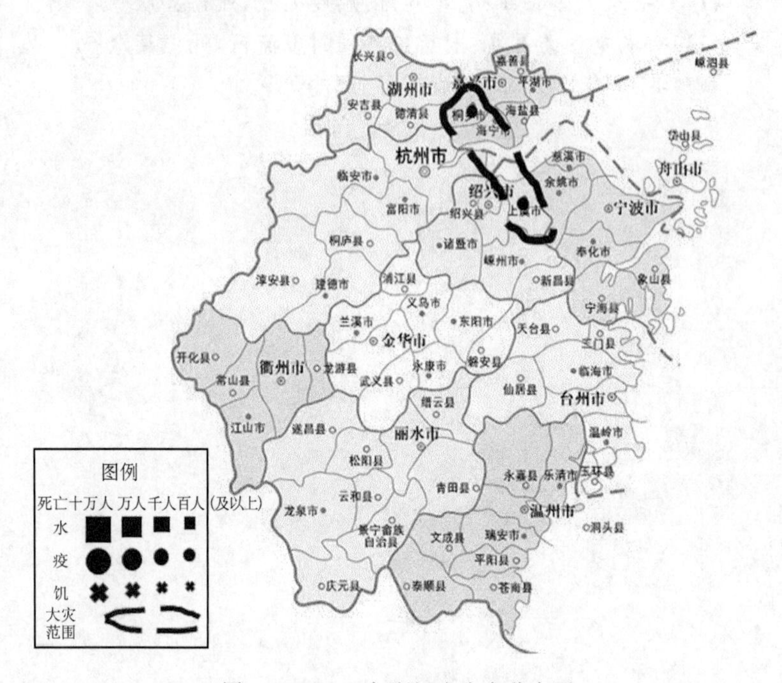

图 6-24　1926 年浙江省大灾分布图

评价:浙东北。大灾点连贯性较好。“得病三至四小时即不治而死”,说明了霍乱病的险恶。死亡人数为数百人(图 6-24)。

灾种:瘟疫。

资料条数:2 条。

〈4〉**嘉兴市　桐乡县**:民国十五年(1926 年)5—8 月,桐乡县霍乱病流行。乌镇地区死亡甚多,得病三至四小时即不治而死[127]。

〈6〉**绍兴市　上虞县(今上虞市)**:十五年 8 月前,天气亢旱,河

---

[127] 桐乡市桐乡县志编纂委员会. 桐乡县志・大事记. 上海:上海书店出版社,1996:19.

溪干涸，疾病横行，死亡相继[128]。崧厦、百官、丰惠、下管等地区霍乱流行，死亡一百余人[129]。

图 6-25 1929 年浙江省大灾分布图

评价：浙东北及浙东。大灾点连贯性好。此时瘟疫的种类及死亡人数记录精确，死亡人数为近 5000 人(图 6-25)。

灾种：瘟疫、饥荒。

---

128 上虞市水利局.上虞市水利志.北京：中国水利水电出版社，1997：69.

129 上虞县志编纂委员会.上虞县志·第二十五篇 医药卫生·第三章 卫生保健.杭州：浙江人民出版社，1990：710.

资料条数:9 条。

〈1〉**杭州市　建德县(今建德市)**:民国十八年(1929 年),梅城镇麻疹流行,波及南峰、马目、庵口等乡,梅城镇死亡一百余人[130]。

〈2〉**宁波市　宁海县**:十八年宁海为历史罕见的大灾年。春节,鸣雷飞雪,积雪尺余。4 月起五十余天不雨。6 月,螟虫为害。9 月底,暴雨。10 月 7 日,倾盆大雨持续 5 昼夜,毁田十余万亩,倒屋十余万间,人畜伤亡无数。民食草根树皮,自尽、逃荒者不计其数[131]。

〈3〉**温州市　乐清县(今乐清市)**:十八年 4 月,乐清县发生流行性脑膜炎,死三千余人[132]。

〈4〉**嘉兴市　海盐县**:十八年 3 月发生重症流行性感冒,因医药奇缺,迷信盛行,死亡 822 人[133]。

平湖县(今平湖市):十八年和十九年,脑膜炎流行,发病 731 人,死亡 171 人[134]。

〈10〉**台州市　宁海县(今三门县)**:十八年十月七日始,大雨倾盆,持续五昼夜,山洪暴发,海水顶托,冲毁农田五十余万亩,房屋十余万间,人畜伤亡甚众,庄稼颗粒无收,民食草根、树皮,自尽、逃荒者,不计其数[135]。

---

130 建德县志编纂委员会.建德县志·第五编　文化·第五章　卫生.杭州:浙江人民出版社,1986:719.

131 宁海县地方志编纂委员会.宁海县志·大事记.杭州:浙江人民出版社,1993:1-51.

132 温州市志编纂委员会.温州市志(上册)·大事记.北京:中华书局,1998.

133 海盐县志编纂委员会.海盐县志·大事记.杭州:浙江人民出版社,1992:10.

134 浙江省平湖县县志编纂委员会.平湖县志·第三十五编　卫生·第三章　公共卫生.上海:上海人民出版社,1993:883.

135 三门县志编纂委员会.三门县志·第二编　自然环境·第三章　气候.杭州:浙江人民出版社,1992:106.

温岭县：十八年冬，天花流行，死亡甚众[136]。

玉环县：十八年，水、旱、风、虫四灾并发，尤以飞蝗为甚，蔽天蓝口，农作物减收七成，饥民四方求食，或以"观音粉"充饥，路多饿殍[137]。

〈11〉**丽水市　庆元县**：十八年9月，隆宫村杂货商吴启有从福建省政和县染鼠疫回家死亡，导致鼠疫在庆元流行长达22年，殃及35个自然村，死亡1343人，至1950年10月始灭[138]。

136 温岭县志编纂委员会.温岭县志·大事记.杭州:浙江人民出版社,1992:15.

137 玉环县志编纂委员会.玉环县志·第二编　自然环境·第八章　灾异.上海:汉语大词典出版社,1994:82.

138 庆元县志编纂委员会.庆元县志·大事记.杭州:浙江人民出版社,1996:5-28.

1930 年

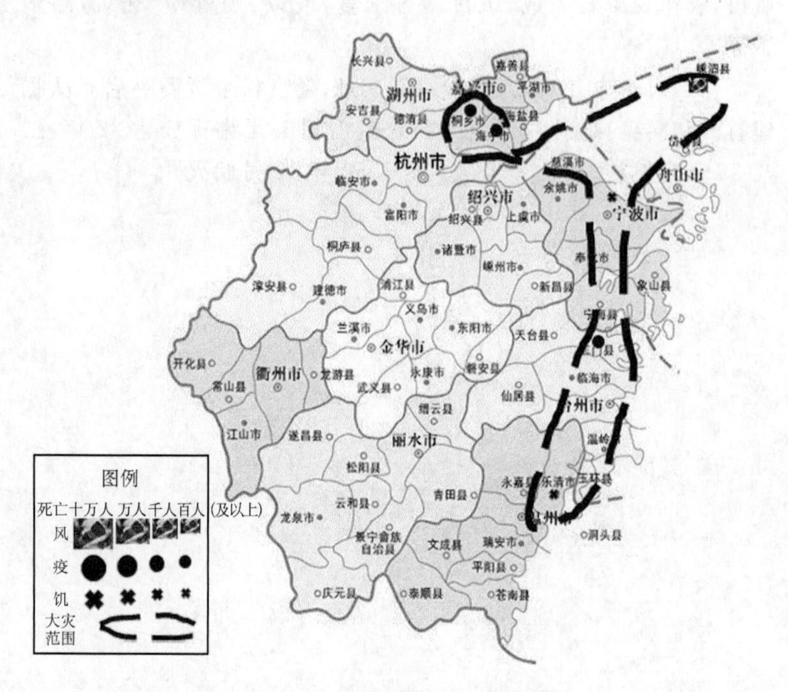

图 6-26　1930 年浙江省大灾分布图

评价：浙东北及浙东。大灾点分布呈现散状，均在沿海地区。死亡人数为一千多人（图 6-26）。

灾种：旱灾引发瘟疫、饥荒、大风。

资料条数：6 条。

〈2〉**宁波市　镇海县（今镇海区）**：民国十九年（1930 年）春，象山县饥荒，饿死者众。仅昌石区胡家屿等 7 村饿死二百四十余人[139]。

〈3〉**温州市　乐清县（今乐清市）**：十九年春，民大饥，饿死者甚

139　宁波市地方志编纂办公室. 宁波市志·大事记. 北京：中华书局，1995.

多,卖儿鬻女于福建者不少[140]。

〈4〉**嘉兴市　海宁县(今海宁市)**:十九年,县内发生流行性脑脊髓膜炎,疫势猖獗,死亡五百余人[141]。

桐乡县(今桐乡市):十九年9月,洲泉一带霍乱流行,死亡一百五十余人[142]。

〈9〉**舟山市　嵊泗县**:十九年春,风暴,嵊山箱子岙内撞坏撞沉渔船甚多,死伤百余人;小洋山损坏渔船,死伤渔民甚多,损失惨重[143]。

〈10〉**台州市　三门县**:十九年,键跳霍乱流行,死亡一百多人[144]。

---

140 乐清市水利水电局.乐清市水利志·大事记.开封:河南大学出版社,1998:8.

141 桐乡市桐乡县志编纂委员会.桐乡县志·大事记.上海:上海书店出版社,1996:21.

142 桐乡市桐乡县志编纂委员会.桐乡县志·第三十编　卫生·第五章　卫生防疫.上海:上海书店出版社,1996:1232.

143 嵊泗县志编纂委员会.嵊泗县志·第二编　自然环境·第七章　自然灾害.杭州:浙江人民出版社,1989:84.

144 三门县志编纂委员会.三门县志·第二十四编　卫生　体育·第三章　卫生保健.杭州:浙江人民出版社,1992:801.

1932 年

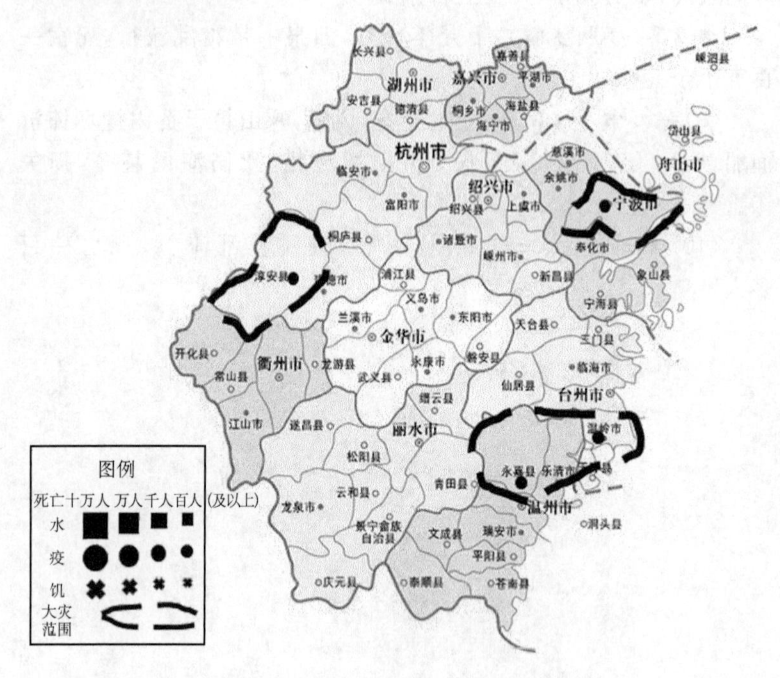

图 6-27　1932 年浙江省大灾分布图

评价：浙东南。死亡人数为近千人(图 6-27)。

灾种：瘟疫。

资料条数：4 条。

〈1〉**杭州市　淳安、遂安县(今淳安县)**：民国二十一年(1932 年)，淳安、遂安两县痢疾大流行，发病 6921 例，死亡 529 人[145]。

〈2〉**宁波市　宁波市**：二十一年六七月间，宁波省第二监狱、慈

145　浙江省淳安县志编纂委员会.淳安县志·第二十六编　卫生体育·第三章　卫生保健.上海：汉语大词典出版社，1990：614.

溪县城及鄞县横街、姜山发生真性霍乱，死一百余人[146]。

〈3〉**温州市　永嘉县**：二十一年7月永嘉城区发生流行性疫病“登格热”，死亡甚多[147]。

〈10〉**台州市　温岭县(今温岭市)**：二十一年夏，霍乱流行，死亡甚众[148]。

1933 年

图 6-28　1933 年浙江省大灾分布图

146　宁波市地方志编纂办公室. 宁波市志・大事记. 北京：中华书局，1995.

147　温州市志编纂委员会. 温州市志(上册)・大事记. 北京：中华书局，1998.

148　温岭县志编纂委员会. 温岭县志・大事记. 杭州：浙江人民出版社，1992：16.

评价:浙东北。大灾点连贯性好。死亡人数为1457人(图6-28)。

灾种:瘟疫。

资料条数:3条。

〈2〉**宁波市**　**宁波市**:民国二十二年(1933年)5月至8月,城区霍乱流行,城厢设临时医院5处,诊治10678人(次),死225人[149]。

镇海县(今镇海区):二十二年5—8月,霍乱大流行,仅城区即死三百余人[150]。

慈溪县(今慈溪市):二十二年,患赤痢8662人,死亡932人[151]。

149　宁波市地方志编纂办公室.宁波市志·大事记.北京:中华书局,1995.

150　镇海县志编纂委员会.镇海县志·大事记.北京:中国大百科全书出版社,1994:15.

151　慈溪卫生志编纂小组.慈溪卫生志·第三章　疫病防治.宁波:宁波出版社,1994:213.

1937 年

图 6-29　1937 年浙江省大灾分布图

评价：浙东沿海地区。仅 3 个点。均为霍乱。死亡人数为千人以上（图 6-29）。

灾种：瘟疫。

资料条数：3 条。

〈2〉**宁波市　镇海县（今镇海区）：**民国二十六年（1937 年）8 月初，镇海霍乱流行，3 个月内死 920 余人[152]。

〈3〉**温州市　洞头县：**二十六年和三十二年，2 次霍乱死亡 600

152　宁波市地方志编纂办公室．宁波市志・大事记．北京：中华书局，1995．

多人[153]。

〈4〉**嘉兴市**　**嘉兴(今嘉兴市)**:二十六年至三十四年间,发生过4次霍乱大流行,招致死亡不计其数[154]。

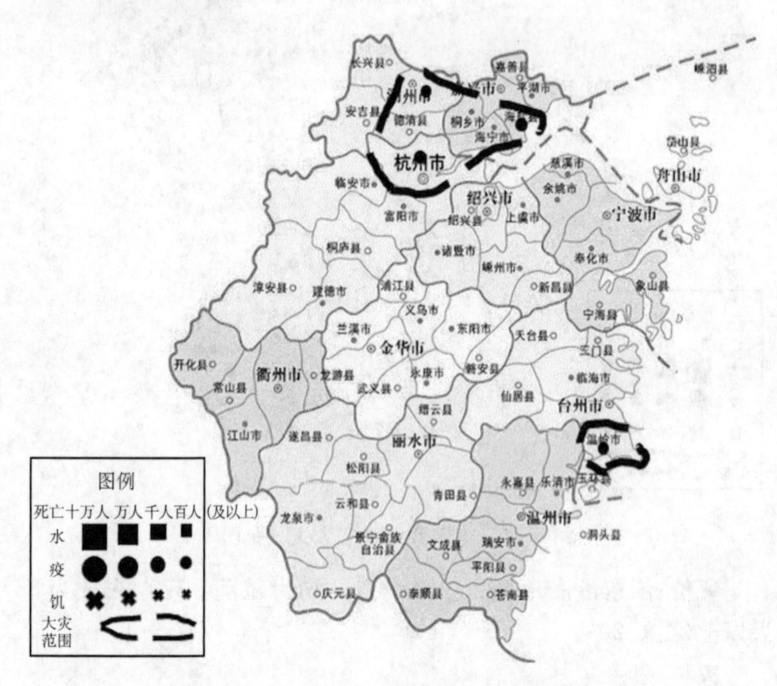

图 6-30　1938 年浙江省大灾分布图

评价:浙北。大灾点连贯性较好。死亡人数为数百人(图 6-30)。

153　洞头县志编纂委员会.洞头县志·第十九编　卫生　体育·第一章　医药卫生.杭州:浙江人民出版社,1993:466.

154　嘉兴市志编纂委员会.嘉兴市志·第三十八篇　医疗卫生·疾病防治.北京:中国书籍出版社,1997:1679.

灾种:瘟疫。

资料条数:4 条。

〈1〉**杭州市 余杭县(今余杭区)**:民国二十七年(1938 年)仲夏,杭县塘栖霍乱大流行,最高一天死亡九十余人[155]。

〈4〉**嘉兴市 海盐县**:二十七年 8 月县城霍乱流行,死一百多人[156]。

〈5〉**湖州市 南浔镇(今南浔区)**:民国二十七年,发生流行性脑脊膜炎,患者约 300 人,死亡者一百余人[157]。

〈10〉**台州市 温岭县(今温岭市)**:二十七年 7 月,霍乱流行,蔓延迅速,仅坞根乡就有百余人丧生[158]。

---

155 余杭县志编纂委员会.余杭县志·第十三编 卫生 体育·第二章 防疫.杭州:浙江人民出版社,1990:684.

156 海盐县志编纂委员会.海盐县志·大事记.杭州:浙江人民出版社,1992:10.

157 南浔镇志编纂委员会.南浔镇志·第一篇 政区·第二章 自然环境.上海:上海科学技术文献出版社,1995:55.

158 温岭县志编纂委员会.温岭县志·大事记.杭州:浙江人民出版社,1992:18.

1940 年

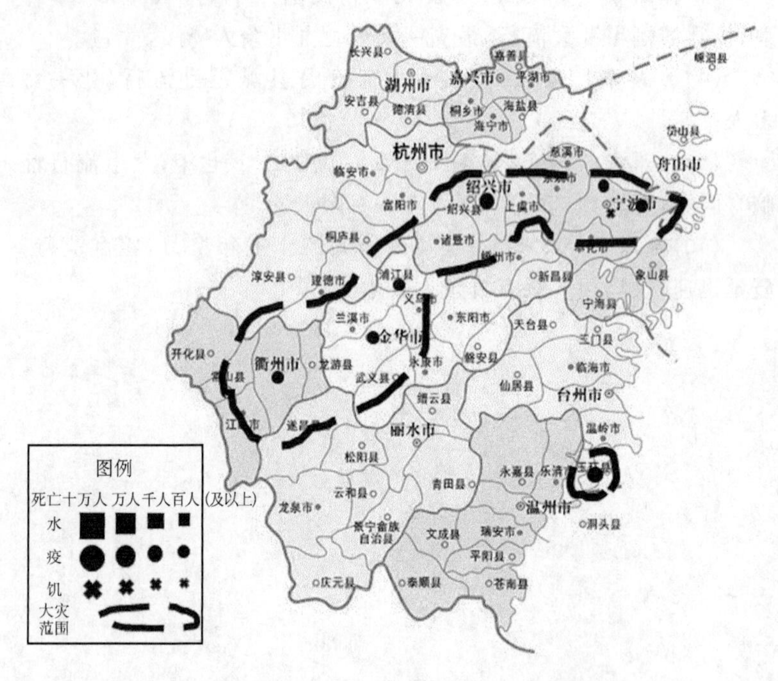

图 6-31(a) 1940 年浙江省大灾分布图

评价:浙西至浙东北。大灾点连贯性较好。灾区呈现长条形分布。大面积瘟疫系日机空投鼠疫菌所致。死亡人数为数千人(图 6-31a)。

灾种:旱灾引发瘟疫。

资料条数:7 条。

〈2〉**宁波市　鄞县(今鄞州区)**:民国二十九年(1940 年),春、夏、秋连旱,自农历二月二十七日起(清明前)至八月底(秋分后),长达 6 个月,其间有小雨、无雨期近 120 天,禾失灌:年岁歉收,海口堵塞,水源复绝,民无饮水。九月又遭大水,饿殍载道,弃子女于道者数百人。九月,大水。因久旱骤雨,稻禾生虫,今大嵩区 5 万余亩农田受灾。翌年春多有逃荒去象山求乞者。大嵩乡东村饿死60人，全区无计数。早稻熟时米价暴涨，有一间楼房只易五斗米者(徐嵩宝口述)[159]。

二十九年10月22日，日机一架窜入宁波市区上空投掷带有鼠疫杆菌的小麦、粟米、面粉等，接着鼠疫迅速流行。经检查为败血型鼠疫，流行期间先后死亡一百余人(图6-31b)[160]。

图6-31(b)　鄞县防疫处工务组掩埋队工作情形

镇海县:二十九年夏秋八十余天无雨，早稻歉收.晚稻无收;又因干旱引起霍乱流行，死亡甚众，仅獬浦镇即死亡十余人[161]。

159　鄞县水利志编纂办公室.鄞县水利志·第十一章　水灾(洪、涝、潮).南京:河海大学出版社,1992:122-135.

160　浙江省政协文史资料委员会.新编浙江百年大事记(1840—1949年).杭州:浙江人民出版社,1990:312.

161　镇海县志编纂委员会.镇海县志·大事记.北京:中国大百科全书出版社,1994:17.

〈6〉**绍兴市**　**绍兴**:二十九年,死于霍乱者1221人[162]。

〈7〉**金华市**　**金华**:二十九年11月,日机一架在金华南郊上空投下黄色小颗粒,状如豆子,后经医院检验,证实附有鼠疫杆菌。不久,金华一带鼠疫开始流行。据统计,至年底金华因患鼠疫死亡的人数达一百六十余人[163]。

浦江县:二十九年8月,霍乱流行,死亡相继[164]。

〈8〉**衢州市**　**衢州**:二十九年10月4日上午9时,日机在衢城空投鼠疫菌,至12月底发病22例,死亡21人。次年大流行,死亡254人。至35年死于鼠疫者达七千余人[165]。

〈10〉**台州市**　**玉环县**:二十九年3月,县境西台、鸡山等地天花流行,死者逾千[166]。

---

162 绍兴市地方志编纂委员会.绍兴市志·第三卷·卷35　卫生·第三章　预防保健.杭州:浙江人民出版社,1997:1713.

163 浙江省政协文史资料委员会.新编浙江百年大事记(1840—1949).杭州:浙江人民出版社,1990:313.

164 浦江县志编纂委员会.浦江县志·大事记.杭州:浙江人民出版社,1990:20.

165 衢州市志编纂委员会.衢州市志·大事记.杭州:浙江人民出版社,1994:21.

166 玉环县志编纂委员会.玉环县志·大事记.上海:汉语大词典出版社,1994:10.

1941 年

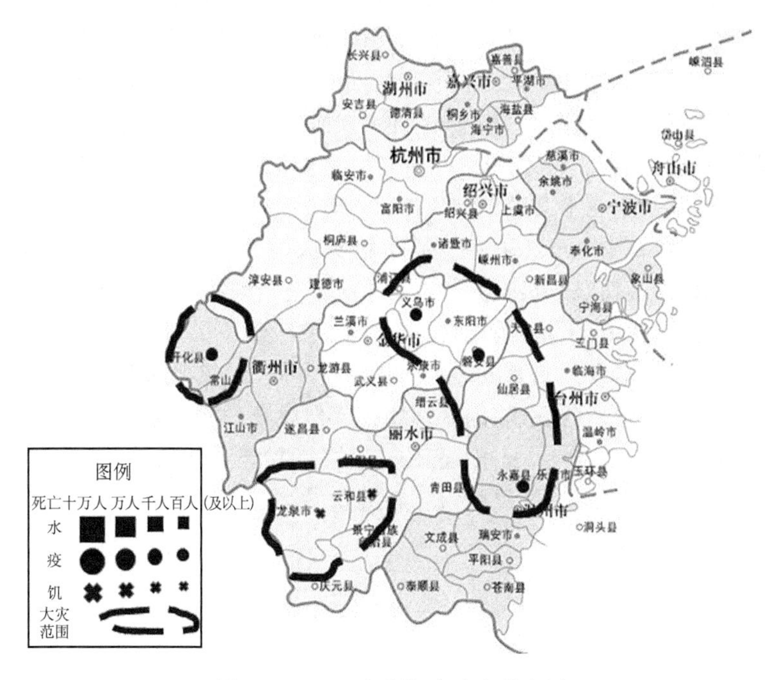

图 6-32　1941 年浙江省大灾分布图

评价:浙中、浙西。大灾点连贯性较好。灾区呈现蝴蝶状,分成三块。死亡人数为数千人(图 6-32)。

灾种:旱灾引发瘟疫、饥荒。

资料条数:6 条。

〈3〉**温州市　永嘉县:**民国三十年(1941 年)7 月城区发生流行性疫病——“登革热”,患病率高,死亡甚多[167]。

〈7〉**金华市　磐安县:**三十年,天花流行,全县病千余人,死者

167　永嘉县地方志编纂委员会. 永嘉县志(上)·大事记. 北京:方志出版社,2003:19.

甚众[168]。

义乌县(今义乌市):三十年,鼠疫在县境流行。铁路工人郦冠明9月2日在衡县感染鼠疫,5日乘火车回稠城镇北门街,于次日死亡。9—12月,仅今农协村鼠疫患者即达83人,死亡71人。此疫在全县延续达4年之久,至1944年5月方绝迹。延及今江湾、楂林、苏溪、廿三里、平畴、杨村、徐村、桥东、后宅、东河等乡,发病人数689人,死亡632人。中国红十字会医疗救护总队312医疗队队长刘宗款在本县感染肺鼠疫,以身殉职[169]。

〈8〉**衢州市　开化县**:三十年,村头区占竹、大溪边时疫(俗称老虎瘟、铁板伤寒)流行,死亡二百多人。三十年至三十七年,下湖乡的梅岭、西山、下坞、姜坞村先后死亡三百余人[170]。

〈11〉**丽水市　龙泉县**:三十年七八月间,龙溪乡饿死152人,多为菇民。待新谷登场,因饿体孱而骤然吃死的八十余人[171]。

云和县:三十年,云东、芝石、三溪、复兴等乡暴雨,山洪暴发,继又虫害。损失惨重,民众饿死者甚众[172]。

---

168 磐安县志编纂委员会.磐安县志·大事记略.杭州:浙江人民出版社,1993:22.

169 义乌县志编纂委员会.义乌县志·大事记.杭州:浙江人民出版社,1987.

170 开化县志编纂委员会.开化县志·第二十编　卫生　血防·第一章　卫生.杭州:浙江人民出版社,1988:507.

171 龙泉县志编纂委员会.龙泉县志·大事记.上海:汉语大词典出版社,1994.

172 云和县志编纂委员会.云和县志·大事记.杭州:浙江人民出版社,1996:10.

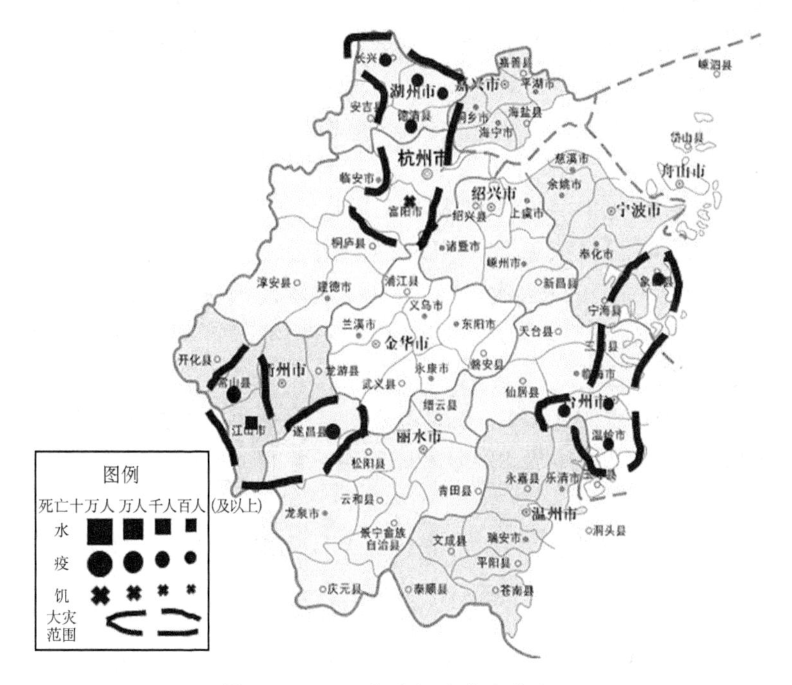

图 6-33　1942 年浙江省大灾分布图

评价:浙北、浙西及浙东。大灾点连贯性好。灾区呈现蝴蝶状,分成三块。死亡人数为数千人(图 6-33)。

灾种:旱灾引发瘟疫、饥荒、洪涝。

资料条数:13 条。

〈1〉**杭州市　杭州、海盐县**:民国三十一年(1942 年)6 月,钱塘江上游山洪暴发,杭州至海盐一带江面浮尸数以千计[173](具体地址不详)。

173　浙江省政协文史资料委员会.新编浙江百年大事记(1840—1949).杭州:浙江人民出版社,1990:323.

富阳县(今富阳市):三十一年秋,大旱,民众饿死无数[174]。

〈2〉**宁波市　象山县**:三十一年,霍乱发病 943 人,死亡 790 人,其中象东区死 680 人[175]。

〈5〉**湖州市　吴兴县(今吴兴区)**:三十一年,吴兴南浔霍乱蔓延,患者千余,死百口以上[176]。

南浔镇(今南浔区):三十一年,霍乱蔓延,患者一千余人,死亡百人以上[177]。

长兴县:三十一年,林城桥死于霍乱的有百余人[178]。

德清县:自民国三十一年以后的 7 年中,德清仅接种霍乱菌苗 567 人次,牛痘 7528 人次,致使全县 3 次霍乱大流行,死亡一百五十多人。天花几乎年年流行,当时有“不出痘子不算人,生了麻子过鬼门”的说法[179]。

〈8〉**衢州市　江山县(今江山市)**:三十一年 6 月洪水泛滥,溺死男女 153 人,冲毁田地 39538 亩、堤堙堰坝 202 处、房屋 7711 间[180]。

常山县:三十一年,端午节前后连日大雨,洪水淹没农田 5.5

---

174 富阳市水利志编纂委员会.富阳市水利志·大事记.南京:河海大学出版社,2007:12.

175 象山县志编纂委员会.象山县志·第四十四章　医疗　卫生.杭州:浙江人民出版社,1998:556.

176 湖州市地方志编纂委员会.湖州市志(上卷)·第三卷　自然环境·第七章　自然灾害录.北京:昆仑出版社,1999:238.

177 南浔镇志编纂委员会.南浔镇志·第一篇　政区·第二章　自然环境.上海:上海科学技术文献出版社,1995:55.

178 长兴县志编纂委员会.长兴县志·第二十四卷　卫生　体育·第三章　卫生保健.上海:上海人民出版社,1992:709.

179 德清县志编纂委员会.德清县志·第二十一卷　卫生·第四章　卫生保健.杭州:浙江人民出版社,1992:570.

180 江山市志编纂委员会.江山市志·大事记.杭州:浙江人民出版社,1990:25.

万亩，夏大旱，饥饿，传染病流行，患者死数千人[181]。疟疾、痢疾暴发流行，宣风、声教两乡死亡2000多人[182]。

〈10〉**台州市　黄岩县(今黄岩区)**：三十一年8月，霍乱大流行，其中金清镇死亡四五十人[183]。

海门县(今椒江区)：三十一年，霍乱病流行，海门、三甲、岩屿街一带病死不知其数[184]。

温岭县(今温岭市)：三十一年8月，温岭县东、南两区霍乱流行，县城收尸108具；湖屏乡死亡三百余人[185]。

〈11〉**丽水市　遂昌县**：三十一年，妙高、保仁、云峰、螺岩、大柘、湖山、奕琴7个乡镇天花、霍乱流行。天花发病1980例，死亡1221人；霍乱发病2060例，死亡824人[186]。

---

181 常山县志编纂委员会.常山县志·第二编　自然环境·第六章　自然灾害.杭州：浙江人民出版社，1990：121.

182 常山县志编纂委员会.常山县志·第二十二编　卫生　体育·第一章　医药卫生.杭州：浙江人民出版社，1990：564.

183 黄岩县志办公室.黄岩县志·大事记.上海：上海三联书店，1992：19.

184 椒江市志编纂委员会.椒江市志·大事记.杭州：浙江人民出版社，1998：25.

185 台州市气象局气象志编纂委员会.台州市气象志·第九章　历代灾异·第二节　灾异编年.北京：气象出版社，1998：122.

186 遂昌县志编纂委员会.遂昌县志·大事记.杭州：浙江人民出版社，1996：29.

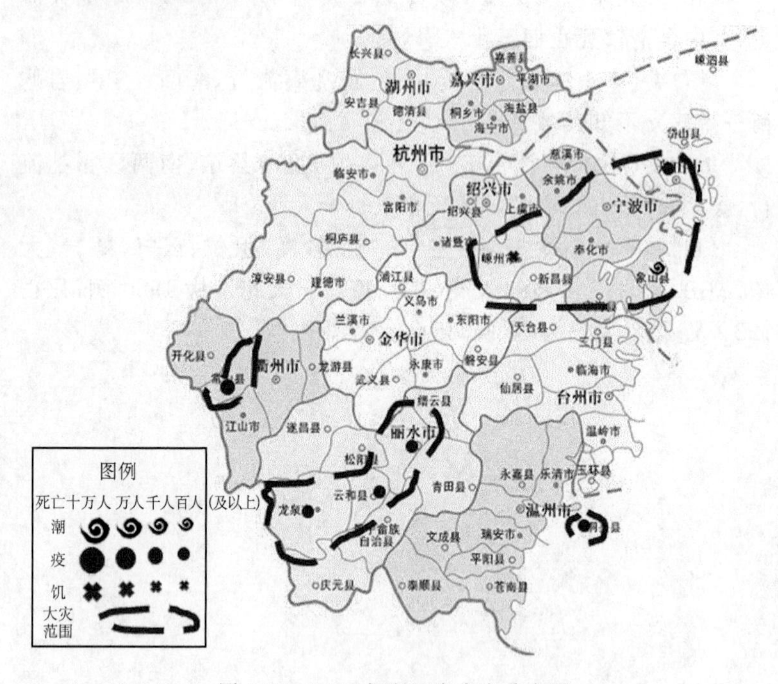

图 6-34　1943 年浙江省大灾分布图

评价:浙西南、浙东北。大灾点连贯性好。“朝死爹,暮死娘,隔夜死兄长”,瘟疫传染病速度很快。死亡人数为数千人(图 6-34)。

灾种:瘟疫、饥荒、风暴潮。

资料条数:8 条。

〈2〉**宁波市　象山县**:民国三十二年(1943 年)8 月 11 日、12 日,飓风袭境,大雨倾盆,山洪暴发,溪水横流,平地水深 3 尺,沿海低地尽成泽国,田地作物,塘堤,屋舍、人畜、船只损失严重[187]。

187　象山县志编纂委员会.象山县志·地理·第七章　气候.杭州:浙江人民出版社,1998:122.

〈3〉**温州市　洞头县**：民国二十六年和三十二年(1943年)，2次霍乱死亡六百多人[188]。

〈6〉**绍兴市　嵊县(今嵊州市)**：三十二年，因珠茶外销断绝，茶农生计无着，北山茶区饿死、逃亡者达两千五百余人[189]。

〈8〉**衢州市　常山县**：三十二年至三十八年，白石乡因患血吸虫病死亡2085人，占总人口的50%。当时疫区流传着"腹变筲箕，神仙难医"，"好男不到西门乡，好女莫嫁白石郎"，"朝死爹，暮死娘，隔夜死兄长"等悲惨民谣[190]。

〈9〉**舟山市　定海县(今定海区)**：三十二年，霍乱发病三百余例，死一百余人[191]。

〈11〉**丽水市　丽水县(今莲都区)**：三十二年6月至次年9月鼠疫流行46个村镇，发病1111例，死亡865人，死亡率77.86%[192]。

云和县：三十二年8月，县城、郊区发生鼠疫。至次年1月10日，鼠疫流行183处，染病745例，死亡536人[193]。

龙泉县(今龙泉市)：三十二年3月27日至10月31日统计，鼠疫发病623人。自二十九年起至三十四年，发病996人，死亡

188　洞头县志编纂委员会.洞头县志·第十九编　卫生　体育·第一章　医药卫生.杭州：浙江人民出版社，1993：466.

189　嵊县志编纂委员会.嵊县志·大事记.杭州：浙江人民出版社，1989：16.

190　常山县志编纂委员会.常山县志·第二十二编　卫生　体育·第二章　血吸虫病防治.杭州：浙江人民出版社，1990：569.

191　定海县志编纂委员会.定海县志·第二十一篇　卫生　体育·第二章　卫生防疫.杭州：浙江人民出版社，1994：741.

192　丽水市志编纂委员会.丽水市志·大事记.杭州：浙江人民出版社，1994：17.

193　云和县志编纂委员会.云和县志·大事记.杭州：浙江人民出版社，1996：11.

299 人[194]。三十二年 8 月初起，鼠疫疫区除城镇、小梅、查田外，延及城郊的宏山、临江、沙潭、小白岸及杨梅岭等地。据不完全统计，半个月中，全县 262 人死于疫病[195]。

1944 年

图 6-35　1944 年浙江省大灾分布图

评价：浙东北、浙西南。大灾点连贯性好。死亡人数为五千余

194 浙江省龙泉县志编纂委员会.龙泉县志・第十八编　卫生　体育・第二章　卫生保健.上海：汉语大词典出版社，1994：584.

195 龙泉县志编纂委员会.龙泉县志・大事记.上海：汉语大词典出版社，1994.

人(图 6-35)。

灾种:瘟疫、大风。

资料条数:6 条。

〈1〉**杭州市　余杭县(今余杭区)**:民国三十三年(1944 年)3 月,杭县云会、东塘、金平、独山、红磻诸乡发生流脑 317 例,死亡 162 人[196]。

〈2〉**宁波市　余姚县(今余姚市)**:民国三十三年(1944 年)6 月,余姚脑膜炎蔓延,死者百人[197]。

〈7〉**金华市　武义县**:三十三年春,流行性脑脊髓炎流传全县,死两千四百多人[198]。

〈8〉**衢州市　龙游县**:三十三年十一月,龙游县希塘等乡疫病流行严重,死亡已达千余人,有全家死亡者[199]。

〈9〉**舟山市　舟山**:三十三年 6 月 9 日,沈家门二十余艘冰鲜船在吴淞口外遇大风,船员百余人死亡[200]。

〈11〉**丽水市　丽水**:三十三年 11 月,丽水收复后,鼠疫蔓延,一个月来扛埋尸棺已达四百余具。吴圩一村八十余户,染疫死亡者八十余人[199]。

196　余杭县志编纂委员会.余杭县志·第十三编　卫生　体育·第二章　防疫.杭州:浙江人民出版社,1990:684.

197　宁波市地方志编纂办公室.宁波市志·大事记.北京:中华书局,1995.

198　武义县志编纂委员会.武义县志·大事记.杭州:浙江人民出版社,1990:20.

199　浙江省政协文史资料委员会.新编浙江百年大事记(1840—1949).杭州:浙江人民出版社,1990:338.

200　舟山市地方志编纂委员会.舟山市志·大事记.杭州:浙江人民出版社,1992.

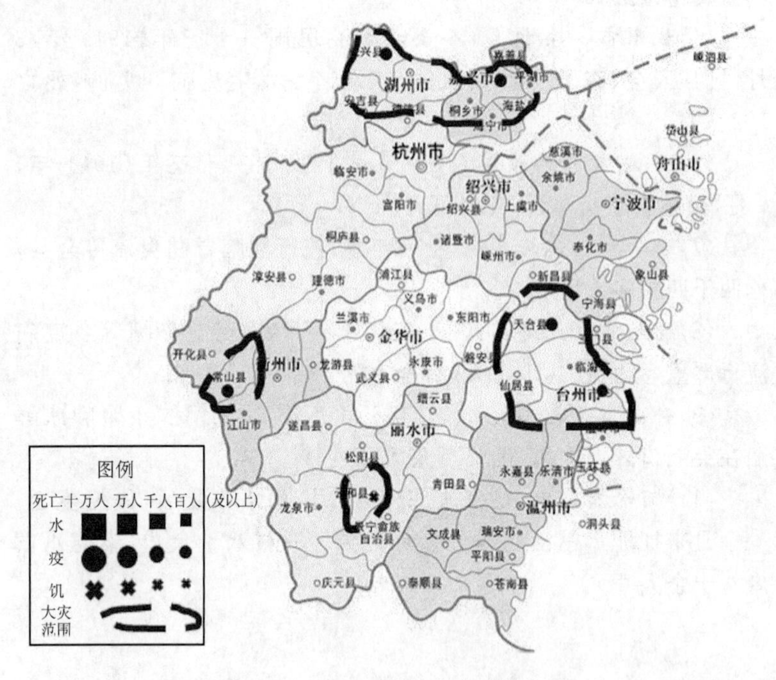

图 6-36　1945 年浙江省大灾分布图

评价:浙东,其他地区零星发生。“天花、脑膜炎、痢疾和疟疾”,诸病齐下。死亡人数为九千余人(图 6-36)。

灾种:瘟疫、饥荒。

资料条数:5 条。

〈4〉**嘉兴市**　**嘉兴(今嘉兴市)**:民国二十六年至三十四年(1945 年)间,发生过 4 次霍乱大流行,招致死亡不计其数[201]。

〈8〉**衢州市**　**常山县**:三十四年 4 月初至 6 月 12 日不雨,连旱

201　嘉兴市志编纂委员会.嘉兴市志・第三十八篇　医疗卫生・疾病防治.北京:中国书籍出版社,1997:1679.

70 天,6 月 20 日至 9 月上旬不雨,又连旱 70 天,全县受旱农田 85 万亩。入秋后,疾病严重流行,疟疾患者 7390 人,痢疾患者四千多人。全县死于疫病者八千多人,仅声教乡死于疫病者就有 958 人[202]。声教乡 7636 人中有 4065 人患病,死亡 958 人。崇正乡患病人数达 80%[203]。

〈10〉**台州市 黄岩县(今黄岩区)**:三十四年春,"流脑"流行,其中沙埠一带发病八百余人,死亡一百余人[204]。

三门县:三十四年,南田天花猖獗,百余人死亡[205]。

〈11〉**丽水市 云和县**:三十四年,旱灾,全县饿死 422 人,饿病 4015 人[206]。

202 常山县志编纂委员会.常山县志·第二编 自然环境·第六章 自然灾害.杭州:浙江人民出版社,1990:121.

203 常山县志编纂委员会.常山县志·第二十二编 卫生 体育·第一章 医药卫生.杭州:浙江人民出版社,1990:564.

204 黄岩县志办公室.黄岩县志·大事记.上海:上海三联书店,1992:20.

205 三门县志编纂委员会.三门县志·第二十四编 卫生 体育·第三章 卫生保健.杭州:浙江人民出版社,1992:801.

206 云和县志编纂委员会.云和县志·第十九编 民政.杭州:浙江人民出版社,1996.

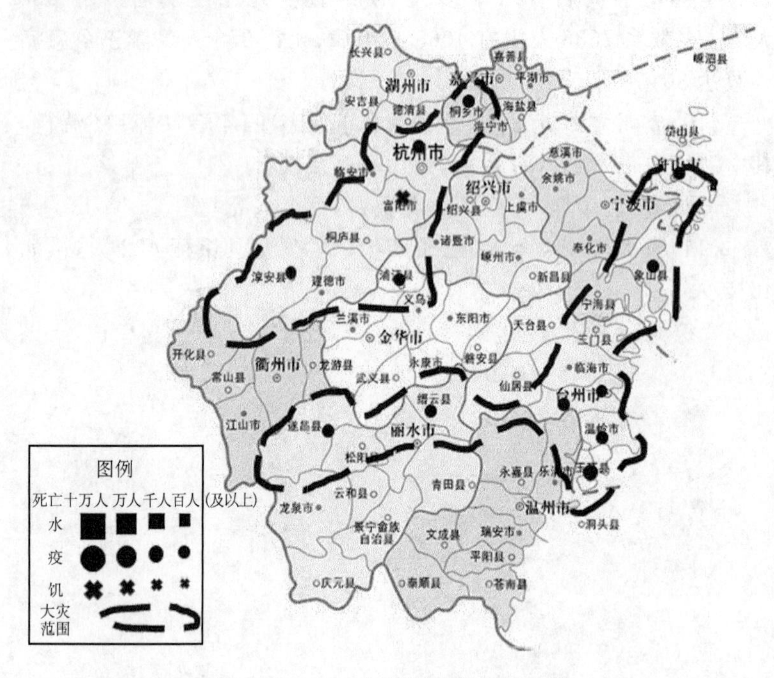

图 6-37 1946 年浙江省大灾分布图

评价:浙西北、浙西及浙东。大灾点连贯性好。灾区呈现两条条带型分布,显示流行病的趋势。死亡人数为上万人(图 6-37)。

灾种:洪涝引发饥荒、瘟疫。

资料条数:13 条。

注:下列资料凡斜体者,为死亡万人及以上。编号:45W1946。

〈1〉**杭州市 余杭县(今余杭区)**:民国三十五年(1946 年)7 月,杭县小林等地霍乱患者 533 例,死亡 112 人,病死率 21%[207]。

207 余杭县志编纂委员会. 余杭县志·第十三编 卫生 体育·第二章 防疫. 杭州:浙江人民出版社,1990:684.

***富阳县(今富阳市)**：三十五年六至九月，发生洪水灾害多次，损失无算，民众饿死数以万计*[208]。

淳安县：三十五年9月，疫势猖獗，仅淳城一地，死亡百余人[209]。

〈2〉**宁波市 象山县**：民国三十四年，天花、脑膜炎、痢疾和疟疾患者1042人，97人死于天花，36人死于脑膜炎[210]。

〈4〉**嘉兴市 桐乡县(今桐乡市)**：三十五年，流行性脑脊髓膜炎流行，因缺医少药，死亡率较高[211]。

〈7〉**金华市 浦江县**：三十五年，霍乱流行，死亡119人[212]。

〈9〉**舟山市 舟山**：三十五年3月下旬，定海县麻疹、猩红热、脑膜炎流行，死儿童五六百人。8月，霍乱流行，死四十余人[213]。

〈10〉**台州市 椒江(今椒江区)**：三十五年9月，椒北上盘天气酷热，霍乱等疫病流行，新塘岸一带尤烈，死亡逾百人[214]。

海门县(今海门区)、温岭县(今温岭市)：三十五年7月，台州属县皆流行霍乱，海门发现传染者多不及救治。至9月，椒北、上盘天气酷热，多见途泻抽筋等症，新塘岸一带尤烈，死亡逾100人。

---

208 富阳县地方志编纂委员会.富阳县志·第二编 自然环境·第七章 自然灾害.杭州:浙江人民出版社,1993:152.

209 浙江省淳安县志编纂委员会.淳安县志·第二十六编 卫生体育.上海:汉语大词典出版社,1990:615.

210 象山县志编纂委员会.象山县志·第四十四章 医疗 卫生.杭州:浙江人民出版社,1998:556.

211 桐乡市桐乡县志编纂委员会.桐乡县志·第三十编 卫生·第五章 卫生防疫.上海:上海书店出版社,1996:1232.

212 浦江县志编纂委员会.浦江县志·第十九编 卫生体育.杭州:浙江人民出版社,1990:575.

213 舟山市地方志编纂委员会.舟山市志·大事记.杭州:浙江人民出版社,1992.

214 椒江市志编纂委员会.椒江市志·大事记.杭州:浙江人民出版社,1998:27.

海门虽有私立医院 10 所左右,夏间仍觉不数应用。坎门霍乱流行,全镇三分之一人染病,有二天死亡 106 人。温岭亦甚烈,有一天病死百余人[215]。

温岭县(今温岭市):三十五年,泽国、温西脑膜炎流行,由于缺医少药,死于疫病者甚多[216]。8 月,霍乱流行,一天病死百余人[217]。

玉环县:三十五年,霍乱大流行,死亡千余人[218]。三十五年,坎门霍乱流行甚烈,全镇三分之一人染病,有二天死 106 人[219]。

〈11〉**丽水市**　**遂昌县**:三十五年 7 月王村口、关川、桂洋、大柘、石练等地恶性疟疾流行。王村口发病八百余例,死亡 105 人[220]。

缙云县:三十五年,农村天花大流行,发病 500 人,死亡 400 人[221]。

---

215 台州市气象局气象志编纂委员会. 台州市气象志·第九章　历代灾异·第二节　灾异编年. 北京:气象出版社,1998:123.

216 温岭县志编纂委员会. 温岭县志·第二十五编　卫生　体育·第三章　卫生保健. 杭州:浙江人民出版社,1992:797.

217 温岭县志编纂委员会. 温岭县志·大事记. 杭州:浙江人民出版社,1992:21.

218 玉环县志编纂委员会. 玉环县志·第二十三编　医药卫生体育·第二章　卫生防疫. 上海:汉语大词典出版社,1994:609.

219 玉环县志编纂委员会. 玉环县志·第二编　自然环境·第八章　灾异. 上海:汉语大词典出版社,1994:82.

220 遂昌县志编纂委员会. 遂昌县志·大事记. 杭州:浙江人民出版社,1996:30.

221 缙云县志编纂委员会. 缙云县志·第二十二编　卫生　体育·第二章　防疫保健. 杭州:浙江人民出版社,1996:564.

1950 年

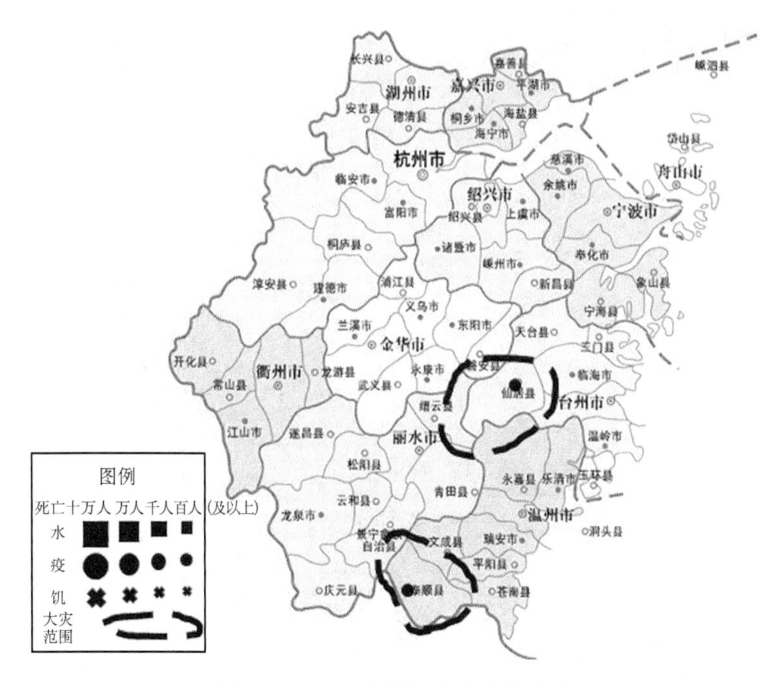

图 6-38　1950 年浙江省大灾分布图

评价：浙南。流行性传染病死亡人数为近 8 百人(图 6-38)。

灾种：瘟疫。

资料条数：2 条。

〈3〉**温州市　泰顺县：**1950 年 3 月麻疹病流行泰顺。自 3 月至 5 月底，泰南、泗溪两区 15 岁以下的儿童就有 500 多名死亡[222]。

〈10〉**台州市　仙居县：**1950 年发现麻疹流行，全县患病 5104

[222] 泰顺政务网.泰顺大事记.2010 年 10 月 12 日.

人，死亡 255 人，死亡率为 5%[223]。

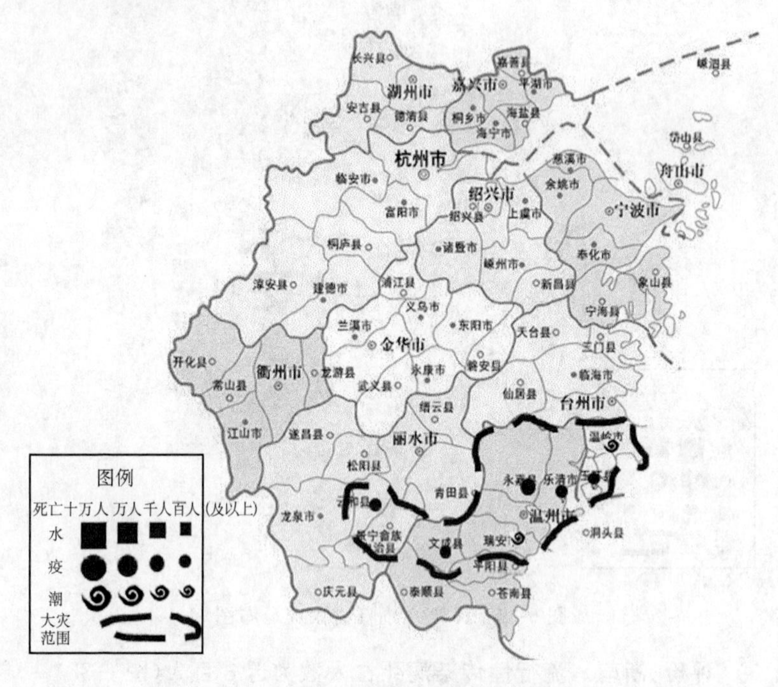

图 6-39　1952 年浙江省大灾分布图

评价：浙南。大灾点连贯性好。热带风暴和流行性传染病，死亡人数为 2645 人，是新中国成立后浙江省灾情较重的年份(图 6-39)。

灾种：风暴潮、瘟疫。

资料条数：8 条。

〈3〉**温州市**　**温州市**：1952 年 7 月 19 日台风在温州登陆，下

223　仙居县志编纂委员会．仙居县志·自然地理篇·第四十二章　卫生．杭州：浙江人民出版社，1987：415.

大暴雨，山洪暴发，冲毁稻田 45340 亩，淹没早稻 1488136 亩，死 236 人，伤 129 人，倒塌房屋 10294 间[224]。

鹿城区：1952 年 7 月 19 日，台风登陆，下大暴雨，冲毁稻田，倒塌房屋，损失严重，死 236 人，伤 129 人[225]。

乐清县：1952 年春全县麻疹大游行，1 万多人患病（绝大部分为儿童），造成 372 人死亡。此外，全县发生白喉 73 例，其中死亡 28 例，死亡率达 38.4％[226]。

文成县：1952 年，暴发性流行麻疹，病例 3164 人，死亡 114 人[227]。

永嘉县：1952 年 3 月麻疹大流行，全县患者两万三千多人，死亡一千五百余人[228]。

〈10〉**台州市　黄岩、温岭县**：1952 年 7 月 19—22 日，7 号台风在黄岩、温岭一带登陆，风力 8～10 级。全地区 38 个区、468 个乡、2020 个村、167782 户、109 万人受灾，淹死 104 人[229]。

玉环县：1952 年 3 月，麻疹流行，两千多人染病，139 人死亡[230]。

〈11〉**丽水市　云和县**：1952 年 1 月，全县普遍发生麻疹。至 2 月 27 日止，死亡 180 人[231]。

---

224 温州市志编纂委员会. 温州市志・大事记. 北京：中华书局，1998.

225 鹿城区地方志编纂委员会. 温州市鹿城区志・大事记. 北京：中华书局，2010：16.

226 乐清市地方志编纂委员会. 乐清县志・大事记. 北京：中华书局，2000.

227 浙江省文成县地方志编纂委员会. 文成县志・卷二十八　卫生　体育. 北京：中华书局，1996：845.

228 永嘉县地方志编纂委员会. 永嘉县志（上）・大事记. 北京：方志出版社，2003.

229 台州地方志编纂委员会. 台州地方志（1949 年至今），2013.

230 玉环县志编纂委员会. 玉环县志・大事记. 上海：汉语大词典出版社，1994：15.

231 云和县志编纂委员会. 云和县志・大事记，杭州：浙江人民出版社，1996：14.

1958 年

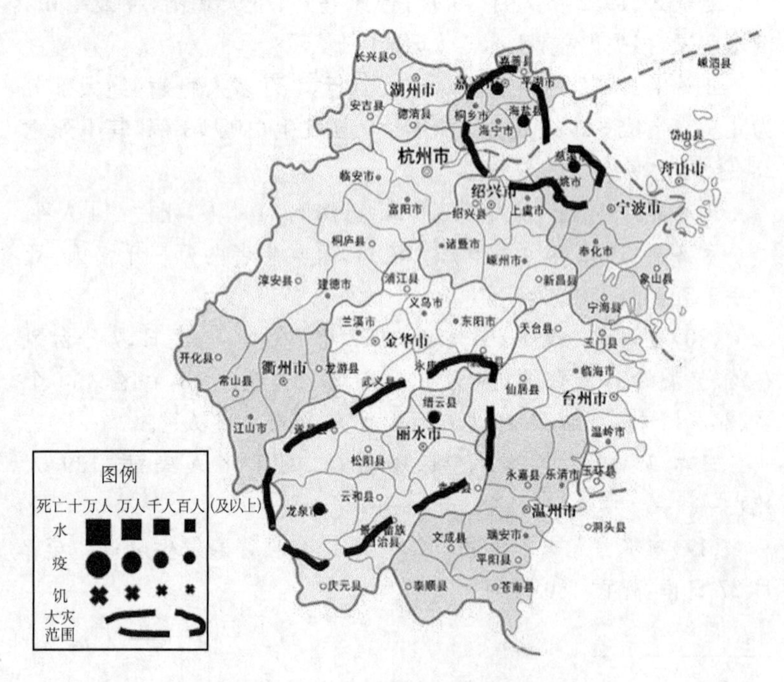

图 6-40　1958 年浙江省大灾分布图

评价：浙西南、浙东北。大灾点连贯性好。主因是麻疹，死亡人数 1024 人(图 6-40)。

灾种：瘟疫。

资料条数：5 条。

〈2〉**宁波市　慈溪县(今慈溪市)**：1958 年，麻疹暴发流行，全县发病 21704 人，死亡 129 例[232]。

〈4〉**嘉兴市　嘉兴县(今秀城区)**：1958 年冬—1959 年春，是嘉

[232] 慈溪卫生志编纂小组. 慈溪卫生志·第三章　疫病防治. 宁波：宁波出版社，1994：215.

兴县麻疹流行最严重的年份,累计发病 35763 人,病死 869 人[233]。

海盐县:1958 年 11 月至次年 3 月麻疹大流行,海盐地区发病 11334 人,因疫势凶猛,有 441 人死亡[234]。

〈11〉**丽水市**　**缙云县**:1958 年,麻疹发病 6712 人,死亡 163 人[235]。

龙泉县(今龙泉市):1958 年,麻疹流行,发病 7327 人,死 291 人[236]。

233　嘉兴市志编纂委员会.嘉兴市志·第三十八篇　医疗卫生·疾病防治.北京:中国书籍出版社,1997:1680.

234　海盐县志编纂委员会.海盐县志·大事记.杭州:浙江人民出版社,1992:26.

235　缙云县志编纂委员会.缙云县志·第二十二编　卫生　体育·第二章　防疫保健.杭州:浙江人民出版社,1996:564.

236　浙江省龙泉县志编纂委员会.龙泉县志·第十八编　卫生　体育·第二章　卫生保健.上海:汉语大词典出版社,1994:584.

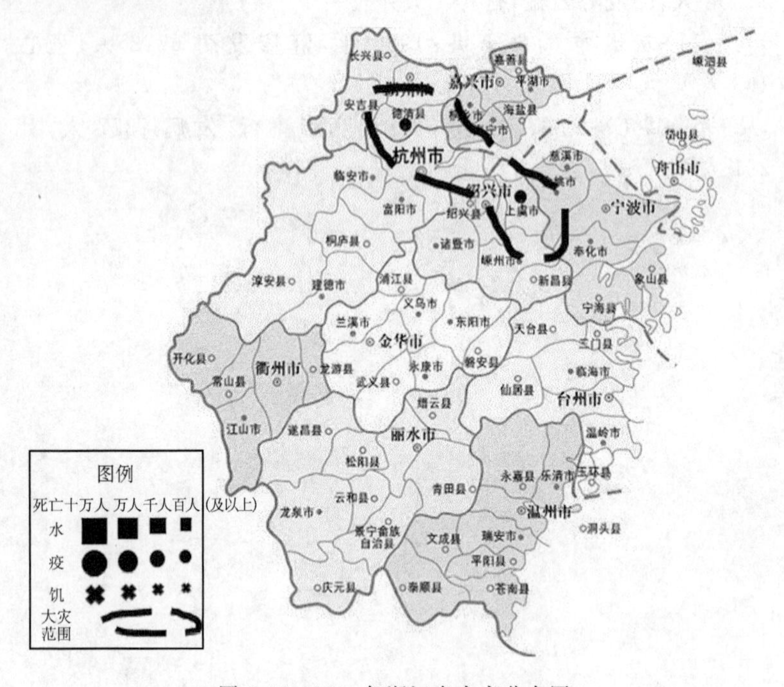

图 6-41　1966 年浙江省大灾分布图

评价:浙北。大灾点连贯性较好。主因是麻疹、流脑、乙型脑炎,死亡人数最多的是流脑,死亡人数为 258 人(图 6-41)。

灾种:瘟疫。

资料条数:2 条。

〈5〉***湖州市　德清县***:1966 年,发生麻疹 5983 例,死亡 23 人;流脑 2264 例,死亡 89 人;乙型脑炎 209 例,死亡 12 人[237]。

〈6〉***绍兴市　上虞县(今上虞市)***:1965 年至 1966 年,县内流

237　德清县志编纂委员会. 德清县志・第二十一卷　卫生・第四章　卫生保健. 杭州:浙江人民出版社. 1992. 570.

行性脑膜炎蔓延，共死亡 268 人[238]。

1967 年

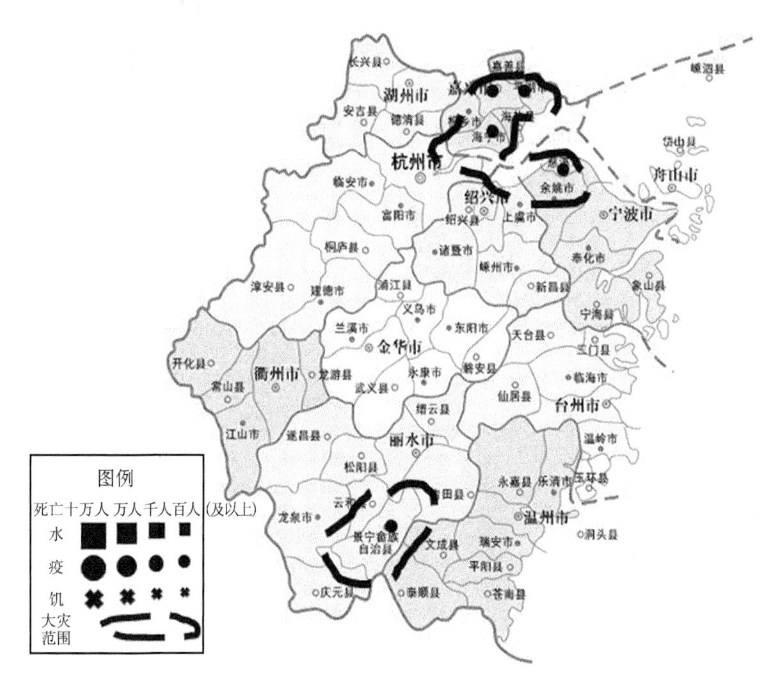

图 6-42　1967 年浙江省大灾分布图

评价：浙北、浙南。大灾点连贯性好。主因是流脑，死亡人数为数百人（图 6-42）。

灾种：瘟疫。

资料条数：3 条。

〈2〉**宁波市　慈溪县（今慈溪市）**：1967 年，去冬起流脑流行，

238　上虞市志编纂委员会. 上虞市志·大事记. 杭州：浙江人民出版社，2005. 36.

2月,波及50个公社,死亡率高达11%[239]。1963年2月流脑在全县流行,到月底共发生169人,死亡10人。1963年至1968年,全县流脑发病人数为9100例,死亡391人[240]。

〈4〉**嘉兴市　嘉兴县(今秀城区)、海宁县(海宁市)、平湖县(今平湖市)**:1967年,流脑流行,全境发病15176人,其中嘉兴县4469人,海宁县全县暴发流行,发病率为782.2/10万。1950年,嘉兴县共发生流脑病人8489人,死亡438人,出现6次流行。1966—1968年,平湖县流脑暴发流行,年发病率分别为329/10万、420.29/10万、331.89/10万[241]。

〈11〉**丽水市　景宁县(今景宁畲族自治县)**:1967年,流行性脑脊髓膜炎发病1473例,死亡114人[242]。

239　慈溪卫生志编纂小组.慈溪卫生志·第十二章　大事记.宁波:宁波出版社,1994:427.

240　慈溪卫生志编纂小组.慈溪卫生志·第三章　疫病防治.宁波:宁波出版社,1994:215.

241　嘉兴市志编纂委员会.嘉兴市志·第三十八篇　医疗卫生·疾病防治.北京:中国书籍出版社,1997:1679.

242　景宁畲族自治县志编纂委员会.景宁畲族自治县志·第二编　自然环境·第七章　灾异.杭州:浙江人民出版社,1995:85.